全国电力出版指导委员会出版规划重点项目

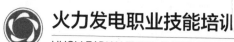

火力发电职业技能培训

HUOLI FADIAN ZHIYE JINENG PEIXUN JIAOCAI

电厂化学设备检修

（第二版）

《火力发电职业技能培训教材》编委会　编

中国电力出版社

CHINA ELECTRIC POWER PRESS

内 容 提 要

本套教材在 2005 年出版的《火力发电职业技能培训教材》的基础上，吸收近年来国家和电力行业对火力发电职业技能培训的新要求编写而成。在修订过程中以实际操作技能为主线，将相关专业理论与生产实践紧密结合，力求反映当前我国火电技术发展的水平，符合电力生产实际的需求。

本套教材共 15 个分册，其中的《环保设备运行》《环保设备检修》为本次新增的 2 个分册，覆盖火力发电运行与检修专业的职业技能培训需求。本套教材的作者均为长年工作在生产第一线的专家、技术人员，具有较好的理论基础、丰富的实践经验和培训经验。

本书为《电厂化学设备检修》分册，主要内容包括：水处理离心泵的检修、水处理其他转动设备的检修、计量（往复式）泵的检修、油处理设备的检修、煤制样设备的检修、水处理澄清设备的检修、过滤设备的检修、离子交换设备的检修、膜法水处理技术、电渗析器的检修、反渗透装置的检修、阀门与管道的检修、水箱与油箱的检修、水处理设备的防腐、制氢设备检修；化学仪表及自动装置的检修基础知识、采样与采样冷却系统、电导式分析仪表、电位式分析仪表、电流式分析仪表、光学分析仪表、自动调节系统、程序控制系统、电厂化学常用变送装置及执行机构、电厂化学自动调节装置、可编程控制器的原理与应用、600MW 机组补给水程控系统、600MW 机组凝结水精处理程控系统、电厂化学程序控制装置的检修与维护等。

本套教材适合作为火力发电专业职业技能鉴定培训教材和火力发电现场生产技术培训教材，也可供火电类技术人员及职业技术学校教学使用。

图书在版编目（CIP）数据

电厂化学设备检修/《火力发电职业技能培训教材》编委会编. —2 版. —北京：中国电力出版社，2020.5
火力发电职业技能培训教材
ISBN 978 - 7 - 5123 - 7662 - 5

Ⅰ. ①电…　Ⅱ. ①火…　Ⅲ. ①电厂化学－设备检修－技术培训－教材　Ⅳ. ①TM621.8

中国版本图书馆 CIP 数据核字（2019）第 275501 号

出版发行：中国电力出版社
地　　址：北京市东城区北京站西街 19 号（邮政编码 100005）
网　　址：http://www.cepp.sgcc.com.cn
责任编辑：宋红梅
责任校对：黄　蓓　常燕昆
装帧设计：赵姗姗
责任印制：吴　迪

印　　刷：三河市万龙印装有限公司
版　　次：2005 年 1 月第一版　2020 年 5 月第二版
印　　次：2020 年 5 月北京第六次印刷
开　　本：880 毫米×1230 毫米　32 开本
印　　张：22.625
字　　数：777 千字
印　　数：0001—2000 册
定　　价：108.00 元

版 权 专 有　侵 权 必 究

本书如有印装质量问题，我社营销中心负责退换

《火力发电职业技能培训教材》(第二版)

编　委　会

主　任：王俊启

副主任：张国军　　乔永成　　梁金明　　贺晋年

委　员：薛贵平　　朱立新　　张文龙　　薛建立

　　　　许林宝　　董志超　　刘林虎　　焦宏波

　　　　杨庆祥　　郭林虎　　耿宝年　　韩燕鹏

　　　　杨　铸　　余　飞　　梁瑞斑　　李团恩

　　　　连立东　　郭　铭　　杨利斌　　刘志跃

　　　　刘雪斌　　武晓明　　张　鹏　　王　公

主　编：张国军

副主编：乔永成　　薛贵平　　朱立新　　张文龙

　　　　郭林虎　　耿宝年

编　委：耿　超　郭　魏　丁元宏　席晋奎

教材编辑办公室成员：张运东　　赵鸣志

　　　　　　　　　　　徐　超　　曹建萍

《火力发电职业技能培训教材
电厂化学设备检修》
编 写 人 员

主 编： 郭 铭

参 编（按姓氏笔画排列）：

王乃来　王骁帆　司海翠　陈小勇

陈志青　宗美华　赵泽斌　南　轶

段文婷　郭　君

《火力发电职业技能培训教材》(第一版)

编　委　会

主　任：周大兵　翟若愚

副主任：刘润来　宗　健　朱良镭

常　委：魏建朝　刘治国　侯志勇　郭林虎

委　员：邓金福　张　强　张爱敏　刘志勇

　　　　王国清　尹立新　白国亮　王殿武

　　　　韩爱莲　刘志清　张建华　成　刚

　　　　郑耀生　梁东原　张建平　王小平

　　　　王培利　闫刘生　刘进海　李恒煌

　　　　张国军　周茂德　郭江东　闻海鹏

　　　　赵富春　高晓霞　贾瑞平　耿宝年

　　　　谢东健　傅正祥

主　编：刘润来　郭林虎

副主编：成　刚　耿宝年

教材编辑办公室成员： 刘丽平　郑艳蓉

第二版前言

2004年，中国国电集团公司、中国大唐集团公司与中国电力出版社共同组织编写了《火力发电职业技能培训教材》。教材出版发行后，深受广大读者好评，主要分册重印10余次，对提高火力发电员工职业技能水平发挥了重要的作用。

近年来，随着我国经济的发展，电力工业取得显著进步，截至2018年底，我国火力发电装机总规模已达11.4亿kW，燃煤发电600MW、1000MW机组已经成为主力机组。当前，我国火力发电技术正向着大机组、高参数、高度自动化方向迅猛发展，新技术、新设备、新工艺、新材料逐年更新，有关生产管理、质量监督和专业技术发展也是日新月异，现代火力发电厂对员工知识的深度与广度，对运用技能的熟练程度，对变革创新的能力，对掌握新技术、新设备、新工艺的能力，以及对多种岗位上工作的适应能力、协作能力、综合能力等提出了更高、更新的要求。

为适应火力发电技术快速发展、超临界和超超临界机组大规模应用的现状，使火力发电员工职业技能培训和技能鉴定工作与生产形势相匹配，提高火力发电员工职业技能水平，在广泛收集原教材的使用意见和建议的基础上，2018年8月，中国电力出版社有限公司、中国大唐集团山西分公司启动了《火力发电职业技能培训教材》修订工作。100多位发电企业技术专家和技术人员以高度的责任心和使命感，精心策划、精雕细刻、精益求精，高质量地完成了本次修订工作。

《火力发电职业技能培训教材》（第二版）具有以下突出特点：

（1）针对性。教材内容要紧扣《中华人民共和国职业技能鉴定规范·电力行业》（简称《规范》）的要求，体现《规范》对火力发电有关工种鉴定的要求，以培训大纲中的"职业技能模块"及生产实际的工作程序设章、节，每一个技能模块相对独立，均有非常具体的学习目标和学习内容，教材能满足职业技能培训和技能鉴定工作的需要。

（2）规范性。教材修订过程中，引用了最新的国家标准、电力行业规程规范，更新、升级一些老标准，确保内容符合企业实际生产规程规范的要求。教材采用了规范的物理量符号及计量单位，更新了相关设备的图形符号、文字符号，注意了名词术语的规范性。

（3）系统性。教材注重专业理论知识体系的搭建，通过对培训人员分析能力、理解能力、学习方法等的培养，达到知其然又知其所以然的目的，从而打下坚实的专业理论基础，提高自学本领。

（4）时代性。教材修订过程中，充分吸收了新技术、新设备、新工艺、新材料以及有关生产管理、质量监督和专业技术发展动态等内容，删除了第一版中包含的已经淘汰的设备、工艺等相关内容。2005年出版的《火力发电职业技能培训教材》共15个分册，考虑到从业人员、专业技术发展等因素，没有对《电测仪表》《电气试验》两个分册进行修订；针对火电厂脱硫、除尘、脱硝设备运行检修的实际情况，新增了《环保设备运行》《环保设备检修》两个分册。

（5）实用性。教材修订工作遵循为企业培训服务的原则，面向生产、面向实际，以提高岗位技能为导向，强调了"缺什么补什么，干什么学什么"的原则，在内容编排上以实际操作技能为主线，知识为掌握技能服务，知识内容以相应的工种必需的专业知识为起点，不再重复已经掌握的理论知识。突出理论和实践相结合，将相关的专业理论知识与实际操作技能有机地融为一体。

（6）完整性。教材在分册划分上没有按工种划分，而采取按专业方式分册，主要是考虑知识体系的完整，专业相对稳定而工种则可能随着时间和设备变化调整，同时这样安排便于各工种人员全面学习了解本专业相关工种知识技能，能适应轮岗、调岗的需要。

（7）通用性。教材突出对实际操作技能的要求，增加了现场实践性教学的内容，不再人为地划分初、中、高技术等级。不同技术等级的培训可根据大纲要求，从教材中选取相应的章节内容。每一章后均有关于各技术等级应掌握本章节相应内容的提示。每一册均有关本册涵盖职业技能鉴定专业及工种的提示，方便培训时选择合适的内容。

（8）可读性。教材力求开门见山，重点突出，图文并茂，便于理解，便于记忆，适用于职业培训，也可供广大工程技术人员自学参考。

希望《火力发电职业技能培训教材》（第二版）的出版，能为推进火力发电企业职业技能培训工作发挥积极作用，进而提升火力发电员工职业能力水平，为电力安全生产添砖加瓦。恳请各单位在使用过程中对教材多提宝贵意见，以期再版时修订完善。

在此，谨向为教材修订工作做出贡献的各位专家和支持这项工作的领导深表谢意。

《火力发电职业技能培训教材》（第二版）编委会

2020年1月

第一版前言

　　近年来，我国电力工业正向着大机组、高参数、大电网、高电压、高度自动化方向迅猛发展。随着电力工业体制改革的深化，现代火力发电厂对职工所掌握知识与能力的深度、广度要求，对运用技能的熟练程度，以及对革新的能力，掌握新技术、新设备、新工艺的能力，监督管理能力，多种岗位上工作的适应能力，协作能力，综合能力等提出了更高、更新的要求。这都急切地需要通过培训来提高职工队伍的职业技能，以适应新形势的需要。

　　当前，随着《中华人民共和国职业技能鉴定规范》（简称《规范》）在电力行业的正式施行，电力行业职业技能标准的水平有了明显的提高。为了满足《规范》对火力发电有关工种鉴定的要求，做好职业技能培训工作，中国国电集团公司、中国大唐集团公司与中国电力出版社共同组织编写了这套《火力发电职业技能培训教材》，并邀请一批有良好电力职业培训基础和经验并热心于职业教育培训的专家进行审稿把关。此次组织开发的新教材，汲取了以往教材建设的成功经验，认真研究和借鉴了国际劳工组织开发的 MES 技能培训模式，按照 MES 教材开发的原则和方法，按照《规范》对火力发电职业技能鉴定培训的要求编写。教材在设计思想上，以实际操作技能为主线，更加突出了理论和实践相结合，将相关的专业理论知识与实际操作技能有机地融为一体，形成了本套技能培训教材的新特色。

　　《火力发电职业技能培训教材》共 15 分册，同时配套有 15 分册的《复习题与题解》，以帮助学员巩固所学到的知识和技能。

　　《火力发电职业技能培训教材》主要具有以下突出特点：

　　（1）教材体现了《规范》对培训的新要求，教材以培训大纲中的"职业技能模块"及生产实际的工作程序设章、节，每一个技能模块相对独立，均有非常具体的学习目标和学习内容。

　　（2）对教材的体系和内容进行了必要的改革，更加科学合理。在内容编排上以实际操作技能为主线，知识为掌握技能服务，知识内容以相应的职业必需的专业知识为起点，不再重复已经掌握的理论知识，以达到再培训，再提高，满足技能的需要。

　　凡属已出版的《全国电力工人公用类培训教材》涉及的内容，如识绘图、热工、机械、力学、钳工等基础理论均未重复编入本教材。

　　（3）教材突出了对实际操作技能的要求，增加了现场实践性教学的内容，不再人为地划分初、中、高技术等级。不同技术等级的培训可根据大纲要求，从教材中选取相应的章节内容。每一章后，均有关于各技术等级应掌握本章节相应内容的提示。

（4）教材更加体现了培训为企业服务的原则，面向生产，面向实际，以提高岗位技能为导向，强调了"缺什么补什么，干什么学什么"的原则，内容符合企业实际生产规程、规范的要求。

（5）教材反映了当前新技术、新设备、新工艺、新材料以及有关生产管理、质量监督和专业技术发展动态等内容。

（6）教材力求简明实用，内容叙述开门见山，重点突出，克服了偏深、偏难、内容繁杂等弊端，坚持少而精、学则得的原则，便于培训教学和自学。

（7）教材不仅满足了《规范》对职业技能鉴定培训的要求，同时还融入了对分析能力、理解能力、学习方法等的培养，使学员既学会一定的理论知识和技能，又掌握学习的方法，从而提高自学本领。

（8）教材图文并茂，便于理解，便于记忆，适应于企业培训，也可供广大工程技术人员参考，还可以用于职业技术教学。

《火力发电职业技能培训教材》的出版，是深化教材改革的成果，为创建新的培训教材体系迈进了一步，这将为推进火力发电厂的培训工作，为提高培训效果发挥积极作用。希望各单位在使用过程中对教材提出宝贵建议，以使不断改进，日臻完善。

在此谨向为编审教材做出贡献的各位专家和支持这项工作的领导们深表谢意。

《火力发电职业技能培训教材》编委会

2005 年 1 月

第二版编者的话

2005 年 1 月中国电力出版社出版的《火力发电职业技能培训教材 电厂化学设备检修》，在火电厂化学专业中得到了广泛的应用。随着火电机组容量的不断增大，化学监督工作的重要性更加突出，加之化学水处理新技术的不断应用，由原来的离子交换法处理逐渐发展到膜法处理，对化学监督监控水平的标准也越来越严格，对化学设备的可靠性和程控仪表的准确性的要求必然更高。

本次修订以 600MW 机组及其辅机为主，兼顾 1000MW 机组及 300MW 机组的内容，面向火电厂的生产一线，以提高职业技能水平为主要目的，力求多实际应用，少理论推算。本书主要按专业知识结构体系分类，对水、煤、油、仪表、程控等多个专业的各类设备，从结构原理到检修工艺要求进行了详细的讲解，并且对膜法处理进行了一定的阐述，新增加制氢设备部分。

本书共分三篇三十章，第一篇第一章至第十四章由大唐太原第二热电厂王乃来、陈小勇、赵泽斌、南轶编写，第二篇第十五章和第十六章由大唐太原第二热电厂陈志青、宗美华编写，第三篇第十七章至第三十章由大唐阳城电厂王骁帆及大唐太原第二热电厂司海翠编写。全书由大唐太原第二热电厂郭铭主编。

由于水平有限，书中难免多有不妥之处，敬请读者批评指正。

编者

2020 年 1 月

第一版编者的话

1996 年 11 月中国电力出版社出版的"全国火力发电厂工人通用培训教材"《电厂化学设备检修》(初级工、中级工、高级工) 和《电厂化学仪表及程控装置》(初级工、中级工、高级工),在火电厂化学行业中得到了广泛的应用。随着火电厂的不断增容,机组容量的不断增大,化学监督就显得尤为重要,加之化学水处理新技术的不断应用,由原来的离子交换法处理逐渐发展到膜法处理,对化学监督监控水平的标准也越来越严格,对化学设备的可靠性和程控仪表的准确性的要求必然更高。

本书的编写以 300MW 机组及其辅机为主,兼顾 600MW 机组和 200MW 机组的内容,面向火电厂的一线工人,以提高职业技能水平为主要目的,力求多实际应用,少理论推算。本书主要按专业知识结构体系分类,对水、煤、油、仪表、程控等多个专业的各类设备,从结构原理到检修工艺要求进行了详细的讲解,并且对膜法处理进行了一定的阐述,对电力职工的职业技能培训和鉴定有很好的指导作用。

全书由刘志勇主编,参编人员为王乃来、兰华、张志前、李继云,全书由贾瑞平主审。

由于水平有限,书中难免多有不妥之处,敬请读者批评指正。

编 者
2004 年 3 月

目 录

第二篇　制　氢　设　备

第三篇　电厂化学仪表及自动装置

第一篇

电厂化学设备检修

第一章

化学检修基础知识

第一节 检修安全知识

化学检修应掌握的安全知识包括：

（1）各级人员应牢记"安全第一，预防为主，综合治理"的安全生产方针，全面树立"安全就是信誉，安全就是效益，安全就是竞争力"的安全理念。

（2）"三违"是指违章作业、违章指挥、违反劳动纪律。

（3）安全为了生产，生产必须安全，这是安全与生产相一致原则的具体表述。当安全与生产发生矛盾时，应按照"生产服从安全"的原则，解决安全问题之后再生产。

（4）检修人员进入生产现场必须穿工作服、戴安全帽，尘毒作业必须戴防护面具，高空作业要系安全带，危险作业场所要有安全标志。

（5）交叉作业人员要相互兼顾，不准乱扔、乱放工具、衣物等。

（6）禁止在运行设备周围的栏杆上行走，禁止在运行中的管道上、靠背轮上、安全罩上、轴承上或其他运行着的设备上行走或坐立。

（7）任何电气设备的标识牌，除原来放置人员或负责的运行值班人员外，其他人员都不准移动。

（8）所有电气设备的金属外壳均应具有良好的接地装置，使用中不准将接地装置拆除或对其进行任何工作。电源开关外壳和电线绝缘有破坏、不完整或带电部分外露时，应立即找电工修好，否则不准使用。

（9）进入的容器或槽罐内存在如 N_2、NHI_3、H_2 等有害气体或窒息性气体，以及酸、碱的罐体等场所时，应先对其用清水冲洗，再强制通风后方可进行工作。

（10）在现场进行检修或安装工作时，为了保证安全工作的条件和设备的安全运行，防止发生事故，必须严格执行工作票制度。

（11）进入设备内部作业时，必须在设备外留一人监护。学徒工以及外培人员，在进入塔和容器时，必须由熟悉该装置的老职工带领才允许进入。

（12）新入职的工作人员，须经过体检合格。工作人员必须定期进行体检（体检每两年至少一次），凡患有不适于担任热力和机械生产工作病症的人员，经医生鉴定和有关部门批准，应调换其他工作。所有工作人员都应具备必要的安全生产知识，学会紧急救护法，特别要学会触电急救法，并熟悉有关烧伤、烫伤、外伤、气体中毒等急救常识。作业人员应被告知作业现场和工作岗位存在的危险、危害因素，以及防范措施及事故应急措施。

（13）作业人员的工作服不应有可能被转动的机器绞住的部分和可能卡住的部分；作业人员进入生产现场必须穿着合体的工作服；工作服禁止使用化纤或棉、化纤混纺的衣料制作，以防工作服遇火燃烧加重烧伤程度。接触高温物体的工作时，应戴手套和穿专用的防护工作服。所有进入生产现场的人员，衣服和袖口必须扣好；禁止穿戴围巾、长衣服、裙子、领带等易被卷入的物品；禁止穿拖鞋、凉鞋、高跟鞋和带钉子的鞋；辫子、长发必须盘在工作帽或安全帽内。

（14）门口、通道、楼梯和平台等处，不准放置杂物，以免阻碍通行。电缆及管道不应敷设在经常有人通行的地板上，以免妨碍通行。地面临时放有容易使人绊跌的物件（如钢丝绳等）时，必须设置明显的警告标志。地面有灰浆泥污等，应及时清除，以防滑跌。所有楼梯、平台、通道、栏杆都应保持完整，铁板必须铺设牢固。铁板表面应有纹路以防滑跌。

（15）所有升降口、大小孔洞、楼梯和平台，必须装设不低于1200mm高的栏杆和不低于180mm高的护板，如在检修期间需将栏杆拆除时，必须装设临时遮栏，并在检修结束时将栏杆立即装回。原有高度1050mm的栏杆可不作改动。

（16）生产厂房内外工作场所的井、坑、孔、洞或沟道，必须覆以与地面齐平的坚固的盖板。在检修工作中如需将盖板取下，必须设临时围栏和警示标示。临时打的孔、洞，施工结束后，必须恢复原状。生产厂房应备有带盖的铁箱，以便放置擦拭材料（抹布和棉纱头等），用过的擦拭材料应另放在废棉纱箱内，定期清除。禁止在工作场所存储易燃物品，如汽油、煤油、酒精等。运行中所需少量的润滑油和日常需用的油壶、油枪，必须存放在指定地点的储藏室内。

（17）在楼板和结构上打孔或在规定地点以外安装起重设备或堆放重物等，必须事先经过本单位有关技术部门的审核许可。规定放置重物及安

第一篇 电厂化学设备检修

装起重设备的地点应标以明显的标记（标出界限和荷重限度）。禁止利用任何管道悬吊重物和起重设备。

（18）生产厂房内外的电缆，在进入控制室、电缆夹层、开关柜等处的电缆孔洞，必须用防火材料严密封闭。生产厂房内外工作场所的常用照明，应该保证足够的亮度。在装有水位计、压力表、真空表、温度表、各种记录仪表等的仪表盘、楼梯、通道以及所有靠近机器转动部分和高温表面等的狭窄地方的照明，必须光照充足。在操作盘、表计（如水位计等）、主要楼梯、通道等地点，还必须设有事故照明。此外，还应在工作地点备有相当数量的完整的手持照明工具，以便必要时使用；生产区域应备有必要的消防设备，如消防栓、水龙带、灭火器、沙箱、石棉布和其他消防工具等。消防设备应定期检查和试验，保证随时可用。不准随意将消防工具移作他用。

（19）生产厂房的取暖用热源，应由专人管理，且使用压力应符合取暖设备的要求。如用较高压力的热源时，必须装有减压装置，并装安全阀。寒冷地区的厂房、烟囱、水塔等处的冰凌子，可能掉落发生伤人的危险时，应及时清除。如不能清除，应采取安全防护措施。厂房屋面板上不许堆放重物，对积灰、积冰应及时清除。厂房必须定期检查，厂房的结构应无倾斜、裂纹、风化、下塌的现象，门窗应完整，厂房建筑物顶的排汽门、下阀门、管道应无漏汽、漏水而形成冰叠成山的可能，以防压垮房顶。

（20）在油管的法兰和阀门的周围，如敷设有热管道或有其他热体，为了防止漏油而引起火灾，必须在这些热体保温层外面再包上金属皮。不论在检修或运行中，如有油漏到保温层上，应将保温层更换，油管应尽量少用法兰连接。在热体附近的法兰，必须装金属罩壳。禁止使用塑料垫或胶垫。油管的法兰和阀门以及轴承、调速系统等应保持严密不漏油。如有漏油现象，应及时修好，漏油应及时拭净，不许任其留在地面上。

（21）主控室、值班室、化验室等场所宜配备急救箱，根据生产实际存放相应的急救用品，并指定专人经常检查、补充或更换。

第二节　检修工具与材料

一、检修工具

（1）使用工具前应进行检查，不具备安全条件的工具不准使用。

（2）钳工常用的工具有：手锤、錾子、刮刀、锉刀、锯弓以及扳手等。常用的设备主要有：工作台、台虎钳、砂轮机、台钻等。钳工常用的手锤有圆头手锤和方头锤两种。大锤和手锤的锤头须完整，其表面须光滑微凸，不得有歪斜、缺口、凹面及裂纹等情形。大锤及手锤的柄须用整根的硬木制成，不准用大木料劈开制作，应装得十分牢固，并将头部用楔栓固定。楔栓宜采用金属楔，楔子长度不得大于安装孔的2/3。锤把上不可有油污。不得戴手套或用单手抡大锤，使用大锤时，必须注意前后、左右和上下环境，在大锤运动范围内严禁站人。

（3）用錾子錾坚硬或脆性物体时（如生铁、生铜、水泥等），须戴防护眼镜，必要时应装设安全遮拦，以防碎片打伤旁人，錾子被锤击部分有伤痕不平整、沾有油污等，不准使用。

（4）锉刀、手锯、木钻、螺钉旋具等的手柄应安装牢固，没有手柄的不准使用。

（5）砂轮机必须进行定期检查。砂轮片应在有效期内使用，砂轮片的有效半径磨损到原半径的1/3时必须更换，砂轮片应无裂纹及其他不良情况，工作转速应与砂轮机的转速相符。砂轮机必须装有合格的钢板防护罩，防护罩至少要把砂轮的上半部罩住。禁止使用没有防护罩的砂轮（特殊工作需要的手提式小型砂轮除外）。

（6）使用砂轮研磨时，应站在侧面并戴合格的防护眼镜，用砂轮磨工具时应使火星向下，禁止用砂轮的侧面磨削，不得用砂轮机打磨软金属、非金属以及大工件。严禁两人同时使用同一砂轮进行磨削工作。砂轮机必须装设工作托架。托架与砂轮片的间隙应经常调整，最大不得超过3mm；托架的高度应调整到使工件的打磨处与砂轮片中心处在同一平面上。使用无齿锯时操作人员应站在锯片的侧面，锯片应缓慢地靠近被锯物件，不准用力过猛。使用手持切割机、角磨机、砂轮机时，工作人员必须戴好头盔或防护面罩，工作场所除工作人员外其他人员应尽量远离。

（7）使用钻床时，须把钻孔的物体安设牢固后，方可开始工作。清除钻孔内金属碎屑时，必须先停止钻头的转动。不准用手直接清除铁屑。使用钻床不准戴手套。

（8）使用锯床时，工件必须夹牢，长的工件两头应垫牢，并防止工件锯断时伤人。

（9）电气工具和用具应由专人保管，每6个月须由电气试验单位进行定期检查；使用前必须检查电线是否完好，有无接地线；坏的或绝缘不良的不准使用；使用时应按有关规定接好漏电保护器和接地线；使用中发生故障，须立即找电气人员修理；对运行中的漏电保护器应进行定期检查，每月至少检查一次，并做好检查记录。

（10）使用Ⅰ类或外壳为金属材料的电动工具时，应戴绝缘手套。使用电动工具时，必须装设漏电保护器。手持式电动工具的负荷线必须采用耐气候型的橡胶护套铜芯软电缆，并不得有接头。禁止使用塑料花线。使用电气工具时，不准提着电气工具的电线或转动部分。在梯子上使用电气工具，应做好防止触电坠落的安全措施。在使用电气工具工作中，因故离开工作场所或暂时停止工作以及遇到临时停电时，须立即切断电源。

（11）狭窄场所（汽包、金属容器、地沟、管道内等）必须使用24V以下的电气工具。如果使用此类工具，必须装设额定漏电动作电流不大于15mA，动作时间不大于0.1s的漏电保护电器，且应设专人在外不间断地监护。电源连接器和控制箱等应放在狭窄场所外面。电气工具的开关应设在监护人伸手可及的地方。

（12）在测量仪器中，块规是保持测量统一的重要工具，它可以用于定准、校正测量仪器；检验两个相结合面之间的间隙大小用塞尺（又称厚薄规或间隙片）；万能游标量角器，它可以测量 $0° \sim 180°$ 的外角和 $40° \sim 180°$ 的内角；游标卡尺由主尺和副尺组成，是一种精密度较高的量具，它可以量工件的内直径、外直径、宽度和长度等；旋六角形工件应用通用扳手（又称活络扳手、梅花扳手及圆扳手）；环绳与绳索必须经过1.25倍容许工作负荷的静力试验合格后方可使用；U形螺栓的规定负荷应按最小截面积 $800kg/cm^2$ 使用；外径千分尺螺纹的螺距为0.5mm，活动套管转一周时，轴杆推进0.5mm；1号锉刀的粗细由齿纹的齿距大小决定，其齿距为 $2.3 \sim 0.83m$；使用外径千分尺测量工件时，应先转动活动套管，当测量面接近工件时，改用棘轮直到发出吱吱声为止。

（13）水处理设备和转动设备检修用的常见专用工具见表1-1。

表1-1　　　　　　水处理设备和转动设备检修专用工具

名称	型号及规格（mm）	用途
三爪拉马	150、200、250、300、350	用于轴承、联轴器等的拆卸
内六角扳手	公称尺寸：3～6、8、10、12、14、17、19、22、24、27	用于拆卸各种内六角螺栓
钩形扳手	45～52、55～62、68～72、78～85、90～95、100～110、115～130	用于拆卸各种圆形螺母和法兰螺母

名称	型号及规格（mm）	用 途
套筒扳手	6件、9件、10件、12件、13件、17件、28件	除具有一般扳手的功能外，尤其适用于各种特殊位置和装卸空间狭窄的地方
棘轮扳手		
链条管子扳手	900、1000、1200	用于较大外径管子的安装和修理
扭力扳手	最大力矩（N·m）：100、200、300 方榫尺寸（mm）：13	与套筒头相配，紧固六角螺栓、螺母，在拧紧时可以表示出力矩数值，用于对拧紧力矩有明确规定的场合
挡圈钳	轴用挡圈钳，孔用挡圈钳	用于拆装弹性挡圈
扁嘴钳	手柄长度：110、130、160	用于装拨销子、弹簧、弯曲板、丝等
圆嘴钳	手柄长度：110、130、160	用于弯曲板、丝，制成圆形
铁水平尺	长度：200、250、300、350、400、450、500、550、600	用于检查一般管道、制件和设备安装的水平和垂直情况
框式水平仪	150×150、200×200 250×250、300×300	用于精密测量设备和基础安装的水平和垂直位置及平直度和平面度等
十字形螺钉旋具	见 GB 1433—1976 相关要求	用于旋转十字槽螺钉、木螺钉和自攻螺钉
锥面锪钻	总长×直径	用于加工锥孔和孔的倒角
撬棍	总长×直径	用于撬大盖、法兰及重物
铜杠	总长×直径	用于敲击精密件表面，不使精密件表面产生伤痕，还用在敲击时不产生火花的场所

（14）化学设备检修中常用的精密量具见表 1-2。

表 1-2   检修精密量具

名称	型号及规格（mm）	用途
游标卡尺	0~200；分度值 0.02、0.1	用于测量精密零部件的内、外尺寸
深度游标卡尺	0~200；分度值 0.02、0.1	用于测量精密零部件的深度尺寸
刀口形角尺		用于测量精密零部件的垂直度误差及划垂直线时使用
万能角度尺	见 JB 2209—1977	用于测量精密零部件的内、外角度
外径千分尺	0~25、25~50、50~75 等	用于测量精密零部件的外形尺寸
内径千分尺	50~250；分度值 0.01	用于测量精密零部件的内形尺寸
千分表	0~1、0~2、0~3、0~4、0~5；分度值 0.001	用于测量精密零部件的尺寸和几何形状
塞尺	长度：50、100、150、200；测量范围：0.02~1.00	用于测量和检验间隙大小
螺纹规（样板）	分米制：60°，螺距（mm）；美制：55°，每英寸牙数	用于检测普通螺纹的螺距

二、检修材料

（1）硬聚氯乙烯塑料有良好的工艺性能，耐酸、碱腐蚀，可以制造储槽、水泵、风机、多孔板、酸雾吸收器等多种设备；可以切削加工；可以焊接；还可以压模成型。硬聚氯乙烯的使用温度为 -20~60℃，焊接温度为 190~240℃。制作后，硬聚氯乙烯塑料的使用压力为 0.3~0.4MPa，最高不得超过 0.6MPa。

（2）灰铸铁具有良好的铸造工艺性、切削加工性和减振性，对缺口不敏感，并具有较高的强度。但灰铸铁较脆，在 400℃ 以上有明显的生长现象，一般只在 300℃ 以下承受静荷零件。

（3）静密封广泛应用于阀门的阀盖和阀座连接，管道连接和转机减速箱接合面的密封件。

动密封广泛用于水泵的填料间隙密封，它结构简单，拆卸方便，成本低廉，压盖将填料轴向压紧，使其产生径向弹塑变形，堵塞间隙而进行密封。

（4）根据工作压力、工作温度、密封介质的腐蚀性、接合密封面的型式选用垫片。金属平垫一般用纯铜、铝、软钢、不锈钢、合金钢制作，使用压力小于20MPa，适用于600℃高温。橡胶垫片的工作温度为 - 40 ~ 60℃，适用于空气、水、稀盐酸、硫酸等设备。

（5）在化学设备中，选择好的零件是装配的关键，选择时应检查零件的相关配合尺寸、精度、硬度、材质是否合格，有无变形、损坏等，防止装错。

（6）在忌油条件下工作的设备、零部件和管路等应进行脱脂，常用的脱脂剂及其适用范围见表1－3。

表1－3 　　　　　　常用脱脂剂及其适用范围

名　称	适用范围	特　　点
二氯乙烷	金属制作	剧毒、易燃、易爆，对黑色金属有腐蚀性
三氯乙烷	金属制作	有毒，对金属无腐蚀性
四氯化碳	金属和非金属制作	有毒，对有色金属有腐蚀性
95%乙醇	脱脂要求不高的零部件和管路	易燃、易爆，脱脂性能较差
98%浓硝酸	浓硝酸装置的部分零部件	有腐蚀性

（7）水处理设备中常常受到腐蚀损坏的零部件有法兰、阀门、叶轮、轴、管道等，这些零部件常通过喷涂耐腐蚀塑料来提高其耐蚀性，延长使用寿命。工程塑料中常用于喷涂的品种有尼龙、低压聚乙烯、聚氯乙烯、氯化聚丙烯和聚丙烯等。喷塑时可根据零部件的具体使用要求选择合适的塑料品种进行喷涂。

（8）检修中适用于电弧喷涂的材料有碳素钢、不锈钢、铝青铜、磷青铜、蒙乃尔合金、铬钢、铝、锌等材料。

（9）过滤设备中，常用的滤料有石英砂、无烟煤、大理石、白云石、磁铁矿和陶粒等。除此之外，还有除去水中某种杂质的专用滤料，如除去地下水中的铁、锰杂质采用的锰矿滤料；除去水中臭味、有机物和游离性余氯等采用的活性炭滤料；另外还有微孔滤料、纤维滤料、泡沫塑料和玻璃纤维等。

（10）过滤设备中的滤料应具有下列性能。

1）有足够的机械强度，以免在冲洗过程中滤料由于摩擦而破碎。

2）有良好的化学稳定性，以免在过滤和冲洗过程中发生溶解现象，引起水质劣化。

3）滤料的粒径级配合理，粒度适当。

4）滤料的纯度高，不含杂质和有毒有害物质，其洗净度低于100度。

（11）水处理设备中常用的垫层有石英砂、卵石、砾石和磁铁矿等，其中以石英砂的使用最为广泛。

第三节 检修质量标准

设备的检修质量，取决于正式投运后，能不能保证质量标准。化水设备的检修质量要求：认真执行工艺规程，提高检修人员技术水平，确保备品配件材料选用符合质量要求。

设备评级分为一、二、三类，一、二类统称完好设备，完好设备的台数与评级设备的台数之比称为设备完好率。在设备检修后的验收工作中，应检查设备零件、部件、安全装置、保温措施是否完整，各种标志铭牌、编号是否齐全。设备评级采取领导、技术人员和运行、检修人员"三结合"的办法进行，由上述人员参加。

1. 化水一类设备的标准

（1）评级规定，设备的经济效果、性能、压力、温度参数均符合规定。

（2）运行、检修、试验技术资料基本完整，主要技术数据及常用图纸齐全、准确。

（3）化水主要设备（热交换器、澄清池、无阀滤池、阴阳离子交换器、混床等）达到铭牌出力，随时能投入运行，出水水质及经济单耗符合规定。

（4）化水设备各部件、附件整齐、完备、无泄漏。

2. 化水二类设备的标准

（1）化水设备的部件、附件有缺陷，但不影响安全运行。

（2）化水设备达到铭牌出力，随时能投入运行，出水水质及经济单耗尚能符合规程标准。

3. 化水三类设备的标准

（1）化水设备达不到铭牌出力，出水水质和单耗不符合规程标准。

（2）化水设备有严重缺陷，不能持续保证安全运行。

4. 化水设备验收

水处理设备检修后应经过两级验收，即车间验收和班组验收，以保证检修后设备能处于最佳状态投入运行，并在运行中保持最佳状态。在创一流火电企业中，水处理设备应每 6 个月重新评级一次。水处理设备的评级是对设备技术状况的综合评价。老设备只要能达到铭牌出力、设备健康良好，可以评为"一类设备"。一类设备的考核主要以临时检修的多少、检修质量和设备健康的好坏为重要标志，因此，临检多不能算作"一类设备"。

5. 化水辅助设备检查

化水辅助设备每 6 个月进行一次设备检查，视其健康情况进行级别调整。化水主设备应 6 个月进行一次全面检查，重新评级。

6. 达优标准

水力加速澄清池喉管垂直中心线位移在 0.50mm 内达优；柱塞计量泵参与机组运行，出力达标，各处严密不漏即为达优；机械过滤器进排水装置与筒体中心偏差小于 5mm 为达优；化水设备泵的振动应不超过 0.05mm；脱气塔风机振动应不超过 0.05mm；单吸离心泵叶轮与密封环间隙过大会增加泵的容积损失；过小会引起磨损等故障。其标准径向间隙为 0.20 ~ 0.30mm，轴向间隙为 0.60 ~ 0.70mm。

7. 检修工作验收

检修工作完成后，检修、运行及技术人员共同验收：中排装置安装水平度，进配水装置完好，树脂高度、内部衬胶、阀门按检修工艺施工，验收合格后封人孔，进行 15min、1.25 倍工作压力试验无泄漏后，方可办工作票结束手续，交付运行。

8. 离子交换器进水装置安装的质量标准

（1）进排水装置水平偏差小于或等于 4mm。

（2）进排水装置与筒体中心线偏差不超过 ±5mm。

（3）支管水平偏差不超过 ±3mm。

（4）支管与母管垂直偏差不超过 ±2mm。

（5）相邻支管中心距偏差不超过 ±2mm。

9. 机器过滤器检修要求

机械过滤器检修后要保证其所有阀门严密可靠，开关灵活，盘根门杆完好；所有压力表管、表计完整准确；油漆完好；所有设备标志牌、定级牌、箭头流向齐全。

10. 齿轮油泵检修后的质量标准

（1）内部应清洁干净，各结合面严密不漏油。

（2）齿轮应光滑，不应有裂纹、损伤。轮齿的工作面，不应有毛刺及咬痕，磨损不应超过 0.5mm。

（3）齿轮与外壳的径向间隙为 0.25mm。

（4）齿轮与两侧嵌入物轴向间隙为 0.02~0.12mm。

（5）齿顶间隙应大于 0.2mm，一般为 0.3~0.5mm，齿面间隙为 0.15~0.5mm。

（6）安全门应严密不漏油，调整螺钉、弹簧均应完整无缺，不弯曲。

11. SH 型离心泵质量标准

（1）叶轮无裂纹及严重汽蚀现象，口环径向最大间隙小于 2mm。

（2）轴无裂纹。

（3）泵轴弯曲度、轴承游隙、轴套磨损值、叶轮晃动度应符合检修通则的有关技术质量标准。

（4）用压铅丝方法制作泵盖结合处垫床厚度，泵盖对密封环外圈有 0.02~0.04mm 紧力。

（5）轴承压盖联轴器侧间隙为 0.3~0.4mm，对应侧压盖间隙为 0mm。

（6）联轴器的径向允许差小于或等于 0.18mm，轴向允许差小于或等于 0.15mm。

12. 炉内取样器的检修顺序和质量要求

（1）办理联系手续，关闭一次取样门，打开二次取样门，将管内余汽、余水排尽。关闭冷却水进水门。

（2）拆下（或锯下）二次取样门，拆下盘旋管。

（3）盘旋管清洗除垢，管壁磨损不得超过 0.5mm，试验压力为工作压力的 1.25 倍。

（4）冷却器内壁刮锈检查，放水槽刮锈检查，防腐涂漆。

（5）高中压取样门按蒸汽阀门的要求进行检修，试验压力为工作压力的 1.25 倍。

（6）冷却器结合面清理，胶垫检查清理或更换。

（7）冷却器进水门检查或更换，进水、排水管检查与疏通。

（8）装复按拆卸逆顺序进行。

第一章 化学检修基础知识

13. 橡胶和硬聚乙烯材料使用要求

采用橡胶衬里的钢制设备焊接时要采用双面焊接，焊缝高度不超过 3mm，焊缝不许有气孔、焊瘤和焊渣，以免存气泡，刺伤橡胶。采用硬聚氯乙烯制作的设备一般为低压力使用，焊接式设备使用压力为 0.3 ~ 0.4MPa，承压管道一般为 0.6MPa。硬聚氯乙烯塑料设备和容器的使用压力为常压。

14. 过滤设备中滤料的质量标准

（1）过滤设备中的滤料应具有良好的化学稳定性。对于石英砂和无烟煤，应在酸性、碱性和中性溶液中进行化学稳定性试验；对于大理石和白云石，应在碱性和中性溶液中进行化学稳定性试验，在上述溶液中浸泡 24h 后，浸泡液应符合下列标准。

1）全固形物的增加量不应超过 20mg/L。

2）二氧化硅的增加量不应超过：中压电厂为 10mg/L；高压和亚临界压力电厂为 1 ~ 2mg/L。

3）耗氧量的增加量不应超过 10mg/L。浸泡液达到上述标准，说明滤料的化学稳定性良好。

（2）滤料的粒度应符合表 1 - 4 的规定。过滤器（池）在装填滤料前，应做滤料粒度的均匀性试验，并达到下列要求：

表 1 - 4　　　　　　　　滤料的粒度

序号	滤料名称	滤料名称	粒径（mm）	不均匀系数
1	单层滤料	石英砂	0.6 ~ 1.2	2
		大理石	0.6 ~ 1.2	
		白云石	0.6 ~ 1.2	
		无烟煤	0.8 ~ 1.8	
2	双层滤料	无烟煤	0.8 ~ 1.8	2 ~ 3
		石英砂	0.6 ~ 1.2	
3	三层滤料	无烟煤	0.8 ~ 1.6	2 ~ 3
		石英砂	0.6 ~ 0.8	
		磁铁矿	0.25 ~ 0.5	

1）单流式过滤器滤料的不均匀系数应小于 2；

2）双流式过滤器滤料的不均匀系数应为 2 ~ 3；

3）滤料的粒度、不均匀系数、级配等符合设计要求。

15. 过滤设备中垫料的质量标准

（1）石英砂垫料质量标准有以下几个方面。

1）垫料的粒径范围（级配）一般为 2～4mm、4～8mm、8～16mm、16～32mm、32～64mm。

2）大部分颗粒形状宜接近球形或等边体。

3）密度应不小于 2.5g/cm³。

4）应不含可见泥土、页岩和有机杂质，含泥量应不大于 1%。

5）盐酸可溶率应不大于 5%。在各种粒径的垫料中，小于指定下限粒径的应不大于 5%，大于指定上限粒径的应不大于 5%。

（2）磁铁矿垫料质量标准有以下几个方面。

1）用于三层垫料的粒径范固一般为 0.5～1mm、1～2mm、2～4mm、4～8mm。

2）垫料的密度应不小于 4.5g/cm³。

3）应不含可见泥土、赤铁矿和有机杂质，粒径小于 2mm 的，其含泥量不应大于 2%；粒径大于 2mm 的，其含泥量不应大于 1%。

第四节　常用起重机具及其注意事项

一、常用起重机具

（一）千斤顶

千斤顶又称举重器，是一种用途广泛、构造简单的起重工具。其起重量通常为 0.5～50t，起重高度一般不超过 1m。千斤顶按其结构和工作原理的不同可分为螺旋式、液压式和齿条式三种。比较常用的是螺旋式和液压式两种。

1. 螺旋式千斤顶

它是根据斜面和螺旋的原理制成的，起重量一般为 5～50t，具有起升平稳、准确、能自锁、价格低的优点，但效率不高。其技术规格见表 1-5。

表 1-5　　　　　螺旋式千斤顶的技术规格

型　号	LQ-5	LQ-10	LQ-15	LQ-30	LQ-50
起重量（t）	5	10	15	30	50
试验负荷（t）	7.5	15	22.5	45	75
最低高度（mm）	250	280	320	395	700

型 号	LQ-5	LQ-10	LQ-15	LQ-30	LQ-50
起升高度（mm）	130	150	180	200	400
手柄长度（mm）	600	600	700	1000	1385
操作力（N）	130	320	430	850	1260
操作人数（人）	1	1	1	2	2
后座尺寸（mm）	ϕ127	ϕ137	ϕ155	—	—
质量（kg）	7.5	11	15	20	65

2. 液压式千斤顶

液压式千斤顶由起重工作缸、起重活塞和液压泵三部分组成。其工作原理与水压机原理相似。它的优点是起重量大、操作省力、效率高、工作平稳、结构紧凑、能自锁，但起升速度慢、起重高度有限。其技术规格见表1-6。

表1-6　　　　　　液压式千斤顶的技术规格

型号	起重量（t）	最低高度（mm）	起升高度（mm）	手柄长度（mm）	操作力（N）	操作人数（人）	贮油量（L）	质量（kg）
YQ-3	3	200	130	620	230	1	0.12	3.8
YQ-5A	5	235	160	620	320	1	0.25	5.5
YQ-5	5	260	160	620	320	1	0.25	5.2
YQ-8	8	240	160	620	365	1	0.30	7
YQ-12.5	12.5	245	160	850	295	1	0.35	9.1~10
YQ-16	16	250	160	850	280	1	0.4	13.8
YQ-20	20	285	180	1000	280	1	0.6	20
YQ-32	32	290	180	1000	310	1	—	26
YQ-50	50	305	180	1000	310	1	—	40
YQ-100	100	250	180	1000	310×2	2	—	97

（二）手拉葫芦

手拉葫芦又称倒链，是一种结构紧凑、携带方便、使用稳当的手动起重设备。手拉葫芦的种类有差动式、蜗轮蜗杆传动式和行星圆柱齿轮

传动式等，其中应用较多的是行星圆柱齿轮传动式。手拉葫芦技术规格
见表1-7。

表1-7   常用手拉葫芦的技术规格

型　号	起重量 （t）	起重高度 （m）	手链拉力 （N）	起重高度每增1m 应增加质量（kg）
SH1/2	0.5	2.5	195	2
SH1	1	2.5	210	3.1
612	1	2.5	230	3.7
SH2	2	3	325	4.7
651	2	3	260	3.7
SH3	3	3	360	6.7
SH5	5	3	375	9.8
SH10	10	5	400	11
SH20	20	5	435	19
SBL3	3	3	260	4
SBL5	5	3	330	5.3
SBL10	10	3	430	11.3

（三）电动葫芦

电动葫芦是一种小型轻便的电动起重设备，由起升机构和运行小车两
个主要部分组成。其起升机构是把电动机、减速器、卷筒及制动器放在一
个机体内，结构非常紧凑。起升机构和运行小车都是在地面上用按钮开关
通过软电缆来操纵的。为了安全，每个机构都有终点开关。当起重钩和运
行小车接近极限位置时，电动机的电流自动被终点开关切断，而停止工
作，以保证设备不受损坏。电动葫芦的技术规格见表1-8。

表1-8   电动葫芦的技术规格

型　号	CD10.5-6D ~12D	CD11-6D ~30D	CD12-6D ~30D	CD13-6D ~30D
起重量（t）	0.5	1	2	3
起升高度（m）	6~12	6~30	6~30	6~30

型　号	CD10.5 – 6D ~ 12D	CD11 – 6D ~ 30D	CD12 – 6D ~ 30D	CD13 – 6D ~ 30D
钢丝绳直径（mm）	4.8	7.4	11	13
钢丝绳结构型式	D – 6 × 37 + 1	D – 6 × 37 + 1	D – 6 × 37 + 1	D – 6 × 37 + 1
工字钢型号	16 ~ 28b	16 ~ 28b	20a ~ 32b	20a ~ 32b

（四）电动卷扬机

电动卷扬机具有牵引力大、起吊速度快、操作安全方便等优点，广泛应用于吊装、装卸和其他牵引工作中。其技术规格见表1－9。

表1－9　　　　　　　　电动卷扬机的技术规格

型　号	JJK – 0.5	JJK – 1	JJK – 3	JJM – 3	JJM – 5	JJK – 10
额定牵引力（kN）	5	10	30	30	50	100
卷筒直径（mm）	76	260	350	340	400	750
卷筒长度（mm）	417	485	500	500	840	1312
钢丝绳规格	6 × 19 + 1	6 × 19 + 1	6 × 19 + 1	6 × 19 + 1	6 × 19 + 1	6 × 19 + 1
钢丝绳直径（mm）	7.7	11	17	15.5	24	31
钢丝绳速度（m/min）	15	22	25/34.5 50/42	8.2	8.7	8.5
电动机功率（kW）	2.8	7.5	28	7.5	11	22

二、使用注意事项

起重机具应定期进行安全试验，并由试验单位签发合格证。使用前还应进行检查，不完整或有缺陷的起重机具绝对不能使用。

（一）千斤顶的使用注意事项

（1）选择千斤顶时，其起重量应大于重物的质量，千斤顶的外部最小高度应与重物底部施力处的空间大小相适应，重物的起升或降落高度应在千斤顶起升高度范围内。

（2）千斤顶在使用前，应拆洗干净，检查各零部件有无损坏，各部件动作是否灵活，油液是否洁净。

（3）操作时，千斤顶应放在平整坚实的地面上，并在千斤顶底座下垫上木板、枕木等，以增大底面承压面积。千斤顶与金属的重物或混凝土

第一篇　电厂化学设备检修

等光滑面接触时，应垫上硬木板，以防滑动；重物的触顶处必须是坚实部位，以免损坏重物。荷载重心应在千斤顶轴线上，严防地基偏沉或荷载偏移，使千斤顶偏斜或顶杆弯曲而发生危险。

（4）在开始操作千斤顶时，先将重物稍微顶起一些，而后暂停下来，检查千斤顶、枕木、重物和地基是否正常。若有异常情况就应及时处理，处理好后方可继续进行顶举。在顶举过程中，顶起后应随顶随搭枕木垛，重物和枕木垛上的楔木间净距应调整在50mm以内，以防千斤顶突然倾倒或回油造成重大事故。

（5）应遵守千斤顶的各项技术规格，不得随意加长手柄或强力推压，以防损坏千斤顶。起升高度不要超过规定值，一般螺旋千斤顶的螺母套筒和油压千斤顶的活塞上均有红线标记。每次顶举高度不得超螺母套筒或活塞总长的3/4。

（6）若重物一端只有一台千斤顶顶举时，千斤顶应放在重物的竖向对称面下，并使千斤顶底座长的方向和重物易倾倒的方向一致。若重物一端用两台千斤顶顶举时，其底座的方向略成八字形，对称放置于重物竖向对称面两侧。

（7）用两台或多台千斤顶顶起重物时，重物的另一端必须垫稳，不得两端同时顶起或降落，行动上要协调一致。不同类型的千斤顶不要放在一端使用。

（8）齿条式千斤顶降落时，不能突然下降，否则，千斤顶内部装置会受到冲击力作用，致使摇把跳动而打伤人。油压千斤顶降落时，只需微开回油阀油门，使其缓缓降落，以免损坏内部构件。

（二）手拉葫芦使用注意事项

（1）使用时仔细检查吊钩、链条和轮轴等有无损伤，转动部分是否灵活。

（2）使用时还应检查起重链条是否打扭，如有打扭现象，就应放顺后方可使用。

（3）使用前应试验自锁情况，自锁良好方可使用。

（4）使用时不得超过额定起重量，不得斜吊。不论在任何方向使用时，拉链的方向都应与链轮上轮槽方向一致；拉动拉链用力要尽可能均匀，不得过快过猛，且注意防止拉链脱出轮槽。

（三）电动葫芦的使用注意事项

（1）电动葫芦工作时，应垂直起吊重物。如确需斜拉起吊时，其斜角不得超过10°，以防钢丝绳乱扣甚至损坏导绳器。

（2）不允许同时按住电动葫芦正反两个方向运转的两个控制按钮。

（3）起吊限位器是保险装置，不得作为开关使用，严禁操作无导绳器或限位器的电动葫芦。

（4）电动葫芦不工作时，不允许悬挂重物，以免导致零件产生永久变形。

（5）工作完毕，必须断开总刀闸，切断电源。

（四）电动卷扬机的使用注意事项

（1）卷扬机应安放牢固，其下部用枕木垫起，后部用地锚固定，两侧分别用钢丝绳连接，以防工作时发生移动和倾倒。

（2）卷扬机所有转动部分应定期润滑。

（3）卷扬机所有电气部分都应有接地线，电气开关应有保护罩。

（4）钢丝绳应牢牢固定在卷扬机的卷筒上，使用时不准将钢丝绳放净，至少应保留 7 圈以上。在缠绕多层钢丝绳时，应确保卷筒两边挡板高度最少比最外层绳圈高出钢丝直径的 1 倍。

（5）从卷筒上引出钢丝绳时，须从下部引出，钢丝绳应与地面平行或与地面有不大的向上倾斜度。其斜度应小于 5°。

（6）卷扬机前面第一个导向轮应安装在卷筒的中垂线上，且卷筒中心线到导向轮的距离不小于 25 倍卷筒长度。

（7）开车前，须用手扳动齿轮空转一周，检查其各部分机件是否灵活，制动闸是否好用，各润滑点是否有油。

（8）送电前，控制器必须保持零位，开车时必须缓缓转动，不能突然转到终点。

水处理澄清设备的检修

利用原水中加入混凝剂并和池中积聚的活性泥渣相互碰撞接触、吸附，将固体颗粒从水中分离出来，而使原水得到净化的过程称为澄清。澄清器基本分为两大类，即静力式澄清器和固体接触式澄清器。后者又分为泥渣悬浮式和泥渣再循环式。

第一节　泥渣悬浮式澄清器的检修

泥渣悬浮式澄清器是一种对水进行混凝、石灰沉淀、软化和镁剂除硅的综合性处理的澄清设备。

一、设备构造和工作原理

泥渣悬浮式澄清器的主体结构是由钢板焊成的带锥底的圆形筒体。锥体底部装有进水喷嘴，喷嘴的上方为加药管；筒体中部装有整流栅板和泥渣浓缩器（泥渣分离器或内筒）；筒体上部装有水平孔板（栅板）和环形集水槽。筒体外部还有高位布置的空气分离器和低位装设的排污系统。整个筒体按竖向又分为混合区、反应区、过渡区、清水区和出水区五个区段，如图 2－1 所示。

水在澄清器内的流程为：用水泵将原水打到空气分离器；经分离空气后的水利用静压力通过澄清器底部的喷嘴以切线方向进入混合区，水在混合区中与加入的石灰浆（除硅时还有菱苦土等）和混凝剂（硫酸亚铁或聚合硫酸铁等）混合后进入反应区，并通过整流栅板将旋转流向整流为垂直流向，经充分反应后的水通过该区段的悬浮泥渣层得到基本澄清，其主流继续向上依次通过过渡区、清水区和出水区进入澄清器顶部的环形集水槽，然后流到出水明槽与由泥渣浓缩器分离出来的水混合，最后通过出水管进入无阀滤池或清水箱。另外，在反应区悬浮泥渣层的上缘处，有一小股泥渣水通过排泥筒上的窗口进入泥渣浓缩器，分离泥渣后的清水经出口管进入分离水槽，最后流到出水明槽与主流水混合。

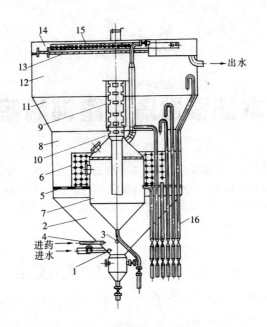

图 2 – 1　澄清器的构造

1—进水喷嘴；2—混合区；3—加石灰管；4—加凝聚剂管；5—水平整
流栅板；6—垂直整流栅板；7—泥渣浓缩器；8—反应区；9—排泥筒；
10—调节罩；11—过渡区；12—清水区；13—水平孔板；14—出水
区；15—环形集水槽；16—采样管

二、设备检修

（一）部件的结构和作用

1. 空气分离器

空气分离器是带锥形底的筒形容器。器内下部设有水平格栅，以加强水中微小气泡的碰撞，促使其结合成大气泡析出。在格栅的上方，装有带弯头且管口朝上的来水管，在管口的上方还设置挡水板或伞形帽，其下为散水盘，使水呈薄层状流出，以提高气水分离效果。空气分离器的构造如图 2 – 2 所示。

空气分离器入水管口高度，在正常负荷下被水淹没不宜太深，否则，不利于析出空气。

空气分离器的筒体直径，以水的下降速度不大于 28mm/s 为准，速度过大，有碍空气的分离。筒体的高度，应满足高峰负荷时不致溢流，并保证进水喷嘴的流速要求。

2. 进水喷嘴

分离空气后的生水，通过设在澄清器底部的喷嘴进入混合区。早期的澄清器，两个喷嘴以相对方向插在混合区的底部。实践证明，这种插入方式起不到理想的旋转作用，大量的水以仰角状直穿反应区，致使药剂混合不均。据此，有些使用单位将喷嘴沿锥体壁设置，水成切线方向流入，以提高药剂与水的混合效果，促进混凝作用和沉淀反应。

3. 加药管

石灰乳（浆）引入管的位置应在喷嘴的前方，这样加入的石灰乳能够与生水充分混合。

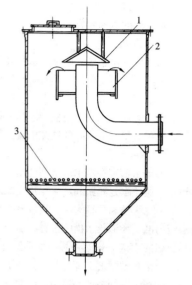

图 2 - 2　空气分离器的构造示意

1—伞形帽；2—散水盘；3—格栅

混凝剂引入管的位置又应在石灰乳引入管的前上方，这样混凝过程有适宜的 pH 值范围，以提高混凝效果。两种引入管的管口应切成 45°的斜口，并使其背向水流，以降低冲击阻力。

4. 整流栅板

由混合区上升的水流，先后通过设在反应区下部的 1 块水平整流栅板和 7 块垂直整流栅板，其作用是：

（1）当水和药剂通过栅板孔眼时，由于流通截面积的缩小，而得到进一步的混合。

（2）水平整流栅板可阻止混合区中直接上升的水流，并有利于栅板以下的水流成旋转状态。

（3）垂直整流栅板用来消除水的旋转，使水平整流栅板以上的水流由旋转状态逐步变成垂直上升状态，这样便于泥渣的沉降和分离。

反应区的上沿是悬浮泥渣层，水在此进行着复杂的混凝过程，并借水流的作用使泥渣层维持一定浓度。老化的泥渣则不断地进入泥渣浓缩器，以维持新老泥渣的平衡。

反应区以上是过渡区，该区的截面积逐渐扩大，流速逐渐减小，以达到分离泥渣的目的。过渡区以上是清水区，从该区开始，截面积增到最大，水在该区的流速只有1mm/s左右，以保证泥渣与水的彻底分离。

5. 水平孔板

在清水区和出水区之间装有水平孔板（栅板）。该孔板的作用是给上升水流一阻力，防止偏流。其所引起的阻力损失应考虑到不使空气分离器有过高的水位。孔板应装成水平状，其上的孔应均匀设置，使水流稳定。孔板上装有方形人孔门，门框周围和人孔盖周边应平整，其间夹垫用螺丝拧紧，以免大量水从人孔的缝隙中流过，造成偏流。

6. 环形集水槽

环形集水槽装在清水区上面的出水区内，其作用是能均匀收集出水区的清水，避免水走短路和产生偏流现象。为此，槽壁上的孔眼应在同一水平线上，孔眼数和孔径大小，应以高峰负荷时槽外的水不致越过槽壁向槽内溢流为准。环形集水槽的位置应居中，通常使其中心线所围面积为出水区总面积的45%，以达到均匀集水的目的。

环形集水槽壁的上部，经常处在潮湿的空气中，而且由于负荷的波动又常常处在干湿交替的环境中，因而腐蚀较快。为延长其使用寿命，应裱衬玻璃钢或用聚氯乙烯板材制作。当用聚氯乙烯板制作环形集水槽时，要注意其强度，并采取一些加固措施，特别要注意浮力的破坏作用，须切实将其固定好，防止浮动。

7. 出水槽和出水管

由环形集水槽出来的水流到出水槽后进入出水管。这当中存在着一个因出水管口吸气而造成的气塞问题。出水管发生气塞后，出水区的水位增高，严重时溢流，造成澄清器流速波动。为解决这一问题，可将紧靠出水口的出水管做成U形，并在出水口这一侧的弯头上加装排气管。

为防止出水管中进入较大的杂物，应在出水口上加装铁算。

8. 排泥筒和泥渣浓缩器

在澄清器中部设有泥渣浓缩器。该器的上部与泥渣吸入管相连，伸进浓缩器中的泥渣吸入管叫中心管，外露部分叫排泥筒。排泥筒上沿纵向开有六层窗口，每层四个口，用于排除老化和过剩的泥渣。这些排泥窗口竖跨在反应区和过渡区，并有少许伸到清水区。这些窗口在不同水质和负荷下并非都能起到作用，为适应水质和负荷的变化情况，在排泥筒的外面又套一个能上下移动的调节罩，用于开关第一和第二排窗口。当泥渣是以碳酸钙为主的重质泥渣时或在低负荷情况下，往往开启第一排窗口，关闭第二排窗口。排泥窗口的另一作用是自动调节整个泥渣层的高度。

泥渣浓缩器为一上下具有锥形的筒形容器。其作用是浓缩和分离泥渣，承担占澄清器设计出力 10% 泥渣水的分离任务。

泥渣浓缩器的上部装有水平孔板，使上升流速均匀。有的设计用环形多孔管代替了水平孔板。实践证明，这是有害的，因为多孔管容易污堵，轻者偏流，重者分离不出清水。

泥渣浓缩器的底部装有连续排污管，顶部装有分离水出口管。这些管子上都装有控制门，供运行过程中调整使用。

泥渣浓缩器固定在支撑钢梁上，以防排空启动时由于误操作将浓缩器浮起。

9. 泥渣包

澄清器底部还装有泥渣包，以便集积重力较大的泥渣和粒状沉淀物。泥渣包上安有排污门，以便定期排除陈旧泥渣。

10. 采样管

为了及时了解澄清器各区段的水质情况和各部件的运行工况，在各个区段和有代表性的点上都装设了采样管。其中混合区、反应区上部、出水区和泥渣浓缩器出水管上的采样管多作为控制点。为防止采样管被污堵，管端应弯曲向下延伸 50～100mm。为便于捅刷采样管，采样门应用闸阀，并串联两个，以便维修。

11. 外部加药管

对于加药管的要求有两方面：一是要能使管内有较高的流速，以防结垢、污堵，为此应采用小管径管道；二是管子要分段加装法兰，以便拆装。在材质方面：混凝剂管宜用聚氯乙烯管或 ABS 工程塑料管，当然采用不锈钢管更好，但此管不宜输送三氯化铁溶液，以免腐蚀；石灰浆管应采用无缝钢管。

（二）检修项目和顺序

1. 检修项目

澄清器应每年大小修各一次。小修的重点项目是：清理孔板污物和消除设备缺陷。大修的项目有：

（1）检查清除澄清器内所有装置表面积结的污垢，其中包括泥渣浓缩器内部的泥渣；

（2）检查清理所有采样管、加药管、进水管及其喷嘴内的污垢，并进行通流试验；

（3）检查校验出水水平孔板和环形集水槽的水平度，并清理其表面和孔眼上的污垢；

（4）检查清理排泥装置和调节罩，使其完整无缺，上下滑动灵活；

（5）检查绞车钢丝绳和吊绳的腐蚀情况，严重时应予以更换；

（6）检查清理空气分离器的格栅，腐蚀严重时应更换新的；

（7）检查各种部件的腐蚀和变形情况，特别要注意爬梯的完整情况；

（8）检查清理分离水槽和出水明槽，穿孔泄漏时应更换新的；

（9）拆卸和检查所有截门，并进行严密性试验；

（10）检查所有构架的完整情况，焊缝开焊时应补焊，腐蚀严重时应予以更换。

2. 检修顺序

澄清器检修前应先开启底排水阀，将澄清器外筒内的存水排净，再开启沉渣分离器排泥阀，将器内存水排净，并进行冲洗排污。待做好安全措施后，方可进行澄清器内外设施的拆卸、检查和清理工作。其检修顺序按下列要求进行：

（1）拆检进出口截门、排污门、加药门和采样门；

（2）冲洗环形集水槽和水平孔板；

（3）打开水平孔板上的人孔，冲洗爬梯后进入澄清器内继续冲洗器壁面和各部件的表面；

（4）打开水平整流格栅上的人孔，进入澄清器混合区冲洗；

（5）打开浓缩器的上下人孔，冲洗孔板和浓缩器内的泥污；

（6）清理环形集水槽、水平孔板和出水槽中污物，检查腐蚀状况；

（7）清理、检查进水喷嘴、导流室和锥体壁上的污垢；

（8）检查澄清器、浓缩器内部所有装置的腐蚀和完整情况特别要注意绞车和调节罩钢丝绳的腐蚀情况；

（9）捅刷清理采样管；

（10）拆检清理石灰浆管和凝聚剂管；

（11）清理检查空气分离器；

（12）清除澄清器内部器壁的锈蚀物和涂刷防腐漆；

（13）修补澄清器外部管阀和本体保温层并涂刷油漆及标志补全。

（三）检修清理方法和技术要求

（1）澄清器内部的污垢和锈蚀物应清理干净，清理的方法如下：

1）对器壁和部件表面的软泥，应用压力水冲洗。该项冲洗工作，应在澄清器停用后立即进行，否则，干涸后的泥渣很难冲洗干净。

2）进入澄清器内冲洗前，应先将爬梯冲洗干净并检查其完整性，当确认爬梯完整牢固后方可进入器内进行冲洗。

3）对于混合区器壁上和喷嘴内外部积结的硬垢，应用铁铲和榔头等工具予以清除。

4）对于环形集水槽和水平出水孔板眼上的污垢，应用三棱绞锥或其他专用工具——绞净，使孔径复原。

5）空气分离器用水冲洗后，要把器壁上的污垢和锈皮刮掉，连同栅板上的杂物一齐清除。

6）对于采样管内的污垢，如结垢较轻，就可用压力水从下往上逆冲洗，边冲边敲，直到清理干净为止，忌用直接敲打的清理方法，以免堵塞管道；如结垢较重，接上胶皮管就可用小酸泵就地循环酸洗，或分段切割下来，在体外采用捅刷等方法清理。

（2）环形集水槽的边缘应平整，并保持水平，槽壁和底板上不应有孔洞，否则，应进行焊补。槽壁上的孔眼应干净，扎眼的边缘应光滑没有毛刺，孔眼的中心线应在同一水平线上，其误差不得超过 ±2mm。

（3）水平孔板应平整，孔板的腐蚀厚度不应超过原板厚度的一半，也不应腐蚀孔洞，否则，应焊补或更换。水平孔板应保持水平状态，水平误差不应超过 ±5mm。

（4）采样管应畅通，采样管上不得有腐蚀深坑，更不能有孔洞，否则，必须焊补或更换。

（5）澄清器（包括泥渣浓缩器）和空气分离器的器壁不应有腐蚀深坑，腐蚀严重时可暂时补焊，并提出近期更换的方案。

（6）爬梯必须坚固、完整，踏板的钢筋和焊缝若有裂纹或腐蚀严重者，应焊补或更换。

（7）绞车和调节罩的钢丝绳应完整，当腐蚀严重或断股根数超过10% 以上时，应予以更换。

（8）水平和垂直整流栅板不得有开焊和歪斜情况，更不能倒塌，孔的边缘应光滑无毛刺。

（9）出水明槽和分流水槽不应有孔洞，否则，焊补。

（10）澄清器壳体、环形集水槽和泥渣浓缩器的中心线应重合，其误差不应超过澄清器直径的 0.3%。澄清器壳体的垂直度不应超过其高度的 0.25%，椭圆度不大于其直径的 2%。

（11）空气分离器的栅板应完整、干净，壁上的污垢必须彻底清除，以防运行中掉在栅板上影响过水量。

（12）采样门应严密不漏，泄漏严重时应更换。其他阀门也不得有泄漏现象，否则，应进行检修，水压试验合格后方能使用。

（13）空气分离器的垂直度不应超过其高度的 0.4%。其进水管、分水盘应与壳体同心，偏差不应大于 5mm。

第二节　机械搅拌澄清池的检修

机械搅拌澄清池系固体接触分离型的澄清设备，属于泥渣循环式加速澄清池。在这种澄清池中，既可单独进行水的混凝处理，又可联合进行水的混凝和石灰软化处理。因此，它是一种综合性的净水设备。

一、设备构造和工作原理

机械搅拌澄清池的特点是利用机械搅拌器叶轮的提升作用来完成泥渣的回流和接触反应的。加药混合后的原水进入第一反应室，与几倍（最大 5 倍）于原水的回流泥渣水在桨叶的搅动下进行接触反应，然后经叶轮提升至第二反应室继续反应，凝聚成较大的絮粒，再通过导流室进入分离室以完成沉淀的分离任务。

机械搅拌澄清池的构造如图 2－3 所示，它是一种钢筋混凝土的构筑物。水在澄清池中的流程如下：原水由进水管进入纵截面为三角形的环形配水槽，通过槽下面的出水孔均匀地流入混合室（又称第一反应室）；在混合室由于搅拌器叶轮的旋转形成一定的负压，使进水和回流泥渣混合均匀，并被叶轮提升到第二反应室；水和药剂在第二反应室基本上完成了沉淀反应和凝絮的成长，并进行了整流，然后经过设在其上部的导流室进一步消除水的紊动和旋转后，进入分离室。在分离室中，由于截面积较大，水流速很小，加上还设有斜管装置，故可使泥渣和水分离。分离出的水均匀地流到设在澄清池上部的环形集水槽，再通过出水管流到清水箱或重力式滤池进行过滤，分离出的泥渣下沉到池底，其大部分又回流到混合室，重质的一小部分通过池底的定期排污管（放空管）排走。在泥渣沉降过程中，还有相当数量的泥渣进入排泥斗，该部分泥渣以连续或定期的方式排除，保持泥渣的平衡。

二、设备检修

（一）部件的结构和作用

由于机械搅拌澄清池的大多数部件均是钢筋混凝土结构，且有的部件的作用已在工作过程中阐述，故不再一一赘述。下面只把它的一些重要部件的结构和作用简介如下。

1. 池体

机械搅拌澄清池池体通常用钢筋混凝土制成，其横截面呈圆形，底部

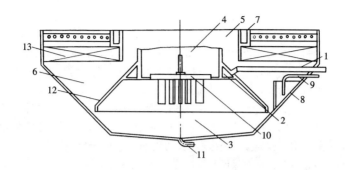

图 2 - 3　机械搅拌澄清池的构造

1—进水管；2—配水槽；3—第一反应室；4—第二反应室；
5—导流室；6—分离室；7—集水槽；8—排泥斗；9—排污
管；10—搅拌机；11—放空气管；12—伞形罩；13—斜管

略呈锥形，以便于排泥。当装有刮泥机装置时，其底部亦可略呈球面。池体按流程依次由第一反应室、第二反应室、导流室和分离室组成。池内中心位置装有机械搅拌器和叶轮提升装置，且竖跨两个反应室之间。在池子的底部装有定期排污管，用来定期地将沉积在池底的重质和老化的泥渣排出。为了能够彻底地排除污泥，大型池子在伞形罩的下沿装有环形多孔管，以便用高压水冲洗池底的污泥。在池体的不同部位上还装有取样管、加药管和排空气管等装置。

2. 配水槽

配水槽（进水槽）设在机械搅拌澄清池池体的第一反应室的上方，与池体一次制成。配水槽的结构多采用横截面为三角形的环形结构，槽底开有孔口，目的是使来水均匀地流到第一反应室。配水槽的顶部还设有排气管，以排除进水带入的空气。

3. 导流板

导流板设在第二反应室和导流室中，装在导流室中的导流板也叫整流板。导流板由钢板和混凝土制成，装设导流板的目的是缓和搅拌机提升水流时产生的旋流，将旋转水流变成垂直水流，以减轻对分离室中水流的扰动，有利于泥渣和水的分离。

4. 机械搅拌装置

机械搅拌装置是一个整体，下部是桨叶，上部是叶轮，通过主轴与减速装置相连，由无级变速电动机驱动。桨叶用于搅拌，搅拌的速度可根据需要来调节转速范围为 4.8 ~ 14.5r/min。搅拌机的部件结构和作用如下。

（1）主轴。主轴系空心结构，以使刮泥机主轴能从其中通过。主轴的下端通过法兰与叶轮固定，上端与变速箱的蜗轮通过键滑动配合，组成减速齿轮副。主轴的轴头上车有螺纹，以便能用大螺母调整叶轮的水平高度，控制叶轮的提升流量，进而调节回流比。

（2）叶轮。叶轮用钢板焊接和通过螺栓拼装而成。它是提升和搅拌合为一体的结构，搅拌桨叶就立焊在叶轮的底端面上。为了便于安装和检修，叶轮采取螺栓连接的分体形式。在叶轮与主轴间还装有四根斜拉调节螺杆，以便调节，从而保证叶轮运转时的水平度。

（3）变速箱。变速箱采用蜗杆蜗轮变速形式。而蜗杆通过皮带轮与减速系统和无级调速装置相连，从而使搅拌机达 4.8 ~ 14.5r/min（无级调速电动机的转速为 0 ~ 1200r/min）的搅拌速度。

为了保持主轴的径向回转平稳，在变速箱的下端设有滑动轴承，用油杯滴油方式润滑。油杯中的润滑油乃至减速箱中的润滑油都为 68 号机油。

5. 环形集水槽

环形集水槽是水泥现浇件或钢板预制成的，安装在分离室上部的出水区内，其横截面为矩形。集水槽的内壁有许多集水孔（$\phi 25$）均匀布置。其作用是均匀地收集出水区的清水，通过出水管流至清水箱或无阀滤池。

集水槽的安装要求比较严格，要求槽壁上的孔眼应在同一水平线上，孔眼的大小应一致，并严格均匀布置，以确保集水的均匀性。否则，集水不均匀，而产生偏流现象，影响出水质量。

机械搅拌澄清池的池径不同，采用的集水装置也不同。池径较小的，采用单独环形集水槽；池径较大的，采用辐射和环形集水槽的混合型式。集水槽中水的流速为 0.4 ~ 0.6m/s，出水管中水的流速为 1.0m/s 左右。考虑水池超负荷运行和留有加装斜管（板）的可能，集水槽和进出水管的校核流量可适当增大。

6. 排泥斗及放空管

当机械搅拌澄清池进水悬浮物含量经常小于 1000mg/L，且池径小于 24m 时，可采用污泥浓缩斗排泥和池底排污相结合的形式。根据池子的大小一般可设置 1 ~ 3 个排泥斗，排泥斗的容积一般为池子容积的 1% ~ 4%。小型池子也可只采用底部排污系统。

排泥斗设在池体锥形部分的上沿，用来贮存由分离室分离出来的过剩泥渣。排泥斗内的泥渣通过排污管及排污阀排出。设在池体底部的排污管，也作为放空管使用。为了减少周期性的排泥操作次数，可在排污管上安装气动阀或电动阀进行自动定时排泥，也可安装电磁虹吸排泥装置或橡皮斗阀，还可安装手动快开阀进行人工排泥。

7. 加药及取样装置

机械搅拌澄清池药剂的加入点，应视处理方式而定。当进行混凝处理时，混凝剂可加在进水管（即水泵的出口管）或环形配水槽中。当进行混凝和石灰处理时，石灰浆应加在第一反应室的下部，混凝剂可加在第一反室的中部，以免结垢污堵进水管和配水槽。

取样装置是机械搅拌澄清池在调试和运行中供取样监视水质用的部件，应在建造池体时按要求安装。取样管可采用 DN15 的镀锌管和煤气钢管。取样门可采用 DN15 的自来水阀。为了便于取样。可把取样管和取样门集中在一起。机械搅拌澄清池一般设 5 个取样点，部位分别是进水管、第一反应室、第二反应室、分离室、出水槽。

8. 机械刮泥装置

在大型机械搅拌澄清池的底部一般都设置电动刮泥装置（刮泥机）。刮泥机主要由刮泥耙、减速装置和减速电动机等部件组成，其作用是将重质的泥渣刮到池中间，及时排除。

（二）检修项目和顺序

1. 检修项目

机械搅拌澄清池应 1～2 年大修一次，其中机械搅拌器和刮泥装置应每年大修一次。澄清池本体和转动设备应每年小修一次。每次检修时，都要把搅拌机和刮泥机列为重点检修项目。小修项目除机械部分外主要是加药系统和消除设备缺陷。

大修项目如下：

（1）解体、检查、修理搅拌和刮泥机的变速箱等设备的机械部分。

（2）冲洗斜管，清理排泥斗、配水槽以及池体内的积泥、青苔等杂物。

（3）检修机械搅拌澄清池和加药系统的管道、阀门。

（4）冲洗、清理取样管内的积泥，检修取样阀门。

（5）检修加药设备，检查清理空气分离器。

（6）清理检修排泥斗、搅拌器叶轮以及刮泥机构架、刮板等金属部件。

（7）检查清理润滑轴承的专用水系统。

2. 检修顺序

机械搅拌澄清池在检修前，应先打开排泥斗阀门，把排泥斗里的泥渣全部排出，然后打开澄清池底部放空阀，把池体内的剩水和泥渣全部排至地沟。待池内水排空后，才能开始检修工作。其检修顺序如下。

（1）从池顶开始，由上到下将斜管和上部池壁冲洗干净。

（2）在安全措施全部做好后方可开始对搅拌机和刮泥机进行拆卸、起吊和解体检修。对装刮泥机的澄清池，应先进入第一反应室，拆卸刮泥耙后再起吊。搅拌机的检修顺序：

1）拆装顺序和方法。①将澄清池中的存水放空后，用杠杆横穿叶轮槽道将叶轮连同主轴固定在第一、二反应室的隔板上，并记录好拆前叶轮的水平高度。②在操作室搭好起吊变速箱的架子，挂好手拉葫芦。③拧下蜗轮变速箱与基座的连接螺栓，拔下油杯的润滑油软管，放掉变速箱中的润滑油。④松开锁紧螺母和大螺母，取下推力轴承。⑤用手拉葫芦将变速箱和滑动轴承吊离基座，放在就近的地面上。⑥解体减速箱，并做好相对位置记号。对装有刮泥机的澄清池，则应先拆刮泥机的变速箱。

2）组装顺序和注意事项。变速箱中的零部件检查修好后，就可进行组装工作。组装顺序基本上与拆卸顺序相反，但须注意以下几点：①校正好基础框架的水平度；②主轴轴头的螺纹段应包扎起来，防止吊装时磕碰螺纹。③在第二反应室应有人，以便与操作室的起吊人员协调工作。④变速箱中暂勿加入润滑油。

（3）对装有斜管的澄清池，应先将斜管格栅上人孔处的斜管掀起，下到池底将第一反应室的人孔打开，进入第一反应室，将室底清洗干净。

（4）池体的检修，应按下列顺序从上到下分部进行：

1）检查清理环形集水槽和斜管（板）；

2）检查修理第二反应室的导流板，使之牢固可靠；

3）检查清理分离室排污斗及其插板装置；

4）检查清理环形集水槽和辐射水槽的孔眼；

5）检查清理加药管和取样管；

6）检查清理空气分离器；

7）检查修理排污阀，放空阀以及其他阀门。

（三）检修方法和技术要求

1. 检修方法

（1）搅拌机和刮泥机的零部件的清洗、检测和修理方法。

1）叶轮。①清理叶轮的外表面，如有油污应用汽油洗净。调平拉杆检查连接螺栓松紧度和腐蚀情况。松动的螺栓应紧固，腐蚀严重的螺栓应更换。②叶轮的内外表面（包括主轴在内的所有水下件）如有锈蚀情况，则应进行清锈和补涂防腐涂料的工作。③叶轮腐蚀严重，钢板减薄1/3 以上或多处腐蚀穿孔时，应更换新的。

2）主轴。①主轴应清理打磨干净，其滑动轴承段的轴颈应光滑无磨痕和锈斑。磨损不严重时可用涂镀法修复；当磨损深度大于 1mm 时应进行喷涂处理，并重新加工。如有偏磨现象则应分析原因，应予以消除。②主轴顶端的螺纹若有损伤应进行修理。轻微损伤时可用锉削方法理顺螺纹，损伤严重时应进行机加工。③停运前若搅拌机有振动现象，则应检查主轴的弯曲，如弯曲度超过标准时应直轴矫正。

3）滑动轴承。①轴瓦应用汽油清洗干净，检查接触面的磨损情况，如有磨偏，则应检查主轴的垂直度和叶轮的平衡性。②检查轴瓦的间隙，方法是将轴瓦套在水平放置的主轴上，用塞尺进行测量。

4）变速箱。①变速箱解体后用毛刷蘸上汽油清洗齿轮和轴承，不能用棉纱或破布进行擦洗。变速箱壳体内表面清理干净后，还应用白面团粘净。②用敲击的方法检查箱体有无裂纹等缺陷。③检查蜗轮、蜗杆的磨损情况，轻微的磨损可用刮、锉等方法修理；还应进行蜗轮、蜗杆的试装工作，检查两者的接触面是否合乎要求，否则应进行调整。检查轮齿接触面啮合情况的方法是先在蜗轮的齿面上涂上一层薄的红丹粉，然后使之与蜗杆啮合，按工作方向转动数圈，就可在蜗轮齿面上留下接触印迹。合格的印迹是均匀分布的，并占齿面全长和全高的 50% ~ 60% 以上。④验查滚动轴承滚动体与内外圈滚道的完整情况，它们的表面应光滑，无斑痕、擦伤和脱皮等缺陷；保持架应无毛刺，锐边和裂纹等缺陷，与滚动体的间隙符合质量标准。蜗杆上的滚动轴承组装时，应测量轴承和推力轴承的轴向间隙，并用调整轴承压盖密封垫厚度的方法调整和保持各类轴承的轴向间隙。⑤检查骨架油封与变速箱壳体之间的弹性紧力，弹簧不应锈蚀和过度疲劳而失去弹性，以保持有 0.2 ~ 0.3mm 的紧力。否则，应更换新的弹簧。

（2）池体的检修主要是清理。当澄清池停运后应及时清理池体和各部件的污泥和杂物。清理的方法可用压力水冲洗。清洗时放空阀门应在开启状态，从上向下分部进行全面冲洗。冲洗斜管时，应踩上木板，水流顺着斜管的倾斜方向一根一根地进行冲洗。冲洗水的压力采用冲洗水门的开度来调节。压力不宜过大，以免冲坏斜管。池体冲洗干净后，检查池壁各部位的完整情况。如有裂缝和钢筋裸露缺陷，应进行处理。

清理检查支撑斜管的格栅和各处爬梯，如腐蚀严重和焊缝开裂，则必须更换和补焊，但此时应将附近的斜管移走，以免烧坏和发生火灾。

对澄清池穿壁的管道，如进水管和排污管等，当腐蚀严重需要更换时，必须在穿壁管段的外皮上焊上防止渗漏的铁圈，如图2-4所示。焊上铁圈后，可以扩大接触面，并能防止热膨胀导致的穿壁管位移。这样在穿壁管和混凝土之间就不致形成缝隙，从而防止了泄漏。

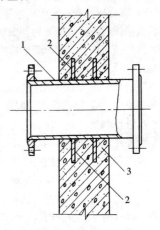

图2-4 穿壁管结构示意

1—管段；2—铁圈；3—池壁

池体内的所有钢制件，应清除锈皮后再检查腐蚀情况。如腐蚀严重，明显减薄或穿孔者，应进行补焊或更换。

（3）进水三角形配水槽的缝隙或孔口中的杂物应彻底冲洗干净，并尽可能用扁铲清除硬垢。检查排气管与配水槽的连接处是否严密、是否有松动现象，并及时固定和修复。集水槽的出水孔的污物，应用专用工具——清理干净。

排泥斗清理干净后，检查斗壁的腐蚀情况，如有明显减薄，则应更换新的。其活动底阀的小轴应拆下进行清洗，腐蚀严重者应更换新轴。

（4）取样管及加药管内的污物用压力水冲洗干净，检查其腐蚀情况。如腐蚀穿孔应更换新管。对穿池体壁的取样管，若腐蚀穿孔不易更换时，则可采用环氧树脂手糊法修补（见图2-5）。但必须将处理位置的表面清理干净后，再进行修补。

池外加药管道拆下后应清理管内的污垢。清理的方法是用稀盐酸浸泡后轻击管道，使管道内的结垢落下。如管内结垢严重时，须更换新管。

（5）机械加速澄清池的检修工作全部结束后，可由运行人员操作向池内进水至满，并进行静压试验。此时应全面检查池体、管道、阀门有无渗漏现象。接着启动搅拌机、刮泥装置及加药设备进行全面的试转，运行正常后方可交付运行。这里必须重视的问题是，搅拌机、刮泥装置必须在空负荷运行24h合格后，方可带负荷试转。

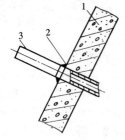

图2-5 取样管修补示意

1—池壁；2—取样管腐蚀部位；3—取样管

2. 技术要求

（1）机械加速澄清池池体内外要完整，无损坏。池体盛满水静压试验无渗漏。平台、栏杆、扶梯完好。

（2）蜂窝斜管填料干净，管口完整无卷边、严重变形和破损。复装时应排列整齐，疏密适度。

（3）金属部件完整牢固，油漆完好。

（4）混凝土构件完整、无裂纹，安装牢固。

（5）集水槽水平良好，出水小孔干净，流水畅通，水平误差不超过±2mm。

（6）取样管畅通，取样点位置正确。

（7）加药系统的管道畅通，加药泵出力正常，转动机械无异常情况。

（8）机械搅拌澄清池的所属阀门开关灵活，盘根无渗漏，关闭密封良好。

（9）排泥斗斗壁完整，防腐层良好，活动插板动作灵活、严密不漏。

（10）澄清池搅拌机、刮泥机的检修应符合设计要求和质量标准。具体如下：①减速箱底座加工面的水平允差为0.05mm/m；②主轴与轴瓦之间的间隙为其轴径的0.5/1000～1/1000，与澄清池中心的允差不大于5mm；③蜗杆皮带轮轮宽中心线与无级电动机皮带轮轮宽中心线偏移允差不大于1mm；两个皮带轮轴的不平行度允差为0.5mm/m；④提升叶轮的径向跳动允差和端面跳动允差都应不大于5mm；⑤调整叶轮开启高度的大螺母和锁紧螺母，松紧应灵活，后者应经常保持拧紧状态；⑥减速箱应加注68号机油，油位在油位计标线处，滑动轴承的滴油杯的油位正常，滴油速度以3～4滴/min为宜；⑦变速箱带负荷运转时温升不超过30℃；⑧各密封处不得有漏油现象；⑨搅拌机运转平稳，无异常振动，噪声符合标准；⑩调速装置灵活可靠，电流表和转速表指示正常。

（11）机械搅拌装置的主轴中心线与第二反应室中心线偏离误差，不应大于第二反应室直径的0.5%。

（12）刮泥板与池底的距离，不得小于5mm，误差为+4mm。

第三节　水力加速澄清池的检修

一、工作原理

在水力加速澄清池中，泥渣的循环是利用喷射器的原理，即利用进水的动力促使泥渣回流的，所以这种澄清池的特点是没有转动部件，结构简单。

　　水力加速澄清池的构造如图2-6所示。其工作原理是：原水从池底喷嘴进入，混凝剂可加至进水管道中或水泵的吸入侧，与原水混合后经喷嘴喷入喇叭口混合室，由于水流速度的增高，所以在此区域形成负压，池中大量泥渣回流进来。这些回流泥渣与原水在喉管内剧烈混合，达到悬浮颗粒与活性泥渣接触混凝的目的；从喉管出来的水进入第一反应室，该室呈锥形，水的流速逐渐减慢，有利于凝絮体不断长大；水流到第一反应室顶部折回第二反应室，在此完成接触混凝过程，然后进入分离室，水和泥渣分离；清水向上经环形集水槽引出，泥渣少部分进入排泥斗内，进行浓缩，定期排出池外；大部分泥渣又被吸入喉管重新循环，如此周而复始。

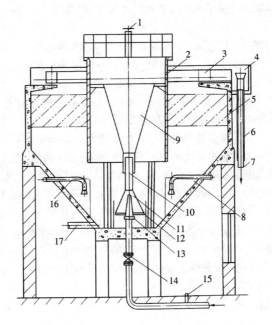

图2-6　水力加速澄清池的构造

1—调节装置；2—第二反应室；3—集水槽；4—集水斗；5—斜管；
6—溢水管；7—出水管；8—排泥斗；9—第一反应室；10—喉管；
11—混合室；12—导向杆；13—喷嘴；14—进水阀；15—加药点；
16—排污管；17—放空气管

水力加速澄清池要求进水悬浮物不大于 2000mg/L，短时间允许达 3000mg/L。一般设计回流量采用进水量的 2 ~ 3 倍。为了适应原水水质的变化和调节回流量与进水量之比，需通过池顶的调节装置来调节喉管与喷嘴的距离。

水力加速澄清池的优点是：结构简单，没有机械，池体可用钢筋混凝土筑成，所以坚固耐用，维修量小，管理方便。但存在投药量较大，对流量、水质及水温的变化适应性较差的缺点。

二、设备检修

（一）部件的结构和作用

1. 池体

水力加速澄清池的池体用钢筋混凝土建成，横截面呈圆形，上部是圆柱体，下部是锥角为 85° ~ 90° 的圆锥体。池体内设有进水喷嘴、混合室、喉管、第一反应室以及第二反应室等部件。池体上部设有支承集水槽的混凝土梁、集水槽及通道平台。在池体外侧下部的锥体周围，建有加药与取样小室。

2. 进水管与喷嘴

进水管及阀门安装在池体下部的小室内。在进水管上装有添加混凝剂的加药管，使混凝剂在进水管中与水充分混合。喷嘴安装在该进水管的法兰上，水流经过喷嘴由下向上喷进喉管。喷嘴是水力加速澄清池的重要组成部件，它运行工况的好坏直接影响泥渣的回流量。所以，喷嘴内径尺寸必须满足设计要求。喷嘴出口的设计流速为 6 ~ 9m/s；喷嘴的水头损失一般为 2 ~ 5m。喷嘴与喉管的直径之比一般采用 1:3 ~ 1:4，喉管截面积与喷嘴截面积的比值约为 12 ~ 13。正常运行时能把沉降到池体下部的泥渣抽吸进混合室，使它循环运行。悬浮泥渣水的最佳回流量可以通过池顶的调节手轮调节喷嘴与混合室的距离来达到。

3. 混合室与喉管

混合室与喉管用钢板制成，焊接成一体。混合室外缘设有 4 个导向孔，孔内插着 4 根固定在池底的导向杆。这样，在调节混合室与喷嘴的距离时不致使喉管偏离中心。喉管上端装有连杆，由联轴器把连杆与调节装置的传动杆连接起来。这样操作池顶调节装置的手轮就可使混合室与喉管上下滑动以改变混合室与喷嘴的距离。当水进入澄清池后，水流由喷嘴高速流出，喷入喉管，在混合室周围形成负压而把悬浮泥渣吸入喉管，使泥渣与喷嘴喷出的水得以充分混合。喉管的设计流速一般为 2.0 ~ 3.0m/s，喉管瞬间混合时间一般为 0.5 ~ 0.7s。

4. 第一反应室和第二反应室

第一反应室由钢板制成，是圆锥体。其下口有一段直管，喉管就套装在直管里，二者之间有一定的间隙，喉管能上下自由移动。第一反应室安装在第二反应室内。

第二反应室可以用钢板卷制，也可以用钢筋混凝土建造，是圆柱体。第二反应室上部为操作平台，平台通道与扶梯相连。整个第二反应室就位于水力加速澄清池的中央。

水流在喉管内与悬浮泥渣初步混合。当水流进入第一反应室时得到了进一步的混合。由于第一反应室自下而上的通流截面积逐渐扩大，因而水流速度相应地下降，当到第一反应室的出口流时速降到 60mm/s 以下。这时在喉管中形成的较小的凝絮由于吸附作用逐渐长大。由第一反应室出来的水继续进入第二反应室，但流向自上而下，且水的通流截面积又增大，流速再一次下降，降到 30 ~ 40mm/s，这就形成了良好的大颗粒凝絮，为清水与悬浮泥渣的分离创造了条件。

当水流由第二反应室进入分离室时，其流向又变为自下而上。分离室的通流截面积比第二反应室的更大，也即水流在分离室的流速又相应下降，通常为 1.0mm/s 左右。水流通过分离室的时间需 40 ~ 50min，这时重量和颗粒度较大的凝絮状泥渣在重力作用下迅速下沉。在下沉过程中形成"过滤网"，将水中的悬浮污物一起带下，从而达到了除去水中悬浮污物和胶体的目的。

5. 调节装置

水力加速澄清池的调节装置如图 2 – 7 所示。调节装置由支座、传动螺杆和操作手轮等部件组成。支座安装在操作平台上，两端用法兰连接。传动螺杆材质为 35 号钢，上部制有梯形螺纹，通过手轮带动螺母转动使它上下移动。下部杆端装有管式联轴器与喉管连杆连接。螺母与支承座间为使操作轻便、灵活，装有单列向心推力轴承。

6. 集水槽

为了使水力加速澄清池集水均匀，中小型水力加速

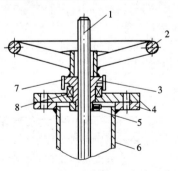

图 2 – 7 调节装置

1—螺杆；2—手轮；3—螺母；4、6—支座；
5—挡圈及销钉；7—护圈；
8—推力轴承

澄清池大部分采用环形集水槽；大型水力加速澄清池可采用辐射形集水槽。它们的构造如图2-8和图2-9所示。

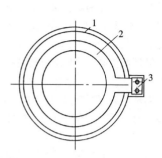

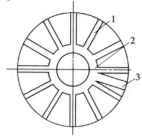

图2-8　环形集水槽构造示意
1—池体；2—集水槽；3—集水斗

图2-9　辐射形集水
槽构造示意
1—辐射多孔集水槽；2—环形
集水槽；3—总出水槽

7. 排泥斗及取样点

排泥斗设在水力加速澄清池锥体的上沿，通常对称地设置两个，用作储存过剩的泥渣。排泥斗内的泥渣通过排泥管及排泥阀排出。为了减少周期性的排泥操作次数，排泥阀可采用自动阀门，进行定时自动排泥。

水力加速澄清池一般设4个取样点，其测点的部位有泥渣区、第一反应室、第二反应室和分离室的清水区。为便于取样，可将取样管、阀集中装设在池外。

8. 加药系统

水力加速澄清池的加药系统由混凝剂溶解槽（箱）、混凝剂溶液槽（箱）、计量泵、转子流量计及管道阀门等设备组成，如图2-10所示。

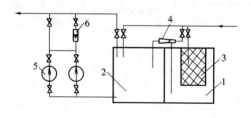

图2-10　加药系统示意
1—溶解槽；2—溶液槽；3—滤网；4—水力喷射器；
5—计量泵；6—转子流量计

加药设备可安装在池体下部的小室内。

（1）混凝剂溶解槽和溶液槽可在地下设置，亦可在地上设置。地下设置为半地下混凝土结构，槽内壁衬贴环氧玻璃钢作为防腐层。地上设置为钢板焊制（内部防腐）或塑料板焊制。袋装固体混凝剂可直接倒入溶解槽的滤网内，浸泡在水中。为了加速混凝剂的溶解，可用搅拌装置搅拌。搅拌装置类型有机械搅拌装置、水力循环搅拌装置及压缩空气搅拌装置。其中，以压缩空气搅拌装置的使用最为简便。

溶解后浓度较高的混凝剂用水力喷射器输送到混凝剂溶液槽中，再用水稀释配制成额定浓度的混凝剂溶液待用。为使溶液槽的混凝剂浓度均匀，也可用搅拌装置不断地进行搅拌。

（2）计量泵运行可靠、稳定，调节性能好。只要改变泵的行程或往复频率即可改变泵的出力。

（3）加药管道及阀门以采用塑料（PVC、UPVC和ABS）制品、衬里管、阀为好，否则，管道及阀门常因腐蚀而发生故障。计量泵出口可装设转子流量计，用来指示加药量。为使流量稳定，最好在流量计之前加一缓冲器。

为了使混凝剂在进水管道中得到较好的混合，加药点要设在进入水力加速澄清池前一定距离的进水管道上。这个距离一般为 $50d$（d 为进水管的公称直径）。

加药管与进水管的连接方式如图 2-11 所示。

（4）为了保证澄清效果，当原水中藻类和有机物含量较多时，必须投加液氯或二氧化氯等杀菌灭藻剂。这就需要设置相应的设备和管系。

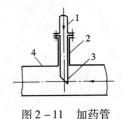

图 2-11　加药管连接示意

1—加药管；2—钢管；3—套管（硬塑料管）；4—进水管

9. 蜂窝斜管

为了进一步提高水力加速澄清池的出水质量，通常在分离室上部加装了蜂窝斜管如图 2-12 所示。由于斜管具有浅层沉淀作用，所以当水流通过斜管时，水中的凝絮就被分离出来，其效率可提高 50%~60%。

斜管要求质轻而耐蚀，目前多采用塑料和玻璃钢材质的蜂窝（六角形）斜管，其中尤以全塑乙丙共聚级和 BXG 型斜管用的比较普遍。但前者因密度小，在运行中有时容易上浮，故必须用涤纶绳把斜管捆在格栅支架上。

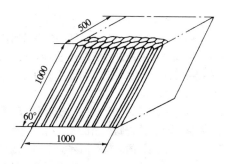

图 2 - 12 蜂窝斜管示意

（二）检修项目

水力加速澄清池 1~2 年大修一次。每年小修的主要工作是清理加药系统及消除设备污堵等缺陷。

大修项目：

（1）检查清理喷嘴、混合室和喉管；

（2）拆检调节装置和混合室导向杆；

（3）检查清理混凝剂溶解槽（箱）和溶液槽（箱）；

（4）检修计量泵，检查清理转子流量计；

（5）检修杀菌灭藻设备及其系统。

其余检修项目参照机械搅拌澄清池。

（三）检修方法和技术要求

水力加速澄清池检修工作开始前，应先打开两侧的排泥阀，把排泥斗里的泥渣全部排除。然后再打开水力加速澄清池底部放水阀，把池体内的剩水以及泥渣排至地沟，待全部排空后才能开始检修工作。

1. 检修方法

水力加速澄清池的检修方法，大都参照机械搅拌澄清池的检修方法进行。下面重点将不同部分的检修方法加以介绍。

（1）斜管和池壁。斜管和池壁的冲洗方法，可用压力水冲洗。冲洗时放水阀门应处在开启状态。冲洗斜管时，水流应顺着斜管的倾斜方向一孔一孔地冲洗，待斜管冲净后即可吊出池体少许（爬梯附近的），起吊和放下时要防止损坏。然后再用压力水冲洗池壁。池壁冲净后，检查其完整情况，如有裂缝和钢筋裸露缺陷，就应进行修理和抹面。

（2）格栅。清理检查支承斜管的格栅，如腐蚀严重和焊缝开焊，必须及时修补完整，并涂刷防腐涂料。

（3）喷嘴。检修喷嘴前，操作调节装置，把混合室提升到最高位置，然后进入池内，拆掉喷嘴法兰螺栓，取出喷嘴，检查其腐蚀情况，测量和记录喷嘴的内径。如喷嘴内径因冲刷和腐蚀超过 1mm 时，要用备件更换。接着校核进水管连接喷嘴法兰的水平度，如法兰平面有水平偏差，就应予以调整正常。以保证喷嘴垂直。

（4）混合室及喉管。这些薄壁金属件，长期浸泡在水中会锈蚀，因此大修时必须彻底铲除锈垢，检查腐蚀情况。如腐蚀严重，壁厚明显减薄或穿孔者，要修补完整或更换新的。检修时要测量和记录喷嘴、喉管和第一反应室中心管的中心偏差数值。其方法是由池顶中心吊线锤，分别进行测量，如不同心，则应调整支座的位置。

（5）调节装置。先在正对混合室的澄清池底上垫一木块，然后操作调节装置，把混合室降到最低位置，并小心地把手轮退出调节螺杆。拆下支承座及支座，拧下销钉，拆掉挡圈，拿开螺母，取出推力轴承。卸去梯形螺纹传动杆与喉管连杆的管式联轴器，拆下传动杆。解体后必须用煤油清洗各部件，并分别进行检查修理。要检查推力轴承的滚珠、弹夹有否腐蚀及磨损，如有缺陷要更换轴承；要检查梯形螺纹有否拉毛和腐蚀，如拉毛和腐蚀严重影响传动时则须调换备件。传动杆弯曲变形时要校直。装配程序与解体程序反之。装配轴承时应添加清洁的黄油或二硫化钼。

（6）混凝剂溶解槽（箱）及溶液槽（箱）。当把剩液及沉积物清理干净后，仔细检查环氧玻璃钢、橡胶等衬里防腐层有无裂纹、脱壳、鼓包现象。检查脱壳可用小木锤轻击鉴定，可用电火花检测仪检测。若聚氯乙烯箱的焊缝有裂纹，就应铲掉焊缝，重新焊接。

（7）转子流量计。当转子流量计玻璃管脏污时，可用稀盐酸浸泡后用毛刷清理之。

（8）加药泵。计量泵的结构和检修可参照"第三章计量泵的检修"中进行检修，此处不再赘述。

（9）静压试验及加药设备试转。水力加速澄清池检修工作全部结束后，可由运行人员操作向池体进水，进行灌水静压试验，此时要全面检查池体、管道、阀门有无渗漏现象。试验正常后接着启动加药设备（包括加氯设备）进行试转，检查设备运转正常后交付运行投运。

2. 技术要求

（1）水力加速澄清池池体内要完整无损坏，池体灌水静压试验无渗漏，平台、扶梯、栏杆完好。

（2）蜂窝斜管清理干净，无严重变形、破损，复装时排列整齐，疏密适度其空隙不得大于孔径。

（3）金属部件完整牢固，无严重坑蚀，防腐层完好。

（4）喷嘴口完好无缺，喷口内径允差为±0.5mm。

（5）喉管调节装置升降轻便、灵活，无卡涩现象，喉管与喷嘴的中心允差为5mm。

（6）集水槽水平良好，槽壁无腐蚀穿孔现象，集水小孔清理干净，水流畅通，孔眼水平允差为±2mm，集水槽和反应室等的椭圆度应不超过1%。

（7）取样管阀畅通，取样测点在池内位置正确。

（8）混凝剂溶解槽及溶液槽防腐层完好，无脱壳、起包及龟裂现象；槽内清理干净。

（9）加药管道畅通，确保通流截面积。转子流量计浮子完整、浮子上下无卡滞现象。转子流量计玻璃管清晰不渗漏。

（10）计量泵出力正常，转动机械无异常情况，轴承温升不超限。

（11）水力加速澄清池所属阀门开启、关闭灵活，盘根不渗漏，关闭密封良好。

（12）杀菌灭藻设备和管系严密不漏，运行可靠。

（13）集水槽、反应室和喷嘴中心线的偏差不应超过集水槽直径的0.5%。

第四节　澄清设备的故障及处理

一、泥渣悬浮式澄清器的故障处理

（一）出水中出现严重的 HCO_3^- 碱度

1. 原因分析

出水中出现 HCO_3^- 碱度的设备原因有：

（1）石灰浆浓度被柱塞计量泵的冲洗水稀释（因冲洗门关不严而倒回水）或因出口逆止阀球磨损、卡涩，从澄清器加药管倒回的水所稀释。

（2）柱塞计量泵或垫圈计量器的来浆管污堵不上浆。

（3）柱塞计量泵入口阀球或阀座不严密，上浆不足或不上浆。

（4）柱塞计量泵盘根严重损坏。

（5）泥渣浓缩器上移，将器内的连续排污管拉断，致使石灰浆液通过连排门被排掉。

（6）柱塞泵出口门开不大或出口管结垢，使浆量减少。

2. 故障源的排除

出水中出现 HCO_3^- 碱度的故障源的排除方法有：

（1）检查柱塞计量泵的冲洗系统，更换冲洗水门。

（2）拆检柱塞计量泵的出入口逆止阀和阀座，清除杂物，更换阀球或垫片，消除不上浆的缺陷。

（3）检查垫圈计量器的工作情况，排除垫圈污堵或上浆不足等缺陷。

（4）拆检柱塞计量泵的来浆管，消除管道污堵缺陷。

（5）加填或更换柱塞计量泵的盘根。

（6）更换出口门或清洗出口管。

（二）出水的透明度或浊度严重超标

1. 原因分析

出水透明度或浊度严重超标的原因有：

（1）凝聚剂加药装置不上药或加药量过大。

（2）进入澄清器的加药管污堵。

（3）连续排污门污堵或口径太小，泥渣浓缩器出水混浊使泥渣进入清水区而影响浊度。

（4）生水中的有机物、菌藻类和胶体等的含量太高，影响混凝效果。

（5）出水中的 OH^- 碱度较低或生水中镁硬度较大。

（6）底排门开的时间太长，使反应区悬浮泥渣层过低而影响浊度。

（7）加热器故障，使水温波动较大，造成翻池。

2. 故障源的排除

出水透明度或浊度严重超标的故障源的排除方法有：

（1）检查凝聚剂加药设备，消除不上药的缺陷。

（2）检查混凝剂药箱及其出液滤网的工况，消除污堵缺陷。

（3）消除连排系统的污堵或改装连排系统，更换成较大口径的连排门。

（4）当生水中有机物和菌藻类较高、水呈黄绿色时，应进行杀菌灭藻处理，并改用聚合铝铁等高效混凝剂进行混凝处理。

（5）当 OH^- 碱度较低时，应适当提高 OH^- 碱度的控制指标。

（6）严格控制底排门的开度和时间。

（7）加热器加装自控装置，使出水温度稳定。

（三）澄清器出水区水面下分离气泡

1. 原因分析

出水区水面下分离气泡的主要原因是：

（1）供加药的水力喷射器抽吸空气。

（2）柱塞计量泵盘根严重破损而吸入空气。

（3）石灰浆搅拌器或混凝剂药箱带浮筒的出液管管口露出液面。

2. 故障源的排除

出水区水面下分离气泡故障源的排除方法有：

（1）降低水力喷射器的水源压力，改进和维护好破坏喷射器抽吸能力的浮筒式装置，开大或装设较大的水封箱来水门。

（2）检查柱塞计量泵的盘根，拧紧或加填盘根。

（3）检查搅拌器和药箱中浮筒式出液管的工况，当管口露出液面时，调整浮筒的重量，使浮筒的下半部全部浸入浆液中，消除浮筒卡涩拒动的缺陷。

（四）澄清器出水区水面大幅度波动

1. 原因分析

出水区水面大幅度波动的主要原因是澄清器出水管中有气塞现象，其空气是从出水口吸进去的。由于出水管中涡有空气，减小了通流截面积，增加了阻力，使水流不畅，造成了出水区水面波动。

2. 故障源的排除

当出水区水面经常波动时，应采取下列方法排除故障源：

（1）在出水管紧靠出水口的弯头处加装一个排气管，其管径和管高要合适，可通过实验来确定。

（2）在出水管紧靠出水口的管段上加装 U 形水封管。

（3）在出水管的设计和安装工作中，应避免死弯，尽可能使出口管具有背压，并从箱壁进入水箱，防止抽吸。

（五）空气分离器溢流

1. 原因分析

空气分离器溢流的主要原因是：

（1）流量骤然波动把空气压入出口管中，形成气塞，或流量开得过大，超负荷运行。

（2）澄清器入口喷嘴或导向槽结积水垢，使通流截面积减少，阻力增大，水流不畅。

（3）空气分离器下部的格栅污堵。

2. 故障源的排除

当空气分离器溢流时，应采取下列方法排除故障源：

（1）减少流量片刻后，再缓慢地将流量加到需要的数量，但不得超负荷运行。

（2）停止澄清器运行，将其放空后清理喷嘴和导向槽中的污垢。

（3）停止澄清器运行，打开澄清器泥包排污门，将水位降到格栅以下，清理器壁和格栅上的泥垢、杂物和锈蚀物。

（六）澄清器出水口水位较高而经常溢流

1. 原因分析

澄清器出不去水经常溢流的原因是：

（1）出水管中吸入杂物而污堵。

（2）出水管因结垢严重造成管径缩小。

2. 故障源的排除

当澄清器因出不去水而经常溢流时，应采取下列方法排除故障源：

（1）停止澄清器运行，用氧—乙炔焰切割开可能污堵的弯头或管段处，将吸入的杂物清理出来。

（2）停止澄清器运行，用盐酸清洗出水管中的水垢。

（3）在出水口处加装箅子，防止杂物吸进出水管中。

（七）泥渣浓缩器出水少或不出水

1. 原因分析

泥渣浓缩器出水少或不出水的原因是：

（1）泥渣浓缩器顶部的集水多孔管孔眼污堵。

（2）泥渣浓缩器出水门开不大或出口管结垢污堵。

2. 故障源的排除

当泥渣浓缩器出水少或不出水时，应采取下列方法排除故障源：

（1）检查泥渣浓缩器出水门的工况，消除开不大或打不开的缺陷。

（2）停止澄清器运行，放掉器内存水，打开泥渣浓缩器的上部人孔，清理集水管孔眼，冲洗集水管中的泥垢，必要时用盐酸清洗集水管和出水管。

（八）澄清器各采样管的水质不一而且不规律

1. 原因分析

澄清器各采样管水质不一而且不规律的主要原因是：

（1）喷嘴和导向槽结垢污堵，使两个喷嘴的进水量不等。

（2）喷嘴未以切线方向与锥体连接，而是插入锥体，致使水流倾斜向上，不能与药剂均匀混合。

（3）加药管出药口的位置不在喷嘴的前上方，影响水、药均匀混合。

（4）石灰浆和混凝剂的两根对称加药管，其中污堵了一根，致使水与药剂混合不均。

2. 故障源的排除

当澄清器各采样管中水质不均匀时，应停止澄清器运行，按下列方法排除故障源：

（1）清理喷嘴和导向槽内的污垢，清除锥体内壁上结积的硬质水垢。

（2）将插入锥体的喷嘴改成以切线方向与锥体壁连接，并加装导向槽。

（3）将加药管出药口的位置移在喷嘴前上方，使水、药能够均匀混合。

（4）检查加药管的工况，若被水垢污堵，应全部疏通，保证对称加药。

（九）澄清器内水流偏斜和容积系数较小

1. 原因分析

水流偏斜和容积系数较小的主要原因是：

（1）喷嘴结垢污堵，进水量大小不一。

（2）水平和垂直整流栅板开孔不均或腐蚀倒塌。

（3）出水区水平孔板开孔不均，孔眼污堵或开孔面积过大，阻力减小。

（4）水平孔板上的人孔盖未盖好，使水走了短路。

（5）环形集水槽的孔眼标高不一致或孔眼被水垢污堵。

（6）澄清器筒体歪斜或本体与沉渣浓缩器不同心。

2. 故障源的排除

通过调整试验发现水流偏斜、容积系数较小时，应停止澄清器运行，按下述方法进行检查修理：

（1）清理喷嘴和锥体内壁上结积的水垢。

（2）检查喷嘴与锥体的连接方式，如系插入式，则应改成切线式。

（3）检查水平和垂直栅板的完整性，若栅板倒塌，应重新敷设；若栅板腐蚀破坏，应更换新的。

（4）清理水平孔板上的孔眼，并重新核算开孔面积，保持其有一定的阻力，使水流能均匀上升。

（5）清理环形集水槽上的孔眼，并检验孔眼的标高，若超过标准，应重新打孔和堵孔。

（6）检查水平孔板上的人孔盖是否盖好，若不严密，就应更换胶垫，重新紧固好。

（7）检查澄清器筒体的垂直度和内外筒的同心度，若超过标准，应采取加装挡水板等的措施，并调整沉渣浓缩器的位置，使其与外筒同心。

（十）柱塞式加药泵的出口安全阀动作

1. 原因分析

（1）泵的出口门或澄清器的进口门未打开或有开不大的缺陷。

（2）加药管不畅通或堵塞。

2. 故障的排除

（1）检查柱塞泵出口侧所有阀门的开启状态，若阀门有问题应进行检修或更换新门。

（2）若阀门无问题，则应冲洗或拆检清理加药管道。

二、机械搅拌澄清池

该型澄清池的特有故障处理是：

（1）第二反应室泥渣浓度较低，5min 泥渣沉降比长期低于标准，致使出水浊度长期超标。遇此故障，应停止澄清池运行检查：

1）第一反应室伞形罩裙板下沿与池壁（底）的距离，若距离超标，则应调整裙板的宽度或更换裙板。

2）搅拌器桨叶的完整情况，若桨叶变形损坏或掉下，则应整修或更换新桨叶。

（2）第二反应室泥渣浓度较高，但底排效果不明显。遇此情况，应停止澄清池运行检查：

1）刮泥机耙齿的完整情况，若耙齿变形或掉下，应整修或更换新的。

2）刮泥机的安全保护销是否剪断。若剪断应进一步查明原因，并更换新销。

3）底排门及其底排系统是否畅通，针对性地处理缺陷。

（3）澄清池无明显设备缺陷和操作失误，且生水中藻类也不多，但出水浊度总是不够理想。遇此情况，应在分离区的中上部加装蜂窝斜管，利用浅层沉淀作用和特殊的水力作用而使细小的沉淀分离出来，从而提高澄清效果。

（4）刮泥机安全保护销轴频繁断裂，遇此故障，应检查：

1）搅拌器转速是否过低，使池底积泥过多，耙齿超载；

2）池底是否掉下大块异物，使耙齿阻力过大而超载；

3）刮泥机停用前，未将池底积泥排掉，造成压耙而超载。

针对上述检查出的超载原因，采取有效措施，消除缺陷和故障源。

三、水力加速澄清池

该型澄清池的特有故障处理是：

（1）因水力喷射器喷嘴和扩散管（喉管）间的距离失调或喷嘴直径过小、过大，所以泥渣再循环受到限制，造成出水浊度超标。遇此故障时，应调整喷嘴和扩散管的距离，必要时加长丝杆或更换喷嘴，以加速泥渣循环。

（2）因生水泵扬程较低，出力较小，所以泥渣再循环受到限制，影响出水透明度。遇此故障时，可提高泵的扬程或更换出力较高的生水泵，以提高喷嘴的抽吸能力。

（3）因澄清池底部泥渣区的泥渣过于分散，所以吸入混合室的泥渣浓度过低，致使第二反应室水样的 5min 泥渣沉降比小于 10% ~ 20%，造成出水浊度长期超标。遇此故障时，可对澄清池进行改进，如将第二反应室壳体下端延长或在喉管外壁套装大伞形帽，以提高回流泥水的泥渣浓度。

提示 本章共有四节，其中第一、二、三节适合于初、中级工，第四节适合于高级工。

第二章 水处理澄清设备的检修

过滤设备的检修

进一步除去水中悬浮态、胶体态物质常用的方法称为过滤处理。过滤机理主要是机械筛分和吸附凝聚。机械筛分主要发生在滤料层的表面。当含有悬浮物的水自上部进入滤料层时，由于上层滤料形成的缝隙或孔眼很小，因而易于将悬浮物截留下来；而截留下来的或吸附着的悬浮物之间又会发生重叠和架桥作用，以致在表面形成了一层附加的滤膜，进一步起机械筛分作用。当水继续往下流动进入滤层内部时，水中的悬浮物微粒在流经滤料层中弯弯曲曲的孔道时，会有更多机会与滤料碰撞而有效地接触，此时水中那些双电层已被压缩成胶体微粒便凝聚在滤料表面，这就是吸附凝聚作用。

第一节 水处理常用的滤料、滤元、滤水帽

一、种类和选用

（一）滤料的种类和选用

根据过滤器（池）的结构和待滤水及其去除物的性能来选用滤料。常用的滤料有石英砂、无烟煤、大理石、白云石、磁铁矿和陶粒等多种。

除此之外，还有除去水中某种杂质的专用滤料，如除去地下水中的铁、锰杂质采用的锰砂滤料；除去水中臭味、有机物和游离性余氯等采用的活性炭滤料。

应根据待滤水的 pH 值来选择适宜的滤料。通常石英砂适用于中性和酸性水，因为碱性水对石英砂有溶解作用；无烟煤、大理石适用碱性水。其具体的使用条件如下。

1. 滤料的选用

（1）凝聚处理后的水，可选用石英砂滤料；

（2）石灰处理后的水，可选用大理石或无烟煤滤料；

（3）镁剂除硅后的水，可选用白云石或无烟煤滤料；

（4）磷酸盐、食盐溶液，可选用无烟煤滤料。

2. 滤料的运行参数

（1）运行滤速：单流一般为 10~12m/h；双流一般为 15~18m/h；双层滤料一般为 12~16m/h。

（2）反洗强度：石英砂常为 15~18L/（s·m²），无烟煤常为 10~12L/（s·m²）。

（二）滤元（芯）的种类和选用

根据待滤水及其去除物的性能来选用滤元，常用的主要有纤维素滤元、离子交换树脂滤元以及由多个蜂房状、管状滤芯组成的滤元。

选用此几种滤元的过滤器主要是彻底除去水中微小的悬浮态、胶体态和离子态的金属腐蚀产物，对于除去胶态的铁、铜腐蚀产物，离子交换树脂滤元效果比纤维素滤元较好。

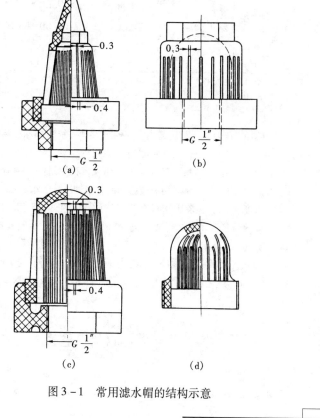

图 3-1 常用滤水帽的结构示意

（三）滤水帽的种类和选用

滤水帽目前常用的有塔式、单头、双头、长柄等多种，如图 3－1 所示，水帽的材质现多采用 ABS 工程塑料和不锈钢。

二、常用滤料的特性

滤料应具有下列性能：

（1）有足够的机械强度，以免在冲洗过程中滤料由于摩擦而破碎，因为破碎的小粒会增加滤层的水头损失和滤料的损耗。

（2）有良好的化学稳定性，以免在过滤和冲洗过程中，发生溶解现象，引起水质劣化。滤料在不同介质中的稳定性，如表 3－1 所示。

表 3－1　　　　　　　　滤料在不同介质中的稳定性

名称	中　　　性			酸　　　性			碱　　　性		
	全固形物	耗氧量	SiO_2	全固形物	耗氧量	SiO_2	全固形物	耗氧量	SiO_2
石英砂	2～4	1～2	1～3	4	2	0	10～16	2～3	5.7～8.0
大理石	13	1	—	4	3	—	6	1	—
无烟煤	6	6	1	—	—	—	10	8	2
半烧白云石	16	2	2	—	—	—	10	4	1

注　试验条件温度为 19℃，中性溶液用 NaCl（500mg/L）配成，pH 值为 6.7；酸性溶液用 HCl 配成，pH 值为 2.1；碱性溶液用 NaOH 配成，pH 值为 11.8。浸泡 24h，每 4h 摇动一次。

（3）粒径级配合理，粒度适当。粒径过大会导致细小悬浮物穿过滤层而漏出，影响出水质量，并在反洗时滤料不能充分松动，致使反洗不彻底。久之，沉淀物和滤料就会结块，造成偏流；相反，粒径过小，会造成水头损失过大地增加，出力下降，从而缩短过滤周期，增加反洗工作量和反洗用水量。

（4）纯度高，不含杂质和有毒有害物质，其洗净度低于 100 度。

（5）有效粒径和不均匀系数。滤料颗粒的大小以有效粒径（d_e）来表示，有效粒径是指有 10%（以质量计）滤料能通过筛孔的直径。不均匀系数是 80%（按质量计）滤料能通过筛孔直径（d_{80}）与 10% 滤料能通过筛孔直径（d_{10}）之比，通常用 K_B 表示，即 $K_B = d_{80}/d_{10}$ 不均匀系数一般要求在 1.5～2.0 之间。

第二节　无阀滤池的检修

一、工作原理

无阀滤池因在其工艺流程中无阀而得名，但在并联系统中的管系上还有来水门、分段门和水箱入口门，而且滤池本体也还有一些辅助阀门，如放水门和强制反冲洗门等。因此，也不能把无阀滤池简单地理解为整个滤池无一个阀门。

无阀滤池可分为压力式和重力式两种，其结构原理相同。压力式无阀滤池只适用于小型供水的场合，热力发电厂常用的是重力式的。下面以重力式无阀滤池为例加以叙述。

重力式无阀滤池的结构如图 3 - 2 所示。它的主体自上而下分三个部分：反冲洗水箱、滤水室和集水室。

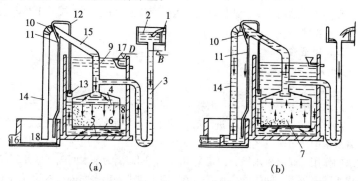

(a)   (b)

图 3 - 2　重力式无阀滤池结构

（a）运行状态；（b）反冲洗状态

1—分配堰；2—配水箱；3—U 形进水管；4—滤水室；5—滤层；6—集配水
装置；7—集水室；8—连通管；9—反冲洗水箱；10—抽气管；11—虹吸辅
助管；12—虹吸破坏管；13—虹吸破坏斗；14—虹吸下降管；15—虹吸
上升管；16—下水道；17—出水管；18—水封井

重力式无阀滤池的过滤过程如图 3 - 2（a）所示。从澄清设备或水泵来的水经分配堰进入配水箱，流经 U 形管及进水挡板后进入滤水室，自上而下地通过滤层和集配水装置汇集到集水室，然后经连通管上升到反冲洗水箱，再经漏斗形出水管引至清水池（箱）。

滤池的反冲洗过程如图 3 - 2（b）所示。滤池在运行中，滤层不断截留悬浮物，阻力逐渐增大，滤速有减慢之趋势。但为了保持原有滤速和滤池进水量的不变，迫使虹吸上升管内的水位不断升高，当水位达到虹吸辅助管口时，水便从此管中急剧下落，并将虹吸管内的空气抽走，管内形成真空，于是虹吸上升管中的水位继续升高；同时，虹吸下降管将水封井中的水吸至一定高度，当虹吸上升管中的水位越过虹吸管顶端弯管而下落时，与下降管中上升的水柱汇成一股水流，快速冲出管口形成虹吸；虹吸开始后，由于滤层上部压力骤降，迫使反洗水箱内的水沿过滤时的相反方向进入虹吸管，滤层因而受到反冲洗。反冲洗废液由水封井排入下水道。

在反冲洗过程中，反洗水箱内的水位逐渐下降，当下降到虹吸破坏斗上缘以下时，虹吸破坏管迅速把斗中的水吸完，管内与大气相通，吸收空气，于是虹吸被破坏，滤池反洗结束，继而又重新开始过滤。如此周而复始地自动运行和反洗，不停地进行着滤水作业。

无阀滤池结构简单，造价较低，运行管理方便。但其滤层处于封闭结构中，进出滤料困难；虹吸管较高，会增加建筑高度。

二、设备检修

（一）部件的结构和作用

1. 进水系统

进水系统由配水箱、溢水堰和 U 形进水管组成。

（1）配水箱。配水箱（进水槽）的作用主要是使来水具有恒定水位，并将来水中夹带的空气分离出来。当把两个滤池作为一组时，还起均匀分配水的作用。此时配水箱分为三个间隔：中间间隔为来水间隔，两侧间隔为出水间隔。当中间间隔满水后，越过溢水堰进入出水间隔，然后通过 U 形管进入滤水室。为了使水量分配均匀，两个溢水堰的标高、厚度和粗糙度应相同。

配水箱的标高必须选定正确，过低不能形成虹吸，反洗不能顺利进行；过高不但需提高澄清设备出水槽的高度，而且滤池的运行周期缩短，反洗频繁，或因带气而影响反洗作业。

（2）U 形进水管。其作用能使进水管形成水封，防止空气通过进水管进入虹吸管，虹吸中断，破坏反洗作业的正常进行。为此，应使 U 形弯头的标高低于虹吸下降管管口，与设计标高的偏差不得超过 10mm。

无阀滤池的进水系统若设计安装欠妥，则会因进水中夹带空气而影响其正常运行。夹带空气的原因，主要是 U 形进水管中的水位较低，在配水箱出口处被快速水流旋进空气。在运行初期，由于旋进去的空气大都突破虹吸下降管水封槽的水封而逸入大气，因而没有什么不良影响；但到运行后期，危害很大，表现在：

1）虹吸不能形成。在运行后期，滤层阻力增大较快，当虹吸上升管中的水位达到虹吸辅助管管口、开始落水抽气时，如进水管仍在带气，就形成一面抽气一面进气的局面。在这种情况下，虹吸作用势必长期不能形成，影响滤池的正常运行。

2）虹吸提前破坏。在反洗后期，由于反洗水箱水位降低，虹吸管、进水管的抽吸作用加强，如进水管不设 U 形管，则将抽吸大量空气而使虹吸提前破坏，中断反洗。

为了防止进水中夹带空气，通常采取下列措施：

1）降低配水箱底标高。将配水箱出水间隔的箱底标高降低到与反洗水箱出水漏斗的标高相同。

2）在 U 形进水管上加装空气分离装置。该装置如图 3 – 3 所示，将空气分离器做成斜顶，在斜顶的最高处接排气管，到配水箱来水间隔的水面以下一点，以便把可能带出的水再回到配水箱中。

有的空气分离装置安装在进水管的最底部，这样分离器起到了 U 形管的作用。此分离器为筒形结构，其内中间设有竖向隔板，分成两室，但下部连通，并在出口侧的顶上接排气管，到配水箱来水间隔的水面以下一点。

2. 滤水系统

滤水系统由滤水室内的顶盖、浑水区、滤料层、支承层和集配水装置等组成。

（1）顶盖。滤水室的顶盖实际上就是反洗水箱的底板，呈锥形。其锥角既不能太大（过大强度降低，易变形损坏），也不能太小（过小虽然强度较高，但对集水不利），通常锥体的底角为 $10° \sim 15°$。顶盖本身及其与池壁的连接必须严密不漏，否则，将因漏水影响出水质量和反洗效果。

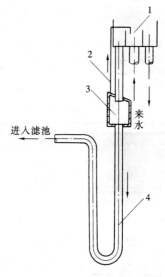

图 3 – 3　空气分离装置
1—配水箱；2—排气管；3—空气
分离器；4—U 形进水管

为了防止进入滤水室的水流直冲滤层，并使配水均匀，在锥形顶盖的下方设有水平配水板，其偏差不得超过 2mm。

（2）浑水区。顶盖与滤层的空间，称为浑水区（类似过滤器内的水垫层）。其作用主要是在反洗时，使滤料有膨胀余地，能翻动和相互摩擦，以便洗去其表面上的泥渣。

浑水区的高度（不包括顶盖的锥体高度），一般为滤层高度的 50%，再加 50 ~ 100mm 的安全高度。

（3）滤料层。滤料层的作用是截留和接触吸附水中的悬浮物。滤料应采用具有足够机械强度和耐蚀的粒状石英砂或无烟煤，并不得含有毒有害物质，还应符合设计要求。采用单层滤料或双层滤料时，其粒径和滤层厚度如表 3-2 所示。双层滤料的装入，应使密度大而粒径小的在底层，密度小而粒径大的在表层。

表 3-2   滤料的粒径和滤层厚度

滤料型式	滤料名称	粒径 （mm）	筛网规格 （目/inch）	厚度 （mm）
单层滤料	无烟煤	0.8 ~ 1.8	20 ~ 10	700
	石英砂	0.6 ~ 1.2	32 ~ 16	700
双层滤料	无烟煤	0.8 ~ 1.8	20 ~ 10	300
	石英砂	0.6 ~ 1.2	32 ~ 16	400

（4）支承层。其作用是支承滤料，防止泄漏，同时还能均匀布水。

支承层的组成随集配水系统的型式而异。当采用小阻力格栅式集配水系统时，需用卵石（最好是石英质或大理石的海滨沙滩卵石）和绿豆砂（石英砂也可以）作支承层，其厚度一般在 300mm 以上。卵石和绿豆砂根据水力特性的要求，应分层排放，粒径由大到小从下到上逐层平整地铺好，如表 3-3 所示。

表 3-3   格栅上卵石支承层的级配

粒径（mm）	2 ~ 4	4 ~ 8	8 ~ 16	16 ~ 32
厚度（mm）	100	75	75	100

当采用大阻力的滤水帽或其他集配水装置时，需粒径为 2 ~ 4mm 的石英石或其他材质作支承层，其厚度一般不超过 100mm。

（5）集配水装置。集配水装置有格栅、滤水帽和多孔滤水板等多种形式，现仅介绍通用格栅和滤水帽两种。

1）格栅。格栅属于小阻力系统。格栅的结构形式很多，如用扁钢做

第一篇　电厂化学设备检修

边框，在其两端边上开半圆形孔或 V 形槽，把 $\phi 10 \sim \phi 12$ 的圆钢嵌在其中，并用电焊点焊好；又如用扁钢在滤池内等距离立置槽钢支架上，并在其顶沿上同样开半圆形孔或 V 形槽，把 $\phi 10 \sim \phi 12$ 的圆钢嵌于其中，用电焊点焊好；再如铸铁制品，做成箅子形状，放在中间的做成长方形块，放在边上靠池壁的做成圆弧状块，以便与池壁吻合。它们的结构如图 3 - 4 所示。

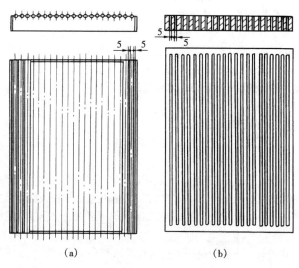

(a)   (b)

图 3 - 4 格栅结构

(a) 圆钢箅子；(b) 铸铁箅子

格栅间的净间隙一般为 3 ~ 5mm。圆钢箅子的材质最好采用耐蚀的 1Crl3，以延长寿命。

2）滤水帽与花板。滤水帽属于大阻力系统，由装在花板上的滤水帽和支承层组成。花板的厚度通常为 20 ~ 30mm（随滤池的直径而变），用槽钢支撑。槽钢支撑在集水室的底板上，两端焊牢，以防反冲洗时冲坏。目前多采用 ABS 材质的蝶片式单头水帽或长柄滤水帽。

3. 出水系统

出水系统包括集水室和出水管。集水室是在运行过程中起汇集清水的作用；在反洗过程中起分配反洗水的作用。因此，集水室有一定的高度。一般情况下，滤池的出力越大（即截面积越大），集水室的高度也越高。

滤水室的出水管有两种敷设方法：①出水管设在滤池内；②出水管设在滤池外。设在滤池内的要占一定体积，且由于壁效应的关系，对过滤作业不利；设在滤池外的虽对过滤有利，但需保温，投资增大。不管设在哪里，出水管顶部均应做成三通式的，并以水平方向出水。三通的顶端不应封闭，以免因虹吸产生吸滤现象，影响出水品质。

设置独立出水管的滤池，反洗后虽然开始出水的质量较差，但是进入系统中的水充其量仅为与滤池等高一段出水管中的水量，而水质较差的大部分水却储存到了反洗水箱，供下次反洗时使用。

有的滤池不专设出水管，而把连通管兼作出水管，并在反洗水箱的上部设置了一个漏斗形或槽形的溢水式出水口。这种设置方式，虽设备结构有所简化，但反洗后开始滤出的水质量较差。

4. 反洗系统

反洗系统由下列部件组成：

（1）反洗水箱。反洗水箱是反洗系统的主体，其容积是按反洗一次所需要的水量加上一些余量确定的。

反洗水箱的下部装有排污门，以便定期清理箱底的污物。顶部装有人孔门。在制作和安装人孔门时，应注意人的高度应高出箱顶的保温层，以防雨水将灰尘带入箱内；反洗水箱顶部制作若干呼吸孔，供反洗时吸入空气使用。

（2）连通管。连通管是用来连通反洗水箱和集水室的，以便将滤后的清水送到反洗水箱。但在反洗时，又将反洗水箱的水倒流到集水室，再折返到滤水室，松动滤层，进行反洗。

为了保证反洗质量，应使反洗水均匀地分布于整个滤室的截面上。为此，连通管出口的水流速不宜过大，且连通管的下端应插入集水室一定深度，以便均匀扩散。连通管的布置形式有池内式、池外式和池角式三种，如图3-5所示。

方形滤池的连通管大都采用池角式，即连通管设在方形滤池的四个角上。这种结构的优点是滤水室中间没有管道，减小了壁效应，还消除了滤池四角的死区，有利于均匀布水。

圆形滤池的连通管大都采用池内式，即连通管设在池的中间，通常按4~6根管均布，围成一个圆圈，并使圆圈内外面积大致相等。

（3）虹吸管。虹吸管由虹吸上升管和虹吸下降管组成。虹吸上升管出池顶后倾斜设置，目的是防止空气滞在上升管内，影响虹吸的形成。虹吸下降管通过大小头变细，以加大流速，将管内空气冲出，较快地形成

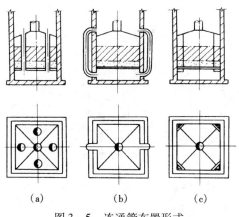

图 3 - 5　连通管布置形式

（a）池内式；（b）池外式；（c）池角式

虹吸。

虹吸上升管的标高取决于水头损失值。该值通常为 1.5~2.0m，即反洗水箱水位至虹吸辅助管管口的距离为 1.5~2.0m。

（4）虹吸辅助管。虹吸辅助管是借虹吸上升管中升起的水，经其管口而快速下降，以抽吸虹吸上升管无水段管中的空气，促使虹吸迅速形成的装置。因为虹吸管的管径较大，存气较多，要靠虹吸上升管中的水，越过该管管顶下泄时的水流来带走虹吸下降管中的空气，需要几个小时。当采用虹吸辅助管后，在几分钟内就可形成虹吸。虹吸辅助管的抽气原理和喷射器的相同，以较高的下泄水流使抽气管内形成负压，从而将虹吸管中的空气抽走。

虹吸辅助管的结构如图 3 - 6 所示。虹吸辅助管是在虹吸上升管弯头的底部，接一直径较小的管子，该接口标高与设计偏差不得超过 10mm，并在该管管口以下一定高度与由虹吸管顶部接来的抽气管相连，在抽气管与虹吸辅助管相连的接口处，虹吸辅助管通过大小头予以扩大，以便在此扩大段安装强制反洗喷嘴。扩大后的虹吸辅助管，直插到水封井的水面以下。实践证明，采用这种虹吸辅助管，形成虹吸的时间只需要 3~5min。

虹吸辅助管和抽气管的管径可按表 3 - 4 选用。为保证虹吸系统的严密性，虹吸辅助系统的管子应一律采用无缝钢管，弯头应一律采用热弯弯头，并用焊接法连接。

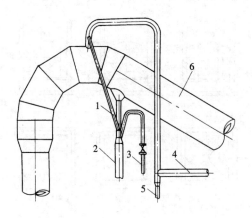

图 3-6 虹吸辅助系统

1—抽气管；2—虹吸辅助管；3—强制反洗管；
4—连锁管；5—虹吸破坏管；6—虹吸上升管

表 3-4　　　　　　　　虹吸辅助管和抽气管直径

滤池出力（m³/h）	60	80	100	120	160	200	240	320
虹吸辅助管外径（mm）	42	42	50	50	60	60	60	60
抽气管外径（mm）	32	32	38	38	38	38	38	38

（5）虹吸破坏管。虹吸破坏管是用来破坏主虹吸管的虹吸作用，结束反洗，使滤池转入运行的控制装置。为此，它的一端接到虹吸上升管的最高点，另一端插入反洗水箱至一定深度。

1）虹吸破坏管的管径应选择恰当，如管径太粗会造成清水大量流失，因为在反洗期间，虹吸破坏管同样吸取反洗水箱的水，通过虹吸管排入下水道。若管径太细就起不到破坏虹吸的作用，因为要破坏虹吸管的虹吸作用，必须吸入足够的空气，当管径太细时，被吸入的少量空气会被大量的水流带走，从水封井中逸出，破坏不了虹吸管的虹吸作用。

2）虹吸破坏管管端应加装虹吸破坏筒，以延长虹吸破坏管的吸气时间，及时而彻底地破坏虹吸管的虹吸作用。这样反洗的时间和水量就能严格地控制在设计范围内。其装置形式如图 3-7（a）所示，该小筒（以下简称筒）还可在适当范围内上下移动，以便调节反洗水量。

当采取上述措施后，有时还会出现虹吸作用断续的情况。这是因为当筒内的水被抽完，刚吸入空气，但还没有完全破坏虹吸作用时，滤池部分

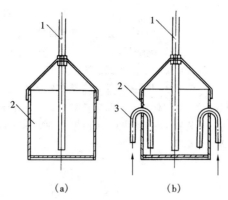

（a）　　　　　　　（b）

图 3-7　虹吸破坏装置

1—虹吸破坏管；2—虹吸破坏筒；3—小虹吸管

地转入运行，使反洗水箱的水位又上升，并越过筒边缘又进入筒中，将虹吸破坏管的口封死，于是又发生虹吸作用，使反洗作业不能立即停止。为了避免这种情况，在筒内又装一对小虹吸管，如图 3-7（b）所示。这样，当虹吸后期反洗将要停止，反洗水箱的水位下降到筒边缘而不能进入筒中时，虽然原筒内的水很快被虹吸破坏管抽走，但同时筒本身的小虹吸管又把筒外（即反洗水箱）的水抽吸到筒内，予以补充。此时，反洗水箱的水位仍继续下降，当降到筒外小虹吸管管口时，反洗水箱的水就不再进入小筒。这时小筒内的水很快被虹吸破坏管抽走，接着便持续地吸入空气，从而彻底破坏了虹吸作用，使反洗停止而转入运行。由此可知，筒中加装小虹吸管的作用，是延长虹吸破坏管的吸气时间，按时准确地破坏虹吸管的虹吸作用，使反洗立即停止。这里应当注意的问题是：筒内虹吸管的长度应等于或略大于筒外虹吸管的长度，切勿装反；同时虹吸破坏管插入筒内的深度应大于小虹吸管的插入深度。

采用上述装置时，破坏虹吸作用的小筒可一律做成直径和高度均为 300mm 的圆筒。虹吸破坏管和小虹吸管的管径，可按表 3-5 选用，并采用无缝钢管和热弯弯头。

表 3-5　　　　　　　虹吸破坏管和小虹吸管的管径

滤池出力（m³/h）	60～100	120～200	240～320
虹吸破坏管外径（mm）	25	32	38
小虹吸管外径（mm）	32	38	38

此外，在安装虹吸破坏管时，应尽量避免弯曲，并使管端插入主虹吸管内 20mm 以上，以免附壁水流所形成的水膜将管口堵塞。

（6）反洗强度调节器。反洗强度调节器是一个伞形帽，装在虹吸下降管的管口下方，与管口保持一定距离。该距离可用吊伞形帽的 3 根长杆螺丝进行调节。通过调节 3 根吊伞螺丝的高度来改变伞形帽与下降管管口的距离，以控制流量，从而使反洗时间延长或缩短，改变反洗强度，达到洗净滤料的目的。其装置形式如图 3 - 8 所示，安装时吊杆要固定结实，而且要使伞形帽保持水平。

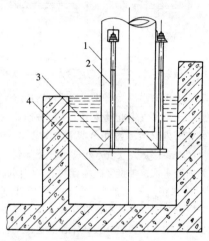

图 3 - 8　反洗强度调节装置
1—虹吸下降管；2—吊杆；3—伞形帽；4—水封井

（7）强制反洗系统。无阀滤池的运行虽然是全自动的，但在开始投运需要充分冲洗滤料和支承层时，在长期停运重新启动需要洗掉腐败污物时，以及因负荷较低运行周期较长时，或者是因某种原因滤层比较污脏时都需要加强反洗，为此应设置强制反洗系统，用人工进行强制反洗。这可通过在虹吸辅助管变径处加装压力水喷嘴的方法予以实现。即按照图 3 - 9 的要求，使压力水管与垂直的虹吸辅助管之间装成 15° ±2°。这样当打开压力水（一般在 0.4MPa 以上）阀门时，压力水流便可很快地把虹吸管中的空气抽出，形成虹吸，进行强制反洗。

喷嘴内径通常为 10 ~ 12mm，最好采用机加工方法制作，以保证抽吸工况良好。

（8）反洗连锁系统。当几台无阀滤池并列运行时，有可能发生两台以上无阀滤池同时进行自动反洗的情况。在此情况下，如果清水箱水位正处在低水位时，那就可能造成供水紧张，甚至供水中断的被动局面。为保证安全供水，应采取自动连锁装置，使并列运行的数台无阀滤池只能一台一台地自动反洗。也就是说，只有当一台反洗完投运后，另一台才能自动反洗。

自动连锁装置系统很简单，如图3-10所示，即在并列运行的无阀滤池中，从各自虹吸破坏管顶部接一根小管径（比虹吸破坏管大一级）的母管，到其他几台无阀滤池

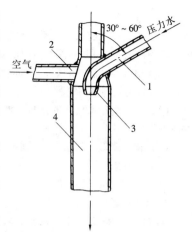

图3-9 强制反洗装置
1—压力水管；2—抽气管；
3—喷嘴；4—虹吸辅助管

的顶部，并分别以小管插到其他几台无阀滤池反洗水箱的水面以下100~200mm处。这样，当其中一台反洗时，由于其反洗水箱的水位急剧下降，很快就使其他几台无阀滤池接来的连锁支管的管口露出水面，从而阻止了其他几台无阀滤池进行自动反洗。因为正在反洗的这台无阀滤池中的连锁

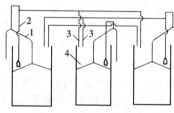

图3-10 自动连锁装置系统
1—虹吸管；2—虹吸破坏管；
3—连锁支管；4—反洗水箱

支管，实际上成了其他几台无阀滤池的反洗破坏管。反洗的这台连锁支管露在空气中，和大气相通，其他几台因漏了气就不能形成虹吸，因而就不能反洗。

为使运行人员随时掌握无阀滤池的工况，可在反洗水箱的顶部安装磁钢浮球式电气水位信号，或在反洗水箱虹吸上升管的中部接压力表管引到池外，装上电触点真空压力表，它们均带有声光报警装置，以便了解和掌握运行工况。

（二）检修项目和顺序

无阀滤池每年应大小修各一次，检修项目和技术要求如下。

1. 检修项目

（1）检查清理配水箱、反洗水箱、滤池的内壁和内部零件表面结积的污垢和锈蚀物，并进行腐蚀状况的鉴定工作；

（2）检查虹吸破坏装置、自动连锁装置、强制反洗装置及整个虹吸系统部件的密封与腐蚀情况；

（3）检查集配水装置的格栅、滤水帽或滤水板的腐蚀和损坏情况，并清理污垢；

（4）检查清理滤料层、支承层卵石或其他材质上的污垢，并按要求筛选、级配和补充；

（5）检查滤水室顶盖的严密性，消除泄漏缺陷。

2. 检修顺序

无阀滤池检修前，首先要进行多次强制反洗，以便检查过滤层并便于检修工作。其检修顺序如下：

（1）先打开放水门把滤池内的存水排净，然后打开滤水室人孔全面检查滤料层，将滤料和支承层（大的石英石）掏到附近地面上。

（2）检查、鉴定格栅的腐蚀情况。

（3）检查清理滤水帽和过滤板。

（4）拆卸检修其他部件。

（5）对内部器壁和部件进行防腐处理。

（三）检修方法和技术要求

无阀滤池在检修中除对反洗水箱、滤水室和集水室进行检查清理外，重点是检查和清洗滤料和卵石支承层，并将其仔细过筛，把级配筛析好，按照要求分层放置，保持平整。为了便于准确地装好支承层和滤料层，可从格栅或多孔板处为起点，向上每隔 50～100mm 划一横道，并注上尺寸；这种等高线，可每隔 120° 划一条，以便装平支承层和滤料层。此外，还应对虹吸破坏装置、自动连锁装置、强制反洗装置以及整个虹吸系统的部件进行检查调整。这些装置和系统，必须严密可靠，不得漏气。当腐蚀深度超过原管壁厚度的 1/2 时，应更换新管。虹吸系统不严密或穿孔漏气，就会致使反洗作业不能正常进行，大量的来水将从主虹吸管溢流到地沟，使滤池的正常工况遭到破坏。

检查滤料，如发现滤料和支承层结块或有大量的泥渣沟槽时，应将它们全部挖出，分别进行处理。滤料可装入压力容器（最好是擦洗器）进行多次反洗，并通入压缩空气进行擦洗，必要时可用 5% 左右的盐酸清洗，但清洗的容器内壁应涂有防腐层或衬玻璃钢。滤料这样处理，主要是针对石灰软化处理后的水往往不稳定，有过饱和现象，并能沿程析出沉淀，且首先在滤料中析出。这样滤料表面就会逐步被碳酸钙等沉淀裹住，使其表面呈白色，并逐渐长大，最后导致滤层不但不因反洗的损失而减薄，反而超过原来的高度。因此，擦洗和酸洗是必要的。如果滤料严重污染，则应更换。支承层可就地冲洗或在花岗岩池中酸洗，然后筛选分级。

滤料应严格筛选，在装滤料时其厚度应比设计厚度高 50mm，因为在首次反洗时会有一定量的细颗粒滤料被带走。

支承层的筛选分级和组装还应符合设计要求。

格栅式的集配水装置，重点检查腐蚀情况。实践证明，格栅的圆钢腐蚀较快，如腐蚀严重，则应更换。另外，检修时必须把格栅缝中夹嵌着的小卵石或粒径较大的石英砂清理干净。

滤水帽应全部拆下，解体清理缝隙中夹带的污物。装配滤水帽时，要注意滤水帽安装可靠、不松动。

每次大修时，还应检查格栅或多孔板的水平度，其水平误差不应超过 5mm。同时还应检查池体外壳的垂直度和椭圆度，垂直误差不得超过其高度的 0.25%，椭圆度偏差不得超过 ±10mm。

此外，在检修中还应对顶盖的严密性进行宏观检查和灌水试验，保证顶盖严密不漏。

第三节 单阀滤池的检修

一、工作原理

单阀滤池的工作原理和重力式无阀滤池的基本相同，只是设备结构上略有区别。单阀滤池虹吸管的高度比无阀滤池的低很多，虹吸管从滤池顶盖上接出后即行下弯，并装有一个控制阀门，如图 3-11 所示。顶盖上还装有一个玻璃管作为水头损失计，用以观察滤层的水头损失情况。当水头损失达到预定值时，打开虹吸管上的阀门，反洗便开始；当水箱水位下降到预定位置（或根据反洗时排出污水浊度而定）时，关闭阀门，反洗结束。

二、设备检修

单阀滤池的构造如图 3-12 所示。其部件的结构和作用基本上与无阀滤池的相同，故检修项目和顺序、检修的方法和技术要求，可参照无阀滤池的进行。

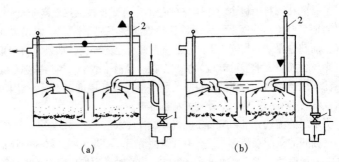

图 3 – 11　单阀滤池

（a）过滤状态；（b）反洗状态

1—阀门；2—水头损失计

▼—液面下降；▲—液面上升；●—液面静止

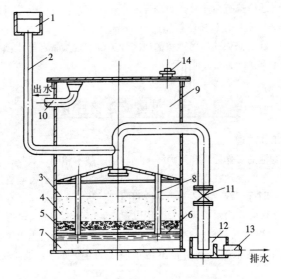

图 3 – 12　单阀滤池的构造

1—配水箱；2—进水管；3—滤水室；4—滤层；5—支承层；
6—格栅；7—集水室；8—连通管；9—反洗水箱；10—出水
管；11—反洗排水门；12—水封井；13—排水管；14—人孔

第四节 虹吸滤池的检修

一、工作原理

虹吸滤池是一种重力式快滤池。它的结构特点是革除了普通快滤池的阀门、仪表等配件，用抽真空形成虹吸连通水流，用进空气破坏虹吸切断水流。

虹吸滤池是由 6~8 个单元滤池组成的一个整体的钢筋混凝土建筑物。这些单元滤池，可以排列成圆形或矩形。图 3－13 所示的为圆形虹吸滤池的两个单元滤池。其中，右侧的表示正在过滤的单元，左侧的表示正在反洗的单元。虹吸滤池的工作过程（运行周期）可以用这两个单元滤池的工作情况来说明。

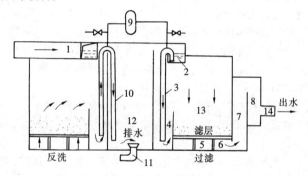

图 3－13　虹吸滤池

1—总进水槽；2—环形配水槽；3—进水虹吸管；4—进水槽；5—集配水装置；
6—集水室；7—集水槽；8—出水井；9—真空系统；10—反洗虹吸管；
11—排水管；12—排水井；13—滤水室；14—出水管

在过滤运行时，水的流程如下：首先原水送入总进水槽，再流至环形配水槽，然后用若干个进水虹吸管分别送至各单元滤池的进水槽内，通过进水堰溢流至滤水室中，随后又各自通过各个单元滤池的滤层、集配水装置至集水槽。这集水槽是各单元滤池共用的集水槽。最后，集水槽集的水翻过出水井中的控制堰由出水管流出。

各单元滤池在运行中水的流速受进水堰高度控制，当其高度改变时，进入该单元滤池的水量就会相应地变化。在运行中，由于此堰的高度是不变的，所以总进水量也不变。在这种情况下，各个单元滤池过滤的水量也不变。各个单元滤池在进行过滤作业时，随着滤池阻力的逐渐增大，池内水位也渐渐升高，可以保持滤速不变。所以，此种滤池基本上是按恒速方式运行的。

当池内水位上升至预定的高度时，或是在其运行了一定的时间后，由于池内已积存有较多的污物，就必须进行反洗。反洗时，首先破坏此单元滤池进水虹吸管的真空，配水槽内的水不再流入；此时该单元滤池仍在继续过滤，但随池内水位的下降，滤速渐渐降低，当滤速显著变慢时，就采用真空系统抽去该单元滤池反洗虹吸管中的空气，使之形成虹吸；此时滤池内的存水通过反洗虹吸管流至排水管，当滤池内水位降至比集水槽的水位还低时，反洗就开始。反洗水的流程如图 3 – 13 左侧所示，从集水槽→配水装置→由下而上通过滤层→反洗虹吸管→反洗排水井→反洗排水管。反洗的水不仅是原来储存在集水槽的水，而且还有其他各运行单元滤池通过集水槽源源不断送来的水。当反洗排水到较清时，立即用进空气的方法破坏反洗虹吸管中的真空，停止反洗。然后再启动进水虹吸管，开始下一周期的过滤作业。反洗水头一般采用 1.0 ~ 1.2m，主要决定于集水槽与反洗排水槽或进水堰的水位差；滤池的平均反洗强度常采用 10 ~ 15L/（s·m²），反洗时间为 5 ~ 6min。

从虹吸滤池的工作原理可以看出，虹吸滤池有如下特点：

（1）虹吸滤池采用真空系统控制进排水虹吸管，以代替进排水阀门。

（2）每座滤池由若干格（单元滤池）组成，采用小阻力配水系统，利用滤池本身的出水水头进行反洗，以代替高位反洗水箱或水泵。

（3）滤池的总进水量能自动均衡地分配到各单元滤池，当进水量不变时，各单元滤池均为恒速过滤。

（4）由于滤过水的水位高于滤层，故滤料内不致发生负水头现象。

虹吸滤池有操作管理方便和造价较低的优点，但由于需要小阻力配水系统，所以单元滤池的面积不宜过大。虹吸滤池中的滤料可以单独用一层滤料，也可以用双层滤料，但由于滤池的反洗水头不大，故不可选用太粗的滤料。

二、设备检修

（一）部件的结构和作用

1. 进水系统

进水系统由来水渠、环形配水槽、进水虹吸管和进水槽等组成。

（1）来水渠。其作用是接受来自澄清池（器）或生水泵的出水，将水分流到环形配水槽中。

（2）环形配水槽。在滤池的顶部沿池心周围设置环形配水槽。它的作用是把水均匀地分配到各个单元滤池中。

（3）进水虹吸管。进水虹吸管为倒 U 形结构。其作用是将环形配水槽中的来水虹吸到滤水室的进水槽中，进行过滤处理。为了形成虹吸，在进水虹吸管的顶部接小管与真空系统相连。

（4）进水槽。在滤水室的侧面设有进水槽。其作用是接受进水虹吸管的来水和汇集反洗的排水，以保持进排水均匀，避免干扰和冲动滤层。

2. 滤水系统

滤水系统由滤水室中的浑水区、滤料层、支持层和集配水装置等组成。由于它们的结构和作用与无阀滤池的基本相同，故不再重复。

3. 出水系统

出水系统包括集水室、集水槽（渠）、控制堰出水井和出水管等。

（1）集水室。在滤池的底部设有集水室。其作用、结构和设计要求与无阀滤池的相同，故也不再陈述。但从集水室到集水槽的通道处设有出水孔或出水管，以便反洗时将集水槽中的存水倒回，并便于检修时堵孔、解列单元滤池。

（2）集水槽。其作用是收集各个单元滤池的出水，并在滤池反洗时将水倒回，起着反洗水箱的作用。

（3）控制堰。控制堰设在滤池出水井的一侧。其作用是通过调节控制堰插板的高度来调节滤池的反洗强度。升高控制堰插板反洗强度增大，降低控制堰插板反洗强度减小。

（4）出水管。出水管装在控制堰出水侧的出水井中，其高度处在地面以上井的侧壁上，以保持出水为正水头，防止吸滤和水进入高位布置的清水箱中。

4. 反洗系统

反洗系统由下列部件组成：

（1）排水集水槽。排水集水槽设在滤层上部的一定高度处，其顶部边沿至滤层的高度为滤料反洗膨胀高度与安全高度之和。若该高度过低，则在反洗时滤料就要流失；过高则在反洗时泥渣和细粒滤料就不易被洗出。

（2）反洗虹吸管。反洗虹吸管亦为倒置 U 形结构，其较短一些的进水臂管插在进水槽的底部，较长一些的排水臂管插在排水井中，使进水臂管口高于排水臂管口，以保证能形成虹吸，将反洗排水排入排水井中。

（3）排水井及排水管。排水井的作用是收集反洗时的排水，在井的底部装有排水管。

5. 真空系统

在滤池的顶部装有真空系统。它由真空泵或水力喷射器及管道等组成。方形滤池真空泵大都安装在地面上。该真空系统通过管道与进水虹吸管和反洗虹吸管的顶部相连，并装有抽真空和破坏真空的控制门。这些控制门必须严密不漏，并要求其公称通径与滤池的出力相匹配，最小为DN25，以保证进水虹吸管和反洗虹吸管能及时地形成虹吸和破坏虹吸，从而使滤池能够正常地进行过滤和反洗。

6. 水位计

在滤池上部水位变化的区段，装有磁钢浮球式电气水位计。其作用是随时在集控盘上监视滤池的水头变化情况。当达到规定值时，就应当进行反洗。

（二）检修项目和顺序

虹吸滤池的检修项目和顺序基本上与无阀滤池的相同，因此可参照无阀滤池的有关规定进行。但在检修项目中要增加下列项目：

（1）真空泵等真空设备和管系的检修；

（2）控制堰及其插板的检查和清理；

（3）计时水槽（方形滤池有此部件）的清理和检查；

（4）水位计的清理和检验。

在检修顺序中要增加如下内容：在反洗滤层之后首先要用堵板或堵头堵住集水室的出水孔，将待检修的单元滤池与运行滤池解列。

（三）检修方法和技术要求

虹吸滤池的检修方法和技术要求可参照无阀滤池的有关要求进行。至于真空泵的检修可参照机炉专业辅助设备检修章节中关于真空泵检修的有关规定进行，但还需补充下列几点：

（1）计时水槽的清理和检查。计时水槽中常积存污泥，如不清理干净，就将导致滤池的反洗工作不能自动停止而影响正常运行。清理的方法是先用铁铲清理污泥，再用压力水冲洗干净。然后检查调整虹吸破坏管管口至池底的距离，使其不小于50mm。

（2）出水井控制堰板的清理和检查。控制堰中有可卸式木质堰板若干块，可用压力水冲洗的方法冲洗干净，然后检查堰板密封面的严密性。

要求堰板应完整无缺，腐朽严重时应更换新的。堰板要平整地放好，缝隙处不得有泄漏，只能从堰板顶部溢流。按照反洗强度的要求调整堰板高度。

（3）水位计的清理和检验。对磁钢浮球式电气水位计，除按照说明书要求做好检验工作，保持绝缘良好，指示正确外，还应将浮球导杆清理干净，保证其随水位上下滑动灵活，无卡涩现象。

第五节　压力式过滤器的检修

一、工作原理

在单流式过滤器中，原水自上而下通过滤层（过滤介质），这就构成了以薄膜过滤为主的过滤方式，这是因为通过反洗，在水力筛分作用下，滤料的粒径总是自下而上地逐渐减小。因此，滤层表面总是被粒径最小的滤料所占据。在这种情况下，水中的悬浮物首先并主要是被滤层表面的细小滤料所吸附和机械阻留，而不会过多地进入滤层深处，这就构成了薄膜过滤。由于单流式过滤器是以薄膜过滤为主的，所以出水质量好，但缺点是运行周期短。

在双流式过滤器中，进水分为两路，一路由上部进入，另一路由下部进入，滤后的水汇集于中部引出。在投入运行的初期，上下部进水量各占50%左右，运行一段时间后，由于上部滤层阻力增加较快，因而进水量逐渐小于下部。这就不难看出，上部进水的过滤方式和单流式过滤器相似，是以薄膜过滤为主的，在此过程中进水还起压实整个滤层的作用，以防滤层的浮动；而下部进水的过滤方式与上述相反，由于先遇到的是粒径最大的滤料，随后粒径逐渐减小，因而水中的悬浮物能够进入滤层深处，这就构成了以渗透过滤为主的过滤方式。在这种情况下，滤料的截污能力大大提高，运行周期有所延长，但缺点是出水质量较差。

二、设备检修

（一）部件的结构和作用

1. 单流式过滤器

单流式过滤器内部装有进水装置、集配水装置和压缩空气吹洗装置。在器外还设有必要的管道和阀门等。

（1）进水装置。顶部的进水装置基本上都是漏斗形式，其作用是使水流均匀地通过滤层。为此，漏斗的边缘应光滑平整，并与过滤器壳体同心。

（2）集配水装置。底部的集配水装置是过滤器的主要部件。它的作用是：①阻留滤料；②均匀集配水；③均衡滤层阻力，防止偏流。集配水装置的基本形式有：鱼刺形母支管式、卵石垫层式和多孔板水帽式。现将常见的几种介绍于下。

1）支管水帽式：该型集配水装置如图 3 – 14 所示，系将支管以丝扣方式与母管连接，并用紧固螺母固定。母管上的管子箍对称焊在母管两侧，保持相互平行，并与母管垂直。支管上等距垂直焊上 KG1/2″的丝头，其上拧上滤水帽（水嘴），成垂直向上。滤水帽的缝隙通常为 0.25 ~ 0.3mm。

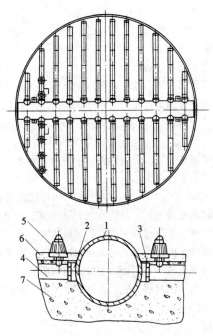

图 3 – 14　支管水帽式集配水装置

1—母管；2—管子箍；3—紧固螺母；4—支管；

5—滤水帽；6—水泥抹面；7—混凝土

实践证明，采用一侧直拧的支管滤水帽式集配水装置不太可靠，因滤水帽损坏常发生泄漏滤料的故障。这种结构的过滤器目前已很少使用，近年多采用多孔板水帽式集配水装置。

2）支管打孔包塑料网式：支管打孔包塑料网式的集配水装置，其母支管的连接方式同1），只是在支管上开孔，外包30目和60目塑料网用于代替滤水帽。支管上孔眼的位置应斜向下方两侧，其中心线的夹角通常为90°~120°，孔眼的直径为8~10mm，并扩孔削去孔边锐角。通常配水管网应满足：支管长度与其直径之比不超过60；支管上孔眼总面积对支管横截面积之比不大于0.25，对过滤横截面积之比为0.2%~0.4%；母管截面积应大于支管总截面积的0.7倍。这种结构的强度和阻力都比较合适，而且也不易污堵。但是，不宜用压缩空气吹洗，因为它是外包网子。若用空气吹洗时，易被滤料磨破。

3）卵石垫层式和多孔板水帽式与离子交换器相同这里不作介绍。

（3）压缩空气吹洗装置。在集配水装置上方装有母支管式压缩空气吹洗装置。其作用是松动滤料，洗脱和剥离滤料表面的泥渣；其结构与支管水帽式集配水装置相仿，只是水帽安装方向朝下。由于多孔板水帽式集配水装置可同时兼做压缩空气的吹洗，因此，不另外设置。

在集配水装置以上装填1.2~1.5m高的滤料，滤料以上的空间为膨胀段（水垫层），供反洗时滤料膨胀使用的。该段的高度由滤料的反洗膨胀高度加上适当的安全高度确定。反洗膨胀率一般不超过50%，这取决于滤料的种类。膨胀段过高，反洗时滤料中的污物不易全部洗出；膨胀段过低，反洗时易使滤料流失。

2. 双流式过滤器

双流式过滤器上下部同时进水、中部出水，故其内部结构和单流式过滤器略有不同，主要是增设了中部集配水装置。

（1）进水装置。双流式过滤器上部进水装置的型式同单流式过滤器的。下部进水装置有鱼刺形母支管式结构（采用支管不等距开孔式，以保证进配水均匀。孔眼直径和开孔面积等与单流式过滤器的相同。为防止滤料进入支管造成污堵的故障，在支管上加一层卵石垫层）和多孔板水帽结构。

（2）集配水装置。双流式过滤器中部集配水装置的基本型式也是鱼刺形母支管式，其中又有支管水帽式和支管打孔包塑料网式两种。支管水帽式的滤水帽是向上下垂直并相互间装设，这与单流式过滤器滤水帽的垂直向上装法是不相同的。支管打孔包塑料网式的集配水装置，是在支管上满面打孔，孔径为8~10mm，外包两层塑料网作为滤元，表网为30目，底网为16目。孔眼打好后必须扩孔，削除孔边锐角，以保护塑料网。塑料网最好架起，以减小阻力。

双流式过滤器中部集配水装置的结构必须坚固，因为过滤器由运行转入反洗时，运行时滤层压得很紧密，当从底部大量进水时，滤层将以柱状形式较快地向上移动，顶压中间集配水装置，使其承受瞬间托力。为了保护中间集配水装置，固定排管的支架应采用 12~14 号槽钢，并在母管两端的上部分别加装两块厚度为 20~25mm 的角形加固板，与器壁焊死，使角形板通过底板紧压母管顶部。另外，还要用 M20 的 U 形卡子将母管卡住，其结构如图 3-15 所示。

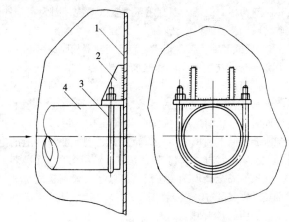

图 3-15　中间集水装置加固示意

1—器壁；2—角形加固板；3—U 形卡子；4—母管

采用石灰软化预处理的过滤器，水质不够稳定，容易结垢，故其集配水装置的支管均不宜采用塑料网作为滤元。

（3）压缩空气吹洗装置。在底部进水装置的上方也装有压缩空气吹洗装置，其结构多数是支管水帽式，水帽朝下。有的过滤器采用支管开孔式的吹洗装置，它比较结实，但有时被滤料污堵。对于孔板式的集配水装置，压缩空气通在孔板下面，再从滤水帽喷出，此时滤水帽兼作了压缩空气吹洗装置。

（二）检修项目和顺序

单、双流过滤器每年应大小修各一次。小修的重点项目是检查滤层高度，补充滤料，消除设备缺陷。

1．大修项目

（1）检查滤层高度和滤料污脏情况，卸出滤料进行清洗或筛选，并补足损耗污染严重者应予更换；

（2）检查进水装置的腐蚀情况，清理双流式过滤器底部进水支管孔眼（包括管内）和多孔板水帽；

（3）检查集配水装置的腐蚀情况，检查清理滤水帽、塑料网以及支管上的滤水帽的丝头；

（4）检查清理压缩空气吹洗装置及其腐蚀状况；

（5）检查清理空气管、监视管；

（6）检查清理过滤器内壁和内部零件表面结积的污垢及锈蚀产物，并进行腐蚀状况的检查鉴定工作；

（7）检查修理所有阀门，并加填盘根；

（8）检查清理流量表夹环，并校验出入口压力表和流量表；

（9）补涂或补衬防腐层；

（10）检查处理滤料和卵石垫层。

2. 检修顺序

过滤器的检修工作应待反洗后再进行，以便检查滤层，并便于检修工作。其检修顺序如下。

（1）检查滤层。检查滤层的内容有：

1）排除过滤器内的积水，打开人孔，观察滤层表面集积泥渣的情况和平整程度，有无坑陷和凸起部分；

2）测定滤层的高度，确定滤料的消耗；

3）测定滤层表层和一定深度各点滤料中的污泥含量和结块情况，以便衡量反洗强度是否足够、配水方式是否均匀；

4）检查滤料中有无粘结死区及其分布状况。

检查滤层的方法是打开过滤器上部人孔，直观检查表层情况，并利用铁铲和专用工具取样。

（2）卸出滤料。清理出的滤料如放在过滤器的附近，则其周围应设遮栏，以免损失和混入杂物。

（3）拆卸内部装置。拆卸过滤器内部装置包括以下内容：

1）对双流式过滤器，先用手或辅以小扳手拧下中部集水装置的滤水帽（或只拧下水帽头），接着拆下固定集水支管的 U 形卡子和支架，然后用大扳手松开紧固螺母，并用管钳子拆下集水支管。对单流式过滤器，可直接进行下一项拆除工作。

2）按上述顺序拆下压缩空气吹洗的支管和母管。

3）仿照前述顺序拆下底部进水装置的支管或拧下集配水装置的滤水

帽。当拆卸外包塑料网的支管时，应注意防止损坏滤网。

组装顺序为拆卸的逆顺序。

（4）检查修理零部件。内部装置拆除后项目进行全面的检查和修理工作。

（三）检修的方法和技术要求

1. 过滤器壳体检修

过滤器内壁结积的污垢应用特制小铁铲清理干净。清理时注意保护防腐涂层，并防止污物和锈皮进入集配水母管。

过滤器内壁的防腐层应完整，起包和剥落部分应修补。其外表面的油漆也应完整，必要时重新油刷。

过滤器的壳体应垂直，垂直度的误差不得超过其高度的 0.25%。

2. 上部进水装置检修

上部漏斗形进水装置清理干净后，应检查腐蚀情况。如腐蚀穿孔或明显减薄，应予更换。漏斗形进水装置的边沿应平整，并保持水平，要求水平偏差不超过 4mm。其检查方法可用溢水法（往外溢）和水平法或十字形拉线测高的方法。固定配水漏斗的吊杆和吊耳应牢固，螺母和螺杆的丝扣应完整。漏斗应与过滤器壳体同心，其偏差不得超过 ±5mm。

3. 集配水装置检修

集配水装置的检修主要指集配水支管的检修和滤水帽的检修。

（1）集配水支管。集配水支管与母管的连接应牢固。保证支管与母管相互垂直，使其偏差不超过 3mm，支管的水平偏差为 ±2mm，相邻支管的中心距偏差不得超过 ±2mm。

支管在组装前应保持其平直，否则，应在平板上或压力机上校直。

支管固定前必须先把相对位置调整好，保证滤水帽处于垂直位置（指双流式过滤器中部集配水支管），以防滤层上下移动时将滤水帽撞下。支管孔眼轴向中心线与水平面的夹角应在规定的范围内（指双流式过滤器底部集配水支管），以达到配水均匀的目的。

支管上的孔眼应用绞锥或其他工具一一绞过，保持干净畅通，其边沿光滑，不得有毛刺。对外包塑料网的支管，其孔眼必须扩孔，将锐角削除，以免割破滤网。

（2）滤水帽。滤水帽应均匀排列。当焊接配水支管上的滤水帽丝头时，应用专用工具将其固定，然后焊在支管上，以保证丝头既和排管垂直，又相互平行。当采用电弧焊接时，要注意保护丝扣，以免放电时电弧烧毁丝扣和粘上焊渣。

双流式过滤器中部集配水支管上的滤水帽丝头，应用专用机具垂直焊在支管的两侧，并相互间交错排列，两侧丝头的中心线应在同一平面内，并互相平行。

滤水帽丝头的丝扣应完整，丝头的高度应保持在 25±2mm，丝扣部分的长度应保持在 15±2mm。丝扣应规范，可采用圆锥管螺纹板牙过一下扣，以保证与滤水帽的连接可靠。

对于出水装置为多孔板结构的过滤器，重点检查水帽安装情况，清洗水帽的缝隙，仔细检查水帽更换损坏的水帽，更换水帽与多孔板之间的密封垫片。水帽缝隙为 0.2~0.25mm。偏差值不得超过 0.05mm，固定螺母，丝扣完整，水帽与多孔板连接面应配合紧密。

安装滤水帽要用手直接拧，必要时也可用轻便的专用工具小心地拧紧，但用力不得过猛过大。拆下的旧滤水帽可先用 3%~5% 的稀盐酸在耐酸容器中清洗干净，并用水洗至中性。可用 0.20mm 厚的薄钢片或小刀清除缝隙中残留的滤料和其他污物并用压力水冲洗干净。

4. 过滤器内装置的质量标准

过滤器内的进水装置、集配水装置和压缩空气装置等不应有严重的腐蚀，更不能穿孔。当腐蚀超过壁厚的 1/2 以上时，就应全部更换新的。多孔板应平整，水帽应完好无损，安装牢固，配水均匀；支管与母管的中心线应相互垂直，整个装置应保持水平。

过滤器内的空气管、监视管不应有孔洞，监视管头部的滤水帽应完整。

当过滤器内外部检修工作基本完成后，应对集配水装置进行喷水试验，以检查配水的均匀性和滤水帽的坚固性。

5. 滤料的筛选和装入

对滤料进行筛选、清洗合格后，从过滤器上部人孔处装入滤料。

当滤料将要装到预定高度时（单流式过滤器为 1.2m，双流式过滤器为 2.4m），可暂停装入工作，转入由底部进水，以便将滤料冲洗平整，准确计量装入高度。此项进水操作必须缓慢进行，控制流速在 5m/h 以下，以免损坏集配水装置和滤水帽。滤料冲洗平整后，将水排至滤层表面以下，准确测量其高度。若滤料高度不够，则应继续装入；若超高较多，则应卸出一部分，关闭人孔，进行反洗。反洗操作必须缓慢进行，要使流量逐步增大到 12~15L/（s·m²），直到粉末和泥污彻底底冲洗干净，排水透明时为止。进行水压试验，各处严密不漏，则水压试验合格。

6. 其他技术要求

（1）检修后的过滤器，要保证其所有阀门严密不漏，开关灵活。

（2）检修后的过滤器，要保证所有表计（压力表、流量表）完整准确，标记齐全。

第六节　活性炭过滤器的检修

活性炭过滤器是以活性炭为滤料，用吸附的方法除去水中的活性氯和有机物的一种过滤设备。其结构和运行操作均与压力式过滤器相似，所不同的是活性炭过滤器采用活性炭作滤料，其本体内壁衬有防腐层，滤料的装填高度及反洗操作与压力式单流过滤器略有不同。

一、工作原理和作用

原水由活性炭过滤器顶部的进水装置进入过滤器内，通过活性炭滤层过滤，最后由底部集配水装置流出。

活性炭的作用是吸附和过滤。活性炭是一种具有很大的比表面积和丰满的孔隙的多孔性物质，对于有机物具有较强的吸附力。水通过活性炭滤层后，水中的有机物被吸附而降低了其含量。在除去有机物的同时，也可除去水中的活性氯、油脂、胶体硅、铁和悬浮物质，从而防止了阳树脂的氧化降解，延缓了阴树脂的有机物和胶体硅污染，达到延长树脂使用寿命的目的。

二、设备检修

（一）部件的结构和作用

1. 进水装置

进水装置与单流过滤器的相同，一般采用漏斗形配水装置，其作用是使水流均匀地通过滤层。

2. 集配水装置

出水的集配水装置也与单流过滤器的相同，现多采用多孔板水帽式结构。如果用孔板水帽式作为集配水装置，则在孔板水帽与活性炭之间一般要加装厚度为 400mm 左右、粒径为 2~4mm 的石英砂，其作用不是过滤，而是为使配水更加均匀，并减缓反洗水流的冲击力，防止反洗时由于配水不均匀和水流冲击力过大，而导致活性炭颗粒破碎，或冲出器外而流失。为了提高孔板的强度，通常以叠摞的方式将其焊在过滤器的筒体上。

孔板上的滤水帽通常采用单头的宝塔形缝隙式或叠片式，其材质均为

ABS 工程塑料。柱形叠片式滤水帽的特点是顶部中心设有缝隙，以消除顶部的死区；底部与花板接触的平面上设有对称的两条槽道，以消除孔板处的死区。这种型式的滤水帽阻力小，通流面积大。其外形结构如图 3-16 所示。

（二）检修项目和方法

活性炭过滤器的检修大体上与压力式单流过滤器的相同，具体的检修项目、顺序和方法，以及检修后的技术要求均可参照。下面补充说明检修不同之处。

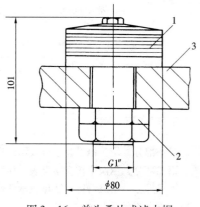

图 3-16　单头叠片式滤水帽
1—单头滤水帽；2—螺母；3—多孔板

活性炭过滤器本体内壁衬有橡胶防腐层，打开人孔后，需仔细检查其防腐层，如有剥离、鼓包、裂缝、脱落等缺陷，则需将所在部位的橡胶层铲去后进行修补或重新衬防腐层。

活性炭滤料的装填高度，视水中有机物含量的高低和过滤器直径的大小而定，直径为 600~1200mm 的装填高度为 1000~1500mm；直径为 1500~3200mm 的装填高度为 1200~2000mm。

活性炭滤料分木质活性炭、煤质活性炭和果壳质活性炭三种。

净化水用的活性炭宜采用优质果壳质活性炭。通常要求有较高的耐磨强度，较大的吸附容量、吸附速度快和较好的冲洗恢复能力。常用活性炭的技术性质见表 3-6。

表 3-6　　　　　不同原料制出的活性炭的技术性能

原料	粒径（mm）	比表面积（m²/g）	碘吸附值（mg/g）	耐磨强度（%）	COD 去除率（%）
椰壳	0.4~0.7	1100~1200	1100	95%	50~60
果壳	0.65~2.0	900~1100	1100	90%	40~50
木质	2.8~4.7	800	—	—	—
煤质	0.3~2.0	780~970	700~850	80%	—

活性炭型号命名方法：用大写汉语拼音字母和一组或两组阿拉伯数字

表示。三部分组成分别介绍如下：

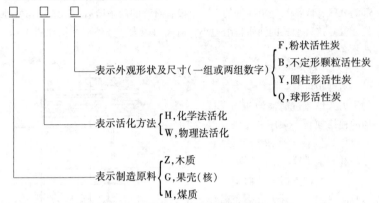

表示外观形状及尺寸(一组或两组数字){ F,粉状活性炭
B,不定形颗粒活性炭
Y,圆柱形活性炭
Q,球形活性炭

表示活化方法{ H,化学法活化
W,物理法活化

表示制造原料{ Z,木质
G,果壳(核)
M,煤质

第一部分，用汉语拼音字母表示制造活性炭的原料。

第二部分，用汉语拼音字母表示活性炭制造过程的活化方法。

第三部分，用汉语拼音字母表示活性炭的外观形状、并以一组或两组阿拉伯数字表示活性炭的尺寸。

粉状活性炭与不定形颗粒活性炭的区别以外观尺寸 0.18mm 为界，即大于 0.18mm 的颗粒占多数的为不定形颗粒活性炭，反之，为粉状活性炭（注：粉状活性炭不标注尺寸）。

不定形颗粒以上下限尺寸表示，用乘上 100 的数字表示；圆柱形颗粒以其横截面的直径表示，球形颗粒以直径表示，均用乘上 10 的数字标出，尺寸单位均为 mm，其标注示例见表 3－7。

表 3－7　　　　　　　　　　活性炭标注

外观形状	标注法	示例	意　　　义
不定形	下限×上限	35×59	表示粒度范围为 0.35～0.59mm
圆柱形	直径	30	表示圆柱体横截面的直径为 3mm
球形	直径	20	表示球体直径为 2mm

活性炭型号命名示例

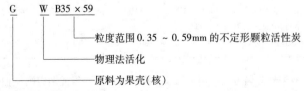

G　　W　B35×59

粒度范围 0.35～0.59mm 的不定形颗粒活性炭

物理法活化

原料为果壳(核)

活性炭过滤器在检修中，对活性炭滤料品种应根据其不同的性质做认真的检查，损耗的部分要进行补装。活性炭失效后，需要进行再生，再生的方式主要有加热再生法、水蒸汽吹洗法、化学再生法等。

第七节　覆盖过滤器的检修

凝结水前置过滤器的形式主要有固定床过滤器（前置氢）、覆盖过滤器、管式过滤器和电磁过滤器，可根据具体情况选用。其作用是除掉悬浮物、各种胶态物、油及聚合物等，从而延长除盐装置的运行周期和保护树脂。

一、工作原理

覆盖过滤器是将极细的粉状滤料覆盖在特制的多孔管过滤元件（简称为滤元）上，使其形成一均匀薄层滤膜。运行中水从覆盖过滤器底部进入，经滤元外部通过滤膜的微孔，水中的杂质（如氧化铁、氧化铜及其他悬浮状物质）就被截流和吸收在滤膜表面上。由此可见，起过滤作用的是覆盖在滤元上的滤膜，故称为覆盖过滤。

对于任何一种过滤器来说，过滤最初都是依靠滤层表面滤料颗粒间小孔的机械阻留和滤料表面的吸附作用来完成的。随着运行时间的增长，水中的悬浮物被滤料截留下来后，它们彼此间便相互重叠、架桥、吸附形成一层滤膜，一旦滤膜形成后，以后的过滤主要是这层滤膜在起作用。覆盖过滤器用的不是普通的粒状滤料，而是极细的木质纸浆粉或树脂粉，这种滤料本身有许多极细的微孔，吸附能力很强，化学稳定性极好，覆盖在滤元上形成滤膜，滤膜起着机械阻留、吸附、重叠、架桥或离子交换作用，使凝结水中的杂质被过滤掉，从而使水得以净化；

二、设备检修

（一）部件的结构和作用

1. 覆盖过滤器本体

覆盖过滤器本体的结构如图 3 – 17 所示。它是圆筒形设备，由筒体、上封头、集水器、锥体（下封头）、进水装置、取样管及窥视孔等部件组成。过滤器下部采用锥形，是为了使失效后爆下的滤膜彻底排出。进水分配装置采用穹形多孔板，目的是使配水均匀，避免局部流速过高而损坏滤膜。本体内壁衬防腐层（橡胶）。为便于滤元安装及检修，上封头与筒体采用大法兰连接。

（1）筒体。筒体钢板卷制焊接而成。筒体上端和上封头下部焊接凹

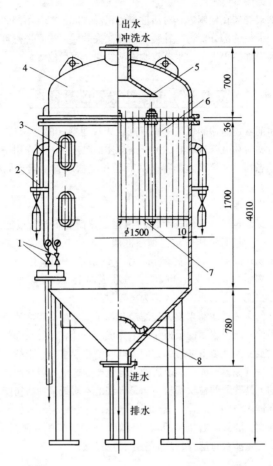

図 3 - 17 300t/h 覆盖过滤器的本体结构
1—取样阀；2—空气管；3—窥视孔；4—封头；5—集水器；
6—滤元；7—滤元定位圈；8—进水装置

面法兰，以便夹装滤元装置的多孔板，用螺栓紧固。筒体上的 8 个窥视孔上、下四周对称分布，便于观察覆盖过滤器内部运行工况。

（2）封头与集水器。封头用钢板压制而成，顶部装有出水短管，为过滤器的出水区。封头内出水短管上装有集水漏斗（集水器）；用以改善水流通过滤元装置的均匀性。封头边缘焊接大法兰与筒体连接，封头内壁及集水器均贴衬防腐层。

（3）锥体及进水装置。覆盖过滤器下部锥体与筒体焊接成一体。锥体下端装有凝结水进水短管。在短管的顶部装有穹形配水装置，如图 3 - 18 所示。

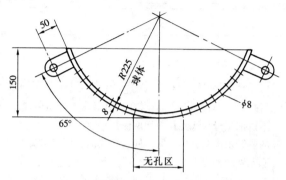

图 3 - 18　覆盖过滤器的配水装置结构

穹形配水装置的材料为 1Cr18Ni9Ti，其周边满面钻孔，孔径为 8 ~ 12mm，其顶部为无孔区，使进入覆盖过滤器的水流能均匀地通过滤元装置。穹形配水装置采用吊环和固定螺栓与锥体连接，配水装置与锥体内壁留有缝隙，以便能使失效爆下来的滤膜排出覆盖过滤器。

（4）窥视孔为覆盖过滤器的重要附件。窥视孔由座、有机玻璃视板及盖组成，有长形的，亦有圆形的，窥视孔座焊接在筒体上（上、下周围均匀布点）。装配时在有机玻璃视板的圆边垫有胶皮垫，用螺栓把座、视板及盖压接在一起。

2. 滤元装置

滤元装置由滤元孔板、滤元及滤元定位圈组成。

（1）滤元孔板。滤元孔板用采固定滤元，其上的每个孔中固定一根滤元。孔板由厚度为 40mm 左右的 16Mn 钢板制成，孔板中心装有吊环螺栓。孔板上的孔按等边三角形排列布置，节距为 66mm 或 160mm。孔板及其孔内均贴衬厚度为 3mm 的橡胶板（孔板亦有采用不锈钢板的）。衬胶后滤元孔板孔的内径为 44mm 或 108mm，可穿装外径为 42mm 或 106mm 的滤元管。滤元孔板与法兰结合处的衬胶接缝凸出部分必须车制平整，以确保装配后的密封性。

（2）滤元。滤元为覆盖过滤器的主要部件，一般由不锈钢管制成。滤元由上管接（光管）、滤元管（又称齿形管）及下管接组成，如图 3 - 19 所示。

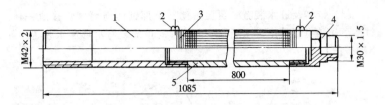

M42 × 2

M30 × 1.5

1085
800

图 3 - 19　滤元结构
1—上管接；2—定位螺钉；3—不锈钢丝；4—下管接；5—滤元管

1）上管接上端车有外螺纹，在装配时用不锈钢螺母把滤元固定在滤元孔板上。不锈钢螺母与滤元孔板间两侧都垫有不锈钢垫圈及胶皮垫，防止未经过滤的凝结水渗漏到出水区，同时爆膜时也可使封头内自压缩的空气全部通过滤元管向外冲出，以提高爆膜效果。上管接的下端车有内螺纹与滤元管连接。在车制螺纹时退刀槽不宜过深，以免影响强度，容易断裂。

2）滤元管其有效长度为 800mm，断面呈齿形，齿槽数为 10 条。齿槽内钻有直径为 3mm 的小孔，其数量应满足出力要求。为了使滤元管各部位进水均匀，采用上、下不等距开孔方式布孔。

在滤元管齿楞上车有螺距为 0.8mm 的螺纹，沿此螺纹绕制直径为 0.5mm 的不锈钢丝，不锈钢丝材料为 1Crl8Ni9Ti，每圈不锈钢丝之间的间隙为 0.3mm。为了使不锈钢丝绕制方便，在绕前将其进行退火处理，但必须注意保持不锈钢丝的粗糙度，否则，会造成失效后的滤膜爆不净。

近年覆盖过滤器的滤元管采用不锈钢梯形绕丝结构。

3）下管接上不开孔，但车有内螺纹，装在滤元管的下端，并将滤元管下端管口封住。

（3）滤元定位圈。滤元定位圈装配在滤元装置下部，用半球形塑料螺母固定在滤元下管接上，与滤元装置成为一个整体，并使单根滤元在运行中不致晃动而损坏。

3. 阀门

覆盖过滤器配用的阀门视各厂具体情况而定。为了提高化学水处理设备的自动化程度，改善操作条件，提高工作效率，可采用气动蝶阀或衬胶隔膜阀，并配上电磁阀及自动程序装置等配套设备。为防止取样系统的阀门对测定水样的污染，可采用不锈钢针形阀或 ABS 工程塑料采样阀。

4. 纸浆制备装置

纸浆制备装置为覆盖过滤器的辅助设备，由铺料箱、铺料泵及管阀组成。它用来为覆盖过滤器制备滤料。其方法是先把纸粉放在铺料箱内，加水搅拌成悬浊状的纸浆（2%～4%），然后通过铺料泵把纸浆送入覆盖过滤器进行循环，逐渐把纸浆铺覆到每根滤元上，形成滤膜。

纸粉在铺料箱内的搅拌方式有铺料泵循环搅拌和机械搅拌两种方式，前者耗电较大，后者省电。

（二）检修项目和顺序

覆盖过滤器是机组系统的配套设备、其大小修可随机组同时进行，覆盖过滤器的小修内容主要是揭开大盖，吊出滤元装置，用压力水冲洗滤元绕丝之间的纸粉，检查滤元及不锈钢丝有否损坏，如有损坏则应调换备件。另外，就是处理设备管系的泄漏等缺陷。

1. 大修项目

（1）覆盖过滤器封头、本体及进水装置的检查；

（2）本体内壁防腐层的检查修补；

（3）滤元装置的检查清理；

（4）窥视孔及取样装置的检查修理；

（5）外部管道及所属阀门的检查修理；

（6）铺料箱、搅拌装置及铺料泵的检查修理；

（7）压力表、流量表的检查和校验。

2. 检修顺序

检修前应由运行班先把覆盖过滤器滤元表面的滤膜爆净冲掉，然后泄压放水。确认覆盖过滤器内无压、无水后方能开始检修工作。检修工作顺序如下：

（1）拆去覆盖过滤器大法兰螺栓。

（2）拆去上封头出水短管法兰螺栓及取样管道接头。

（3）把上封头吊到检修场地，妥善安放。

（4）把滤元装置从覆盖过滤器中吊出，安放到滤元装置专用检修架上供检查修理。滤元装置吊装时要防止撞坏滤元管及擦伤其上的不锈钢丝。

（5）检查修理内部防腐层及窥视孔。

（6）检查修理外部管道阀门，清理流量表夹环。

（7）联系热工人员检查校验压力表、流量表等热工仪表。

（8）检查修理铺料箱和铺料泵等辅助设备。该项检修工作可与覆盖过滤器本体的检修齐头并进，也可另行安排时间检修（因为铺料泵为公用设备，不一定和本体同时开工检修）。

（三）检修方法和技术要求

1. 检修方法

（1）覆盖过滤器大法兰螺栓的拆装。覆盖过滤器大法兰的螺栓规格较多、数量较大，为使其紧力均匀，并提高工效，可采用电动扳手进行螺栓的拆装。紧法兰螺栓必须对称进行，紧力要均匀。

（2）滤元装置的拆装。覆盖过滤器装有滤元管数百根，每根滤元管上又装有不锈钢大螺母3只，还有螺母垫圈及胶皮垫各2个，因此拆装一台覆盖过滤器滤元管的工作量很大。为提高工效，制作了专用工具，即滤元装置检修架。检修时可把滤元装置安放在可旋转的检修架上，如图3-20所示。

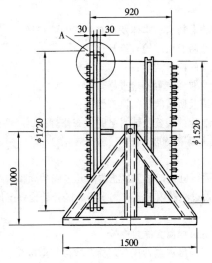

图3-20　滤元装置检修架

滤元装置检修架由旋转筒体及支承旋转筒体的座架组成。滤元装置吊入旋转筒体后，用压紧法兰固定（旋转筒体及法兰可按照覆盖过滤器的尺寸制作）。然后把旋转筒体旋转90°，检修人员则可站在地面上拆装滤元管。

（3）滤元管上不锈钢丝的绕制。滤元管绕丝前，可在其齿楞上按不锈钢丝绕制间距在车床上车制螺距为0.8mm的丝槽。滤元管绕丝操作也在车床上进行。在绕制不锈钢丝时，需要用拉紧装置把不锈钢丝拉直，使绕丝间隙均匀（0.3mm），绕制后的滤元管钢丝表面光滑、平整，不锈钢丝两端用 M4 螺栓固定在滤元管上。

滤元管装配时，上、下螺母之间的距离必须相等，如图 3 - 21 中多孔板（滤元孔板）下每根滤元管的长度 L 相等，使滤元下端相齐整，便于安装滤元定位圈。

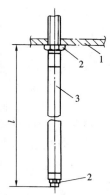

图 3 - 21　滤元管在
多孔板下的长度
1—多孔板；2—滤元
螺母；3—滤元管

（4）窥视孔的检查和清理。窥视孔的有机玻璃板在 40 ~ 50℃ 的凝结水中，经过长期运行，在其表面上会产生微小裂纹和变形等老化现象。因此必须定期更换。有机玻璃板厚度以 16 ~ 20mm 为宜。装配窥视孔时，有机玻璃板两侧的胶皮垫必须垫好，四周固定螺栓的紧力要均匀，保证不泄漏。窥视孔完整不需更换时，应将其两侧清洗干净，确保透光良好。

（5）取样管阀的检修。检修取样管阀时，要注意其堵塞情况，尤其是进水取样管阀，其取样进口在滤元铺料时容易使纸粉沉积在里面而堵塞。在检修时可用压缩空气或压力水冲通，必要时要解体清理。

（6）新绕丝的滤元装置的除油处理。新绕丝的滤元装置因加工过程中会被油类污染，所以在使用前必须进行除油处理。滤元装置就位前，先在覆盖过滤器的本体中加入 601 洗涤剂（或油酸皂）约 20kg、磷酸三钠 4kg（使洗涤剂的含量约为 0.5%）。然后把滤元装置装入覆盖过滤器内，装上封头，连接管座与管道，待组装完毕后向覆盖过滤器内加水至滤元上部，再用压缩空气搅拌 3 ~ 4h 排掉洗涤液，并用除盐水反复冲洗，直到进出水的导电度相等，冲洗结束，即可随时铺膜投运。

（7）防腐层的质量检查。应采用电火花检测仪进行绝缘检查。

2. 技术要求

（1）过滤器筒体及其滤元应垂直，其偏差不超过其高度的 0.25%。筒体内壁防腐层应完好，无鼓泡、脱壳和龟裂现象。修补环氧玻璃钢时必须满足固化条件，充分固化后方能使用。

（2）大法兰的结合面完好，无腐蚀凹坑及纵向沟槽。大法兰垫片燕尾接口平整，组装时垫片要垫妥，螺栓紧力要均匀，水压试验无渗漏。

（3）窥视孔有机玻璃板无变形和裂纹现象，表面干净，透光清晰。

（4）进水装置固定螺丝应紧固，防止运行中松动。

（5）进水装置冲洗检查完毕，滤元管外不挂纸粉，滤元管内不积纸粉。外圈滤元管断裂如换备用滤元管有困难，则应在滤元管出水端加盖堵死。

（6）新装配的滤元装置在装配前要逐根检查滤元管的绕丝，要求绕丝平整、间隙均匀，保持为 0.3mm。装配时螺母要拧紧，孔板吊环螺母应锁住，新装滤元装置除油处理后必须冲洗合格。

（7）取样管阀畅通，取样阀开关灵活，密封良好无泄漏。

（8）压力表、流量表指示准确。

（9）所有阀门检修后启闭灵活，密封良好无泄漏。

（10）标志齐全，漆色完整。

第八节　管式过滤器的检修

一、工艺原理

管式过滤器是利用过滤介质的微孔，把凝结水中的悬浮物和氧化铁微粒（铁锈）截留下来的精滤设备。这些过滤介质常制成管状，统称为滤芯（滤元）。管式过滤器中装有多个滤芯。水在管式过滤器中的流向和覆盖过滤器的一样，也是下进上出。常用的管式过滤器如表 3 – 8 所示。

表 3 – 8　　　　　　　　常用管式过滤器规格

型号	JG – 4	JG – 6	JG – 8	JG – 10	JG – 12	JG – 14	JG – 15	JG – 16	JG – 18
直径（mm）	400	600	800	1000	1200	1400	1500	1600	1800
低流速处理量（m^3/h）	15	30	50	80	120	160	190	280	350
高流速处理量（m^3/h）	30	60	100	160	240	320	380	560	700

二、设备检修

（一）部件的结构和作用

1. 管式过滤器本体

管式过滤器本体的结构与覆盖过滤器的相似，由筒体、上下封头、集水器及进水装置，取样管及窥视孔等部件组成。本体内壁衬防腐层，有的本体全部用不锈钢制作。为便于安装和检修滤元，小直径的管式过滤器，其上下封头与筒体采用大法兰螺栓连接；大直径的管式过滤器，则在筒体和上封头上开有人孔，如图 3 – 22 所示。

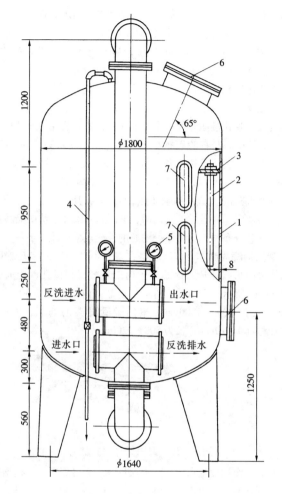

图 3 – 22 大直径管式过滤器

1—本体；2—滤芯；3—不锈钢多孔板；4—空气管；
5—压力表；6—人孔；7—窥视孔

（1）筒体。筒体由厚为 8mm 以上的钢板卷制焊接而成。直径小的筒体，采用大法兰用螺栓与封头连接；直径大的筒体，采用焊接与封头连接。筒体上设置有窥视孔，便于观察过滤器内部运行工况。

（2）上封头与集水装置。上封头用厚为 12mm 以上的钢板压制而成。

顶部两侧装有起吊环，以便检修；顶部中间装有出水短管；内部装有集水装置，主要是改善水流方向，使其布水均匀。

（3）下封头与进水装置。下封头内装有穹形多孔板式的进水装置。多孔板中心区域不钻孔，为无孔区，其余周边布满开孔，主要是为水流能够较均匀地通过滤元装置。

2. 滤元装置

滤元装置是管式过滤器的最主要的元件，滤元装在滤元孔板上。滤元孔板由厚度为 30mm 左右的碳钢板（衬胶）或 20mm 以上的不锈钢板制成。滤元孔板上的孔按等边三角形排列钻制，孔内贴衬厚度为 3mm 橡胶板，滤芯是由各种纤维纺成的细线，按一定规律精密缠绕在不同材质的圆形多孔管骨架上制成。滤元装置的主件是滤芯，其表层是过滤层，内层是支持层。支持层用 120 目的不锈钢网、聚丙烯超细纤维毡或醋酸超细纤维滤布制作。滤芯分多种，现将各种滤芯的性能规格分述如下：

（1）聚丙烯绕线滤芯。该滤芯是在多孔不锈钢管或多孔聚丙烯管的骨架上缠绕聚丙烯线而成，该芯外大内小呈蜂房状窝孔，构成很厚的滤层，如图 3-23 所示。不锈钢管骨架的滤芯，内径为 28~50mm、外径为 60~70mm、长为 500~1800mm；聚丙烯管骨架的滤芯，内径为 28~32mm、外径为 60~70mm、长为 500~1200mm。

图 3-23 聚丙烯蜂房式滤芯

该滤芯的工作过程是水由滤芯外通过滤层而得到净化。根据绕线方式的不同，滤芯有不同的规格，如有 1、5、10、20、30、50、75、100μm 等多种规格，通常选用 5~30μm 的规格。这种滤芯的压差为 0.02~0.2MPa，当其阻力上升后可以用反冲洗的方法将污物洗净，重新投运。但经多次反冲洗初运行后，阻力不能恢复到适用的程度（一般指投运压力超过 0.2MPa）时，就必须酸洗或更换新的滤芯。

（2）塑料烧结管滤芯。该滤芯是由聚氯乙烯粉和糊状聚氯乙烯等原料调匀后，经高温烧结成的滤管。滤管壁上有许多孔径为几微米至几十微米的微孔，而构成过滤层。由这种滤芯组成的过滤器，其操作压力应小于 0.2MPa，温度不能超过 60℃。当它运行阻力较大时，可以用压缩空气和水进行反冲洗，也可用酸、碱等化学药剂进行清洗。这种烧结管滤芯，若原水由管外向管内压，则微孔较易被堵塞，若原水由管内向管外压，则微孔不易被堵塞。

（3）超细纤维滤布滤芯。这种滤芯主要是利用过氯乙烯或涤纶超细纤维滤布的微孔和静电吸附作用，来截留和吸附水中的机械杂质。将过氯乙烯超细纤维滤布套装在不锈钢多孔管或聚丙烯多孔管骨架上，即成相应的滤芯，其过滤精度为 50 ~ 100μm。

（4）不锈钢网管式滤芯。这种滤芯是在不锈钢多孔管上先后套装上 60 目的尼龙底网和 100 目的不锈钢表网，其过滤精度为 50 ~ 100μm。

（二）检修项目和顺序

管式过滤器每半年小修一次，检修内容主要是清洗滤芯和消除缺陷；每年大修一次，检修项目和顺序除没有铺料装置和设备外，其余均参照覆盖过滤器的进行。

（三）检修方法和技术要求

1. 检修方法

（1）滤芯的清洗和更换。聚丙烯绕线滤芯运行 2 ~ 3 年后，用反洗方法很难恢复其过滤能力，此时应以更换新滤芯。塑料烧结管滤芯和过氯乙烯超细纤维滤布滤芯大修时，应采用盐酸等药剂在塑料或不锈钢酸洗槽中进行化学清洗。对于塑料烧结管滤芯，可直接将滤芯放在酸洗槽中进行浸洗；对于过氯乙烯超细纤维滤布滤芯，可将滤布拆下清洗后再用。清洗的方法是先用 2% ~ 3% 的盐酸浸泡 20 ~ 30min，再用清水冲洗至中性，然后用饱和肥皂水煮洗 5 ~ 10min，最后再用水洗净。清洗超细纤维滤布时，不能搓洗和扭曲，以免拉断纤维。清洗无效或经多次清洗后的应更换新滤布。

（2）其他部件的检修。其方法可参照覆盖过滤器的相应方法进行。

2. 技术要求

（1）滤芯的压差应维持在 0.02 ~ 0.2MPa 范围内，不得超过 0.17 ~ 0.2MPa，否则，应更换滤芯。

（2）滤芯应安装垂直，端部螺帽要适度拧紧，使压痕深度在 2 ~ 2.5mm，确保严密不漏。

（3）投运时的工作压力应为 0.05 ~ 0.2MPa，其他技术要求参照覆盖过滤器。

第九节　纤维过滤器的检修

一、作用和原理

纤维过滤器主要有纤维缠绕蜂房式精密过滤器、纤维球式过滤器、纤维束式过滤器等。

纤维束式过滤器的工作原理是过滤水自下而上通过纤维滤层，直到过滤终点。当其进入失效状态需进行清洗时，先将加压室内的水排掉，此时过滤室中的纤维束恢复到松散状态；然后在向下清洗的同时通入压缩空气，在水的冲洗和空气的擦洗过程中，纤维束不断摆动造成相互摩擦，从而将吸附着悬浮物的纤维表面洗涤干净。

二、设备检修

纤维束过滤器的外形与机械过滤器的基本一样，只是内部装置有所不同。纤维过滤器分有囊和无囊两种型式，无囊纤维过滤器内部没有胶囊，其内部结构主要由固定板、活动板，丙纶长丝及液压装置三部分组成。固定板与活动板之间有悬挂一定密度的丙纶长丝，活动板可上下移动来实现调节纤维密度的作用，这样就克服了有囊纤维过滤器由于胶囊破裂影响过滤器运行的问题，是有囊型纤维过滤器的改进。有囊的纤维过滤器如图 3-24 所示。

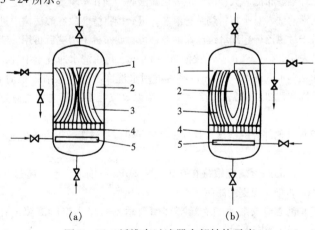

（a）　　　　　　　　（b）

图 3-24　纤维束过滤器内部结构示意

（a）外囊式过滤器；（b）内囊式过滤器

1—多孔隔板；2—胶囊；3—纤维滤室；4—管形重坠；5—配气装置

（一）部件的结构和作用

（1）多孔隔板。它位于过滤器内的上部，由钢板制成，与器壁焊接固定，其上开有很多小孔，每一孔上悬挂固定一束丙纶纤维长丝。多孔隔板的作用主要是固定和悬挂纤维滤料。

（2）胶囊。在纤维的周围或内部装有密封式胶囊。根据过滤器的直径不同，胶囊装置分为外囊式和内囊式两种。为了保证纤维压实密度的均匀性，内囊式又分单囊式和多囊式。胶囊由橡胶薄膜制成。其作用是将过滤器分为加压室和过滤室，并对纤维滤料产生挤压力，致使过滤室形成不同的过水截面。

（3）纤维滤料。在多孔隔板下悬挂着丙纶纤维束长丝，其一端固定在多孔隔板上，另一端吊着管形重坠。丙纶即聚丙烯，这种材料对水中的悬浮颗粒没有特殊的活性，主要起物理吸附作用，这与石英砂等粒状滤料相似，吸附的结合势能较差，所以纤维表面吸附的泥渣可用水冲洗和压缩空气擦洗的物理方法去除。丙纶丝的直径仅有几十微米左右，其表面积比石英砂等粒状滤料大得多。

（4）管形重坠。管形重坠通过管形重坠上的卡子与纤维束自由端连接。管形重坠的作用是防止运行或清洗时纤维互相缠绕和乱层，另外，也起配水和配气的作用。

（5）配气装置。它位于过滤器底部，由钢管制成，其上布有一定数量的小孔。其作用是在过滤器清洗过程中通入压缩空气，达到空气擦洗的目的。

（二）检修项目和顺序

1. 检修项目

（1）检查过滤器内壁及器内金属部件有无腐蚀、磨损现象。

（2）检查胶囊的完好状况，有无泄漏微孔和裂纹等老化现象，并进行气密性试验。

（3）检查修理管形重坠和其上卡子的完整情况。

（4）检查纤维滤料的完整情况。

（5）检查修理多孔隔板的防腐层。

（6）检查修理配气装置。

（7）检查修理过滤器外部管道、阀门，补涂油漆。

（8）检查校验压力表、定量水表和水量控制仪等表计。

2. 检修顺序

过滤器检修前必须先将过滤器清洗干净，以便于检查修理器内装置，然后将胶囊及器内的水全部放尽，确认过滤器内无压无水后才能开始检修工作。检修顺序如下：

（1）检查胶囊是否漏水，并在 0.03MPa 压力下进行气密性试验。对漏水的胶囊要进行修补，破损严重或老化和气密性试验不合格的胶囊要进行更换。

（2）打开上、下人孔，将管形重坠上的卡子拆开，取下管形重坠，检查管形重坠及其卡子，腐蚀损坏的要进行更换。

（3）拆下吊卡，取出纤维束滤料，并进行清洗。对破损和污脏严重的纤维束滤料应进行更换。

（4）检查过滤器内壁及多孔隔板，并进行除锈和防腐处理。

（5）检查压缩空气配气装置，并进行除锈、防腐和疏通孔眼等工作。腐蚀破损严重的应予以更换。

（6）由热工人员检查校验各种热工仪表。

（7）检查修理过滤器外部管道、阀门。

（8）按拆卸的逆顺序进行组装。

（9）工作完毕进行水压试验，合格后交运行人员投运。

（三）检修方法

1. 胶囊漏水的检查方法

胶囊水排不尽，运行过程中过滤器出入口压差始终很小，都预示胶囊漏水（或囊体破损、或密封连接件松动）。对于多胶囊的情况，需准确判断是哪一只胶囊漏水，可采取下面两种方法：

（1）松开每只胶囊支管法兰上的螺栓，通过进水阀向设备体内充水升压，不断往外排水者，就是漏水胶囊。

（2）胶囊支管加装阀门的，可在胶囊排水状态下，按顺序关闭每只胶囊的支管阀门。每关闭一个阀门，都要观察一段时间，再关闭下一只，直到胶囊排水干管断水，说明最后关闭阀门的胶囊是漏水胶囊；按顺序再打开已关闭的阀门，若胶囊排水干管仍无水排出，说明只有这一只胶囊漏水。

对漏水的胶囊，可打开上封头装胶囊管座的法兰，抽出胶囊检查、修补或更换新胶囊。

2. 胶囊修补的方法和维护要点

胶囊必须严密不漏，破损处可按一般橡胶膜的粘补方法进行修补。如胶囊整体老化，则应予以更换。为保护胶囊不受损伤，不得在过滤器内进行加热和焊接工作。如需进行这些工作，则应将胶囊抽出器外。检修中必须提起胶囊时，不得用金属丝或绳子直接系吊胶囊，必须用胶带或垫有胶皮的麻绳缚住胶囊下方才可吊起，以防撕裂胶膜。

3. 纤维束清洗的方法

新设备投运前，对出水水质要求严格时，或检修中拆出的滤料发现纤维上有大量微生物和油类时，应将纤维束放在塑料洗槽中，用2%的氢氧化钠溶液浸泡24h，以使纤维疏松蓬散。若发现纤维束上结有水垢或附着污泥时，就应用3%~5%的盐酸溶液清洗干净，再用水冲到中性。新设备投运前，碱液的浸泡工作可在过滤器本体内进行。

4. 出水浊度高时检查与处理

当过滤器出水浊度较高时，检修前应重点检查胶囊是否泄漏，下向洗进水阀是否严密，对泄漏胶囊进行更换。

5. 胶囊中充水的要求

过滤器检修后投运前，应将器内和各个胶囊充满水。为此，应掌握各种规格胶囊的充水量，其正常充水量见表3-9。

表3-9　　　　　　　过滤器胶囊充水量

过滤器公称直径 DN	胶囊充水量 （kg/只）	过滤器公称直径 DN	胶囊充水量 （kg/只）
300	10~15	800	120~150
500	40~50	1000 以上	180~200

其他可参照机械过滤器的检修方法。

（四）质量要求

（1）胶囊完整无损，严密不漏，气密性试验合格，没有裂纹等老化现象。

（2）各种阀门如胶囊的充水阀、排水阀、清洗入口阀、进出水阀门以及电磁阀等必须严密不漏。

（3）压缩空气配气装置，孔眼完整且畅通，配气均匀。

（4）水量控制器、定量水表以及其他常规表计准确无误，符合有关标准。

（5）管形重坠完整，没有严重腐蚀，卡环无变形，装设牢固可靠。

（6）其他质量要求，同机械过滤器。

第十节 过滤设备的故障处理

一、压力式过滤器的故障处理

(一) 过滤效果差、出水浊度高

1. 原因分析

出水浊度高的主要原因可能是:

(1) 滤料污染严重或粒度过大,导致细小的悬浮物穿透滤层。

(2) 出入口压差超过规定,致使滤层受压而破裂,大量水流从裂缝中通过,起不到过滤作用。

(3) 滤层太低,使悬浮物穿透。

(4) 过滤速度太快。

2. 判断和处理方法

当出水浊度较高时,应针对故障原因按下述方法进行处理:

(1) 改善混凝效果,提高澄清池出水水质,加强反洗工作;检查滤料的粒径,若超过规定,则应更换粒径合格的滤料。

(2) 若是滤料层裂缝,则应进行反洗。

(3) 初投运时出入口压差不大,而投运后压差增大缓慢,运行周期较长,则系滤层较低所致,此时应补加滤料到规定高度。

(4) 调整滤速。

(二) 运行周期过短

1. 原因分析

运行周期短的主要原因可能是:

(1) 反洗不彻底、不及时或长期小流量运行致使滤层结块。

(2) 滤料粒径过小,投运后出入口压差迅速超过规定。

(3) 滤层高度不够。

(4) 配水或排水装置损坏引起偏流。

(5) 进水水质劣化。

2. 判断和处理方法

当运行周期较短,频繁地进行反洗时,应针对故障原因按下述方法进行处理:

(1) 加强反洗。

(2) 若滤料粒径过小,应更换表层部分滤料。

(3) 若滤层过低,则适当增加滤层高度。

（4）检查配水或排水装置。

（5）加强澄清设备的管理。

（三）运行周期过长、长期不需反洗

1. 原因分析

运行周期过长的主要原因可能是：

（1）滤料粒度过大，过滤效能降低；

（2）检修后滤料未装够或运行中漏掉及反洗掉部分滤料。

2. 判断和处理方法

当运行周期较长，长期不需反洗时，应针对故障原因，按下述方法进行处理：

（1）检查滤料的粒径，若粒径过大，则应更换滤料。

（2）反洗时排水不很脏，反洗后投运时流量很易增大，但出入口压差却很小，几乎不增加，则系未装滤料或运行中失掉部分滤料。此时应检查滤层高度和集水装置的状况，补装滤料或消除泄漏缺陷。

（四）达不到规定的运行流量

1. 原因分析

运行流量开不大的主要原因可能是：

（1）集水装置污堵，滤过水流排不出。

（2）滤料结块，水的通流截面积减小。

（3）滤料粒径太小或滤层装置太高，使阻力增大。

（4）进出口阀门开不大。

2. 判断和处理方法

当运行流量开不大，达不到额定流量时，应针对故障原因按下述方法进行处理：

（1）若过滤器的出入口压力较高，而压差很小时，则系出口门开不大或集水装置污堵所致。此时应停运过滤器，首先检查出口门的状况，方法是开启出口门和正洗排污门，查看出口水能否大量倒回地沟。若能倒回，则证明出口门没有问题，故障很可能出在集水装置上。此时应检修集水装置，清洗滤水帽或塑料网，清理丝头，疏通支管等。

（2）若过滤器的入口压力较高，出口压力较低，也就是压差较大时，则可能是滤料结块、滤料较细或滤层较高所致。此时应停运检修，有针对性地采取酸洗、更换滤料或卸出部分滤料等措施。

（3）若过滤器的入口压力较小，且出入口压差不大时，可能系入口门开不大所致。此时应停运检查入口门的开启状况。方法是开启入口门和反洗排污门，若排水较少，则应检修或更换入口门。

（五）反洗流量开不大

1. 原因分析

反洗流量开不大的原因可能是：

（1）集配水装置污堵，反洗水不能大量流出。

（2）滤料结块，使通流截面积减小，反洗水不能大量通过。

（3）反洗入口门或排污门开不大。

2. 判断和处理方法

当反洗流量开不大时，应针对故障原因按下述方法进行处理：

（1）若入口压力较高，而运行周期较短，则系集水装置污堵。此时应卸出滤料，进行集水装置的清理工作。

（2）若出入口压差较大，而运行周期较短，则系滤层结块。此时应筛析、酸洗或更换滤料。

（3）若入口压力很小，则系反洗入口门开不大所致。此时应修理或更换反洗入口门。

（4）若出入口压力较高，但压差很小，则系反洗排污门开不大所致，此时应检查处理反洗排污门的缺陷。

（六）反洗时没有流量

1. 原因分析

过滤器反洗时，虽开启了反洗入口门和排污门，但没有流量。其原因不是反洗入口门开不了，就是反洗排污门打不开。

2. 判断和处理方法

当反洗时没有流量，则应针对故障原因进行处理。

（1）若出入口压力较高，但没有压差，则系反洗排污门开不了所致，此时应检修或更换反洗排污门。

（2）若出入口压力为静压，又没有压差，则系反洗入口门开不了所致，此时应检修或更换反洗入口门。

（七）出水中含有滤料

1. 原因分析

出水中含有滤料的原因可能是：

（1）反洗过滤器时因进水过大、过猛，使集水装置变形损坏，滤水帽折断或脱落。

（2）集水装置年久失修，腐蚀穿孔或支管断裂脱落。

2. 处理方法

当发现出水中含有滤料时，应立即停运泄漏滤料的过滤器，并按下述方法清除出水系统中的滤料，以免故障扩大。

（1）若滤料较多地进入清水箱，则应停运清水箱，并排除存水，清理水箱，以防滤料进入离子交换设备。

（2）若过滤器与离子交换设备直接串连，滤料较多地进入离子交换设备，则应根据工艺方式，采用不同方法予以处理。对正流或逆流再生的离子交换器，应停运并筛分出滤料；对浮动床或移动床，应停运排水，将配水装置中的滤料排出，或利用入口门前压力水冲洗入口捕砂器，将滤料倒冲到地沟，以保证离子交换设备能够正常运行。

3. 故障源的排除

出水中含有滤料的故障，其排除的方法是：

（1）放掉泄漏滤料的过滤器中的存水，打开上部人孔，检查滤层表面有无坑陷。若只是有个别小坑，对双流式过滤器，可不必将滤料卸出，而是将小坑处的滤料挖到四周，寻找泄漏的滤水帽或支管，就地更换处理。若集水装置严重损坏，滤料大量漏掉，则应合上人孔，用水力方法将滤料卸出一部分（对双流式过滤器，卸到集水装置以下）或全都卸出（对单流式过滤器）。

（2）冲洗集水装置，将母支管中残存的滤料全部冲出，以免首次反洗时污堵滤水帽缝隙。

（3）检修集水装置，采取不同方法消除泄漏缺陷，如补焊穿孔部位，装好集水支管和支吊架，更换滤水帽丝头或支管丝头，更换损坏脱落的滤水帽等。

（4）分析集水装置损坏的原因，改进运行操作，提高检修质量。

二、重力式滤池的故障处理

重力式滤池的一般故障和处理方法可参照前述压力式过滤器的有关规定和要求进行。现将重力式滤池的特有故障和处理方法简述于下。

（一）过滤效果差、出水浊度高

1. 原因分析

出水浊度高的原因可能是：

（1）过滤水室锥体顶盖开焊裂缝，或法兰接合面泄漏，使进水走了短路；

（2）反洗水室中的滤池入口管泄漏，将入口水漏到反洗水室。

2. 判断和处理方法

当出水浊度较高时，应针对原因按下述方法进行处理：

（1）检查过滤水室锥体顶盖的完整性，若变形损坏或焊缝开裂、法兰泄漏时，应整形并重新焊接或压紧法兰。

（2）检查反洗水室中入口管的状况，消除泄漏缺陷。

（二）运行周期过长、不易形成虹吸而反洗

1. 原因分析

不易形成虹吸的原因可能是：

（1）入口水中带有大量空气，不易形成虹吸或延长了虹吸形成的时间。

（2）虹吸系统、强制反洗和反洗连锁系统不太严密而漏进少量空气。

（3）辅助虹吸管与虹吸上升管连接处的标高不当，接近于配水箱的最高水位，使虹吸难于形成。

（4）滤层和集水装置的阻力过大，一时形不成虹吸。

2. 判断和处理方法

当运行周期过长，进行自动困难反洗时，应针对故障原因按下述方法进行处理：

（1）检查入口水的带气情况，若因带气大而不能自动反洗，则应将配水箱的出水口放低一些，或在滤池 U 形入口管上加装空气分离装置，以便随时分离入口水中夹带的空气。

（2）检查虹吸系统、强制反洗和反洗连锁系统的严密性，及时消除漏气缺陷。

（3）若以上各条均不能奏效时，则应停运滤池，检查滤料的黏结情况。若滤层和滤水帽等集水装置的阻力过大，则应清理滤水帽，重新铺设垫层和滤料。

（三）运行周期过短、频繁自动反洗

1. 原因分析

运行周期过短，频繁地自动反洗的主要原因可能是：

（1）水头损失允许值选得过低。

（2）滤料粒径太小或装得太高。

（3）滤料结块，使滤池的通流面积减小，截污能力降低。

2. 判断和处理方法

当滤池运行周期过短，频繁地自动反洗时，应针对故障原因采取下列方法进行处理：

（1）检查反洗水箱水面至辅助虹吸管接口的距离，若水头损失允许值选得过低，则应提高虹吸上升管和配水箱的标高，将水头损失允许值适当提高一些。

（2）停止滤池运行，检查滤层工况。若滤层过高，则应卸出部分滤料；若滤料过细或有结块现象时，则应筛析，酸洗或更换滤料。

（四）不能自动反洗

1. 原因分析

滤池不能自动反洗的主要原因可能是：

（1）设计不合理，配水箱水位标高低于辅助虹吸管管口的标高，形不成辅助虹吸。

（2）过滤水室的垫层和滤料混杂，部分或大部分滤料掉入集水室，不起过滤作用；致使水头损失不增加或增加缓慢。

（3）入口水中带有大量空气，形不成虹吸。

（4）强制反洗系统、虹吸系统和连锁系统严重漏气，形不成虹吸。

（5）水封井中无水或水位过低，未能将虹吸下降管口封住。

2. 判断和处理方法

当无阀滤池长期不能自动反洗时，应针对故障原因按下述方法进行处理：

（1）检查各有关管系的标高，若系配水箱标高较低所致，则应根据实际情况加高配水箱标高或降低虹吸管标高。

（2）检查虹吸下降管口有无空气溢出。若经常溢出空气，则说明进口管中带气严重，应设置和改进进水管系统中的空气分离装置。

（3）检查强制反洗系统、虹吸系统和反洗连锁系统的严密性，消除严重漏气缺陷。

（4）停止滤池运行，检查滤层工况，若滤料掉入集水室，则应检修出水装置、重新铺设垫层和滤料。

（5）水封井中加水，将虹吸下降管口淹没。

（五）虹吸下降管大量溢水

1. 原因分析

滤池不能自动反洗，但从虹吸下降管中往水封槽中大量溢水，其原因主要是滤料结块，黏在一起而不能过水。而滤料结块和粘结的原因可能是：

（1）小阻力集水系统水流的不均匀性，致使部分滤料黏在一起。一旦局部粘结，就不易再行冲散，粘结面积逐渐增大，直至最后不能过水。

（2）强制反洗系统、虹吸系统以及反洗连锁系统严重漏气，形不成虹吸而不能自动反洗，长此下去，滤层严重污染而不能过水。

2. 判断和处理方法

当发现从虹吸管向水封槽中大量溢水时，应针对故障原因按下述方法进行处理：

（1）首先检查强制反洗系统、虹吸系统和反洗连锁系统的严密性。发现漏气之处应立即进行处理，然后接连数次进行强制反洗，直到反洗排水干净时为止。

（2）若上述系统严密不漏，则应停止滤池运行，检查滤层工况。若滤料严重黏结，则应重新铺设垫层，更换全部滤料，并加强强制反洗。为彻底解决滤料粘结现象，最好采用大阻力集水系统，并加装空气擦洗装置。

（六）接连反洗不能滤水

1. 原因分析

滤池接连反洗不能滤水的主要原因是虹吸破坏装置有缺陷，如虹吸破坏管太细、虹吸破坏筒积泥、破坏管管口与破坏筒底之间的距离太小或顶死等，使空气不能大量进入虹吸系统所致。

2. 处理方法

首先停运检查虹吸破坏装置的状况，清理破坏筒中的污泥，调整管口与筒底的距离。若不奏效，则应更换较大管径的虹吸破坏管。在未消除缺陷之前的临时措施应在反洗停止后立即设法使空气进入虹吸系统。

提示 本章共有十节，其中第一、二、三、四、五节适合于初级工，第六、九节适合于中级工，第七、八、十节适合于高级工。

第一篇 电厂化学设备检修

·102· 火力发电职业技能培训教材

离子交换设备的检修

离子交换树脂是一种人工合成的高分子有机聚合物。它的分子结构比较复杂，简单地说它由两部分组成：①具有高分子结构的聚合物骨架，通常用 R 表示；②带有可交换离子的活性基团，分别以所带离子的化学符号如 H、OH 和 Na 等表示，如苯乙烯型的强酸性氢型阳树脂，则用 RH 表示；苯乙烯型的强碱性氢氧型阴树脂，则用 ROH 表示。

一、离子交换树脂的分类和型号

（一）离子交换树脂的分类

1. 按交换基团的性质分类

根据交换基团的性质不同，离子交换树脂可分为两大类：凡与溶液中阳离子进行交换反应的树脂，称为阳离子交换树脂；凡与溶液中阴离子进行交换反应的树脂，称为阴离子交换树脂。根据其电离度的不同又可将阳离子交换树脂分为强酸性树脂和弱酸性树脂；阴离子交换树脂分为强碱性树脂和弱碱性树脂。表 4－1 归纳了离子交换树脂的类别。

表 4－1　　　　　　　离子交换树脂的分类

树脂名称	交 换 基 团		酸碱性
	化学式	名　　称	
阳离子交换树脂	—SO_3H	磺酸基	强酸性
	—COOH	羧酸基	弱酸性
阴离子交换树脂	—$CH_2N(CH_3)_3OH$ —$CH_2N(CH_3)_2(C_2H_4OH)OH$	季胺基 　Ⅰ型强碱基团 　　　　 Ⅱ型强碱基团	强碱性
	—CH_2NH_2 —CH_2NHR —CH_2NR_2	伯胺基 仲胺基 叔胺基	弱碱性

2. 按结构类型分类

按结构类型的不同，可分为凝胶型树脂和大孔型树脂。

3. 按聚合体单体分类

按聚合体单体可分为苯乙烯系、丙烯酸系、酚醛系、环氧系、乙烯吡啶系、氯乙烯系。

4. 按用途分类

按用途分可分为工业级，指供一般工业使用；食品级，指供食品工业用；分析级，指供化学分析用；核等级，指供核工业用。

（二）离子交换树脂的型号

为离子交换树脂产品的型号一般由三位阿拉伯数字组成，第一位数字代表产品分类，第二位数字代表骨架的差异（见表 4 - 2），第三位数字为顺序号，用以区别交换基团或交联剂等的差异。

表 4 - 2　　　　　　　　　离子交换树脂的代号

分类代号	含　义	骨架代号	含　义
0	强酸性	0	苯乙烯系
1	弱酸性	1	丙烯酸系
2	强碱性	2	酚醛系
3	弱碱性	3	环氧系
4	螯合性	4	乙烯吡啶系
5	两性	5	脲醛系
6	氧化还原性	6	氧乙烯系

对大孔型树脂，通常在型号前加字母"D"。树脂的型号以图表示如下：

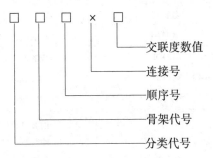

凝胶型离子交换树脂的型号

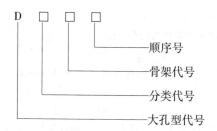

大孔型离子交换树脂的型号

二、离子交换树脂的性能

对于购进厂的新离子交换树脂,要注意其类型、牌号和生产厂家,并应了解与检修工作有关的主要理化性能。

1. 物理性能

(1) 外观。离子交换树脂是一种透明或半透明的球体,依其组成和结构的不同,呈现不同的颜色。苯乙烯系大都呈黄色,其他类型的也有呈黑色或赤褐色的。大孔型树脂由于光的折射而呈乳白色。使用中的树脂由于可交换离子的转换或受杂质的污染而颜色会加深。

(2) 粒度。常用树脂的粒度范围为 $0.315 \sim 1.25\text{mm}$(占 95% 以上),其对应的标准筛目数为 $50 \sim 20$ 目。树脂的粒度不宜过大或过小。若过大则机械强度会降低,交换容量减小;过小虽离子交换速度高,交换容量大,但水流阻力增大,则有可能通过集水装置而泄漏到水中。因此,应尽量选用粒度较大的均粒树脂。

为比较和表征不同离子交换树脂的粒度情况,引用有效粒径和均一系数两项指标。有效粒径是指能使 10% 树脂颗粒通过,90% 树脂颗粒截留的筛孔直径。均一系数是指树脂通过 90% 的筛孔直径与通过 40% 的筛孔直径的比值。均一系数反映了树脂粒度的分布状况,均一系数愈小,颗粒大小愈均匀,其值应小于 $1.4 \sim 1.7$。

为保证离子交换设备的正常工况,应定期反洗树脂层,并维持一定的反洗强度,让树脂层充分膨胀展开,尽量将细小和破碎的树脂洗掉。此项反洗操作,应特别注意,要坚守岗位,勿急于求成,以保证不冲走大颗粒树脂。

(3) 密度。树脂的密度对于其在离子交换设备内装填量的计算、反洗强度的确定以及双层床和混床中树脂的选择等都有密切关系。树脂的密度有下列两种表示方法:

1) 湿真密度。树脂在水中充分膨胀后的真密度,叫湿真密度,以

g/mL表示，通常都大于1。湿真密度与反洗分层情况和沉降性能有关。阳树脂的湿真密度大于阴树脂的湿真密度。

2）湿视密度。树脂在水中充分膨胀后的堆积密度，叫湿视密度，以g/mL表示，通常都小于1。湿视密度常用来计算离子交换设备中需要装填的树脂质量。

（4）含水率。树脂的含水率是指在水中充分膨胀的湿树脂中所含水分的百分数。它可以反映交联度和网眼中的孔隙率。树脂含水率愈大，表示树脂的孔隙率愈大，其交联度愈小。

（5）转型膨胀率。转型膨胀率是指离子交换树脂从一种单一离子型转为另一种单一离子型时体积变化的百分数。各种树脂的转型膨胀率如表4－3所示。在往离子交换器中装填树脂时应考虑这种性能，防止因装填高度欠佳而将树脂压碎或影响从交换器窥视孔监视树脂面层的高度。树脂的这种转型膨胀性能，是致使其颗粒碎裂的重要原因。

表4－3   树脂转型的相对膨胀率

树脂种类	001×7强酸树脂	116弱酸树脂	D116弱酸树脂	201×7强碱树脂	D202强碱树脂	D301（D354）弱碱树脂
膨胀率（%）	Na→H ≤10	H→Na ≤70～75	H→Na ≤70	Cl→OH ≤25～32	Cl→OH ≤15	OH→Cl ≤28～30

2. 化学性能

（1）离子交换反应的可逆性。离子交换反应及其可逆性是树脂的重要化学性能。当含有钙离子的水与氢型树脂相遇时，发生下列反应

$$2RH + Ca^{2+} \rightarrow R_2Ca + 2H^+$$

这实质上是制水过程的化学反应。

反之，当钙型树脂遇到盐酸（或硫酸）时，发生下列反应

$$R_2Ca + 2H^+ \rightarrow 2RH + Ca^{2+}$$

这实质上是再生过程的化学反应。

上述反应是在等摩尔质量下进行的。比较它们的反应情况，不难看出是可逆反应，平衡移动的方向，或者说反应向哪个方向进行，取决于当时水中钙、氢离子的浓度。

（2）酸碱性。氢型树脂在水中能离解出氢离子，氢氧型树脂在水中能离解出氢氧根，因此它们分别具有酸和碱的特点。各种树脂的离解能力不同，它们的酸碱性强弱也不同。

磺酸型阳树脂是强酸型，其工作范围的 pH 值为 1~14；羧酸型阳树脂是弱酸型，其工作范围的 pH 值为 5~14；季胺型阴树脂是强碱型，其工作范围的 pH 值为 0~12；伯胺、仲胺、叔胺型阴树脂是弱碱型，其工作范围的 pH 值为 0~9。

由于氢型阳树脂相当于酸，氢氧型阴树脂相当于碱，因此其盛放的容器应采取防腐措施，并避免树脂与皮肤接触，特别是浸泡树脂的水溶液勿溅到眼睛内。

(3) 交换容量。交换容量表示单位量树脂中可交换的离子量。它有两种表示方法：

1) 全交换容量：它不随工作条件而变化，基本上是一个固定值。它表示树脂中所含活性基团的总量，其单位通常以 mmol/g 表示。

2) 工作交换容量：表示离子交换树脂实际应用在一定条件下，达到某一终点时所具有的交换能力。单位通常是单位体积的湿树脂所能交换的物质的量，以摩尔数表示。它与树脂的工作条件有关，不仅受树脂结构的影响，而且还与被处理水的含盐量、流速、温度、再生方式有关。另外，树脂层的高度和交换器失效终点的标准，也影响着工作交换容量的大小，特别是再生程度的高低，在很大程度上更制约着工作交换容量。

交换容量的单位有两种表示方式：①体积交换容量。单位用 mmol/mL（湿树脂）、mmol/L（湿树脂）或 mol/m³（湿树脂）表示。②重量交换容量。单位用 mmol/g（干树脂）或 mol/kg（干树脂）表示。

各类交换树脂的交换容量如表 4-4 所示。

表 4-4 树脂交换容量

交换容量		001×7 强酸阳树脂	201×7 强碱阴树脂	D202 强碱阴树脂	116 弱酸阳树脂	D301 (D354) 弱碱阴树脂	213 强碱阴树脂
全交换容量	质量 (mmol/g)	≥4.3 ~4.5	≥3.2 ~3.6	≥3.3	≥10.5 ~11.2	≥4.2 ~3.8	≥4.5
	体积 (mmol/mL)	≥1.7 ~1.8	≥1.2 ~1.4	≥0.9 ~1.15	≥3.8 ~4.3	≥1.3 ~1.5	≥1.2
工作交换容量 (mol/m³)		≥1000 ~1500	≥350 ~450	≥650	≥2500	≥800 ~1100	≥650

三、离子交换树脂的选用和保管

（一）离子交换树脂的选用

正确选用离子交换树脂是成功应用离子交换技术的关键。在实际工作中，应根据原水情况、床型、运行工况（如流速、压力、水温等）和对处理后达到的水质标准等条件来选用。下面扼要介绍一些选用的标准：

（1）通常制备锅炉补给水的复合床和混合床，宜选用 001×7 强酸阳树脂和 201×7 强碱阴树脂。

（2）原水含盐量较大时，其阴离子交换器宜选用 Ⅱ 型强碱阴树脂（D202）；对串联运行的弱碱交换器，宜选用 D301（或 D354）大孔型弱碱阴树脂，以保护强碱树脂不被有机物污染。

（3）含有机物较大的原水，其阴离子交换器宜选用抗污染的丙烯酸系强碱阴树脂 213 或弱碱阴树脂 D314（指强弱碱串联床）。

（4）含有负硬且暂硬较大的水，其前置氢离子交换器或阳双层床，宜选用 D113 弱酸阳树脂；碱度较高、硬碱比接近 1 的水，阳床宜选用 D116 弱酸阳树脂。

（5）阴双层床，宜选用粒径较大的 201-SC 强碱阴树脂和粒径较小的 D301-SC（或 D354-SC）弱碱阴树脂，以防强弱树脂混杂。

（6）阴双室双层浮动床，宜选用 201-FC 强碱阴树脂和粒径较大的弱碱阴树脂，以利于减小阻力，提高流速。

（7）双流床或三流床，宜选用粒径较大（或均粒）强度较高的强酸阳树脂。

（8）三层混床，宜选用 D001-TR 强酸阳树脂、D201-TR 强碱阴树脂和 S-TR 惰性树脂。

（9）浮动床和移动床，由于流速较高，宜选用 16~30 目的树脂（如 001×7FC 和 201-FC）。

（10）处理凝结水的低压高速混床，宜选用耐磨率较大的 D001×7 强酸阳树脂和 D201×7 强碱阴树脂；中压高速混床，宜选用中压级专用的强酸阳树脂和强碱阴树脂，如 D001$_z$ 和 D201$_z$。

（二）离子交换树脂的保管

树脂的使用效果和使用寿命与保管的好坏有很大关系，因此应按下述要求进行保管。

1. 树脂的运输和验收

从生产厂家或使用单位运送树脂时，应尽可能地避免冬天进行；紧急使用时，应用暖车箱运输，并在有暖气的室内保存，一般储存树脂的环境温度为 5 ~ 40℃。

树脂到厂后应严格验收,检查品种、型号是否正确,同时还应取样化验,并与购前的化验结果进行比较,符合国家标准才能使用。

2. 树脂的保存

(1) 防止冻裂。树脂本身含有 50% 的结合水,出厂时往往还含有一些游离水,因此在保存期间,应保持室温在 0℃以上,以防冻裂。但也不应超过 40℃,以免热分解和氧化降解。在气温过低的地区,应将树脂保存于饱和食盐水中,因为食盐水的冰点低于 0℃。不同浓度食盐水的冰点如表 4 – 5 所示。

表 4 – 5 不同浓度食盐水的冰点

食盐水浓度 (%)	密度 (10℃时, g/mL)	冰点 (0℃)
8	1. 0559	– 5. 08
10	1. 0707	– 6. 56
15	1. 1085	– 10. 89
20	1. 1478	– 16. 46
23. 5	1. 1797	– 21. 22

(2) 防止风干失水。树脂进厂后,不应破坏其包装,以免失水。已失水干燥的树脂,切勿使其与水接触,以免崩裂;而应先将其浸泡于饱和食盐水中,浸泡 3h 后再逐渐稀释食盐水溶液,而后取出装用。

(3) 转型保存。用过的树脂需长期保存时,应将其转变成比较稳定的出厂型式。一般强酸阳树脂为钠型,弱酸阳树脂为氢型;强碱阴树脂为氯型,弱碱阴树脂为游离胺型。在储存期间,要防止铁锈、油污、强氧化剂、有机物和细菌的污染。

树脂的储存时间不宜过长,最好不要超过一年。尤其是阴树脂可能因交换基团的分解,而显著降低树脂的交换容量。此外,各种树脂应分别存放,还应贴上标签,以防混杂而影响制水质量。

3. 混杂树脂的分离

当不同类型的树脂混杂需要分离时,可利用它们的密度不同,借水力方法将它们分开。另外,也可将它们浸泡于 20% 左右的食盐液中,密度小的阴树脂就会上浮而与密度大的阳树脂分开。

如果两种树脂的密度差很小,分离起来有困难时,可先将树脂转型,然后再进行分离。为取得较好的分离效果,可先在实验室进行上述各种分离方法的小型试验，然后在现场进行工业型分离。

四、离子交换树脂的预处理和复苏

（一）离子交换树脂的预处理

出厂的离子交换树脂中，常含有未参加反应的有机物和低聚合物以及铁、铝、铅、铜等重金属离子，所以新树脂在投运前应进行预处理。

（1）阳树脂的预处理。首先用约两倍于被处理树脂体积的饱和食盐水浸泡树脂 $18 \sim 20h$，然后将食盐水放尽，用清水漂洗净，使排出水不带黄色。

其次再用 $2\% \sim 4\%$ NaOH 溶液，其量与上相同，浸泡 $2 \sim 4h$（或做小流量清洗），放尽碱液后，冲洗树脂直至排水接近中性为止。

最后用 5% HCl 溶液，其量也与上相同，浸泡 $4 \sim 8h$ 放尽酸液，用清水冲洗至近中性。

（2）阴树脂的预处理。其预处理方法中的第一步与阳树脂预处理方法中的第一步相同；而后用 5% HCl 溶液浸泡 $4 \sim 8h$，然后放尽酸液，用清水冲洗至近中性；最后用 $2\% \sim 4\%$ 的 NaOH 溶液浸泡 $4 \sim 8h$，放尽碱液，用清水冲洗至近中性。

（二）离子交换树脂的复苏

在长期的制水过程和多次的再生操作中，阴、阳离子交换树脂将被污染和氧化降解，甚至热分解，致使其交换容量降低，酸、碱耗升高，出水质量下降，正洗时间延长；表现在外观上是树脂的颜色加深，光泽较差。为恢复树脂性能，可用酸、碱、盐等化学方法进行处理，并拌以机械方法进行清洗，这就是通常所说的复苏（活化）。

1. 阳离子交换树脂的复苏

阳离子交换树脂除被水和再生液（盐酸、硫酸、食盐液）中的铁、铝、铜、锰及其氧化物污染外，还会被泥砂、油类和有机物侵害。这些污染物可用下述清洗方法将它们局部或全部除去，恢复其离子交换性能。

（1）盐酸清洗法。先将阳树脂在阳床或阳擦洗器内进行充分反洗，彻底除去悬浮物和碎树脂后将水放净，再用玻璃钢耐酸泵将事先在酸计量箱或其他耐酸箱中配好的 15% 左右的盐酸打入床内，进行 $16 \sim 24h$ 的动态或静态清洗。也可以用阳床的再生喷射器进酸，但应强化验酸的浓度，使其浓度接近 15%。

若在阳床内进行，则勿使盐酸淹没离子交换器中排装置，以免造成腐蚀。

当树脂清洗完后，紧接着进行正洗到中性。如树脂污染严重，可接连进行第二次酸洗。酸洗完之后，再用 2 倍于平时用量的酸液进行再生。

在酸洗过程中，还要定期取样测试三价铁离子的含量，基本稳定后即可停止酸洗。

（2）超声波清洗法。超声波清洗树脂主要是用机械破坏法来去除树脂表面的金属氧化物和其他黏附物。超声波是一种高频超声振动，在溶液空化作用的形成和消失中产生冲击波，造成液体内部压力的突变，从而将树脂表面的黏附物清洗干净。

超声波清洗机由超声波发生器和清洗箱组成，有 C – 500 – B 型、C – 2000 – A 型等。当清洗树脂时，用水力将树脂连续不断地送入清洗箱，使其接受超声波处理，以驱除包围在树脂表面的污物。

超声波清洗树脂的流程如图 4 – 1 所示。

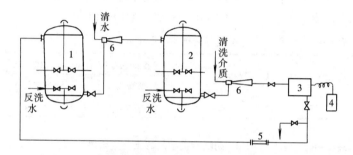

图 4 – 1　超声波清洗树脂流程

1—交换器；2—擦洗器；3—清洗箱；4—超声波发生器；
5—观察窗；6—喷射器

超声波清洗树脂的，操作步骤如下：

1）在阳交换器或擦洗器内反洗树脂 15 ~ 30min；

2）关闭反洗排污门，开启清洗箱的进出口截门，升压至 0.15 ~ 0.2MPa，使树脂流过清洗箱；

3）启动超声波发生器，调整电流为 0.7 ~ 0.9A；

4）间断开启反洗进口门，疏松树脂，使其便于流动。树脂与水或溶液的比例为 1:2，箱内的流量为 3 ~ 5m^3/h。

为了提高清洗效果，可采用稀盐酸或 2% 的 EDTA 等溶液作为清洗介质，其试验结果如表 4 – 6 所示。

2. 阴离子交换树脂的复苏

阴离子交换树脂除被水中的腐殖酸、富维酸和硅酸等有机物污染外，还会被再生碱液中的铁及其氧化物等侵害。这些污染物可用下述清洗方法将它们除去，恢复其离子交换性能。

表4-6 超声波清洗铁污染树脂试验结果

清洗介质	清洗液中 Fe^{3+} 含量（mg/L）	
	超声波清洗前排水	超声波清洗后排水
水清洗	5.7	11.4
稀盐酸渍泡后清洗	9.5	60
2%EDTA 渍泡后清洗	3.1	71.5

（1）盐酸清洗法。其目的主要是溶解阴树脂中的铁及其氧化物。一些单位的盐酸清洗阴树脂小型试验和工业型复苏都取得了较好的效果，如表4-7和表4-8所示。盐酸清洗阴树脂小型试验结果。

表4-7 盐酸复苏阴树脂小型试验结果

盐酸浓度（%）	浸泡时间（h）	全交换容量（mmol/g 干树脂）	
		酸洗前	酸洗后
13	12	1.64	3.47

表4-8 201×7 阴树脂盐酸复苏工业型结果

盐酸浓度（%）	浸泡时间（h）	工作交换容量（mol/m³ 湿树脂）	
		酸洗前	酸洗后
13	12	309.3	374.2

酸洗的全过程和具体操作，可仿照阳树脂的酸复苏工艺进行。注意强碱阴树脂用酸复苏前必须转变成氯型（失效型），这不仅是为了避免浪费酸量，主要的是防止在交换器内发生中和反应时，放热而损坏树脂，但弱性树脂无此问题。

（2）NaCl、NaOH 混合液清洗法。其目的主要是解吸和溶解阴树脂中的有机物和硅酸等污染物。不同浓度的清洗液对清除阴树脂中有机物的效果是不同的，这从表4-9中一些小型试验的结果得到证明。

有机物的分子量很大，致使它们从阴树脂内部向外扩散的速度很慢。为使有机物尽量扩散出来，就需要有足够的浸泡时间。不同的浸泡时间对清除阴树脂中有机物的效果是不同的，如表4-10所示。

从表4-10中可知，浸泡时间远远超过再生时间。为了获得较好的清洗效果，需要浸泡一天或更长一些时间。这要通过小型试验来确定。

表4-9　　不同浓度的清洗液对清除阴树脂中有机物的影响

清洗液浓度	洗出液中腐殖酸的浓度（ppm）	备注
2molNaCl	287、208.2	用2g阴树脂浸泡在50ml清洗液中，历时16~18h
1molNaCl/1molNaOH	312、—	
1.5molNaCl/0.2molNaOH	—、106.2	
2molNaCl/0.1molNaOH	325、226.3	
2molNaCl/0.5molNaOH	344、264.1	
2molNaCl/1molNaOH	367、304.02	
2molNaCl/1.5molNaOH	428、367.17	

表4-10　　不同的浸泡时间对清除阴树脂中有机物的影响

浸泡时间（h）	洗出液中腐殖酸的浓度（ppm）	备注
4	178.52	用2g阴树脂浸泡在50ml清洗液中，若干小时
6	232.52	
8	266.01	
10	271.71	
12	286.83	
16	368.54	

为了提高清洗效果，可在碱性盐液中添加 OS-15 或 SA-20 非离子型表面活性剂，其加入量通常为 0.02%~0.2%。必要时还可提高碱性盐液的温度。

大型清洗是在阴床或阴树脂擦洗器中进行的。首先将树脂反洗干净，接着打入事先配制好的 10% NaCl/5% NaOH 混合液（其中已加入表面活性剂），浸泡 16~24h。然后排掉废液，再用阳床出水正洗至微碱性和氯根含量小于生水的 1.2 倍为止。最后用加倍于清洗时的碱液量进行再生。在清洗过程中，要定期测定清洗液中的腐殖酸浓度。当其浓度变化不大时，即可停止清洗。

在实际清洗工作中，一般都是盐酸清洗法和碱性食盐液混合清洗法合并进行的，首先进行盐酸清洗，紧接着进行碱性食盐液混合清洗。

（3）超声波清洗法。阴树脂同样可用超声波清洗法去除污染物。若用盐酸、碱性盐水清洗阴树脂效果不明显时，还可再采用氧化处理的方法。该法的操作要点是：先用食盐液处理树脂，清洗干净后，接着用0.5%的次氯酸钠溶液以 $2 \sim 4m/h$ 速度通过树脂层，直到排液中有游离氯出现为止。0.5%次氯酸钠溶液的用量为每升树脂 $10 \sim 20L$。氧化处理后再正洗除去次氯酸钠，然后再用食盐液或碱性食盐液处理，把被分解的有机物从树脂中溶解出来。

次氯酸钠溶液对树脂有双重性，一方面它能溶解树脂中的污染物，另一方面它对树脂又有氧化破坏作用。Ⅱ型强碱阴树脂和弱碱阴树脂耐氧化能力差，应避免使用次氯酸钠处理。即使是耐氧化性较强的阳树脂和Ⅰ型强碱阴树脂，也不宜频繁性地用次氯酸钠进行处理，且处理时应使树脂先转成失效型，以提高其抗氧化能力。

第二节　离子交换设备的分类

用离子交换法去除水中盐类成分所用的设备叫做离子交换器。它垂直安装在地面基础上，器内装有一定高度的离子交换树脂和一些辅助装置。

随着生产技术的发展，离子交换的工艺方法和设备构造也在不断地发展和更新换代。按树脂在交换器内的动、静状态分，离子交换设备有固定床、移动床和流动床三大类。固定床中的正流再生离子交换器，由于工艺落后已逐步被淘汰，以对流式和分流式离子交换器取而代之。对流式离子交换器又分为逆流再生离子交换器（逆流再生床）和浮动离子交换器（浮动床）。

第三节　逆流再生离子交换器的检修

一、工艺流程和设备构造

逆流再生离子交换器运行制水时，水从交换器的顶部进入，自上而下地通过树脂层，从底部流出。当其再生还原时，酸或碱再生液从交换器的底部进入，由下而上通过树脂层，从上侧部流出。两者的流动方向相反故称对流（逆流）由上可知，不论是运行制水，还是再生还原，离子交换反应都是朝着各自的正反应顺利地进行着，即化学平衡均向右移动，把反离子的影响减小到最低程度。同时，离子交换过程中的"钩出"作用也在充分发挥效应，从而使制水质量获得改善，树脂的再生度得到提高。再生和置换时离子交换不发生乱层是保证对流再生效果的关

第一篇　电厂化学设备检修

键，为此应控制再生液和置换水的流速、再生液的浓度及不同的顶压方式。

逆流再生离子交换器的构造如图 4-2 所示。它是一个两端带封头的筒形壳体。其内顶部有进水分配装置，中部有中间排水（废酸碱液）装置，下部有多孔板水帽或弧形板石英砂垫层集配水装置。

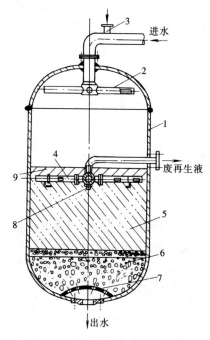

图 4-2　逆流再生离子交换器的构造
1—壳体；2—十字形配水装置；3—空气管；4—中间排水装置；5—树脂；
6—石英砂垫层；7—穹形孔板；8—加强筋；9—压实层

二、设备检修

（一）部件的结构和作用

1. 进水分配装置

进水分配装置设在交换器的顶部，其作用是均匀配水和消除进水水流对树脂表层的冲动。该装置的类型有多种，常用的有以下几种：

（1）挡板式。这是最简单的一种进水分配装置，是将一块圆板用不锈钢螺丝固定在进水口的下方。

第四章　离子交换设备的检修

挡板的直径比进水口略大。安装时，要求整个挡板要保持水平，并与交换器壳体同心，以防偏流。挡板的材质为硬聚氯乙烯或不锈钢板等耐蚀材料，以免腐蚀。

(2) 十字支管式。该装置如图 4-3 所示，是将进水管扩大成管接头，采用管子箍或法兰连接的方法，将四根支管装在其上，使之成十字形。支管上均布有小孔，其孔径为 10~14mm，开孔总截面积略大于进水管截面积。该装置的材质全部为不锈钢，或 ABS 工程塑料。

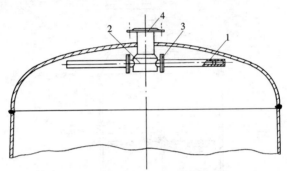

图 4-3　十字支管式配水装置

1—多孔支管；2—管接头；3—不锈钢小法兰；4—不锈钢大法兰

(3) 穹形多孔板式。该装置用不锈钢丝和卡子固定在交换器顶部进水口的下方，其上均布有直径为 14~20mm 的小孔，孔眼总截面积略大于进水管截面积。穹形板的材质为厚 10mm 以上的不锈钢板或衬胶碳钢板，也可以为厚 16mm 左右的硬聚氯乙烯板。穹形板的直径是交换器直径的 1/3~1/4 左右。其外形和安装方法可参照图 4-4 的集水装置，只是将穹形板由下封头移到上封头而已。

(4) 漏斗式。这是通用的、最简单的一种配水装置。对它的要求是边沿光滑平整。安装时要做到与交换器壳体同心并保持水平，以防偏流。漏斗需用不锈钢螺丝吊装在顶部。漏斗和管段的材质最好为不锈钢的，铁质衬胶的也可以。

2. 集水装置

交换器的底部设有集水装置，以便运行时能均匀地收集离子交换后的水；并阻留离子交换树脂，防止漏到水中；反洗时能均匀配水，充分清洗离子交换树脂。该装置的类型有多种，常用的有以下几种：

(1) 穹形孔板上平铺石英砂垫层式。该装置的结构如图 4-4 所示，

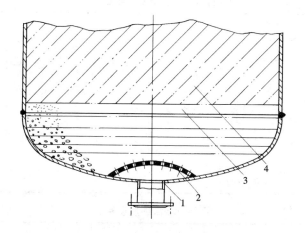

图 4 – 4　穹形孔板式集水装置

1—出水管座；2—穹形孔板；3—石英砂垫层；4—交换剂

是将穹形多孔板固定在底部出水口的上方。多孔板的直径通常为 500 ~ 700mm（一般为交换器直径的 1/3 ~ 1/4）。孔板除中心部位（略大于出水口的面积）不开孔外，其余部分均钻有小孔，其总截面积（孔径为 20 ~ 25mm）为出水管截面积的 2 ~ 3 倍。打孔的方式有同心圆法、正方形法和三角形法三种，其中，以三角形法的打孔率最高。

因穹形板承受的压力较大，故应用 10 ~ 12mm 厚的不锈钢板或 20 ~ 25mm 厚的聚氯乙烯板制作，且后者还应焊上加强筋，也可用衬胶钢板制作。若在旧的交换器上改用穹形板结构，则应考虑到交换器人孔直径的限制，不锈钢或塑料材质的穹形板做好后，可分为两块，放入器内后再进行组装。

穹形孔板扣装在下封头中心的出水口上方，并与交换器壳体保持同心，以使均匀集水。

穹形孔板的上方分层装有不同粒径的石英砂垫层，由下而上粒度分级减小，其总高度与交换器的直径有关，通常为 700 ~ 950mm，具体厚度和级配如表 4 – 11 所示。

石英砂应选用色泽洁白的优质品，其质量应符合表 4 – 12 的要求。在使用时石英砂中绝对不能混入石块、混凝土块和金属等杂物，以免装用后被酸碱溶解而影响出水质量。

表 4 – 11　　　　　　　　石英砂垫层的厚度和级配（mm）

粒径 厚度 \ 交换器直径	φ1000	φ1500	φ2000	φ2200	φ2500	φ2800	φ3000	φ3200
1 ~ 2	150	150	150	150	150	150	200	200
2 ~ 4	100	100	100	150	150	150	150	150
4 ~ 8	100	100	100	150	150	150	150	150
8 ~ 16	150	150	150	200	200	200	200	200
16 ~ 32	200	200	200	200	200	200	250	250
总高度	700	700	700	850	850	850	950	950

表 4 – 12　　　　　　　　石英砂垫层的质量标准

分析项目	SiO₂	Zn	盐酸可溶率	耐酸度	耐碱度	密度
质量标准	≥99.8%	≤0.005%	≤0.2%	≥98%	耐弱碱	≥2.55g/cm³

（2）多孔板水帽式。该集水装置是将厚度为 20 ~ 30mm 的钢质水平孔板焊在交换器下部的筒体上（外置式焊接），然后两面衬胶（包括孔眼），其上装有 ABS 材质或不锈钢梯形绕丝材质的滤水帽。目前该结构应用广泛。多孔板应安装水平，其上的滤水帽应垂直并保持等高。

此外，还有平板滤网式集水装置。此装置适用于直径为 2000mm 以下的交换器。

3. 中间排水装置

该装置安装在离子交换树脂的表层和压实层的中间，它除在再生过程中用以排除废再生液和顶压空气或水的混合物外，还在小反洗时用作反洗水的分配和小正洗时用作废再生液的排放。由于该装置在再生和反洗时要承受较大的托力，特别是在大反洗时，由于被压实且流动性较小的交换树脂骤然膨胀，瞬间托力很大；同时该装置在运行过程中还承受较大的压力（特别在入口水浊度较大的情况下）。因此，要求该装置必须具有足够的强度，从设计、安装、检修到运行操作都要切实重视这一问题。否则，将导致母支管严重变形或断裂，影响安全制水。

中间排水装置的基本型式是母支管开孔型、鱼刺式支管开孔型、鱼刺式支管带水帽型等。现将常用的几种介绍如下：

（1）三通母支管式。该装置如图 4-5 所示，其母支管不在同一平面内，母管以三通方式与支管相连，以减少死区。母管又置于压实层之上，以减轻其受压情况，防止变形损坏。支管满面开孔，孔径为 10～14mm，孔边应扩孔倒角，使边缘光滑无毛刺。支管外包两层塑料网，底网为 16目，表网为 50 目。全部支管要用已衬胶的大型角钢（槽钢）或不锈钢制作的空心方钢制作支架，并用 M12～16 的不锈钢 U 形卡子固定好。

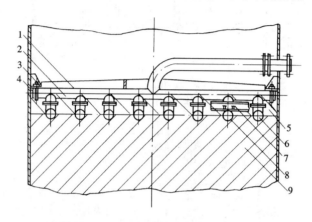

图 4-5　三通母支管式中间排水装置

1—加强筋；2—母管；3—角形加固板；4—母管 U 形卡子；5—压实层；
6—三通支管；7—槽钢支架；8—支管 U 形卡子；9—树脂层

（2）分支管立插式。该装置的母支管在同一平面内，但支管上又接立插分支管，并在其顶部装 ABS 或不锈钢梯形绕丝滤水帽，如图 4-6 所示。分支管的滤水帽立插到交换树脂表层与压实层的交界处，而母管和支管却在压实层外面。这样设置的目的是使中间排水装置的母支管避开下面树脂层的托力和上面压实层的压力（因为进水浊度较大时压实层的压力很大），改善受力条件，防止其变形损坏。因为立插分支管的强度大、阻力小，所以它不易被交换树脂层托坏。另外，母管和支管又在压实层的上面，这就完全避开了反洗开始时致密的交换树脂层和压实层的托力，而当反洗膨胀后的交换树脂层再接触母支管时，托力已大大减小，因而不致托坏母支管。但在不顶压再生时，树脂容易乱层而影响再生效果。

（3）鱼刺式。该中间排水装置的支管的结构有不锈钢管打孔包网、不锈钢梯形绕丝滤元管、叠片式等，用叠片式中排装置的结构如图 4-7所示，支管以三通方式通过法兰与母管相连。支管两侧开孔，管外再套上

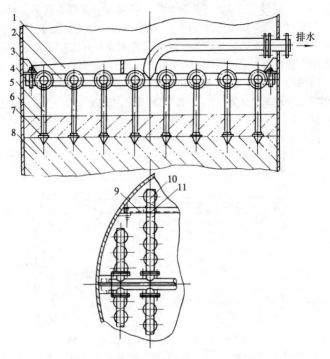

图 4 - 6　分支管立插式中间排水装置

1—加强筋；2—母管；3—角形加固板；4—母管 U 形卡子；5—支管；6—压实层；
7—滤水帽；8—树脂层；9—槽钢支架；10—支管；11—支管 U 形卡子

有 0.25mm 缝隙的 ABS 塑料叠片。从支管的活动端将叠片一个一个地装上，并用圆螺母和六角螺母将叠片压紧。母支管和六角螺母等的材质，根据阴阳床的不同酸度采用耐酸度不同的不锈钢。

各种母支管式中间排水装置的母管，有从一端直接引出床体的，也有在母管中间焊上三通再引出的。从集水均匀性考虑，后者较好；从防止树脂乱层考虑，前者较好。

中间排水装置母管的两端，有角形加固板（不锈钢制作），并用 M20 的不锈钢 U 形卡子固定牢，同时沿母管顶部的全长还要焊上不锈钢加强筋。

中间排水装置的材质应慎重选用，不宜采用强度较低的塑料管，而应选用 0Crl7Nil2Mo2（对阳离子交换器）或 0Crl8NillTi（对阴离子交换器）

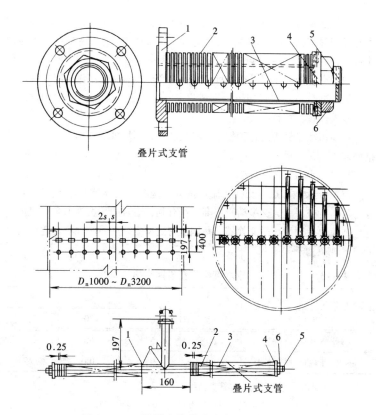

叠片式支管

叠片式支管

图 4 - 7　三通母支管叠片式中间排水装置
1—连接法兰；2—塑料叠片；3—不锈钢多孔管；4—圆垫片；
5—堵板；6—六角螺母

材质的不锈钢管。

目前，逆流再生床趋向于无顶压再生方式发展。为了实现这种再生方式，应扩大或增加中间排水装置多孔管的孔眼，以便把孔眼的流速降低到 0.1m/s 以下。这样就可使再生废液顺利地排出床体，而不至于超过中间排水装置的支管向上移动。只要废再生液不超过支管，树脂就不会向上浮动而乱层。此时，应采用鱼刺式母支管中间排水装置，且母管从一端直接引出。这是人们实践的总结。

塑料滤网系指合成纤维过滤网。这种网的种类很多，性能各异，应根据介质的酸碱性予以选用；若选用不当，就会造成交换剂泄漏的故障。

塑料滤网有涤纶网、锦纶网（又叫尼龙"6"网）、尼龙"66"网和聚乙烯网等多种。涤纶网的耐酸性能好，耐碱性能稍差。锦纶网的耐碱性能较好，耐酸性能差，能耐弱酸。聚乙烯网的耐酸性能较好。根据上述性能，钠型交换器可任用上述各种滤网；氢型交换器应选用涤纶网或聚乙烯网；氢氧型交换器应运用锦纶网或尼龙"66"网。为防止滤网用错，必须由专人保管，挂牌存放。

目前市场已销售的各种规格和材质的套管网均可供选用。具体配用规格如表4-13所示。

4. 交换树脂层和压实层

（1）交换树脂层。交换树脂层的高度决定于生水水质、流速和周期等。从运行效果看，交换树脂层高一些有利，通常的高度为1.5～2.5m。

逆流再生阴阳离子交换器，我国已有定型系列产品。现将其直径较大的技术规范列于表4-14中。

表4-13 排水管配用套管网规格

排水管外径（mm）	32	38	42	45
套管网压扁尺寸（mm）	55	65	70	75
排水管外径（mm）	50	57	60	76
套管网压扁尺寸（mm）	80	95	100	125

注 1. 套管网公称直径与中排管直径相同。

2. 套管网直径计算一般比中排管直径大3mm，再取近似值。

表4-14 部分离子交换器的主要技术规范

编号	D_m（mm）	流量（t/h）	离子交换树脂层高（mm）				
1	1500	44	1600	1800	2000	2400	2500
2	1800	64	1600	1800	2000	2400	2500
3	2000	79	1600	1800	2000	2400	2500
4	2200	95	1600	1800	2000	2400	2500
5	2500	123	1600	1800	2000	2400	2500
6	2800	154	1600	1800	2000	2400	2500
7	3000	177	1600	1800	2200	2400	2500
8	3200	201	1600	1800	2200	2400	2500

此外，交换树脂的粒度要均匀，最好用均粒树脂。

（2）压实层。在交换树脂层的表层上设置了一层压实层。其作用除过滤水中的悬浮污物外，还主要是在再生过程中，使顶压空气或水通过压实层均匀地作用于整个交换树脂层的表面，使其不能膨胀和浮动，维持原来的层次，提高再生效率。

压实层的材料可与交换树脂层的一样，不过这层交换剂起不到离子交换作用，实际上是当了垫层。为经济起见，此压实层最好选用密度较小的惰性树脂。目前已有圆柱形和球形的系列产品，它们的材质为聚苯乙烯，密度较小，在 0.26 ~ 0.57g/mL 之间，详细规格如表 4 - 15 所示。

压实层的厚度通常为 150 ~ 200mm，这是指交换树脂失效后的实际高度。因为交换树脂转型时，其体积要发生胀缩，如强型树脂失效后体积要减小，而弱型树脂失效后体积却增大。考虑到这些因素，在再生前最终维持压实层的厚度为 150 ~ 200mm。

表 4 - 15　　　　　　　　　惰　性　树　脂　规　格

项目	型号				
	QLEH - 2	QLEH - 3	QLEH - 4	QLEH - 5	EPS
外形	圆柱形	圆柱形	圆柱形	圆柱形	球　形
粒度（mm）	1.2 × 1.4	1.2 × 1.4	1.2 × 1.4	1.2 × 1.4	1.50 ~ 2.50
视密度（g/mL）	0.5 ~ 0.57	0.43 ~ 0.45	0.37 ~ 0.40	0.26 ~ 0.29	0.32 ~ 0.35
耐磨率（%）	100	100	100	100	98 ~ 98.5
耐热性（℃）	≤100	≤120	≤120	≤120	≤60
变形硬度（kPa）	—	—	—	—	45 ~ 50.21

（二）检修项目和顺序

离子交换器应每年小修一次，每两年大修一次。小修的主要项目是：检查中间排水装置，补充树脂，并处理阀门和管系方面的缺陷。

1. 大修项目

（1）交换器外部管道与阀门的检查修理。

（2）交换器内部防腐衬里层的检查和修补。

（3）交换器内部进出水装置和中间排水装置等的检查和修理（包括滤水帽和滤网）。

（4）石英砂垫层的清洗、筛选或更换。

（5）树脂的检验、清洗或复苏。

（6）压力表流量表的校验。

（7）流量计表管及其孔板夹环的清理。

（8）水质监测表计的检查和校验。

2. 检修顺序

交换器的检修一般应在运行周期终了（失效）并反洗后进行。检修前，首先要检查树脂的表层情况，必要时取样化验，并记录树脂层的高度，然后按下列顺序开工检修：

（1）打开上部人孔，拆下中间排水装置的母支管和支架，然后再合上上部人孔（拆前可在树脂表层铺上塑料布）。

（2）将器内的树脂以逆进水方式卸到擦洗器或储脂罐中。

（3）清理残留的树脂，掏出石英砂垫层或拆下滤水帽。

（4）拆下压力表，进行校验。

（5）检查清理流量计表管和孔板夹环。

（6）拆检阀门。

（7）拆检各种水质监测表计。

复原的顺序一般为拆卸的逆顺序。

（三）检修方法和技术要求

1. 石英砂垫层的处理和装入

（1）石英砂应严格按级配分层铺撒，已混杂的旧石英砂要经过筛分，并须将可能混入的砖、瓦、石、土和混凝土小块以及螺丝等杂物彻底清除干净。

（2）石英砂在装入前，要充分用水冲洗干净，并在交换器下封头内画上各层顶高的水平线。装入时要用小桶轻轻倒入，以免碰坏胶板。

（3）石英砂分层铺好后，合上下部人孔，注入 8% 左右的盐酸，浸泡 24h 后将酸排出，再用水冲洗至中性。若是新石英砂，应用 8% ~15% 盐酸浸泡一昼夜，然后用水冲洗干净。

2. 滤水帽的检查和处理

（1）滤水帽应以直观和轻敲听声的方法检查其完整情况，不得有裂纹和变形缺陷，手感应有刚性和韧性。

（2）滤水帽的出水缝隙宽度，应在 0.2 ~0.25mm 之间，其误差不超过 0.05mm。

（3）滤水帽的丝扣应完整，底座不得过紧、过松，帽与底座应拧紧，旋进去的丝扣不应小于 4 扣。

（4）滤水帽装在多孔板上时，多孔板下方的螺母应采用两个并拧紧，以免松动或脱落。滤水帽的底座装在管子丝头上时，要采取手拧的方法旋紧，并不得歪斜和乱扣，旋进去的丝扣不应少于 5 扣。

（5）旧的滤水帽拆下后可用 3% ~5% 的盐酸浸泡清洗，并用 0.2mm 的金属片逐个清理其缝隙中的夹杂物。

（6）滤水帽全部装好后，用反洗水进行喷水试验，要求达到无堵塞、无破损、无脱落，配水均匀。

3. 其他技术要求

（1）进水配水装置应保持水平，其偏差应不超过 4mm，并与交换器同心，其偏差应不超过 5mm。当用溢水法检验漏斗的水平度时，四周应均匀溢水。

（2）集水装置和中间排水装置应校直，并进行喷水试验，喷水应均匀。支管和多孔板应保持水平，其偏差不得超过 4mm。支管与母管的垂直偏差应不超过 3mm。相邻支管的中心距偏差应不超过 ±2mm。

（3）交换器筒体应垂直，偏差不超过其高度的 0.25%。

（4）母支管上的卡子和支架必须固定好。支架两端的螺栓垫圈齐全，规格符合要求。它们与塑料套网接触的部位应垫上耐酸胶皮。

（5）塑料滤网的耐酸性和目数应符合要求。套网完整、缝线针眼距离均匀，且无小孔，绑线扎紧，带要捆紧。

（6）气动阀门开关灵活，密封隔膜严密不漏，阀门指示正常。

（7）树脂应干净、无结块和碎粒，粒度不小于 50 目，交换容量无明显下降。

（8）防腐层完整，没有龟裂、鼓包、脱层和气孔等缺陷，电火花检验无漏电现象。

（9）检修后的交换器应表计准确、漆色完整、标志齐全。

第四节　分流再生离子交换器的检修

一、工艺流程和原理

分流再生离子交换器制水时，也是上进下出。分流是指该型交换器再生时，酸（碱）液是从树脂层的上下部同时进入，大部分再生液由下部进入（约为总量的 2/3），其余小部分再生液由上部进入，两者均从中排中间排水装置排出。这样上部酸（碱）起到了顶压树脂层的作用，使其不可能浮动而乱层。所以这不但可节约酸（碱），而且还可得到质量较高的除盐水。它与逆流再生离子交换器相仿,其突出的问题是简化了繁琐的气(水)顶压操作,因而大有推广价值和发展前途。

二、设备检修

分流再生离子交换器的构造如图 4-8 所示。其内部从上到下依次由进水分配装置、上部配酸(碱)装置、中间排水装置和底部集水及配酸(碱)装置等组成。其外部配有相应的管道和阀门,其中需要指出的有小反洗进水阀和空气擦洗进气阀等。

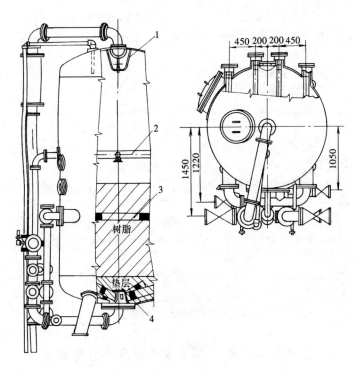

图 4-8　分流再生离子交换器的构造
1—进水分配装置;2—上部配酸(碱)装置;3—中间排水装置;
4—底部集水及配酸(碱)装置

(一)部件的结构和作用

1. 进水分配装置

这是另一种型式的进水分配装置,形如倒置挂钟,壳体上满面打孔,将其吊装在进水口下的半圆形环上。吊杆上还装有圆形挡板，以便将水柱分流开。进水分配装置的材质除挂钟壳体为塑料外，其余均为不锈钢。

2. 酸（碱）分配装置

该装置为母支管在同一平面内的鱼刺形母支管分配装置。母管两侧各装三根支管，每根支管的端部连有喇叭形配酸（碱）头。酸（碱）分配装置母管至树脂面的高度约450mm。在此高度上下两端的器壁上装有两个窥视孔，以便在再生时观察液位变化情况，在小反洗时观察树脂的膨胀高度。

3. 中间排水装置

中间排水装置装于树脂总高度的3/5处。该装置的型式亦是母支管式，但母管在交换器的外面，以水平方式插入器内4根支管，两端架在与器壁焊接的不锈钢套管中。

中间排水装置的支管由塑料叠片组成，如图4-9所示，将叠片套装在一根厚为25mm的不锈钢长条板上，用衬胶弹簧将其压紧，而衬胶弹簧又是凭借带杆的压兰压紧，如此组成一根多缝叠片支管。为使支管保持水平，固定端的不锈钢长条板是套装在塑料套筒中的，而塑料套筒又装在不锈钢套管中。

叠片分有缝和无缝两种，两者互相搭配，从而组成不等距开缝的多缝管段，以适应交换器不同截面的水流密度有差异的情况，如图4-10（a）和（b）所示。

叠片的具体组合方式有2+1A、2+1、3+1、4+1、5+1、7+1六种，如图4-10（c）所示。

图中2+1的含意是每2片无缝叠片配1片有缝叠片；3+1的含意是每3片无缝叠片配1片有缝叠片，以此类推。对每一根支管而言，叠片缝隙的组合原则是交换器截面上水流密度大的位置缝隙少，水流密度小的位置缝隙多，支管上靠近出口处位置的缝隙少，远离出口处位置的缝隙多。用这种组合方式来实现集排水的均匀性。

塑料叠片的结构如图4-11所示。

4. 集水装置

集水装置是一端封闭的六面体的（直径较大的交换器为八面体）集水箱，底面开口部分与出口法兰相连，每一侧面上安装一根叠片式多缝滤元管。滤元管结构如图4-12所示。从图中可看出，叠片式多缝滤元管与中间排水装置叠片式支管相似，不过前者完全由有缝的塑料叠片组成，出水缝隙满布于滤元管的两侧，叠片的形状和大小完全同中间排水装置中的

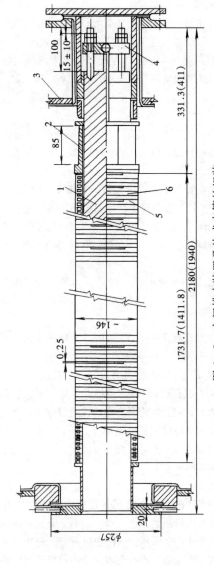

图 4 - 9　中间排水装置叠片式支管的组装

1—不锈钢板；2—衬胶弹簧；3—罐体；4—压兰；5—有缝硬塑料叠片；6—无缝硬塑料叠片

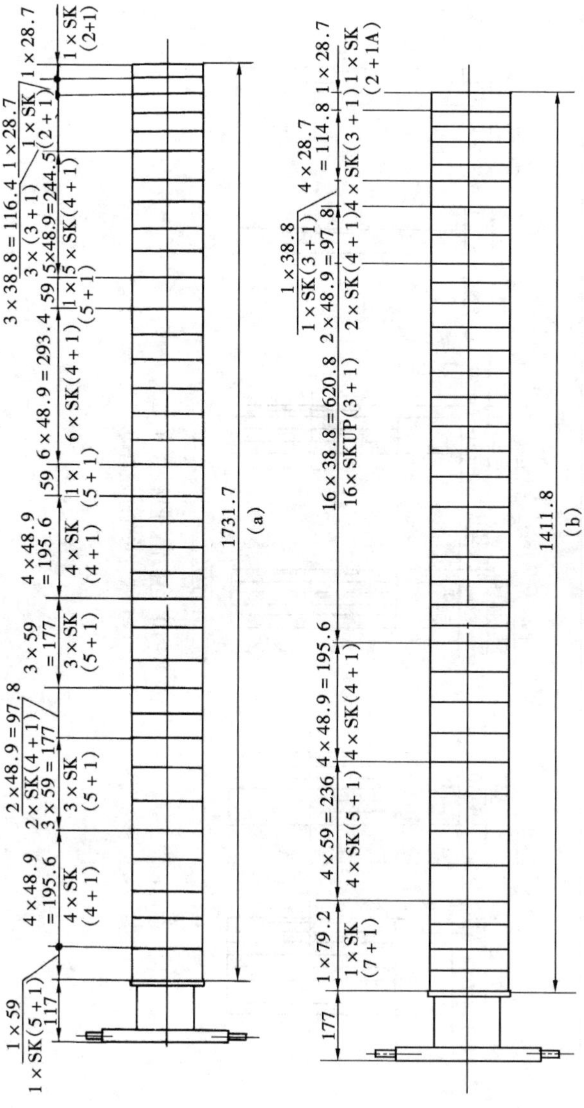

图 4-10 叠片管段组合（一）

(a) 长管缝隙组合；(b) 短管缝隙组合

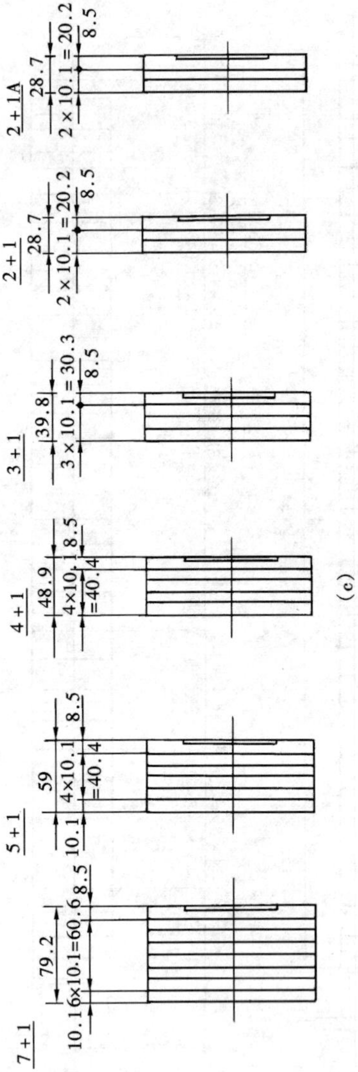

图 4 - 10 叠片管段组合 (二)

(c) 叠片单元小组合

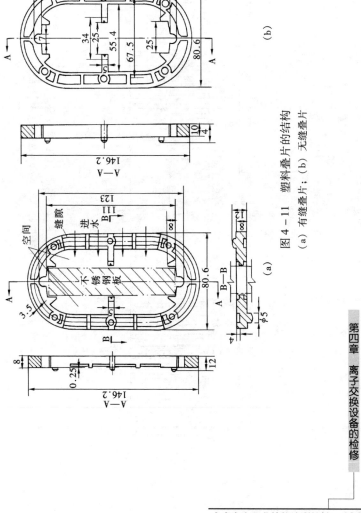

图 4 - 11　塑料叠片的结构
(a) 有缝叠片；(b) 无缝叠片

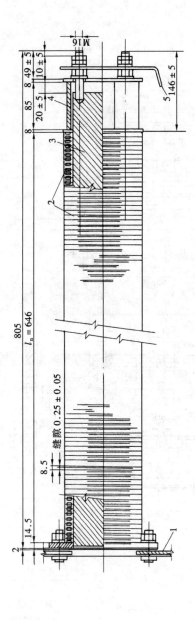

图 4 - 12 叠片式多缝滤元管

1—六面集水器；2—有缝叠片（全部）；3—不锈钢板；4—衬胶弹簧；5—支撑板

有缝叠片。多缝滤元管的长度视交换器的直径而定，对 2000mm 的交换器，多缝滤元管的长度为 805mm。

实践证明，叠片式多缝滤元管的集水装置，不但集水均匀，而且强度较高，不易损坏。

（二）检修项目和顺序

分流再生离子交换器应每年小修一次，每两年大修一次。小修的主要项目是：检查酸（碱）分配装置和中间排水装置；补充树脂；处理阀门和管系方面的缺陷。大修项目除增加酸（碱）分配装置和减少石英砂垫层两项外，其余都可参照逆流再生离子交换器的有关项目进行。

检修顺序：首先待交换器失效反洗后再开工检修（当然树脂的表层状况和高度亦应记录清楚）。然后打开顶部或上部人孔，搭软梯进入器内，拆下酸（碱）分配装置的支管，再合上人孔，以逆进水方式将器内的树脂卸到擦洗器或储脂管中。以后的拆卸顺序，参照逆流再生离子交换器的有关顺序进行。

（三）检修方法和技术要求

1. 中间排水装置的检查和修理

拆下中间排水装置外置母管的弯头和三通，打开多缝叠片支管自由端的堵板，取下套筒后，从母管端小心地将 4 根叠片支管抽出，然后按下述方法检查处理：

（1）拧下螺母，取下压兰和压板，拆下衬胶弹簧、弹簧座和塑料叠片，并编号放置。

（2）仔细检查衬胶弹簧的完整性，有无裂纹、腐蚀和弹簧裸露的缺陷。

（3）塑料叠片应放在塑料槽中，用 3%～5% 的盐酸浸泡清洗干净，然后仔细检查有无裂纹和变形等缺陷及缝隙的完整性，并将不锈钢长条板擦净。

（4）按原编号将塑料叠片套在不锈钢长条板上，再套上弹簧座、弹簧和压板，装上压兰，拧上栽丝螺母并压紧塑料叠片，组成多缝叠片支管，使其缝隙的宽度为 0.25±0.05mm。

（5）将多缝叠片支管小心地插入中间排水装置的套管中，并使不锈钢长条板处于纵向位置，然后由叠片支管的自由端套上套筒，并使支管保持水平，其偏差不得超过 4mm。

（6）将母管上的三通和弯头安装好，这要注意叠片支管法兰、压板的方向性，使法兰、压板两端部的指示杆处于垂直位置，以保证叠片的长方向亦处于垂直位置。

（7）装上叠片支管自由端的堵板，紧好螺栓。

2. 集水装置的检查和修理

（1）拆开集水箱上叠片式多缝滤元管的方形法兰，把滤元管小心地拿下。

（2）拧下滤元管压兰栽丝的第一道螺母（双螺母），取下支撑板。

（3）拧下滤元管压兰栽丝的第二道螺母，取下垫圈、压板和衬胶弹簧。

（4）拆下长条不锈钢板上的塑料叠片，并按中间排水装置检修方法进行酸洗。

（5）按照中间排水装置检修要求检查衬胶弹簧和塑料叠片。

（6）按照拆卸的逆顺序，装好叠片式多缝滤元管，并调整支撑板弯角的角度，使滤元管的另一端支撑在交换器的下封头上。其技术要求可参照上述中间排水装置的有关要求进行验收。

3. 其他技术要求

分流再生离子交换器的其他技术要求，可参照逆流再生离子交换器的有关规定，进行检查和验收。

第五节　浮动床离子交换器的检修

一、工艺流程和原理

浮动床是 20 世纪 60 年代后期兴起的先进离子交换设备。它属于对流式工艺，实质上也是逆流再生，但其流程却与逆流再生离子交换器的相反。浮动床离子交换器制水时，水是从床体的底部进入，经下部配水装置流入树脂层进行离子交换，而后由上部弧形管等集水装置汇集，再从床体的顶部或顶侧部流出；再生时，酸（碱）等再生液从顶部集水装置进入，与树脂进行离子交换后，再流经进水装置后从床体的底部引出。浮动床在运行制水时，床体内的树脂呈托起压实状态；停床再生时，树脂落下呈自然压实状态。也就是说，浮动床在运行和再生过程中，树脂好似一个活塞柱做上下少许起落运动，每个周期树脂起落一次，以完成其制水和再生工艺。

二、设备检修

浮动床的构造如图 4 - 13 和图 4 - 14 所示，床的底部设有穹形多孔板石英砂垫层或多孔板水帽，进水分配装置，中上部基本被树脂充满，顶部

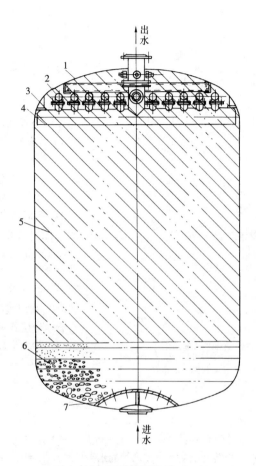

图4-13　浮动床的构造（一）

1—排管支架；2—出水排管；3—母管托架；4—出水
母管；5—树脂；6—石英砂垫层；7—弓形多孔板

设有集水装置。

（一）部件的结构、作用和检修方法

1. 浮动床壳体

浮动床的壳体和逆流再生离子交换器的基本一样，只是为了观察床层的运行工况，在浮动床壳体的上、下部均设置窥视孔。壳体内壁的防腐层一般进行衬胶或衬玻璃钢。

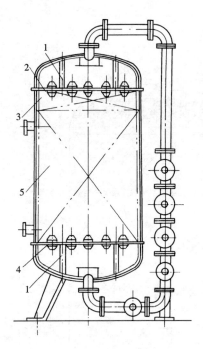

图 4 – 14 浮动床的构造（二）

1—支架；2—平板水帽式集水装置；3—白球；4—平板水帽式进水装置；5—树脂

壳体的检修主要是检查防腐层的完整状况，若有裂缝、鼓包和气孔等缺陷，则应进行修补。同时，还要检查窥视孔的有机玻璃板，若有变形和裂缝等，应予更换。此外，还应检查壳体的垂直度，若偏差超过标准时就应在支脚处加垫调整。

2. 下部进水分配装置

下部进水分配装置有两个作用：①运行时均匀分配水流；②排水落床时防止泄漏树脂。进水分配装置的型式有穹形孔板加石英砂垫层式、平板滤网式和平板水帽式等三种，其中平板滤网式现使用较少。

石英砂垫层式进水分配装置的结构，基本上和逆流再生离子交换器的一样。但其弓形多孔板不仅直径和开孔面积较大，而且必须固定结实，以适应高速托床的需要。穹形孔板的开孔面积通常为进水管截面积的 3～5 倍。为使配水均匀，在穹形孔板的中心区域（略大于进水管的直径）不开孔，或在穹形孔板下再装一个略大于进水管的水平挡水板，并用不锈钢螺丝将穹形板、挡水板与离子交换器壳体的下封头牢牢固定，以免高速托床时将穹形孔板移位而泄漏垫层。

石英砂垫层的厚度和级配、检修项目、质量标准等，应按逆流再生离子交换器的有关规定进行。

平板水帽式进水分配装置，其平板厚度在 25～30mm 左右，叠摞焊在筒体上，其上装有双头滤水帽。

3. 床层和水垫层

下部进水分配装置的上面为水垫层和床层。床层即离子交换剂层。在运行状态时，床层在上部，水垫层在下部；在再生状态时，却相反。

由于浮动床的流速较高（通常为 40 ~ 50m/h），压降较大，故要求树脂应具有耐磨损、高强度和大粒度的性能，最好用 16 ~ 30 目的大孔型树脂。

树脂的装填量决定于进水的水质、树脂工作交换容量的大小、运行周期的长短和自动化水平的高低等因素，其高度通常为 2.5 ~ 3.0m。过高的树脂层，将影响流速的提高。

树脂转型时体积要发生变化。强型树脂当用酸碱再生时体积要膨胀，但投入运行后体积又逐渐缩小。据此，当装填新的强型树脂时，应自然充满；当装填失效的强型树脂时，应留膨胀高度，以免树脂因挤压而碎裂。其具体高度应根据树脂转型膨胀率确定。弱型树脂转型时的膨胀收缩却与上述相反，因此其装填高度也与上述相反。

水垫层是由于树脂体积的收缩而形成的，其中既包括树脂转型时的收缩，又包括树脂在受机械挤压时的收缩。正常高度的水垫层是有益的，它可使水和再生液均匀分配，并在床层体积变化时起缓冲作用。水垫层过高、过低都会产生不利的影响。过高，在成床和落床时，易造成乱层（乱床），并在高速托床时以较大的冲击力冲击集水装置，致使其变形损坏；过低，由于树脂没有足够的缓冲高度，致使其受压而破碎，这不但加大损耗，而且增加运行阻力。

每次检修时，除对树脂进行直观检查外，还应进行其性能的理化分析。污染严重的树脂应进行复苏；被沉积物粘结成块的树脂可用 5% ~ 10% 的盐酸清洗；老化降解严重和含水量超过标准的阳树脂应予更换。另外，每次检修时，还必对树脂进行彻底擦洗，用压缩空气吹洗，以便彻底去除细碎树脂和沉淀污物。

4. 集水装置

在床层的顶部设有集水装置。它的作用除阻留树脂和均匀地收集交换后的水流外，还大都兼作再生液分配装置。

集水装置有平板滤网式（多孔板式）、平板水帽式、水平多孔管式（包括鱼刺形多孔管）、立插多孔管式、弧形多孔管式和环形多孔管式等多种。直径在 1500mm 及其以下的浮动床，多采用平板滤网式和单管立插多孔管式的集水装置。直径在 1500mm 以上的浮动床，多采用后四种集水装置。

不论采用哪种集水装置，为保证高流速运行，其开孔总面积是进水管截面积的 10 倍以上。

平板滤网式集水装置将在移动床中作介绍；平板水帽式集水装置与平

板水帽式进水分配装置相同；环形多孔管式集水装置结构较为复杂。现将其余三种集水装置分述于下。

（1）水平多孔管式。此集水装置是由母管和水平多孔支管组成的，如图4-15所示，为便于维修，通常采用组装式。为了均匀集水，并提高树脂的利用率，通常将支管放在母管上方布置，通过带法兰的三通管与母管连接。

该集水装置的支管是悬空敷设的，强度较低，为防止变形损坏和碰伤床壁的防腐层，应采用槽钢支架支撑，并用U形卡子固定。在支架中部还需用立杆顶住封头，立杆要做成可卸式的，用M20以上的螺丝固定，以便维修。

为了及时排除水平多孔管以上的空气，应在立插引出管的最高点，加装带滤网的多孔管排气管或滤水帽。

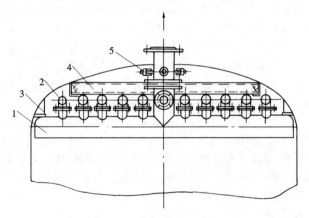

图4-15　水平多孔管式集水装置

1—母管；2—水平支管；3—角形顶板；4—支架；5—滤水帽（排气用）

（2）弧形多孔管式。此集水装置是由母管和弧形多孔支管组成的，如图4-16所示。支管布置在母管的上方，通过带法兰的三通管与母管连接。由于弧形管是按封头的弧度成形的，具有不同的曲率半径，能够紧贴于封头内壁，因而强度较高。但由于弧形管两端与其中部的标高以及中间弧形管与边沿弧形管的标高，均有较大的差别，因而作为保护层的树脂高度势必增大，这就降低了树脂的利用率。也由于上述原因，当其兼作再生液分配装置时，在孔眼流速较低的情况下，不可能做到均匀配液。前一个缺点不易克服，后一个缺点可通过带压再生和加装倒置U形管的方法予以减轻。尽管它有上述缺点，但由于它具有能够经得住高速成床时对其冲击的突出优点，因而得以广泛的应用。为了保护滤网，在弧形管与封头之间应衬上两个用塑料管或耐酸胶皮管做成的环形衬圈，并固定在弧形管上。

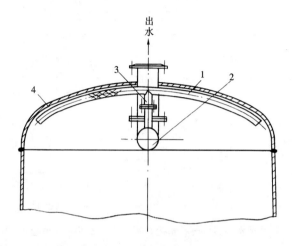

图 4 - 16　弧形多孔管式集水装置
1—弧形支管；2—母管；3—三通支管；4—衬圈

（3）立插多孔管式。此集水装置是由外置母管（双母管或环形母管）和立插多孔支管组成的，如图 4 - 17 所示。为使集水均匀，在封头中心和周围同心圆上开孔，垂直焊上若干管座（通常中心 1 个，周围 8 ~ 12 个），插入多孔立管，并通过弯头与母管连接，以便检修时拆卸。为减小阻力和提高强度，插管端部做成圆锥形。为使插管能够方便地插入管座内，并防止树脂堵塞，插管与管座的管径最好相差 2 ~ 3 个规范级。为了绑扎好塑料滤网，插管的根部应焊上一个直径为 3 ~ 5mm 的不锈钢丝圈（对聚氯乙烯插管，应焊上同质的用塑料焊条制作的塑料圈），或用车床加工成深为 1 ~ 1.5mm、宽为 10 ~ 12mm 的环形沟槽。为保证多孔管的有效通流面积，插管插入封头内的平均深度应不小于 150 ~ 200mm。

这种外置母管立插多孔管式的集水装置能直接检查和修补塑料滤网，维修很方便。它是上述所有集水装置中强度最高的，可以承受高速成床时的瞬间托力，甚至在床内排空的情况下，也能经受住高速成床时柱状干树脂的瞬间撞击。

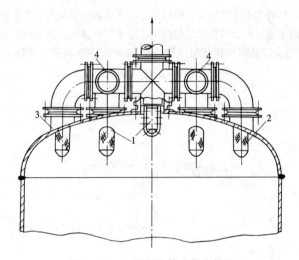

图 4 – 17　立插多孔管式集水装置
1—多孔管；2—塑料网；3—插管座；4—集水母管

上述三种集水装置的开孔情况基本一样，都是在支管壁的四周等距开孔，孔径为 10～14mm。孔口的质量要求、滤网的层数和材质与本章有关移动床的进集水装置的相同，但它们的底网最好采用 14～16 目的不锈钢网。

为了降低集水装置的阻力，可将水平多孔管和弧形多孔管上的孔眼打在事先加工好的轴向直槽或螺旋槽中，以便网下形成水流通道。轴向直槽的条数由孔的排数决定，螺旋槽的螺距由孔距决定。槽的宽度应略大于孔的直径，槽的深度为 1～2mm（由管壁厚度确定）。为防止损伤塑料滤网，槽边的锐角必须削除。

为防止碎树脂污堵塑料滤网，在离子交换树脂的上部，加装 200mm 左右的一层惰性树脂（白球）。通常选用的品种是用可发性聚苯乙烯材料经低发泡工艺制成的球体（粒径为 1.5～2.5mm）。由于这些球体的视密度很小（0.25～0.40g/mL），能够经常浮在床层的顶部，将树脂和集水装置隔离，从而消除了碎树脂污堵滤网的弊端，提高了树脂的利用率。

惰性树脂选用的粒径范围为 1.5～2.5mm。当装用惰性树脂时，还可以将滤网的目数减小，以减小运行阻力。

集水装置的材质，母支管都用不锈钢管。虽然聚氯乙烯管的耐蚀性好，但强度较差，故浮动床不宜采用。

第一篇　电厂化学设备检修

浮动床的集水装置，应特别注意其强度，否则，将引起严重的变形和损坏。集水装置所受的托力和冲击力是相当大的，从数吨级到数十吨级。这些托力还未计及瞬间的冲击力，如把树脂向上移动的速度加进去，其冲击力之大可想而知。另外，在运行过程中，由于水流速度波动而致使压力突变所形成水锤的破坏力也很大。这就是集水装置必须加固的道理。

为了防止集水装置变形损坏，必须将母管固定好。其方法是将角形顶板置于母管端部的上方并与床壁牢牢焊结，再用 M20 的 U 形卡子卡住母管。另外，集水装置的引出管通过封头中心引出，也是加固集水装置的重要措施。因为引出管竖向敷设，强度较高，起了立顶的作用。同时，这种引出方式还具有较好的水力特性，有利于均匀集水。

（二）检修项目和顺序

在正常情况下，浮动床每年小修一次，每两年大修一次。但对于石灰凝聚预处理的钠型和氢型浮动床，每年应大修一次。小修的重点项目是：检查集水装置，特别要注意法兰和管箍是否松动，滤网是否完整，与母支管接触的防腐层是否磨损，并消除阀门和管系等外部设备缺陷。

1. 大修项目

浮动床的大修项目，可参照本章移动床的有关规定进行。但对石英砂垫层的检查，应视其污脏程度和乱层是否灵活掌握，还要特别注意封头部位防腐层的完整状况，发现缺陷及时消除。

2. 检修顺序

检修时，应待树脂失效后再开工。解体前应首先记录树脂层的高度，以便掌握树脂的消耗情况，然后按下述顺序进行检修：

（1）用底部进水的浮动方法，将床内的树脂卸到擦洗器中；

（2）打开正洗和顺洗排水阀，放尽床内存水；

（3）拆开气动阀门的气源管缆，并挂上标签；

（4）打开床体上下人孔门，并用胶皮管通水，将集水装置和床体内壁冲洗干净；

（5）用胶皮和麻袋等物盖住石英砂垫层，并搭内部脚手架；

（6）拆下集水装置多孔管的固定卡子和螺丝，小心地取下多孔管（对立插多孔管，应先拆下弯头，再取出立插管）；

（7）取出垫层上的遮盖物，清理垫层表面残留的树脂，并装袋存放；

（8）掏出石英砂垫层（如干净、完整，可不进行此项工作），并分级存放或在床内酸洗；

（9）拆除、清洗检查多孔板上的滤水帽。

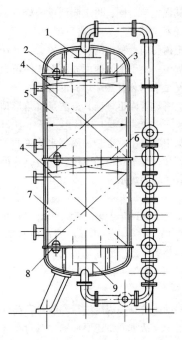

图 4 – 18 双室浮动床结构

1—进水分配装置；2—双头滤水帽；
3—出水多孔板；4—白球；5—强型树
脂；6—中间多孔板；7—弱型树脂；
8—进水多孔板；9—进水分配装置

（10）拆检外部阀门和表计。

（三）技术要求和质量标准

浮动床的技术要求和质量标准，除执行逆流再生床和移动床的有关要求外，还应特别注意下列几点：

（1）集水装置的支架和卡子，必须牢固、可靠；

（2）多孔管滤网的底网应架起，其材质最好采用 14 ~ 16 目的不锈钢网；

（3）穹形孔板应放正，并用不锈钢螺丝固定结实；

（4）集水装置的支管与封头间要衬上软物，以保护滤网和防腐层；

（5）泵的扬程宜在 40m 以下，并选用大孔型树脂。为了节省设备，降低酸碱耗，并解决强弱树脂难于分离的问题，近几年又开发出一种新型浮动床，即双室浮动床，其构造如图 4 – 18 所示，上下双室用带滤水帽的多孔板隔开。

孔板上的滤水帽均为双头结构，其型式有宝塔形缝隙式和叠片式。

第六节 移动床离子交换器的检修

移动床是 20 世纪 60 年代兴起的一种离子交换设备。移动床就是树脂在周期性地移动，以完成其制水和再生的作业。该床体除排水降脂外，其余时间都在连续供水。它的早期型式是三塔多周期，以后逐渐简化成双塔多周期和单塔单周期。

一、工艺原理和流程

在移动床中，水或酸碱再生液对树脂的流向，均呈对流方式，因而有利于各自的离子交换反应，使化学平衡向右移动，从而获得较好的水质和较高的树脂再生度。

移动床的流程比较复杂，在交换塔中水的流向是下进上出，树脂的流向是上进下出；在再生塔中再生液的流向是下进上出，树脂的流向是上进下出。树脂在两塔之间周而复始地循环不已，周期性地完成制水和再生作业。

二、设备检修

移动床的检修以双塔式多周期移动床为例加以说明。双塔式多周期移动床的构造如图4-19所示，是由交换塔和再生塔两塔体组成的，并采用程控仪进行程序控制。阴阳移动床的结构完全相同，故只介绍一种。

（一）部件的结构、作用和检修方法

1. 交换塔

交换塔由本体和设在其顶部的储脂斗组成，它们的内表面全部衬胶或衬玻璃钢。在本体内部由下往上依次装有排水装置、排脂装置、进水装置、集水装置（出水装置）和降脂装置。在排水装置和集水装置之间充满树脂，其高度通常为1.5~2.0m。

（1）排水装置。排水装置设在交换塔的底部，其作用是供交换塔落床时排水降脂使用。

排水装置的型式虽有数种，但更为广泛采用的是进排水合一（即进水装置兼作排水装置），另加辅助排水。下面介绍常用的两种排水装置。

1）穹形多孔板上平铺石英砂垫层。其技术要求同逆流再生床。

2）立插多孔管。该型排水装置是在交换塔底部的中心或偏旁焊上管座，把多孔管垂直插入，再用法兰夹住，接管到地沟。多孔管表面均匀钻孔，孔径为12~14mm，外包50目塑料网作表层，并用14~16目的塑料网或不锈钢网作底层。多孔管的管材多采用不锈钢管。

辅助排水也采用上述两种排水装置，不过其排水量要小一些，且排水管与塔外来水管连通，以便在运行中使来水中的小部分由排水装置进入，冲动失效树脂层。在排水落床时辅助排水与主排水（从进水装置排出的水）混合，一同排入地沟。

石英砂垫层和穹形孔板的检修，可按固定床的有关要求进行。立插多孔管的检修着重塑料滤网的完整情况。缝线松脱或有孔洞时，应重新缝补，损坏严重者应予更换。滤网污堵时，可清理滤网或用酸洗方法疏通，或更换新滤网。

（2）排脂装置。排脂装置有单点和多点两种，而应用较多的是多点排脂装置。对排脂装置总的要求是：在规定的大周期内，能够将切割下的失效树脂（周期循环量的树脂）全部平整和均匀地排到再生清洗塔中。

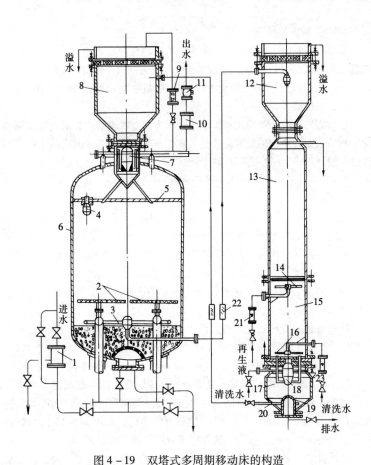

图 4-19　双塔式多周期移动床的构造

1—进口水捕砂器；2—进口水配水排管；3—排脂装置；4—交换塔壳体；
5—多孔板；6—出水水帽；7—浮球阀；8—储脂斗；9—浮球空气阀；
10—出口捕砂器；11—逆止阀；12—再生塔储脂斗；13—再生段；
14—再生液装置；15——次清洗段；16——次清洗装置；17—
计量斗；18—浮球阀；19—排水装置；20—输送树脂装置；
21—浮子流量计；22—监视段；23—二次清洗装置

多点排脂装置，如图 4-20 所示，是通过设在交换塔底部、石英砂垫层上面的环形或辐射形多孔管将树脂排出。多孔管的孔径通常为 10～12mm，孔径小会容易污堵，孔径大会使排脂不均；开孔数也不宜过多，以孔眼截面积之和略大于排脂管的截面积为宜。这样既能保证排脂面平

第一篇　电厂化学设备检修

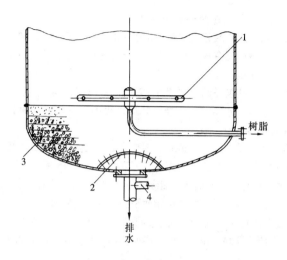

图 4 – 20 多点排脂装置
1—环形多水（排脂）管；2—穹形孔板；3—石英砂垫层；
4—松动树脂进水管

整，又能使排出树脂的浓度较大。

排脂装置的制作和安装工艺，尽量光滑、无棱角，否则，将使树脂的磨损率大大提高。为此，孔眼打好后必须扩孔，将孔边的锐角削除。另外，管道内壁必须光滑，尽可能减少焊接点，且焊缝处不得有焊瘤、塌腰和缩口等现象。因此，管道下料时应以锯割代替用割把和管刀切割；管口对口焊接时破口小一些为好，且对口处不应留间隙，以免焊瘤或焊渣进入管内。

环形多孔管与石英砂垫层之间一般留有 50mm 左右的距离，以免石英砂随树脂一同排出。

塔外输脂管（包括再生清洗塔）的敷设，也应注意减少树脂磨损的问题。它一般选用直径为 25 ~ 50mm 的不锈钢管。

为了保证周期失效的树脂能够平整地全部排出交换塔，在交换塔外的来水管上接一根水管，从塔底进入穹形孔板，以松动失效的树脂层。

每次检修时都应检查环形排脂管的情况，将污堵的排脂孔眼疏通，并清理塔底的沉积物。此外，还应检查输脂管上的监视段，检查其有机玻璃管两端的连接部分有无缺陷、管上有无裂纹。为安全起见，最好用板状监视段代替管状监视段。

（3）进水装置。在交换塔的下部设有进水装置。对于环形管等多点排脂的交换塔，进水装置设在多点排脂管的上方，其间的距离要经过精确计算，务必使该段的有效容积大于周期循环量的树脂体积，以使两塔间的树脂循环保持平衡状态。

进水装置是交换塔的关键部件，决定着交换塔的运行工况。对进水装置的主要要求是配水均匀，以便在托床过程中能将其上部树脂平整地托起，下部树脂等高地切割。

进水装置的基本型式为鱼刺形多孔管式。根据母管型式的不同它又分为多种型式，实践证明比较理想的有下列两种：

1）变径单母管、支管不等距开孔式。此种进水装置不但结构简单，而且水力特性较好，托床后的树脂面平整，其结构如图 4-21（a）所示。

2）外置双母管、支管不等距开孔式。此种进水装置的结构比较复杂，但水力特性较好，托床后的树脂面基本平整，其结构如图 4-21（b）所示。

上述两种进水装置，前者适用于直径 1500mm 及其以下的交换塔，后者适应于直径在 2000mm 以上的交换塔。

支管开孔的总面积，可考虑是否兼作排水和入口水的浊度情况等因素，采用 $0.5 \sim 1 m/s$ 的流速而算得，通常为来水管截面积的 $2 \sim 4$ 倍。

支管上的孔径通常取 $10 \sim 14 mm$，孔径过大会影响滤网的强度。支管上开孔的位置为两侧水平交叉开孔，以保证能够沿水平方向切割失效的树脂。支管外包两层塑料网，底网为 $14 \sim 16$ 目，表网为 $45 \sim 50$ 目。为了防止滤网污堵和减小阻力，最好将其架起，可在支管两侧沿轴向刨一个宽度比孔径略大的槽道，并在孔的上下两侧点焊两根 $3 \sim 4 mm$ 的不锈钢丝。

为防止支管变形，最好将支管放在衬胶的槽钢支架上，并用不锈钢 U 形管卡子固定好。U 形管卡子上要套上塑料管，并在支管与支架接触的部位衬上胶皮垫，以免损坏塑料网。

进水装置的材质，一般都采用不锈钢管。每次检修时均须检查修理进水装置。检查母支管连接法兰是否有腐蚀和松动现象，法兰垫是否突出、损坏。特别要注意支管滤网的完整状况，对有孔洞的滤网，采用缝补的方法予以消隐；缝绑线松脱时，应重新缝绑；对磨损严重的滤网，应更换新网。还应注意滤网的污脏情况，对已结垢的氢型床滤网，可在酸洗槽中用 $3\% \sim 5\%$ 的稀盐酸进行清洗；对阴床滤网，可用毛刷在水槽中刷洗，以除去细碎树脂。另外，对支架也应进行检查，检查其螺丝和 U 形管卡子是否松动，与滤网接触的衬垫是否完整。

（4）集水装置。在树脂层的顶部设有集水装置，其作用是阻留树脂外漏和均匀地收集出水。

集水装置有平板滤网式、平板水帽式等数种。为保证高流速运行，不论采取哪种集水装置，其开孔总面积通常都是来水管截面积的 10 倍以上。

1）平板滤网式。该装置是将两块夹有塑料网的多孔板装在封头大法兰上，如图 4－22 所示，其中，下孔板多采用 15～20mm 厚的聚氯乙烯板，上孔板多采用 20mm 左右厚的衬胶钢板。平板上按三角形法均布开孔，孔径为 12～16mm。钻孔时，最好两块板叠在一起钻，以保证上下板的孔眼对齐。钻完孔后，应在平板的侧面打上相对位置记号。

安装时要在平板间夹两层 14～16 目的塑料窗纱，两层窗纱间夹一层 50 目的塑料网（不锈钢网更好）。由于塑料网的幅宽不够，需要将两幅搭接在一起，搭接处必须缝住，以免泄漏树脂。平板中心是降脂孔口，为此塑料网的中心也必须开同样大的孔口。为防止该处泄漏树脂，必须在塑料滤网的两面加装密封胶皮垫，并用螺丝连同上下多孔板一起紧固好。此种结构容易破损，安装时必须充分注意。大法兰与多孔板之间及塑料滤网周边的上下两面，需用胶皮垫密封。由于胶皮的幅宽不够，需要搭接时，就将它们的接口做成燕尾形，以确保严密不漏。

这种集水装置适用于直径为 1500mm 及以下的交换塔。

2）平板水帽式。该装置是在交换塔的封头部分焊上一块 25～30mm 厚的钢板，其上均布开孔并衬胶，孔内插入带柄的不锈钢材质制成的大型橄榄形水帽，并用螺母固定，如图 4－23 所示。大水帽上均布钻孔，孔径通常为 10～14mm，外包两层滤网，底网多用 14～16 目的不锈钢网，表网为 50～60 目的塑料网。

平板的强度必须足够。为加固平板，其上下两侧的坡口要开得大一

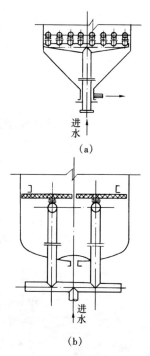

图 4－21　进水装置

（a）变径单母管；

（b）外置双母管

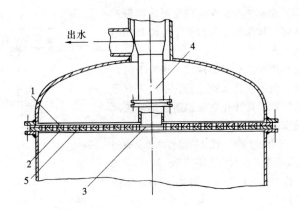

图 4-22　平板滤网式集水装置

1—上孔板；2—下孔板；3—降脂孔；4—降脂管；5—塑料网

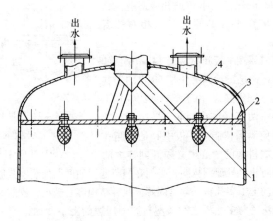

图 4-23　平板水帽式集水装置

1—橄榄形水帽；2—加强板；3—多孔板；4—降脂管

些，并加强焊接。平板上侧的周边还采用角形板加固。为确保平板的强度，平板也可用外置方式即叠搭地夹焊在器壁上。

　　这种集水装置适用于直径为 2000mm 以上的交换塔。实践证明，按上述要求安装的平板和水帽强度够了，未发现变形损坏。

　　不论哪种集水装置，其孔眼周边的锐角必须用扩孔的方法予以消除。这是保护滤网、防止泄漏树脂的重要措施。

每次检修时，都必须详细地检查集水装置塑料滤网的完整情况。对平板滤网式集水装置，必须拆下平板，拿出滤网进行检查。对平板水帽式集水装置，不一定每次检修都要拆下水帽，也可就地检查滤网。为保证集水装置滤网的质量，就是一个微小的破损处也绝不能放过。有关滤网的检修方法和注意事项与进水装置的相同，可参照进行。

（5）降脂装置。降脂装置有单点和多点之分。它由降脂管、浮球室和降脂孔板组成，如图 4－24 所示。对它总的要求是，能在 2～3min 内将储脂斗中再生好的树脂均匀而平整地降到交换塔内部，并达到自然充满的程度。降脂装置的材质大都采用不锈钢。

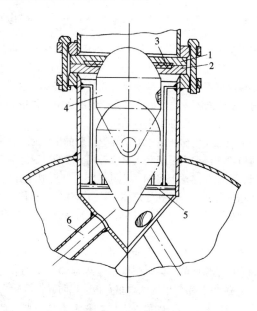

图 4－24　降脂装置

1—降脂上孔板；2—降脂下孔板；3—橡胶密封垫；
4—浮球；5—浮球托架；6—三叉降脂管

浮球室由浮球阀和导向框架（托篮）组成。浮球阀有球形、橄榄形等数种。浮球在水中的浮动应灵活可靠，这可用在浮球内通过放钢球的大小予以调整。浮球的重心应调整在其下部，放在水中后应呈垂直状的浮体。否则，应再进行调整，必要时进行机加工。浮球阀的结构如图 4－25 所示。

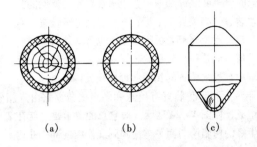

图 4 – 25 浮球阀的结构

（a）外衬橡胶的木芯实球；（b）聚氯乙烯空心球；（c）不锈钢橄榄形球

降脂孔板由降脂上孔（顶）板和下孔（底）板组成。两板之间又夹一块 10～12mm 厚的胶皮密封垫。胶皮垫的作用：①保证浮球阀严密不漏；②防止浮球阀磨损。因此，胶皮垫的孔径应比降脂孔板的孔径小 1～2mm，过小则容易切断胶皮垫边沿，过大则起不到密封作用。为此，胶皮垫的孔径应采用划垫刀在台钻上进行划制。

在托床的瞬间如发生储脂斗中返水和返树脂的现象时，就说明浮球有滞后性，此时应检查浮球内是否漏入水。否则，应减轻浮球的重量。当浮球内漏入水时，则应在浮球上另钻一小孔，将水彻底放尽并用热风吹干，而后小心地将泄漏处和新打的孔处焊住，并打磨光滑。检修浮球室时，应先将储脂斗吊起或移位并支撑好，以免万一倒链滑链时伤害人身。然后拆下管座，取下降脂孔板，取出浮球，一一进行检查修理。

（6）储脂斗。储脂斗的作用是储存由再生清洗塔打来的再生好的树脂。其结构为带圆锥形底的筒体，圆锥角通常为 60°，以便降落树脂。筒体的顶部设置夹有 30 目塑料网的两块多孔板，以防异常情况下流失树脂。多孔板用法兰夹紧固定，其上为溢流桶。溢流要高一些，这样有利于降脂。

储脂斗的容积通常为周期循环量树脂体积的 1.5 倍左右。这样大的富裕量是完全必要的，一则是让树脂层以上有足够的水量，以保证树脂的流动性，便于降落；二则是有缓冲余地，防止异常情况下因储脂斗中充满树脂而使多孔板变形损坏。

每次检修时，应检查储脂斗多孔板和塑料网的状况，如塑料网磨损严重或有小孔时，则应更换。当多孔板严重变形时，应拆下整平。

储脂斗大法兰所用的胶皮垫，其接口部分也应采取燕尾形结构，以保证严密不漏。胶皮垫应采甩三层：多孔板之间垫一层，两侧各垫一层；在多孔板间的这一层垫还应涂上白铅油，以防泄漏。多孔板的侧面，应打上标记，以保证上下孔板的所有孔眼能够全部对齐。

2. 再生清洗塔

再生清洗塔由上往下依次由储脂斗、再生段、一次清洗段和计量斗（二次清洗斗）四部分组成。它们的表面全部衬胶或衬玻璃钢防腐。

（1）储脂斗。储脂斗的作用是暂时储存由交换塔排出的失效（饱和）树脂，其结构和交换塔的储脂斗一样。但是在再生塔排水降脂前，由于该斗承受一定的压力，特别在下部浮球阀关不严或其顶部滤网污堵的异常情况下还要承受接近于输脂水压（二次清洗水压）的更高压力，故其溢水桶下的多孔板应具有较高的强度。通常多孔下板采用 20 ~ 25mm 厚的聚氯乙烯板；多孔上板采用密封面经过加工的衬胶或衬玻璃钢的 12 ~ 18mm 厚的钢板，有条件最好采用不锈钢板。两多孔板之间夹有两层塑料网，底层为 16 目，表层为 30 目，以便能将破碎的树脂和悬浮污物及时排掉而不使正常粒度树脂流失。

储脂斗的容积应略大于小周期树脂的体积。其顶部的溢水槽应有较大的高度，以便储存较多的水，保证再生塔排水降脂时，储脂斗中的树脂能迅速地落到再生段中，实现压实再生工艺，并有利于两塔间的树脂循环处于平衡状态。

储脂斗在安装和检修方面的工作，可参照交换塔储脂斗的有关要求进行。

（2）再生段。储脂斗下面为再生段，它的作用是以逆流方式完成再生作业。其结构为筒形体，底都装有再生液分配装置。该装置的强度应足够，为此应采取加固措施。

再生液分配装置的型式，应考虑配液均匀和便于拆装。通常选用十字支管式和鱼刺形母支管式两种。支管上均匀钻孔，孔径为 5 ~ 8mm。孔眼总截面积为进液管截面积的 3 ~ 5 倍。支管外只包一层 30 目塑料网，因为过细过多的滤网容易污堵，致使阻力增加。为此，还应采取前面谈到的降阻措施，并在外部管道上装设倒冲放水门。再生液分配装置的材质应选用不锈钢管。

再生段的高度取决于废再生液利用的次数（即树脂和再生液接触的时间），通常废再生液利用 3 ~ 4 次，相当于 3 ~ 4 个小周期的时间，再生段的高度一般为 3 ~ 4m。废再生液利用次数过多是有害的，因为此时将有相当量的废再生液未能溢流掉，而在再生塔排水降脂时又折返下移，甚至

第四章 离子交换设备的检修

通过塔底的排水门排掉，致使已再生好的树脂受污染。

再生段的顶部还设有水平多孔管排水装置，目的是排除废酸碱液。多孔管开孔面积为其截面积的 10 倍以上，外包两层塑料网，底网 16 目、表网 20 目。

再生段的直径取决于再生液的流速，流速和直径成反比。通常氢型再生塔的流速为 4~8m/h，氢氧型再生塔的流速为 3~6m/h。

检修时，要打开再生段的手孔，将再生液分配装置的支管拆出，进行清洗或更换新网，这是再生段检修的主要内容。

（3）一次清洗段。再生段下面是一次清洗段。其直径和再生段相等，其底部的一次清洗装置完全与再生段的再生液分配装置相同。它的作用是对再生段降落下来的已经再生好的树脂进行初步逆洗，将废再生液洗掉。逆洗的另一个极为重要的作用是置换再生段已进完再生液的树脂层中的废液，使新鲜再生液全部通过本小周期的树脂层，并使废再生液继续上升，从储脂斗中溢出，完成废再生液的多次利用，这个过程又叫做顶水。顶水置换的时间必须足够，基本上和进再生液的时间相等，其速度可大于再生流速。

强调顶水置换的时间，如果时间太短，将有一部分新鲜再生液在再生塔排水降脂时从塔底排入地沟，白白浪费掉。此外，还会有相当一部分废再生液没有被利用，也从塔底排入地沟。在此情况下、一次清洗段和树脂计量斗中已再生好的树脂，在逆反应的作用下反而受到污染。所有这些不利因素，不仅降低了树脂的再生度，影响出水质量，而且增加了再生比耗，致使经济效益受到损失。

一次清洗水应为氢离子水（用于氢型床）或除盐水（用于阴床），以保证出水质量。

一次清洗段的检修内容和要求同再生段的。

一次清洗段和计量斗之间也设有浮球阀，其作用是将再生清洗塔分成两个独立的单元，在同一时间内互不干扰，各自完成其工艺过程。但是在再生塔排水降脂的一瞬间，浮球阀是打开的，上下连通，成为一个整体。

浮球阀的结构和交换塔的基本一样，只是形体小一些，而且不设浮球室。

（4）计量斗。一次清洗段的下面为树脂计量斗（二次清洗斗），其作用是给定小周期的树脂量，使移动床能够按照预定的周期循环量的树脂反复地在两塔间循环，维持正常运行工况。因此，对计量斗的容积必须准确计算，务必使其数值等于小周期的树脂量。在计算时，斗内装置所占的容积应当减掉。计量斗的另一个作用是兼作二次清洗斗，用正洗方法将树脂中残留的废再生液彻底洗净。

计量斗也是带有圆锥体的筒形容器。筒体的上部设有环形多孔管式的正洗装置，外包 30 目塑料网。多孔管均匀钻孔，孔的总截面积为环形管截面积的 3~5 倍，以保证正洗流速，并维持器内要有足够的压力，使浮球阀能够关严，洗好的树脂能够顺利地打到交换塔的储脂斗中。计量斗内锥体的下部设有大孔环形管排脂装置，以防污堵。锥体的底部设有立插套管式排水装置，如图 4-26 所示。套管采用聚氯乙烯材质，其上按三角形均布钻孔，外套两层塑料网，底网为 16 目、表网为 50 目。孔的总截面积要尽可能大一些，通常为排水管截面积的 10 倍以上，以保证排水落床 2min 左右就能使计量斗中充满树脂。

再生清洗塔的塔体材料大都采用钢质壳体，内衬玻璃钢或橡胶。

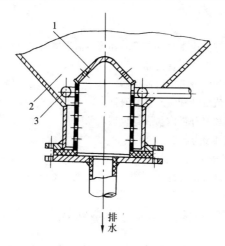

排水

图 4-26　立插套管式排水装置
1—立插多孔套管；2—计量斗锥体；3—排脂管

为了随时了解和掌握移动床的运行工况，在储脂斗和再生塔的其他部位上设置若干个窥视孔（交换塔也是这样）。窥视孔上的有机玻璃必须有足够的强度，其厚度应通过测算确定。通常用在承压部件上的，有机玻璃厚度不应小于 16mm；用在非承压部件上的，其厚度不应小于 8mm。窥视孔的紧固件，最好采用双头螺丝，不宜使用单头螺丝，以免断裂。同时，在上螺丝时，应在螺纹部分涂上黑铅粉。

检修计量斗时，首先拆下排水套管，检查滤网的完整情况。若滤网磨损严重或有较多的破损孔洞时，应更换新网；若滤网有少量孔洞或缝线裂开时，可用缝补的方法予以消除；无孔洞的，如强度足够，清洗干净仍可利用。然后拆下计量斗，检查二次正洗装置塑料网的状况，处理方法同上。接着检查清理环形排脂管的孔眼，保持孔眼畅通。最后还要检查防腐层的状况，如有鼓包、裂纹和微孔等异常情况，可用胶泥或玻璃钢修补。

窥视孔的有机玻璃脏污后应进行清理，一般用稀盐酸浸洗或蘸上纯碱液轻轻擦拭就可干净。

（二）检修项目和顺序

移动床每年应进行大小修各一次。小修的重点项目是检查进出水装置，特别要注意进水装置法兰盘的螺丝是否松动，并处理阀门和管系方面存在的缺陷。

1. 大修项目

（1）全面解体检查修理交换塔和再生清洗塔内的所有装置。

（2）检查修理塔外管道和阀门。

（3）检查和清理进出口捕捉器。

（4）校验流量计和水质监测表计。

（5）检查和修补塔内防腐衬里层。

（6）检测和复苏树脂。

（7）清洗、筛选或更换石英砂垫层。

（8）检查修理所有浮球阀和导向杆及更换密封垫。

（9）检查和清理窥视孔的有机玻璃。

（10）检查和修理程控装置，电磁阀和气源管缆。

2. 检修顺序

检修应待大周期终了并排水落床，将两塔储脂斗中的树脂全部降到塔内后再进行。检修前还应记录树脂层的高度。拆卸检修的顺序如下：

（1）将交换塔和再生塔内的树脂先后全部卸到树脂擦洗器中。

（2）开排水阀，放尽塔内存水。

（3）拆下气动阀门的气动管缆，并挂上标签。

（4）拆下浮子流量计和压力表计。

（5）打开交换塔上下部人孔门，并用胶皮管通水，将进出水装置和内壁冲洗干净。

（6）在交换塔的进水多孔管上盖上胶皮或麻袋等软质物，其上搁上架板，将出水水帽拆下。如系孔板滤网式集水装置，则应搭好脚手架，先拆开并吊移储脂斗，取出浮球阀和降脂管，然后拆下大法兰螺栓，再吊移封头、吊下孔板、拿出塑料网。

（7）拆下交换塔进水装置的多孔管。

（8）清理交换塔内残存的树脂，并装袋存放。

（9）掏出石英砂垫层或在塔内进行酸洗。掏出的石英砂应分级存放，并设遮栏，以防脏污。

（10）搭好脚手架，吊移交换塔储脂斗，检查浮球室。

（11）拆下再生清洗塔的阀门和有碍的管道。

（12）拆下再生清洗塔的溢水桶和多孔板后，再拆下排水多孔管。

（13）拆下计量斗的排水装置。

（14）拧开计量斗螺丝，并对称换上四条长杆螺丝，把计量斗小心地降落到地面，支撑好后取出降脂孔板和浮球。

（15）拆检交换塔阀门和捕砂器。

拆卸时，将所有具有相对位置的部件均应打上标记，以防组装时装错和错位。所有包有塑料网的管件，均应小心拆卸，移动时不得碰撞，并要轻放，以免碰破塑料网。

设备解体拆下部件后，应按前边介绍的检修方法（包括参照逆流再生交换器检修的有关部分）进行检查、修理或更换。

恢复的顺序一般为拆卸的逆顺序。

（三）技术要求和质量标准

移动床除参照执行固定床离子交换设备的有关技术要求和质量标准外，还应按下列标准进行检修和验收。

（1）进出水装置，特别是进水装置的水平误差不得超过 4mm。多孔管应垂直于母管，其轴向不平行度不得超过 ±5mm。

（2）交换塔和再生塔必须保持垂直状态，其不垂直度不得超过其高度的 0.25%。

（3）除盐移动床的内部装置（包括螺丝），必须采用耐酸材料。内壁要衬里；管道和阀门或是衬里或是采用耐酸材料；法兰、手孔和人孔的垫应用耐酸胶皮。

（4）塑料滤网的材质必须符合工作介质的要求。网面要干净，不得有孔洞或过度磨损现象，孔眼应畅通。

（5）所有套塑料网的多孔管件，不得有毛刺，其孔边锐角必须除掉。

（6）输排脂装置和管道，其内壁必须光滑，对口不得错位，且不得有焊瘤和塌腰现象。弯头不得用焊接件。阀门应用球形阀。

（7）阴阳树脂应选用16～30目的粒度，运行中破碎的树脂必须洗掉，最好用强度较高的大孔型树脂。

（8）树脂必须干净，不得有结块现象，也不允许有大块杂物（包括石英砂在内）。

（9）交换塔和再生塔中的树脂，应装满到刚要进入储脂斗的程度。

（10）交换塔和再生塔的浮球阀，应动作灵活，密封良好，不得有返水返树脂现象。

（11）所有窥视孔和监视段上的有机玻璃，应光洁透明，不得有裂纹、鼓包、变形的缺陷。

（12）捕砂器内的网架和滤网应完整无损，网面干净，孔眼畅通。

（13）程序控制仪的时间程序应准确无误，显示正常；电磁阀的动作应灵活，不得有卡涩现象；气动阀的开关正常，阀门和气管缆接头不得有漏气现象。

（14）设备和管道阀门的标志齐全，漆色完整。

第七节　混合床离子交换器的检修

经过一级化学除盐设备处理过的除盐水，虽水质较高，但仍不能满足超高压锅炉对水质的要求。为了进一步提高水质，需增设二级除盐设备。

一、工艺原理和流程

混合床就是在同一个交换器内装有阴阳两种树脂，并在运行前用压缩空气将它们混合均匀，这样就相当于在交换器内形成许许多多个阴阳床串联在一起的多级复床，同时完成许多级阴阳离子交换过程，制出更纯的水。

在混合床中，由于阴阳离子交换树脂是相互混匀的，其阴阳离子交换反映几乎是同时进行的，所以基本上消除了反离子交换的影响，交换反应进行得十分彻底，所以出水水质很高。

混合床中树脂失效后，应先将两种树脂分离，然后分别进行再生。分离的方法一般采用水反洗法，反洗时利用阳树脂的湿真密度比阴树脂的大的性质，使阳树脂处于下层，阴树脂处于上层而达到分离的目的。混床再生的方式有体内再生和体外再生两种。补给水混床一般采用前者，即分离后的树脂在本体内进行再生。再生清洗合格后，再将两种树脂用压缩空气混合均匀，又可投入运行。

运行时，水在混合床中的流程是上进下出；再生时，酸和碱分别由下部和上部进入，一同从中排装置排出。混合床的运行流速通常为40～60m/h。

二、设备检修

（一）部件的结构和作用

体内再生混合床的结构如图4-27所示。它由本体、进水装置、集水装置、排水装置、碱液分配装置和离子交换树脂层等组成。现简介如下。

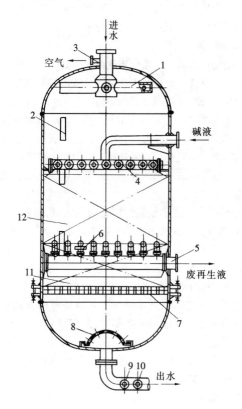

图4-27　体内再生混合床的结构

1—进水装置；2—窥视孔；3—空气管；4—母支管式进碱装置；5—中间排水
装置；6—槽刚支架；7—多孔板；8—穹形孔板；9—压缩空气管；
10—进酸管；11—阳树脂；12—阴树脂

1. 本体

混合床的本体由两个冲压成型的封头与一个用钢板卷制的筒形壳体焊接在一起制成。本体上装有上、中、下三个窥视孔，用以监视阴阳离子交换树脂的分层情况和树脂装载高度等，本体内壁衬有橡胶。此外，本体的上部和底部还设有供检修用的人孔和连接管道的管座，底部封头上还焊有支脚。

2. 上部进水装置

为防止进水在交换器内直冲树脂层，应充分发挥其配水作用，需使进水在交换器截面上均匀分布。为此，进水装置有穹形多孔板、圆环状、十字支管式、挡板式等几种形式。其材质为不锈钢或塑料。

3. 下部集水装置

集水装置是交换器的一个重要组成部件，其作用是使出水汇集流出而不使树脂外漏；在反洗和混合时由此进入反洗水和压缩空气，并使之在交换器横截面上均匀分布。集水装置的类型有：

（1）支管滤水帽式。它是将带缝隙的塑料或不锈钢的滤水帽安装在集水支管上制成的。出水由缝隙进入滤水帽，经支管汇集到集水母管而流出交换器。这类集水装置运行可靠性差，常因滤水帽损坏、脱落而泄漏树脂；另一方面，也常因滤水帽的缝隙被树脂颗粒堵塞而增大阻力，造成偏流，导致出水水质劣化。

（2）支管开孔式。它是在排水支管上打孔，孔间夹角为90°，斜下方开 8~10mm 孔两排，孔数视通水量和阻力而定。支管的材料一般用不锈钢管或 ABS 工程塑料。支管外套 16 目涤纶网作骨架，外包 50~60 目涤纶网。出水经涤纶网进入支管汇集到集水母管流出交换器。此类集水装置较复杂，但可避免树脂外漏与集水装置被堵塞的故障。

（3）多孔板式。它是在交换器的下部以叠摞的方式焊上多孔板的。其材质为不锈钢多孔板或碳钢多孔板衬胶，板上开孔装上滤水帽（衬上胶垫后用锁母固定）这种结构可靠性好、使用较多，如图 4-28 所示，或在两层多孔板上开孔后中间夹涤纶网。出水经滤水帽或涤纶网进入多孔板下空间，再经集水管流出交换器。

4. 中间排水装置

中间排水装置是交换器体内再生用的排水装置，常采用支管开孔式（开孔方向为水平向，两排孔的夹角为180°），外包两层涤纶网，其底网为 16 目，表网为 50 目。再生废液和冲洗再生后阴阳树脂的冲洗水由此排出。为防止树脂交叉污染，母支管应在同一高度，而且必须由母管直接通

第一篇 电厂化学设备检修

往体外排放，同时还必须使阴阳树脂交界面的高度与床内排放点的高度一致。

5. 碱液分配装置

碱液分配装置是交换器再生进碱液的装置，应能保证再生液分布均匀。它通常布置在距树脂层 300~500mm 处，常用的形式有以下两种。

（1）圆环形。它是将不锈钢管弯成环形管而制的。圆环直径约为交换器直径的 2/3，其上均匀分布着小孔，再生液由环的一端进入后经小孔流出，均匀分布在树脂层上。

（2）支母管形。

6. 酸液分配装置

酸液分配装置通常与集水装置公用，不专门设置。

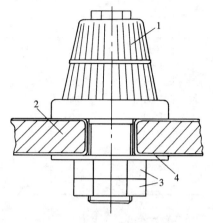

图 4-28　孔板滤水帽式集水装置
1—滤水帽；2—多孔板；
3—锁母；4—塑料垫圈

7. 压缩空气分配装置

在交换器底部，接有压缩空气管，供再生后充入压缩空气，使其通过集水装置混合阴阳树脂，以备投入运行。集水装置通常兼作配气装置，一般不再专门设置。

8. 离子交换树脂层

离子交换树脂层是混合床除盐设备的主体，由 201×7 和 001×7 阴阳两种离子交换树脂组成。为便于分层，阴阳两种树脂的湿密度差应大于 15%~20%。两种树脂的装填比值视其交换容量及系统中混合床进水的成分而有差别，其比值有 2:1、1.5:1 和 1:1 等三个数值，应根据具体情况选取，通常为 2:1。树脂装入高度一般为 1.0~1.5m，以 1.5m 居多数。

9. 树脂捕捉器

树脂捕捉器是混合床的一个附属设备，与混合床配套使用。其作用是滤除混床出水中可能带有的细小树脂和混床因出水装置损坏树脂的泄漏，保证二级除盐水的质量，杜绝树脂进入热力系统。

混合床离子交换器，有定型产品，其主要技术规范如表 4-16 所示。

表 4-16   混合床离子交换器的主要技术规范

编号	DN (mm)	流量 (t/h)	交换树脂层高		内径 (mm)	参考质量 (kg)
			阳 (mm)	阴 (mm)		
1	1000	39	500	1000	1000×4439	2077
2	1200	57	500	1000	1200×4739	2787
3	1500	88	500	1000	1500×4875	3471
4	1600	101	500	1000	1600×5505	4810
5	1800	127	500	1000	1800×5545	5074
6	2000	157	500	1000	2000×5610	6297
7	2200	190	500	1000	2200×5625	—
8	2500	245	500	1000	2500×5638	8743
9	3000	353	500	1000	3000×6147	11385

（二）检修项目和顺序

在正常情况下，混合床应每年小修一次，每两年大修一次。小修的重点项目是：补充阴阳树脂，清理树脂捕捉器的滤网，消除阀门及管道的一般缺陷。

1. 大修项目

（1）检查阴阳树脂配比是否适当，数量及高度是否符合规定要求。

（2）检查内壁防腐层是否完整，有无剥离、脱落、鼓包等缺陷。

（3）检查进碱装置是否变形或损坏。

（4）检查、清理树脂捕捉器的滤网或梯形绕丝。

（5）检修中间排水装置，更换涤纶滤网，检查滤水帽有无损坏和磨损，并清理其缝隙中的污物。

（6）检修压缩空气系统，并进行吹洗、清扫。

（7）检查和修理外部阀门。

（8）检验压力表和流量表，检查和修理导电度表、pH 表及其他成分分析仪表。

2. 检修顺序

（1）停止运行并进行反洗，将阴阳树脂分离。

（2）正洗排水，检查排水中有无树脂。

（3）卸出树脂至擦洗器或专用储罐内。

（4）排掉混合床内存水，搭好外部脚手架，打开人孔。

（5）用临时胶皮管通水，将床体内壁冲洗干净，检查内壁防腐衬里层。

（6）搭好内部脚手架，拧开碱液分配装置支架的螺栓，拆下支管和母管。

（7）拧下中间排水装置支架的螺栓，拆下母管和支管，检查并更换滤网。

（8）小心地将孔板上的树脂清理干净，打开底部人孔，拆检滤水帽。

（9）检查外部管道，涂刷本体和管道的油漆。

恢复顺序为拆卸时的逆顺序。

（三）检修方法和技术要求

1. 检修方法

在检修方法中重点介绍滤网式多孔板集水装置的有关要求和橡胶衬里层的修补方法，其余的设备检修方法可参照检修逆流再生床和移动床等离子交换器的有关要求进行。

（1）滤网式多孔板集水装置的检修。

1）利用电动葫芦或手动葫芦，起吊混合床的上半部。

2）起吊前应先将外部有关管件拆除和内部脚手架拆除。大法兰螺栓拆卸后，在上下法兰上打上记号，并用大撬杆撬开法兰，然后再进行起吊。

3）清洗滤网时，可在水槽中用软毛刷刷洗。

4）涤纶网破损或强度不够时，应予更换。应用电烙铁下料，并采取搭接缝制方式，以防泄漏树脂。

5）大法兰垫的孔眼可将剪好的垫片放在大法兰上，然后用榔头对着大法兰孔眼轻轻轧制。垫的接口必须做成燕尾槽，以免水泄漏。

（2）橡胶衬里层的修补。橡胶衬里层的修补方法通常有三种：①补贴原胶后再整体硫化；②贴衬玻璃钢；③贴衬常温硫化橡胶。前两种方法都存在一定的缺点，倾向于推广第三种修补方法，即用常温硫化橡胶贴衬。常温硫化橡胶即指天然橡胶和氯丁橡胶的混合胶。现将其修补工艺简要介绍如下：

1）缺陷部位的预处理。①剔除原衬胶层，原衬胶层的鼓包、脱壳和漏电等缺陷处，应按图4-29的要求进行剔除，使其斜面的角度为30°±5°；②处理金属面，将剔除橡胶后的缺陷部位，用15%盐酸清锈，再碱液或磷酸三钠液中和钝化，并用清水洗至中性，干燥后待衬，或用喷砂法清锈，擦净金属面后待衬。

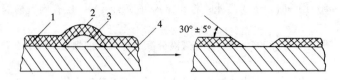

图 4 – 29　衬里层缺陷的剔除

1—原衬里橡胶；2—鼓包缺陷；3—气泡；4—设备金属基体

2）涂刷胶浆。用毛刷蘸上常温硫化胶浆在金属面上涂刷三遍，前两遍分别干燥 10、15min，最后一遍干燥到不粘手为宜。

3）补衬橡胶。用 4mm 左右厚的常温硫化橡胶片按剔除衬胶层缺陷后的形状进行下料，并使其边缘的搭接宽度为 15～20mm，然后在贴衬的一面涂上胶浆两遍，将其贴衬在涂好胶浆的金属面上，再用压滚或徒手从中心位置慢慢往边缘部位赶压，以驱除空气，直到胶板全部压合为止。衬完后将胶板边缘削成斜面，如图 4 – 30 所示。

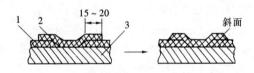

图 4 – 30　补衬橡胶

1—原衬橡胶；2—新衬橡胶；3—金属基体

补衬完橡胶后，用电火花检测仪进行绝缘检查合格后，应在常温下硫化一个月后方可投入运行。

2. 技术要求

（1）混合床内的阴阳树脂的高度、数量要符合规定要求，否则，应补充同牌号的树脂。

（2）中间排水装置的水平偏差应不超过 4mm，其滤网应完整，目数和材质必须符合要求，保证不泄漏树脂。

（3）混合床内的防腐层应无损伤、不漏电。

（4）集水装置的滤水帽无堵塞、无破损，并用双螺母垫上垫圈紧固好。滤水帽的缝隙宽度应不超过 0.4mm。如为孔板滤网式，滤网的搭接宽度不应小于 50mm，并用涤纶线缝住，其他要求同（2）中间排水装置的标准。

（5）出入口管道、进排气管道、进酸碱管道都应畅通无阻，孔板大法兰等各结合面应严密不漏。

（6）窥视孔的有机玻璃应清晰，可见度明显。

（7）树脂捕捉器滤网或梯形绕丝应完好干净，缝隙中无嵌物。

其他技术要求同逆流再生离子交换器。

第八节 高速混床的检修

由于种种原因，凝结水中不仅含有各种盐类物质，而且还含有悬浮态、胶态的金属腐蚀产物以及微量的油类和有机物，所以大容量高参数机组大都要进行凝结水除盐处理，即通常所说的凝结水精处理。在大容量高参数的电厂中，汽轮机凝结水通常都具有流量大和含盐量低的特点，所以宜采用高速运行的混床进行离子交换处理，其流速一般在 100～120m/h 之间，其除盐设备就是高速混床。

凝结水精处理，由于在电厂系统中连接的位置不同，有低压（$p \leqslant$ 1.6MPa）与中压（$p \leqslant 5$MPa）系统之分。

（1）低压凝结水净化系统。由凝汽器、一级凝结水泵、凝结水处理装置、二级凝结水泵、低压加热器、除氧器组成。

（2）中压凝结水净化系统由凝汽器、凝结水泵、凝结水处理装置、低压加热器、除氧器组成。处理设备一般均布置在凝结水泵与凝升泵之间。

一、概述

1. 高速混床的作用和分类

（1）能连续地除去凝结水中的杂质，提高给水质量。

（2）缩短机组启动时间。

（3）当凝汽器泄漏时维持水质合格，以便按计划停机或采取措施。

（4）延长锅炉酸洗间隔、减少酸洗次数，节约酸洗费用。

高速混床根据其精处理系统的设置（即工作压力）有低压和中压两类。从混床内树脂的形式又可分为 H—OH 型混床和 NH_4—OH 混床。

2. 再生设备及其组合方式

高速混床通常采用体外再生方式，均有其固定的再生装置，即树脂失效后打入再生装置内进行再生。再生装置主要包括阳树脂再生罐、阴树脂再生罐和储脂罐。采用中间抽出混脂的"T"塔方案的还设有混脂分离罐。

一般两台机组设一套再生装置。混床内树脂失效后，首先将树脂打入阳树脂再生罐，在此罐内进行充分的擦洗及分层，分层后将上部阴树脂打入阴树脂再生罐；然后分别对阴、阳树脂进行再生，再生冲洗好后，分别将阴、阳树脂打入储脂罐,在该罐内将树脂充分混合均匀并冲洗合格,再打回高速混床,循环冲洗合格后投入运行。

二、设备检修

以西安电力机械厂生产的 HN—2200—120 型低压高速混床为例介绍检修工作。

(一) 混床本体的检修

混床本体是一个密闭的圆柱形壳体,床体内壁衬橡胶两层,管道衬橡胶一层,其结构如图 4–31 所示。本体内设有进水、进脂、出水、进气等装置。本体外装有各种管道、阀门、取样管、监视管、排气管等。

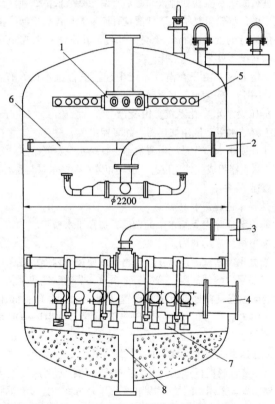

图 4–31 高速混床本体结构

1—进水装置;2—进脂装置;3—冲洗进水及进气装置;4—出水装置;5—进水多孔辐射管;6—支架;7—梯形绕丝水帽;8—排脂管

第一篇 电厂化学设备检修

1. 部件的结构和作用

（1）进水装置。如图 4 - 32 所示，为辐射形多孔配水管，水由顶部进水管进入配水头，再从 8 根不锈钢配水支管上的水平孔均匀分配出去。支管安装长度为交换器直径的 3/5，即 1300mm 左右。进水装置与树脂层间有一层 200～300mm 左右的水垫层，以避免产生布水不均及冲刷树脂的现象。进水装置的材质为 1Crl8Ni9Ti 不锈钢。配水头顶部开环形孔 12 个，孔径为 18mm，以便排气。配水头上的来水管径为273mm。支管管径为 114mm，每根支管上面开孔 12 个，共有 96 个孔，孔径为 30mm。

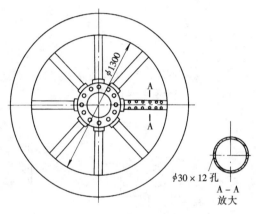

图 4 - 32　进水装置

（2）进脂装置。如图 4 - 33 所示，是采用十字形支管四点逆向进脂方式，母管直径为 108mm、长度约为 500mm。它们的材质均为 1Crl8Ni9Ti 不锈钢。进脂装置的特点是布脂均匀，避免树脂层脂面高低不平及产生斜坡现象。

（3）出水装置。如图 4 - 34 所示，为鱼刺形母支管式，母管与支管在同一平面内。支管共 16 根，其节距为 200mm。支管的下方垂直安装不锈钢梯形绕丝水帽，它们的材质也是 1Crl8Ni9Ti 的不锈钢；母管直径为273mm，支管直径为 133mm，水帽直径 76mm。各排支管的水帽分布如表4 - 17 所示，包括母管在内的水帽总数为 60 个。此种出水装置，充分利用出水表面积，因而混床出力大，水分配均匀，并且具有结构简单、坚固、不易被损坏的优点。

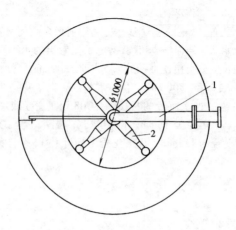

图 4 - 33　进脂装置

1—母管；2—十字支管

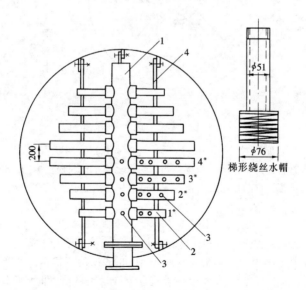

梯形绕丝水帽

图 4 - 34　出水装置

1—母管；2—支管；3—梯形绕丝水帽；4—支架

表 4 – 17　　　　　　　　支管上梯形绕丝水帽的分布

支管序号	1	2	3	4
水帽数	4	6	8	8
支管安装长度（mm）	1100	1500	1800	1900

（4）冲洗进水及进气装置。如图 4 – 35 所示，冲洗进水及进气系采用同一装置，它们也是鱼刺形母支管式，但母管与支管不在同一平面内。母管直径为 50mm，支管直径为 25mm。在支管上部装有喷头，材质都为 1Crl8Ni9Ti 的不锈钢。这种装置形式可适用于反洗水压力高的情况，并使配水、配气均匀。

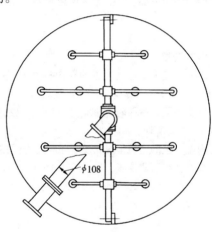

$\phi108$

图 4 – 35　冲洗进水及进气装置

（5）反洗装置。有的高速混床中专门设有鱼刺形多孔管反洗装置，多孔管外包涤纶网。

2. 检修项目和顺序

高速混床系机组系统设备，其大小修日期和进度一般随机组同时进行。

（1）大修项目：

1）检查混床进水装置、出水装置、进脂装置、反洗及进气装置有无损坏及变形情况，梯形绕丝水帽有无断丝及间隙不均的跑树脂现象，如有就应进行修理。

第四章　离子交换设备的检修

2）检查混床内壁胶板有无脱壳、鼓泡及龟裂现象，特别要注意混床底部混凝土与胶板贴衬质量有无问题，如有上述现象，则应补衬橡胶或玻璃钢。混凝土上的胶皮损坏后，可贴衬抛光花岗岩板。

3）检查树脂的输送是否干净彻底，梯形绕丝水帽是否有树脂粉堵塞现象。

4）检查床体内各种支架和管卡的完整情况，并进行支架的校直和管卡的整修工作。

5）检查修理与混床配套的管道、阀门、窥视孔和取样管。

6）检查校验压力表、流量表、在线水质检测仪表。

（2）拆卸和检修顺序：

1）将混床内的树脂用下部进水法全部压送到阳树脂再生罐内，排除床内存水。

2）拆下人孔螺丝，将人孔打开。

3）拆下混床内的进脂装置。

4）拆下混床内冲洗进水及进气装置的立管和喷头，并妥善保管。拆卸时要注意，不要碰撞周围的其他梯形绕丝水帽。

5）拆下混床出水装置，拆卸时先拆其梯形绕丝水帽，再拆支管。拆下的水帽要保管好，防止碰撞损坏。

6）检查混床内壁胶板的完整情况，发现问题时进行补衬。

7）拆检窥视孔及在线监测仪表。

8）拆下压力表进行校验，并清理检查流量表孔板夹环。

9）检查修理与混床配套的阀门、管道等有关设备。

3. 检修方法和技术要求

（1）检修方法：

1）拆卸反洗装置时，应用专用工具先拆支管，再拆母管，要注意保护支管上的涤纶网切勿碰撞。清洗时，支管应放在塑料水槽中，先用3% ~5%的盐酸浸洗，再用水洗到中性，然后仔细检查涤纶网的完整情况。若有个别小孔，就应缝补好再用；若破坏处较多，或老化强度降低时，应更换新涤纶网。涤纶网下料时，应用电烙铁烫剪，切记不能用剪刀裁剪，以防缝线处脱线。

2）拆卸进脂装置时，应先将十字进脂头拆下，然后再拆下支架和法兰螺栓，取下进脂母管。

3）进气装置的喷头和出水装置的梯形绕丝水帽，应用专用工具拆装。拆下的喷头和水帽应在塑料洗槽中先用2% ~3% 的盐酸用毛刷轻轻刷洗，再用水洗净，然后检查水帽绕丝分布是否均匀，有无变形损坏，有无堵塞情况。若水帽污堵可用 0.2mm 左右的薄钢片插通。

4）混床内壁的胶板除直观检查外，还应用电火花检测仪器检查其绝缘情况，发现鼓泡裂纹等缺陷时，应补衬环氧玻璃钢或衬橡胶板并在常温下固化。

（2）技术要求：

1）检查出水装置，水帽是否有损坏，要求水帽绕丝缝隙均匀，缝宽为 0.25 ± 0.05mm，无堵塞，无变形。

2）检修完工后，要对压缩空气喷头进行喷水试验，验证喷头开孔方向有无问题，以保证树脂能全部卸出。若卸不干净就可能是进水进气装置喷头开孔方向设置有问题，不能喷着边缘部分，或喷淋范围较小，应重新安装，务使喷头的孔眼以切线方向朝向床壁，使树脂能够旋流。

3）内壁衬胶防腐层完整，没有脱壳、鼓泡、裂纹等缺陷，用电火花检验绝缘应合格，否则，应重新补衬玻璃钢或其他防腐层。

4）混床内部各种装置要求支排管水平，距离正确，固定螺栓无松动现象。

5）若发现混床底部混凝土底与橡胶板粘接不好，则可对底部衬里进行改造，即将橡胶板剔除，使花岗岩板与底部混凝土用环氧胶泥粘接，板与板之间的缝隙用环氧胶泥钩缝。

4. 中压高速混床的检修

以苏州东方水处理公司制造的 $\phi2200$ 中压高速混床为例介绍中压高速混床的检修，其结构如图 4 - 36 所示。

（1）设备结构简述：

1）进水装置为辐射多孔管型式，由 8 根不锈钢管组成。

2）内衬橡胶防腐层为两层，里层为 1751 号半硬胶板，外层为 1976 号软胶板。

3）出水装置多孔板上装 LMB81/S 双流速水帽双流速不锈钢水帽 120 个，如图 4 - 37 所示。

（2）检修项目：

1）检查混床内部进水装置，出水装置，有无损坏，及变形情况。水帽有无松动脱落及其紧固螺栓，密封垫片，有无破损，或跑脂情况，不锈钢绕丝滤元与压盖配合的严密性。

2）检查床内器壁防腐层衬胶有无脱层、鼓包、凹坑、龟裂等现象，如防腐层有问题就应重新进行修补。

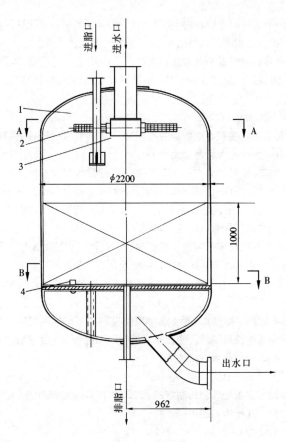

图 4 - 36 （中压）高速混床结构
1—筒体；2—进水装置；3—等长双头螺栓；4—水帽

3）检查树脂输送是否干净，水帽的梯形绕滤元的缝隙中是否有堵塞现象。

4）水帽与多孔板的结合面是否平整，更换水帽与多孔板之间的密封垫片。

5）检查外部管道、阀门、表计、窥视孔和取样管。

6）校验压力表、流量表、在线水质检测仪表。

7）出口树脂捕捉器的检查清理冲洗。

（3）检修顺序：

1）将混床内树脂用水压法，全部压送到阳树脂再生罐内。

2）放尽床内积水后，将上下人孔打开。

3）内部进水装置、出水装置的拆卸与衬里情况的检查。

4）外部管道、阀门的检查、修理。

5）外部表记的拆检与校验。

6）解体出口树脂捕捉器进行内部的检查、修理。

（4）检修方法：

1）拆检进水装置，对松动的部件进行全面的紧固，保证可靠性。要注意不要掉下管件、工具等砸伤下部的水帽和碰撞内部的防腐衬里层。

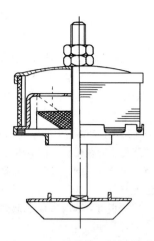

图4－37　双流速不锈钢梯形
绕丝水帽示意

2）出水水帽拆下后，用毛刷等将其清洗干净。检查水帽有无变形、损坏，滤元绕丝的缝隙是否超标，对有变形、缝隙超标、开焊等缺陷的水帽进行更换。

3）更换衬胶多孔板与水帽间的密封垫，安装水帽时一定要将水帽对正，不得偏斜。若发现多孔板与水帽的结合面不平整，则必须进行刮、磨处理以保证其平整，确保水帽安装后与多孔板结合面间的严密。

4）混床内的衬胶除直观检查外，还应用电火花检测仪进行检查其的绝缘情况，发现缺陷应进行修补。

5）树脂捕捉器，拆下滤元筛管时，用毛刷、细钢片对缝隙内堵塞的杂物进行清理，对有变形、缝隙超标等缺陷的筛管进行更换，并清理捕捉器内部。

（5）技术要求和质量标准：

1）顶部进水装置要安装连接牢固，无松动现象，注意多孔支管上小孔的方向要垂直向上，不得垂直向下。

2）出水装置，双流速不锈钢水帽与多孔板安装可靠、结合严密，无松动，无变形，水帽缝隙均匀，间隙为 0.2～0.25mm，无堵塞。

3）内壁衬胶防腐层完整，没有鼓包、开裂、凹坑等缺陷。电火花检验无漏电现象。

4）设备外部控制阀门开关灵活、严密，反馈指示准确，无渗漏。

5）出口树脂捕捉器完整，内部的筛管滤元清洁、绕丝均匀，间隙在规定范围内、无变形，与斜板接合严密可靠。

6）各种表计指示准确。

7）进行水压严密性试验，压力为2.7MPa，无渗漏现象。

（二）再生设备的检修

凝结水再生设备系统没有中、低压之分，压力均按0.6MPa设计。再生装置主要包括阳树脂再生罐、阴树脂再生罐及树脂储存罐等。一般阳树脂再生罐要进行树脂擦洗、分层及阴树脂输送，阳树脂再生罐内部结构比阴树脂再生罐及树脂储存罐相对复杂，所以主要介绍阳树脂再生罐。由于各制造单位的不同，其设备内部结构不尽相同，因此仅以西安电力机械厂制造的与HN-2200-120低压高速混床配套的阳树脂再生罐进行介绍。

阳树脂再生罐内装有冲洗进水装置、中间排水装置、进酸装置、树脂输出装置及冲洗排水装置等，如图4-38所示。其材质均为1Crl8Ni9Ti的不锈钢管及相应的管件。

1. 部件的结构和作用

（1）冲洗进水装置。如图4-39所示，为工字形结构，分四点进水，出水口朝上，以求得配水均匀。

（2）进酸装置。如图4-40所示，为辐射形多孔管，共6根，在管的两侧开孔，孔眼中心线夹角为90°。多孔管一端有螺纹，将其拧在汇流箱的管箍上；另一端封死，卡在罐壁的管卡上，使多孔管的孔眼朝下，达到均匀配酸的目的。

（3）阴树脂输出装置。如图4-41所示，也是辐射形多孔管，共12根，在管的两侧水平开孔，以便尽可能地将阴树脂全部输出。

混合树脂输出装置与阴树脂输出装置完全相同。

（4）冲洗排水装置。与阴树脂输出装置基本相似。所不同的是①它顺着下封头的弧度向上斜翘安装；②它套着涤纶网套，保证树脂不予泄漏。

阴树脂再生罐内没有混脂输出装置和复杂的阴树脂输出装置，其他装置与阳树脂再生罐完全相同。储脂罐内有进脂、进水、排水装置及压缩空气分配和输脂装置，其结构与上面的基本相同。

混脂分离罐的顶部装有混脂输入喷嘴，下部装有45°倾斜的不锈钢筛网（约为60目），筛网下面有多孔管排水装置。

2. 检修项目和顺序

与混床类似，再生设备大修时最好在机组停运及树脂不需要再生时进行。

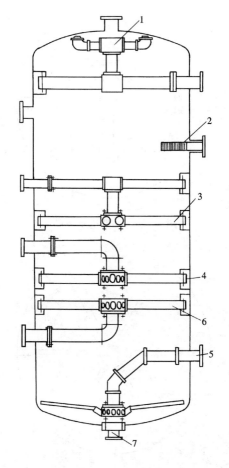

图 4-38　阳树脂再生罐结构

1—冲洗进水装置；2—中间排水装置；3—进酸装置；4—阴树脂输出装置；
5—冲洗排水装置；6—混合树脂输出装置；7—阳树脂输出管

（1）大修项目：

1）检查阳树脂再生罐、阴树脂再生罐、储脂罐和混脂分离罐内所有的内部装置有无损坏变形和污堵现象，固定支架及螺栓是否牢靠，涤纶网和不锈钢网有无破损，各种装置安装是否水平。

2）检查罐内壁衬胶板有无脱层、鼓泡及裂纹现象。

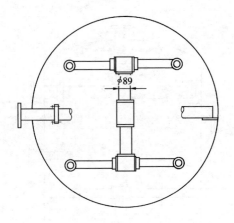

图 4 – 39　冲洗进水装置

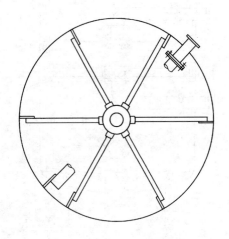

图 4 – 40　进酸装置

3）检查和修理有关的管道、阀门及冲洗输脂泵等设备。

（2）检修顺序如下：

1）卸出罐内树脂，排除存水。

2）打开人孔。采用软梯进入内部工作。

3）由上而下地将各种罐内的装置拆下，并妥善放好，防止碰撞、丢失。

4）检查内壁衬胶板。

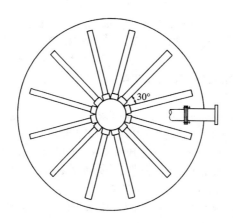

図 4 - 41 阴树脂输出装置

5）检查所有内部装置并进行清理、修复。

6）检查配套管路、阀门及泵类设备，有问题的进行修复。

3. 检修方法和技术要求

再生设备的检修方法和技术要求与高速混床的类似。

第九节 树脂装卸（输送）系统的设置和技术要求

一、树脂装卸系统的设置

大容量高参数的锅炉机组，对化学补给水的设备出力和水质的要求更高。化学补给水处理设备的数量多、直径大、工艺先进，是当今该设备的特点。为了适应这一特点，在设置和安装补给水处理设备时，必须设置树脂装卸系统和擦洗设备，其原因如下。

1. 设备大修的需要

离子交换器每 1 ~ 2 年大修一次，大修时必须将树脂卸出。为此，必须设置专门容器，如擦洗器或储罐，把树脂储存起来，并可随时擦洗树脂，将其中的污物和破碎树脂擦洗掉。

2. 补充树脂的需要

在运行过程中树脂总要损耗一些，因此应定期从树脂擦洗器或储罐中将新树脂打到交换器中，使树脂得到补充，这样既方便又省时。

3. 擦洗和复苏树脂的需要

离子交换器投运后，树脂会被入口水中的悬浮物、有机物和菌藻等污染，还会被铜、铁等重金属离子毒害，致使其性能降低，故必须经常和定期在擦洗器中进行擦洗和复苏工作，使树脂的离子交换性能得到恢复。

二、对树脂装卸系统的技术要求

1. 对输脂管道的技术要求

装设输脂管道时应达到下列技术要求：

（1）管道的材质应选用 1Crl8Ni9Ti 的不锈钢管。

（2）管系中的管件要尽可能地少设置。所用弯头不要用焊接的，以免碰碎树脂，应采用曲率半径较大（通常 R 为 600mm）的热煨不锈钢弯头，以减轻对树脂的磨损和减小系统阻力。

（3）管道焊接时，其对口要平整（用锯割法下料），可不留间隙，以免管内产生焊瘤，碰撞树脂而碎裂。

（4）在输脂管靠近设备的两端（阀门除外）应与压力较大的水源相连接，以便输送树脂时能输入少许压力水，降低树脂浓度，利于输送。另外，当输完树脂或输脂管道被堵塞时，还可用压力水进行冲洗。

（5）输脂管系（包括擦洗器）的所有阀门应一律采用不锈钢或衬胶球阀，以减轻对树脂的磨损。

（6）阴阳树脂和强弱型树脂以及一级床和混床应设有各自专用的输脂系统，以免混杂而影响水质。

2. 对擦洗器或储脂罐的技术要求

设置擦洗器或储罐时，应满足下列技术要求：

（1）擦洗器内必须衬胶或衬玻璃钢，以免树脂被锈蚀物污染。最好不要涂刷耐蚀涂料，以防涂层剥落后堵塞输脂系统。

（2）擦洗器壁的上中下应设置窥视孔，以便掌握树脂储量，观察树脂擦洗情况，控制冲洗强度，防止树脂流失。

（3）擦洗器外设置的管系应衬胶，并与罗茨风机的空气系统或压缩空气系统相连，以便采用空气擦洗树脂。

（4）擦洗器树脂入口管上应设有接头，以便与装入树脂用的水力喷射器相连。这样就可随时方便地将树脂装入擦洗器或交换器内。

（5）擦洗器或储脂罐应按阴阳树脂和强弱型树脂分别设置，以免树脂混杂。

（6）擦洗器的容积应按各级床的装脂量合理设置，它不应作为储脂罐，以保证有合理的高度，能将树脂擦洗干净。

擦洗器的构造如图 4 - 42 所示，其空气擦洗装置应采用十字管结构，支管上开孔，外包 30 目涤纶网，也可采用环形多孔管，外包 30 目涤纶网。

三、装卸树脂的方法

1. 装入树脂的方法

（1）水力喷射器装入法。利用树脂输送喷射器通过 0.4MPa 以上的压力水将喷射箱中的树脂打到交换器、擦洗器或储脂罐中。

喷射箱中的喷射器，其喷嘴与扩散管不能封闭，以提高喷射效率，且注意维护和防止污堵。

喷射器的出入口管，其管径出口应比入口大一个等级，以保证其正常工况。

喷射器停止工作时，应采取措施防止出口管返水，如加装出口阀、临时性软管的出水管头勿被交换器内的水淹没等。这样做的目的是防止返回的水将喷射箱的树脂冲到地面上，使树脂流失。

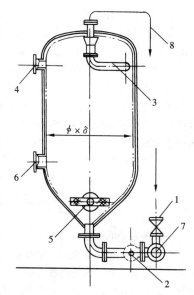

图 4-42 树脂擦洗器
1—反洗进水管；2—正压出脂管；3—反洗排水管；4—树脂入口管；5—擦洗空气管；6—反压出脂管；7—排水管；8—空气管

（2）擦洗器装入法。在正常情况下，一般应采用逆压法将擦洗器或储脂罐中的树脂压到交换器中。逆压法就是先开启交换器的树脂入口阀和正洗排水阀，再开启擦洗器或储脂罐的反洗入口阀和反压树脂出口阀，利用反洗水的压力使树脂疏松、膨胀，将其打到交换器中。装到后期，若发现交换器排水太慢时，也可开启交换器的反洗排水阀，但要勤检查排水情况，防止树脂流失。估计树脂装够后，应用反洗法将交换器内的树脂冲平，再测其高度。如高度不够或超标，就应再装入或卸出少许，直到正好时为止。然后开启冲洗水阀，将管道残留的树脂冲到交换器中。

如果只是往交换器中补充少量树脂，而擦洗器或储脂罐中又有较多的树脂时，不妨采用正压法将擦洗器或储罐中的树脂压到交换器中。正压法就是开启擦洗器或储脂罐的正洗入口阀和正压树脂出口阀，利用入口水的压力将树脂压到交换器中。采用正压法时，应开启冲洗水阀，使冲洗水将树脂浓度降低，以免堵塞输脂系统。

2. 卸出树脂的方法

交换器解体大修前，应首先将器中的树脂卸到擦洗器或储脂罐中。卸出的方法一般也是采用反压法将交换器内的树脂全部压到擦洗器或储脂罐中，即先开启擦洗器的树脂入口阀和正洗排水阀，再开启交换器的反洗入口阀和树脂出口阀，利用反洗水的压力将树脂压到擦洗器或储脂罐中，直到全部卸出为止。这种卸出方法，既可防止输脂系统堵塞，又可将交换器内的树脂全部卸出。卸到后期，若发现擦洗器或储脂罐的正洗排水阀因树脂层逐渐加高而排水太慢时，也可开启其反洗排水阀排水，但要勤检查排水情况，防止树脂流失。

第十节　辅助设备的检修

一、酸系统的检修

酸系统主要包括卸酸泵、储酸罐、酸计量箱、酸雾吸收器、酸喷射器及输酸管路等。酸系统的检修大部分工作是进行日常维护。由于酸是强腐蚀性介质，故防腐蚀、防泄漏则是酸系统检修工作的重点。目前，电厂化学酸系统设备的材质有聚氯乙烯、玻璃钢、钢制壳体内衬玻璃钢或橡胶、塑料等。输酸管路有聚氯乙烯管、工程塑料管（ABS）、衬塑管、衬胶钢管等。

酸系统的检修包括设备检修和管路检修两部分。它们的大修周期一般一年一次。卸酸泵的检修见转动设备检修的有关部分，其他设备的检修方法及注意事项介绍如下：

（1）储酸设备。其检修前应将酸液用完，并将进酸阀关严，打开人孔，然后开启排污阀，将酸渣排净，再用大量清水冲洗设备及其附件，确认冲洗干净后装上强力通风设备，即可开始检修工作，重点是检查防腐层。

（2）酸系统设备。其检修主要是检查设备的防腐层有无破损、裂纹、脱壳、鼓包等。除进行宏观检查外，主要是用电火花检测仪进行微观检查，发现缺陷应及时修补。

（3）设备与附件连接处。对设备与附件的连接处应仔细检查有无泄漏缺陷。如酸计量箱的液位计连接处的密封情况要仔细检查，此外还应检查胶皮垫的老化变质情况，对无弹性变硬的胶皮垫应予更换。

（4）酸雾吸收器与酸喷射器。首先要将它们冲洗干净，然后进行仔细检查，保证管路畅通、阀门严密，填料层干净且无污堵现象，各部件完

第一篇　电厂化学设备检修

整无损，多面空心球等填料应挖出清洗，重新补填。

（5）酸系统管路。其检修的主要内容是检查管路连接处有无泄漏，发现泄漏应立即处理。若因管内防腐层破损造成管子泄漏，则应更换新管。

酸系统检修的注意事项：切忌使用电火焊，原因是①电火焊温度过高可能将防腐层烧坏；②遇较高浓度的酸雾或腐蚀产生的氢气有发生爆炸的危险。氢气是爆炸性气体，它是酸系统的腐蚀产物，其化学反应式如下

$$Fe + 2H^+ \longrightarrow Fe^{2+} + H_2 \uparrow$$

检修后的酸系统应无泄漏，包括管道各连接处、设备与附件连接处均无渗漏现象，管路畅通，设备内外干净，底部无积渣，系统运行正常。

二、碱系统的检修

碱系统主要包括：卸碱泵、储碱罐、碱计量箱、碱喷射器及输碱管路等。碱系统检修的主要任务是：检漏和清理碱设备底部残存的污物，主要指食盐和纯碱。碱虽然是强腐蚀性介质，但在常温下对钢材的腐蚀很轻微，因此碱系统的设备和管道一般采用钢制。

碱系统的检修包括设备检修和管路检修两部分。卸碱泵的检修见转动设备检修的有关部分，其余设备的检修内容和方法依照酸系统的检修进行。

碱系统管路的检修内容主要检查有无泄漏和污堵缺陷。检修后的碱系统，应无泄漏，管路畅通，表计准确，设备干净，颜色完整，运行正常。

三、脱碳器的检修

水处理系统中的脱气装置有鼓风式和真空式两种，前者只能除去二氧化碳，后者不仅能除去二氧化碳，还可除去氧气等各种溶解气体。水处理系统中脱气装置的作用是除去二氧化碳，所以称为脱碳器。水经过氢离子交换设备后，水中的 HCO_3^- 转变成 CO_2。根据亨利定律，气体在水中的溶解度与该气体在水气界面上的分压成正比。因此只要使水面上气体中的二氧化碳的分压减小，水中的游离二氧化碳就可排除。水中 1mol 的重碳酸盐经 H^+ 离子交换后可以产生 44mg/L 的二氧化碳，大量的游离碳酸存于水中。不仅腐蚀金属，影响水质，而且在除盐过程中会增加强碱阴离子交换器的负荷，使运行费用增加。水处理过程中，鼓风式脱碳器应用的较为广泛。

（一）鼓风式脱碳器的工艺过程

水自设备上部引入，经喷淋装置喷洒开，流过具有大的表面积的填料层，而空气自下部进气口吹入，逆向穿过填料层，在此过程水中游离的二

氧化碳便迅速析出,进入空气中,形成混合气体自顶部排出。脱碳器的技术规范如表4-18所示。

填料层的高度决定填料段的高度,而填料段的高度又决定脱碳器的总高。中小型的脱碳器通常布置在中间水箱上,不专设基础。

表4-18　　　　　　常用脱碳器的技术规范

公称直径 (mm)		1100	1250	1400	1600	1800	2000	2200	2500
出 力 (t/h)		56	73	92	120	152	187	227	293
空气耗量 (m^3/h)		1128~ 1692	1464~ 2196	1836~ 2754	2400~ 3600	3036~ 4554	3744~ 5616	4536~ 6804	5868~ 8802
风机型号								4-72 -11 No4.5A	4-72 -11 No4.5A
填料层高度 (m)	填料数量 (m^3)	CQ19-J	CQ19-J	CQ20-J	CQ20-J	CQ21-J	CQ21-J		
1.6		1.5	1.95	2.45	3.20	4.05	4.99	6.05	7.82
2.0		1.88	2.44	3.06	4.00	5.06	6.24	7.56	9.78
2.5		2.35	3.05	3.83	5.00	6.33	7.80	9.45	12.23
3.2		3.01	3.90	4.90	6.40	8.10	9.90	12.10	15.64
4.0		3.76	4.88	6.12	8.00	10.12	12.48	15.12	19.56
残留 CO_2 量 (mg/L)		5							

(二) 鼓风式脱碳器的检修

1. 部件的结构和作用

脱碳器的结构比较简单,如图4-43所示。脱碳器的主体是一个圆形筒体,筒体内顶部装有进水装置即喷淋水装置,筒体的下侧设有进气口,筒体内进气口以上设有格栅,格栅上装有一定高度的填料,出水口设在筒体底部,其出口处有一U形水封弯头。脱碳器已有系列产品。各部件及其作用如下。

(1) 筒体。它由碳钢板卷制焊接而成,内壁有衬胶防腐层。二氧化碳气与水的分离就在筒体内完成。

（2）喷淋水装置。有管板式、鱼刺式等多种，鱼刺形喷淋水装置与离子交换器的相类似，一般用聚氯乙烯塑料管、工程塑料管等材料制成，母管上装有几根支管，支管上按一定的间距打有小孔，形状如同鱼刺。喷淋水装置的作用主要是将来水分散，使其均匀地流过填料层，从而提高脱碳器的效率。

（3）填料。其作用是增加水与空气的接触面积，提高脱碳效率。目前使用的填料大都为塑料或陶瓷材质，分规整填料和散装填料两大类型。常见的散装填料有塑料多面空心球、拉西环、海尔环、鲍尔环和矩鞍环。多面空心球是常用的一种聚丙烯材质的填料。它质量轻、强度高、自由空间大（0.901m³/m³）、耐腐蚀、耐高温、空气阻力小、表面亲水

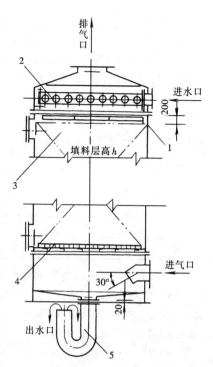

图 4-43　脱碳器的结构
1—简体；2—喷淋水装置（进水装置）；
3—填料；4—隔栅；5—出口 U 形弯头

性能好、全湿比表面积大，适用于多种水处理设备的填装。其技术参数如表 4-19 所示。

表 4-19　　　　　　　　　多面空心球技术参数

规　格 （mm）	全湿比表面积 （m²/m³）	自然堆积数量 （只/m³）	产品净重 （kg/m³）	工作水温 （℃）
25	500	85000	180	70 以上
38	300	25000	100	70 以上
50	220	11000	95	70 以上

（4）格栅。用塑料板打孔或衬胶多孔板制成，孔径应小于填料直径，其作用是支承填料，不使填料掉在底部。

第四章　离子交换设备的检修

（5）出口 U 形弯头。用塑料管或不锈钢管制成，装在脱碳器出口法兰上，其作用是形成水封，防止风机鼓进的空气从出口吹入中间水箱，影响脱碳效果。水封的高度应比风机的最大风压高 20% 以上。

脱碳器的喷淋密度、鼓风进气量以及填料层的高度与脱碳效率密切相关，应通过计算求得，也可用测试方法求得它们之间的关系，如表 4-20 所示。

表 4-20   50mm 空心球的 CO_2 解析系数和空气阻力

喷淋密度 [$m^3/(m^2 \cdot h)$]	空气阻力 (Pa)	解析系数 K（m/h）	
		22℃	13℃
61.5	510	0.555	0.450
42.6	373	0.470	0.355
33.1	275	0.375	0.295

填料层的高度应根据进水温度和游离 CO_2 含量确定，水温低，CO_2 含量小，填料层高度就低；反之，填料层高度就高。通常填料层的设计高度有 1600、2000、2500、3200 和 4000mm 五种。

2. 检修项目和方法

（1）检修项目：

1）检查筒体防腐层有无鼓包、裂纹、脱壳等缺陷。

2）冲洗检查喷淋水装置。

3）冲洗检查填料，剔除破损和变形的。

4）检查格栅有无破损。

5）检查维修风机。

6）检查和修理阀门、管道。

（2）检修方法。拆开筒体上部大法兰、排气法兰和进水管法兰，吊开上部筒体，或打开人孔，进入检修。

1）检修部分筒体。检修筒体主要是检查其有无泄漏、防腐层有无裂纹和鼓包等缺陷，可用电火花检测仪来检查，发现泄漏及缺陷立即消除。

2）检修喷淋水装置。检查母管、支管有无变形、破损，其孔眼是否畅通。若发现母管、支管上的孔眼污堵，则应将孔眼桶刷清洗干净。

3）检查填料及格栅。检查填料层的高度和磨损情况，掏出填料进行冲洗，破损的填料应予补充。检查格栅过程中，当发现变形或破损时，应整形、修补或更换。

4）检查出口水封弯头。打开中间水箱人孔，检查出口水封弯头有无泄漏，如有泄漏应及时补焊，无法修补的则更换新的。

3. 检修质量标准

脱碳器经过检修后，其喷淋水装置应畅通，配水应均匀；填料层的高度应符合设计高度；出口水封管应能起水封作用；风机应有足够的风量；筒体法兰应无泄漏。投运后，化验出水水质，其中 CO_2 的残余量应小于 5mg/L。

四、加热器的检修

（一）常见加热器的类型

加热器是利用工质的热能（包括汽化潜热）来加热另一工质的热交换设备。按传热方式的不同，加热器可分为混合式与表面式两种。

1. 混合式加热器

混合式加热器就是加热工质与被加热工质直接混合，在加热器内传热与传质同时进行。这种加热器能充分利用加热工质的热量。如水被蒸汽加热，则可加热到加热蒸汽的饱和温度，其传热效率最高，并且设备结构简单，易于进行设备防腐处理，价格低廉，便于混合收集不同温度的水流，同时还能完全除去水中的气体。因此，水处理系统的生水加热和碱液加热常用这种方式。

2. 表面式加热器

表面式加热器是加热工质与被加热工质分别通过加热器列管，两者之间通过列管管壁进行热量交换，不存在两种工质的物质交换。这种加热器由于存在传热阻力，所以被加热的水不可能被加热到加热蒸汽的饱和温度，即不能充分利用加热蒸汽的热能。故表面式加热器的热经济性比混合式加热器的要低。此外，表面式加热器消耗金属材料较多，价格较贵。另外，蒸汽侧常有输送凝结水的疏水器及疏水管道，致使系统复杂化。但是，表面式加热器具有运行比较可靠，冲击、震动小，两种工质不混合的优点，因而在电厂中得到广泛应用。

（二）加热器的结构及其部件的作用

1. 表面式加热器的结构及其部件的作用

表面式加热器按其布置形式可分为立式与卧式两大类。按结构来分则种类很多，以加热管束型式来分，有直管式、U形管式、螺旋管式、套管式等；以水室结构来分，有管板式和联箱式等。在火电厂水处理系统中，使用较多的是具有卧式管板水室和直管管束的表面式加热器。下面以此类表面式加热器为主进行介绍，如图 4 - 44 所示。

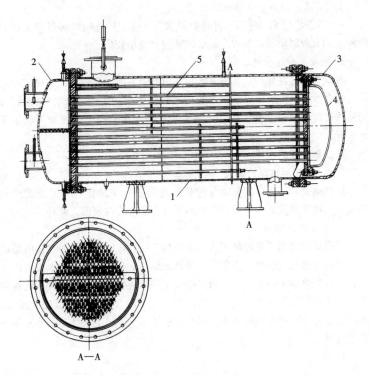

图 4-44　表面式加热器结构

1—外壳；2—水侧封头；3—汽侧封头；4—热交换管封头；5—热交换管

（1）水室。加热器两端的封头与管板构成水室。封头是压成形制成的，其作用是向加热管束导入、汇出水流，其上焊有进水、出水管座。如果水是一次通过加热器，则一端封头部分是进水水室，另一端封头部分是出水水室。如果水在加热器中折流时，则一端封头部分中间有隔板隔开，下部是进水水室，上部是出水水室，而另一端封头部分是折水水室，水在其中汇聚并折返进入加热管束。两端水室均带有法兰，由螺栓将水室法兰与加热器筒体法兰紧密连接。

（2）管板。管板由碳钢板钻孔制成，孔上装有加热管束。管板一侧是水室，另一侧是加热蒸汽室。管板与加热器筒体构成蒸汽加热汽室。

（3）筒体。筒体由碳钢板卷制焊接而成。筒体上部有进汽管及安全门的管座，下部有疏水排出管管座。筒体两端有法兰，用来与封头连接。筒体内装有管板和加热管束，蒸汽将热量传递给管束中的水，蒸汽凝结成水由下部流出。为保证筒体安全，防止来汽超压而爆破，在其上部的安全门管座上装有安全门，一旦蒸汽超压，安全门便自动开启排汽。

（4）管束。管束由碳钢管、铜管或钛管等制成，可根据传热要求与被加热工质选定材料。对于火电厂水处理生水系统，碳钢管和铜管均可采用。铜管传热性能好，耗汽量小，但价格贵；钢管虽造价较低，但传热差，耗汽量大。若水源为海水，腐蚀性强，则用钛管或镍铜管较好，也有采用不锈钢管的。管束的作用主要是通过管壁将热量由汽侧传给水侧，完成加热器的传热功能。为保护管束不被蒸汽直接吹损，在蒸汽入口处设有护板。为固定管束与延长蒸汽流程，提高蒸汽放热效果，沿管束轴向设有许多半圆形的管隔板，交叉排放。管隔板用拉筋与两端的管板焊死，而与筒体及加热管都有一定的间隙，以免筒体、管子受热时与隔板产生热应力。管子两端与管板相连，视工作压力大小采用胀接或焊接的方式。

（5）其他附件。除安全门外，加热器还附有疏水器、蒸汽流量调节阀、温度测量指示仪表、压力表及阀门等。其作用是监控设备，保证加热器安全运行。

2. 混合式加热器的结构及其部件的作用

火电厂使用的混合式加热器一般为汽水混合加热器，利用蒸汽直接与水混合，达到加热水的目的。下面具体介绍汽水混合加热器的结构及其部件作用。

汽水混合加热器主要由喷管、壳体、网板、封头等部件组成，如图4-45所示。

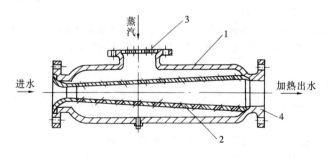

图4-45　汽水混合加热器结构
1—壳体；2—喷管；3—网板；4—封头

（1）壳体。用厚壁无缝钢管制成，属于承压部件，蒸汽与水在壳体内充分混合。

（2）喷管。为拉伐尔形的钢管，器壁上开孔，喷管一端直径较小为进水喷嘴，另一端直径较大为出水扩散混合管。需加热的水通过直径较小的进水喷嘴后，提高了流速，当高速水流进入喷管的扩散混合管时，此区则形成低压或变成真空状态，蒸汽就以喷管外侧通过管壁上的许多斜向小孔进入其内侧，和高速流动的水流充分混合。

（3）网板。网板是蒸汽滤网孔板，用 8mm 厚的不锈钢板制成，板上布满 ϕ5 的孔。其主要作用是使蒸汽扩散均匀，分散地进入壳体内，以充满壳体空间，并在喷嘴扩散管内，达到混合均匀、降低汽水撞击、减少噪声的目的。

（4）封头。带法兰的封头主要用来封闭该加热器的两端并便于与管道相连接。

（5）其他附件。在蒸汽侧、水侧的阀门、管道上，还装有温度、压力控制仪表等。其作用是随时监控设备，保证安全运行。

混合式加热器可以立式布置，也可以卧式布置，应根据生产需要进行安装。在使用中应注意以下几点技术要求：

（1）安装时，在蒸汽管道上应装设止回阀；若为开式系统，出水不会逆流时则可不装止回阀。

（2）在运行时，蒸汽压力应始终高于水压力 0.05MPa 以上。

（3）投入运行时，先投运水侧，再开启蒸汽门；停运时，应先关闭蒸汽门，而后再停止水侧，关闭进出口水门。

国内有些电厂采用的混合式加热器是填料式的，在此不作介绍。

（三）表面式加热器的检修

混合式加热器的检修比较简单，主要是捅刷或清洗壳体和喷管上的污垢，故不作介绍。现仅将表面式加热器的检修介绍如下。

1. 检修项目和拆装顺序。

（1）检修项目：

1）检修前要进行水压试验，按压力容器水压试验的要求进行，并做好记录。

2）检查加热器内管束有无泄漏，并做好记录。

3）捅刷或酸洗管束。

4）更换泄漏的管子。

5）检查和清理水室。

6）检查和修理阀门、管道。

7）检查和修理、校验仪表与控制设备。

8）检修后要进行水压试验。

9）检查和修理安全门、疏水器等附件。

10）整理检修记录并作出技术总结。

（2）拆装顺序：

1）拆卸蒸汽侧、水侧的进出口压力表、玻璃水位计及与其连接的管子等。

2）松开法兰螺栓，拆下进出口水侧弯头。

3）搭好人字架，拴好钢丝绳的吊索，挂好倒链，松开前端盖（水封头）与外壳相连接的螺栓，卸下端盖，并按上述顺序拆卸后端盖（汽侧封头）及芯子的小端盖（水侧小封头）。一般不必吊出芯子，若需更换新管时才将芯子吊出。

组装的顺序与拆卸的相反，其顺序是：

1）对不需要更换管子的芯子要进行机械及人工清理，并用清水冲洗干净。

2）将水侧的小端盖与芯子对正，穿上螺丝、套好衬垫、均匀旋紧螺母固定。

3）吊起后端盖与同一端的外壳对正，穿上螺栓、套上衬垫，均匀着力，旋紧螺母固定。

4）再将另一端前端盖吊起来，与外壳对正，穿上螺栓、套上衬垫，均匀着力，旋紧螺母固定。

5）装好进出口截门及蒸汽入口门。

6）装加热器的出入口弯头，套上衬垫，然后旋紧连接螺栓固定。

7）恢复压力表计、水位计、温度计。

8）装好疏水出口门及疏水器。

2. 检修方法

（1）本体部分的检修。本体部分的检查主要是检查管子及管板胀口、外壳有无泄漏、结垢等。检漏的方法可用水压法，即揭开水室端盖，将管板用螺栓紧固在外壳法兰上，再以压力水充满蒸汽室的空间，检查管板上各管口即可找出泄漏的管子和胀口。也可用真空抽气法，当加热系统的汽侧与抽真空系统相连时，可采用此法。具体的方法是：关好蒸汽室侧阀门，抽气使蒸汽室内形成真空，然后用点燃的蜡烛在管板面上移动或用烟雾在管板面上检查，就可检查出泄漏的管子与胀口。对具有 U 形管束的加热器，还可采取吊出芯子进行水压试验的方法来检查管束是否泄漏。

如发现有泄漏的管子，就应更换新管。更换前要先打上记号。对直管式管束，应查对泄漏管两端的胀口，用尖凿将胀口处管端破开，砸小、砸扁成 Y 形，用榔头砸管头，管子即可由一端抽出。对 U 形管束，则需吊出管束，将其立放在专用铁架上。将管隔板拉筋锯开，隔板移到管板附近，再将所有破裂管子与有碍锯管的管子都用木条分开，在尽量靠近管板处将 U 形管下部锯掉，最后用凸缘铁棍向胀口侧打，就可将管头打下。

在抽取泄漏管时，如管子在管板上胀得过紧，则可用比管口稍小的铰刀将胀管部分管头铰去一些，注意不要伤及管板，然后打出余下的管头。管头打出后，将管板管孔用砂布打磨干净，然后把备好的管子穿入，用胀管器胀好，再进行翻边。

由于加热器更换单根管子比较困难，因此个别管子破裂渗漏时可以加工金属塞塞住，但塞住的管子最多不能超过总管数的 10%。

（2）水室的检查。水室检查的主要项目是检查室壁有无污垢，如有就需进行捅刷清理干净，当结垢过厚时则需进行酸洗。

（3）管板结合面的清理。将管板结合面清理干净，并检查不得有径向沟痕。在回装时需加 1.5 ~ 3mm 厚的高压石棉垫片，并均匀涂上一层密封胶，以保证结合面接合紧密。垫片最好用整张石棉纸板制作或用定型的缠绕石棉垫圈，如用接起来的石棉纸板制作，则要用燕尾式接头连接。

（四）水压试验方法和验收标准

加热器的各项检修工作结束后需进行水压试验，试验压力为运行系统的最高压力并延续 5min，检查各部位严密无泄漏后，方可投入运行。

检修后的加热器要求符合下列质量标准：

（1）本体、水室及管子内壁无水垢等附着物，清理工作干净彻底。

（2）加热器水压试验合格。

（3）蒸汽压力表、玻璃水位计、温度表安装齐全，表计指示准确。

（4）所有阀门应严密，安全阀灵活可靠。

（5）如加热器的管束为铜管，则换管前应对铜管进行应力检查。应力不合格时应进行退火处理，即将铜管小心地放到专用的退火炉中，在 260 ~ 300℃ 的温度下，保持 1.5 ~ 2h，使其自然冷却后再取出使用。为防止铜管应力损伤，在搬运和加工铜管的过程中，切勿碰撞摔跌铜管，以免受到振动，产生应力损伤而泄漏，也不要使其弯曲变形，为此应装箱搬运。

（五）胀管工艺

1. 胀管工具及其使用要求

（1）胀管工具。胀管使用的工具叫胀管器。胀管器有两种：即螺旋形胀管器和斜坡形胀管器。螺旋形胀管器是作固定管子用的，而不能作翻边用，如图4-46所示。斜坡形胀管器既可作固定管子用，又可作翻边用，是常用的一种胀管器，如图4-47所示。

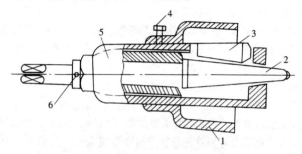

图4-46　螺旋形胀管器

1—外壳；2—圆锥杆；3—胀珠；4—顶丝；

5—推动套；6—带穿销固定环

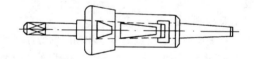

图4-47　斜坡形胀管器

（2）使用要求：

1）加热器胀管一般选用斜坡形胀管器。

2）胀管器的圆柱体应适合管子的内径，并恰好能放入管内。

3）胀珠的形式与规格是直接影响胀管质量的一个重要因素。胀珠小，胀珠会卡不牢；胀珠大，管子会被胀出棱角。胀珠的长度要超过管板厚3～7mm，且伸入管子后尚余2～3mm。

4）检查胀杆间隙时，可把胀管器平放在平尺上，用塞尺测其间隙，不应大于0.1mm。胀杆、胀珠不应有皱皮、裂纹等缺陷。

5）胀管器的胀杆、胀珠按要求应进行表面淬火。

2. 胀管的方法

加热器胀管方法有固定胀管法和翻边胀管法两种。翻边胀管法的步骤如下：

（1）选择合适的胀管器，备好足够的胀珠。

（2）将管板管孔、管头内外表面用细砂布打磨干净，不得在纵向上有 0.10mm 以上的沟痕，但表面也不要求十分光滑，打磨后应拭净。

（3）将管头穿入管板管孔摆好，管子在管板上应各露出 1.5 ~ 2mm 备胀。

（4）在管口内涂上少许黄油，放入胀管器，要求其与管子之间有一定的间隙，然后用扳手或转动机械转动胀管器的胀杆，将管口胀大。

（5）待管口胀大到与管板管孔壁完全接合时，检查胀管器外壳上的止推盘是否靠着管头。如此时靠着管头，即管子未被胀住，则说明原来的管子与管板管孔壁的间隙过大，胀管器的装置距离不够，必须更换胀管器重新胀管。在胀管过程中，管子未胀大到与管板管孔壁接合管子就不能动了，并感到胀杆有劲，但此时管子并未胀牢，还须把胀杆转两圈到三圈即认为已胀好。胀管前管板管孔与管子的许可间隙：19 的管子，为 0.20 ~ 0.30mm；24 的管子，为 0.25 ~ 0.40mm。

（6）管子胀好后，即可进行翻边，翻边可增加胀管强度。翻边后，管子的弯曲部分应稍进入管板管孔，不能离管孔太远。翻边可利用专用翻边工具来完成。

3. 胀管的质量标准

（1）胀管管壁表面应没有层皮的痕迹和剥起的薄片、疤斑、凹坑和裂纹，若有这些缺陷则必须换管重胀。产生这种缺陷的原因是铜管退火不够或翻边角度太大。

（2）胀管应牢固。若因胀管结束太早，或因胀杆细、胀珠短造成胀管不牢，则必须重胀。

（3）管口要端正，松紧要均匀。

（4）无过胀现象。过胀表现在管于胀紧部分的尺寸太大，或有明显的圈槽，产生的原因是胀管器的装置距离太大或胀杆的锥度太大，胀管时间太长等。过胀严重则必须换管重胀。

（5）水压试验应无渗漏。

五、电火花检测仪的测试技术

（一）电火花检测仪的用途

火力发电厂水处理所用的大宗消耗材料就是酸、碱和食盐。这些腐蚀性介质，要求设备和管道内部采用橡胶衬里或有其他覆盖层保护的防腐措施。这些设备和管道检修时，其防腐层有无缺陷的检测手段，必不可少地要使用电火花检测仪。下面以沈阳市东华检测仪器厂生产的 DHHY—852 型电火花检测仪为例进行介绍。

该仪器的主要技术指标如下。

(1) 直流高压输出范围　　　　0～23kV；
(2) 短路电流　　　　　　　　2～3mA；
(3) 放电峰值电流　　　　　　10～50mA；
(4) 放电量　　　　　　　　　>30uC；
(5) 适用电源　　　　　　　　交流 220V，50Hz；
(6) 功率消耗　　　　　　　　<50W；
(7) 报警方式　　　　　　　　声光报警；
(8) 工作时间　　　　　　　　可连续 8h。

(二) 电火花检测仪的使用方法

(1) 检查仪器外部，确定完好后方可使用。

(2) 将仪器的地线夹夹到被检设备的金属基体上及仪器面板的地线处，并使其有良好的接触。

(3) 将仪器的电源线分别接至面板上的电源输入插座及 220V 交流电源上，开启电源开关，面板上的电源指示灯亮，然后手握探头把柄尾部，开启高压开关，位于探头把柄前端的高压指示灯亮，此时仪器有高压输出。

(4) 根据被检设备检测工艺的不同要求，调节高压调节旋钮，使其电压表的指示达到所需要的值。通常检测玻璃钢衬里层时，将电压调到 5kV；检测橡胶衬里层时，将电压调到 1.5kV。

(5) 完成以上步骤后，手握探头把柄尾部，使金属探刷在被检设备上扫描，即可实施检验工作。当被检设备有故障点时，位于面板上的报警指示灯闪烁，仪器内的扬声器发出声音，同时金属探刷放出电火花，告之检验者故障点的部位。

(6) 检测完毕后，应先关掉把柄上的高压开关，然后关闭电源开关，将金属探刷触一下机壳或被检设备的金属基体，以放掉金属探刷上的电荷积累；还应使被检设备的表面与被检设备的金属基体或大地有良好的接触，以放掉被检设备表面上的极化电荷积累。

(7) 由于检测现场灰尘较大，该仪器应配有木箱，以防止灰尘污染仪器内部的电子元件，检测完毕后应将箱盖盖好，以保证仪器的清洁，延长其使用寿命。

（三）电火花检测仪的使用注意事项

（1）仪器属于高压检测设备，使用前应详细阅读说明书，掌握其使用方法，并应按照一般电气仪表的安全操作规程进行操作。

（2）开机操作时，操作者切勿触及探头前端的高压金属、探刷，以防触电。

（3）根据国际 ISO—2746 标准，在被检设备表面扫描时，扫描速度应为 40cm/s。应避免长时间对故障点短路放电，以免仪器内部元件过热影响设备使用寿命。

（4）高压输出电缆采用多层绝缘，如发现高压电缆有损坏之处，则应及时更换或采取补救措施，以保证安全。

（5）该仪器使用前必须保证三芯电源线中地线或机壳地线接地良好。

提示　本章共有十节，其中第一、二节适合于初级工，第三、四、五、六、七、九、十节适合于中级工，第八适合于高级工。

第五章

膜法水处理技术

膜分离技术是在 20 世纪 50 年代发展起来的一门新兴高技术边缘学科，70 年代以来在水处理方面的应用日益广泛。

第一节　膜分离概念及其分类

一、膜分离概念

可以将分离膜看作是把两相分开的一薄层物质，称其为"薄膜"，简称膜。膜可以是固态的，也可以是液态的和气态的。被膜所隔开的流体相物质则可以是液态的，也可以是气态的。膜可以是均相的或非均相的、对称的或非对称的。可以是带电的或中性的，而带电膜又可以是带正电的或带负电的，或二者兼而有之。膜可以是具有渗透性的，也可以是具有半渗透性的，但不能是完全不透过性的。膜可以存在于两流体之间，也可以附着于支撑体或载体的微孔隙上，膜厚度应比表面积小得多。

用天然或人工合成膜，以外界能量或化学位差作推动力，对双组分或多组分溶质和溶剂进行分离、分级、提纯和富集的方法，统称为膜分离法。膜分离法可用于液相和气相，对液相分离，可以用于水溶液体系、非水溶液体系、水溶胶体系以及含有其他微粒的水溶液体系等。

膜分离法是利用选择性透过膜为分离介质，当膜两侧存在某种推动力（压力差、浓度差、电位差）时，使溶剂（通常是水）与溶质或微粒分离的方法。

二、膜分离法分类及特点

膜分离法的分类一般有以下几种：

（1）按分离机理进行分类。主要有反应膜、离子交换膜、渗透膜等。一类是基于横流过滤的膜工艺：反渗透（RO）、钠滤（NF）、超滤（UF）、微滤（MF）；另一类是电渗析（ED）、倒级电渗析（EDR）及电去离子（EDI）。

（2）按膜的性质分类。主要有天然膜（生物膜）和合成膜（有机膜和无机膜）。

（3）按膜的结构形式分类。主要有平板形、管形、螺旋形及空心纤维型等。

目前在水处理中常见的几种膜分离法主要有：微滤（简称 MF）、超滤（简称 UF）、反渗透（简称 RO）、电渗析（简称 ED）、电去离子（EDI）等，现将这几种主要膜分离的特点归纳于表 5 – 1 中。

表 5 – 1　　　　　　　几种主要的膜分离法特点

过程	简　　图	推动力	传递机理	透过物	截流物	膜类型
微滤	进料→，渗透液→	压力差约100kPa	颗粒大小、形状	水、溶剂溶解物	悬浮物颗粒、纤维	多孔膜非对称膜
超滤	进料→，浓缩液→，滤液→	压力差0.1～1MPa	分子特性、大小、形状	水、溶剂、离子及小分子 $M_W<1000$	生物制品、胶体、大分子 $M_W 1000 <300000$	非对称膜
反渗透	进料→，浓缩液→，渗透液→	压力差1～6.0MPa	溶剂的扩散传递	水溶剂	溶质、盐（悬浮物、大分子、离子）	非对称膜或复合膜
电渗析	浓水↑，淡水↑，浓水↑，进料↑	电位差	电解质离子的选择性传递	电解质离子	非电解质大分子物质	离子交换膜

三、常见分离方法的适用范围

上述几种常见分离方法的适用范围见图 5 – 1 所示。

第二篇　电厂化学设备检修

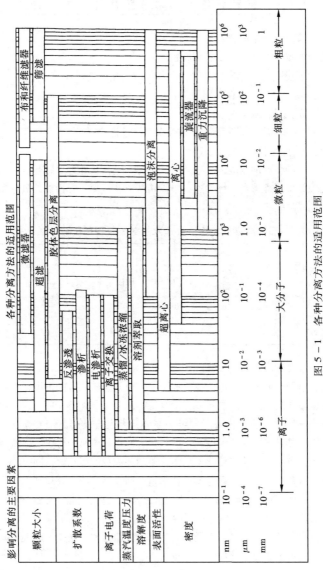

图 5 - 1 各种分离方法的适用范围

第二节 膜分离技术的特点和几种工艺的简介

一、膜分离技术的特点

膜分离技术的特点主要表现在：

（1）膜分离过程不发生相变，和其他方法相比能耗较低。

（2）膜分离过程是在常温下进行的。

（3）适用范围广。

（4）膜分离法分离装置简单，操作容易且易控制。

（5）可能发生膜的污染。

作为一种新型的水处理方法与常规水处理方法相比，具有占地面积小、处理效果高等特点。反渗透、电渗析法与常规离子交换法的处理效果及费用比较见表5-2。

表5-2　　膜法与离子交换法处理水的效果及费用比较

工艺方法	去除率（%）				费用	
	TDS	总硬度（$CaCO_3$）	COD	浊度	投资	运行费
反渗透	91	97	90	92	高	低
电渗析	34	52	30	50	较高	较低
离子交换	90	99	59	92	较低	高

二、填充床电渗析（EDI）

随着电子工业、半导体工业、原子能工业及医药工业的发展，对水质的要求愈来愈高，即要求制备所谓的"高纯水"及"超纯水"。现行的制备"高纯水"方法除少数采用多级蒸馏外，大多数是用离子交换法。虽然这类方法具有出水水质纯度高、产水量大及运行可靠的优点。但蒸馏法耗能太高，离子交换法需要化学再生，要消耗大量的酸和碱，同时操作管理不便，劳动强度又大。而电渗析技术是一项新型膜法水处理技术，它在处理含盐量为500～30000mg/L的水时，比离子交换法或蒸馏法都要经济。当电解质浓度过低时，溶液电阻升高，耗电量增加，效率下降。国内外普遍认为，在离子交换法之前先经过电渗析预脱盐处理，这样可以大大减少离子交换的再生次数，从而可以节省大量的酸、碱和劳动力。填充床电渗析又称电脱离子法（简称EDI），它是将电渗析法与离子交换法结合起来的一种新型水处理方法，利用电渗析过程中极化现象对离子交换填充床进

第一篇　电厂化学设备检修

行电化学再生，它巧妙地集中了电渗析与离子交换这两种方法的优点，并且克服了它们的缺点，即电渗析过程的极化现象和离子交换的化学再生过程。EDI 常用于处理 RO 的出水，以制备超纯水。

1. 填充床电渗析的原理

填充床电渗析可由图 5 - 2 来说明。这是一个简单的三隔室电渗析器，中间淡水室装有混合阴、阳离子交换树脂或装有离子交换纤维等，两边是浓室（与极室在一起）。它的作用原理有以下几个过程。

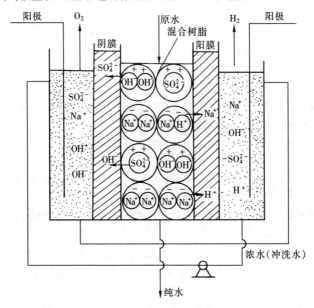

图 5 - 2　填充床电渗析原理

（1）电渗析过程。在外电场作用下，水中电解质通过离子交换膜进行选择性迁移，从而达到去除离子的作用。

（2）离子交换过程。此过程靠离子交换树脂对水中电解质离子的交换作用，达到去除水中的离子。

（3）电化学再生过程。利用电渗析的极化作用下水电离过程产生的 H^+ 离子和 OH^- 离子及树脂本身的水解作用对树脂进行电化学再生。

其中，前两个过程都能直接提出出水水质，而再生过程中由于离子交换会使水质变坏，因此必须选择适宜的工作条件，才能即满足出水水质要求，又能达到再生的目的。

填充床电渗析器中离子交换树脂的电化学再生，有以下三种反应：

1）极化作用下水的电离反应

$$H_2O = H^+ + OH^- \qquad (5-1)$$

2）阳离子交换树脂的再生反应

$$RNa + H^+ = RH + Na \qquad (5-2)$$

3）阴离子交换树脂的再生反应

$$R'Cl + OH^- = R'OH + Cl \qquad (5-3)$$

4）两种离子交换树脂同时再生反应

$$H_2O + NaR + R'Cl = HR + R'OH + NaCl \qquad (5-4)$$

式中　　R——阳离子交换树脂；

　　　　R'——阴离子交换树脂。

2. 填充床电渗析装置

填充床电渗析装置的关键主要包括有：树脂的装填方式，阴、阳树脂的填充比例，隔室的宽度及装置的形式等。

填充树脂的方式有在淡室、浓室和极室都填充树脂的，也有只在淡室填充树脂的，目前看来后一种方法应用较多。因为淡室一般离子稀少导电差，电渗析效果较差，容易产生水的极化结垢。浓室填充树脂只作为膜间支撑的导电体，因此可以用单独的阴或阳离子交换树脂，也可以用混合离子交换树脂，当浓水和极水中含有足够的离子，导电性能良好时，就不必填充树脂。

填充树脂的比例是一个较复杂的问题，一般采用阳、阴树脂的比例为1∶2。在使用中填充树脂操作不方便，且在运行中树脂容易被冲积，使淡水出水水质不稳定，因此有的改用离子交换纤维作为填充材料。目前这种填充床电渗析器与普通电渗析器差不多，只是在淡室隔板加宽后填充树脂或离子交换纤维就可以，也有采用圆柱形装置的。

3. 填充床电渗析的特性

（1）提高极限电流密度。在普通电渗析中，离子的迁移（或电传递）是从溶液直接到膜的（溶液的电流密度以 J_s 表示）。当脱盐室填充树脂后，填充床电渗析运行过程中，离子的迁移是从溶液经树脂再传递到膜，电传递则发生在树脂颗粒相、溶液相或二者的混合相中。就电传递的过程而言，是从溶液经过树脂再传递到膜（在树脂中的电流密度以 J_n 表示），因此总电流密度（J）为

$$J = J_s + J_n \qquad (5-5)$$

因此，填充床电渗析具有提高极限电流密度的作用。

（2）提高电流效率。普通电渗析对 NaCl 溶液进行电渗析脱盐时，当采用低电流密度时，电流效率可达 100%。但若采用高电流密度时，就会在脱盐室出现极化，使膜堆电阻增加，电流效率下降。当用填充床电渗析对 NaCl 溶液进行脱盐时，采用高电流密度，电流效率仍然可达 100%。只有采用过高的电流密度时，才会出现电流效率下降问题。因此，填充床电渗析具有提高电流效率的作用。

（3）稳定连续运行的特性。由于极化作用，填充床电渗析器淡水室中的水不断电离，产生，将对离子交换树脂进行电化学再生，故可连续稳定的运行。

（4）填充床电渗析与普通电渗析的性能比较见表 5 - 3。

表 5 - 3　　　　　　　　填充床电渗析与普通电渗析比较

方　　法	脱盐室中的盐浓度	脱盐室中的电导率	电流效率	电流密度
电渗析	小	小	低	小
填充床电渗析	极大	大	高	大

填充床电渗析、电渗析及离子交换法的特性比较见表 5 - 4。

表 5 - 4　　填充床电渗析、电渗析及离子交换法的特性比较

方法	适宜的料液质量浓度（mg/L）	装置规模（一定处理能力下）	再生	通电	连续离子交换	去除因数①（单位脱盐率）	交换带移动速度	沟槽泄漏	胶体的去除
离子交换（A）	<250	树脂床比 C 大	化学再生	不可	不可	10^2 ~ 10^3	比 C 大	小	中
电渗析（B）	>1000	脱盐室比 C 大		必要		>2	大		小
填充床电渗析（C）	50 ~ 15000	树脂室脱盐室比 A、B 均小	电化学再生	必要比 B 小	可以	比 B 大约 10^3	比 A 小	中	大

① 去除因数 = 100/（100 −f），其中，f 为除盐率。

4. 填充床电渗析的应用

1987 年美国推出了第一台商业化的 EDI 设备，这种新型的离子交换树脂与膜结合的设备使产水率和产品水质提高，这种工艺能将水中离子去除到接近混床离子交换工艺所达到的水平。1989 年又推出利用 IonpureEDI 组成的全面组合式水净化系统。1990 年以来进行了不断的改进，其除硅

第五章　膜法水处理技术

能力不断提高，EDI 不仅能除去水中无机污染物，还可以除去水中有机物，对带电微粒的有机物也能有效地去除。用 RO 或 EDR 与 EDI 联合工艺，是一种无化学再生无二次污染的新工艺，是绿色水处理技术，而水质完全可以达到要求。如对锅炉补给水的水质见表 5 - 5。

表 5 - 5   **EDI 除盐特性**

参 数	进 水	出 水	去除率（%）
温度（℃）	$33 \sim 43$		
电导率（uS·cm^{-1}）	$5 \sim 9$	$0.07 \sim 0.13$	>98
Si（ug·L^{-1}）	$80 \sim 250$	$2 \sim 12$	$93 \sim 98$
Na$^+$（ug·L^{-1}）	$1400 \sim 1600$	$1.5 \sim 3.5$	$99.8 \sim 99.9$
Cl$^-$（ug·L^{-1}）	$200 \sim 400$	$0.08 \sim 0.4$	>99.9
SO$_4^{2-}$（ug·L^{-1}）	$30 \sim 300$	$0.1 \sim 0.4$	99.9
CO$_2$（ug·L^{-1}）	7000	$20 \sim 60$	$99.1 \sim 99.7$
TOC（ug·L^{-1}）	$<15 \sim 30$	$<15 \sim 30$ 1	

三、超滤（UF）

1. 概述

近年来超滤在很多领域中迅速得到应用，广泛地用于某些含有各种小分子量可溶性物质和高分子物质（如蛋白质、酶、病毒等）溶液的浓缩、分离、提纯和净化，在水处理技术领域中也得到广泛应用。超滤和反渗透相类似，超滤（UF）和反渗透（RO）、微滤（MF）都是在静压差推动力作用下进行溶质分离的膜过程，三者组成了一个可分离从离子到微粒的膜分离过程，这几种膜分离过程与常规过滤过程去除的粒子大小范围如图 5 - 3 所示。

微滤可以除去 $0.1 \sim 1 \mu m$ 大小的颗粒杂质，主要用于去除细菌、悬浮固体、胶体物质等，可透过溶解固体和大分子。

超滤可以除去 $0.002 \sim 0.1 \mu m$ 大小的颗粒杂质，主要用于去除胶体、蛋白质、悬浮固体、微生物等，能透过溶解固体和小分子。

反渗透可除去大小 $0.0001 \mu m$ 的颗粒杂质，一般可除去分子量大于 $150 \sim 200$ 的有机物，除盐率可高达 95% 以上。

2. 超滤的原理

超滤膜对溶质的分离过程主要有：

（1）在膜表面及微孔内吸附（一次吸附）；

（2）在孔中停留而被去除（阻塞）；

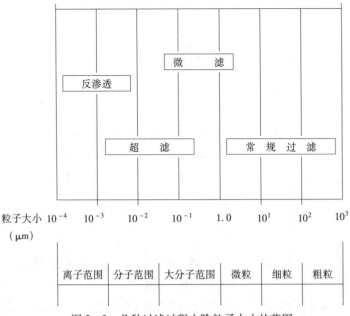

离子范围	分子范围	大分子范围	微粒	细粒	粗粒

图5-3 几种过滤过程去除粒子大小的范围

（3）在膜面的机械截留（筛分）。而一般认为超滤是一种筛分过程。超滤过程的原理如图5-4所示。

在压力作用下，原料液中的溶剂和小的溶质粒子从高压料液侧透过膜到低压侧，一般称滤液，而大分子及微粒组分被膜阻挡，料液逐渐被浓缩而后以浓缩液排出。按照这种分离机理，超滤膜具有选择性表面层的主要作用是形成具有一定大小和形状的孔，它的分离机理主要是靠物理的筛分作用。聚合物膜的化学性质对膜的分离特性影响不大，通常认为可以用微孔模型表示超滤的传递过程。但是有时膜孔径既比溶剂分子大，又比溶质分子大，本不应具有截留功能，而令人意外的是，它却仍有明显的分离效果。因此更全面的解释应该是膜的孔径大小和膜表面的化学特性等，将分别起着不同的截留作用。

3. 超滤膜的特性和种类

超滤和反渗透都是以压力为驱动力，有相同的膜材料和相仿的膜制备方法，有相似的机制和功能，有相近的应用。因此，很难有一条明确的界线完全将两者分开。因此有人认为，可以把超滤膜看作具有较大平均孔径的反渗透膜。

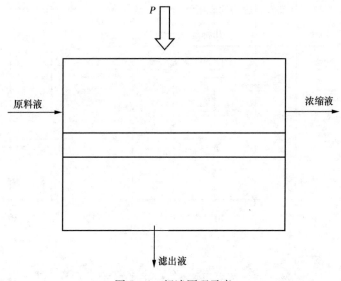

图 5 - 4　超滤原理示意

超滤膜的物理结构具备不对称性，实际上可分为两层，一层是超薄活化

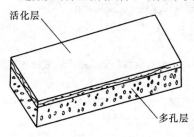

图 5 - 5　超滤膜的结构

层，约 $0.25\mu m$ 厚，孔径为 $5.0 \sim 20.0 nm$，对溶液的分离起主要作用；另一层是多孔层，约 $75 \sim 125\mu m$ 厚，孔径约为 $0.4\mu m$，具有很高的透水性，它只起支撑作用。超滤膜的结构如图 5 - 5 所示。

超滤膜的分离特性是指膜的透水通量和截留率，这与膜的孔结构有关。

目前超滤膜的种类主要有：醋酸纤维素超滤膜（CA 膜）、聚砜超滤膜（PS 膜）、聚砜酰胺超滤膜（PSA 膜）、芳香聚酰胺膜、聚丙烯腈膜、无机超滤膜和复合超滤膜。

4. 超滤装置

超滤装置和反渗透装置相类似，主要膜组件有板框式、管式、螺旋式、毛细管式及中空纤维式等，具体结构可参照反渗透装置的介绍，几种超滤组件的综合比较见表 5 - 6，应用中要根据料液的情况加以选择，各种超滤膜组件都有其成功的应用领域。

表 5 – 6　　　　　　　　几种超滤膜组件比较

组件型式	膜比表面积（m²）	投资费用	运行费用	流速控制	就地清洗情况
管式	25 ~ 50	高	高	好	好
板框式	400 ~ 600	高	低	中等	差
螺旋式	800 ~ 1000	最低	低	差	差
毛细管式	600 ~ 1200	低	低	好	中等
条槽式	200 ~ 300	低	低	差	中等

四、微滤（MF）

1. 概述

微滤与反渗透、超滤均属压力驱动型膜分离技术。微滤多用于半导体工业超纯水的终端处理和反渗透的预处理中。

2. 微滤的原理

微滤是以静压差为推动力，利用筛网状过滤介质膜的"筛分"作用进行分离的膜过程，其原理与普通过滤相类似，但过滤的精度高，因此又称其为精密过滤。微滤膜具有比较整齐、均匀的多孔结构，它是深层过滤技术的发展，使过滤从一般只有比较粗糙的相对性质过渡到精密的绝对性质。在静压差作用下，小于膜孔的粒子通过滤膜，比膜孔大的粒子则被截留在膜面上，使大小不同的组分得以分离，操作压力为 0.7 ~ 7kPa。

3. 微滤膜的截留机理

（1）机械截留。能够截留比它孔径大或相当的微粒等杂质。

（2）物理作用或吸附截留。

（3）架桥截留。

（4）膜的内部网络截留。

4. 微孔滤膜的特性和种类

（1）孔径均匀、孔隙率高。微孔过滤常用纤维素酯或工程塑料制成，膜内孔径是比较均匀的贯穿孔，孔隙率占总体积的 70% ~ 80%，能将液体中大于额定孔径的微粒全部阻挡，过滤速度较快。

（2）膜质地薄。大部分微孔滤膜的厚度在 150μm 左右，较一般过滤介质为薄，吸附滤液及滤液中的有效成分少。

（3）驱动压力低。由于孔隙率高、滤膜薄，因而阻力较小。微孔过滤膜近似于一种多层叠置筛网，阻留作用限制在膜的表面，极易被少量与孔径大小相仿的微粒或胶体粒子堵塞，因此，应以深层过滤作为其的预过滤，才能充分发挥其作用。

由于微孔滤膜的材质不同，微孔滤膜的品种较多，膜体孔径各异，主要种类有硝酸纤维滤膜（CN 膜）、醋酸纤维素膜（CA 膜）、混合纤维膜（CN—CA 膜）、聚酰胺滤膜、聚氯乙烯疏水性滤膜等。

MF 除微粒及微生物的效率见表 5 – 7。

表 5 –7   **MF 除微粒及微生物的效率**

测试微粒	球形 SiO_2	球形聚苯乙烯		细 菌	热 源
直径（μm）	0.21	0.038	0.085	0.1 ~ 0.4	0.001
去除率（%）	>99.99	>99.99	100	100	>99.997

5. 微滤装置的结构形式

微孔过滤的组件也有板框式、管式、螺旋式和中空纤维式等多种结构。

五、超滤、微滤的预处理

由于水中的悬浮物、胶体、微生物和其他杂质会附着于膜表面而使膜被污染；同时超滤膜的水通量比较大，被截留杂质在膜表面上的浓度迅速增大而产生浓差极化现象，特别是一些很细小的微粒会渗入膜孔而堵塞透水通道。另外，水中的微生物及其新陈代谢生成的粘性液体也会紧紧地黏附在膜的表面。它们都会造成膜透水量的下降或分离性能的衰退，因此对超滤进水必须进行适当的预处理和调整水质，以延长超滤设备的使用寿命、保证超滤过程的正常运行。

虽然 UF 的预处理没有 RO 的预处理要求的严格，但预处理是保证 UF 正常运行的关键。UF 常采用的预处理方法有凝聚、过滤、PH 调节、杀菌消毒、活性炭吸附等。

MF 属于筛网型结构，对固体粒子的容纳量最小，特别是直径与膜孔径相近的固体颗粒或胶体最易堵塞膜孔。因此，为减轻 MF 膜的负担与污染，延长其使用寿命对微滤设备的进水也需要进行必要的处理。预处理工艺根据原水水质情况及处理的要求来决定。

超滤、微滤装置在使用过程中，被截留物会沉积在膜表面或内部，造成阻力增大、透水量下降，当下降到一定值后，应当进行清洗（超滤膜的清洗方法基本上同反渗透装置），如果严重时则需要更换新膜。

提示 本章共有二节，均适合于高级工。

第六章

电渗析器的检修

第一节 电渗析技术

一、电渗析器的工作原理和应用

离子交换膜具有选择性透过，即阳离子交换膜（阳膜）只能让溶液中的阳离子通过，阴离子交换膜（阴膜）只能让溶液中的阴离子通过。

在电渗析器的直流电场作用下，隔室水中的阴阳离子作定向迁移。其中阳离子在向阴极迁移过程中，若遇阳膜便通过，若遇阴膜便被阻挡；阴离子在向阳极迁移过程中，若遇阴膜便通过，若遇阳膜便被阻挡。这样，一些隔室水中的阴阳离子增多，水被浓缩；而与其相邻的隔室水中的阴阳离子减少，水被淡化，于是形成很多个相互间隔的浓、淡水室。从各浓水室汇集的水为浓水，弃而不用；从各淡水室汇集的水为淡水，收而使用，从而制得除盐水。这就是水的电渗析脱盐过程，如图 6-1 所示。

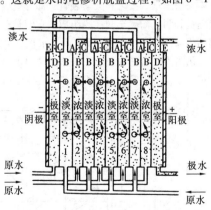

图 6-1　电渗析器脱盐原理
A—阴膜；B—隔板；C—阳膜；D—板框；E—电极

在直流电场的作用下，利用离子交换膜进行脱盐制取淡水的装置称为电渗析器。电渗析器被广泛地应用于工业水的预脱盐，海水和苦咸水的淡化，工业废水的回收，化工过程中物质的分离、浓缩、提纯和精制等。在这些领域内的应用取得了较好的经济、社会和环境效益。

二、电渗析器的分类和运行工艺

电渗析器分立式和卧式两种结构形式。卧式电渗析器的特点是水流分布比较均匀，且便于排除水流中的气体；立式电渗析器的特点是安装比较方便，但对于多膜对的电渗析器，占地面积较大，且水流中容易积聚气泡。

现代电子技术的发展，使电渗析器在运行工艺和控制方面得到完善和提高。运行控制可采用继电器半自动控制方式和微机全自动控制方式。前者可实现定时倒极，后者具有自动频繁倒极功能，即通常所说的 EDR 系统。它们具有良好的自身清理功能，并能缓解和防止水垢的生成，从而延长了运行周期。

第二节　电渗析装置的结构

一、电渗析器的组成

电渗析器主要由电渗析器本体和辅助设备两大部分组成。

电渗析器本体又由膜堆、极区和夹紧装置三部分组成。膜堆由交替排列的浓、淡水室隔板和阴、阳离子交换膜组成。它们是电渗析器脱盐的主要组成部分，其结构如图 6-2 所示。极区由导水板、电极、极水框和配水管等组成，用以供给直流电通入及引出极水，排出电极反应产物，从而保证电渗析器的正常工作。夹紧装置由夹紧板、夹紧螺栓和螺母等组成。

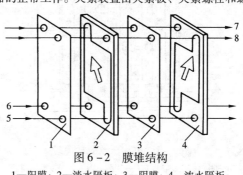

图 6-2　膜堆结构

1—阳膜；2—淡水隔板；3—阴膜；4—浓水隔板；
5—淡水进；6—浓水进；7—淡水出；8—浓水出

辅助设备包括整流器、水泵、过滤器、流量计、水箱和仪器仪表等。

二、电渗析器的组合方式

电渗析器脱盐过程是在隔板的流水道中进行的。因此，隔板流水道的长度决定着处理水的质量，流程长出水水质好。同时，并联隔板总数量决定着产水的数量，隔板数越多产水量越大。根据水源水质对产水质量及数量的要求，电渗析器有不同的组合方式。并联水流通道多，可以增大产水数量。串联水流通道长，可以提高产水质量。

1. 基本概念

（1）膜对。膜对简称对，是电渗析器内的一个基本脱盐单元。它由一张阳膜、一个淡（或浓）水室隔板、一张阴膜和一个浓（或淡）水室隔板组成。

（2）级。在电渗析器内部，一对电极之间的膜堆部分称为级。

（3）段。电渗析器内，浓、淡水室隔板水流方向一致的膜堆部分称为段。水流方向每改变一次，段的数目就增加一段。

（4）台。用夹紧装置将各部件组装成一个电渗析器本体，称为台。它可以是一级一段、一级多段、多级一段、多级多段等形式。

2. 组合方式

（1）并联组合方式。

1）一级一段并联，如图6-3所示。这种组合方式，在一台电渗析器内浓、淡水室的水流方向是不变的。一般适用于产水量较大、水质要求不高、无回路或短回路隔板的电渗析器。多台串联可组成一个系列，以满足一定的出水水质要求。单台电渗析器的产水量与膜对数成正比，水质决定于隔板的流程长度。

2）二级一段并联，如图6-4所示。这种组合方式一般较少选用，它与一级一段并联组合方式相似，唯一不同的就是增加了一个共电极。这种电渗析器运行的总电压可以降低，要求整流器输出的直流电压也可以相应减小。在膜和隔板厚度不均匀时，可以调整组装偏差，提高单台电渗析器的装膜对数。

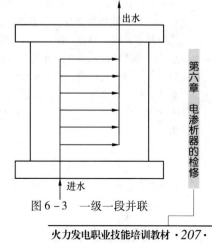

出水

进水

图6-3　一级一段并联

(2) 串联组合方式。

1) 一级二段串联，如图6-5所示。这种组合方式，在一台电渗析器中，使用了一对电极、浓淡水室的水流方向改变一次。一般适用于处理水量较小，脱盐率要求较高的一次脱盐流程的电渗析器。其产水量与单段的膜对数成正比，水质决定于二段流程长度之和，运行电压为二段膜堆电压的总和，但极限电流较低。

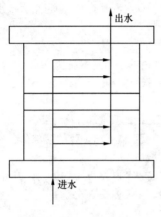

图6-4 二级一段并联   图6-5 一级二段串联

2) 二级二段串联，如图6-6所示。这种组合方式要比一级二段串联组合方式使用得广泛，膜对的放置与一级二段串联相似，仅中间多加了二个共电极，组成二对电极。这种电渗析器的运行电压为单段的膜堆电压，这就可以在较低电压下操作，适当提高了每级的极限电流。

(3) 并联串联综合组合方式，如图6-7所示。这种组合方式为四级二段并串联综合组合，即第一级与第二级的膜堆并联，第三级与第四级膜堆并联，并联后的两大膜堆再行串联。这种组合方式称为并联串联综合组合。其运行电压较低，仅为单级膜堆的电压，它的产水量为二段膜堆的产水量之和，水质决定于两段的流程长度。因此，这种组合方式的电渗析器产水量、水质以及运行电压均较稳定，一般适用于中小产水量的电渗析器。

3. 浓、淡水室水流流向

(1) 并流。如图6-8所示，在膜堆内，浓、淡水室的水流方向是平行同向的。此种组合形式，在浓、淡水室隔板的每一个相应部位，其压力分布基本上是均衡的，故不存在浓、淡水室间的压差，有利于水流的均匀分布。但是，随着脱盐流程的增加，浓、淡水室隔板在相应部位的浓度差异增大。从防止浓差渗透来看，对脱盐是不利的。目前，国内浓、淡水室水流流向多采用这种形式。

（2）逆流。如图6-9所示，在膜堆内，浓、淡水室的水流方向是平

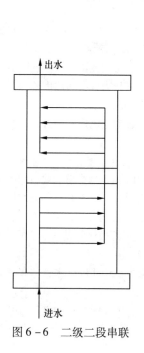

图6-6　二级二段串联

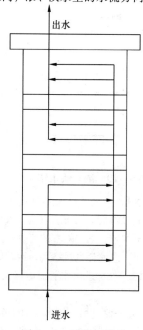

图6-7　四级二段并
串联综合组合

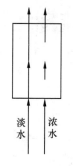

图6-8　浓、淡水并流

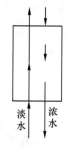

图6-9　浓、淡水逆流

行逆向的。此种组合形式在浓、淡水室隔板每一个相应部位，其压力分布是不均衡的，在浓、淡水室之间存在压差，膜将向压力小的一室凸出，造成水流通道狭小或阻塞，不利于水流的均匀分布。但是，在浓、淡水室隔板相应部位上的浓度差异，要比并流形式小。从防止浓差渗透来看，对脱盐是有利的。

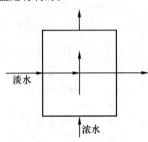

图 6-10　浓、淡水错流

（3）错流。如图 6-10 所示，在膜堆内，浓、淡水室的水流方向是垂直交叉的。此种组合形式在浓、淡水室隔板的相应部位上，其压力分布和浓度差异比较复杂，但从防止隔板浓、淡水内部相互渗透来看，较并流和逆流形式为好，产水量也有所增加。

4. 浓、淡水室进出水管的布置方式

（1）内部进出水导管。隔板和膜上的进出水孔叠合组装，就构成电渗析器浓、淡水室内部进出口的通水连接导管。通过隔板上的布水道，将水分布在电渗析器内部的每个隔室。若水流分配不均匀，某些隔室的流量不足，将产生局部极化而影响电渗析器的运行效果，致使耗电量增大，运转周期缩短。

（2）外部进出水管。电渗析器浓、淡水室外部进出水管的布置方式有如下三种：

1）一侧进另一侧出。如图 6-11 所示，浓、淡水室的进口管和出口管在电渗析器的相对方向，即一侧进，另一侧出。试验表明，此种布置方式水流分配不均匀。

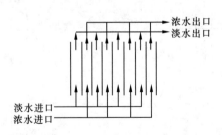

图 6-11　进口和出口在相对方向

2）同一侧进出。如图 6-12 所示，浓、淡水室的进口管和出口管在电渗器的同一方向，即一侧进出。此种布置方式水流分配比较均匀，但是随着隔室数目的增多，水流分配的均匀性逐渐变差。

3）两侧同时进出，如图6-13所示，为浓、淡水室的进口管和出口管同时在电渗析器的相对方向，即两侧同时进出。此种布置方式水流分配的均匀性最好，这是由于降低了管内流速，水流易于向各隔室均匀分配。

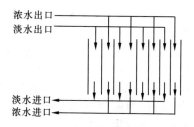

图6-12　进口和出口在同一方向

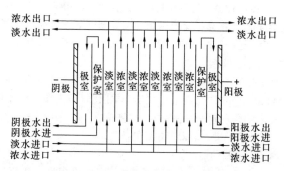

图6-13　进口和出口同时在相对方向

第三节　电渗析器的检修

一、部件的结构和作用

1. 离子交换膜

离子交换膜是电渗析器的主要部件，与隔板交替排列组成膜堆。

（1）离子交换膜的分类。离子交换膜按活性基团分类，可分为阳离子交换膜、阴离子交换膜和特殊离子交换膜三大类。

1）阳离子交换膜。该膜又称阳离子选择性透过膜，简称阳膜，是指能解离出阳离子的离子交换膜。水处理中常用的阳膜为强酸性磺酸型离子交换膜。它能选择性透过阳离子而不让阴离子透过。

2）阴离子交换膜。该膜又称阴离子选择性透过膜，简称阴膜，是指能解离出阴离子的离子交换膜；水处理中常用的阴膜为强碱性季铵型离子交换膜，它能选择性透过阴离子而不让阳离子透过。

3）特殊离子交换膜。该膜有复合膜和两性膜等，目前处在试制阶段。

离子交换膜按制造工艺分类，可分为异相膜、均相膜和半均相膜三大类。

1）异相膜。它是直接用磨细的离子交换树脂通过粘合剂混合加工成型的薄膜。目前，我国水处理中大量应用的主要是聚乙烯型异相膜，但将逐步被均相膜所取代。

2）均相膜。它是不含粘合剂的离子交换膜，通常是指在高分子基膜上直接接上活性基团，或用含活性基团的高分子树脂溶液直接制得的膜。这种膜离子交换活性基团的分布是均匀的，故称均相膜。

3）半均相膜。将离子交换树脂和粘合剂同溶于溶剂中再制成的膜，称为半均相膜。这种膜的外观、结构和性能都介于异相膜和均相膜之间，目前我国应用的还不多。

按膜的导电性和结构分类，可分为离子交换导电网和惰性网两大类。前者是20世纪80年代的新产品，具有膜电阻小、电耗低和减小极化的优点，已由国家海洋局杭州水处理中心试制成功，并应用于某厂精炼车间，作自来水深度软化处理，取得了较好的效果。

（2）离子交换膜的要求：

1）厚度。厚度是离子交换膜的基本指标。在保证一定强度的前提下，厚度小些为好。目前，最薄的离子交换膜厚度为0.1mm左右。

2）机械强度。电渗析器的离子交换膜是在一定的水压下工作的，如机械强度过小在运行中就很容易损坏。通常要求膜的爆破强度应大于0.3MPa。

3）导电性。膜的导电性直接影响电渗析器工作时所需电压和电能消耗，它是膜的一项重要指标，可用电阻率、电导率或面电阻来表示。

4）透水性。离子交换膜在工作中，水合离子中的结合水和一些少量自由水分子，会随离子的渗透从浓水室进入淡水室，导致电渗析器的脱盐率降低，出水量减少。

5）膨胀性。干膜放入水或溶液中会因吸水而膨胀，干后又会收缩。另外，膜在浓度不同的两种溶液中移动时，也会发生胀缩现象。膜的胀缩能使膜的大小、厚度，甚至形状发生变化，以致严重地影响电渗析器的组装和无渗漏运行。所以要求膜的膨胀性越小越好，且需均匀胀缩。膜的胀缩性是用膜的伸长率来表示的。

此外，离子交换膜还应有较好的化学稳定性。

2. 隔板

电渗析器中的隔板是夹在阴、阳膜之间的框架装置,从而构成了淡水室或浓水室;隔板起支撑和分隔阴、阳膜的作用,防止膜面重叠而短路,同时构成了水流通道,使水流分布均匀,并能产生湍流起搅拌作用,从而使离子扩散,达到提高脱盐效率、降低电耗的目的。隔板材料为聚氯乙烯、聚乙烯和聚丙烯等塑料。隔板厚度有 2、0.9、0.5mm 等数种,目前多用 0.5mm 的薄隔板,因其脱盐率高、电耗低、产水量大。隔板的结构比较复杂,其中间面上开有许多槽和孔,如图 6-14 所示。水在隔板上的流程是:水由进水孔 5 进入后,沿着布水道 4 流入流水槽 3,通过过水槽2 在各流水槽内流动,最后由出口端布水道和出水孔 6 送出。

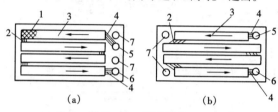

图 6-14　隔板结构

(a) 一端开孔;(b) 两端开孔

1—隔网;2—过水槽;3—流水槽;4—布水道;

5—进水孔;6—出水孔;7—过水孔

隔板上的孔是将整块板打穿而制成的,但布水道和过水槽并不穿透隔板,可以在板上开凹槽或在板层中间开水道。流水槽是在槽中填以隔网而成,即在隔板上先开许多穿透的槽,在槽的四周留有凸边,然后将隔网的四边粘在槽的凸边上。隔网有鱼鳞状网 [见图 6-15 (a)]、编织网 [见图 6-15 (b)]、窗纱网 [见图 6-15 (c)] 以及铸塑成型网等。

为了进一步提高电渗析器的性能,人们对隔板型式的研究工作十分重视,外形尺寸有多种,如 800mm×1600mm、400mm×1600mm 和 400mm×800mm 等;水流在隔板中的流动状况也有多种,可分为:

(1) 有回路隔板。可参见图 2-18,一般只有一个进水孔和一个出水孔。水沿着流水槽来回流动,流水槽的宽度一般取 50~80mm。流程长度大于 3000mm 的称为长回路隔板;流程长度小于 2000mm 的称为短回路隔板。

(2) 无回路隔板。无回路隔板结构如图 6-16 所示。水流是由一个或多个进水孔经布水道直接通过隔板,流水槽宽度为隔板去掉边框的宽度,因此水流速度小,阻力也小。

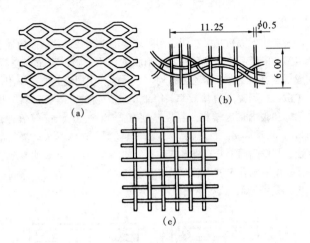

图 6 – 15　隔网

（a）鱼鳞状网；（b）编织网；（c）窗纱网

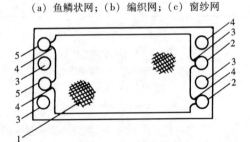

图 6 – 16　无回路隔板结构

1—隔网；2—进水孔；3—过水孔；

4—布水道；5—出水孔

　　为了使隔板中水流分布均匀而畅通，布水道的型式有多种，如图 6 – 17所示，有细条槽（沟）式布水道、宽槽盖板式布水道、隔网延伸式布水道、凹凸板式布水道等。

　　3. 电极

　　电渗析器工作时的直流电源是通过电极引入的，从而使水中的阴阳离子作定向迁移。工业上所用的电极材料，要求其导电性能好、机械强度高、对处理溶液的化学稳定性好、能经受阳极新生态氯、氧的腐蚀，加工方便，价格便宜。

　　电极的形状以丝状、网状和栅板状较为适宜，因为这些形状的电极有

第一篇　电厂化学设备检修

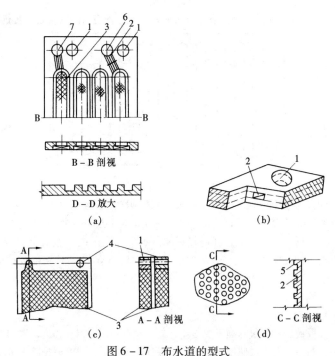

图 6 – 17　布水道的型式

(a) 细条槽 (沟) 式；(b) 宽槽盖板式；(c) 隔网延伸式；(d) 凹凸板式

1—过水孔；2—布水道；3—隔网；4—隔板框；

5—凹凸形板；6—进水孔；7—出水孔

利于极水的流动，并能较快地排除气体，以便消除气泡效应和降低电流。另外，丝状和网状电极上的结垢易成碎片而脱落，并被极水带走，从而有利于电渗析器的正常运行。

国内常用的电极有下列几种。

(1) 石墨电极。石墨电极既可作阴极又可作阳极。石墨电极经石蜡、酚醛或呋喃树脂等浸渍处理后可延长其使用寿命。

(2) 铅电极。铅电极也是既可作阴极又可作阳极。铅电极加工方便，纯度高者耐腐蚀性能较好，且货源易得。铅电极宜于处理含氯化物很低和硫酸盐很高的原水。由于铅离子有毒，故一般用于工业水处理，而不适于处理饮用水。

(3) 钛涂钌电极。钛丝涂钌电极如图 6 – 18 所示。它同样是既可作阴板，又可作阳极。这种电极耐蚀性能好，电流密度高，但加工复杂，价格较贵。钉涂刷不均匀，或被氯、氢侵蚀后，电极丝有时因涂层破坏而断裂。

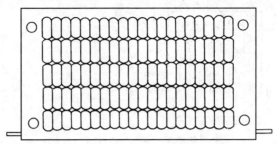

图 6 – 18　钛丝涂钉电极

（4）不锈钢电极。不锈钢电极一般作阴极使用。作阳极使用时要求原水的氯离子含量要很低。不锈钢电极的寿命可达 2～3 年。

应根据原水的水质选择电极材料。水中氯离子的含量低于 100mg/L 的重碳酸盐或硫酸盐型水质，一般宜采用 1Cr18Ni9Ti 不锈钢电极；水中氯离子的含量高于 100mg/L 时，可采用钛涂钉电极或经过防腐处理的细晶粒石墨电极。

4. 极框

极框放置在电极和离子交换膜之间，要有一定的机械强度，以起支撑作用，防止离子交换膜贴到电极上，保证极水畅通，并及时排除电极反应产生的气体、沉淀物和酸碱等。目前，极框的型式有冲模式隔板型、鱼鳞网型、多孔板型和框架型等数种。

5. 保护室

在电渗析器中有的还设置了保护室，即在极室与膜堆之间放置一个极框或隔板（不设布水道），并叠放一张阳膜或抗氧化膜，如此组成的隔室称为保护室。其作用是保护极室膜，以免极膜腐蚀损坏，使极水穿漏到浓淡隔室，影响电渗析器的正常运行。同时还可避免靠极室的淡水因浓差渗透而被极水所污染。

6. 导水板

导水板是将浓、淡极水由外界引入电渗析器和由电渗析器引出的装置。它是用 30～50mm 厚的硬聚氯乙烯板制成的。其结构有两种：一种是只起导水作用；另一种既是导水板又是电极板（电极镶在导水板中间）。

导水板与外部管道的连接形式，如图 6 – 19 所示。

7. 锁紧装置

用螺杆和压板将电渗析器的导水板、电极、极框、保护室、阴阳膜和

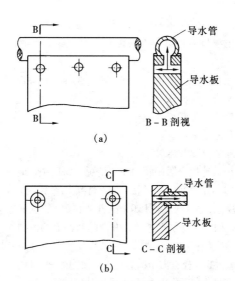

图 6 – 19 导水板与外部管道的连接形式

（a）弯管式导水板；（b）直管式导水板

隔板等锁紧在一起的装置，称为电渗析器的锁紧装置。其作用是使电渗析器在运行中不致产生内渗和外漏缺陷。压紧装置有两种，一种采用的是钢板、槽钢组合板或铸铁压板，用螺杆锁紧；另一种用液压机构锁紧。后者适用于膜对较多的大型装置，具有组装方便、锁紧力均匀的优点。两端压板的厚度通常为 20mm 左右，由普通钢板制成，并用槽钢加固；也可选用具有一定弹性的钢板作压板或铸铁压板。

二、检修项目和顺序

电渗析器半年小修一次，一年大修一次。小修的项目主要是检查清洗内部装置，并处理外部截门和管系方面的缺陷，检验校正仪表。

1. 大修项目

（1）检查清洗阴阳膜；

（2）检查隔板，并清理和酸洗之；

（3）检查清洗极区装置；

（4）检查校验控制仪表、浮子流量计和压力表等；

（5）检查修理管道阀门。

2. 检修步骤

（1）切断直流电源，拆开接线柱上的电线头；

（2）拆开原水、浓淡水和极水的连接管道、截门；

（3）拆下电渗析器锁紧装置的螺帽，依次取下压板、极区装置和膜堆，并分别存放；

（4）清洗检查胶垫、电极、极框、阴阳膜和隔板等内部装置；

（5）清理检查和校验仪器仪表；

（6）检查修理外部管道和截门；

（7）按逆顺序重新组装。

三、检修方法和质量要求

（1）小心细致地检查阴阳膜的完整情况，将破损、老化者剔除。

（2）将阴阳膜先放在水中用软毛刷（不能用金属刷）清洗，继用2%左右的稀盐酸浸泡，必要时再用10%的食盐和2%的氢氧化钠混合液浸泡数小时，干净后用清水冲洗至中性，并清除表面上的污物。

（3）认真检查隔板的完整情况，将严重变形的、隔网开焊和有折痕的剔除。对结有水垢的隔板也需用稀盐酸进行浸泡处理，将水垢清洗干净。

（4）极区部件上结积的水垢也要用稀盐酸清洗干净。

四、组装顺序和注意事项

组装顺序通常为拆卸的逆顺序。对于新电渗析器还应做好下列准备工作：

（1）离子交换膜在剪裁和打孔前，应先放入原水中充分浸泡24～48h，使其充分膨胀，并达到与浸泡原水离子交换相平衡。膜的周边应比隔板短1mm，以防电渗析器外漏时引起电流短路。膜孔的孔径应比隔板孔的孔径大2～3mm，以防膜边陷入槽孔内，造成堵塞。

（2）逐个检查隔板，修平因加工不当造成的突出部分，清除进出水孔、布水道、流水槽、过水槽上的堵塞物。

（3）检查电极与接线柱是否通路，排气孔是否畅通。

1. 组装顺序（以一级一段为例）

（1）将压板放平（立式设备也应放平安装，然后竖立，与外部管道连接）；

（2）放置橡胶垫板和导水板；

（3）放置橡胶垫圈和端电极；

（4）依次放置橡胶垫圈、多孔板和极框；

（5）先放一张阳膜、一个保护室，后放一测试膜堆电压的导电片（50mm×8mm×0.1mm铂或紫铜片），要求深入隔板内缘20mm，再放一张阳膜；

（6）依次放置阳膜、隔板甲；阴膜、隔板乙、阳膜……；

（7）收尾应为阳膜，收尾前也放一测试膜堆电压的导电片；

（8）按（4）、（3）、（2）、（1）逆顺序放置极框、多孔板、橡胶垫圈、端电极、橡胶垫圈、导水板、橡胶垫板和压板；

（9）穿入锁紧螺栓，用螺母锁紧。

多级多段电渗析器的组装顺序与一级一段电渗析器的大同小异，可仿照进行。图 6－20 为二级二段串联电渗析器组装示意图。

2. 组装注意事项

（1）要记清电极、多孔板、极框、导水板、保护室、阴阳膜与浓淡水室隔板的排列顺序，绝对不能颠倒，否则，将影响电渗析器的正常运行和出水水质。

（2）要搞清隔板上布水道的部位与浓、淡水室进出水孔的关系，否则，浓、淡水会互相乱流，影响出水水质。

（3）如果采用有回路隔板，则上、下隔板的肋条要重叠好，膜与隔板的进出水孔要对准，做到组装整齐，四边垂直。

（4）组装多级多段电渗析器时，应以多孔板或换向隔板堵孔的方式进行水流换向，切勿堵错。

（5）连接极水管道时，要保持下进上出，以便排气。

（6）换向隔板或换向共电极都是一端开孔，切勿装错。

（7）用换向隔板换向时，前后两室的隔板都是双层，其中一层是正常隔板，另一层是一端开孔的换向隔板。

（8）正常隔板两端开孔不同，应颠倒排列，不可搞错。

（9）叠装阴、阳膜要交替排列，不可搞错。

（10）对有共电极的电渗析器，紧靠共电极两边的膜都应为阳膜。

（11）外部金属、螺栓等不可与膜接触。

（12）锁紧电渗析器时，应按下列顺序进行：

1）首先从压板的中间螺栓开始，然后按对称的顺序依次向压板两端锁紧；

2）锁紧前应先测量两端压板间的距离，在锁紧过程中还要经常测量，始终保持两端压板间的距离相等；

3）要逐渐、逐次锁紧，反复多次，不要急于求成，最后以测量电渗析器的高度（长度）为准；

4）锁紧的程度，以运行时不漏或稍有滴漏为宜。

（13）在组装 800mm×1600mm 等大型电渗析器时，由于隔板和阴阳

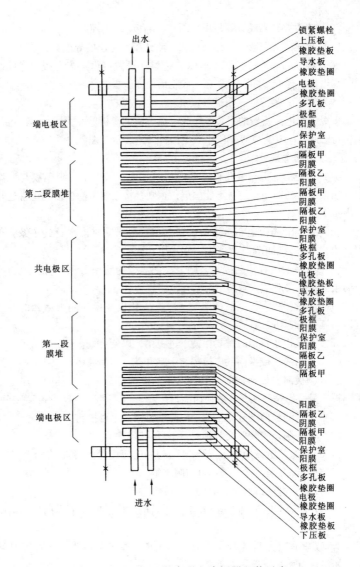

出水

锁紧螺栓
上压板
橡胶垫板
导水板
橡胶垫圈
电极
橡胶垫圈
多孔板
极框
阳膜
保护室
阳膜
隔板甲
阴膜
隔板乙
阳膜
隔板甲
阴膜
隔板乙
阳膜
保护室
阳膜
极框
多孔板
橡胶垫圈
电极
橡胶垫板
导水板
橡胶垫圈
多孔板
极框
阳膜
保护室
阳膜
隔板乙
阴膜
隔板甲

阳膜
隔板乙
阴膜
隔板甲
阳膜
保护室
阳膜
极框
多孔板
橡胶垫圈
电极
橡胶垫圈
导水板
橡胶垫板
下压板

端电极区

第二段膜堆

共电极区

第一段
膜堆

端电极区

进水

图 6-20 二级二段串联电渗析器组装示意

膜的厚度不够均匀,给锁紧带来困难,此时可将聚氯乙烯或聚丙烯薄膜裁成与隔板边框一样宽度的长条,在重叠一定数量隔板后填一层薄膜条,以便调整膜堆的高度差。

（14）当组装膜堆数量较多的电渗析器时，可以采取分级（或分段）组装、分次锁紧的方式，要特别注意受压平衡，以免膜堆变形损坏。

五、维护保养方法

电渗析器如不连续运行时必须注意膜的保养，每周通水 3~5 次，防止膜干燥变形。

电渗析器经过试运行或运行一段时间后，由于各种原因（如长期停运，水质达不到要求，本体严重漏水，压力过高、流量过低，极室结垢，极水压力升高等）需停运 3 个月以上时，按以下顺序和要求进行解体保养：

（1）切断电渗析器直流电源，切断整流设备电源及仪器仪表电源。

（2）停止各有关的水泵运行，关闭所有的阀门，需要排空容器中积水时，等水排净后再关闭有关的阀门。

（3）断开与电渗析器本体连接的管系，拆除有关测量仪表。

（4）松开锁紧装置螺帽，取下压板。螺杆螺帽要上油保管。

（5）将电极、隔板等洗刷干净，堆放整齐。在拆卸清洗过程中，要注意保护各水路连接管，防止损坏。

（6）阴阳离子交换膜要清洗干净，膜面脏时可用 2%~3% 的 HCl 浸泡几小时后细心洗涤，再用清水漂洗几次，并用聚氯乙烯薄膜包好平放，要湿润保存，防止干燥收缩破裂。若在水中浸泡要定期换水，夏季要防止发霉，冬季要防止冻裂。不能在阳光下曝晒，严防外力损伤膜面。存放时不得折叠，避免断裂及产生裂痕而渗漏水。

第四节 电渗析器的故障处理

电渗析器在组装和运行过程中常见故障和处理方法见表 6-1。

表 6-1　　　　　　　　　　电渗析器的故障和处理方法

编号	故 障 现 象	原 因 分 析	处 理 方 法
1	膜堆偏移	锁紧螺杆时用力不均	拆开重新组装
2	本体结合面漏水： （1）普遍漏水； （2）个别结合面漏水； （3）普遍大量漏水	（1）螺杆未拧紧； （2）隔板边框处有杂物或隔板破裂； （3）隔板和离子交换膜厚薄不均	（1）拧紧螺杆； （2）清理和更换垫料，更换隔板； （3）拆开重装，在薄处加塑料膜垫

编号	故 障 现 象	原 因 分 析	处 理 方 法
3	流量和压力同时降低至零	水泵不上水空转	查明原因，重新启动水泵
4	试运时压力过高，流量偏低	组装时隔板进出孔未对准；部分隔板框网收缩变形；隔板框网厚度匹配不好	拆开重装；更换收缩变形的隔板；加工框网时要注意材料的厚度，使框网厚度匹配均匀
5	有压力，但本体不出水	级段间水流倒向时进出水孔堵错	拆开重新组装堵孔
6	投运不久，压力升高，流量下降	投运前，外管路未冲洗干净，杂物进入电渗析器，堵塞水流通道	解体重新组装，清除进出水孔和布水道等处的杂物
7	电流偏低，脱盐率减小	电器系统接触不良；离子膜被有机物或金属氧化物污染；局部极化使膜的性能下降	检查电路，消除接点接触不良的缺陷；用酸和碱性食盐水分别清洗阳膜及阴膜，使之复苏
8	极水压力升高，流量降低，极水管道排出白色沉淀物	极室沉淀结垢严重，影响极水畅流	拆开极室，清理或酸洗水垢
9	投运一段时间后，压力升高，流量降低，水质较差，倒换电极或酸洗也不奏效	生水预处理不佳，浊度高而污堵隔板水流通道；膜堆和极室沉淀垢严重	改进预处理设备和工艺，采取杀菌灭藻措施；解体清洗隔板、离子膜和极室；控制在极限电流下运行
10	多级多段电渗析器中，有的段出水质量劣化	该段中发生浓、淡室间相互渗水和离子膜破裂的缺陷	解体检查，更换已破裂的离子膜，消除浓、淡室间渗水的缺陷

编号	故 障 现 象	原 因 分 析	处 理 方 法
11	电流偏低，脱盐率降低	浓、淡室隔板或部分阴阳膜装错；离子膜破裂	拆开重装，更换已损坏的离子膜
12	淡水水质突然下降	个别膜，尤其是靠近极室的膜破裂；电极腐蚀断裂、电极接线柱松动或腐蚀断电	解体检修，更换破裂的膜和断裂的电极，紧固接线柱
13	流量、电流不稳	水泵吸气；隔板间空气未排净	检修水泵；排除隔板间空气
14	本体变形： （1）卧式电渗析器下部凸出或立式电渗析器前几级凸出； （2）卧式电渗析器上部凹进或立式电渗析器后几级凹进	（1）投运时，闸门开启速度过快，使电渗析器骤然升压而凸出； （2）停运时，闸门关闭速度过快，本体呈负压，膜堆内凹变形	（1）拆开重新组装，处理凸出和凹进缺陷； （2）投运时，注意压力表和流量表的变化，缓慢开启阀门；停运时，缓慢关闭阀门，勿使本体形成真空；必要时在出水管上装一真空破坏门

提示 本章共有四节，其中第一、二节适合于中级工，第三、四节适合于高级工。

第七章

反渗透装置的检修

第一节 反渗透技术

一、反渗透的基本原理

渗透是在半渗透膜隔开的两种浓度不同的液体之间发生的一种现象——水自动地从较稀的溶液中穿过膜而流入较浓的溶液中。但如果在浓溶液的水侧，施加一个压力，其结果可以使上述渗透停止，而达到平衡，这时的压力称为渗透压力。当压力大于渗透压力，可以使水流向相反方向渗透，而盐分剩下。因此，反渗透的基本原理，就是在有盐分的水中（如原水），施加比渗透压力更大的压力，使渗透向相反方向进行，把原水中的水分子压到膜的另一边，变成洁净的水，从而达到去除水中盐分（杂质）的目的，如图 7 - 1 所示。渗透压与溶液的种类、浓度和温度有关，而与半透膜本身无关。其计算公式为

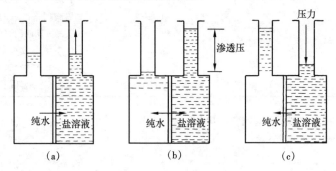

图 7 - 1 渗透及反渗透原理示意

(a) 渗透；(b) 渗透压；(c) 反渗透

$$p = CRT$$

式中　p——渗透压，kPa；

　　　C——浓度差，mol/L；

第一篇 电厂化学设备检修

R——气体常数，$R = 0.08206\text{L} \cdot \text{kPa} / (\text{mol} \cdot \text{K})$；

T——热力学温度，K。

二、工艺流程

以反渗透法进行海水淡化和苦咸水淡化的常见工艺流程有一级一段、一级多段和二级一段三种，如图 7 – 2 所示。

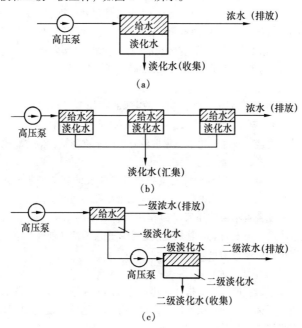

图 7 – 2　反渗透的工艺流程

（a）一级一段反渗透；（b）一级多段反渗透；（c）二级一段反渗透

反渗透中的一级就是指进料液经过一次加压，二级则是经过二次加压，其他依次类推。在同一级排列方式相同的组件组成一个段。

第二节　反 渗 透 装 置

一、反渗透半透膜的种类和性能指标

1. 反渗透半透膜的种类

反渗透半透膜的种类很多，大体上可按膜材料的化学组成和物理结构

分成两大类。

按膜材料的化学组成大致可分为醋酸纤维素膜和芳香聚酰胺膜等。

按膜材料的物理结构大致可分为非对称膜和复合膜等。

（1）醋酸纤维素膜（CA）。这种非对称结构膜的厚度约为 $100 \mu m$，包括致密表层（脱盐层）及多孔支撑层。CA 膜的化学稳定性较差，易水解，膜性能衰减较快，操作压力较高，容易受到微生物的侵袭；但 CA 膜有一定的抗氧化性、成本较低。由于醋酸纤维素的水解度除与温度有关外，还与 pH 值有关。为使膜有较长的使用寿命，在实际应用中应尽量选择醋酸纤维素水解速度最慢的 pH 值范围，通常控制原水（给水）的 pH 值在 5 ~ 6 之间。

（2）芳香聚酰胺膜。这种膜有一层薄的脱盐表层和细孔众多的支撑层。与 CA 膜一样，致密层与支撑层是在一次浇注时同时形成的，也具有非对称性。脱盐率较高、化学稳定性较好、耐生物降解，但抗氧化性差不耐氯。

（3）复合膜。采用致密层与支撑层分开制成的制备工艺。它含有三层，聚酰胺脱盐层、聚矾中间层、非编制聚酯网的底部支撑层。由于材料不同，因此复合膜不易被压实，操作压力低、不易水解、化学稳定性较好、脱盐率高；但不耐氯及其氧化剂，阳离子表面活性剂或聚电解质可能导致膜发生不可逆转的污染。

2. 反渗透半透膜的性能

反渗透半透膜的性能是指其理化稳定性和分离透过特性。膜的理化稳定性的主要指标有膜的材质、使用的最高压力、适合的温度和 pH 值范围以及对有机溶剂等化学药品的耐药性；膜的分离透过特性的主要指标有脱盐率、产水率和流量衰减系数等。

二、反渗透膜元件的种类和主要特点

目前投入市场的膜元件主要有四种基本型式，即管式、平板式、涡卷式和中空纤维式。常用于水处理的是涡卷式和中空纤维式两种。

下面重点介绍涡卷式和中空纤维式膜元件的结构和性能。

1. 涡卷式膜元件

涡卷式膜元件所采用的膜为平面膜。将两层膜背对背地粘接起来形成一个膜袋，形如信封；开口的一边与多孔淡水收集管（中心管）密封连接。为了便于淡化水在膜袋内流动，在膜袋内还夹有淡化水流通的多孔织物支撑层。这就是一个袋状膜片。几个或更多个膜袋之间用网状间隔材料隔开，然后绕中心管紧密地卷起来，装到玻璃钢壳体中就形成一个膜元件，如图 7 – 3 所示。

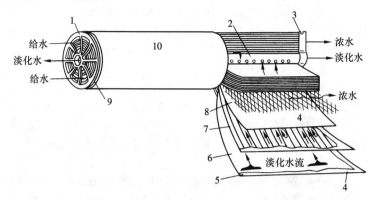

图 7 – 3 涡卷式反渗透膜元件的结构

1 —浓水密封支撑；2—淡化水管（中心管）；3—防膜卷伸出装置；
4—膜表面；5—胶黏剂；6—膜支撑层；7—淡化水通道织物层；
8—给水通道隔网；9—浓水密封装置；10—玻璃钢外壳

反渗透系统运行时，给水中的一部分水沿膜垂直的方向通过膜，此时给水中的盐类和胶体物质将在膜表面浓缩，剩余的给水则沿膜平行的方向流动将浓缩物带走。水在膜元件中的流向如图 7 – 4 所示。

膜元件中淡化水收集管（中心管）的作用：一是在卷制膜元件过程中支承各膜片的拉力；二是收集淡化水（产品水）。淡化水收集管常用的材料有不锈钢管、聚氯乙烯管和聚丙烯管等。

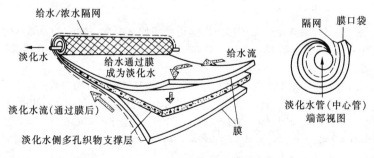

图 7 –4 涡卷式膜元件内水的流向

多孔织物支撑层主要起两个作用：一是作为产品水通道，即将通过半透膜的淡化水输送到中心管；二是作为膜的支撑体。为此，它应具备下述

第七章 反渗透装置的检修

条件：

（1）对水流的阻力要小，以获得较大的淡水产量；

（2）具有足够的耐压强度和较小的伸长率，否则，在高压下将导致沟槽严重变形，从而使淡水水流阻力增大，影响产水量；

（3）有足够的化学稳定性；

（4）对黏接剂具有较好的黏接性和渗透性。

根据上述条件，通常选用涤纶织物作支撑层。

给水隔网也有两个重要的作用：一是为膜元件提供给水通道，以使给水能最充分地与膜表面接触；二是它能增大给水、浓水通道的紊流程度，形成湍流状态，似减小浓差极化。

常用给水隔网的材料有聚丙烯单丝编织网或聚丙烯交织网，后者是单双线交叉编织成的，如图7-5所示。给水隔网的材料也有采用聚乙烯网的。

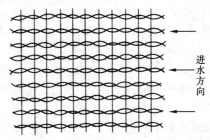

进水方向

图7-5　单双线交叉编织网

2. 中空纤维式膜元件

中空纤维膜是一种比头发丝还要细的空心管，管的外径通常为 $50 \sim 100 \mu m$，壁厚 $12 \sim 25 \mu m$，管的外径与内径之比约为2:1，将其弯成U形，放大后如图7-6所示。

将U形中空纤维空心管并成纤维束，将其按顺序均匀地骑跨在不织布上，并在不织布的两面再各覆盖一张不织布，用黏合剂粘接两侧边缘。然后将它们一起围绕在多孔配水管上。之后，将此元件开口的一端用特制的环氧树脂离心浇铸，并剪切成管板；另一端也用环氧树脂黏接固定成防偏板，如此就构成中空纤维式膜元件。

中空纤维式膜元件的特点是：空心管特细，填充密度大，结构细腻，占地面积小，耗电少；但容易污堵，且较难清洗。

涡卷式及中空纤维式结构的共同特点是单位体积产水量大，但中空纤

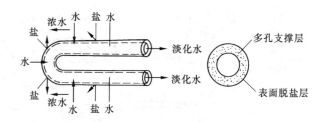

図7-6 中空纤维式膜元件的结构

维式对进水 SDI 的要求比涡卷式要严格。

三、反渗透装置的型式和结构

将一个或数个膜元件组合起来，放置到一个压力容器中即构成一个脱盐部件，称之为膜组件。常用的压力容器直径有 $\phi 2.5''$（53.5mm）、$\phi 4''$（101.6mm）和 $\phi 8''$（203.2mm）等数种，其材质大都为玻璃钢或不锈钢。玻璃钢 RO 外壳有端部进水和侧面进水等结构形式。

1. 涡卷式反渗透组件

在涡卷式反渗透组件中，可以只装一膜元件，也可以串联装几个膜元件，通常装 1~7 个膜元件。膜元件与膜元件之间通过内连接件连接。涡卷式反渗透装置的内部结构如图 7-7 所示。

涡卷式膜元件装到压力容器后，其压力容器端口采用支撑板、密封板和分段锁环等支撑、密封，统称管端组件，如图 7-8 所示。

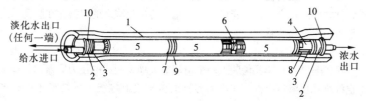

图7-7 涡卷式反渗透组件的内部结构

1—压力容器外壳；2—支撑板；3—带 O 圈端板；4—接头；
5—膜元件；6—内连接件；7—防膜卷伸出装置；8—推力套筒；
9—浓水密封装置；10—分段锁环

膜组件、压力管道、高压泵、仪表等组装在框架上，组成一套反渗透装置。

在运行中，给水是从反渗透装置一端的给水管进入膜元件的。在膜元件内，一部分给水透过膜表面而形成低含盐量的淡化水，剩余部分水继续沿给水管路流动而进入下一个膜元件。由于这部分水含盐量比原给水的要

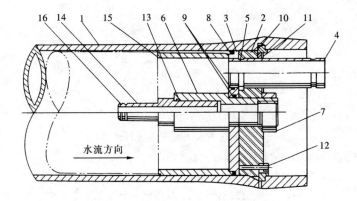

图 7 – 8   （端部进水）涡卷式反渗透组件管端结构

1—压力容器外壳；2—支撑板；3—密封板；4—给水/浓水管口；

5—管口卡紧组件；6—淡化水管口；7—管口螺母；8—端头密封；

9—管口密封；10—分段锁环；11—固定环；12—固定螺丝；13—PWTO

形环；14—适配器；15—推力套筒；16—适配器 O 形环

高，一般称为浓水。淡化水和浓水最后分别由压力容器两端的淡化水管路和浓水管路引出反渗透装置。

给水在压力容器的每一个膜元件上均产生一个压力降，为此就在每一个膜元件的一端均设有一个防膜卷伸出的装置，以防膜卷伸出。膜元件与膜元件之间通过内连接件连接。为防止在连接处浓水的泄漏，在膜元件之间设有浓水密封装置。

2. 中空纤维式反渗透组件

将中空纤维式膜元件装入一个由环氧玻璃钢制成的压力容器内，即成中空纤维式反渗透组件。在压力容器的两端设有端板、分段锁环和 O 形密封环等部件。

在运行中给水通过压力容器进水端板的进水孔，经进水导管进入中间的多孔配水管中，配水管以辐射方式将水散布于中空纤维管的外壁，水透过膜而渗入纤维管的内侧，并汇集于出口，然后通过出水端板上的出水管导出。

第三节   反渗透装置的组装和解体

不论采用哪种反渗透工艺流程，都必须严格按照反渗透装置制造厂家的有关要求和规定进行操作，这样才能保证反渗透装置的正常运行和使用

第一篇 电厂化学设备检修

寿命，否则，就会在很短的时间内出现故障，直至造成膜的严重污堵或装置内某些部件的严重损坏，而不得不停机更换被损坏的膜元件和部件。即便是按厂家的要求和规定进行操作，也会随使用时间的不断延长而出现膜被污染，造成淡水产量的急剧下降。其间，当然可以用化学清洗的方法改善膜污染的状况，但当使用时间过长，单靠化学清洗也无法恢复其性能时，就需要定期更换膜元件。还有就是长时间的运转后，器内 O 形橡胶密封圈逐渐老化而松脱，造成浓水向淡水侧的严重渗漏，致使淡水水质恶化，此时需立即更换 O 形密封圈。

无论是更换膜元件，还是更换密封圈，或是处理器内的其他故障，都需要将反渗透装置解体，修复后再复装。上述四种反渗透装置中，以涡卷式和中空纤维式反渗透装置的解体和复装较为复杂，如稍不注意就会损坏内部器件，甚至造成不可修复性的故障而报废。为此，有必要介绍一下这两种反渗透装置基本的解体和复装程序。

一、涡卷式反渗透装置的组装和解体

1. 膜元件和压力容器的组装

膜元件的组装程序如下：

（1）检查压力容器内壁有无划伤等缺陷，并将尘土等杂物清理干净，再用水冲洗；

（2）检查膜元件表面特别是防膜卷伸出装置的端部有无毛刺等缺陷，以免擦伤压力容器内壁；

（3）用 50% 左右的甘油—水混合物润滑压力容器内壁，以便膜元件装载更为容易，并减少容器内壁擦伤的可能性；

（4）把第一个膜元件装入压力容器的进水端，并使膜元件端部留少许在容器外，以便连接下一个膜元件；

（5）用少量润滑剂（甘油）润滑内连接件的 O 形密封圈，把内连接件连在第一个膜元件上；

（6）把要装入的下一个膜元件与前一个膜元件对齐，并把它安装到已与前一个膜元件相连接的连接件上；

（7）把第二个膜元件也推入压力容器内部，直到只留少许在容器外为止，重复上述步骤直到装入所有膜元件为止。

在最后一个膜元件安装完毕后，所有连在一起的膜元件都必须再向前推进，使最前端的膜元件的头部位置与如图 7 - 9 中的尺寸线 D 端头齐平，不要把膜元件向前推进过了头，否则，再往回拉就太困难了。

压力容器的封装程序如下：在完成膜元件的组装工作后，即可进行压

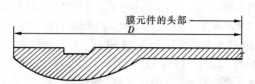

图 7 - 9　膜元件头部不同型号的位置

D 的尺寸：E8U 型号为 9.25mm，E8L 型号为 9.75mm；

E8B 型号为 10.25mm；E8S 型号为 11.25mm

力容器的封装工作。

（1）再检查压力容器端部内壁有无被擦伤或其他缺陷，不得使用可能有泄漏的压力容器；

（2）用润滑油润滑压力容器端部内壁从斜面一半直到距斜面约 13mm 的环面范围，如图 7 - 10 所示；

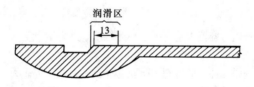

图 7 - 10　压力容器端部润滑范围

（3）将管端组件与压力容器本身的标志符号对齐，当管端组件插入压力容器后勿再旋转；

（4）握住管端组件使之与压力容器的轴线垂直，并把它一直向前滑动直到感觉有阻力时为止；

（5）用双手将管端组件尽量往前推，当其处于合适位置时，会露出约 13mm 深的槽；

（6）当管端组件插入压力容器后，把分段锁环组件的 B 环（见图 7 - 11）装入压力容器槽底（环上带台阶的一侧向外）；

（7）以逆时针方向旋转 B 环，待腾出足够位置后再装入 C 环；

（8）在槽内滑动 B 环和 C 环，直到环端的方头位于水平方向（相当于时钟面上 3 点钟的位置）时再装入 A 环；

（9）以逆时针方向旋转分段锁环组件，直到 B 环和 C 环的方头位于垂直方向（相当于时钟面上 12 点钟的位置）时为止，这样分段锁环就不

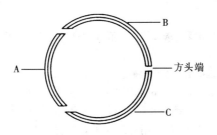

图 7 - 11　分段锁环组件位置

会掉出来了；

（10）将固牢环滑向支撑板，直到它与分段锁环组件相接触为止；

（11）将 3 个固定螺丝拧入支撑板两圈；

（12）用改锥手柄之类小木槌敲动固定环，以便将环贴在支撑板上；

（13）旋紧固定螺丝，但不得过紧，以免影响以后的拆卸工作。

2. 膜元件和压力容器的解体

膜元件及压力容器的解体程序正好与组装程序相反，不予陈述。

二、中空纤维式反渗透装置的组装和解体

1. 组装程序

中空纤维式反渗透装置因更换膜元件或消除内部缺陷而解体，之后即按下列程序进行组装：

（1）首先检查压力容器内壁有无擦伤或毛刺，特别要仔细检查 O 形密封圈的密封区，要用干净的布擦洗压力容器内壁；

（2）用甘油轻轻润滑纤维束管板上的 O 形密封圈；

（3）将纤维束从压力容器出水端插入直至 O 形密封圈处，同时用一根导向棒从进水端板上的进水口插入纤维束进水导管内，以防偏移；

（4）将压力容器直立，并将进水端垫在木凳上，轻轻向下墩，要注意使纤维束进水导管落入进水端板的进水管座内，待纤维束微孔管板落在压力容器内壁的支撑套筒上为止；

（5）放入集水多孔板，并使它准确地对正微孔管板，然后放入格网；

（6）在出水端板的 O 形密封圈上薄薄地涂上一层甘油；

（7）将出水端板放入压力容器内，并用木槌轻轻敲打，使其平移地进入，直至端板超过分段环槽约 1.5mm 为止；

（8）将分段环槽内的石蜡清除干净；

（9）将分段卡环嵌入环槽中，并用内六角螺栓与端板固定。

2. 解体程序

解体就是指将反渗透装置中的膜元件从压力容器内取出的操作，其顺序如下：

（1）用木槌将出水端板轻轻打进约 1.5mm；

（2）用六角键扳手拆下分段卡环的固定螺栓，并将分段卡环取下；

（3）将熔化的石蜡用吸管缓慢均匀地滴满压力容器内壁分段卡环的环形槽内，待全部凝固后，用钝刀（最好是竹皮刀或硬塑料刀）刮去多余的石蜡，使槽面与压力容器内壁齐平，以防端板上的 O 形密封圈卡在环形槽内；

（4）将端板拔出器的螺杆旋进出水口，将端板从压力容器内拔出，如图 7-12 所示；

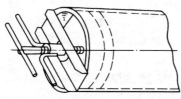

图 7-12　端板拔出器安装示意

（5）拆下格网，缓慢移动集水多孔板至水平位置卸下；

（6）将浓水端板上的浓水口堵住；用压力为 0.2~0.3MPa 的水从进水端缓慢升压，使膜元件慢慢向出口侧移动，直到纤维束管板上的 O 形密封圈被推出容器为止；

（7）关闭供水阀门，用手将膜元件移出压力容器外（注意勿触及微孔管板的正面，可以用手提拉进水管）；

（8）将纤维束放入一个盛有纯水的容器中，以免干燥收缩而影响其性能。

第四节　反渗透的预处理

反渗透系统能否长期稳定运行，主要取决于正确的预处理、恰当完善的系统设计和严格的运行管理及良好的维护工作。这三个方面都非常重要，缺一不可，但进水的预处理是基础，它是实现反渗透系统设计性能和运行寿命的前提。

一、预处理的目的

为确保反渗透系统的正常运行，有两类物质需要在预处理过程中去除或进行控制。

1. 造成膜污染的物质

（1）悬浮物和胶体物质；

（2）结垢性物质；

（3）金属氧化物；

（4）有机物；

（5）生物污染物。

2. 引起膜化学损害的物质

反渗透进水的 pH 值和氯的浓度是反渗透膜损害的最重要的因素，此外微生物的侵蚀、游离氧也会损伤膜的性能。

预处理的目的就是要将上述存在于进水中的可能造成膜污染的物质除去或降低至膜所允许的范围内。预处理的方法主要取决于原水的水质特点、膜的类型、反渗透系统的回收率等。

二、预处理的一般原则

1. 处理方案

反渗透系统由预处理、反渗透装置处理和后处理三部分组成。反渗透预处理方案的确定要考虑如下因素：

（1）原水水源类型及水质情况；

（2）要求的预处理出水的水质；

（3）澄清器、粒状过滤器、微米保安过滤器类型的选择；

（4）混凝剂、助凝剂（絮凝剂）的种类选择与剂量的确定；

（5）考虑有无需要附加工艺，如原水加碱、石灰处理、加氯杀菌、除铁、除硅等；

（6）在北方寒冷地区，确定原水加热方案；

（7）根据 RO 装置具体情况，确定是否调节给水 pH 值，加氯处理和加阻垢剂等；

（8）设备的控制水平等；

（9）膜的种类：CA 膜、中空 PA 膜、复合膜等。化学预处理时，要考虑膜的兼容性。

2. 预处理的原则

地表水中悬浮物、胶体杂质较多，预处理主要去除这些杂质，而地下水中悬浮物、胶体杂质较少，但二价铁离子普遍含量较高。根据水源特点，预处理的一般原则可确定如下：

（1）地表水中悬浮物含量小于 50mg/L 时，可采用直流混凝过滤方法。

（2）地表水中悬浮物含量大于 50mg/L 时，可采用混凝、澄清、过滤方法。

（3）地下水含铁量小于 0.3mg/L，悬浮物含量小于 20mg/L 时，可采用直接过滤方法。

（4）地下水含铁量小于 0.3mg/L，悬浮物含量大于 20mg/L 时，可采用直流混凝过滤方法。

（5）地下水含铁量大于 0.3mg/L，应考虑除铁，再考虑采用直接过滤工艺或直流混凝过滤方法。

（6）当原水有机物含量较高时，可采用加氯、混凝、澄清、过滤处理，当这种处理仍不能满足要求时，可同时采用活性炭过滤法除去有机物。

（7）当原水碳酸盐硬度较高，经加药处理仍会造成 $CaCO_3$ 在反渗透膜上沉降时，可采用软化或石灰处理。当其他难溶盐在 RO 系统中结垢析出时，应作加阻垢剂处理。如果钡和锶的浓度大于 0.01mg/L 存在于含硫酸盐的水中，它们也很容易结垢析出在膜表面上。应尽可能防止这些垢在膜上形成，因为它们较难清洗去除。

（8）当原水硅酸盐含量较高时，应进行除硅处理。硅的溶解度与水的温度和 pH 值有关。硅垢的清洗比较困难。

（9）采用微滤、超滤进行预处理的工艺。

第五节　反渗透装置的化学清洗和停用保护

一、化学清洗的必要性

反渗透装置经过一段时间运行后，若进水水质控制不当，如进水浊度、污染指数超标等，就会在短时间内造成反渗透装置的污染和结垢。即使是进水水质完全符合设计控制和膜制造商提出的条件和要求，长时间的连续运行，水中也会不可避免的会带入微量杂质，如溶于水的铁、铜氧化物、钙镁沉淀物、胶体物质和微生物等。由于这些物质的不断沉积，同样也会污染反渗透装置。污染后的特征是进水和排水的压差升高、产水量显著地减小、脱盐率轻微下降（有时出现脱盐率稍增高的情况，这是由于长时间运行后膜被压实所致）。

二、确定清洗的一般原则

清洗应根据膜制造商提供的清洗导则进行，如果未提供，通常应按下列原则进行，即符合下列条件之一的情况，就需对膜元件进行清洗：

（1）标准渗透水量下降 10% ～15% 。

（2）标准系统压差增加 10% ～15% 。

（3）标准系统脱盐率下降达 10% 或产品水含盐量明显增加。

（4）已证实发生了膜污染和结垢。

（5）日常维护，一般在正常运行 3~6 月后。

三、清洗的方法

对膜件进行化学清洗，即停止运行，用清洗液对反渗透装置进行循环清洗。一般清洗系统由清洗泵、清洗箱、5μm 保安过滤器、管路、阀门和监控仪表等组成。化学清洗的系统流程示意如图 7-13 所示。

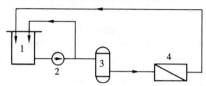

图 7-13　反渗透装置化学清洗流程示意

1—清洗箱；2—清洗泵；3—保安过滤器；4—RO 装置

清洗药剂的配方或专用清洗药剂的使用，一般应遵循膜供应商推荐的关于清洗药剂品种、剂量、pH 值、控制温度、接触时间的指导原则。表 7-1 列出的复合膜及醋酸纤维素膜常用化学清洗配方以供参考。

表 7-1　　　　　　　　　　常用的清洗配方

污　染　物	除 垢 方 法 及 药 品
金属氢氧化物（溶于水的金属氧化物、铁、锰、镍、铜等）	（1）2.0% 质量含量的柠檬酸 + 氢氧化铵 pH=4.0； （2）2.0% 质量含量的柠檬酸 + 2.0% 质量含量的乙二胺四乙酸二钠盐 + 氢氧化铵到 pH=4.0； （3）4.0% 质量含量的亚硫酸氢钠
碳酸钙	（1）盐酸（使 pH=4.0）； （2）柠檬酸（使 pH=4.0）
硫酸钙、磷酸钙	（1）2.0% 质量含量的柠檬酸 + 氢氧化铵 pH=8.0； （2）1.5% 质量含量的乙二胺四乙酸二钠盐 + 盐酸到 pH=7~8； （3）1.5% 质量含量的乙二胺四乙酸二钠盐 + 氢氧化钠到 pH=7~8； （4）4.0% 质量含量的亚硫酸氢钠
有机物质	（1）0.5% 中性洗涤剂 pH=0； （2）0.25% 中性洗涤剂 + 氢氧化钠到 pH=12

第七章　反渗透装置的检修

污 染 物	除 垢 方 法 及 药 品
无机物胶体	（1）柠檬酸 pH = 4.0； （2）盐酸 pH = 2.0； （3）氢氧化钠 pH = 12； （4）0.2% ~ 0.5% 中性洗涤剂 pH = 10； （5）0.25% 中性洗涤剂 + 氢氧化钠到 pH = 12
微生物	（1）1.0% 质量含量的甲醛溶液； （2）0.25% 质量含量的中性洗涤剂； （3）1.0% 质量含量的甲醛溶液 + 0.25% 质量含量的中性洗涤剂

化学清洗是通过化学反应从膜面上脱除污染物。对于不同的污染物应采用特定的化学清洗剂，同时使用的化学清洗剂必须与膜材料相容，以防止对膜产生不可逆的损伤。

清洗的步骤及要求：

（1）冲洗膜组件，排除运行过程中的浓水和淡水通道中的污染物。

（2）使用 RO 产水，按照清洗配方或清洗指导原则规定配置清洗液，并混合均匀；控制、调节清洗液的 pH 值、温度至规定的范围。将清洗液引入膜组件循环清洗约 1h，在此过程中应注意调节控制清洗液的流量（具体数据向膜供应商索取），使流量缓慢增加，防止清洗出的污染物将给水通道堵塞。清洗液在最初几分钟可排地沟，然后再循环。当 pH 值变化超过 0.5 时，应及时调整至规定值。

（3）对段 RO 装置，一般应分段进行（当污染轻微时，可不分段一起清洗），清洗的水流与运行方向一致。

（4）清洗过程中应监测清洗温度、pH 值、运行压力以及清洗液颜色的变化。系统温度一般不应超过 40℃，运行压力以能完成清洗过程即可，压力容器两端压降不应超过 0.35MPa（单个膜元件压降不超过 0.06895MPa）。在清洗循环过程中，清洗液 pH 值升高较多时，需加酸使 pH 值恢复到设定值。清洗液 pH 值升高，说明酸在溶解无机垢。

（5）一般情况下，清洗每一段循环时间可为 1 ~ 15h，污染严重时应延长时间。

（6）清洗完毕后，应用反渗透出水冲洗 RO 装置，时间不少于20min。

四、反渗透膜的修补

在运行中当发现出水水质下降、阻力减小时，可能是膜被穿透，可从反渗透装置的进口管加入膜制造商提供的修复剂，在运行中对膜进行修补。

五、反渗透装置的停用保护

（1）防菌。如果反渗透装置连续停用一段时间（一般在 3~5 天以上），就要对其进行防菌保护。其方法是：

1）用除盐水或反渗透产水制备具有 1.0% 质量含量的甲醛溶液，用和化学清洗法相同的手段将其打入反渗透装置内，循环一段时间后，留在反渗透装置内。当需再投运反渗透装置时，用水冲洗干净即可投入正常运行。

2）异噻唑啉酮。使用浓度为 15~25mg/L；也可用作长期贮存时的杀菌剂。

（2）防冻。若反渗透装置在冰点以下的环境中停用，就必须采取防冻措施，否则，会将膜元件冻坏。为避免此类事故的发生，通常采用 18% 的甘油和 1% 的甲醛混合溶液，灌注到反渗透装置内实行防冻防菌保护。药液的灌注方式同防菌保护法。

若短期停用，可每天投运 1~2h，这也可以起到对膜的保养作用。

第六节　反渗透装置的故障处理

反渗透装置在运行中发生的常见故障和处理方法可见表 7-2。

表 7-2 反渗透装置的故障和处理方法

编号	故障现象	原因分析	处理方法
1	进出水压差升高，产水量下降，脱盐率轻度减小	（1）进水浊度高，污染指数超标，膜元件被较多的铁、铜、铝等金属的氧化物、有机物、微生物等污染； （2）水温过高，回收水率太大，使膜元件上结有较多的水垢	（1）加强预处理工作，根据水源水质，及时调整加药量；当菌、藻类含量较大时，还应加二氧化氯等消毒剂； （2）加强水温监督和回收水率的控制； （3）对膜元件上粘附的污物和垢类，应根据其性质采用化学方法进行清洗，包括采用含酶洗涤剂清洗胶状物

编号	故障现象	原 因 分 析	处 理 方 法
2	出水质量恶化，脱盐率大幅度降低	（1）装置内的 O 形密封圈老化松脱，致使浓水向淡水中渗漏； （2）袋状和不织布粘接的密封处裂开，浓水向淡水中渗漏； （3）袋状或中空纤维膜元件断裂	（1）更换 O 形密封圈； （2）解体检查，重新粘接； （3）解体检查，更换断裂的膜元件

提示 本章共有六节，其中第一、二节适合于中级工，第三、四、五、六节适合于高级工。

阀门与管道的检修

第一节 阀门基本知识

一、阀门的分类

1. 按公称压力分

（1）真空阀：公称压力小于 0.1MPa 的阀门。

（2）低压阀：公称压力不超过 1.6MPa 的阀门。

（3）中压阀：公称压力为 2.5~6.4MPa 的阀门。

（4）高压阀：公称压力为 10~80MPa 的阀门。

2. 按结构特征分

按结构特征分可分为截止阀、闸阀、球阀、蝶阀、滑阀、隔膜阀、止回阀、安全阀、减压阀、调节阀。

按驱动方式分可分为如下几种：

（1）手动阀。依靠人力操纵手轮、手柄等驱动的阀门。

（2）动力驱动阀。依靠手动、电动、气动和液动等外力来驱动的阀门。

（3）自动阀。不需外力驱动，利用介质自身的能量来使阀门动作，如安全阀、减压阀、疏水阀和止回阀等。

二、阀门的基本参数及型号

1. 阀门的公称直径

阀门进出口通道的名义直径叫做阀门的公称直径，用 DN 表示，单位为 mm。它表示阀门规格的大小。

一般阀门的公称直径与实际直径是一致的。在 GB 1074—1970 中，对阀门的公称直径系列作了规定，如表 8-1 所列。

2. 阀门的公称压力

阀门公称压力是指阀门在基准温度下的允许承受的最大工作压力，即阀门的名义压力，用 PN 表示。

表 8－1   阀门的公称直径系列 （mm）

<u>3</u>	<u>6</u>	<u>10</u>	<u>15</u>	20	<u>25</u>	32	<u>40</u>	<u>50</u>	<u>65</u>
<u>80</u>	<u>100</u>	<u>125</u>	<u>150</u>	(175)	<u>200</u>	(225)	<u>250</u>	<u>300</u>	350
<u>400</u>	450	500	600	700	<u>800</u>	900	<u>1000</u>	<u>1200</u>	<u>1400</u>

注 1. 表中带"—"应优先选用；
     2. 带括号者仅用于特殊阀门。

    阀门的实际耐压能力，由于设计时考虑了安全系数，所以它比阀门的公称压力大得多。阀门做强度耐压试验时，按规定是允许超过公称压力的，但阀门在工作状态下是严禁超过公称压力的，一般控制在小于公称压力值。

    3. 阀门的适用介质

    阀门工作介质的种类繁多，有些介质具有很强的腐蚀性，有些介质具有相当高的温度。这些不同性质的介质对阀门材料有不同的要求。因而在设计、选用阀门时应考虑各种型号产品所适用的介质。

    4. 阀门的适用温度

    制造阀门时，根据用途不同，选用不同的阀体、密封材料及不同的填料。不同的阀门有不同的适用温度。对于同一阀门，在不同的温度下允许采用的最大工作压力也不同。所以选用阀门时，适用温度也是必须考虑的参数。

    5. 阀门的型号

    阀门型号是按原第一机械工业部标准编制的（JB 308—1975）。按照阀门型号编制方法的规定，国产阀门型号的代号由七个单元组成，其含义如下：

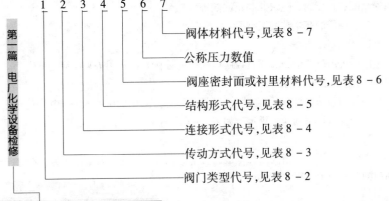

七个单元的代号分别叙述如下：

（1）阀门的类型代号用汉语拼音字母表示，符合表 8 - 2 的规定。

表 8 - 2   阀门类型代号

类 型	代 号	类 型	代 号
闸 阀	Z	旋塞阀	X
截止阀	J	止回阀	H
节流阀	L	安全阀	A
球 阀	Q	减压阀	Y
蝶 阀	D	疏水阀	S
隔膜阀	G		

注 低温（低于 -40℃）、保温（带加热套）和带波纹管的阀门，在阀门类型代号前面分别加上 DBW 等汉语拼音字母，以兹区别。

（2）阀门的传动方式代号用阿拉伯数字表示，应符合表 8 - 3 的规定。

表 8 - 3   阀门传动方式代号

传动方式	代 号	传动方式	代 号
电磁动	0	锥齿轮	5
电磁—液动	1	气 动	6
电—液动	2	液 动	7
蜗 轮	3	气—液动	8
直齿圆柱齿轮	4	电 动	9

注 1. 手轮、手柄和扳手驱动以及安全阀、减压阀、疏水阀等自动阀门，均省略本代号。

    2. 对于气动或液动阀门，常开式用 6K、7K 表示；常闭式用 6B、7B 表示；气动带手动用 6S 表示；防爆电动用 9B 表示。

（3）阀门的连接形式代号用阿拉伯数字表示，应符合表 8 - 4 的规定。

表 8 - 4   阀门连接形式代号

连接形式	代 号	连接形式	代 号	连接形式	代 号
内螺纹	1	焊 接	6	卡 箍	8
外螺纹	2	对 夹	7	卡 套	9
法 兰	4				

注 焊接包括对焊和承插焊。

（4）阀门的结构形式代号用阿拉伯数字表示，应符合表 8 – 5 的规定。

表 8 – 5 阀门的结构形式代号

类型			结构形式		代号
截止阀和节流阀			直通式		1
			角式		4
			直流式		5
	平衡		直通式		6
			角式		7
闸阀	明杆	楔式		弹性闸板	0
			刚性	单闸板	1
				双闸板	2
		平行式		单闸板	3
				双闸板	4
	暗杆楔式			单闸板	5
				双闸板	6
球阀	浮动		直通式		1
		L 形	三通式		4
		T 形			5
	固定		直通式		7
蝶阀			杠杆式		0
			垂直板式		1
			斜板式		3
隔膜阀			屋脊式		1
			截止式		3
			闸板式		7
止回阀和底阀	升降		直通式		1
			立式		2
	旋启		单瓣式		4
			多瓣式		5
			双瓣式		6

第一篇 电厂化学设备检修

类型	结构形式			代号
旋塞阀	填料	直通式		3
		T形三通式		4
		四通式		5
	油封	直通式		7
		T形三通式		8
安全阀	弹簧	带散热片	全启式	0
		封闭	微启式	1
			全启式	2
			全启式	4
		带扳手	双联弹簧微启式	3
			微启式	7
	不封闭		全启式	8
		带控制机构	微启式	5
			全启式	6
	脉冲式			9
减压阀	薄膜式			1
	弹簧薄膜式			2
	活塞式			3
	波纹管式			4
	杠杆式			5
疏水阀	浮球式			1
	钟形浮子式			5
	双金属片式			7
	脉冲式			8
	热动力式			9

注 杠杆式安全阀在类型代号前加汉语拼音字母 "G"。

（5）阀座密封面或衬里材料代号用汉语拼音字母表示，应符合表

第八章 阀门与管道的检修

8-6 的规定。

表 8-6　　　　　　　　　阀座密封面或衬里材料代号

材　　料	代号	材　　料	代号
铜 合 金	T	渗氮钢	D
橡　胶	X	硬质合金	Y
尼龙塑料	N	衬　胶	J
锡墓轴承合金（巴氏合金）	B	衬　铅	Q
合金钢	H	搪　瓷	C
氟塑料	F	渗硼钢	P

注　在阀体上直接加工的阀座密封面材料代号用 W 表示。当阀座与启闭件密封面材料不同时，用低硬度材料代号表示（隔膜阀除外）。

（6）阀体的材料代号用汉语拼音字母表示，应符合表 8-7 的规定。

表 8-7　　　　　　　　　　阀体材料代号

阀体材料	代　号	阀体材料	代　号
HT250	Z	Cr5Mo	I
KTH300-06	K	1Cr18Ni9Ti	P
QT400-15	Q	Cr18Ni12M02Ti	R
H62	T	12Cr1MoV	V
ZG25	C		

三、阀门的安装要求

1. 对闸阀、截止阀等安装的要求

（1）安装前应按设计核对型号，并根据介质流向确定其安装方向。

（2）检查、清理阀门各部分污物、氧化铁屑、砂粒及包装物等，防止污物划伤密封面以及污物遗留阀内。

（3）检查填料是否完好，一般安装前要重新塞好填料，调整好填料压盖。

（4）检查阀杆是否歪斜，操作机构和传动装置是否灵活，试开关一次，检查能否关闭严密。

（5）水平管道上的阀门，其阀杆一般应安装在朝上的方向。

（6）安装铸铁、硅铁阀门时，需注意防止强力连接或受力不均而引

第一篇　电厂化学设备检修

起损坏。

（7）介质流过截止阀的方向是由下向上流经阀盘。

（8）闸阀不宜倒装，明杆阀门不宜装在地下。

（9）升降式止回阀应水平安装；旋启式止回阀一般应垂直安装，但在保证旋板的旋转轴呈水平的情况下，亦可水平安装。

2. 对减压阀安装的要求

（1）减压阀组不应设置在临近移动设备或容易受冲击的部位，应设在振动小、有足够空间和便于检修的部位。

（2）减压阀安装高度一般在离地面 1.2m 左右，并沿墙敷设，设在 3m 以上应设操作平台。

（3）蒸汽系统的减压阀前应设疏水阀。

（4）减压阀组前后应装设压力表，其后还应装安全阀。

（5）如果系统中输送的介质带渣物时，则应在减压阀组前设置过滤器。

（6）减压阀均应装在水平管道上。波纹管式减压阀用于蒸汽管道上时，波纹管应向下安装，用于空气管道上时波纹管应向上安装。

3. 安全阀的安装要求

（1）设备容器的安全阀应装在设备容器壳体的较高位置上，也可装在接近设备容器入口的管路上，但管路的公称通径不得小于安全阀进口的公称通径。

（2）排放液体的安全阀，介质应排入封闭系统，排放气体的安全阀，介质可排入大气。

（3）排放蒸汽及可燃气体和有毒气体的安全阀，其排气口应用管引至室外，此管应尽量不拐弯，它的出口应高出操作面 2.5m 以上；可燃气体和有毒气体排入大气时，安全阀放空管出口应高出周围最高建筑物或设备 2m；水平距离 15m 以内有明火设备时，可燃气体不得排入大气。

（4）安全阀应垂直安装，以保证管路系统畅通无阻。安全阀应布置在便于检查和维修的场所，并做到不要危及人身和附近其他设备的安全。

（5）安装重锤式安全阀时，应使杠杆在一垂直平面内运动，调试好后必须用固定螺栓将重锤固定。

（6）设备上的安全阀其接口管应尽量接近设备，其排放管接口外通常还应接一向上排放的弯管。该弯管中心线到安全阀中心线的距离通常小于 500mm，以尽量降低排放时对安全阀产生的应力。

（7）排放管不应用安全阀来作支撑，以免使安全阀承受过大的应力。

排放管单独固定在建筑物或其他的结构上。

（8）安全阀排放弯管的管径通常应大于接口管管径一个等级。

第二节　常用阀门的检修及使用

一、水处理管系中常用的阀门结构与检修

（一）闸阀与截止阀

1. 闸阀

闸板在阀杆的带动下，沿阀座密封面作相对运动而达到开闭目的的阀门叫做闸阀。

（1）闸阀的特点和用途。闸阀具有密封性能较好，流动阻力小，开关省力，全开时密封面受介质冲蚀小，双流向，适用范围广的特点。同时也存在开启需要一定的空间（因结构高大），开闭时间长，开关时密封面容易冲蚀和擦伤，两个密封面加工和维修困难的缺点。

闸阀适用于工作温度不超过 120℃ 的水、汽、油等介质（不包括含盐量高的软化水）。在水处理设备和管道中常用的闸阀规格有 $DN15 \sim 400 \text{mm}$。闸阀主要作切断管道的介质用，不允许作节流用。

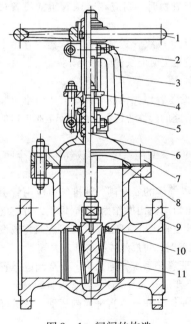

图 8 - 1　闸阀的构造

1—手轮；2—阀杆螺母；3—阀杆；
4—压盖；5—支架；6—填料；
7—阀盖；8—垫片；9—阀体；
10—阀座；11—闸板

（2）闸阀的结构。闸阀有明杆、暗杆、楔式和平行式等几种结构形式，以图 8 - 1 为例介绍闸阀的组成，由下列主要零件组成。

1）阀体；它是闸阀的主体，是安装阀盖、安放阀座、连接管道的重要零件。

2）阀盖：它与阀体构成耐压空腔，上面有填料函（箱），还与支架和压盖相图连接。

3）支架。它是支承阀杆和传

第一篇　电厂化学设备检修

动装置的零件。有的闸阀支架与阀盖成一整体，有的无支架。

4）阀杆：它与阀杆螺母或传动装置直接相接，其中间与填料构成密封面，能传递扭力，起着开关闸板的作用。阀杆有明杆和暗杆两种。

5）阀杆螺母：它与阀杆构成螺纹面，也是传递扭力的零件。

6）手轮：它是传动装置中的一种零件。传动装置是把电气、气力、液力和人力直接传给阀杆的一种机构。

7）填料：它是一种在填料函内通过压盖能够在阀盖和阀杆间起密封作用的材料。

8）填料压盖：它是通过压盖螺栓或压套螺母能将填料压紧的一种零件。

9）垫片：它是在静密封面上能起密封作用的一种材料。

10）阀座：它是用镶嵌等工艺将密封圈固定在阀体上与闸板成密封面的零件。有的密封圈是用堆焊或用阀体本身直接加工出来的。

11）闸板：它是两侧具有两个密封面能开闭闸阀通道的零件，也称关闭件。它有楔式和平行式、单闸板和双闸板之分。

2. 截止阀

阀瓣在阀杆的带动下，沿阀座密封面的轴线作升降运动而达到开关目的的阀门叫做截止阀。

（1）截止阀的特点和用途。截止阀与闸阀相比，截止阀具有开启高度小，开闭时间短，结构高度小，构造比较简单（只有一个密封面，便于制造和维修），密封面间摩擦力小的特点，但密封性能较差，结构长，开启高度不如明杆闸阀好掌握。截止阀可粗略地调节流量，主要用作切断管道的介质。

（2）截止阀的构造。常见的截止阀构造如图8-2所示。其零件的形状与闸阀的有所不同，但其作用一样。

截止阀的阀瓣有平面和锥形面两种密封形式。平面密封面（见图12-2）擦伤少，易研磨，但开关力稍大，大多用在直径大的截止阀中。锥形密封面有擦伤现象，需特制研磨工具进行研磨，但结构紧凑，开关力小，一般用在小直径截止阀中，如图8-3所示。

（3）截止阀的类别。截止阀阀体形式一般有直通式、直流式和角式三种。

直通式是指进出口在同一轴线上或相互平行的阀体形式，如图8-2所示。它安装在直线的管路上，操作方便，但流体阻力较大。

直流式是指进出口通道成一直线，阀杆与阀体通道轴线成锐角的阀体

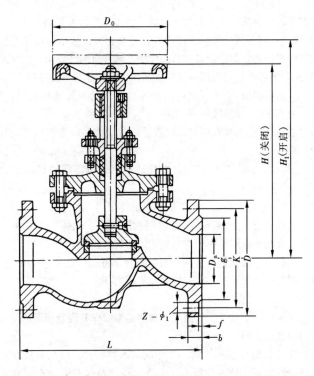

图 8 - 2　J41 型法兰直通式截止阀

形式,即阀杆处于斜的位置,流体阻力较小,但操作不方便。

角式是指进出口通道相互垂直的阀体形式,多用在小直径的高压管道上。

截止阀阀杆形式也有明杆与暗杆之分(指阀杆螺纹)。小直径的截止阀由于结构尺寸小,通常采用暗螺纹阀杆,如图 8 - 3 所示。对于大直径的截止阀,一般采用明螺纹阀杆,优点是不受介质腐蚀,便于润滑和检查。

3. 闸阀和截止阀的拆卸与装配

拆卸顺序:

(1) 首先用刷子清扫阀门外部的污物,做好阀盖与阀体的位置标记,然后将阀门平置于地面上,松开阀盖与阀座的连接螺丝。

(2) 将手轮、阀杆(门杆)、阀盖、闸板(阀瓣)一并从阀座上抽出。

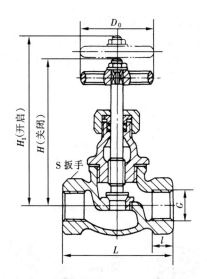

图 8 - 3 J11 型内螺纹直通式截止阀

(3) 拆下阀板卡子，使闸板与阀杆脱离，把镶有铜环接触面的一面朝上放好。

(4) 松开阀盖上的压兰螺栓，按正方向（顺时针方向）旋转手轮，阀杆与阀杆螺母脱离开。

(5) 将盘根从填料函中取出。

将修理后的阀门部件组装好，其组装顺序一般是拆卸的逆顺序：

(1) 将阀杆穿入填料压兰及阀盖中，并使阀杆上端对住阀杆衬套螺母口，然后用逆时针方向旋转手轮。使阀杆伸出衬套螺母。

(2) 先将闸板平放在工作台上（衬上石棉板等软物），再将阀门顶心（楔铁）和阀杆下端放入阀板中间，然后将另一块闸板扣上，并用不锈钢丝卡子卡住闸板脖子。

(3) 将阀盖与阀体之间的衬垫放好，再把阀盖、阀杆及闸板一并放入阀座内，对好标记，穿入螺丝对应紧好（此时阀门应处于开启位置）。

(4) 填好盘根，紧好压兰螺丝。在安装盘根前，若采用无石墨的石棉盘根，应涂上一层油浸石墨粉。盘根要保持干净，不得随地乱放。盘根的长度、宽度应合适，并剪成45°的坡口，对接或搭接盘根时，应将盘根套在阀杆上，使接口吻合，然后轻轻地嵌入填料函中，如图 8 - 4 所示。往填料函内压盘根应一圈一圈地进行，并一圈一圈地用压具或压兰压紧和压均匀。不得用连绕的方法绕成许多周安装盘根，如图 8－5 所示。盘根各圈的切口搭接位置应相互错开 120°；装填高度为填料室高度的 80%～90%；压紧盘根时应伸入填料函内 1.5～3mm，同时应转动一下阀杆，以检查盘根的紧固程度，使其松紧适度。

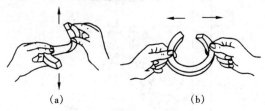

(a)   (b)

图 8－4   搭接盘根安装方法

(a) 正确的；(b) 错误的

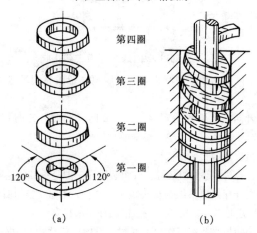

第四圈

第三圈

第二圈

第一圈

120°   120°

(a)   (b)

图 8－5   填盘根的方法

(a) 正确的；(b) 错误的

（二）隔膜阀

阀杆与介质隔绝，阀瓣在阀杆的带动下，沿阀杆轴线作升降运动而开闭的阀门（阀瓣带动橡胶隔膜）叫做隔膜阀。

1. 隔膜阀的特点和用途

隔膜具有结构简单、便于维修、流动阻力小、密封性能好，能适用含有悬浮物的介质和介质不与阀杆接触而不被腐蚀，不需要填料机构等优点。由于隔膜是橡胶制品，其耐温性能较差，一般不超过 60℃，同时也

不适于较高压力和真空系统。水处理系统常用的压力为 0.6MPa 与
1.0MPa，用作切断和调节管道介质。

　　2. 隔膜阀的类别

　　隔膜阀按结构可分为屋脊式、截止式和闸板式三类。水处理系统常用
的为屋脊式如图 8 - 6 所示。

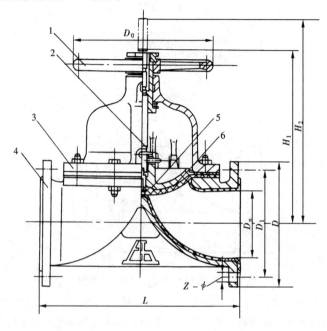

图 8 - 6　G41J - 6（或 10）手动衬胶隔膜阀

1—手轮；2—阀杆；3—阀盖；4—阀体；5—阀瓣；6—隔膜

　　隔膜阀按其传动方式分为手动衬胶隔膜阀（见图 8 - 6）、电动衬胶隔
膜阀（见图 8 - 7）、气动衬胶隔膜阀（见图 8 - 8 ～ 图 8 - 10）。

　　我国近几年来由于大机组火电厂的迅猛发展，电厂水处理系统程控和
自动化水平不断提高，所需各类气动隔膜阀不断开发。下面将气动隔膜阀
的结构型式和简单工作原理作一介绍。

　　气动隔膜阀包括活塞式和薄膜式两大类。无论是活塞式，还是薄膜式
又可分为往复式、常开式和常闭式三种，而且还可以手、气两种操作。

　　3. 隔膜阀的构造和工作原理

　　（1）手动衬胶隔膜阀。图 8 - 6 是手动衬胶隔膜阀的构造图。该阀由

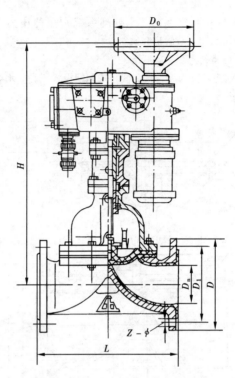

图 8 - 7　G941J - 6 电动衬胶隔膜阀

阀盖、阀杆、阀瓣、隔膜、阀体和手轮等主要零件组成。隔膜是由天然橡胶、氯丁橡胶、氟橡胶及聚全氟乙丙烯塑料等制成。隔膜起着阀瓣与阀体密封面密封的作用。

(2) 活塞式气动隔膜阀。

1) 往复式。其结构形式如图 8 - 8 所示。它由阀体、阀盖、阀瓣、隔膜、气缸、气缸盖、活塞、活塞杆、橡胶活塞环及手操装置等零件组成,分气操作和手气操作两种。其工作原理是:当压缩空气从气缸进气孔进入气缸后,压缩空气推动活塞,使活塞杆带动阀瓣和隔膜向上移动,隔膜阀开启;反之,当压缩空气从气缸盖上的进气孔进入时,阀门就关闭。有手操作装置的气动隔膜阀,可以调节流量,还能在失掉气源的情况下进行手动操作,使阀门开关。

2) 常开式。其结构形式如图 8 - 8 (a) 所示。其工作原理是:当气缸的进气孔不通气时,由于弹簧的张力,使活塞带动活塞杆,阀瓣和隔膜

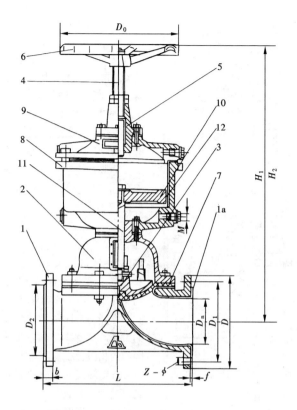

图 8-8 活塞式气动隔膜阀结构（往复式）

1—阀体；1a—阀体衬里；2—阀盖；3—阀瓣；4—阀杆；5—
阀杆螺母；6—手轮；7—隔膜；8—气缸；9—气缸盖；10—活
塞；11—活塞杆；12—活塞环

处于开启的位置；当气缸通气时，由于活塞上部的压力大于弹簧的张力，活塞向下移动时压缩了弹簧，同时带动活塞杆、阀瓣和隔膜向下运动，将阀门关闭。一旦气缸排气后，由于弹簧的张力，阀门即自动开启；有手操装置的气动隔膜阀既可以调节流量，又可以在气源供气发生故障时进行手操，使阀门关闭。

3）常闭式。其结构形式如图 8-10（b）所示，基本上与常开式相似，所不同的是在阀门未通气时，阀门处于关闭位置。一旦通气阀门就开启。同样，阀门上部的手动装置也可以调节流量和开启阀门。

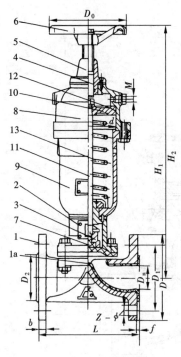

图 8-9　常开式气动
衬胶隔膜阀（G6k41J-6）

1—阀体；1a—阀体衬里；2—阀盖；
3—阀瓣；4—阀杆；5—阀杆螺母；6—
手轮；7—隔膜；8—气缸；9—气缸盖；
10—活塞；11—活塞杆；12—活塞环；
13—弹簧

（3）薄膜式气动隔膜阀。

1）往复式。其结构形式如图8-9（a）所示。它由阀体、阀盖、阀瓣、隔膜、薄膜上室、薄膜下室、阀杆、薄膜、压盖等零件组成。其工作原理与活塞式气动隔膜阀的（往复式）相似。当气缸、气孔进气时，由于压缩空气的推力作用，压头和薄膜向上移动、带动阀杆、阀瓣和隔膜向上移动而使阀门开启，反之，当气缸盖进气时，阀门就关闭。

2）常开和常闭式。其结构形式如图8-9（b）、（c）所示。它除具有往复式薄膜阀的零件外，还有手轮、弹簧、弹簧座和导杆等。

常开和常闭式薄膜气动隔膜阀的工作原理基本上与活塞式气动隔膜阀的相似，故不再陈述。

气动隔膜阀由气缸活塞式发展到目前的气缸薄膜式，在气动阀门中后者处于领先地位、现使用广泛。它与气动活塞隔膜阀相比，具有下列特点：

（1）设计结构合理、工作可靠；

（2）使用寿命长，操作气压低；

（3）重量轻，气动阀手操时开启力矩小；

（4）能适应大机组火电厂水处理和污水处理系统上的需要；

（5）根据介质压力的大小，可选择不同型号的执行机构。

4. 气动衬胶隔膜阀的拆卸与装配

常用的气动衬胶隔膜阀 G641J-6（或10）（往复式）、G6_B41J-6（或10）（常闭式）和 G6_K41J-6（或10）（常开式）的拆卸与装配方法大体相同，现介绍如下：

（1）将手轮螺母、手轮、手动锁母及阀杆螺母拆下。

第一篇 电厂化学设备检修

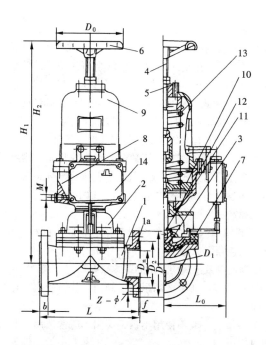

图 8 - 10　常闭式气动衬胶隔膜阀（G6_B41J - 6）

1—阀体；1a—阀体衬里；2—阀盖；3—阀瓣；4—阀杆；5—阀杆螺母；6—手轮；7—隔膜；8—气缸；9—气缸盖；10—活塞；11—活塞杆；12—活塞环；13—弹簧；14—反馈装置箱体

（2）将气缸盖螺栓对角拆下两个，换上两个比气缸外壳长 1.5 倍的全丝扣螺栓（指有弹簧的隔膜阀），并拧紧螺母，然后将其余的缸盖螺栓全都拆下。

（3）将两个长螺栓的螺母对称逐个放松，直到使弹簧延伸到自由长度为止，取出螺栓。

（4）将活塞杆与活塞固定螺丝取下，拆下活塞，气缸解体，取出弹簧。

（5）拆卸阀盖与阀体紧固螺栓，阀盖与阀体分解，卸下隔膜。

（6）将拆下的各零部件清洗干净，检查有无损坏和是否需要更换。

（7）隔膜阀的装配按拆卸的逆顺序进行。

此外，气动隔膜阀的拆卸与装配应使用气动或手动压力机，以使拆卸与装配更为方便。

5. 气动薄膜式衬胶隔膜阀的拆卸与装配

气动薄膜式衬胶隔膜阀有往复式、常闭式和常开式三种型式，它们是引进英国桑德斯产品。往复式的型号为 EG641J－10，无手操往复式的型号为 EG641J（MS）－10，常闭式的型号为 $EG6_B41J－10$，常开式的型号为 $EG6_K4J－10$。常闭式和常开式可装反馈信号装置及定位调节装置。

气动薄膜式衬胶隔膜阀的拆卸与装配方法如下：

（1）由仪表人员拆掉反馈装置信号线及进气管路。

（2）逆时针转动调整螺杆，使弹簧处于松弛状态，然后拆卸气缸及气缸盖的连接螺栓（常开式）；取下气缸盖上体及弹簧部分。

（3）拆除弹簧罩与气缸盖的连接螺丝，取下弹簧罩，松开连杆螺丝，取出弹簧座及弹簧。

（4）拆下阀体与阀盖、气缸与阀盖螺栓，取出阀杆、阀瓣与隔膜。装配时按拆卸的逆顺序进行。

二、水处理设备系统阀门选用的基本原则

（1）除盐水系统。通常选用耐腐蚀阀门，如衬胶阀、衬塑阀、全塑阀、不锈钢阀等。

（2）盐酸系统。一般不使用不锈钢阀门，通常选用衬胶阀门、塑料或玻璃钢阀门。

（3）碱、氨系统。可使用碳钢阀门或铸铁阀门（注意氨液系统的阀门内部零件不允许用铜件），但最好也使用耐腐蚀阀门。再生系统一般选用衬胶阀门，给水、炉水加药系统一般使用不锈钢阀门。

（4）工业水系统（包括生水、清水、过滤水）。一般的闸阀、截止阀、蝶阀均可选用。

（5）硫酸系统。浓硫酸系统一般使用铸铁阀门即可；稀硫酸要选择衬胶阀、塑料阀；当然也可使用不锈钢阀门。注意浓硫酸稀释时产生大量的热量，该部分的阀门要选用四氟衬里的阀门。

（6）加氯系统。一般使用衬氟塑料的阀门。

（7）机炉取样系统和制氢系统。一般使用高压不锈钢阀门。

（8）树脂输送系统。一般使用不锈钢球阀。

（9）食盐系统。一般衬胶阀门，不使用不锈钢阀门。

选用阀门要尽量与管路相一致，如衬里管路上的阀门通常也选用衬里阀门或不锈钢阀门。

三、阀门选用的步骤

（1）根据介质特性、工作压力和工作温度，选择阀体材料。

（2）根据阀体材料、介质的工作压力和工作温度，确定阀门的公称压力级别。

（3）根据阀门的公称压力、介质特性和温度，选择密封面材料，且最高使用温度不低于介质工作温度。

（4）根据管道的管径计算值，取其最接近公称直径值确定阀门的公称直径。一般阀门的公称直径与管子的公称直径相同。

（5）根据阀门的用途、生产需要和工艺条件，选择阀门的驱动方式。

（6）根据管道的连接方法和阀门公称直径大小，选择阀门的连接形式。

（7）根据阀门公称压力、公称直径、介质特性和工作温度，选择阀门类别、结构形式和型号。

四、阀门的维护保养和安装使用注意事项

阀门的维护保养包括提货运输、库存保管、安装使用和正确操作的全过程，这是减少阀门跑、冒、滴、漏，延长其使用寿命的一项重要措施。安装使用注意事项如下：

（1）阀门起吊时，绳索要系在法兰处或门杆臂处，切忌索在手轮或阀杆上。阀门起落工作要轻轻地进行，不要撞击它物。放置时要平稳，并应直立或斜立，使阀杆向上。

（2）入库的阀门应认真擦拭，清理运输中进入的水和灰尘脏物，对容易生锈的加工面、阀杆、密封面，应涂上一层防锈剂或贴上一层防锈纸，加以保护。

（3）装用的阀门要经常保持阀门外部和活动部位的清洁，润滑部位要定期加油，减少摩擦，避免相互磨损。

（4）更换盘根时，盘根压盖不宜压得过紧，应以阀杆上下动作灵活为准。压盖压得过紧，会加速阀杆的磨损，增加操作扭力。

（5）法兰和阀体上的螺栓应齐全，不允许有松动现象。盘根压盖不允许歪斜或无预紧间隙。露天安装的阀门、阀杆要安装保护罩。

（6）衬胶隔膜阀除以上注意事项外，还有下列特殊保养要求：

1）阀门必须存放在干燥通风的室内，温度不宜过高或过低，应保持在 5~35℃之间，以防橡胶件或衬里层老化而影响使用寿命。

2）应避免与液体燃料、油料或其他易燃物质接触。

3）库存阀门的通路两端必须封口，避免异物进入内腔，损伤有关密封部件。

4）长期存放的阀门，应逆时针旋转手轮至阀门处于微启状态，避免隔膜因长期受压而产生塑性变形。

5）安装过程中，应将阀体内腔清洗干净，避免污垢卡阻及损伤密封部件，并检查各连接部位的螺栓是否均匀紧固。

6）运行中的阀门，应按实际使用情况，定期更换隔膜。

7）当更换新隔膜时，螺钉切勿拧得过紧或过松，而影响其密封和使用寿命。隔膜上的密封筋应与阀瓣上的密封凸线保持一致。

8）当阀门需手动操作时，对常开阀应按顺时针旋转手轮使阀门关闭；对常闭阀应按逆时针旋转手轮使阀门开启。开闭工作均不得借助于其他辅助杠杆，以免因扭矩过大而损伤有关部件。

第三节　常用安全阀与减压阀的使用与调整

一、安全阀的选用、安装与调整

安全阀是设备和管道的自动保护装置，在化学水处理设备和管道中，常用于蒸汽管道、加热器、压缩空气管道和储气罐等压力容器上，当介质压力超过规定数值时，安全阀自动开启，以排除过剩介质压力；当压力下降到回座压力时，能自动关闭，以保证生产运行安全。

（一）安全阀的工作过程

弹簧的压紧力或重锤通过杠杆的压力与在介质作用下阀芯的正常压力相平衡，这时阀芯与阀座密封面密合，当介质的压力超过规定值时，弹簧受到压缩或重锤被顶起，阀芯失去平衡，离开阀座，介质从中排放；当介质压力降到低于规定值时，弹簧的压紧力或重锤通过杠杆的压力大于作用在阀芯的介质压力，阀芯回座，密封面重新密合。

（二）安全阀的选用

1. 安全阀的分类和结构

安全阀按不同构造，主要可分为：

（1）杠杆重锤式安全阀。如图 8－11 所示。

（2）弹簧式安全阀。如图 8－12 所示，是利用压缩弹簧的力来平衡阀芯的压力，它靠调节弹簧的压缩量来调整压紧力。如按顺时针方向旋转弹簧上的螺母，弹簧压力会增大，安全阀的开启压力也会增大；反之，安全阀的开启压力会减小。这种安全阀比重锤式安全阀体积小，重量轻，灵敏度高，安装位置不受严格限制。因此在水处理设备系统上使用相对较多。

弹簧式安全阀适用于 $PN \leqslant 32MPa$、$DN \leqslant 150mm$ 的工作条件，主要用于水、蒸汽、压缩空气的设备和管道上。其中，碳钢制的弹簧式安全阀用

第一篇　电厂化学设备检修

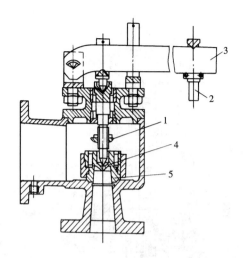

图 8－11　杠杆重锤式安全阀
1—反冲盘；2—重锤；
3—杠杆；4—阀瓣；5—阀座

于介质温度不超过 450℃，合金钢制的用于介质温度不超过 600℃。

　　弹簧式安全阀有封闭式和不封闭式两种，一般易燃、易爆或有毒介质选用封闭式，蒸汽或惰性气体等可选用不封闭式。弹簧式安全阀还有带扳手及不带扳手的，扳手的作用是检查阀瓣的灵活程度；有时也可以用作手动泄压。另外，根据排泄时阀瓣的开启高度又有弹簧微启式和弹簧全启式之分。

　　（3）脉冲式安全阀。如图 8－13 所示，主要由主阀和辅阀构成。当压力超过允许值时，辅阀首先动作，然后促使主阀动作。它主要用于高压和大口径的管道场合。

　　2. 安全阀的选用

　　根据安全阀的技术性能进行选用。安全阀的型号及技术性能如表 8－8 所示。

　　选用安全阀时，通常的步骤是：由操作压力决定安全阀的公称压力；由操作温度决定安全阀的使用温度范围；由计算出的安全阀的定压值决定弹簧或杠杆的调压范围；再根据操作介质决定安全阀的材料和结构形式；最后根据安全阀的排放量计算出安全阀的喷嘴截面积或喷嘴直径，选取安全阀的型号和个数。

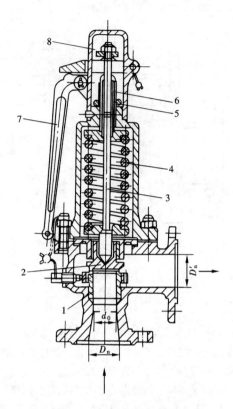

图 8 – 12　弹簧微启式安全阀

1—阀座；2—阀瓣；3—阀杆；4—弹簧；

5—锁母；6—调整螺杆；

7—手柄；8—防护罩

表 8 – 8　　　　　　　安全阀的型号及技术性能

名　称	型　号	公称压力（MPa）	密封压力范围（MPa）	适用温度≤（℃）	适用介质	公称通径范围 D_n（mm）
弹簧全启式安全阀	A48H – 10	1.0		300	水，蒸汽	40，50
	A25W – 10T	1.0	0.4 ~ 1.0	120	空气	15 ~ 20
	A27H – 10K	1.0	0.1 ~ 1.0	200	空气，蒸汽，水	10 ~ 40

名　　称	型　号	公称压力（MPa）	密封压力范围（MPa）	适用温度≤（℃）	适用介质	公称通径范围 D_n（mm）
弹簧微启式安全阀	A47H－16	1.6	0.1～1.6	200	空气，蒸汽，水	40～100
弹簧封闭微启式安全阀	A21H－16C	1.6	0.1～1.6	200	空气，氨，水	15～25
	A41H－16C	1.6	0.1～1.6	300	空气，油，水	25～100
双弹簧微启式安全阀	A43H－16C	1.6	0.1～1.6	350	空气，蒸汽	80～100
	A43H－25	2.5		350	蒸汽，水	80～100
弹簧全启式安全阀	A48Y－16C	1.6	0.1～1.6	350	空气，蒸汽	50～150
弹簧封闭微启式安全阀	A41H－25	2.5		300	空气，油，水	25～100
弹簧全启式安全阀	A48Y－40	4.0		350	空气，蒸汽	50～150
弹簧封闭微启式安全阀	A41W－16P	1.6		200	腐蚀性介质	25～100

选用弹簧式安全阀时，除注明产品型号、规格、介质、温度等参数外，还应注明其工作压力等级，否则，厂家均按 p_V 级压力供货。弹簧式安全阀工作压力等级如表8-9所示。

表8-9　　　　弹簧式安全阀工作压力等级

公称压力 p_n（MPa）	工作压力（MPa）				
	p_I	p_{II}	p_{III}	p_{IV}	p_V
1.0	>0.05～0.1	>0.1～0.25	>0.25～0.4	>0.4～0.6	>0.6～1.0

公称压力	工 作 压 力 (MPa)				
p_n (MPa)	p_I	p_{II}	p_{III}	p_{IV}	p_V
1.6	>0.25~0.4	>0.4~0.6	>0.6~1.0	>1.0~1.3	>1.3~1.6
2.5			>1.0~1.3	>1.3~1.6	>1.6~2.5
4.0			>1.6~2.5	>2.5~3.2	>3.2~4.0
6.4			>3.2~4.0	>4.0~5.0	>5.0~6.4
10.0			>5.0~6.4	>6.4~8.0	>8.0~10.0
16.0			>8.0~10.0	>10.0~13	>13~16
32.0	>16~20	>20~22	>22~25	>25~29	>29~32

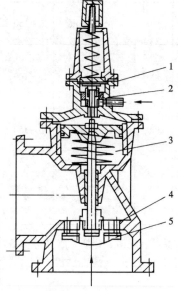

图 8-13 脉冲式安全阀

1—隔膜；2—副阀瓣；3—活塞缸；

4—主阀座；5—主阀瓣

选择安全阀时，应注意阀件的灵敏、可靠。当达到开启压力时，阀门应无阻碍地开启；当达到排放压力时，阀芯应全部开启，并达到额定排放量；当压力降到回座压力时，阀门应及时关闭，密封良好。安全阀的各种工作压力之间有一定的关系，可按表 8-10 选用。

表 8-10 安全阀各种压力规定 (MPa)

使用部位	工作压力 p	开启压力 p_k	回座压力 p_h	排放压力 p_p
设备管道	≤1.0	$p+0.05$	$P_k-0.08$	$p_p=1.1p_k$
	>1.0	$1.05p$	$0.90p_k$	
		$1.10p$	$0.85p_k$	$p_p≤1.15p_k$

设备上安全阀的排放量，一般可按设备额定排放量计算；管道上安全阀的排放量，可按管道最大输送量来计算。

第一篇 电厂化学设备检修

（三）安全阀的调整

安全阀装好后应进行调整，即将其入口的开启压力整定到略低于容器或管道的最高允许压力，以保证当容器或管道内压力达到其最高允许值时，安全阀能可靠地开启并达到预定开启高度。

弹簧式安全阀是靠调节弹簧的压缩量来调整开启压力的。调整的方法是：先将阀体顶部的防护罩拧下，然后用扳手按顺时针方向旋转弹簧上的调整螺杆，弹簧的压紧力增大，安全阀的开启压力随之加大；反之，按逆时针方向旋转弹簧上的调整螺杆，弹簧的压紧力减小，安全阀的开启压力随之减小。

二、减压阀的使用与调整

减压阀又叫压力调节器或压力调整器。在热力和气体动力系统上它主要用来降低蒸汽和压缩气体的压力，并能自动地将降低后的压力维持在一定范围内。

（一）减压阀的分类

减压阀按其结构的特点分为活塞式、薄（隔）膜式、弹簧薄膜式和波纹管式等几种型式。

减压阀是靠膜片、弹簧、活塞等敏感元件改变阀芯（瓣）与阀座间的间隙，把介质的进口压力减至出口的需要压力，并依靠介质本身的能量，使出口压力自动保持恒定。

（二）减压阀的结构和工作原理

1. 活塞式减压阀

活塞式减压阀的结构如图 8 – 14 所示，其工作原理是借助活塞平衡压力的。工作介质的流向是：工作介质从主阀芯（瓣）6 下部进入（其压力为 p_0），一部分通过主阀座流至出口（压力减到 p_1）；另一小部分通过入口脉冲孔 2 流至脉冲阀 4，从脉冲阀杆与其阀套之间的间隙通过，流经出口脉冲孔 5 进入减压阀的出口侧；另外经过脉冲阀后的介质又导入活塞 3 的上方，形成控制压力（以 p_k 表之），进行自动调节。

当调节弹簧 8 处于自由状态时，由于阀前压力的作用和阀芯弹簧 7 的阻抑作用，主阀芯 6 和脉冲阀芯 4 处于关闭状态。拧动调节螺栓 9，顶开脉冲阀芯 4，工作介质即按上述的路线进行流动，并开始了调节工作。当减压阀后的压力 p_1 由于某种原因升高时，活塞的下方压力升高，于是力的平衡关系遭到破坏，活塞就上移，主阀芯也随之上移，阀门通道被关小，使 p_1 下降到整定数值；当减压阀后的压力 p_1 由于某种原因下降时，活塞的下方压力下降，活塞就下移，主阀芯也随之下移，阀门通道被开大，使 p_1 再升至整定值。

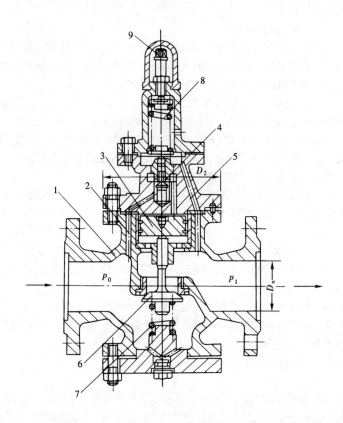

图 8 – 14 活塞式减压阀

1—阀体；2—入口脉冲孔；3—活塞；4—脉冲阀；5—出口脉
冲孔；6—主阀芯；7—阀芯弹簧；8—调节弹簧；9—调节螺栓

　　减压阀出口减压后的压力的大小是由控制压力 p_k 决定的。增大就 p_k 使 p_1 升高，减小 p_k 就使 p_1 下降。而控制压力 p_k 的大小又是由脉冲阀的开度决定的，脉冲阀开度越大，p_k 就越高。改变脉冲阀的开度，就可以用调整调节螺栓的办法取得。如果需要增加减压阀出口压力 p_1 时，则将顶部封头帽拧下，调整调节螺栓，使调节弹簧上座下移，于是脉冲阀下移，开大间隙，使 p_k 升高，此时因活塞上方的压力升高，活塞下移，推动主阀芯也下移，使主阀芯与阀座间的通道开大，于是出口压力 p_1 升高。此时减压阀就在较大开度下达到新的平衡。

2. 弹簧薄膜式减压阀

弹簧薄膜式减压阀是靠薄膜和弹簧平衡介质压力的,其结构如图 8 - 15 所示,主要由阀芯、阀杆、调节弹簧、橡胶薄膜、主阀弹簧和调节螺栓等组成。

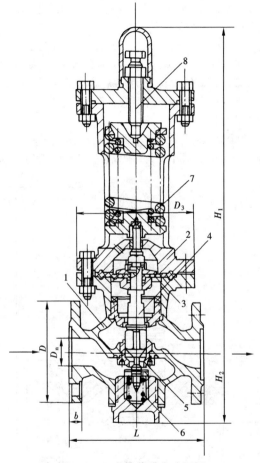

图 8 - 15   弹簧薄膜式减压阀
1—阀体;2—阀盖;3—薄膜;4—阀杆;5—阀芯;
6—主阀弹簧;7—调节弹簧;8—调节螺栓

弹簧薄膜式减压阀的工作过程是这样的:当调节弹簧 7 处于自由状态时,阀芯 5 由于进口压力的作用和主阀弹簧 6 的阻抑而处于关闭状态。当拧动调节螺栓 8,顶开阀芯时,工作介质流向出口,使阀后压力上升到所需压力。阀后压力同时也作用在薄膜3上，调节弹簧因受力而上移，阀芯也相应关小，直到与调节弹簧的作用力相平衡，阀后压力保持在一定范围内。若阀后压力增高，平衡状态遭到破坏时，薄膜下方的压力则逐渐增大，薄膜向上移动，阀芯随之关小，介质减少，压力下降达到新的平衡。当阀后压力下降时，阀芯在调节弹簧作用下上移，阀芯则逐步开大，使阀后压力上升，从而再次达到新的平衡，使阀后压力维持在一定范围内。

阀后压力维持得高低，决定于调节螺栓的高低。松动调节螺栓，阀后压力降低；拧紧调节螺栓，阀后压力升高。调整压力时，首先将减压阀顶部的封头帽拧下，然后松、紧调节螺栓就行。

3. 波纹管式减压阀

波纹管式减压阀是依靠波纹管平衡介质压力的，其结构如图8-16所示，主要由阀芯、阀杆、调节弹簧、波纹管、主阀弹簧和调节螺栓等组成。

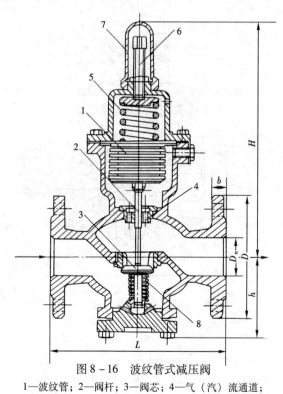

图8-16　波纹管式减压阀

1—波纹管；2—阀杆；3—阀芯；4—气（汽）流通道；
5—调节弹簧；6—调节螺栓；7—封头帽；8—主阀弹簧

第一篇　电厂化学设备检修

波纹管式减压阀的工作过程是这样的：当调节弹簧 5 处于自由状态时，阀芯 3 在进口压力和主阀弹簧 8 的作用下而处于关闭状态。当拧动调节螺栓 6，顶开阀芯时，工作介质流向出口，使阀后压力逐渐上升到所需压力。此阀后压力通过气（汽）流通道 4，作用于波纹管 1 外侧，使波纹管的向上的压力与调节弹簧向下的顶力相平衡，阀后的压力稳定在需要的压力范围内。若阀后压力过大，则波纹管向上的压力大于调节弹簧的顶力，阀芯关小，阀后压力随之降低，从而达到需要的压力。

减压阀后压力的调整，同样是通过松、紧调节螺栓的方法取得。

（三）减压阀的选用

（1）活塞式减压阀由于活塞在汽缸中承受的摩擦力较大，故其灵敏度不及弹簧薄膜式减压阀。它适用于压力、温度较高的蒸汽和空气等的管道和设备上。

（2）弹簧薄膜式减压阀的灵敏度较高，宜用于温度和压力不高的水和空气介质的管道上。

（3）波纹管式减压阀宜用于介质参数不高的蒸汽和空气等洁净介质的管道上。它不能用于液体的减压，更不能用于含有固体颗粒的蒸汽和空气的场合。

第四节　管道安装的基础知识

管道是将各个设备连接起来，并输送某种介质，如各种水、气和各种酸、碱、盐溶液，以及离子交换树脂等的设备。

一、管道的分类

管道的分类如表 8 – 11 ～ 表 8 – 13 所示。

表 8 – 11　　　　　　　按介质压力分类

序　号	分类名称	压力范围（MPa）
1	低压管道	公称压力不超过 1.6
2	中压管道	公称压力小于 6.4
3	高压管道	公称压力大于 6.4

注　管道在介质压力作用下，必须具有足够的机械强度和可靠的严密性。

表8-12   按介质温度分类

序　　号	分类名称	温度范围（℃）
1	常温管道	工作温度为 -40～120
2	低温管道	工作温度为 -40 以下
3	中温管道	工作温度在 121～450
4	高温管道	工作温度超过 450 以上

表8-13   按介质性质分类

序号	分类名称	介质种类	对管道的要求
1	汽水介质管道	过热水蒸气、饱和水蒸气、冷热水	根据工作压力和温度进行选材，保证管道有足够的机械强度和耐热的稳定性
2	腐蚀性介质管道	硫酸、硝酸、盐酸、磷酸、苛性碱、氯化物、硫化物及废酸碱液等	所用管材必须具有耐腐蚀的化学稳定性
3	化学危险品介质管道	毒性介质（氯、氰化物、氨、沥青、煤、焦油等）、可燃与易燃易爆介质（油品、油气、水煤气、氢气、乙炔、乙烯等），以及窒息性、刺激性、腐蚀性、易挥发性介质	输送这类介质的管道，除必须保证足够的机械强度外，还应满足以下要求： （1）密封性要好； （2）安全可靠性能好； （3）放空与排泄快
4	易凝固、易沉淀介质管道	重油、沥青、苯、尿素溶液、碱液	输送这类介质的管道应采取如下特殊措施：用管外保温和外加伴热管的办法来保持介质温度，并采用蒸汽吹扫的办法进行扫线
5	粉、粒介质管道	一些固体物料和粉、粒介质	（1）选用合理的输送速度； （2）管道的受阻部件和转弯处应做成便于介质流动的形状，并敷设耐磨材料

二、管材标准化介绍

管材标准化包括管子和管路附件（管件、阀门、法兰和垫片等）直径、连接尺寸和结构尺寸的标准，以及压力的标准等。其中，直径标准和压力标准是其他标准的依据。据此就可以选定管子和管路附件的规格。

1. 公称直径

管子和管路附件的公称直径是指管子的公称内径或名义内径。一般情况下，公称直径的数值既不是管子的内径，也不是管子的外径，而是与管子的内径相接近的整数。在某些情况下，管子的实际内径等于公称直径。根据公称直径可以确定管子、管件、阀门、法兰和垫片等的结构尺寸和连接尺寸。

公称直径用符号 DN 表示，其后附加公称直径的数值，如公称直径为 80mm 的钢管，则用 $DN80$ 表示。而管子的实际尺寸是以管子外径 89 乘以壁厚的几种规格来区别。

2. 公称压力、试验压力和工作压力

公称压力是规定的一种标准压力（在数值上它等于第一级工作温度下的最大工作压力），用符号 PN 表示，其后附加公称压力的数值。

试验压力是为了对管路附件进行水压强度试验和严密性试验而规定的一种压力，用符号 p_s 表示。

工作压力是为了保证管路附件工作时的安全，根据介质的各级最高工作温度而规定的一种最大工作压力。最大工作压力是随着介质工作温度的升高而降低的。这是因为输送高温介质时，随着温度的升高而降低了制件材料的机械强度。工作压力用符号 p 表示，在 p 的右下角附加介质的最高工作温度除以 10 所得的整数，如介质最高工作温度为 250℃，其工作压力用 p_{25} 表示。

三、管道与管件、法兰与阀门的匹配

管道、管件、法兰和阀门的匹配按表 8 – 14 选用。

表 8 – 14   管道、管件、法兰和阀门的匹配

公称直径 DN	无缝钢管外径 d_0	压制弯头外径 D_w	法兰外径 D			阀门公称直径 DN	螺栓孔中直径 D_1		
			0.6MPa	1.0MPa	1.6MPa		0.6MPa	1.0MPa	1.6MPa
20	25	25	90	105	105	20	65	75	75
25	32	32	100	115	115	25	75	85	85
32	38	38	120	135	135	32	90	100	100

公称直径 DN	无缝钢管外径 d_0	压制弯头外径 D_w	法兰外径 D			阀门公称直径 DN	螺栓孔中直径 D_1		
			0.6MPa	1.0MPa	1.6MPa		0.6MPa	1.0MPa	1.6MPa
40	45	45	130	145	145	40	100	110	110
50	57	57	140	160	160	50	110	125	125
65	76	76	160	180	180	65	130	145	145
80	89	89	185	195	195	80	150	160	160
100	108	108	205	215	215	100	170	180	180
125	133	133	235	245	245	125	200	210	210
150	159	159	260	280	280	150	225	240	240
200	219	219	315	335	335	200	280	295	295
250	273	273	370	390	405	250	335	350	355
300	325	325	435	440	460	300	395	400	410
350	377	377	480	500	520	350	445	460	470
400	426	426	535	565	580	400	495	515	525
500	529	530	640	670	705	500	600	620	650
600	630	630	755	780	840	600	705	725	770

四、常用支吊架的选用和安装

（一）支吊架的分类

常用的管道支吊架按用途分为活动支架、固定支架、导向支架及吊架等。每种支吊架又有多种结构形式。

管道支吊架型式的选择，主要应考虑：管道的强度、刚度、输送介质的温度、工作压力，管材的线膨胀系数，管道运行后的受力情况及管道安装的实际位置状况等，同时也应考虑制作和安装的成本。

（二）支吊架的选用

选用管道支吊架时，应遵守下列原则：

（1）在管道上不允许有任何位移的地方，应设置固定支架。固定支架要生根在牢固的厂房结构或专设的结构物上。

（2）在管道上无垂直位移或垂直位移很小的地方，可装设活动支架或刚性支架。活动支架的型式，应根据管道对摩擦作用的不同来选择。

（3）在水平管道上只允许管道单向水平位移的地方，在铸铁阀件和Ⅱ形补偿器两侧适当距离的地方，应装设导向支架。

（4）在管道具有垂直位移的地方，应装设弹簧吊架；在不便装设弹簧吊架或有振动的地方时，也可采用弹簧支架；当同时具有垂直和水平位移时；应采用滚珠弹簧支架。

（5）垂直管道通过楼板或屋顶时，应设套管。套管不应限制管道位移和承受管道垂直负荷。

（三）支吊架的安装

1. 确定支吊架的间距

管道安装时，应及时进行支吊架的固定和调整工作。支吊架的间距，一般按设计规定确定，如设计没有规定，可按表 8 – 15 选用。

表 8 – 15　　　　　　　钢管支吊架最大间距（m）

公称直径 DN（mm）		15	20	25	32	40	50	65	80	100	125	150	200	250	300	350	400
支吊架间距	保温管	1.5	2	2	2.5	3	3	4	4	4.5	5	6	7.5	9	9.5	10	10.5
	不保温管	2.5	3	3.5	4	4.5	5	6	6	6.5	7	8	9	10	11	11.5	12

2. 安装前的准备工作

室内管道的支架，首先要根据设计要求定出固定支架和补偿器的位置，再按管道的标高，把同一水平直管段两端的支架位置画在墙上或柱子上。对有坡度的管道，应根据两点间的距离和坡度的大小；算出两点间的高度差，然后在两点间拉一根直线，按照支架的间距，在墙上或柱子上画出每个支架的位置。

若土建施工时已在墙上预留了埋设支架的孔洞，或在钢筋混凝土构件上预埋了焊接支架的钢板，应检查预留孔洞或预埋钢板的标高及位置是否符合要求，预埋钢板上的砂浆或油漆应清除干净。

室外管道的支架、支柱或支墩，应测量顶面的标高和坡度是否符合设计要求。

3. 支吊架安装的技术要求

（1）固定支架上的管子应与支架型钢焊牢或用卡箍紧紧地抱死，使管子与支架型钢没有相对移动的可能。

（2）支架用的型钢在管道工作时，不得有影响管道正常运行的过度变形。

（3）支吊架的生根结构，尤其是固定支架的生根结构，应支承在可靠的建筑物上。

（4）活动支架不应妨碍管道由于热伸长所引起的位移。

（5）固定支架应严格按照设计要求安装，不得在没有补偿装置的热管道直管段上同时安置两个及两个以上的固定支架。

（6）所有活动支架的活动部分均应裸露，不得被水泥及保温层覆盖，也不得在管子和支座间填塞垫块。

（7）在数条平行的管道敷设中，其支架可以共用，但吊架的吊杆不得吊置与位移方向相反或位移值不相等的任何两条管道。

支架损坏一般是由于支架型钢用得过小，以致在承受荷载后严重变形，或者是由于型钢固定在建筑物上的结构强度不足，在承受荷载后型钢与建筑物脱离。

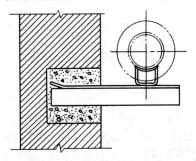

图 8 - 17 埋入墙内的支架

4. 支架的安装方法

（1）墙上有预留孔洞的，可将支架横梁埋入墙内，如图 8 - 17 所示。埋设前，应清除孔洞内的碎砖及灰尘，并用水将孔洞浇湿。埋入深度应符合设计要求或有关标准图纸的规定。填塞使用1:3水泥砂浆，需填实填满。

（2）钢筋混凝土构件上的支架，可在混凝土浇注时在各支架的位置预埋钢板，然后将支架横梁焊接在预埋钢板上，如图 8 - 18 所示。

（3）在没有预留孔洞和预埋钢板的砖或混凝土构件上，可以用射钉或膨胀螺栓安装支架，但不宜安装推力较大的固定支架。

用射钉安装支架时，先用射钉枪将射钉射入安装支架的位置，然后用螺母将支架横梁固定在射钉上，如图 8 - 19 所示。

射钉有直径 8 ~ 12mm 各种规格，用 A3 碳钢制成。管道安装的支架一般采用外螺纹射钉。

膨胀螺栓有带钻和不带钻的两种，常用规格有 M6、M8、M10、M12、M16 五种。

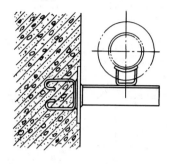

图 8 - 18　焊接到预埋
钢板上的支架

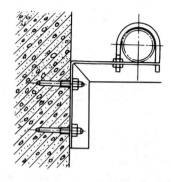

图 8 - 19　用射钉安装的支架

（4）沿混凝土柱敷设的管道，可采用包柱式支架，结构如图 8 - 20 所示，支架横梁及螺栓的规格从表 8 - 16 查得。

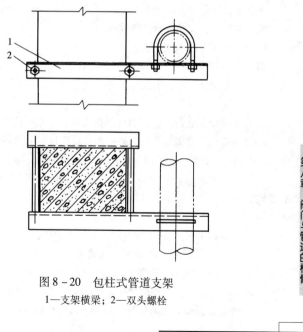

图 8 - 20　包柱式管道支架

1—支架横梁；2—双头螺栓

表 8 – 16　　　　包柱式支架横梁及螺栓的规格（mm）

管子公称直径（mm）		15	20	25	32	40	50
固定支架 横　梁	保　温	L40×4	L40×4	L40×4	L40×4	L50×5	L50×5
	不保温	L40×4	L40×4	L40×4	L40×4	L50×5	L50×5
活动支架 横　梁	保　温	L40×4	L40×4	L40×4	L40×4	L50×5	L50×5
	不保温	L40×4	L40×4	L40×4	L40×4	L40×5	L50×5
双头螺栓		M10	M10	M10	M12	M12	M12

管子公称直径（mm）		65	80	100	125	150
固定支架 横　梁	保　温	L65×6	L75×6	L90×6	L90×8	L100×8
	不保温	L65×6	L65×6	L80×6	L80×8	L90×8
活动支架 横　梁	保　温	L50×6	L65×5	L65×6	L75×6	L80×8
	不保温	L50×5	L50×5	L50×5	L65×6	L75×6
双头螺栓		M12	M12	M16	M16	M20

五、管道的弯制

弯管按其弯制方法的不同可分为煨制弯管、冲压弯管和焊接弯管三类。煨制弯管又可分为冷弯和热煨两种。

1. 管子弯制的一般规定

（1）弯制管子弯头时，一般应选用管壁厚度带有正公差的管子，弯曲半径应符合设计要求，当设计无明确规定时，弯曲半径可取不小于管子外径的 3.5 倍。

（2）不锈钢管宜冷弯，塑料管不能冷弯，钢管可冷弯或热煨。

（3）弯管所用的填充砂子应采用耐热性能良好的海砂或河砂，砂子应干净，不允许含有泥土和可燃杂物，使用前必须烘干，填砂时应均匀捣实。

（4）管子加热时，升温应缓慢、均匀，保证管子热透，并防止过烧和渗碳，管子的加热温度不得超过 1050℃（呈浅黄色），其最低温度碳素钢管为 700℃，合金钢管为 800℃（呈浅红色）。

（5）弯制后的管子其内的砂子、杂物应清除干净。

（6）管子弯制后其管壁表面不允许有裂纹、分层、过烧等缺陷，弯曲的角度要准确，横截面中没有显著的椭圆变形，即在同一截面测得的最大外径和最小外径之差与公称直径之比，对中低压管来说不超过 7%。

（7）弯管外弧部分实测壁厚不得小于设计计算壁厚。

（8）弯曲部分波浪度的允许值，如表 8 - 17 所示。

表 8 - 17   管子弯制后弯曲部分波浪度的允许值（mm）

管子外径	≤108	133	159	219	273	325	377	426
波浪度 $H \leq$	4	5	6	6	7	7	8	8

2. 管子的热煨方法和技术要求

手工热煨弯管工序包括划线、充砂、加热、弯曲、检查、校正、冷却和除砂等。

（1）管子的划线。划线是指在管子待弯曲部分用粉笔或颜料作上标记的操作过程，如图 8 - 21 所示，管子弯曲部分的长度按以下公式计算

$$L = \pi \alpha R / 180 = 0.0175 \alpha R$$

式中　L——管子弯曲部分中性层的长度，mm；

　　　α——管子弯曲的角度；

　　　R——管子弯曲部分中性层的曲率半径，mm。

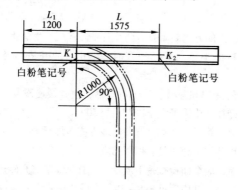

图 8 - 21 DN250mm 弯管划线举例

划线的方法如图 8 - 21 所示，沿管子中心线从管端量起，先划出直线管段的长度 L_1（不小于 300mm），确定 K_1 为弯管开始点，用粉笔划上垂线做记号，再由 K_1 起按上式计算的弯管长度 L 确定 K_2 点为弯管终点，同样用粉笔划上垂线做记号。

为便于在弯管过程中随时检查和测量弯曲角度是否正确，需预先制作一个样板，用 $\phi10 \sim \phi16$ 的圆钢按图要求弯好，并焊上拉筋，以防走样，还要在样板上标上弯曲始点和终点的记号。

（2）管内充砂。除前面讲的对砂子的要求外，还应根据管径大小按

表 8 – 18 选取砂子粒度。

表 8 – 18		钢管充填砂子的粒度（mm）	
管子公称直径 DN	<80	80 ~ 50	>150
砂子粒度	1 ~ 2	3 ~ 4	5 ~ 6

充砂的方法是先将管子一端用 1:25 锥度的木塞塞紧堵死，另一端向上将管子竖起，靠在充砂台旁，将砂子分几次装入管内，边装砂边敲打振动管子，使砂子装结实，装完后管子上端也要打入一个木塞堵死。

（3）管子的加热。将管子加热，在加热过程中要经常转动管子，使加热管段周围受热均匀，加热温度按前面规定进行。

当管子加热到所需温度后，即可运到煨管平台上进行煨管。在搬运过程中要防止管子变形，若发生变形，就应将管子调直后再进行煨制。

（4）管子的弯曲：将加热的管子一端卡稳在煨管平台两个固定桩之间，并在管子下垫两根扁钢，使管子与平台间保持一定距离，然后小心地用冷水冷却不应加热的管段，在管子另一端施力弯曲，弯曲施力要均匀，管子中心线与施力的方向要垂直，防止管壁减薄或产生皱折等缺陷。当管子弯到所需的弯曲半径与样板一致时，停止弯曲并适当浇水调整其弯曲度。

（5）管子的冷却和除砂。管子弯好后，使其缓慢冷却，一般都是放在空气中自然冷却。待管子完全冷却后（50℃ 以下），便可拆掉木塞，将砂子倒出，并锤击管子，特别是弯曲的地方应多加锤击，然后用钢丝刷将管内残留的烧焦砂粒除掉，最后用压缩空气吹净。

管子煨好后，应全面检查一下质量，看有无缺陷。充砂热煨管子，可能会产生各种缺陷，其原因见表 8 – 19，应设法防止，并应视缺陷情况报废或校正修理。

3. 管子的冷弯

冷弯管子是指在室温（不加热）的状态下，依靠机具对管子进行的弯曲的作业。常用的冷弯管设备有手动弯管器、电动弯管机和液压弯管机等。

（1）冷弯管的注意事项：

1）冷弯弯管机一般用来弯制公称直径不大于 100mm 的管子。

2）采用冷弯设备进行弯管时，弯头的弯曲半径不应小于管子公称直径的 4 倍。

表 8 – 19 充砂热煨弯管时的缺陷及其产生原因

缺 陷 内 容	产 生 的 原 因
折皱不平度过大	(1) 加热不均匀或浇水不当，使弯管内侧温度过高； (2) 弯曲时施力方向与钢管中心线不垂直； (3) 施力不均匀，有冲击现象； (4) 管壁过薄； (5) 充砂不实，有空隙
椭圆度过大	(1) 弯曲半径太小； (2) 充砂不实
管壁减薄太多	(1) 弯曲半径太小； (2) 加热不均匀或浇水不当，使弯管内侧温度过低
裂 纹	(1) 钢管材质不合格； (2) 加热燃料中含硫过多； (3) 浇水冷却太快或气温过低
离 层	钢管材质不合格

3）金属管子具有一定的弹性，在冷弯过程中施加在管子上的外力撤除后，弯头会弹回一个角度。弹回角度的大小与管子的材质、管壁厚度、弯曲半径的大小等因素有关。因此，在控制弯曲角度时应考虑增加这一弹回的角度。

（2）手动弯管器的操作方法和技术要求。手动弯管器分携带式和固定式两种，可以弯制公称直径小于 25mm 的管子。弯管时，一般需备有几对与常用管子外径相应的胎轮。

固定式手动弯管器结构如图 8 – 22 所示。操作时，先根据被弯管子的外径和弯

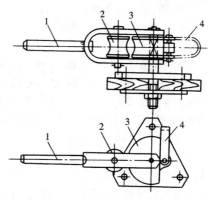

图 8 – 22 固定式手动弯管器结构

1—手柄；2—动胎轮；

3—定胎轮；4—管子夹持器

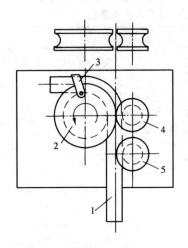

图 8 - 23 电动弯管机弯管示意
1—管子；2—弯管模；3—U 形管卡；
4—导向模；5—压紧模

曲半径选用合适的胎轮，把定胎轮用销子固定在操作平台上，动胎轮插在推架上，再把要弯曲的管子放在定胎轮和动胎轮之间的凹槽内，一端固定在管子夹持器内，然后推动手柄绕定胎轮旋转，直到弯成所需要的角度为止。

（3）电动弯管机的操作方法和技术要求。电动弯管机由电动机通过传动装置，带动主轴以及固定在主轴上的弯管模一起转动进行弯管。图 8 - 23 为电动弯管机弯管示意图。弯管时，先把要弯曲的管子沿导向模放在弯图管模和压紧模之间，调整导向模，使管子处于弯管模和压紧模的公切线位置，并使起弯点对准切点，再用 U 形管卡将管端卡在弯管模上，然后启动电动机开始弯管，弯管模和压紧模带着管子一起绕弯管模旋转，到所需弯曲角度后停机。拆除 U 形管卡，松开压紧模，取出弯管。

在使用电动弯管机弯管时，所用的弯管模、导向模和压紧模必须与被弯曲管子的外径相符，以免加工完后弯管质量不符合要求。

当被弯曲管子外径大于 60mm 时，必须在管内放置钢制弯曲心棒。心棒外径比管子内径小 1～1.5mm，应放在管子起弯点稍前处，心棒的圆锥部分过渡到圆柱部分的交线应在管子的起弯面上，如图 8 - 24 所示。心棒伸出管子起弯点之前，弯管时会致使心棒开裂；心棒伸出不到管子起弯点，又会致使弯出的弯管截面产生过大的椭圆度。心棒的正确位置可用试验方法获得。凡使用心棒弯管时，在弯管前应将被弯管子管内的杂物清除干净，有条件时可在管子内壁涂少许机油，用以减小心棒与管壁的摩擦。

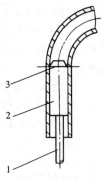

图 8 - 24 弯曲心棒的放置位置

1—拉杆；2—心棒；
3—管子的开始弯曲面

第一篇 电厂化学设备检修

第五节 管道的安装

一、水处理管道安装工艺和质量标准

（一）管道敷设通则和方式

1. 管道敷设通则

水处理常用的管道一般有金属管、非金属管和衬里管三大类。按通流介质的不同应选用不同材质的管道。

（1）压力低于 1.6MPa、输送无腐蚀性介质的低压管道，可以使用无缝或有缝钢管；压力高于 1.6MPa 的管道，必须采用无缝钢管。

（2）输送有腐蚀性介质（如硫酸、盐酸、碱、食盐等）的管道，应按其介质的不同选用相应的耐腐蚀管道。

（3）输送离子交换树脂的管道及汽、水取样管，应使用 1Crl8Ni9Ti 不锈钢管，并在树脂管道上加装冲洗水管。

（4）输送润滑油的管道应使用无缝钢管。敷设时应避开蒸汽管道，并要有一定的安全距离。

（5）输送具有悬浮性介质的管道（如石灰浆管道、泥沙管道），应使用厚钢管，并加装有压力水冲洗水管。

（6）排水管或溢流管要有足够的通水截面积，流出位置应选在排水漏斗的侧方，不可正对漏斗的中心。

（7）对衬胶管道、衬塑管道、玻璃钢管道，一般不采用组合方式安装，以防止损坏法兰结合面。

2. 管道的敷设方式

管道的敷设方式可分为明装和暗设两大类。电厂化学水处理管道布置，根据设计技术规定常采用明装管道，也有暗设的管道，一并介绍如下。

（1）沿墙敷设。管道沿墙敷设的优点是安装方便，管架材料较省，占用空间位置较小；缺点是容易挡窗，管子数量不宜太多，管道推力不可过大，也不可有较大的振动。

（2）靠柱敷设。柱子能承受管路传来的振动与轴向推力。管道靠柱敷设的优点是可承受较大的载荷，便于安装固定支架；缺点是管架耗费钢材较多，固柱间距较大，敷设小直径管路时在两柱间需增设吊架。

3. 沿设备敷设

管道沿设备敷设一般用在较大的钢制设备上，且垂直敷设比较常见。

当与设备连接的管道距附近建筑物的墙、柱较远，离地面又高，不容易进行固定而设备又能支撑其负荷时，可沿设备外壁敷设，其管架可直接焊在设备外壳上。若设备需要衬里，则管架应在衬里前焊于设备上，以便管道安装时用螺栓来固定。已衬里的设备，管架不能直接焊在设备上，可用环形卡子固定在设备上。

4. 沿地面或楼面敷设

有时为了缩短管道长度，管道可沿地面或楼面敷设，但应安装在较隐蔽的地方，以避免挡路。敷设时，管道最低点应比地面高出 100～150mm（如管道上装调节阀或管下方有排放管，则应酌情增高）。以便检修并防止地面积水浸蚀。若部分管道必须横过通道敷设，则应在通道处设置保护罩。

5. 埋地敷设

常见的埋地敷设管道，有上水管和下水管等。埋地敷设的优点是管路隐蔽，不挡路，不占用空间，距离短，节省材料，不需管架，安装费用省。其缺点是检修不便，检修时需挖开地坪，不易发现管路渗漏情况，管路易被地下水侵蚀，管路走向不易被看出，增加或修改管路时也较困难，不便于安装阀件和仪表等。

6. 在管沟中敷设

在管沟内敷设管道，其管沟的型式一般有三种，即可通行管沟、不通行管沟及半通行管沟，并结合管沟内敷设的管径、根数来确定管沟截面的大小。管沟内的管道及管沟要有排水设施。

管沟内敷设管道的优点是管道隐蔽，不占用空间位置，检修比埋地敷设尚方便，距离短，节省材料。其缺点是管沟修筑费用较高投资较大。

（二）对管道安装的检查、要求及注意事项

（1）管道安装前除应对管子及附件使用前的检验外，还应进行下列检查：

1）管子应平直、无裂纹、无显著的腐蚀坑等缺陷；

2）管子内不得存有杂物，使用时应让钢球通过，以清除锈渣及氧化皮，并用绳子绑上钢丝刷来回移动，将内壁擦刷干净；

3）一般较大直径的管子要检查其椭圆度，如大于 DN150 的管子，椭圆度允差为 5mm；

4）衬胶管道、衬塑管道等，安装时应目测检查有无碰击损坏，必要时需用电火花检查。

（2）管道安装对坡度的要求是：

1）物料管道一般按介质流动方向敷设成 0.01 的坡度，以便停止工作时能使物料放尽；

2）水处理用压力管道，一般要求横平竖直。

（3）沿厂房墙壁敷设的管道，不应该影响厂房的采光、通风和门窗的开启，并应尽可能避免架设在电机和电气设备的上空或附近。

（4）不同材质的管道并行敷设时，其施工顺序为：金属管、衬里管、玻璃钢管、塑料管。当检修这些管道时，其顺序却相反，而且在衬里管、玻璃钢管和塑料管附近进行电火焊时，要采取隔离措施，以免烧坏这些管道。

（5）管道上安装的取样管要安装在便于操作的地方，排气管要安装在管道最高处，放水管要安装在管道最低处。衬里管不宜在安装现场开孔，需要留取样口和仪表接口时，应在进行衬里前周密考虑好。

（6）蒸汽管道和热水管道要考虑管道的热膨胀补偿，按规定采取补偿措施。

（7）为了满足生产要求，管道要维持一定的高温、低温及室温和减少散热、吸热和改善现场工作条件，对蒸汽管道、热水管道和防冻管道均应设有良好的保温层。

（8）管道的敷设应按规定装设必要的支架和吊架，并能保证管道的自由伸缩。玻璃钢管、塑料管等非金属管道用支吊架固定时，在金属卡箍与管子之间应加装橡胶垫。

（9）不回收的疏排水应接入疏排水总管或排水沟中，不得随意疏排水或接入电缆沟。

（10）管道安装完毕后，应进行系统严密性试验，以检查各连接部位（焊缝、法兰接口）的严密性。一般都采用水压试验，其水质应洁净，灌水应保证能将系统内空气排尽，试验压力为最高工作压力的 1.25 倍，保持 5min 无泄漏为合格。

（11）管道投入运行前，应按要求进行水冲洗工作，直到排水清净为止。

（12）为了区别各种类型的管路，管道安装完之后应在管外表面或保温层外表面涂刷防腐漆，其颜色按原电力工业部颁标准执行。

（13）管道安装完之后，还应在油漆表面上刷上指示介质流动方向的箭头。

二、管道的安装要求

1. 金属管道的安装要求

（1）管道安装时，应对法兰密封面及密封垫片进行外观检查，不得有影响密封性能的缺陷存在。

（2）法兰连接时应保持平行，其偏差不大于法兰外径的 1.5‰，且不大于 2mm。不得用强紧螺栓的方法消除歪斜。法兰连接时还应保持同轴，其螺栓孔中心偏差一般不超过孔径的 5%，并保证螺栓自由穿入。

（3）采用软垫片时，周边应整齐，垫片尺寸应与法兰密封面相符，垫片材质应符合输送介质的耐腐蚀性能，垫片两面均应涂上黑铅粉。

（4）管道安装时，如遇下列情况：①不锈钢、合金钢螺栓和螺母；②管道设计温度高于 100℃ 或低于 0℃；③露天装设有大气腐蚀或腐蚀介质。所用螺栓、螺母均应涂上二硫化钼油脂、石墨机油或石墨粉等密封涂料。

（5）法兰连接应使用同一规格螺栓，安装方向一致。紧固螺栓应对称进行，用力均匀，松紧适度。紧固后螺栓的外露长度不大于 2 倍螺距。

（6）管子对口时应检查平直度，在距接口中心 200mm 处测量，允许偏差 1mm/m，但全长允许偏差最大不超过 10mm。对口后应垫置牢固，避免焊接或热处理过程中产生变形。

（7）管道连接时，不得用强力对口，应用加热管子，加偏垫或多层垫等方法来消除接口端面的空隙、偏差、错口或不同心等缺陷。

（8）疏排水的支管与主管连接时，宜按介质流向稍有倾斜。不同介质压力的疏排水支管不应接在同一主管上。

（9）管道上仪表接点的开孔和焊接应在管道安装前进行。

（10）管道在穿过隔墙、楼板时，位于隔墙、楼板内的管段不得有接口，一般应加装套管。

（11）埋地钢管安装前应做好防腐绝缘，焊缝部位未经试压不得进行防腐，在运输和安装时应防止损坏绝缘层。

（12）管道安装允许偏差值如表 8-20 所示。

（13）敷设管道时，应使水平管段有一定的同向坡度，以保证排放时能将液体介质全部排出。通常蒸汽和药剂管道的坡度≥0.004；水管道的坡度≥0.002；油管道的坡度≥0.010；气管道的坡度≥0.002；含泥渣管道的坡度≥0.005。

表 8 – 20　　　　　　　　　**管道安装允许偏差值（mm）**

项　　目			允许偏差值	
坐标及标高	室外	架空	15	
		地沟	15	
		地埋	25	
	室内	架空	10	
		地沟	15	
水平管弯曲度	DN ≤ 100		1/1000	最大 20
	DN > 100		1.5/1000	
立管垂直度			2/1000	最大 15
成排管段	在同一平面上		5	
	间　　距		+5	
交　　叉	管外壁或保温层间距		+10	

2. 非金属管道时安装要求

（1）不应敷设在走道或容易受到撞击的地面上，应采用管沟或架空敷设。

（2）沿建筑物或构筑物敷设时，管外壁与建（构）筑物间净距应不小于 150mm；与其他管路平行敷设时，管外壁间净距应不小于 200mm；与其他管路交叉时，管外壁间净距应大于 150mm。

（3）管道架设应牢固可靠，必须用管夹夹住，管夹与管之间应垫以 3～5mm 厚的弹性衬垫，且不应将管路夹得过紧，允许其能轴向移动。

（4）架空管水平敷设时，长度为 1～1.5m 的管子可设一个管夹；长度为 2m 及以上的管子需用两个管夹，并装在离管端 200～300mm 处。垂直敷设时，每根管子都应有固定的管夹支撑。承插式管的管夹支撑在承口下面，法兰式管的管夹支撑在法兰下面。

（5）脆性非金属管不要架设在有强烈振动的建（构）筑物或设备上。当这种管垂直敷设时，在离地面、楼面和操作台面 2m 高度范围内应加保护罩。

（6）架空敷设时，在人行道上空不应设置法兰、阀门等，避免泄漏时造成事故。

（7）在穿墙或楼板时，墙壁或楼板的穿管处应预埋一段钢管。钢管

第八章　阀门与管道的检修

内径应比非金属管外径大 100 ~ 130mm，两管间充填弹性填料。钢管两端露出墙壁或楼板约100mm。

（8）管道与阀门连接时，阀门应固定牢靠，在阀门的两端最好装柔性接头，避免在启闭阀门时扭坏管子。

（9）管道安装的水平偏差 ≤0.2% ~ 0.3%，垂直偏差小于 0.2% ~ 0.5%，坡度可取 3/1000。

（10）应根据管子材质、操作条件及安装地点等的不同，考虑采取热伸长补偿措施和保温防冻措施。

3. PVC 管道安装的一般要求

（1）安装时不得采用超过时效的 PVC 塑料管。管子应是无老化、无裂纹、无创伤痕迹、不起层、无焦黑等影响使用强度和降低防腐效果的缺陷的管子。

（2）在塑料管道附近进行电火焊时，要采取隔离措施，防止损伤管道。

（3）塑料管件（三通、弯头等）应尽量采用制造厂生产的定型模压产品。

（4）塑料管及其管件应避免长期在烈日下曝晒，防止老化变质。

（5）管道支吊架的间距应符合设计规定。在塑料管道的支吊处，在金属卡箍和管子之间应加装软垫（如胶皮等）。

（6）塑料法兰连接螺栓的两端应垫上平垫圈，并对称地旋紧，用力均匀，不可用力过大；拆卸时严禁用电火焊切割。

（7）塑料管道上安装自重较大的阀门、喷射器时，应设单独支吊，避免管子承受过量负荷。

（8）硬聚氯乙烯管道不能靠近输送高温介质的管道敷设，也不能安装在其他大于 60℃ 的热源附近，以防热膨胀变形损坏。

（9）塑料管道支吊架的间距要求。

塑料管道支吊架的安装间距不应超过表 8 – 21 所规定的数值。

表 8 – 21   塑料管道支吊架间距

公称直径（mm）	横向安装（m）	垂直安装（m）
15	0.6	1.2
20	0.7	1.4
25	0.8	1.6
32	1.0	2.0

公称直径（mm）	横向安装（m）	垂直安装（m）
40	1.2	2.4
50	1.5	3
70～100	2.5	—
150	4.0	—

4. UPVC 管道安装的一般要求

由于 UPVC 塑料管道与管件的连接主要是采用承插连接后再用黏合剂黏结密封的，所以在购置管材及管件时应同时购买 UPVC 黏合剂。

UPVC 塑料管道、管件及阀门的耐化学腐蚀性能见表 8－22。

UPVC 塑料管道的装配工艺及其管道支吊架间距可参照 ABS 塑料管道的有关要求进行。

表 8－22　　　　　　UPVC 塑料的耐化学腐蚀性能

化学试剂名称	浓　度（％）	耐化学性能	
		20℃	50℃
乙　醇	95	适用	不适用
丙　酮		不适用	不适用
氨　水	浓	适用	不适用
氯化铵	饱和溶液	适用	适用
汽　油		适用	适用
甘　油		适用	适用
氧化氢	30	适用	适用
碱化氢		适用	适用
盐　酸	35	适用	适用
氢氧化钠	饱和溶液	适用	适用
硫　酸	40～90	适用	不适用
硫　酸	96	不适用	不适用

5. ABS 工程塑料管道安装的一般要求

（1）黏结施工工艺：

1）将管子用锯锯断，锯成整齐的直角（平口）。

2）将管子做成倒角（一般为 2×45°），去除毛边。

3）在管子端部量出黏合面的长度，并划上记号。

4）用中号砂纸或砂布轻擦管子表面及管子接头的配合面。

5）用干净碎布擦净用砂纸或砂布擦好的表面。

6）选用 ABS 黏合剂并搅拌均匀，用干净的毛刷蘸上黏合剂交替地沿轴向涂于管子和管件的连接表面，共均涂二次。涂敷后，立即将管件完全推入管子，防止中断（大规格管子轴向推力要保持 0.5min）。

7）擦掉挤出多余的黏合剂，静止放置。

8）黏结束，把黏合剂瓶盖紧，防止溶剂挥发，同时用清洁剂清洗刷子。

9）黏结固化时间，一般要在 24h 后方可交付使用。

（2）质量要求和施工注意事项：

1）ABS 工程塑料管子及管件要求内外壁光滑、无气孔、无毛刺、壁厚均匀、配合适中。

2）在下雨或潮湿的环境下不能进行黏结。

3）不能使用脏或有油污的刷子和碎布擦抹管子。

4）不同的粘合剂，不要使用同一把刷子。

5）不要在附近有明火的地方进行黏结，并严禁在施工现场吸烟。

6）施工现场要有良好的通风设施，以改善施工环境。

（3）ABS 工程塑料管道支吊架间距。在管内充满水的情况下，管道支吊架间距可参考表 8-23 设置。

表 8-23 　　　　　　ABS 管道支吊架间距（m）

公称直径 DN（mm）	15	20	25	32	40	50	65	80	100	125	150~200
20℃	0.8	1	1.1	1.1	1.2	1.4	1.4	1.7	1.7	1.7	2
50℃	0.6	0.7	0.7	0.7	0.7	0.8	0.8	1.5	1.5	1.5	1.7
70℃	0.5	0.6	0.7	0.7	0.7	0.7	0.7	1	1	1	1.2

6. 衬里管道的安装的一般要求

化学水处理使用的衬里管道它们都是带法兰的定型管段，采用法兰连接。

（1）防腐衬里管道的弯头、三通、四通等管件均制成法兰式。预制好的带法兰的管段、带法兰的管件及带法兰的阀件均应编号，打上钢印，按图安装。

（2）需要进行防腐衬里管道最好在衬里前先进行一次试装，并应周密考虑必须安装在管道上的仪表、取样管等接口的位置。

（3）第一次试装不允许强制对口硬装，否则衬里后有可能安装不上，因此需预留出衬里厚度和垫片厚度，尺寸要计算准确，合理安装。

（4）衬里管段安装时，不得施焊、局部加热、扭曲和敲打。

（5）搬运、堆放和安装衬里管段及管件时，应避免强烈振动或碰撞。

7. 硬聚氯乙烯管（板）的焊接

硬聚氯乙烯加热到 180 ~ 240℃ 时就熔为韧性流动体而具有可塑性能，这是可焊性的前提，因而在不大的施压下即可焊接在一起。焊接后的硬聚氯乙烯在化学稳定性上并不改变。焊接时现场温度以 10 ~ 25℃ 为宜。

目前使用的塑料焊枪，其型式有 DSH－Ⅰ型（500W）、DSHE－Ⅱ型（500W）和 DSH－D 型（1000W）等多种。

（1）焊缝的形状、尺寸及其强度。焊缝的形状必须综合考虑设备的用途、结构特点、便于焊接和经济性等方面来选定，而其断面的形状、张角（坡口角度）、被焊材料间的缝隙大小及气流温度等都会影响焊缝的强度。焊接形式分四类：对接焊接、搭接焊接、丁字焊接和角接焊接。各种焊缝的形状和断面尺寸见表 8－24。

表 8－24 焊 缝 结 构 形 式

焊接形式	焊缝形状	尺寸（mm）	应用说明
对接	V 形对接焊缝	$a \leqslant 1$ $s \leqslant 5$ 时 $\alpha = 60° ~ 70°$	使用于板厚 $\leqslant 5$mm 和只能在单面进行焊接的对接焊接
	X 形对接焊缝	$a \leqslant 1$ $s \leqslant 10$ 时 $\beta = 60° ~ 70°$ $s > 10$ 时 $\beta = 70° ~ 90°$	适用于板厚 > 5mm 的板。这种对接焊缝抗拉强度高，省焊条
搭接	搭接焊缝	$b \geqslant 3a$	这种焊缝不适用于主要焊接
丁字连接	V 形丁字焊缝	$a \leqslant 1$ $\alpha = 45° ~ 55°$	用于焊接塔或容器内的架子、隔板等，不能适用作塔或容器底部的焊缝，如两面能焊，尽可能采用 K 形丁字焊接
	K 形丁字焊接	$a \leqslant 1$ $\alpha = 45° ~ 55°$	

焊接形式	焊缝形状	尺寸（mm）	应用说明
角接	单斜 V 形角焊缝	$a \leqslant 1$ $\alpha = 45° \sim 55°$ $\beta = 70° \sim 90°$	用于焊接衬里容器的底与器壁的连接焊缝
	V 形角焊缝		用于焊接板厚 $\leqslant 10mm$ 的容器底与器壁的连接焊缝
	X 形对角焊缝		用于焊接板厚 $> 10mm$ 的容器底与器壁的连接焊缝

此外，尚有由上述几种焊缝组成的组合焊缝，其形式如图 8 - 25 所示。

对由两面焊接的 X 形焊缝（如 X 形对接焊缝及 X 形对角焊缝等），必须由两面逐条平均施焊，其次序如图 8 - 26 所示。这样可使焊接时所产生的热应力均匀分布。这就是 X 形焊缝比 V 形焊缝强度较高的原因之一，两面平均施焊还可防止被焊材料因焊接而变形。

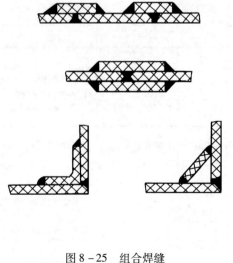

图 8 - 25　组合焊缝

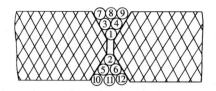

图8-26 X形焊缝焊接时焊条的施焊次序

（2）焊接工艺要求。

1）控制焊枪喷口气流温度为210～230℃，此时焊条与塑料母体之间将被挤出糊状物，因而焊缝强度最高。

2）施焊条与被焊材料间的角度及施力方向：焊接时焊条本体及对焊条所施压力的方向都应与被焊塑料的焊缝成90°的角度，如图8-27（a）所示。如果角度大于90°，如图8-27（b）所示，则部分分力会消耗于对焊的拉伸，致使焊条的伸长率过大，结果焊缝冷却时就会产生收缩应力，有的甚至在冷却过程中断裂，有的在再次焊接被加热时断裂。当角度小于90°时，如图8-27（c）所示，由于焊条靠近焊枪，焊条焊接点局部受焊枪热量的烘烤及热空气流的喷射，造成焊条一段一段地过早地软化，并在对焊条所施压力的水平分力作用下，焊条不能均匀地压接在焊缝内，而是断断续续地被焊于焊缝内，致使焊条在焊缝中形成一个个波纹，造成焊缝强度和致密性大大减弱。实际上施焊条角度应略大于90°，此时便于运条，焊缝质量最好。

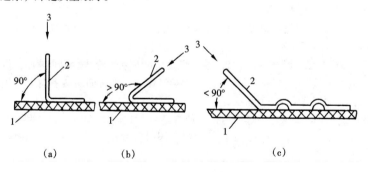

图8-27 施焊角度
（a）正确的焊接角度；（b）、（c）不正确的焊接角度
1—被焊的母体材料；2—焊条；3—施力方向

3）焊枪焊头的角度：焊枪焊头与被焊材料间的角度 α（见图8-28）

是根据被焊材料的厚度决定的，见表 8 - 25。

表 8 - 25　　　　　被焊塑料厚度与焊枪焊头角度的关系

被焊塑料厚度（mm）	<5	5～10	>10
焊枪焊头与被焊塑料间的角度 α	20°～25°	25°～30°	30°～45°

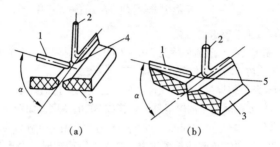

图 8 - 28　焊枪焊头与被焊塑料的角度

（a）薄板焊接情况；（b）厚板焊接情况

1—焊头；2—焊条；3—被焊母体；4—焊头与焊缝垂直

方向成扇形摆动；5—焊头与焊缝平行方向成扇形摆动

4）焊接速度及焊条的伸长率：焊接速度平均为 7～12m/h。

焊接时焊条伸长率应控制在 15% 以内，过大会导致焊缝冷却收缩而断裂，焊缝致密性不良。

（3）焊接注意事项：

1）在焊接过程中或焊完一层需切断焊条时，必须趁热将焊条切成斜口，从焊缝切断处接焊时，新焊条也须切成斜口。

2）焊缝与焊条必须保持清洁，焊接前都必须用清洁的棉布擦净，再用丙酮擦拭，以去除塑料表面的油脂和光泽。在光滑的塑料表面上焊接时，必须用砂纸除去其表面光泽。

3）当局部或全部焊完后，应使焊缝自行逐渐冷却，不得人为冷却（如用水或压缩空气冷却），因为这样会因母体材料与焊缝不均匀地收缩而产生应力，以致裂开。

第六节　管道阀门常见的故障处理

一、管道的故障和处理方法

钢铁管道运行中发生的故障和处理方法如表 8 - 26 所示。

表 8 – 26   钢铁管道的故障和处理方法

编号	故障现象	原因分析	处理方法
1	从丝扣连接的管件泄漏	(1)丝扣断裂; (2)丝扣松动	(1)停用更换管件丝扣; (2)拧紧丝扣或停运加添密封涂料或填料
2	连接法兰泄漏	(1)法兰螺丝未拧紧或紧力不均; (2)垫片未衬好,偏移一侧	(1)拧紧法兰螺丝或重新调整紧力; (2)重新衬垫
3	钢管道穿孔泄漏	(1)局部腐蚀泄漏; (2)多处腐蚀泄漏	(1)停用放水后点焊或打金属卡子堵漏。若放水不净,则可采用虹吸排水和焊接短管加装截门的方法排水堵漏; (2)焊接弧形钢板堵漏或更换新管
4	钢管道多处泄漏	(1)裂纹泄漏; (2)杂散腐蚀泄漏	(1)用聚氨酯玻璃钢堵漏或补焊堵漏; (2)更换新管,并采用排流法或阴极保护法保护新管道
5	铸铁管道泄漏	(1)管道铸铁造时有砂眼泄漏; (2)管身严重裂纹泄漏; (3)承插部位泄漏	(1)在砂眼处钻孔攻丝,拧上堵头; (2)更换新管,采用双承套管连接; (3)更换承插短管,采用双承套管连接

二、阀门的故障和处理方法

阀门在运行中发生的故障和处理方法如表 8 – 27 所示。

第八章 阀门与管道的检修

编号	故障现象	原 因 分 析	处 理 方 法
1	阀体和阀盖泄漏	（1）制造质量不高，有砂眼，组织松散； （2）天冷冻裂	（1）安装前严格按规定进行强度试验； （2）气温在零度以下应进行保温，停止使用时应排除积水
2	填料处泄漏	（1）填料选择不对，不耐介质的腐蚀； （2）填料安装不对，存在以小代大，接头不良，上紧下松等缺陷； （3）填料超过使用期已经老化，丧失弹性； （4）阀杆精度不高，有弯曲、有腐蚀、磨损等缺陷； （5）填料圈数不足，压盖偏移或未压紧； （6）盘根损坏； （7）压兰螺栓锈死不能紧	（1）应按工艺条件选用填料的材料和型式； （2）按有关工艺安装填料，盘根应逐圈压紧，接头应成 30°或 45°； （3）使用期过长、老化、损坏的填料应及时更换； （4）阀杆弯曲、磨损后应进行矫正、修复，损坏严重的进行更换； （5）填料按规定圈数安装，压盖应对称地紧固，压盖应有预紧间隙 5mm 以上； （6）关闭阀门，添加或更换合适的盘根； （7）关闭阀门，更换压兰螺栓
3	垫片处泄漏	（1）垫片选择不对，不耐介质的腐蚀； （2）操作不平稳，引起阀门压力、温度上下波动； （3）垫片的压紧力不够； （4）垫片装配不当，受力不均匀； （5）静密封面粗糙、不平、有划痕、不清洁、混入异物	（1）应按工况条件正确选用垫片的材料和形式； （2）精心调节，平稳操作； （3）应均匀、对称的拧紧螺栓； （4）垫片装配位置应居中对正，受力均匀、损坏； （5）进行修理、研磨，安装垫片时应注意清洁，密封面应用煤油清洗，垫片不应落地

编号	故障现象	原因分析	处 理 方 法
4	阀门开启后不过水	(1) 阀板或阀芯与阀杆的连接卡子损坏或不合套。未能将阀板或阀芯提起（抽出）； (2) 暗杆门的门杆或门套丝扣损坏； (3) 阀门或管道污堵	(1) 打开门盖，更换卡子或T形槽顶针； (2) 更换门杆和门套； (3) 拆下阀门，进行清理
5	阀门关不严而泄漏	(1) 阀板或阀体的密封铜套脱落、变形、磨损或有沟槽； (2) 顶针磨短，阀门关得过头； (3) 阀门底部积有污物	(1) 解体检查，更换密封铜套或研磨密封铜套； (2) 适度关闭，勿使过头，待机检修或更换新门； (3) 拆下阀门，清理污物
6	阀门关不回去或开不了	(1) 闸板的连接卡子脱落、损坏； (2) 闸板开启过度而开脱； (3) T形槽顶针断裂； (4) 门杆转动	(1) 解体检修，更换闸板的连接卡子； (2) 解体检修门卡而归位； (3) 更换顶针； (4) 处理门杆转动的缺陷
7	门杆不灵活或开关不动	(1) 门杆腐蚀锈死； (2) 门杆螺扣不合套或门杆弯曲； (3) 阀件装配不正、不同心； (4) 填料压的过紧，抱死门杆； (5) 门杆螺纹处缺油或积有污物； (6) 阀门关闭后，受热将门杆顶死	(1) 喷洒汽油或螺栓松动剂，清除铁锈； (2) 检修或更换门杆； (3) 重新装配，间隙一致，保持同心； (4) 适当放松压兰； (5) 加油润滑，清除污物，高温门应加二硫化钼； (6) 降低门杆温度，阀门关后，隔一段时间泄载

第八章 阀门与管道的检修

编号	故障现象	原因分析	处理方法
8	开关明杆门时，门杆转动	(1) 闸板这端门杆端部的长方形块腐蚀或T形槽顶针断裂； (2) 门杆扭断	(1) 解体焊接新的长方形块腐蚀或更换T形槽顶针； (2) 更换门杆
9	手动衬胶隔膜阀开关过紧	(1) 门杆丝杆段缺油； (2) 门套推力轴承损坏	(1) 在油盅处加注黄油； (2) 解体更换推力轴承
10	手动衬胶隔膜阀开后不过水或有截流现象	(1) 隔膜与其弧形压块的连接销钉脱开； (2) 门杆与隔膜压块的连接销子断裂	(1) 解体更换隔膜或压块； (2) 解体更换销子
11	气动隔膜阀通气后执行机构拒动或动作缓慢	(1) 执行机构大隔膜破裂或活塞板O形密封圈磨损； (2) 大隔膜或活塞连杆的小O形密封圈磨损	(1) 解体更换大隔膜或密封圈； (2) 解体更换连杆O形密封圈
12	气动隔膜阀关不严仍过水	(1) 密封小隔膜的密封条磨损； (2) 阀门活塞室密封处磨损； (3) 常闭式隔膜阀执行机构弹簧断	(1) 解体更换小隔膜； (2) 解体更换阀门活塞室； (3) 更换弹簧
13	气动隔膜阀开后不过水或有截流现象	(1) 密封隔膜与其弧形压块的连接销钉脱开； (2) 隔膜连杆与隔膜压块的连接销子断裂； (3) 执行机构弹簧断； (4) 控制用气压力低	(1) 解体更换隔膜或压块； (2) 解体更换销子； (3) 解体更换弹簧； (4) 增加控制用气压力

提示 本章共有六节，其中第一、四节适合于初级工，第二、五节适合于中级工，第三、六节适合于高级工。

第九章

水处理离心泵的检修

第一节　离心泵的选型和安装

一、离心泵的工作原理

离心泵的工作原理是：在泵内和整个吸入管路充满流体的情况下，当叶轮飞快旋转时，叶片间的流体也跟着旋转起来，旋转的流体在离心力的作用下，沿着叶片流道从叶轮的中心向外运动，从叶片的端部被甩出，进入泵壳内的螺旋形蜗室和扩散管（或导轮）；当流体流到扩散管时，由于流体断面积渐渐扩大，流速减慢，部分动能转化为压力能，压力升高，最后从排出管压出。与此同时，在叶轮中心，由于流体被甩出，产生了局部真空，低于进水管内压力，流体就在这个压力差的作用下，从吸入管源源不断地被吸入泵内，离心泵就是这样一面不断地吸入，一面不断地排出，并均匀地将流体输送至需要的地方。

二、离心泵的分类

离心泵的分类方法很多，一般有以下四种。

（1）按叶轮的个数（即级数）分，有单级泵和多级泵。单级泵的泵中只有一个叶轮，多级泵的泵中有两个以上叶轮。

（2）按叶轮吸入液体的方式分，有单吸泵和双吸泵。单吸泵的液体从叶轮一侧吸入，双吸泵的液体从叶轮两侧同时对称吸入。

（3）按导叶机构的形式分，有蜗壳式泵和导叶式泵。蜗壳式泵具有如蜗壳形的泵体，单级泵大多是这种形式，导叶式泵在叶轮外围的泵壳上，安装有几个固定导叶片，其作用是将叶轮甩出的流体引向另一叶轮的进口，多级泵都是这种形式。

（4）按泵壳接缝形式分，有中开泵和垂直接合面泵。中开泵由泵有通过轴心线的水平接缝而得名，单级双吸泵都是这种结构；垂直接合面泵的泵端盖和泵壳的结合面与泵轴的中心线垂直，单级单吸泵和多级单吸泵都是这种结构。

第九章　水处理离心泵的检修

以上的离心泵分类方法是依泵的某一部分的特征进行的。对于某一台泵，则往往同时具有几种特征，如常见的 PW 型污水泵，它的结构是单级、单吸、垂直接缝、蜗壳式泵体。

三、离心泵的主要性能参数

离心泵的主要性能参数有：流量 q_V、扬程 H、转速 n、轴功率 P、效率 η 和允许吸上真空高度 $[H_S]$ 或允许汽蚀余量 $[\Delta h]$ 等。它们表示离心泵以水为介质，在最高效率（即设计工况）下运转时的性能指标。现分别简介如下。

（1）流量 q_V。流量是泵在单位时间内能输送出液体的量，流量分为体积流量和质量流量两种。泵常用体积流量 q_V 表示，单位为 L/s 或 m³/h。若用质量流量 q_m 表示，单位为 kg/s 或 t/h。二者的关系为

$$q_m = \rho q_V \tag{9-1}$$

式中　ρ——液体密度，kg/m³。

换算时要注意单位。

（2）扬程 H。泵的扬程是指单位质量液体通过泵时所获得的能量，单位一般用米表示。扬程又称压头。离心泵的扬程不能片面地理解为实际扬水的高度，泵的扬程为扬液高度（标高差）、两侧容器间静压差、输送管线进出口动能差，以及为克服整个输送过程中的阻力而消耗掉的能量（泵内损失除外）四项之和。由于阻力损失这一项是不可避免的，泵的扬液高度必然低于泵的扬程。

（3）转速 n。泵叶轮轴每分钟转动的转数，单位为 r/min。

（4）轴功率 P。离心泵的功率可分为有效功率、轴功率和原动机功率三种。

有效功率指每秒钟泵对液体所做的净功。轴功率为泵叶轮从原动机（一般为电动机）获得的功率，即泵铭牌上的功率。轴功率比有效功率要大一些，因为它有一部分能量消耗在泵内了。

原动机功率为泵配套电动机的功率。为防止电动机因泵工况变化而超负荷，一般取电动机的功率为轴功率的 1.1~1.2 倍。

（5）效率 η。泵的有效功率与轴功率之比，叫做泵的效率。

泵的效率反映了泵对动力的利用程度。η 小的泵说明泵的内损失大，η 大的泵说明泵内损失小。

（6）允许吸上真空高度 $[H_S]$ 和允许汽蚀余量 $[\Delta h]$。允许吸上真空高度和允许汽蚀余量都是表征水泵吸水性能的参数，据此参数来确定水泵

安装高度。允许吸上真空高度是由制造厂根据泵进口试验测出的最大真空高度 $H_{s,\max}$，再减去 0.3m（或 0.5m）的安全余量之后的允许值，即 $[H_s] = H_{s,\max} - 0.3m$。当泵刚刚发生汽蚀时的真空高度为泵的最小汽蚀余量 $\Delta h_{\min}$，$\Delta h_{\min}$ 再加上 0.3m 为泵的允许汽蚀余量，即 $[\Delta h] = \Delta h_{\min} + 0.3m$。

四、离心泵的选型

（一）选型的意义

泵的选型就是根据生产上工艺装置系统对泵的要求，在泵的定型产品中选择最合适泵的型号与规格。

泵的选型是一件十分重要的工作。如果选择不当，则泵扬程会偏高或偏低，流量偏大或偏小，材料不耐腐蚀；结构不适于该流体的特性等。这样泵不仅满足不了生产要求，而且效率低、寿命短，造成极大的能源浪费和设备损坏。

（二）选型的依据

泵选型的依据是生产工艺对液体输送流量 q_V 和装置扬程 H 的要求、流体的性质、操作条件及地理位置等。

（1）流量 q_V。流量是选泵的重要性能依据之一。它直接关系到整个装置的生产能力。若设计给出了最大流量，则选泵时可以此最大流量作为依据；在没有给出最大流量时，通常应以正常流量的 1.1 倍作为依据。

（2）扬程 H。系统所需扬程是选泵的又一重要性能依据。它可根据管路系统的具体布置情况及工艺条件进行计算求得。为了留有余量，取系统扬程的 1.05 ~ 1.1 倍作为依据。

（3）液体的性质。液体的性质包括液体介质的名称、物理性质和化学性质。物理性质（温度、密度、黏度和沸点等）涉及系统的扬程、允许汽蚀余量或允许吸上真空高度等计算和合适的泵类型。化学性质主要指介质的化学腐蚀性能和可燃易爆性，它是确定泵用材料和应选用哪一种轴封类型的重要依据。

（4）系统管路的布置条件。系统管路的布置条件指的是输送液体高度、距离、走向，吸入侧的最低液面、排出侧的最高液面，管道规格、管件数量等，以便进行系统扬程计算和汽蚀余量的校核。

（5）操作条件。内容很多，如液体的操作温度、吸入侧容器内压力（绝对压力）、排出侧容器内压力（绝对压力）、环境温度、操作是间断的还是连续的、泵的位置是固定的还是可移动的或是常移动的等。

（三）泵系列和材料的选择

1. 泵系列的选择

在泵的类型确定后，根据流体介质及其性质确定是水泵、油泵或是耐腐蚀泵、杂质泵，或其他特殊泵。

根据流量的大小，选择单吸泵或双吸泵（如 IS、IH 系列或 Sh、S 型系列）。双吸泵的流量较大。

根据扬程的高低，选择单级泵或多级泵。多级泵的效率比单级泵的低，当单级泵和多级泵同样能适用时，宜选单级泵，且单级泵的检修方便。

根据操作温度和物理性质，选择一般水泵或热水泵（B 型系列）、泥浆泵、污水泵等。

根据液体的化学性质和操作条件，选择耐腐蚀泵（F 型系列）或耐腐蚀液下泵（FY 型系列）。

2. 泵材料的选择

同一性能（H、q_V）的耐腐蚀泵可由不同材料制成，每一种材料只适用于一定的腐蚀介质。例如：

（1）1 铬 18 镍 9 钛不锈钢。该型不锈钢（1Crl8Ni9Ti）可适用于常温和较低浓度（低于 60%）的硝酸、常温醋酸、氢氧化钠、氢氧化钾等碱液和氯化钠等盐类溶液。

（2）1 铬 18 镍 12 钼（钛）。该型不锈钢（1Cr18Nil2Mo2Ti）适合于硝酸（浓度 >90%、常温）、氢氧化钾、氯化钠以及有机酸、硫酸（中等浓度的除外）。

（3）哈氏合金。其中的合金 B 对沸点以下一切浓度的盐酸都具有良好的耐蚀性，此外也耐硫酸、磷酸、氢氟酸、有机酸等非氧化性介质；合金 C 能耐氧化性的酸介质，是工业生产中最耐全面腐蚀的材料之一。

（4）K 合金。该合金在硫酸中具有良好的耐蚀性。

（5）镍 70 铜 30 合金。该合金耐氢氟酸的性能非常好，对热浓碱液也有优良的耐蚀性。

（6）铸铁。铸铁可用于浓硫酸。

（7）含钼高硅铸铁。该铸铁除氢氟酸、苛性碱、亚硫酸钠外，能耐各种强腐蚀介质。

（8）塑料。塑料的耐腐蚀性能良好，其中聚乙烯、聚三氟氯乙烯和聚四氟乙烯的耐酸碱性更好，耐热性也较好。

此外，石墨特别适合于盐酸和氢氟酸；衬聚四氟乙烯、衬胶的泵耐腐蚀性能优异，适合于各种腐蚀介质，但耐磨性不好。

上述泵的系列（或产品）的适用范围和材料耐腐蚀的详细性能，选用时可参考各类泵的产品使用说明书或有关手册。

（四）泵具体型号的确定

泵的系列选定后，就可按最大流量和放大 5% ~10% 裕量的扬程在系列特性曲线上确定泵的具体型号。系列特性曲线一般都是按水介质绘制的，如果输送介质的黏度比水大得多的黏性液体，则因为黏度要引起 q_V、H 的减小。故在泵型谱图上初次查对时宜偏向 q_V、H 交点的右上方，然后根据黏度修正后再校对是否妥当。泵型号确定后，对水泵或输送介质的物理、化学性质近似于水的泵，需再到有关泵产品目录或样本上根据该型号泵的性能表或性能曲线，进行单独性能校核，看正常工作点是否落在该泵的高效区、允许吸上真空高度 $[H_s]$ 是否适合。

泵的选型工作必须认真对待，决不能草率从事，否则后患无穷。但有时会选不到比较理想的泵或选好却购置不及时，则可利用改变泵性能参数的方法，如降低转速、车削叶轮外径、多级泵抽出一个叶轮等，进行泵性能的改造。

五、离心泵的安装

离心泵的结构类型不同，但其安装的方法基本一致，这里只介绍典型的安装技能。

（一）基础的检查及处理

水泵安装前应对其基础进行检查，包括外形尺寸，外观不得有裂缝、蜂窝、空洞等缺陷，放置垫铁处的基础表面应铲平，其水平允差为 2mm/m，垫铁与基础接触要均匀、牢固，接触面积不小于 50%。

1. 垫铁的使用及要求

斜垫铁应配对使用。它与平垫铁组成垫铁组时，通常不超过 4 层，平垫铁放在下面。垫铁应露出泵座 10~30mm，配对斜垫铁的搭接长度应不小于全长的 3/4，其相互间的偏斜角 $\alpha \leq 30°$。垫铁之间及垫铁与底座之间的间隙，用 0.5mm 厚的塞尺在垫铁同一截面处，从两侧塞入的长度总和不得超过垫铁长（或宽）度的 1/3。检查合格后，应随即用电焊在垫铁组的两侧进行层间点焊固定，垫铁与底座间不允许焊接。每个地脚螺栓的近旁至少应有一组垫铁，在不影响灌浆的情况下，垫铁应尽量靠近地脚螺栓。

安放垫铁时，可采用标准垫法（每一地脚螺栓两侧各放一组垫铁）、井字垫法、十字垫法、单侧垫法和辅助垫法（在两组垫铁之间加放一组辅助垫铁）等。

2. 地脚螺栓的使用及要求

（1）地脚螺栓的材质，中小型泵可用 A3 钢，大型泵可用 35 号钢。

（2）地脚螺栓直径应比底座螺孔直径小 2mm。

（3）地脚螺栓长度应符合施工图纸规定，无规定时可按式（9-2）确定，即

$$l = 15D + S + (5 \sim 10mm \text{ 的余留长度}) \tag{9-2}$$

式中　l——地脚螺栓的长度，mm；

　　　D——地脚螺栓的直径，mm；

　　　S——垫铁高度及机座、螺母厚度和预留量（预留量约为地脚螺栓的 $3\sim5$ 个螺距）的总和。

（4）地脚螺栓不得歪斜，不得靠在孔壁上，应呈垂直状态。地脚螺栓下端不能接触预留孔底，螺栓任何部位离孔壁的距离不得小于 1.5mm。

（5）地脚螺栓浇灌在基础内通常采用两种方法，即一次灌浆法和二次灌浆法。小泵的基础一般采用一次灌浆法，大、中型泵一般采用二次灌浆法。

3. 泵机（底）座的安装

（1）机座找正。首先在基础上画出纵向和横向中心线，以基础的中心线为基准调整机座的位置，使机座中心线与基础中心线重合，其偏差不大于 5mm。

（2）机座调平。用水平仪测量和垫铁调整，把机座的纵向和横向都调成水平并处于设计的标高位置。机座通常采用一般调平法和三点调平法。

1）一般调平法。就是将所有垫铁组放在预定位置，使各组垫铁高度基本一致，将机座吊装到垫铁上，在机座表面的加工面上用水平仪测量，利用垫铁调整，使机座的纵向、横向都达到技术要求为止。

2）三点调平法。就是在机座一端的中点（图 9-1 中 a 点）放置所需高度的垫铁组，同时在机座另一端地脚螺栓 1# 和 2# 的两侧放置相同厚度的垫铁组 b_1、b_2 和 c_1、c_2，在机座表面的加工面上用水平仪测量。先用 b、c 两处垫铁将机座横向水平调至允许偏差范围内，然后再用 a 处垫铁将其纵向水平度调至合格，将地脚螺栓 1# 和 2# 拧紧。再在地脚螺栓 3# 和 4# 的两侧放入垫铁组，复查机座纵向和横向水平度，符合要求后拧紧地脚螺栓 3# 和 4#，其他部位的垫铁只要与机座底面紧密贴合即可。当机座的调平工作结束后，就可最后在机座表面的加工面上测量水平度。同一位置上水平仪应调转 180° 测两次，取其平均值，并且要在同一位置互相垂直的两个方向上进行测量。为保证测量精度应反复测量多次。

第一篇　电厂化学设备检修

（二）泵的整体安装

在离心泵的安装过程中，一般小型离心泵都是在解体检查组装完成后，再吊装到基础上进行找正、调平；大型离心泵则多在机座安装并调整好中心位置及水平度后，将泵整体吊装到机座上。总之，在离心泵向基础或机座上吊装时，泵体都是整体吊装的，这是测量和调整工作的需要。

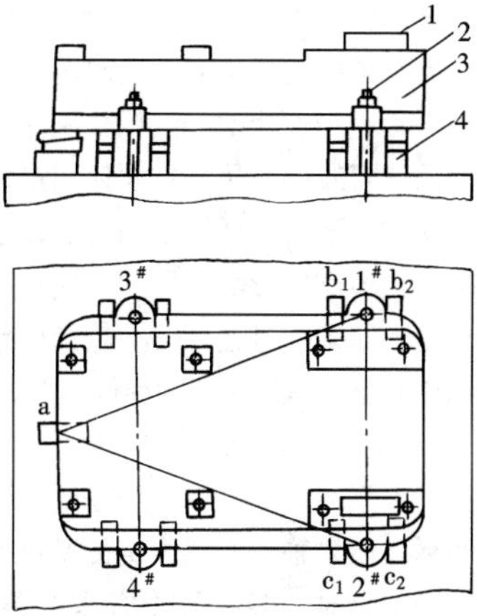

泵在整体吊装时，应注意吊索的捆绑位置，中、小型离心泵多捆绑在机座上；大型离心泵则捆绑在泵体下部，绝不允许吊索挂在泵轴或轴承上，以避免造成轴的弯曲。

泵整体吊装之后，其调整工作

图 9－1　三点调平法
1—水平仪；2—地脚螺栓；
3—机座；4—垫铁

主要是泵体中心线找正、调整水平度和测量标高等三项工作。

1. 泵体中心线的测量与调整

泵体的中心线是以泵轴中心线作定位基准的，一般采用在泵轴两端吊垂线，使之与基础（机座上）的中心线重合。横向中心线常以进、出口管法兰的中心线作定位基准，用拉线法找正。

2. 泵体水平度的测量与调整

测量离心泵泵体的水平度。使用精度为 0.02mm/m 或 0.05mm/m 的方框水平仪或水平尺。水平仪的放置位置随泵的结构不同而有差异。垂直剖分的离心泵，可把水平仪放置在泵轴的外露部分，也可放在进、出口法兰盘平面上，还可放在泵体上的水平加工面上进行测量。水平剖分的离心泵，可卸下泵盖，把水平仪放在泵体水平接合面上，也可放在露出的轴颈上进行测量。测量水平度时，应注意以下两点：

（1）检查泵座与泵的支脚及泵座与垫铁之间的接触情况，用 0.05mm 的塞尺检查不得塞入。只有在确认接触良好后，才能进行水平度的测量。

（2）多级离心泵的转子轴较长，水平放置后，轴颈的扬度较大，故对轴承段处轴较长的多级离心泵测量其水平度时一般不在轴端位置进行。

调整泵体水平度有两种方法。对于泵体和机座一起吊装的离心泵，可以通过调整垫铁厚度的方法达到调平；对于泵体和机座分别吊装的离心泵，可在泵体支脚与泵座之间用加减垫片厚度的方法实现调平。绝对不允许用松紧地脚螺栓的办法调整泵体的水平度。

虽然管线的连接是在泵体固定之后进行的，并要求进、出口管线必须均匀支撑，不得有任何附加力加在泵体上，但根据施工经验，很难保证管路对泵体不产生影响，因此在连接好全部管线后，还必须校验一次泵体的水平度。如果超过允许偏差值则应设法消除。

离心泵泵体水平度的允许偏差，纵向为 $0.05mm/m$，横向为 $0.1mm/m$。

3. 泵体标高的测量与调整

调整泵体的标高也是为了便于泵体与管线以及电动机之间的连接。泵体的标高以泵轴中心线为定位基准，以厂房上标定的点作为测量基准点。现场安装泵时，多用 U 形管水准器测量标高。如图 9-2 所示，测量时，使橡胶管连通的水准器的一端液面与泵轴中心点高度一致，另一端液面与厂房上测量基准点高度一致，泵的标高就符合要求。否则需要通过调整支脚处垫片厚度的方法进行调整。

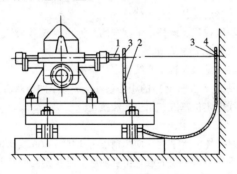

图 9-2　用 U 形管水准器测量标高
1—轴；2—橡皮管；3—玻璃管；4—基准点

泵体的中心位置、水平度和标高调整完毕后，初调工作结束。此时地脚螺栓若用预埋法直接浇灌在基础内，则在完成初调工作之后，就可以拧紧地脚螺栓，进行机座的灌浆工作。如果用有预留孔的地脚螺栓，则在完成初调工作后，应对地脚螺栓预留孔灌浆，待混凝土达到设计强度后，再拧紧地脚螺栓。

泵体初调工作完成后，还应进行精调。精调一定要在拧紧地脚螺栓的情况下进行测量。精调时必须使用较精密的方框水平仪（精度为

0.02mm/m），其操作方法同初调一样。精调完毕，点焊垫铁，进行泵座的二次灌浆，完成泵的安装工作。

一、IS 型离心泵的检修

IS 型离心泵的泵体和泵盖部分是从叶轮背面处剖分的，即通常所说的后开门结构形式。其优点是检修方便，检修时不需移动泵体、吸入管路、排出管路即可进行维修。

（一）IS 型泵的结构及各部件的作用

IS 型泵是 BA 泵的改进型，是根据国际标准设计的新型单级单吸泵。IS 型泵主要由泵体、泵盖、叶轮、轴、密封环、轴套及托架、轴承部件等组成，如图 9-3 所示。

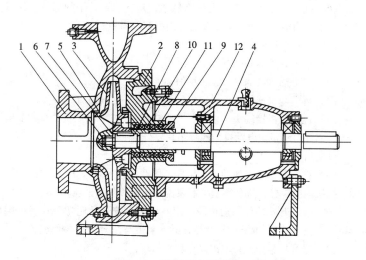

图 9-3　IS 型离心泵结构

1—泵体；2—泵盖；3—叶轮；4—轴；5—密封环；
6—叶轮螺母；7—制动垫圈；8—轴套；9—填料压
盖；10—填料环；11—填料；12—托架、轴承部件

（1）泵体与泵盖。它们构成泵的工作室，有螺旋形流道，用来收集从叶轮中甩出的液体，并引向扩散管至泵出口。

（2）叶轮。它是离心式水泵传递和转换能量的主要部件。通过它把电动机传给泵轴的机械能转化为液体的压力能和动能。

（3）轴和轴套。轴的作用是借助联轴器与电动机相连接，将电动机的转矩传给叶轮，轴的材料为碳钢。轴套是用来保护轴不被磨损和腐蚀并用来固定叶轮的装置，轴套的材料为铸铁。轴套与轴之间装有圆形密封圈，以防沿着配合表面进气或漏水。

（4）密封环。它是圆形环，其作用是保护泵壳不被磨损，减少液体的泄漏（内泄漏：叶轮甩出的液体通过叶轮前盖板与泵体之间的间隙泄漏到叶轮进口；外泄漏：通过叶轮背面与泵盖之间的间隙经填料函漏到泵外），密封环采用耐磨性良好的铸铁材料。

（5）轴封装置。它是由软填料、水封环、填料压盖组成的。其作用是防止液体外漏和外面空气被吸入泵内。水封环是分配冷却水起密封和冷却作用的。填料压盖起压紧填料的作用。

（6）托架和轴承。托架也称为悬架，是支承泵转子的部件，材料为铸铁。轴承为滚动轴承，承受泵的径向力和轴向力。

（二）拆卸顺序

（1）拆下联轴器安全罩。

（2）拧下油室放油堵头，放尽旧油。

（3）拆下与泵连接的出入口管件，再拆除压力表和真空表。

（4）拆电动机接线头（由电气人员进行），拧下电动机与泵座的紧固螺丝，移开电动机。电动机的四脚垫片要分别捆在一起，并记录好原来位置，以便组装。

（5）拧下泵盖与泵体的连接螺栓，用两端顶丝将泵盖顶出配合止口，拆下托架地脚螺栓，从泵座上吊下泵盖与托架并支撑平稳。

（6）撬开叶轮螺母制动垫圈，用专用扳手拧下叶轮螺母（另一端用管钳子卡住泵轴），取下叶轮及键，拆下泵盖与托架间的连接螺栓。

（7）松开填料压盖，取出盘根和水封环，取下泵盖。

（8）拆开前后轴承端盖，测量纸垫片厚度。

（9）以紫铜棒顶住叶轮侧轴头，轻轻锤击，将轴与轴承一并从联轴器侧抽出，取下水封环、填料压盖及前轴承端盖和前轴承。

（10）用专用工具取下联轴器及键。

（11）取下后轴承端盖及后轴承。

（三）零部件的清洗检测和修理方法

在检测、修理前，对零部件的加工表面应用干净的棉布和煤油、清洗液等清洗干净，使其无油脂和其他杂物，并显露出金属零件的本色。

1. 泵盖、泵体、托架的检修

先将泵盖、泵体、托架等外表面油污清理干净后，再将泵盖、泵体内壁的水垢刮削干净，然后检查并用手锤轻敲听其声响，以鉴定有无裂纹和磨损程度。如有裂纹，就必须找出始终点，进行补焊或更换；若磨损严重就应更换。还应将泵盖、泵体、托架接合面清洗干净，并检查其止口间隙是否合适。轴承部位及油室先用清洗液进行清洗、棉布擦净，然后用油腻子或白面团粘净，检查轴承外壳是否有磨损痕迹，检查、测量密封环处的磨损程度和尺寸。若超过标准，则可更换密封环，轴承壳应镗孔后镶套。

2. 叶轮检修

（1）清洗叶轮水通道表面至无污垢和铁锈，再检查其有无裂纹。

（2）叶轮如磨损、腐蚀严重就应更换。

（3）检查测量叶轮与轴的配合情况。叶轮与轴配合不应松动；叶轮对轴的偏斜程度，可用千分表检查不应超过 0.20mm；叶轮入口外圆的晃动度不应超过 0.05mm。如超过标准，则应调整轴和叶轮孔的装配关系和采取车旋叶轮的办法。

（4）叶轮键槽若有轻微磨损，就可用锉刀修平；如磨损较严重，则可在叶轮转过 60°的位置处另开键槽，且将旧槽堵塞。

（5）叶轮密封环处若磨损不严重，就可用砂纸打磨或酌情车削，并在外圆处配制新的密封环。

注意：修理过的叶轮必须进行静平衡试验，只有试验合格后才能使用。

3. 主轴、轴套的检修

（1）主轴、轴套应打磨干净，使之露出金属光泽。

（2）检查轴套的晃动度，如果超过标准，可利用车床找好中心，并对晃动度不合格的部位进行车削，至轴套晃动度不超过 0.05mm。

（3）检查轴有无裂纹，凡有裂纹的轴必须更换。

（4）测量轴的弯曲情况，一般在车床上或在 V 形铁上进测量。测量时，轴心必须先进行轴向定位，防止窜动，然后用百分表分段测量，根据测得若干截面的偏差数值作综合分析，用 180°对称两方位的径向跳动差值的一半画出相应的轴弯曲图，便可得知最大弯曲部位与方位。轴的最大弯曲：要求中间不超过 0.05mm，两端不超过 0.02mm。若轴的弯曲超标准，就要进行直轴处理。

（5）检查轴的键槽，若键槽轻微损坏，可用锉刀等修理或略微加大键槽，换用新键；如键槽损坏严重，就应将原键槽堵焊，将轴转过60°，另开新槽。

（6）检查轴端部螺纹，若泵端部螺纹损伤轻微，可用三角细锉刀修理；如损坏严重无法修复时，则可进行补焊重新车制螺纹。

（7）检查测量安装轴承部位的轴颈的粗糙度、尺寸偏差及形状偏差是否在允许范围之内。若粗糙度达不到要求、有锈蚀，则可用砂纸打磨光滑；轴颈磨损，一般采用镶套、喷焊修补、涂镀等方法修复。

4. 密封环检修

密封环应清理干净，用卡尺测量几何尺寸和椭圆度，磨损严重者要换新的。新的密封环内径应以经过修理（如已车削）后的实际叶轮入口处外圆尺寸来配制，并使它与叶轮间的间隙符合要求。泵体密封环装上后，应该检查它与叶轮有无碰磨，可用手盘动泵轴细细听有无沙沙摩擦声；或预先在叶轮密封环处外圆上涂一层红铅油，转动泵轴，再观察密封环上是否粘有红铅油，若某一段弧上有红铅油，则说明此处有偏磨，应进行刮修直到没有偏磨为止。

5. 滚动轴承检修

滚动轴承的检查与更换，按滚动轴承的装配相关要求进行。

6. 轴封检修

石棉填料盘根检修必须更换新的，注意填料切割接口为45°并和邻圈接口要错开120°。若轴套表面有轻微磨损，则可车削后继续使用，磨损达到2mm时，应更换新的。水封环、填料压盖必须清理干净，磨损过大时应更换。

检查轴套内圆形密封圈，若弹性不够或损坏，就应更换新的。

（四）组装顺序

（1）将前后轴承装到轴上，从对轮侧穿入托架，在对轮侧装上纸垫和后轴承端盖（用压铅法测量出后轴承端盖应加纸垫的厚度），固定后轴承端盖，安好对轮键再安装对轮。

（2）将纸垫（经测量已确定厚度的）和前轴承端盖、挡水圈、轴套、填料压盖、填料环依次套于轴上，固定前轴承端盖。

（3）将泵盖安装到托架上，拧紧连接螺丝。

（4）将轴卧好键，装上叶轮和制动垫圈，旋紧叶轮螺母，锁好制动垫圈，转动转子检查有无摩擦。

（5）装上泵体（泵盖和泵盖间有密封纸垫），再转动转子，检查密封环有无摩擦，若发生摩擦现象，则取下泵体调整密封垫厚度和修刮密封环。

（6）泵在泵座上就位后，拧紧托架与泵座紧固螺丝；联轴器找正合格后，安装联轴器的安全罩，填好盘根，拧紧填料压盖。

（7）连接出入口管件，安装压力表和真空表加好润滑油。

（五）技术要求和质量标准

（1）泵的全部零件应完整无损，质量要求符合标准，所有接合面没有渗漏现象。填料压盖松紧合适，盘车灵活、无卡涩现象，轴封处应有间断水滴滴出，填料环要对准冷却水来水口。

（2）联轴器找正，径向偏差不大于 0.05mm，端面偏差不大于 0.04mm。水泵运转时振动值符合标准要求：3000r/min 的不超过 0.05mm；1500r/min 的不超过 0.08mm，740r/min 的不超过 0.10mm。

（3）滚动轴承符合质量标准，滚动轴承与轴承端盖的间隙应保持在 0.25~0.5mm。

（4）水泵叶轮流道中心线和泵体涡壳流道中心线要求重合，偏差一般不应超过 0.5mm。

（5）泵转子与泵体的同轴度偏差不大于 0.05mm。

（6）泵内各部位配合及间隙应符合表 9-1 的要求。

表 9-1　　　　　　泵内各部位配合及配合后间隙

相 互 部 件	配合性质及选用等级	配合后间隙（mm）
联轴器与轴	过渡配合，等级 $H7/j_S6$	0.03~0.05
叶轮与轴	动配合，等级为 H7/h6	0.03~0.05
轴套与轴	动配合，等级为 H8/h8 或 H9/h9	0.04~0.08
滚动轴承与轴	过盈配合，等级为轴承孔/j_S6	0.25~0.5
滚动轴承外圈与轴承壳体	过渡配合，等级为 J7 或 H7/轴承外圈	0.03~0.05
轴承压盖与轴承体结合面止口	动配合，等级为 H8/h8 或 H9/h9	0.03~0.05
轴承端盖孔与轴或轴承挡套外圆	动配合，等级为 D11	0.03~0.05

相 互 部 件	配合性质及选用等级	配合后间隙（mm）
填料压盖外径与轴封盒内壁		0.10 ~ 0.20
填料压盖内径与轴或轴套		0.40 ~ 0.50
填料挡套与轴或轴套	动　　配　　合	0.30 ~ 0.50
填料挡套、水封环与填料盒内壁		0.10 ~ 0.20
水封环与轴或轴套		0.40 ~ 0.50
密封环与叶轮入口外圆		0.20 ~ 0.30

二、S 形离心泵的检修

S 形离心泵是老产品 SA、Sh 型离心泵之革新产品，为单级、双吸、水平中开式离心泵，如图 9 - 4 所示。

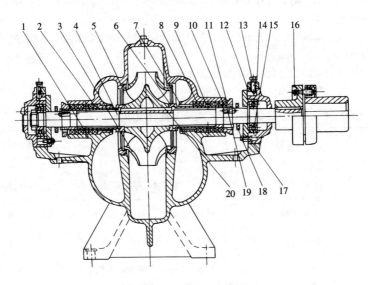

图 9 - 4　S 形离心泵结构

1—泵体；2—泵盖；3—叶轮；4—轴；5—双吸密封环；6—轴套；7—填料套；8—填料；9—填料环；10—填料压盖；11—轴套紧母；12—轴承体；13—固定螺钉；14、15—单列向心球轴承；16—联轴器部件；17—轴承端盖；18—挡水圈；19—螺栓；20—键

（一）主要部件的结构特点及作用

（1）泵体。泵体与泵盖的结合缝与轴中心线在同一平面上，中间隔以纸垫，共同构成螺旋形吸水室和压出室。

泵盖用双头螺栓及圆锥定位销固定在泵体上，以便在不需拆卸出水管的情况下就能打开泵盖，检查内部零件，给检修工作带来极大方便。

吸入口和排出口都在泵体上，泵体两端有轴承支架。

（2）叶轮。叶轮为双吸叶轮，叶片扭曲形。由于叶轮两边对称，所以理论上没有轴向推力。但由于加工、制造等原因，实际上略有轴向推力。

叶轮通过键、轴套和两边的轴套螺母固定在轴上，它的轴向位移可由轴套螺母来调整，使其与泵体对中。轴套用来保护填料对轴的磨损。检修时注意不要将叶轮装反，密封环为有外缘凸起的半圆环，借以嵌在泵壳凹槽内，固定轴向位移。轴封装置的填料函由泵体和泵盖共同拼合而成，由填料压盖压紧软填料，起密封作用。因为双吸泵的轴封设在泵内液体的低压处，所以在一般情况下轴封的作用主要是防止泵外空气吸入。

（二）拆卸顺序

（1）拆泵盖。先松开泵体两边的填料压盖螺钉，将填料压盖向两旁推开，然后旋松泵盖四周螺母（注意水平剖分面面积较大的泵，应先松上壳中部螺母，再松周边螺母，以防周边可能产生向上的翘曲变形）。对称旋紧顶丝，要注意保持上下壳体间出现的缝隙各处相同，当缝隙宽度达20～30mm时，即可停用顶丝，用一般起重工具将泵盖徐徐吊起。

（2）拆联轴器。

（3）拆转子。先拆下轴承体压盖，然后小心地将整个转子吊出，放在清洁的木板上。

（4）拆轴承。在拆下两个轴承体之后，拧下轴承上端的轴承螺母，用专用工具将轴承拆下。

（5）依次拆轴上的零件。将轴承端盖、护环、填料压盖、水封环、填料套等零件逐一从轴的两端取下，再拆下轴套螺母，退下轴套。

（6）拆密封环。拆下叶轮上的密封环，将叶轮竖直放平垫好，用手锤将轴打出。

（三）零部件的清洗、检测和修理方法

S形离心泵零部件的清洗、检测和修理方法与单级悬臂式离心泵的基本相同，这里仅对其特殊之处加以介绍。

当密封环间隙测定好后，在装配泵盖制作纸垫时要测定密封环在装配时的紧力。密封环与泵盖之间必须有紧力，否则，运行中会产生密封环跳动，使叶轮与密封环磨碰，这是绝对应当避免的。

密封环与泵盖紧力的测定方法是，在密封环顶部和泵壳结合面上，放置直径为1.5～2.5mm的软铅丝，如图9-5所示，再盖上泵盖，从对称方向均匀地拧紧泵盖螺丝，软铅丝即被压扁，然后松下泵盖螺丝，打开泵盖，用外径千分尺测量软铅丝压扁后的厚度，密封环与泵盖紧力的数值等于结合面上所压软铅丝的厚度减去密封环顶上所压软铅丝的厚度，再减去泵盖结合面上应垫纸垫的厚度（单位为毫米）。要求密封环与泵盖紧力在0.03～0.05mm之间。调整紧力通过改变泵盖结合面上所垫纸垫厚度来实现。需增加紧力时可减薄纸垫的厚度；需减小紧力时则可增加纸垫的厚度。

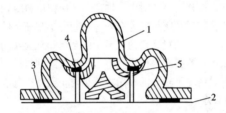

图9-5　密封环紧力的测量

1—泵盖；2—泵座；3、4—软铅丝；5—密封环

填料套与泵盖的紧力也是必要的。否则，运行中填料套会松动，磨损泵轴，造成严重后果。其紧力的测定与密封环紧力的测定相同。

根据所得得的密封环紧力，填料套紧力的数据，选择适当薄厚的青壳纸或石棉纸，制作泵盖纸垫。其方法是：将青壳纸铺在水泵上盖法兰结合面上，用手锤顺边沿和螺孔轻轻敲打，即可敲成与泵盖结合面同形状的纸垫。

泵体内的检查测定工作结束后，擦去泵盖法兰结合面上的油污尘土，在结合面上均匀地抹上涂料（涂料一般可用黄油代替），将纸垫铺上，吊上泵盖，就位安装。注意泵盖螺丝必须在对称方向同时均匀地拧紧。在吊装泵盖之前，应将填料函内的填料装上。

轴承盖的紧力用压铅丝的方法进行测定，紧力大小通过调整轴承体盖与轴承座之间的垫片厚度来实现，使轴承体紧力保持在0.02mm。

（四）组装顺序

S形离心泵的组装顺序和拆卸顺序相反，先将转子装配好，然后吊入泵内，调整适当后，盖上泵盖。

（1）转子装配。先在轴表面上涂黑铅粉，卧好键，把叶轮装上（注意不要装反），套好密封纸垫，装上轴套，拧上轴套螺母。依次套上填料套、水封环、填料压盖。再装轴承挡套及轴承端盖，放上纸垫，把滚珠轴承压上，装好轴承体。最后在叶轮两侧装上密封环，并检查一下是否有遗漏和装错。

（2）转子吊装。转子装配无误后，在泵体结合面上涂薄薄一层白铅油，铺上事先切好的青壳纸垫，旋入双头螺栓；吊装转子，对准位，密封环要正好嵌入泵体槽内，轴承体应放入泵体两端止口内，将转子慢慢放下。盖上轴承体压盖，套上弹簧垫圈，拧紧螺母。用轴套螺母调整叶轮位置，使叶轮中心对准泵体中心，调好后用专门扳手拧紧轴套螺母。按要求装上填料、水封环。

（3）装泵盖。小心地吊起泵盖，徐徐放下，对称、交替地逐步拧紧螺母。装好填料压盖。最后装上联轴器，安装压力表计，加入润滑油，找正后，装上安全防护罩。

（五）技术要求和质量标准

（1）泵的全部零部件应完整无损、无缺陷，盘车灵活，无卡涩现象，轴封处应有间断水滴滴出为宜，运行无发热现象。

（2）叶轮和轴套的晃动度不大于 0.05mm。

（3）轴的弯曲度最大不超过 0.05mm。

（4）泵盖与泵体结合面无渗漏现象。

（5）滚动轴承符合质量标准，润滑脂填加适量，滚动轴承与轴承端盖的间隙保持 0.25~0.5mm。

（6）密封环与叶轮的径向间隙通常为 0.2~0.3mm，轴向间隙为 0.5~0.7mm，密封环紧力在 0.03~0.05mm 之间。

（7）填料套与轴套的间隙为 0.3~0.5mm，填料压盖与轴套应保持同心，其间隙为 0.4~0.5mm，填料压盖外圆与泵壳填料函的间隙为 0.1~0.2mm；填料环与轴套间隙在 1.14~1.64mm。

（8）叶轮密封环与叶轮吸入口的轴向间隙，左右两边的数值要求相同，叶轮流道出口中心线与泵壳中心线要求重合，偏差不得超过 0.5mm。

（9）填料环的外圆槽要对准填料函的进水孔。

（10）叶轮与轴的配合为动配合，配合间隙一般为 0.03~0.05mm。叶轮的径向偏差不大于 0.2mm。

（11）水泵振动值不得超过 0.06mm。

（12）联轴器找正，径向偏差允许 0.05mm，轴向偏差允许 0.04mm，联轴器端面间隙为 4 ~ 5mm。

（13）运行中轴承温度不超过 70℃，温升不超过 45℃。

三、D 型多级离心泵的检修

D 型单吸多级分段式离心泵。供输送清水及物理化学性质类似于水的液体使用。

（一）结构说明

泵的吸入口位于进水段上，呈水平方向，吐出口在出水段上，垂直向上，用拉紧螺栓将泵的进水段（吸入段）、中段、出水段连接成一体。

泵转子由装在轴上的叶轮、平衡盘等组成。由两端的轴承支承。扬程可根据使用需要调整水泵的级数。轴向推力由平衡盘来承担，结构如图 9 - 6 所示。

D 型水泵的主要零件有：进水段、中段、出水段、叶轮、导翼，出水段导翼、轴、密封环、平衡盘、平衡环、轴套、尾盖及轴承体。

进水段，中段、导翼、出水段导翼、出水段及尾盖均为铸铁制成，共同形成泵的工作室。

轴由优质碳素钢制成，中间装有叶轮（铸铁制成），用键、轴套及轴套螺母固定在轴上。轴的一端安装联轴器部件，与电机直接连接。

密封环为铸铁制成，防止水泵高压水漏回进水部分，分别固定在进水段与中段之上。

平衡环为耐磨铸铁制成，固定在出水段上，它与平衡盘共同组成平衡装置。

平衡盘由耐磨铸铁制成，装在轴上，位于出水段与尾盖之间，平衡轴向推力。

轴套由铸铁制成，位于填料室处，起固定叶轮和保护泵轴之用。

轴承是用单列向心球轴承，采用钙基黄油润滑。

填料起密封作用，防止空气进入和大量液体漏出。填料密封由进水段和尾盖上的填料室、填料压盖、填料环及填料等组成，少量高压水流入填料室中起水封作用。填料的松紧程度必须适当。

（二）装配和拆卸

泵装配良好与否，对性能的影响特别显著，尤其各个叶轮的出口中心，必须对准导翼进口中心，若稍有偏差就会使泵的整体性能受到影响，致使效率降低。泵的装配与拆卸必须参照总装图进行。装配质量应符合图纸上的技术指标要求。

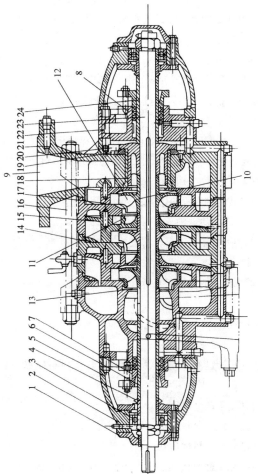

图 9 - 6 D 型离心水泵结构

1—轴承盖；2—螺母；3—轴套；4、6、24—轴套；5—轴承架；7—填料压盖；8—填料环；9—进水段；10—中间套；11—密封环；12—叶轮；13—导翼；14—中段；15—导翼套；16—拉紧螺栓；17—出水段导翼；18—平衡套；19—平衡环；20—平衡盘；21—出水段；22—尾盖；23—轴

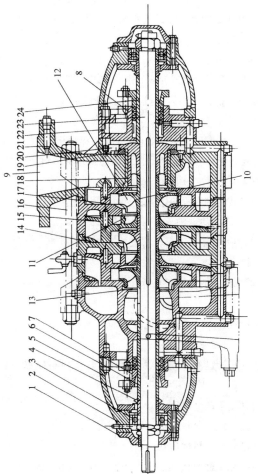

1. 装配顺序

（1）将密封环分别紧装在进水段和中段上。

（2）把导翼套装在导翼上，然后将导翼装在所有的中段上去。

（3）先将入口段安装在底盘上，地脚接触面应平整洁净。

（4）装好的轴套甲和键的轴，穿过进水段，并装上第一级叶轮。在中段的结合面上铺上一层纸垫，装上中段，再推入第二个叶轮，重复以上步骤，将所有的叶轮及中段装完。

（5）将平衡环、平衡套及出水段导翼分别装在出水段上。

（6）将出水段装在中段上，然后用拉紧螺栓将进水段、中段与出水段紧固在一起。

（7）安装上平衡盘及轴套乙。测量轴向窜动量，做好记录。

（8）将纸垫装到尾盖上，将尾盖装到出水段上，并将填料及填料环、填料压盖顺次装入进水段和尾盖的填料室。

（9）将轴承体分别装到进水段和尾盖之上，并用螺栓紧固。

（10）装入轴承定位套，滚珠轴承，并以螺母紧固。

（11）在轴承体内装入适量黄油，并将纸垫套在轴承盖上，将轴承盖装到轴承体上用螺钉紧固。

（12）装上联轴器部件，放气旋塞及所有的丝堵。

2. 拆卸顺序

拆卸按上述相反步骤进行。

（三）零部件的检修与质量标准

（1）回装后应检验平衡盘的窜动间隙，检查叶轮出口与导翼中心是否对准。

（2）主轴径向晃动度不超过 0.05mm。

（3）叶轮密封环径向跳动允差不超过 0.10mm。

（4）轴套径向跳动允差不超过 0.10mm。

（5）平衡盘与平衡环接触面轴向晃动度允差不超过 0.05mm。

（6）转子轴向窜动量：未装平衡盘为 6mm，装上平衡盘为 4mm。

（7）密封环间隙为 0.15～0.30mm。

（8）导翼套间隙为 0.12～0.25mm。

其他零部件的检修与质量标准可参照 IS 型离心泵的检修要求进行。

第三节　耐腐蚀离心泵的检修

耐腐蚀泵用以输送酸、碱和其他不含固体颗粒的有腐蚀性液体，在电厂化学水处理中应用较广。

耐腐蚀泵要求其叶轮、泵壳、轴套和轴头螺帽等与液体接触时要耐输送介质的腐蚀，并在结构设计上也应考虑防止其他零件与腐蚀介质的触及。耐腐蚀泵的电动机应根据被输送介质的密度来配用容量，粘度大的液体还应考虑粘度对泵性能的影响。

由于泵输送液体的种类较多，因此泵的材料也有多种，以适应输送介质的需要。

一、水处理常见耐腐蚀离心泵

（一）特点

（1）F 型耐腐蚀离心泵。该泵是老式泵，为单级悬臂式结构，可分为前开门和后开门两种形式。国产 F 型系列耐腐蚀泵的过流部件材料代号如表 9 – 2 所示。

表 9 – 2　　　　　　　　泵的过流部件材料代号

代号	材　料	代号	材　料	代号	材　料
B	1Crl8Ni9Ti	H	HT20 – 40	Q	硬　铅
E	C28	J	耐碱铝铸铁	N	铝铁青铜
IG	1 号耐酸硅铸铁	L	1Cr13	S	玻璃钢
G15	高硅铁	M	Crl8Nil2Mo2Ti		

（2）IH 型化工离心泵。它是 F 型耐腐蚀泵节能型更新换代产品。不锈钢泵的过流部件就是采用代号为 B、M 的不锈钢制造的，具有很好的耐腐蚀性能，因而可用于强腐蚀性液体的输送，如稀硫酸、亚硫酸、硝酸和苛性碱等，但不可输送盐酸特别是浓盐酸。

（3）FS 型玻璃钢耐腐蚀泵。该泵为单级单吸悬臂式离心泵。FS_1 型泵的过流部件材料为氯化聚醚；FS_2 型泵的为酚醛玻璃钢；FS_3 型泵的为玻璃纤维增强聚丙烯。这些泵除耐腐蚀性能有差异外，其结构完全相同，输送温度为 0～120℃，输送介质为不含固体颗粒的各种腐蚀性液体（具体可参考 FS 系列泵材料耐腐蚀性能表）。

（4）塑料泵。其过流部件通常采用硬聚氯乙烯塑料和 ABS 工程塑料制成。该泵具有较好的耐各种酸、碱、盐腐蚀性溶液的性能，常用在流量较小和扬程低的场合。

（5）陶瓷泵。该泵具有独特的耐腐蚀性能，除含氟的酸液和浓碱液外，对各种有机、无机溶液（清洁液体）几乎都可以输送。HTB 型陶瓷泵是单级单吸式离心泵，其过流部件用化工陶瓷材料制造，整个泵体用铸铁铠装。

（6）高硅铸铁泵。该泵能够输送硝酸、硫酸、磷酸和各种有机酸、碱等强腐蚀性介质，但不可输送氢氟酸、苛性碱、亚硫酸钠及浓盐酸，只有含钼的高硅铸铁泵才能在常温下输送浓盐酸。

（7）衬里泵。该泵有衬胶泵、衬铅泵、衬聚四氟乙烯泵等，即在泵体等内表面衬橡胶板、铅板和聚四氟乙烯等，以满足输送不同的腐蚀性液体的要求。衬胶和衬聚四氟乙烯的泵宜输送盐酸，衬铅的泵可输送硫酸。

（8）耐腐蚀自吸泵。该泵的工作原理和结构与普通自吸泵的相同，只是耐腐蚀自吸泵的过流部件是用耐腐蚀材料制成的。这种泵首次启动需灌液，以后启动就不必再灌液，适于流量小、扬程低和间断运行的场合。

（9）FY 型耐腐蚀液下泵。这种泵是立式单级单吸离心泵，主要用于输送不含固体颗粒和不易结晶的腐蚀性液体。它具有占地面积小、使用可靠、无泄漏和启动前不灌液等特点。FY 型耐腐蚀液下泵常用的材料有不锈钢及塑料等。

（二）检修及其注意事项

耐腐蚀离心泵的检修方法与普通离心泵的检修方法相同。但是，由于耐腐蚀材料具有其特殊性，因此在检修时应加以注意。塑料泵和玻璃钢泵应注意其机械强度和耐热性差的问题，检修中不可使受力不均，不能敲打，以防脆裂。高硅铸铁泵必须注意其硅铁性脆，拆装时要尤其小心、谨慎，不能猛力敲打或碰撞；一旦遇到零部件拆卸困难时，应用煤油浸泡后再进行拆卸。陶瓷泵质地较脆，检修或搬运时切忌撞击，出入口管道连接时最好装配橡胶伸缩节，在拧紧各连接螺栓时，受力要均匀，不要拧得过紧，以不泄漏为宜；另外，还要注意防止骤热和骤冷，不允许有高于50℃温差的冷热突变，以防爆裂；也要注意泵体等组合件有的是不可拆的，其上面的螺钉系制造工艺螺钉，不允许敲拆。

耐腐蚀离心泵过流部分的零部件，由于直接和腐蚀介质接触，容易损坏，检修时需重点处理。有些非金属耐腐蚀离心泵，如塑料泵、陶瓷泵、橡胶衬里泵等，其过流部分的零件损坏后很难修复，一般需要更换新件。在检修中泵各部位的间隙需要调整时，一定要严格按照产品使用说明书上的规定进行。为了防止泵轴封泄漏和轴被腐蚀，轴套与叶轮、叶轮与叶轮螺母等接合面及其密封垫片必须进行仔细检查，不能有划伤和安装偏斜等缺陷。此外，耐腐蚀离心泵由于输送的液体和腐蚀性介质，因此在检修中应认真检查轴封装置，以保证其工作的可靠性。

二、耐腐蚀其他类型泵

（1）耐腐蚀水力喷射器。该喷射器用玻璃钢、有机玻璃、塑料或钢制内衬橡胶等耐腐材料制成。它具有使用方便、操作简单、安全可靠的优点，常用来抽吸酸、碱、盐液至再生离子交换器。其缺点是效率较低，一般在30%以下。

（2）扬酸器（也叫酸蛋）。扬酸器是一个密闭容器，靠容器内液面上的压缩气体的压力输送酸液。其工作过程如图9－7所示，酸液通过进料阀进入酸蛋，此时排气阀是打开的，酸蛋内空气被排出。当酸蛋内的酸液达到一定量时，打开压缩空气进气阀，关闭排气阀后，打开出酸阀，进酸阀自动关闭，酸蛋内的液体在压缩空气作用下通过管道送至需要的地方。扬酸器输送液体的扬程及速度与压缩空气压力大小有关。其优点是结构简单，可输送含有悬浮物的液体；若材料选择合适，还可输送各种腐蚀性介质。其缺点是间断送料，需特别注意其承压强度，以免发生意外，效率更低，只有15%～20%。

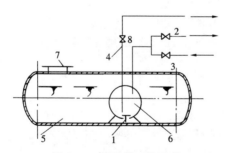

图9－7　扬酸器工作示意

1—进料阀；2—排气阀；3—进气阀；4—输酸管；5—酸罐；6—酸蛋；
7—进酸口；8—出酸阀

第四节　离心泵的异常工况

一、汽蚀及其防止措施

1. 汽蚀

离心泵在运行过程中，叶轮不断旋转，水由中心被抛向外缘，在叶轮

第九章　水处理离心泵的检修

入口处就会形成小于大气压力的低压区。当该处压力低于工作水温时的饱和压力时，一部分水就会汽化，生成很多汽泡。汽泡随水流到压力较高的区域时，汽泡周围的水压力大于汽泡自身温度下的饱和压力，汽泡便迅速凝结而破裂。由于汽泡凝结时它的体积成千倍上万倍地迅速缩小，于是四周的水就以很大的加速度进行补充，造成水力冲击，连续冲打在金属表面上。由于冲击的压力很大、频率很高，金属表面就逐渐疲劳损坏，引起金属表面机械剥蚀，进而出现大小蜂窝状蚀洞，同时汽泡中的活泼气体如氧气对金属还起化学腐蚀作用。这种现象称为汽蚀。

2. 汽蚀的危害性

汽蚀对泵的危害极其严重，轻者过流件表面出现麻点，重者过流件很快变成蜂窝状或断裂，导致泵的叶轮、导叶和泵壳等部件发生严重损坏，水泵的寿命将大大缩短。水泵运行中发生汽蚀时，会引起噪声和振动，泵的扬程、功率和效率急剧下降，甚至发生断水，严重地威胁着运行的安全。

3. 防止汽蚀的措施

为了防止泵的汽蚀，在其结构设计上可采取以下措施：

（1）采用双吸叶轮。

（2）增大叶轮入口面积。

（3）增大叶片进口边宽度。

（4）增大叶轮前后盖板转弯处的曲率半径。

（5）叶片进口边向吸入侧延伸。

（6）首级叶轮采用抗汽蚀材料。

（7）设前置诱导轮。

对于已制造好的水泵，防止汽蚀的措施有：

（1）通流部分断面变化率力求小，壁面力求光滑。

（2）吸水管阻力要求小，且短而直。

（3）正确选择吸上真空高度。

（4）汽蚀区域贴补环氧树脂涂料。

正确的确定泵的几何安装高度是保证泵在设计工况下不发生汽蚀的重要条件。

在泵样本或说明书中，有一项性能指标，叫做允许吸上真空高度，用符号 $[H_s]$ 表示。允许吸上真空高度和泵允许几何安装高度的关系式如式（9-3）所示，即：

$$[H_g] = [H_s] - u_s^2/2g - h_w \tag{9-3}$$

式中 $[H_g]$——允许几何安装高度,m;

$\quad\quad$ $[H_s]$——允许吸上真空高度,m;

$\quad\quad$ u_s——泵吸入口平均流速,m/s;

$\quad\quad$ g——重力加速度,m/s;

$\quad\quad$ h_w——吸入管路中的流动损失,m。

当泵的吸上高度增加到发生汽蚀时的真空称为泵的最大吸上真空高度,用符号 $H_{s,max}$ 表示。$H_{s,max}$ 是通过试验确定的。为了保证泵不发生汽蚀,我国原机械工业部标准(JB 1039—1967 和 JB 1040—1967)规定留 0.3m 的安全量,即 $[H_s] = H_{s,max} - 0.3$

通常泵样本或说明书上所给出的允许吸上真空高度 $[H_s]$ 是指水泵在标准状况下,即水温为 20℃、大气压力为 0.1MPa 时的数值。如果泵的使用条件不是标准状况,则应对 $[H_s]$ 值加以换算,其换算公式用式(9 – 4)表示,即

$$[H_s]^t = [H_s] - 10.33 + H_a + 0.24 - H_v \qquad (9-4)$$

式中 $[H_s]^t$——泵在使用条件下的允许吸上真空高度,m;

$\quad\quad$ $[H_s]$——泵样本或说明书中给出的允许吸上真空高度,m;

$\quad\quad$ H_a——泵在使用条件下的大气压力水头,查表 9 – 3,m;

$\quad\quad$ H_v——泵所输送液体温度下的饱和蒸汽压头,m;

$\quad\quad$ 10.33——标准大气压,m;

$\quad\quad$ 0.24——20℃时水的饱和蒸汽压头,m。

表 9 – 3 不同海拔高度的大气压力水头

海拔高度 (m)	0	100	200	300	400	500	600	700	800	900	1000	1500	2000
大气压力水头 (m)	10.3	10.2	10.1	10.0	9.8	9.7	9.6	9.5	9.4	9.3	9.2	8.6	8.1

二、水锤现象

1. 水锤的产生

水泵在运行中,如果水流速度由于某种原因(如关阀、停泵等)突然改变,将引起水流量的急剧变化,此时管道水流将产生一个相应的冲量。单位时间内的动量变化越大,由这一冲量所产生的冲击力也越大。该力作用在管道和水泵的部件上有如锤击,所以叫水锤(或水击)。常见的水锤有启动水锤、关阀水锤和停泵水锤。一般而言,前二者的水锤只要按

正常程序进行操作，不会引起危及泵的安全。而由于突然断电等原因形成的停泵水锤，则往往由于冲击力较大，将会造成水泵部件的损坏，水管开裂漏水，甚至发生爆破事故。

2. 停泵水锤的分析

（1）管道中无逆止阀并允许水倒流的分析。当水泵突然停运，其水锤过程可分为三个阶段，相应产生如下三种工况：

1）水泵工况。停运后，水泵和管中水流由于惯性沿原有方向运动，但其速度逐渐减小，管中压力降低，直至水流速度变为零为止。这一阶段，叫水泵工况。

2）制动工况。瞬态静止的水，由于其重力或静水头的作用开始倒流，回冲水流对仍在正转的水泵叶轮起制动作用，于是转速继续降低，直至转速为零。这一阶段，由于回冲水流受正转叶轮的阻碍，管中压力开始回升，叫制动工况。

3）水轮机工况。随着倒泄水流的加大，水泵开始反转并逐渐加速。由于静水头压力的恢复，泵中水压不断升高，倒泄流量很快达到最大值，倒转速度也因而迅速上升，转速最后达到稳定。水泵受倒泄水流的冲动，在无任何负载的情况下空转，这时泵的输出转矩 $M = 0$。从水泵开始反转至达到稳定转速，这一阶段叫水轮机工况。

（2）管道中有逆止阀的情况分析。在事故停泵，逆止阀关闭时，逆止阀处的最高水锤压力为 190%，其最大增压为 90%，最大降压也有 90%。而后以静水头线为基线，上下交替变化，而且逐渐衰减。

3. 水锤的防止措施

由于停泵水锤首先出现降压，如果在初始阶段降压较大，则随后第二阶段的升压也较大，所以首先应从防止降压入手，其次再考虑防止第二阶段的升压措施。

（1）防止降压措施。除尽可能地降低管中流速，并使管线布置尽量平直，避免出现局部突起和急弯，防止出现过低负压外，还可考虑采用以下措施：

1）设置调压水箱。在逆止阀出水侧或在可能出现水柱中断的转折处，设置一个水箱，以便在停泵的初始阶段向管中冲水，防止降压过大。

2）设置空气室。在靠近逆止阀出水侧的管道上，安装一钢制密闭圆筒作空气室，上部为压缩空气，下部为存水并与管道压力水流相通，如图 9 - 8 所示。当管中压力降低时，空气室上部压缩空气把室中存水压入管道中，从而防止了降压过大；当管中压力升高时，水又进入空气室中将空气压缩，从而减缓了对逆止阀瓣的冲击，使升压降低。

3）装设飞轮。在水泵转轴上加装一个质量较大的飞轮，这样当停泵时可延长其正转时间，延缓反转开始时间，避免了管中压力下降过大。

（2）防止升压的措施如下：

1）装设水锤消除器。

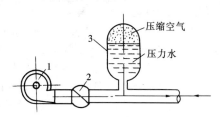

图9-8　防止水锤的空气室
1—水泵；2—止回阀；3—空气室

水锤消除器是具有一定泄水能力的安全阀，把它安装在止回阀的出水侧。停泵后当管中形成升压水锤波时，在升压阶段安全阀打开，将管中一部分高压水泄走，从而达到减弱增压保护管道的目的。

2）安装爆破膜片。在止回阀出水侧主管道上安装一支管，在其端部用一薄金属片密封。当管中升压超过预定值时，膜片破裂，泄出水流，降低管内压力，从而保护了设备的安全。这种防护措施简单易行，拆装方便，工作可靠。但由于爆破压力受膜片材质、尺寸、固定方式等因素的影响，因此一般要通过试验确定其爆破压力值。

3）安装缓闭阀。缓闭阀是当事故停泵时，通过相应的传动机构让止回阀或其他类型的阀门按预定的程序和时间自动关闭。这样，既减弱升压水锤，又可限制倒泄流量和倒转转数，是一种较好的水锤防护措施。有时还将其作为水泵的主阀使用。

三、压力脉动

1. 压力脉动产生的条件

（1）泵的 q_V—H 特性曲线，有随流量增大而升高的部分，而这个部分包括在泵的运行范围之内时。

（2）泵的出口管路很大，前端有压力箱或有存气的情况。

（3）在压力箱或存气的前端，其系统中有阀门和节流装置等。

以上三个条件都具备时，在很小流量处就发生压力脉动。

2. 压力脉动防止方法

（1）使用特性曲线呈下降形的泵，即采用 q_V—H 曲线没有上升部分的泵。

（2）泵上设旁通管，通过适当的节流使一定量水流返回泵进口。用这种方法可使泵平时仅工作在其特性曲线的下降部分，这样输水管的流量无论怎样减少也能防止压力脉动。

（3）靠近泵出口处设置阻水设备。阻水设备如闸阀、流量计、滤网等，应尽可能地安装在靠近泵出口处。

（4）运行方面的措施。当数台泵并联运行时，如果所需流量变小，则应及时停运部分泵，使运行的泵尽可能地在额定流量附近运行。

（5）存气的消除。为了使出水管中不积存空气，管道安装应无起伏，有稍许向上的坡度是符合这个要求的。同时防止从泵的进口附近吸进空气。

第五节　离心泵的故障处理

离心水泵的故障主要由于泵本身的质量、选型安装不合理、维修管理不善及零部件腐蚀磨损所引起。其常见的故障和处理方法如表 9-4 所示。

表 9-4　　　　　　　　　水泵的故障和处理方法

编号	故障现象	原因分析	处理方法
1	灌不上水，难于启动	（1）底阀阀瓣处卡上异物或锈蚀拒动； （2）底阀腐蚀、磨损而泄漏； （3）排气门污堵，不能排气灌水； （4）进水管泄漏，灌不满水	（1）大量灌水或敲击振动进水管； （2）吊起底阀，检查更换零部件； （3）检查修理排气门； （4）检查修理进水管
2	转动部件卡死不能启动	（1）泵轴弯曲或密封环不同心； （2）装配质量不良，定位、找平、找正超标，致使转、固件之间失去间隙； （3）填料压兰过紧； （4）转动部件锈死或被异物卡死； （5）轴承等零件损坏抱轴	（1）校直泵轴，调整密封环； （2）解体检查，重新装配； （3）调整压兰螺丝的松紧度； （4）解体检查，消除锈死缺陷，清理异物； （5）解体检查，更换轴承和损坏的零部件

编 号	故障现象	原 因 分 析	处 理 方 法
3	轴机功率较大，电动机电流超标	除 2 的各项原因外，还有： （1）在不上水或打不出水的情况下，长时间空转而发热膨胀，失去空隙； （2）电压过低； （3）流量超标； （4）联轴器间隙太小	（1）加强运行监督，及时停运，杜绝长时间空转； （2）查明原因，稳定电压； （3）查明原因，并关小出口门； （4）调整联轴器间隙
4	启动后不出水或水量过小	（1）泵内存有空气； （2）进水管或填料函处漏气； （3）吸程超过标准（包括水泵安装高度太大、水井水位太低和进水管太长等原因）； （4）进水管不通或底阀堵塞； （5）进水管的弯头或偏心接头安装失误，使管道产生气囊； （6）水泵的总扬程低于现场实际需要的； （7）水泵反转； （8）水泵转速太低； （9）叶轮轴头螺母掉下或键损坏； （10）水泵出水管污堵或出水门未打开； （11）水封管堵塞； （12）密封环间隙太大	（1）重新灌水启动； （2）检查进水管的严密性和填料的松紧度，消除漏气缺陷； （3）降低水泵安装高度，提高水井水位或减少管道损失； （4）检查进水管及其进口门和底阀，清除污物； （5）进水管，使其水平管从泵的进水口向水井或水箱有下坡； （6）降低出水管道标高或更换高扬程的泵； （7）调换电动机任两相的接线头或改变传动皮带的传动方式； （8）检查电源电压是否太低； （9）解体检查，更换轴头帽或键； （10）清理出水管中的污物或更换出口门； （11）拆开水封管，清理污物； （12）解体检查，更换密封环

编 号	故障现象	原 因 分 析	处 理 方 法
5	填料函密封不良，漏水严重或填料函发热	（1）盘根老化、损坏； （2）机械密封损坏； （3）填料压的过松或过紧； （4）水封环未对准水封管口或水封管堵塞，使水封的水不能进入填料函而发热； （5）填料压兰与轴的配合间隙过小或轴承损坏，使轴与压兰摩擦发热； （6）泵轴或轴套磨损严重	（1）加填或更换盘根； （2）修理或更换机械密封动静环； （3）调整压兰的松紧度； （4）重新调整水封环的位置，并检查清理水封管； （5）车削压兰内孔或更换轴承； （6）修理泵轴或更换轴套
6	噪声大，气蚀严重，叶轮频繁损坏	（1）叶轮设计不合理； （2）进水管道太细或阻力太大； （3）水井水位太低或泵的吸程较低； （4）泵的安装位置太高	（1）修改设计； （2）换大或改进进水管，全开进口截门； （3）提高水井水位或更换高吸程水泵； （4）降低泵的安装高度
7	轴承超温	（1）轴承安装不良，内外圈配合间隙超标或装配方法欠妥，使轴承损坏； （2）轴承压盖与轴承之间的间隙太小； （3）滑动轴承油环损坏或跳槽； （4）润滑油黏度超标或油质不净，油量不足； （5）轴承缺油或加油过多； （6）轴承损坏	（1）重新装配，调整好间隙或更换损坏的轴承； （2）更换或加厚轴承压盖处的垫片，调整间隙； （3）更换油环或将油环归位； （4）更换合格干净的油质； （5）加减油量，使其适中； （6）更换轴承
8	振动大，噪声超标	（1）地脚螺栓松动或基础不坚固； （2）泵与电动机安装不同心； （3）泵轴弯曲； （4）轴承损坏或间隙过大； （5）叶轮不平衡或叶轮磨损，或个别槽道污堵失去平衡； （6）叶轮与泵壳发生摩擦； （7）泵内进入空气或产生气蚀； （8）叶轮轴头螺帽松动或掉下	（1）拧紧地脚螺栓或加固基础； （2）重新找正； （3）解体检查，调直泵轴； （4）更换轴承； （5）重新找平衡或更换叶轮，或清理槽道； （6）解体检查，消除缺陷； （7）消除进气缺陷或解决气蚀问题； （8）解体检查，更换轴头螺帽或更换主轴

编 号	故障现象	原 因 分 析	处 理 方 法
9	轴向窜动超标	（1）装配水泵时，零部件尺寸不对，垫片过厚或过薄，叶轮偏移； （2）零部件磨损，使间隙增大； （3）平衡盘装配不当，起不到平衡作用，使平衡盘磨损	（1）解体检查，重新装配，调整垫片厚度，装正叶轮； （2）解体检查，更换磨损零部件； （3）解体检查，更换平衡盘并重新装配
10	电动机电流超标，终至烧毁电动机	（1）流量过大； （2）泵内吸入异物，卡住叶轮； （3）轴承损坏和抱轴； （4）叶轮轴头螺帽松动或掉下，使叶轮摩擦； （5）联轴器间隙太小或顶死； （6）保险熔断，两相运转	（1）关小出口门； （2）解体检查，清除异物； （3）解体检查，更换轴承； （4）重新拧紧轴头螺帽或更换新的轴头螺帽； （5）重新装配水泵转子或移动电动机，调整间隙； （6）立即停运，更换熔断的保险

提示　本章共有五节，其中第二节适合于初级工，第二、三节适合于中级工，第一、二、三、四、五节适合于高级工。

第九章　水处理离心泵的检修

第十章

水处理其他转动设备的检修

第一节　空气压缩机的检修

空气压缩机是生产压缩空气的动力机械。压缩空气具有使用安全、方便的特点，在工业生产上应用极为普遍。随着国民经济的发展，各行各业对空气压缩机的需求量日益增多。

空气压缩机按工作原理可分为速度式空气压缩机和容积式空气压缩机。速度式空气压缩机又可分为轴流式空气压缩机、离心式空气压缩机和混流式空气压缩机。容积式空气压缩机又可分为活塞式（往复式）空气压缩机和膜片式空气压缩机。活塞式压缩机是应用最多最广的一种。本节主要介绍活塞式压缩机。

一、活塞式空气压缩机的工作原理

活塞式压缩机的工作过程分为膨胀、吸入、压缩和排出四个阶段。图10－1为单作用压缩机的气缸。这种气缸的一端装有吸气阀和排气阀，活塞每往复一次只吸一次气和排一次气。图10－2为双作用压缩机的气缸。这种气缸的两端均装有吸气阀和排气阀，其压缩过程与单作用气缸的相同，

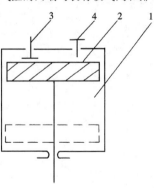

图10－1　单作用压缩机气缸

1—气缸；2—活塞；3—吸气阀；
4—排气阀

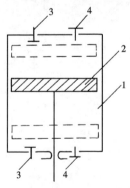

图10－2　双作用压缩机气缸

1—气缸；2—活塞；3—吸
气阀；4—排气阀

第一篇　电厂化学设备检修

所不同的是无论活塞向哪一方向移动，都有空气的吸入和排出。

二、2Z 系列无油空压机的检修

2Z 系列无油空压机的特点是气缸内活塞环及活塞杆上的填料环均采用自润滑材料，所以气缸及填料不需注入润滑油进行润滑。因其压缩的气体比较纯净，所以是自动化控制用气、气动阀开关用气和塑料焊接用气的良好气源，在火电厂化学水处理过程中广为使用。

2Z 系列无油空压机由压缩机主机、冷却系统、储气罐、电动机及其控制设备组成。其工作原理是由电动机通过联轴器驱动曲轴，带动连杆、十字头和活塞杆，使活塞在气缸内作往复运动，从而完成吸入、压缩和排出等过程。

（一）部件的结构和作用

2Z 系列无油空压机的主要部件有曲轴、连杆、十字头、活塞、气缸、刮油环、填料装置、气阀、冷却器、润滑装置、调节装置、安全阀、空气滤清器等。

1. 曲轴

曲轴是压缩机的重要部件之一，为双曲拐式，其结构如图 10 - 3 所示。

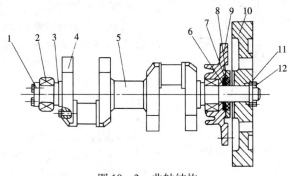

图 10 - 3　曲轴结构

1—连接环；2—滚动轴承；3—端墙；4—平衡铁；5—曲轴；6—油封；

7—挡圈；8—油封盖；9—轴承架；10—飞轮；11—垫圈；12—螺母

曲轴的作用是把电动机的旋转运动经连杆、十字头变为活塞的往复运动。

2. 连杆

连杆由杆体和杆盖组成，用螺栓固定在一起，其结构如图 10 - 4 所示。杆体一头大，一头小，杆体截面内钻有贯穿大小头的油孔。连杆大头内装有两片薄壁轴承，连杆小头内装有锡青铜制成的铜套。

连杆的作用是将曲轴的旋转运动转换为活塞的往复运动，同时又将作用在活塞上的推力传递给曲轴。

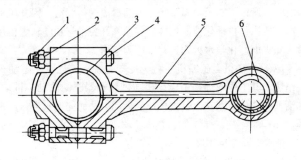

图 10-4　连杆结构

1—开口销；2—连杆螺母；3—轴承；4—连杆螺栓；5—连杆；6—铜套

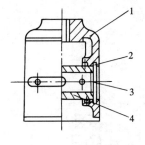

图 10-5　十字头结构

1—十字头；2—挡圈；
3—盖板；4—十字头销

3. 十字头

十字头是整体结构，上端有螺纹与活塞杆连接，十字头的销孔内装有十字头销，与连杆小头铜套连接，销的两端装有挡圈和盖板，如图 10-5 所示。十字头是摆动的连杆和往复运动的活塞的连接件，起导向传力作用。

4. 活塞

活塞组件由活塞、活塞杆、活塞环、支承环、弹力环等组成。活塞为整体盘形结构，分一、二级两种，其结构基本一致，只是外径大小不一，且一级为铸铝空心结构，二级为铸铁实心结构。活塞外表面有三道环槽，中间较宽的槽内装支承环，两端的槽内装活塞环，如图 10-6 所示。活塞在气缸内做往复运动，压缩气体做功，同时承受压缩气体的反作用力，通过活塞杆传递给连杆。活塞环起密封作用，支承环起支承导向作用，弹力环的作用是使活塞环与气缸壁紧贴。

5. 气缸

气缸由缸盖、缸体、缸座等组成。缸体为镶套结构，缸套装在缸体

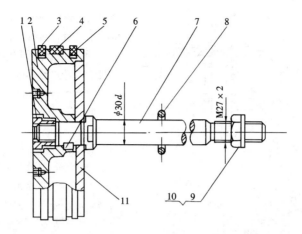

图 10-6 活塞结构 (2Z-6/8)

1—螺母；2—一级活塞；3—活塞环；4—支承环；5—弹力环；6—键；
7—活塞杆；8—挡油圈；9—螺母；10—垫圈；11—盖板

内。为防止冷却水渗入缸内，缸套与缸体之间用四道圆形密封圈密封。缸盖、缸体用双头螺栓紧固在缸座上，缸座又用双头螺栓紧固在机身上。

气缸内装有活塞，活塞做往复运动压缩气体。

6. 刮油环和密封环

在刮油环壳内装有密封环和刮油环等，其结构如图 10-7 所示，刮油环的主要作用是将活塞杆上的润滑油刮掉，不使其进入气缸内，保持压缩空气清洁、不含油污。

7. 填料装置

填料装置由压盖、填料箱壳、O形密封圈、密封环及弹簧等组成，如图 10-8 所示。填料装置的作用是防止压缩空气沿活塞杆向外泄漏，起密封作用。

8. 气阀

气阀有一、二级和吸、排阀之分，其结构为环状，由阀座、阀片、阀盖等组成，如图 10-9 所示。一、二级气阀的结构基本上相同，只是一级气阀略大于二级气阀。吸气阀与排气阀的区别在于阀座、阀盖互相倒置，排气阀弹簧的弹力大于吸气阀弹簧的弹力。气阀的作用是控制气缸的吸、排气。

9. 冷却器

冷却器为管壳式，由冷却器盖、管板、散热管、壳体等组成。管外流

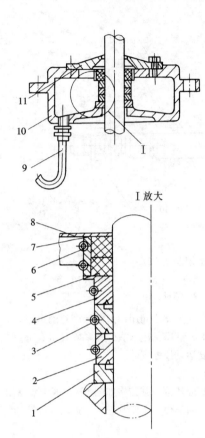

图 10 - 7 刮油环和密封环结构

1—垫；2、4—刮油环；3—弹簧；5—密封环；6—弹簧；7—环；8—弹簧片；9—回油管；10—刮油环壳；11—压盖

冷却水，管内通空气。冷却器的作用是对各级气缸排出的气体进行冷却，降低其温度，防止机组部件过热而损坏，保证机器安全运行。此外，还起分离压缩空气中的水分作用，

10. 润滑装置

润滑装置包括粗滤器、油泵、滤油器等。润滑装置的作用是润滑曲轴曲拐颈、连杆大头轴承，连杆小头铜套、十字头销、十字头体和滑道等。

11. 调节装置

调节装置包括压力调节器和减荷阀等。调节装置的作用是根据选定的压力自动调节压缩机的排气量。

12. 安全阀

安全阀在压缩机运行中起保护作用。当压力超过规定值时，安全阀自动开启降压，直到系统恢复正常工作压力后关闭。

13. 空气滤清器

空气滤清器由壳体和滤芯组成。空气滤清器的作用是防止空气中尘埃和其他杂质随空气进入气缸内。否则，将加大气缸壁、活塞和阀片等的磨损。

（二）检修项目

1. 小修

（1）清洗吸气阀、排气阀，并更换易损件。

（2）检查阀门的严密性，并研磨阀座。

（3）检查所有运动机构的紧固程度。

（4）检查连杆与轴瓦的固定螺栓的紧固程度。

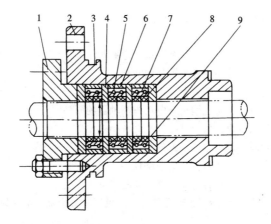

图 10 - 8　填料装置结构

1—压盖；2—填料箱壳；3—O 形密封圈；4—隔板；

5—弹簧；6、9—环；7、8—密封环

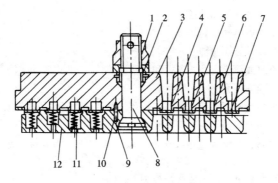

图 10 - 9　气阀结构

1—螺母；2—套；3—阀座；4～7—阀片；8—螺栓；

9—挡圈；10—销；11—弹簧；12—阀盖

（5）检查清理空气滤清器和润滑油过滤器。

（6）消除跑、冒、滴、漏等缺陷。

（7）检查活塞、活塞环、支承环和气缸的磨损情况，并更换磨损件。

（8）检查或更换填料箱密封环。

（9）清理润滑油系统并更换油。

（10）检查、调整压力调节器、减荷阀、安全阀。

（11）检查压力表、温度计等表计。

2. 中修

除进行小修的全部工作项目外，还要进行以下工作：

（1）检查、调整连杆与轴瓦的间隙。

（2）检查、调整活塞上、下止点的间隙。

（3）检查、调整压缩机与电动机联轴器的同轴度。

（4）检修油泵，更换磨损件。

（5）检查曲轴的各段轴颈的磨损情况。

（6）检修十字头组件，更换磨损件。

（7）检查、调整各部间隙，必要时修复或更换。

（8）检查一、二级冷却器和一、二级气水分离器，清洗结垢并做水压试验。

（9）清洗气缸冷却水套和冷却系统管路。

3. 大修

除进行中、小修项目外，还要进行如下工作：

（1）解体清洗全部设备。

（2）检查更换气缸套。

（3）修复或更换曲轴。

（4）修复或更换活塞、连杆和活塞杆等。

（5）更换连杆大、小头轴瓦。

（6）更换活塞环、弹力环、支承环、刮油环、密封环等易损件。

（7）更换冷却器管束，重新胀管。

（8）检修、校验和整定安全阀、减荷阀和压力调节器，更换损坏零部件。

（9）校验温度、压力等各种仪表。

（10）检查机身水平度以及十字头滑道的磨损情况。

（11）检查气缸与十字头滑道的同心度。

（12）检查机身、缸盖、缸体、缸座有无裂缝、渗油、漏水等缺陷，地脚螺栓有无松动，机身有无移位。

（13）检查或更换外部管道及阀门。

（三）拆卸顺序和一般规则

1. 空压机主机的拆卸顺序

（1）拆卸附属管道及其零部件的顺序如下：

1）拆下压力调节器、减荷阀、一、二级安全阀及其调节系统管道；

2）拆下空气滤清器和一、二级空气管道及冷却水管道等；

3）拆下齿轮油泵（可参照本教材有关齿轮油泵拆卸顺序的内容）。

（2）拆下一、二级吸、排气盖及阀组各部件。

（3）拆下气缸盖。

（4）扳平止退垫片，松开十字头与活塞杆的紧固螺母，拧下活塞杆，松开填料装置压盖，由缸体上部将活塞组件取出。

（5）拆下缸体、缸座后取出填料装置和刮油环等组件。

（6）拧下连杆大头轴瓦连杆螺栓的螺母，拆下大头盖，将十字头和连杆体由十字头滑道顶部抽出。

（7）拆下曲轴上的联轴器，松开轴承架油封，取下曲轴。

主机拆卸后的各组件和部件的拆卸顺序和方法，这里不做详细介绍。

2. 拆卸一般规则

（1）拆卸零部件时，应严格按照规定的顺序进行。

（2）在拆卸组合件时，应先掌握其内部构造和各零件间的连接方式，如拆活塞时，应考虑到它是和活塞杆、十字头、连杆、曲轴连在一起的。

（3）必须使用合适的拆装工具，以免损坏零部件。

（4）拆卸过程中，要尽量避免敲打。只有在垫有木衬块或软金属衬块时，才允许用锤击法敲打零件，且不能用力过猛。但活塞在任何情况下都不得敲击。

（5）拆卸下来的零件，要妥善保管，防止碰伤、损坏和丢失。

（6）拆卸下来的零件，应立即标上记号，不要互换，以免装配时发生差错，影响装配质量。要特别注意，吸、排气阀的区别，防止装反。

（7）拆卸哪些零部件要明确，不要盲目乱拆卸，不需要拆的零部件就尽量不拆。

（8）拆除一、二级吸、排气阀后，用压铅法检测活塞的上、下止点间隙后，才能拆卸缸盖。

（9）卸下十字头销，取出十字头，测量完曲轴的原始窜动量后，才能拆除连杆。

（四）主要零部件的清洗、检测和修理方法

1. 机身、缸盖、缸体及缸座

机身内部的油污，缸盖、缸体及缸座冷却水通道的结垢，要彻底清理干净。机身下部的油池还要用白面团粘净。将十字头滑道气缸套及缸盖、缸体、缸座间的结合面清理干净后，检查各结合面是否平整，有无凸凹。若有轻微缺陷，可用油光锉轻轻打磨；若缺陷较重，可将结合面用机加工刨平（注意加工前后的尺寸变化，以便调整活塞上、下止点间隙时考虑缸垫的厚度）。

检查气缸套、十字头滑道表面的粗糙度是否符合要求，有无锈疤、划痕及偏磨现象，并用内径千分尺测量气缸套和十字头滑道的几何尺寸精度及椭圆度。若仅有轻微划痕及锈疤可用油砂布轻轻打磨；若划痕、偏磨、椭圆度超标，则应重新更换。对于十字头滑道则应考虑镗修后镶套。若检查发现气缸套有漏水现象，则应拆下气缸套，更换〇形密封圈。

拆装气缸套的方法一般可用压力机压出和压入，也可采用敲击法。拆卸时在缸体下垫上枕木等，用紫铜棒、手锤对称敲击气缸套将其拆下。装入方法同拆卸法基本相同。如果气缸套与气缸配合太紧，拆不下来时，可在镗床上将气缸套镗去。如果气缸套与气缸过盈过大而装不上去时，要车削气缸套外径，使其合适后再进行装入。不能硬拆死装，以防损坏缸体和气缸套。拆装气缸套时注意施力要均匀，不得偏斜。

2. 曲轴

将曲轴和滚动轴承清洗干净后，用压缩空气将油道内旧油吹掉，使油道洁净、畅通。检查曲轴时若发现有裂纹等影响强度的缺陷，则应予更换。用外径千分尺测量轴颈的几何尺寸精度及形位偏差和磨损量是否超标，若超过允许范围就应进行修理或更换。

（1）测量曲轴尺寸精度时，用千分尺测量轴颈同一直径截面的上、下和左、右尺寸之差为圆度偏差。在距轴肩 8～10mm 轴颈两端截面上测量的两直径尺寸之差为圆柱度偏差。它们的允许偏差如表 10-1 所示。

表 10-1 曲轴轴颈圆度和圆柱度的允许偏差及最大磨损允许值（mm）

轴颈直径	允许偏差		最大磨损允许值	
	圆　度	圆柱度	主轴颈	曲轴颈
<80	0.02	0.02	0.04	0.04
80～179	0.02	0.02	0.05	0.05
180～269	0.03	0.03	0.08	0.08

（2）检测曲轴的弯曲情况时，用 V 形铁支承曲轴两端轴颈或将曲轴夹在车床上，用百分表进行测量。对于弯曲不大的变形，可用车削或研磨的方法消除弯曲；对于弯曲变形较大的则应更换。

（3）游标卡尺或内径千分尺测量曲轴的臂距差值，若超过允许偏差，可用压力机进行校正。曲轴臂距允许偏差如表 10 – 2 所示。

（4）如发现曲轴轴颈有轻微划痕、锈斑等缺陷时，可用细砂布沿圆周均匀打磨，进行处理。当曲轴轴颈的圆度和圆柱度偏差较大时（超过 0.05mm）时，可在磨床上进行修磨。若曲轴轴颈的圆度和圆柱度偏差不大于 0.05mm 时，可用手工锉研。操作时，可用涂色法检查之。

表 10 – 2　曲轴臂距
允许偏差（mm）

曲轴半径	允许偏差
200	0.02
250	0.03
300	0.05

曲轴轴颈装入轴承（大头轴瓦）的工作，应边研磨印迹，边拆下锉削磨光，反复进行，直到曲轴轴颈与轴承的接触符合要求为止，同时用外径千分尺进行测量与检查，最后用细砂布涂上细研磨膏把曲轴轴颈进一步磨光，使其表面的粗糙度达到要求。

（5）主轴颈和曲轴颈的磨损面积大于各自轴颈面积的 2%、轴颈上凹痕深度达 0.1mm 时，应进行修理；主轴颈和曲轴颈直径磨损减少 3% 时，应予更换，或采用金属喷镀法修复。

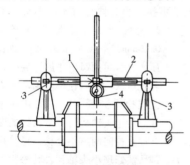

图 10 – 10　检测曲轴颈中心线与主
轴颈中心线的平行度的装置
1—滑套；2—小轴；
3—支座；4—千分表

（6）轴颈上若有轻微的轴向裂纹经研磨能消除时，轴仍可使用；若有横向裂纹则必须报废，更换新轴。

（7）检测曲轴颈中心线与主轴颈中心线的平行度偏差，如图 10 – 10 所示，若偏差超过 0.30mm，则应进行轴校直处理。校直方法可参照水泵直轴的方法。

（8）用千分表检测轴颈表面对其中心线的径向圆跳动偏差，若偏差值超过 0.03mm，则应在车床上找正后进行车销。

3. 连杆

连杆清洗干净、油孔用压缩空气吹洗畅通后，主要进行以下几方面的检测和修理工作：

（1）检测连杆大头轴承孔与小头轴承孔两中心线的平行度，当偏差超过 0.30mm 时，若是连杆弯曲所致的，则校直连杆；若是大头瓦盖与连杆体的接触不良所致的，就需对剖分面进行研磨或刮修，修理后的剖分面应平行，不得偏斜，用涂色法检查均匀，接触面积应达到 70% 以上。若剖分面磨损严重，就可先进行补焊再机加工，使其达到规定尺寸精度。

（2）检测连杆大、小头轴承孔的圆度偏差值，若偏差值超过最大允许值：对于大头轴承孔，可先将瓦盖与连杆体的结合面处少量磨去，然后上好瓦盖并拧紧连杆螺栓，按标准尺寸镗孔修复；对于小头轴承孔，可用车销的方法消除偏差后，重新配制铜套。

（3）对于大头薄壁轴瓦，一般是不进行修刮的。检测发现薄壁轴瓦的变形过大、有磨损和裂纹时，应重新更换。安装时应测量轴瓦两端剖分面凸出高度值：将轴瓦擦净放入平置轴承座内，再将木垫块放在轴瓦接合面上，用手锤轻轻敲入，合上瓦盖，拧紧连杆螺栓使轴瓦在轴承座内压服贴紧。然后用塞尺在轴瓦两端剖分面处分别测量，若测量的数值等于轴瓦允许余面高度时，说明轴瓦的紧力适合。否则，应进行修理，修理时，上、下片轴瓦两端剖分面各应磨低或增加垫片调整轴瓦紧力。

薄壁轴瓦与曲轴颈的贴合度主要靠机械加工达到，一般不需刮研。接触不良时，只能稍稍拂刮。

（4）连杆小头轴瓦磨损后，应予更换。小头轴瓦与连杆小头孔为过盈配合，过盈量为 0.05 ~ 0.10mm，一般用压力机将轴瓦压入（也可用锤击法进行装配）。轴瓦压入后，内径稍有缩小，因此应检查测量十字头的几何尺寸。若小头轴瓦与十字头销的贴合度及径向间隙不合格，可采用刮研法修理小头轴瓦。其松紧度达到用一只手就能使十字头销滑动为宜。

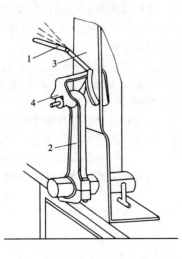

图 10 – 11　连杆弯曲和扭曲的检查
1—塞尺；2—连杆；
3—校正器；4—三点规

（5）连杆弯曲、扭曲变形的检查，如图 10 – 11 所示。用塞尺检测平扳与各触点的间隙，不应超过 0.05mm。若三触点均与平板接触，可将连杆翻转 180°，若接触良好，则表示正常，若下面两触点接触，或只有上面一触点接触，则表示弯曲；若上下各有一触点接触，则表示扭曲；若下面只有一触点接触，则表示既弯曲又扭曲。校正时，先校正连杆扭曲，后校正弯曲，如图 10 - 12 所示。

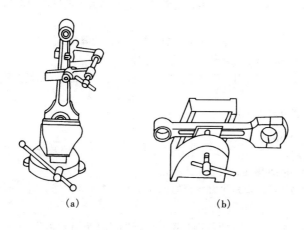

图 10 - 12　连杆的校正
（a）连杆扭曲的校正；（b）连杆弯曲的校正

（6）检查连杆螺母与连杆接触面的接触情况，接触要均匀，接触面积应在 80% 以上，达不到要求要进行配研。若检查连杆螺纹损坏或其配合松弛、螺栓有裂纹及变形较大，则必须更换连杆螺栓。

4. 活塞、活塞杆

清洗拆下的零件，检查、测量活塞直径、活塞环槽尺寸精度、活塞杆的圆度及圆柱度偏差值、螺纹及其配合状况。若发现活塞有裂纹或严重伤痕、磨损（一级活塞超过 1.60mm，二级活塞超过 1.00mm，圆度及圆柱度偏差超过 0.5mm）时，应更换新活塞。活塞环槽磨损，可车削加深，然后加一垫环继续使用。若活塞表面仅有轻微划痕、磨损时，可车削修理后继续使用。检测活塞外圆与活塞杆孔同心度的偏差，若大于 0.05mm 应予以修理。

检测活塞杆表面的粗糙度，若 R_a 大于 0.4、活塞杆中心线的直线度偏差超过 0.1mm/m、圆度和圆柱度偏差达到 0.1mm。表面硬度小于 HRC52~HRC62 以及有严重划痕、磨伤、磨损等较大缺陷时，均应修复。修复一般采用镀铬的方法。即先在磨床上磨削，精度恢复后进行镀铬，然后再磨削使其达到规定要求。检修时拆下的活塞杆应作探伤检查，发现表面有严重裂纹应予以更换，若有轻微裂纹可用镀铬法修复。

活塞环、支承环一般不作修理，检查发现下列缺陷时予以更换。

（1）活塞环、支承环开口间隙及在活塞槽道中的侧向间隙超过规定的允许值。

（2）活塞环、支承环端面翘曲，超过规定的偏差值。

（3）活塞环、支承环失去应有的弹性。

测量开口间隙时，应将活塞环、支承环置于气缸内，贴紧缸壁后用塞尺检查。

用塞尺检查活塞环和支承环的端面间隙时，应将环转动一圈，并沿环槽测量多次。

用透光法检查活塞环、支承环外表面与气缸的贴合程度，若漏光长度超过圆周的50%时，应更换新环。

弹力环应检查其弹力是否均匀，外形是否符合要求，有无裂纹或变形，否则，应更换或修理。

活塞上、下止点间隙的检测：将细铅丝拧成直径为3mm左右的细条，放置在活塞与缸盖、缸座之间，慢慢盘车使活塞分别到达上、下止点，取出压扁的铅丝，即可用千分尺测得上、下止点间隙，考虑到压缩机工作时，连杆、活塞杆受热膨胀伸长，因此顶间隙为底间隙的1.5～2倍。间隙的调整通过调节活塞杆与十字头连接螺纹的深度来实现。

5. 十字头

将十字头解体后，用煤油清洗擦干。检查十字头有无裂纹和严重划痕、磨损，十字头销孔是否磨损、变形超标。若发现有上述缺陷则应更换。十字头与活塞杆间的连接螺纹磨损、脱扣、松动也应更换。若十字头表面仅有轻微划痕，可用水砂纸打磨合格后继续使用。十字头销表面磨损、有划痕和裂纹等缺陷，十字头销形状、尺寸偏差超过允许磨损量时，应修复或更换；磨损量不大时，可采用镀铬法修复。十字头销与连杆小头轴瓦间隙超过最大允许值时，应进行修理或更换。十字头销的油孔一定要疏通洗净。

6. 刮油环、填料装置

刮油环、填料装置的各零件均要认真清洗，将油污等清除后擦干。检查刮油环、密封环有无损坏变形，弹簧有无损坏，及时更换磨损件。检查刮油环与活塞杆的配合情况，若不合适就可用着色法刮研。注意密封环开口间隙应符合要求并要互相错开，刮油环刃口必须朝向来油方向。填料装置的密封环的检测、修理和刮油环的方法相同。对于填料装置的铜套。挡环应检查是否有变形、损伤，若存在缺陷应修磨或更换，以保证密封环在其内部可以作自由径向移动。

7. 气阀组件

气阀的所有零件先用煤油清洗干净，再用白布擦干，然后检查阀片有无划痕、裂纹，检查平面度偏差是否超过规定值。对于轻微缺陷研磨修复后可继续使用；对于无法修复的阀片应予更换。气阀弹簧应检查其压缩前后自由高度的变化，允许残余变形量为自由高度的 0.5%，超过后应予以更换。若弹簧的自由高度不一致，弹性下降，上、下两端面轴线歪斜，则应予更换。用着色法检查阀片与阀座的贴合情况，其接触面沿圆周应连续不间断，否则，必须研磨或更换。检查发现阀盖、阀座有裂纹或与阀片的接合面上有缺口时，应予以更换。检查阀座与阀座孔的相关尺寸，阀座绝对不允许超出阀座孔，否则，应加垫圈予以解决。气阀组装后，要检查阀片开闭情况及升程值是否合格。然后用煤油进行阀片严密性试验，不合格时应找出原因，采取更换或修理的措施。

（五）组装顺序

组装顺序可按拆卸的相反顺序进行。组装时应注意，每组装完一个零部件，只有在检测合格后，才能进行下一个零部件的装配，以确保总体装配的质量。

（六）技术要求和质量标准

（1）设备试转平稳，无异常响声，振动不超过 0.1mm，各参数均符合规定值或达铭牌出力。

（2）各表计、安全阀、调节装置均灵敏、准确、完整。

（3）主机、附属设备及管路各密封面无渗漏现象，各阀门均严密、开启灵活。

（4）冷却水系统畅通，水量充足，压力符合要求，冷却效果良好，汽水分离器分离效果良好。

（5）润滑系统正常可靠，各润滑部位润滑良好。

（6）各零部件的组装质量符合标准。

（7）气缸中心线与十字头滑道中心线应在同一轴线上，十字头与滑道的间隙应保证任何方向均能通过 0.06mm 的塞尺。其他各部位的装配间隙应符合表 10-3 中所列数据。

表 10 - 3　　　　　　　　压缩机主要部位装配间隙（mm）

序号	装配部位	2Z-3/8-I; 2Z-3/8A-I; 2Z-3/10;2Z-6/8-I; 2Z-6/10		2Z-9/10; 2Z-10/7; 2Z-10/8	
		最　小	最　大	最　小	最　大
1	一级活塞与气缸圆周的径向间隙	1.5	1.56	1.4	1.53
2	二级活塞与气缸圆周的径向间隙	1.5	1.56	1.4	1.52
3	一、二级活塞上、下止点间隙	1.3	2.00	1.8	3.00
4	十字头滑板与滑道径向间隙	0.10	0.195	0.085	0.188
5	连杆大头轴瓦与曲轴径向间隙	0.04	0.080	0.04	0.080
6	连杆大头轴瓦与十字头径向间隙	0.04	0.077	0.034	0.076
7	一级活塞环与槽轴向间隙	0.25	0.35	0.25	0.30
8	一级支承环与槽轴向间隙	0.30	0.435	0.50	0.60
9	二级活塞环与槽轴向间隙	0.25	0.35	0.25	0.30
10	二级支承环与槽轴向间隙	0.30	0.435	0.40	0.50
11	一级活塞环开口间隙	3.25	3.5	5	5.5
12	一级支承环开口间隙	4	4.5	6	6.5
13	二级活塞环开口间隙	3.25	3.5	4	5
14	二级支承环开口间隙	4	4.5	5	5.5

（七）2Z 空压机的故障和处理方法

空压机的常见故障及其处理方法如表 10 - 4 所示。

表 10 - 4　　　　　　　　空压机的故障和处理方法

编号	故障现象	原因分析	处理方法
1	一级排气压力降低，吸排气阀盖的温度较高，且有"吱吱"的声音，气量显著减小	（1）一级吸气阀的弹簧断裂； （2）一级吸排气阀的阀片磨损或断裂； （3）一级吸排气阀装反； （4）一级阀片与阀座之间进入异物，把阀片支住； （5）一级活塞环在活塞槽内被咬住； （6）活塞与气缸壁间的间隙过大； （7）一级活塞与气缸盖之间的余隙太大	（1）揭盖检查，更新断裂的弹簧； （2）揭盖检修，更换阀片； （3）重新组装吸排气阀； （4）拆下吸排气阀，清除异物； （5）清洗和更换活塞环； （6）解体检查，更换活塞环； （7）解体检查，调小余隙

编 号	故障现象	原 因 分 析	处 理 方 法
2	二级排气压力降低,吸排气阀的温度较高,且有吱吱的声音,气量显著减小	原因同一级,只是发生在二级	处理方法仿照一级进行
3	一级排气阀温度异常低	(1) 一级吸气阀不良,产生逆流; (2) 二级吸气阀不良,产生升压	(1) 检修一级吸气阀; (2) 检修二级吸气阀
4	一级吸气温度异常高	一级吸气阀关闭不严	检修一级吸气阀
5	一级吸气温度异常低	(1) 进气管线阻力大; (2) 一级吸气阀不良,造成排气不足; (3) 一级活塞环泄露	(1) 检修清理空气过滤器; (2) 检修一级吸排气阀; (3) 解体检查,更换一级活塞环
6	轴承温度高	(1) 轴瓦与轴颈之间的间隙过小或贴合不均匀; (2) 轴承偏斜或曲轴弯曲; (3) 润滑油供给不足或油质污染	(1) 解体检查,调整间隙或刮削轴瓦; (2) 解体检查,调整间隙或矫正曲轴; (3) 清理滤网,补加新油或更换新油
7	气缸发出撞击声	(1) 活塞或活塞环磨损严重; (2) 活塞和气缸间隙过大; (3) 气缸余隙过小; (4) 曲轴连杆机构与气缸中心不一致; (5) 活塞杆弯曲或连接螺栓松动; (6) 吸排气阀断裂或阀盖动=顶丝松动	(1) 解体检查,更换活塞环; (2) 更换缸套或活塞; (3) 适当加大余隙; (4) 解体检查,找好同心度; (5) 调直或更换活塞杆并拧紧连接螺栓; (6) 更换阀片,拧紧阀盖顶丝

第十章 水处理其他转动设备的检修

编号	故障现象	原因分析	处理方法
8	吸排气阀产生敲击声	(1) 阀片断裂； (2) 弹簧松软或折断； (3) 阀座伸入气缸，与活塞相撞； (4) 吸排气阀顶丝松动； (5) 吸排气阀紧固螺丝松动； (6) 吸排气阀阀片起落高度太大	(1) 更换阀片； (2) 更换弹簧； (3) 加厚垫片，提高阀座； (4) 检查拧紧顶死； (5) 检查拧紧紧固件螺栓； (6) 更换高度调节片，降低高度
9	传动机构撞击	(1) 连杆大头瓦松动； (2) 十字头与活塞松动； (3) 十字头瓦间隙过小； (4) 活塞与活塞杆紧固螺栓松动	(1) 解体检查，调整间隙，拧紧螺栓； (2) 检查紧固活塞杆及背帽； (3) 解体检查，调整间隙或更换轴瓦及削轴； (4) 检查拧紧紧固螺栓
10	汽缸温度高	(1) 冷却水量不足； (2) 气缸润滑油不足供油中断； (3) 气缸与十字头不同心； (4) 活塞环窜气； (5) 气缸镜面拉毛	(1) 开大冷却水截门； (2) 调节给油量； (3) 解体检修，调整同心度； (4) 解体检修，更换活塞环； (5) 解体检修，镗缸或更换气缸
11	活塞卡死或咬住	(1) 曲轴连杆机构歪斜，引起摩擦发热而咬死； (2) 冷却水量不足或中断和气缸过热后又急剧冷却； (3) 气缸与活塞的间隙过小或汽缸内掉入金属碎块等坚硬物体； (4) 油质不良或中断	(1) 解体检查，调整曲轴连杆的同心度； (2) 加大冷却水量，并避免急剧冷却； (3) 解体检修，调整间隙，清理杂物； (4) 更换新油，消除断油缺陷

三、螺杆式空压机

(一) 基本结构

螺杆式空压机有多种分类方法。按运行方式的不同，可分为无油干式空压机、无油喷水空压机和喷油空压机；按结构形式的不同，可分为移动式和固定式。

螺杆空压机主要用于为各种气动工具及气控仪表提供压缩空气。在空压机的机体中，平行地配置着一对相互啮合的螺旋形转子。通常把节圆外具有凸齿的转子，称为阳转子或阳螺杆；把节圆内具有凹齿的转子，称为阴转子或阴螺纹。一般阳转子与原动机连接，由阳转子带动阴转子转动。转子上的球轴承使转子实现轴向定位，并承受空压机中的轴向力。同样，转子两端的圆柱滚子轴承使转子实现径向定位，并承受空压机中的径向力。在空压机机体的两端，分别开设一定形状和大小的孔口。一个供吸气用。称为吸气孔口；另一个供排气用，称为排气孔口。

(二) 工作原理

螺杆空压机的工作循环可分为吸气、压缩和排气三个过程。随着转子旋转，每对相互啮合的齿相继完成相同的工作循环，为简单起见，这里只研究其中的一对齿。

1. 吸气过程

在吸气过程即将开始时，这一对齿前端的型线完全啮合，且与吸气口连通。随着转子开始运动，由于齿的一端逐渐脱离啮合而形成了齿间容积，这个齿间容积的扩大，在其内部形成了一定的真空，而此齿间容积又仅与吸气口连通，因此气体便在压差作用下流入其中，在随后的转子旋转过程中，阳转子齿不断从阴转子齿槽中脱离出来，齿间容积不断扩大，并与吸气口保持连通。当齿间容积达到最大值，齿间容积与吸气口断开，吸气过程结束。

2. 压缩过程

随着转子吸气过程的结束，转子不断旋转，气体被转子齿和机壳包围在一个封闭的空间中，齿间容积由于转子齿的啮合就要开始减少，这是压缩过程开始，随着转子的旋转，齿间容积而不断减少，被密闭在齿间容积中的气体所占据的体积随之减少，导致压力升高，从而实现气体的压缩过程，一直持续到齿间容积即将与排气孔连通之前。

3. 排气过程

齿间容积与排气孔连通后，即开始排气过程。随着齿间容积的不断缩小，具有排气压力的气体逐渐通过排气孔被排出。这个过程一直持续到齿末端的型线完全啮合，此时，齿间容积内的气体通过排气孔口被完全排出，封闭的齿间容积的体积将变为零。

从上述工作原理可以看出，螺杆空压机是借助一对转子在机壳内作回转运动来达到容积的变化，从而完成空气的压缩的一种空压机。

四、螺杆式空压机的维护

螺杆式空压机的维护主要是根据厂家提供的说明书进行，下面以复盛SA－230A型螺杆式空压机为例进行介绍。

1. 检修维护项目

（1）清理、吹扫冷却器。将冷却器散热器上的灰尘吹扫清理干净。

（2）检查油位及油质：①如油位不足时，补足油位，油质坏时立即更换新油。②初次使用当润滑油使用500h后应予更换。正常使用2000～3000h左右更换新油，当发现油质劣化时应立即更换。③润滑油要按照其使用手册规定进行选用。

（3）检查传动皮带是否损坏，如有损坏应当将所有的传动带全部更换，不能只换一条皮带，否则，张力不平衡，如皮带过送应调整皮带松紧度，通过调节电动机与主机的相对位置，使传动皮带的张力符合标准。

（4）检查定期500～1000h吹扫空气滤清器，将其拆下空气滤清器的内部向外用0.2MPa空气进行吹扫。当空气滤清器灰尘堵塞严重时，应更换新滤配件。

（5）检查进其控制阀是否严密及动作是否灵活，如动作不灵活应进行修理，如有损坏磨损严重应更换新备件。

（6）检查空气滤清器，油细分离器，油过滤器的压差开关是否动作正常，如动作不正常灵活应检查处理更换损坏件。

（7）检查泄放电磁阀是否正常运行，如不正常就应修理或更换。

（8）检查泄油阀，排污阀是否动作灵活、有无磨损，如有磨损就应更换新阀，水分离器是否有污堵及损坏，如有污堵就应清理，如损坏就应更换。

（9）检查指挥阀是否严密，如泄漏严重就应更换新件。

（10）检查各油系统管路控制管路及空气管路是否严密，以消除渗漏。

（11）检查油细分离器是否工作正常，如分离效果差，压缩空气中油含量过大，或达到使用期限就应更换新配件。

（12）检查油过滤器是否有污堵现象，如堵塞严重或达到使用期限应清理或更换。

（13）检查压力维持阀，油流量调节阀，容量调节阀是否工作正常，如不能正常工作运行时就应更换。

（14）检查热控阀、安全阀、压力开关、温度开关及压力表是否正常，如有不能正常工作及指示不准应检查或更换。

（15）压缩机的机头部分由于其转子制造及装配精度高，通常运行时间达到 4 年（制造厂规定时间）或需大修时，委托专业公司进行返厂修理。

2. 常见故障及处理方法

可参照表 10 - 5 处理。

表 10 - 5   SA - 230A 型螺杆式空压机常见故障与处理

序号	故障现象	可能发生原因	处理方法
1	无法启动（电气故障灯亮）	（1）熔丝烧断； （2）保护继电器动作； （3）启动继电器故障； （4）启动按钮接触不良； （5）电压太低； （6）电动机故障	联系电气人员检修
2	运转电流大、空压机自行停机（电气故障灯亮）	（1）电压太低； （2）排气压力太高； （3）使用的润滑油规格不正确； （4）皮带传动松； （5）油细分离器堵塞（润滑油压力高）； （6）空压机主机故障	（1）请电气人员检修更换； （2）查看压力表，如超过设定压力调整压力开关； （3）检查油号，更换油品； （4）检查并调整； （5）更换油细分离器； （6）用手转动机体转子，若无法转动时，联络生产厂家处理
3	运转电流低于正常值	（1）空气消耗量太大（压力在设定值以下运转）； （2）空气滤清器堵塞； （3）进气阀动作不良，如卡住等； （4）容调阀调整不当	（1）检查消耗量，必要时增加空压机； （2）清洗或更换； （3）拆卸清洗并加注润滑油脂； （4）重新设定调整

第十章 水处理其他转动设备的检修

序号	故障现象	可能发生原因	处理方法
4	机头排气温度低于正常值（低于70℃）	（1）排气温度表不正常； （2）热控阀故障	（1）更换排气温度表； （2）更换热控阀
5	机头排气温度高空压机自停，排气高温指示灯亮（超过设定值100℃）	（1）润滑油量不足； （2）环境温度高； （3）冷却器鳍片间堵塞； （4）润滑油规格不正确； （5）热控阀故障； （6）空气滤清器不清洁； （7）油过滤器堵塞； （8）冷却风扇故障	（1）检查油位，若低于"L"时请停车加油至"H"与"L"之间； （2）增加排风，降低室温； （3）拆下后用压缩空气吹扫鳍片间堵塞物； （4）检查油号，更换油品； （5）检查油是否经过油冷却器冷却，若无则更换热控阀； （6）以低压空气吹扫空气滤清器； （7）更换油过滤器； （8）更换冷却风扇
6	空气中含油分高，润滑油添加周期短，无负荷时滤清器冒烟	（1）回油管限流孔阻塞； （2）排气压力低； （3）油细分离器破损； （4）压力维持阀弹簧疲劳	（1）拆卸清洁； （2）提高排气压力（调整压力开关至设定值）； （3）更换新品； （4）更换弹簧
7	无法全载运转	（1）压力开关故障； （2）三相电磁阀故障； （3）泄放电磁阀故障； （4）进气阀动作不良； （5）压力电磁阀动作不良； （6）控制管路泄漏； （7）调节阀调整不当	（1）更换新品； （2）更换新品； （3）更换新品； （4）拆卸清洁后加注润滑油脂； （5）拆卸后检查阀座及止回阀是否磨损； （6）检查泄漏位置并锁紧； （7）重新设定调整

第二节 罗茨风机的检修

一、概述

(一) 罗茨风机的作用和特点

罗茨风机是回转容积式鼓风机的一种。其主要特点是当鼓风机的出口阻力在一定范围变化时，对输送风量的影响不大，输气具有强制性。如当工艺系统的阻力增加时，在工作转速不变的情况下，只能引起电动机负荷的增加，而输送的风量不会有显著的减小。这类鼓风机结构简单，运行稳定，效率高，转子不需润滑，所输送的气体纯净、干燥，但检修工艺较为复杂，转动部件和机壳内壁加工精度要求较高，各部件安装时的间隙调整比较困难，运行中噪声较大。

罗茨风机的应用较为广泛，在火电厂水处理中常用作废水中和的搅拌、离子交换树脂的空气擦洗、过滤设备滤料的松动、污水处理"暴气"工艺的气源等。

(二) 罗茨风机的工作原理

罗茨风机的工作原理如图10-13所示，它是通过主从动轴上的齿轮传动，使两个"8"字形渐开线叶轮作等速反向旋转而完成吸气、压缩和排气过程的，即气体由入口侧吸入，随着旋转时所形成的工作室容积的减小，气体受到压缩，最后从出口侧排出。

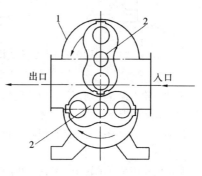

图10-13 罗茨风机工作原理示意
1—机壳；2—叶片

二、罗茨风机的检修

(一) 部件的结构及作用

1. 转子

转子是罗茨风机的主要部件，它由叶轮和轴组成。叶轮有实心和空心两种，叶片数多为两片，形状通常为渐开线形风叶。其主从动轴两端用滚动轴承支承，并以一端轴承作为轴向定位的支承点。当主从动轴工作受热膨胀时，可以沿另一端轴作轴向自由延伸，以保证主从动轴的直线性。

2. 机壳

机壳为由机壳体和两端墙板组成的密闭空间，它和转子一起完成气体的吸入、压缩和排出过程。罗茨风机的机壳有整体式和水平剖分式两种。

3. 传动齿轮

传动齿轮有主动齿轮和从动齿轮，两个齿轮的齿数、模数均相同，所不同的是一个齿轮（一般指从动齿轮）的轮毂上有四个长条形孔和两个定位销钉孔。定位销钉孔的作用是用以调整转子的径向间隙，如图10-14所示。

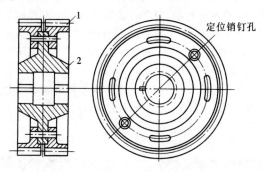

图 10-14　罗茨风机传动齿轮
1—齿轮圈；2—轮毂

传动齿轮不仅起传动作用，而且还起定位齿轮的作用。只有在两个齿轮转角一致的情况下，两个叶轮才能正常工作，否则，会发生碰撞损坏事故。传动齿轮的类型有直齿圆柱齿轮、斜齿圆柱齿轮和人字齿轮等。

4. 轴承

轴承的作用是支承转子。罗茨风机的轴承多采用滚动轴承。

5. 轴封装置

为了防止气体从传动轴处向外泄漏，在主从动轴两端均装有轴封装置。轴封装置的类型有涨圈式、迷宫式、填料式、骨架橡胶油封等几种。小型罗茨风机多采用骨架橡胶油封如图10-15所示。

（二）拆装顺序

以 D22 系列罗茨风机为例介绍拆卸顺序：

（1）拆下联轴器及进排风管件。

（2）拧下齿轮箱底部油堵，将齿轮箱内油放掉。

（3）拧下齿轮箱与后墙板的连接螺栓，取下齿轮箱。

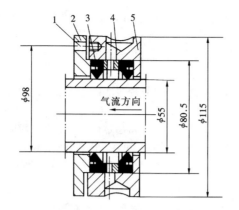

图 10 – 15 骨架橡胶油封的结构

1—沉头螺钉,M8×25mm;2—密封压盖;3—骨架式
橡胶油封 PD55×80×12;4—衬套;5—密封外套

(4) 拧下主从动轴端的六角螺帽,将齿轮组件及甩油盘等取下。

(5) 拧下前墙板上主从动轴承座上的压紧螺栓,取下后轴承压盖。

(6) 拧下后墙板上主、从动轴承座上的压紧螺栓,取下后轴承压盖,并拧下压紧后轴承的圆螺母。

(7) 用后轴承座上的顶丝,将前后轴承座拆下,取出滚珠轴承和滚柱轴承。

(8) 拧下前后墙板与机壳的连接螺栓,将前后墙板和 O 形密封圈取下。

(9) 将从动轴、主动轴(包括叶轮)从机壳内取出。

(10) 拆卸主从动轴的四个轴封组件。

(11) 拧下轴封压盖的螺栓,取出橡胶骨架油封、密封衬套和密封外套。

(12) 拆下齿轮圈上的压紧螺栓和定位销,将齿轮圈和轮毂拆开(注意:如果齿圈未发现损伤,则一般不必将齿轮圈与轮毂拆开)。

D22 系列罗茨风机装配顺序与其拆卸顺序相反。

(三)零部件的清洗、检测方法

罗茨风机解体拆下的零部件用煤油认真清洗后,再用棉布擦干净。具体清洗和检测的方法如下。

1. 机壳、墙板及齿轮箱

检查机壳、墙板及齿轮箱内外表面,特别是内表面有无摩擦痕迹和裂纹。若发现有可疑之处，就应进一步用着色渗透液检查。对于裂纹可采用电焊补焊；对于摩擦痕迹应查出产生的原因，并作相应的涂渡或喷涂处理。

2. 转子

检查轴的表面粗糙度，测量轴各部位几何尺寸，偏差应符合技术要求。轴的检修方法可参照水泵轴的工艺要求。

检查测量转子的晃动度，不得超过规定允差，一般应小于 0.05mm；若晃动度在 0.05 ~ 0.15mm 之间，可在车床或特制的磨床上车削或磨光转子；当晃动度大于 0.15mm 时，除修理转子外，还应检查轴承间隙及轴的弯曲程度。测量转子晃动度的方法如图 10 - 16 所示。

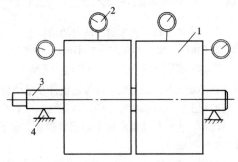

图 10 - 16   测量转子晃动度的方法
1—转子；2—千分表；3—轴；4—轴承

检查测量转子的外径尺寸，若外径尺寸过小，则将导致两转子间或转子与机壳间间隙增大，其修理方法一般采用表面浇注轴承合金、喷涂等方法。

检查转子是否有裂纹，常用敲打法、放大镜观察、涂色法、着色渗透液等方法进行检查。对于轻微裂纹可采用焊补方法修复，对于严重裂纹则应更换新转子。注意修复后的转子应作静动平衡试验，合格后才能继续使用。

3. 轴承

轴承的清洗、检查及调整可按滚动轴承检修工艺要求进行。

4. 传动齿轮

检查传动齿轮是否有毛刺、裂纹、断齿等缺陷。若有毛刺可用锉刀修复，若存在裂纹或断齿一般应采取更换新齿轮或进行补焊、镶齿来修复。

第一篇 电厂化学设备检修

用压铅丝法测量齿轮的侧间隙，并用涂色法检查齿轮啮合接触面积，若超过表 10−6 的许可范围，则应进行修理或更换。检查齿轮分度圆处齿厚的磨损值，若超过规定值就应更换齿轮副。

表 10−6　　　　　　　　齿轮啮合接触面积

齿形类别	测量部位	精　度　等　级						
		3	4	5	6	7	8	9
		接触面积不小于（%）						
渐开线齿形	齿高	65	60	55	50	45	40	30
	齿长	95	90	80	70	60	50	40

5. 轴封

橡胶骨架轴封及 O 形密封圈每次检修均应更换，更换时应轻轻打入或压入。检查密封衬套表面是否有划痕及其与密封圈的配合情况，若衬套表面磨损较重，可采用涂镀等方法修复或更换。对有切口的密封圈，每圈切口应相错 120° 安装。

迷宫式密封轴套（衬套）两端的不平行度，一般不大于 0.01mm；密封环座与轴套的间隙，一般为 0.2 ~ 0.5mm。

机械密封应严格按照图纸规定的技术要求进行安装。动环对轴中心线的径向跳动量，不得大于 0.06mm。

（四）工作间隙的调整（以 D22 罗茨风机为例）

工作间隙的调整必须在罗茨风机停运状态下进行。

（1）罗茨风机工作间隙的许可范围如表 10−7 所示。

表 10−7　　　　　　罗茨风机工作间隙许可范围

序　号	部　　　　　位	代　号	数值（mm）
1	叶轮与机壳之间	a_1	0.14 ~ 0.24
2	两叶轮之间	a_2	0.18 ~ 0.42
3	叶轮与前墙板之间	a_3	0.16 ~ 0.24
4	叶轮与后墙板之间	a_4	0.18 ~ 0.26
5	齿轮副齿侧间隙	a_5	0.04 ~ 0.085

（2）叶轮与机壳间的间隙 a_1 的调整。两个叶轮在旋转时，其与机壳内壁的间隙在出厂时均已调整在规定的范围内，一般不需再调整。必要时

（如维修或更换配件时及其他特殊情况下）就必须通过改变墙板和机壳的相对位置予以调整。在调整符合要求后，应修正定位销钉孔，重新打入定位销。

（3）两叶轮相互间的间隙 a_2 的调整。如图 10-17（见文后插页）所示，叶轮在转动时，其相互之间的间隙在各叶轮整个工作曲线啮合部位都应该在规定范围内。如间隙大小一旦超过规定值时，可拆下从动齿轮的定位销，拧松六角螺栓，转动联轴器，就可改变从动齿轮圈与齿轮毂之间的相对位置，借以调整两叶轮之间的间隙，使其达到规定值范围。

（注意：检查 a_2 时，应在如图 10-18 所示的工作曲线啮合位置进行）。

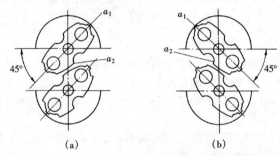

图 10-18　两转子外径与机壳径向间隙测量点

（4）叶轮与前后墙板之间间隙 a_3、a_4 的调整。由图 10-18 及图 10-19 中可以看出，在主从动轴后轴承座上有调整螺钉 A 和调整螺钉 B。当需减小间隙 a_3 和增大间隙 a_4 时，应先拧松 A 再旋紧 B，叶轮就会随轴向驱动端移，使叶轮与前墙板的间隙 a_3 减小，而与后墙板的间隙 a_4 则增加；反之，当先拧松 B 再旋紧 A，则叶轮与前墙板间隙 a_3 增加而与后墙板间隙 a_4 减小。调整后应使轴承座上的法兰与前墙板外平面的距离基本一致，以保证轴承座与墙板的轴承座孔的同轴度。

如果间隙 a_3 符合要求而间隙 a_4 不够时，则可在机壳与前墙板之间加入薄垫。

（五）技术要求和质量标准

（1）罗茨风机的全部零部件应完整无损，盘车灵活、无卡涩现象，轴封处严密无泄漏。

（2）转子组装时两端轴颈的不平行度应不大于 0.02mm，轴颈两端面与墙板的不平行度不大于 0.05mm。轴的弯曲度不大于 0.02mm。轴与转子的不垂直度在 100mm 内不大于 0.05mm。

第一篇　电厂化学设备检修

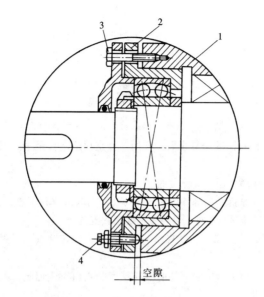

图 10 – 19　转子轴向间隙调整示意

1—前墙板；2—轴承座；3—调整螺钉 A；4—调整螺钉 B

（3）齿轮啮合应平稳、无杂声，齿轮用键固定后径向位移不超过 0.02mm。

（4）罗茨风机与电动机两联轴器间的轴向间隙在 2～4mm 之间，联轴器允许的轴向偏差为 0.04mm，径向偏差为 0.06mm。

（5）各部间隙调整合适，符合表 10 – 7 的技术要求。

（6）滚动轴承温度不得高于 95℃，润滑油温度不得高于 65℃。

（7）罗茨风机允许振动值不大于 0.06mm。

第三节　转动部分检修基本工艺要求

一、转动机械拆装的要求

1. 解体、清洗注意事项

（1）拆卸前必须了解设备内部构造、设备特性和检修工艺。

（2）拆卸前要注意打记号，避免错乱，打记号注意应打在侧面，不能打在工作面，打记号的方法如图 10 – 20 所示。

（3）拆卸下来的零件，要放在干燥的木板上，并注意遮盖防尘和防

图 10 - 20　打记号的方法

(a) 正确；(b) 错误

止磕碰。

(4) 较长的轴拆卸下来后，应用多点支撑或垂直悬吊方式，以免轴弯曲。

(5) 易生锈的零件应涂黄油。

(6) 有些难拆卸的部件要渗入煤油（松动剂）或利用热膨胀法取出，禁止用大锤直接敲打部件，精密零件要用软工具。

(7) 拆卸下的部件，要清理干净，备装，如有锈点，可用纱布打光再涂油。

(8) 清洗时要根据零部件的不同精度选用白布或棉丝，滚珠轴承清洗时禁止用棉丝。

(9) 针对不同性质选用不同清洗液。如黄油用汽油、煤油清洗；干性透明漆片用酒精清洗；锈蚀用油无法去除时，可用面纱沾上醋酸擦除，酸的浓度可按需要配置，除锈后用清水洗涤，然后用干净布擦净。

(10) 清洗机体内壁时，发现油漆脱落要补刷。

2. 螺栓折断后拆卸的方法

如果对丝（双头螺栓）从根部折断，螺杆直径又大于 10mm 时，要钻一个合适得孔（深度为 10 ~ 15mm），直径为螺栓直径的一半，利用专门工具（粗纹丝锥）边转边向下压，即可使折断的对丝断头退出，使用时正扣对丝要用反扣粗纹丝锥。

3. 机件盖的拆卸

揭开盖之后要把垫的厚度和各部间隙记录下来，以便修理。揭盖的方法要用专用工具顶开或用顶丝顶开，不宜用扁铲打开。

4. 键的拆装

由于各种键的形状不同，拆装方法也不一样，一般要求装配时符合公差要求，紧力适当，不能装配过紧，以免给以后的检修造成麻烦。

拆装时应注意以下几点：

(1) 不允许用手锤、大锤打击，特别是精密设备，严格禁止。

(2) 键和键槽的制造与加工如不符合标准，有过松、过紧情况时，要进行修理或更换。

（3）带头键的轮毂的键槽没有斜度，平行键轮毂孔不合适等，拆卸时应注意适当方法。

二、滚动轴承的检修

轴承分为滑动轴承和滚动轴承两种。现在基本上使用滚动轴承，轴承内径的表示方法见表 10－8。

表 10－8　　　　　　　　　轴承内径表示方法

轴承内径（mm）	表示方法					示　　例	
						轴承代号	说明
10～20	轴承内径	10	12	15	17	301	轴承内径为 12mm
	内径代号	00	01	02	03		
20～495	以内径尺寸被 5 除得的商数表示					309	轴承内径为 45mm

1. 滚动轴承拆卸的要求

（1）轴承的拆卸次数应尽量减少，只有在不可避免时才进行该项工作。

（2）拆卸滚珠轴承时，有冷卸和热卸两种，采用冷卸不会损坏轴的配合公盈，可保证拆卸质量。采用热卸法可使配合间隙不被破坏，可用热的机油将轴承均匀加热至 80～100℃，然后稍加施力迅速拆下或装上。

对于新轴承或尚可使用的轴承，应采取措施防止损坏；拆卸需要修复的轴承时，也应仔细进行，防止损坏。注意不要损坏轴承箱等以过盈配合滚动轴承的内圈或外圈，在没有必要时应该留在原来位置上；不必要的拆卸会大大增加损坏的可能，特别是会引起内圈与转轴过盈量的减小。

（3）拆卸滚动轴承时，应使用套管、拔力器等专用工具。如使用冲子拆装时，要使用纯铜等软质材料的冲子，避免使用易碎的材料进入轴承内。等拆装时要两侧均匀施力。

（4）从轴上退出轴承要施力于轴承内圈，从轴承室内退出轴承时，要施力于外圈。

（5）在实际检修中，可能由于设备构造上的限制，使拉抓无法抓主轴承的内圈（或外圈），在这种情况下，只能采用着力于外圈的方法来拆卸轴承，同时要采取下列措施防止轴承损坏：

1）只有在拉拆开始时，才使用拉外圈的办法，待轴承被拉出一个最短的距离，内圈可以着力后，应马上停止拉外圈而改成拉内圈。

2）在拉外圈时，因为拉力是由外圈滚道、滚珠而传递到内圈，因此滚珠和滚道受到的力就比制造厂设计时容易承受的负荷要大得多，可能产生变形，为了减少这个压力，并使它能均匀分布到滚珠滚道的四周上，应当在拉外圈时使轴旋转，不使滚珠停留在滚道的一点上，这种旋转拆卸的方法，可以避免或减轻对轴承的伤害。

3）拉轴承时应尽可能平稳均匀而缓慢地进行，无顿跳现象，对拆卸轴承的工具有如下要求：简单坚固，相当紧凑，便于携带，保证使用方便，工作稳定，不会损坏设备。

（6）轴承与轴肩靠紧，其间隙不大于 0.03mm。

（7）轴承累计运行达 5000h 后，要更换新的。

2. 滚动轴承拆卸方法及工具

滚动轴承的拆卸方法有：敲击法、拉出法、加热法和压出法。

（1）敲击法。

1）冲子手锤法：使用此方法时，冲子应用软金属制成（如铜冲子），与轴承接触面需做成平面或圆形，拆卸时应对称敲击。禁止用力过猛，死敲硬打。

2）套筒手锤法：使用此方法时，套筒大小要合适，手锤敲击时用力要轻盈，施力应四周均匀，不得歪斜，防止轴承卡死不动。

（2）拉出法：顶杆中心线应与轴的中心线保持一直线，不得歪斜，安放拉轴器时要小心稳妥，初拉时动作要平稳均匀，不得过快、过猛，在拉出过程中不应产生顿跳现象。防止拉轴器的拉爪在工作过程中滑脱，拉爪位置要正确，注意不要碰伤轴上的螺纹、键槽或轴肩等。

（3）加热法：先将轴承两边的轴径用石棉布包好，尽量不要受热，拆卸时应先将拉轴器顶杆先旋紧，然后将热机油浇在轴承的内套上，在内套膨胀后，停止浇油，迅速旋转螺杆即可把轴承拆下，注意动作要快，防止浇油过多或时间过长使轴膨胀，反而增加拆卸的困难，加热时机油应在 80～100℃，不得超过 100℃。

（4）压出法：这种方法就是用压床推压轴承。

3. 安装时注意事项

（1）轴承组合体上的润滑系统要清理干净，以防污物浸入轴承内，磨损轴承。

（2）轴肩应与转轴中心线垂直，不得歪斜，不允许高低不平或有毛刺。

（3）装配时作用力一定要加在代配合公盈的轴承上，否则会破坏滚珠的部件或间隙。

（4）装配过程中必要敲打时，一定要用铜棒，不许用铁锤直接敲打。

（5）选定的配合种类，一定要使内套与轴颈紧密的配合。而外套与轴承壳体配合后，当轴承在转动过程中，外套能轻微转动。（使外套磨损也能趋于均匀）

（6）套装时，所加力大小、方向和位置应符合要求，避免滚动体及滚道受到压力而变形受伤，同时加力要适当垂直于套圈四周，并且加力要均匀轻捷，不可沉重猛烈。绝对禁止用锤直接敲打钢圈，以免被击碎和破坏轴承轨道及珠架。

（7）检查机件是否合格，在装配前应在配合表面上涂一层润滑油，便于安装。

（8）轴承在装配前必须经过彻底清理（汽油），在安装中应绝对保持清洁，不要用手直接拿，以免手污及汗水直接到滚动轴承上，拿时最好使用白布。

（9）安装轴承时应注意，使轴承无型号的一面永远靠着轴肩。

（10）轴承的间隙要测量，轴承间隙有三种：

1）原始间隙——未安装前自由状态下的间隙。

2）装配间隙——安装后的间隙。

3）工作间隙——在规定负荷温度下的间隙。

三者的关系在向心轴承中为：原始间隙大于安装间隙，但工作间隙反而大于安装间隙。

（11）滚动轴承的装配公盈较小，在装上轴后，均采用冷压法，也可采取热装法。热装可以防止配合公盈被破坏，而且安装快捷。热装时将滚柱轴承搁在加热的机油内加热后，迅速取出装在轴上，加热机油的温度不得超过100℃。

4. 滚动轴承的装配方法及工具

滚动轴承的装配方法有铜棒法、专用压床法、套筒手锤法和油浴加热法。

（1）铜棒法：用纯铜棒敲打内圈端面，使轴承就位。

（2）专用压床法：利用压床安装轴承，垫块要支在内圈上。

（3）套筒手锤法：利用套筒和手锤安装轴承。

（4）油浴加热法：当轴承在专用油浴中被加热到80～100℃时，把轴承迅速取出，用干净棉布擦去其表面的油迹和其他附着物，并立即套入轴颈进行安装。

5. 安装后的检查及质量标准

（1）将轴承装配轴上后，一定要检查安装的正确性。

（2）用对光法及塞尺法检查轴肩与内圈是否有间隙，用塞尺（0.02mm），应不能插入内圈与轴肩之间，否则说明内圈在轴上安装不正或没有装到头，这时应拆下。再调整轴肩圆角半径。

（3）安装推力轴承时，必须检查紧圈的垂直度（用千分表检查）和活圈与轴间隙。

（4）在安装前应检查滚动轴承的间隙，安装后再进行检查，以便确知间隙是否合格，若发现安装后无配合间隙，说明配合选择或加工不正确，一定要拆下来重修。

（5）一般滚动轴承的紧力不大于 0.03mm（3 丝），但若紧力过小，或有很大间隙，则会引起轴承外圈转动而磨损、发热及剧烈振动。

（6）间隙在安装时可以调整的轴承（例如圆锥滚柱及推力轴承）其安装最后工序时调整轴承轴向间隙。

轴向间隙的调整方法有很多，例如在箱体上加垫片调整，以及施拧轴上的螺母的方法调整等。

轴向间隙的测量：可用千分表或塞尺测量。

6. 滚动轴承间隙的调整

单列径向滚动轴承及双列径向球面滚动轴承的间隙不需要进行调整，而径向推力滚珠轴承、径向推力滚柱轴承及双向推力滚珠轴承的间隙均需调整，因为滚动轴承的轴向间隙与径向间隙存在正比关系，所以调整时，只调它们的轴向间隙。轴向间隙调整好了，径向间隙自然也就调好了。

（1）径向推力滚珠轴承间隙的调整（表10-9）。这种滚珠轴承间隙的调整是在端盖与轴承座之间加垫的方法来达到的。先将端盖拆掉，拿去原有的金属垫，然后重新用螺钉将侧盖拧紧，直到轴盘动时略感困难时为止（轴承内已无间隙）。

表 10-9　　　　　　　径向推力滚珠轴承的轴向间隙

轴承内径（mm）	轴向间隙（mm）	
	轻型	中重型
30 以下	0.02 ~ 0.06	0.03 ~ 0.09
30 ~ 50	0.03 ~ 0.09	0.04 ~ 0.10
50 ~ 80	0.04 ~ 0.10	0.05 ~ 0.12
80 ~ 120	0.05 ~ 0.12	0.06 ~ 0.15

这时用塞尺测量一下端盖与轴承座之间的间隙，设为 A（mm），将此间隙加上此种轴承应具有的轴向间隙，设为 B（mm），则在端盖底下要垫的金属垫厚度为 $A+B$（mm）。

（2）径向推力滚柱轴承间隙的调整（表 10 - 10）。轴的末端安装有两个单力径向推力滚柱轴承。调它们的间隙时，同样是在端盖底下加金属垫片。调整时，打开轴承盖，并设法把轴推向一方，使两个轴承间隙集于一个轴承内，再用塞尺测量得 σ 值后，轴向间隙可用下式求出：

$$S = \sigma/2\sin\beta$$

式中　S——轴向间隙，mm；

　　　σ——用塞尺测得滚动体与外套间的间隙，mm；

　　　β——圆锥角度的大小，（°）。

如果算出的数值小于或大于规定的标准时，可增减端盖下的金属垫，以进行调整。

表 10 - 10　　　　径向推力滚柱轴承的轴向间隙表

轴承内径（mm）	轴向间隙（mm）	
	轻型	中重型
30 以下	0.03 ~ 0.08	0.05 ~ 0.11
30 ~ 50	0.04 ~ 0.10	0.06 ~ 0.12
50 ~ 80	0.05 ~ 0.12	0.07 ~ 0.14
80 ~ 120	0.06 ~ 0.15	0.10 ~ 0.18

（3）双向推力滚珠轴承间隙的调整（表 10 - 11）。水泵上的推力滚柱轴承常常是双向止推的，在调整这种轴承的间隙时，用塞尺测量滚动体与紧定套间的间隙，其数值应符合表 10 - 11 所规定的数值。

表 10 - 11　　　　双向推力滚珠轴承的轴向间隙

轴承内径（mm）	轴向间隙（mm）	
	轻型	中重型
30 以下	0.03 ~ 0.08	0.05 ~ 0.11
30 ~ 50	0.04 ~ 0.10	0.06 ~ 0.12
50 ~ 80	0.05 ~ 0.12	0.07 ~ 0.14
80 ~ 120	0.06 ~ 0.15	0.10 ~ 0.18

滚动轴承的故障原因及处理方法见表 10 - 12。

表 10 - 12 滚动轴承的故障原因及处理方法

故障类型	故障原因	处理方法
轴承损坏	(1) 使用寿命超长; (2) 轴承装拆检修质量不良、维护保养不当	提高检修质量,加强设备维护,检查轴承箱,更换轴承
脱皮剥落	(1) 轴承正常疲劳破坏; (2) 轴承检修不良,过早疲劳损坏; (3) 发生剧烈振动和跳动	
磨损	(1) 由于锈蚀产生磨损; (2) 由于污垢引起磨损; (3) 润滑不良; (4) 安装不当及运行不良; (5) 自然磨损	(1) 加强润滑,检查轴承质量; (2) 检查润滑油,防治污物入内; (3) 加强润滑; (4) 提高检修质量和运行水平; (5) 更换轴承
珠痕及振动	(1) 安装不当,用力过猛; (2) 受到不平衡的负荷	(1) 提高检修质量和运行水平; (2) 安装时检查轴承的平衡
过热变色	使用润滑油型号不对、油量不足,冷却系统堵塞	更换润滑油型号,添加润滑油,疏通冷却系统
锈蚀	(1) 润滑油不合格; (2) 轴承密封不良	(1) 更换润滑油; (2) 重新安装密封
裂纹及破碎	(1) 安装不良; (2) 配合不当; (3) 制造质量不良; (4) 机组振动过大及外物侵入; (5) 长期严重过载; (6) 断油	(1) 提高安装质量; (2) 检查轴承与轴承室的配合; (3) 更换合格轴承; (4) 减小振动,防止外物侵入; (5) 提高运行水平,防止长期过载; (6) 及时补油

三、联轴器的检修

1. 轴器拆装注意事项

（1）各种类型联轴器都要用专用工具进行拆卸，拆卸前要做好记号。

（2）严禁用大锤直接敲打取下，以防止把轴头打弯或打坏对轮。

（3）联轴器与轴的配合要有一定的紧力，不能过大或过小，以手锤和木块或用纯铜棒轻轻打入为宜。

（4）热装的联轴器要加热取下。

（5）联轴器内孔及轴颈要清理干净，并涂上润滑油便于装配。

2. 联轴器的装配

联轴器用以连接主动轴和从动轴，主动轴的动力传给从动轴，连接后两轴中心线必须完全位于一条直线上。否则运行中将会发生振动或磨损，以至造成破坏性事故。

常用联轴器的形式：

（1）刚性联轴器：要求两轴的中心在一直线上，否则，运行中将会发生振动。

（2）弹性联轴器：皮垫式的靠背轮，可允许两轴在规定范围内的不在一同心度，其优点是减轻结构在转动中所发生的冲击和振动。

（3）活动联轴器：如十字形联轴器和齿轮联轴器，一般用于较大的轴径。

装配前要检测零部件的尺寸和几何形状公差、表面粗糙度、倒角和圆角是否符合规定，装配时表面应保持干净，以及涂抹机油，减少装入时的阻力，防止损伤表面。装配时应注意联轴器找正、不得偏斜，施力要均匀，采用热装法时要严格控制加热温度和加热时间，防止表面氧化和金属组织变化。

3. 联轴器找正

联轴器找正时可能遇到的四种情况：

（1）$S_1 = S_3$，$A_1 = A_3$ 两联轴器既平行又同心，这时两轴中心线位于一条直线上。

（2）$S_1 = S_3$，$A_1 \neq A_3$ 两联轴器平行但不同心，这时两轴中心线平行。

（3）$S_1 \neq S_3$，$A_1 = A_3$ 两联轴器同心但不平行，这时两轴中心线相交于联轴器内。

（4）$S_1 \neq S_3$，$A_1 \neq A_3$ 两联轴器既不平行也不同心，这时两轴中心线相交于联轴器体外。

调整时在从动机首先安装好的情况下，使轴处于水平，然后安装电动机，调整时采用电动机下面加减垫片的方法来决定。电动机找中心是按所用的工具不同进行，可分为三种方法：

1）利用直角尺（或直尺）和塞尺，楔形间隙规、平面规的简易方法，适用于小型水泵找正。

2）利用塞尺及中心卡（专用工具）法，适用于一般的中、大型水泵找正。

3）利用千分表找正方法，此方法是以两个千分表代替中心卡的两个侧点螺栓。

4. 弹性联轴器的螺栓销安装

当螺栓销与眼孔内壁接触程度不相等，或螺栓销与螺栓销孔内壁间没有径向间隙时，必须用锉刀将螺栓销的橡胶套锉到合适的程度。必须注意螺母垫圈不要限制弹性部分的弹性作用，否则会引起机械运行不平稳，或使靠背轮过早损坏。

螺栓销上的螺栓销钉必须安装好，否则不能运行，弹性联轴器的端面间隙为：大型设备间隙为 4~8mm，中型设备间隙为 4~5mm，小型设备间隙为 2~4mm。

轴向间隙经过调整中心后，使相对直径处的间隙之差不超过下列数值：

（1）转速不大于 1500r/min 时，间隙之差不超过 0.11mm。

（2）不大于 3000r/min 时，间隙之差不超过 0.2mm。

即转速越高，要求间隙差值越小（仅适用弹性联轴器）。

弹性联轴器两轴的径向位移公差和倾斜公差见表 10－13。

表 10－13　　　　　　径向位移公差和倾斜公差

轴的直径（mm）	40~8	80 以上
两轴的最大的径向位移（mm）	0.1	0.15
轴长 1000mm 时，两轴最大倾斜度（°）	1.0	1.0

5. 联轴器装配的质量标准及要求

（1）联轴器应无裂纹、无破碎碰撞的伤痕。

（2）联轴器内孔无锈、垢，外圆及端面应光洁无毛刺。

（3）轴承座、轴承端面等影响位移的螺栓应无松动现象。

（4）活动式对轮各连接螺栓应均匀受力。

（5）两联轴器必须相互平行，两轴中心线必须在同一条直线上，瓢偏值：固定式≤0.05mm，活动式≤0.1mm。

（6）两对轮平面距离为2～4mm。

四、找平衡

1. 转动零件和部件的平衡

转动零件和部件在制造和装配过程中，若调整使其重心和旋转中心线重合时，则在运转过程中，不会产生不平衡的力，因而不会振动。反之，就会产生不平衡力，引起机械振动。

当不平衡力引起振动的频率与机器或基础的自然频率相重合时，就会产生共振，振幅无限增大，机器或基础会遭到破坏，产生严重的事故。

所谓调整零件和部件的重心与旋转的中心线相重合，就是消除零件或部件上的不平衡力的过程，因此就称为找平衡。

2. 静平衡工作包括的内容

（1）先找出旋转机件不平衡质点的位置。

（2）设法消除不平衡质点。

3. 水轮不平衡原因

（1）铸造水轮的材料质量不良，如内部有砂眼等。

（2）水轮的几何尺寸不正确。

（3）水轮安装不好。

4. 轴弯曲

水轮的静平衡工作在制造厂进行，一般在安装现场不必重新进行，但对高速离心泵的水轮或在安装过程中发现水轮存在有不平衡情况，才进行静平衡找正。

水轮静平衡找正的方法。水轮静平衡找正是在菱形断面轨道的平衡架上进行，轨道用淬火钢制成，轨道顶面宽度可根据水轮的质量确定。如转子的质量在2t以下为3～5mm，2～6t为6～8mm，8～12t为50mm。轨道长度为1～1.5m，平衡的两条轨道要调整成相互平行，且在纵横方向都应成水平，其水平度都应在0.02mm/m范围内。

平衡架调整好后，检查水轮轴的圆度及圆锥度，如果都不超过0.05mm时，把水轮放在平衡架上。找静平衡分为以下几步：

1）把水轮放在平衡架上后，轻轻转动叶轮，当轮停止后，在叶轮上方记（+）号，下方记（-）号。

2）重新转动叶轮，静止后（+）号处于上方，（-）仍处于下方，这说明叶轮下方仍重于上方。这时用腻子作为试加质量，粘在转子（+）的一边。

3）再转动叶轮，使每次停留位置不相同为止。此时把增加的质量取下来称质量，从加的对应位置取下相同的质量，去重位置应是非工作面，而且要防止工作面遭受破坏。

4）进一步找剩余不平衡质量（按上述步骤重新做几遍即可）。

5）水泵在规定的转速时，剩余的不平衡量所产生的离心力其大小不超过水轮本身质量的 10% ~40% 是可以允许的，如超过这个数值，应继续消除这个剩余的不平衡量。

5. 动平衡

静平衡虽是一种广泛应用的方法，但是对一些长的及高速旋转的机件不能完全消除振动，所以对这种机件，必须进行动平衡工作。

五、机械密封的检修

1. 构造

机械密封由动环、静环、弹簧、动环密封圈、静环密封圈、传动座组成。其中弹簧、动环、动环密封圈随轴旋转；静环、静环密封圈装于静止的密封端面盖或泵壳上。由于动环、静环在弹簧的作用下，两接触面严密接触，防止了介质从动静环的密封摩擦面泄漏。动环密封圈与轴（或轴套）严密接触，防止密封介质从动环与轴之间的间隙泄漏。静环密封圈防止密封介质由静环与密封端盖之间的间隙泄漏，这样就起到了旋转轴密封的作用。

机械密封按弹簧（弹性元件）与密封介质是否接触可分为外装式（弹性元件与密封介质不接触）和内装式（弹性元件与密封介质接触）。按密封摩擦副的数目可分为单端面和双端面。外装式适用于输送腐蚀性介质的泵，内装式适用于输送非腐蚀性介质的泵。

2. 机械密封的安装和使用

（1）零件加工要求

1）轴套。

安装密封零件部位要求加工到▽7 以上。轴套的径向跳动允许误差见表 10 – 14。

表 10 – 14 径向跳动允许误差

轴套直径（mm）	径向跳动允许误差（mm）
16 ~ 28	0.06
30 ~ 60	0.08

轴套直径（mm）	径向跳动允许误差（mm）
65 ~ 80	0.10
85 ~ 100	0.12

注　装辅助密封圈的轴套端部应有倒角（R）并修光洁。轴套应防止生锈
　　（碳钢表面要镀铬或采用不锈钢材料）。轴套安装在轴上后不允许有轴向
　　跳动。

2）环。一般静环内径比轴大 0.5mm 左右，与动环配合的外径比动环
内径小 0.5mm 左右。

（2）机械密封的安装。安装前的准备工作及安装注意事项：

1）检查安装的机械密封型号、规格是否无误，各部零件是否有缺少
和损坏、变形、裂纹等现象。

2）检查机械密封各零件之间配合尺寸、表面粗糙度、平行度，是否
符合设计要求。

3）使用小弹簧长度是否一致，刚度是否相同。

4）检查主机轴的窜动量和摆动量是否符合技术要求，密封箱内部
是否符合尺寸。密封端盖与轴是否垂直，主机轴承有无松动和损坏
现象。

5）安装过程中应保持清洁。特别是动、静环及辅助密封圈应无杂
质、灰尘。

6）安装中不允许用工具敲打密封元件，以防密封元件损坏。

7）动静环表面涂上一层清洁机油或透平油。

3. 机械密封的使用

（1）启动前的注意事项及准备工作。

1）检查机械密封的附设装置、冷却润滑装置系统是否完善。

2）进行静压试验，试验时压力同工作压力，检查机械密封之端面和
密封圈处有无泄漏。

3）用手盘动靠背轮，检查轴是否旋转松动灵活，如果手感很重应检
查有关装配尺寸是否正确。

（2）运转。

1）常压运转：启动主机前应保持密封腔内充满液体或密封介质，如
有单独密封系统应先将其启动，冷却系统也须开始流通。检查轴的摆动和

窜动量对机械密封的影响。检查密封部位温升是否正常。如有轻微泄漏，可以磨合一段时间使端面贴合得更加均匀，待泄漏逐渐减少到正常为止。如运行 1~3h 泄漏仍不减少，则须停泵检查。

2）升压升温运转：经常压运转考验过的机械密封，接着及时做操作相同的升压升温运转，升压升温可分别进行。升的过程应缓慢，注意升压或升温过程中可能发生的变化，如机件有无碰撞，端面是否脱开或摩擦过热过快。静环槽与防转销钉是否脱开，以及检查密封圈端面处的泄漏等，如果一切正常即可投入运转。

3）泵：停泵前应先停主机，后停冷却水系统。

4. 机械密封泄漏及处理措施

机械密封的泄漏与否是其工作质量最重要和明显的指标，泄漏原因与很多因素有关。现将常见泄漏原因归纳见表 10-15。

表 10-15 泄漏原因及处理措施

现象	原因	处理措施
机械密封发热、振动冒烟、边缘出现摩擦生成物	端面宽度过大，端面比压太大，动静环表面粗造，转动件与密封箱间隙太小，由于轴摆动引起碰撞	减小端面宽度，降低弹簧压力。降低端面比压，提高端面光洁度，增加密封箱内径，减少转动件直径，至少保持 0.75mm 间隙
机械密封端面泄漏	（1）摩擦辐端面歪斜不平（产生在大直径中），杂质固化，介质黏结，使动环失去浮动。 （2）固体颗粒进入摩擦间。 （3）弹簧压力不够，造成比压不足，端面磨损，补偿作用压力消失。 （4）动静环浮动性差。 （5）密封圈与轴配合太松或太紧。	（1）调整材料和端面，缓和压差。 （2）防止杂质堵塞密封元件；提高摩擦件材料硬度，改善密封结构。 （3）增加弹簧力。增加压力提高比压值，调整端盖与轴平直。 （4）改善密封圈的弹性，适当增加动静环与轴的间隙。 （5）选择合适的配合尺寸。

现象	原 因	处理措施
机械密封端面泄漏	（6）密封圈材料太软或太硬，耐腐蚀、耐温性不好，发生变形、老化破裂 （7）安装时密封圈道扭劲，密封压力过小（双端面）介质压力将静环顶出脱离静环座	（6）更换密封圈材料或改变密封结构。 （7）密封圈与轴过盈量选择适当，仔细安装，控制密封液压力，改善密封结构

第四节 柱塞、隔膜计量泵的检修

一、计量泵的作用和特点

（1）作用：计量泵常用作酸碱及其他药剂的定量输送。

（2）特点：

1）计量泵流量小，瞬时流量是脉动的，但平均流量是恒定的。

2）计量泵对输送的介质有较强的适应性。

3）计量泵有较好的自吸性能，在启动前通常不需灌液排气。

4）计量泵的压力取决于管路特性，而且泵的压力范围较广，能达到较高的压力。

二、工作原理与过程

它是依靠在泵缸内作往复运动的活塞（或柱塞）改变泵缸的容积，配合两个止回阀的作用，从而达到吸入和排出的目的。

其过程为：当活塞（或柱塞）往复一次运动时，泵缸的容积从最大到最小改变一次，当活塞抽出时，工作室容积随泵缸的容积增大而增大，因而排出阀被吸引和受压而关闭，吸入阀因真空而开启，吸入液受大气压作用而被吸入。当活塞推入时，工作室容积减少，此时吸入阀受压关闭，而排出阀受压被顶起，使吸入液体排出泵缸。

三、检修项目

1. 大修项目

（1）检查出入口止回阀（阀座\阀球及O形圈）。

（2）检查柱塞组件、填料及隔膜片、液压油缸体。

（3）检查溢流阀组件、排气阀组件、补油阀组件。

（4）检查联轴器、蜗轮、蜗杆、十字头组件。

（5）检查手轮组件、释压阀组件。

（6）检查出入口截止阀，校验压力表，更换液压油、润滑油。

2. 小修项目

（1）检查清理出入口止回阀（阀座、阀球及 O 形圈）。

（2）检查柱塞组件、填料及隔膜片。

（3）更换液压油、润滑油。

（4）检查出入口截止阀、校验压力表。

四、柱塞计量泵的拆装顺序

1. 液压缸部件的拆卸顺序

（1）把柱塞移向前死点，并从十字头上旋出。在拧下吸排管法兰及传动箱的螺母后，将液压缸部件从传动箱体上拆下来。

（2）拆下填料压盖，拉下柱塞，取出密封填料、水封圈和柱塞衬套。

（3）拆下吸排法兰拉杆，依次取下阀套、限位片、阀球、阀座等。

2. 传动箱的拆卸

（1）放掉传动箱体内的润滑油，拆下箱体后端的有机玻璃板。

（2）拆下电动机，取下联轴器，拧下轴承盖上的压紧螺母，将轴承盖、轴承、蜗杆和抽油器从传动箱体内拿出。

（3）打开调节箱盖，拆下调节箱和上套筒的压紧螺母，旋转调节转盘，将调节丝杆和调节箱从上套筒上拿下，然后把上套筒从传动箱体拆下。

（4）拧下托架的上下盖螺母和其压紧螺母，取出托架并从箱体内取出十字头销和十字头。

（5）将 N 轴和套在 N 轴上的偏心块、连杆、偏心块上环等一并从传动箱体内拿出。

（6）拆下调节螺母、圆螺母，即可从 N 轴上拆出上偏心块环、轴承和垫圈。

（7）拉出套在偏心块上的偏心块套，取出滚动轴承和偏心块。

（8）拆下传动箱体下轴承盖，把蜗轮、下套筒、轴承等组装件同时从传动箱体内取出，即可将轴承、蜗轮和下套筒等拆下。

3. 计量泵的装配顺序

一般按其拆卸的逆顺序进行，简介如下：

（1）按传动箱拆卸顺序的逆顺序装配，并盘动联轴器，检查转动应自如，不应有任何卡阻现象；再转动调节转盘把行程调到规定的最大行程位置，并把十字头移向前死点。

（2）按液压缸部件拆卸的逆顺序将液压缸部件装配好，而后装复到传动箱上，并调好填料压盖的松紧度，转动联轴器进行试转，转动应自如，不得有卡阻现象。

4. 零部件的清洗、检测和修理方法

解体后拆下的各零部件都要清洗干净，并对每一零件进行仔细检查。

5. 蜗轮、蜗杆

检查蜗轮、蜗杆的磨损情况，用涂色法检查蜗轮、蜗杆的接触情况，即将红丹油涂于蜗杆螺旋面上，转动蜗杆，根据蜗轮齿面上的色迹来判断它们的啮合质量，其啮合接触面积应符合表 10 – 16 的标准。

表 10 – 16　　蜗轮、蜗杆传动啮合接触面积标准（％）

精度等级	5	6	7	8	9
沿齿高	>60	>60	>60	>50	>30
沿齿宽	>75	>70	>65	>50	>35

若检查发现啮合接触面积不符合要求，则应找出原因进行调整，对磨损严重的蜗轮应进行修刮或更换。

检查测量蜗轮、蜗杆的中心距以及蜗轮、蜗杆的相对位置是否正确，否则要进行调整、修理，以保证蜗轮、蜗杆轴心线相互垂直，蜗杆中心线应在蜗轮的中分面上，它们的偏差不大于表 10 – 17 ~ 表 10 – 19 的规定值。

检查测量蜗杆、蜗轮的齿顶间隙和齿侧间隙，一般齿顶间隙在 0.2 ~ 0.3mm，齿侧间隙应符合 10 – 20 的标准。

表 10 – 17　　　　蜗杆、蜗轮中心线垂直偏差
在蜗轮齿宽上的扭斜度（mm）

精度等级	轴　向　模　数				
	1 ~ 2.5	2.5 ~ 6	6 ~ 10	10 ~ 16	16 ~ 30
7	0.013	0.018	0.026	0.036	0.058
8	0.017	0.022	0.034	0.045	0.075
9	0.021	0.028	0.042	0.055	0.095

表 10 - 18 蜗杆、蜗轮轴心距允许偏差（mm）

精度等级	中 心 距					
	< 40	40 - 80	80 - 160	160 - 320	320 - 630	630 - 1250
7	± 0.030	± 0.042	± 0.055	± 0.070	± 0.085	± 0.110
8	± 0.048	± 0.065	± 0.090	± 0.110	± 0.130	± 0.180
9	± 0.075	± 0.105	± 0.140	± 0.180	± 0.210	± 0.280

表 10 - 19 蜗杆中心线与蜗轮中分面极限偏差（mm）

精度等级	中 心 距					
	< 40	40 ~ 80	80 ~ 160	160 ~ 320	320 ~ 630	630 ~ 1250
7	± 0.022	± 0.034	± 0.042	± 0.052	± 0.065	± 0.080
8	± 0.036	± 0.052	± 0.065	± 0.085	± 0.105	± 0.120
9	± 0.055	± 0.085	± 0.106	± 0.130	± 0.170	± 0.200

表 10 - 20 蜗杆传动啮合齿侧间隙（mm）

中心距	< 40	< 40 ~ 80	80 ~ 160	160 ~ 320	320 ~ 630	630 ~ 1250	> 1250
齿侧间隙	0.055	0.095	0.13	0.19	0.26	0.38	0.53

由于蜗杆旋转比蜗轮快得多，蜗杆的轴与轴承磨损较快，在检修时应加以注意。

6. 轴承

轴承的检修及其调整可参照有关滚动轴承修理的内容进行。

7. 柱塞和十字头

检查测量柱塞的尺寸精度、表面粗糙度和磨损情况，若发现不符合技术要求则应进行修理或更换，若柱塞表面仅有轻微磨损或拉毛可进行磨削加工修复；若磨损严重或有其他缺陷，应进行更换。

检查十字头，十字头滑套及十字头销的几何尺寸和配合情况，若十字头与十字头滑套因磨损造成配合间隙过大时，则应更换十字头滑套；若十字头也磨损严重，则可采取涂镀法进行修复或更换新的。

检测十字头销的圆锥度和圆度，用涂色法检查十字头销与连杆孔套的接触情况，如果连杆孔套呈椭圆或十字头销几何尺寸偏差不符合技术要求，则应配置新的十字头销和连杆孔套。

8. 连杆、偏心块、N 轴及上下套筒

检测连杆的外形几何尺寸，若发现连杆有裂纹，则应更换新件；若发现连杆扭曲变形，则应修整或更换。

检查连杆大头瓦、偏心块套、偏心块的磨损情况，测量相互配合表面的几何尺寸，若发现不符合技术要求时，则应更换磨损件。

检查 N 轴与偏心轮的配合情况，不得有松动，发现问题，应针对问题进行修理。

检查连杆大小头瓦等处的油孔是否畅通。若发现润滑油管路有漏油或堵塞现象时，则应更换或疏通油管路。

调节上套筒与传动箱接合面和偏心块套间的垫片厚度，使偏心块套与上套筒之间无轴窜动，且达到无卡涩、调节灵活的要求。

9. 调节螺杆、调节螺母及大小螺旋齿轮

检查调节螺杆与调节螺母的传动螺纹应完好、灵活、无卡涩或松动现象，发现问题，应锉磨或更换新件。

检查调节螺杆不得弯曲变形，与大螺旋齿轮、轴承等配合处的尺寸精度应符合技术要求，若发现不符合技术要求，应更换新件。

检查大小螺旋齿轮的啮合情况，应符合齿轮传动的有关技术要求，若不符合要求则应查出原因，并按照齿轮传动的技术要求和检修工艺进行调整、修理。

10. 吸排液止回阀

清理止回阀的阀座和阀球，检查其密封是否可靠严密，阀口、阀座视损坏程度进行研磨；上下阀套端面要平整，不得有凹痕等缺陷，密封垫片若有断裂、刺痕或失去一定塑性等缺陷，应更换新件。

11. 填料密封部件

检查柱塞衬套及导向环的磨损情况，发现磨损超标应予更换。

检查填料压盖与填料箱的螺纹配合情况，发现有乱扣或磨损等缺陷应修复或更换，以保证能压紧填料，减少泄漏。每次大修时填料均应更换，添加填料要注意各圈的切口，使其互相错开 180°。填料压盖的压紧程度应依据泄漏情况慢慢压紧，直到基本不泄漏为止，但也不得压得过紧，防止过热等现象发生。

12. 技术要求和质量标准

（1）计量泵的全部零件应完整、无损，盘车灵活、平稳、不得有异常响声，无卡涩现象，填料密封处漏损量不超过 15 滴/min。

（2）吸入阀、排出阀动作灵活，无卡涩现象，流量稳定，密封可靠。

（3）流量调节系统应灵活，准确，调量表的精度应为 1/1000。

（4）连杆大头瓦与偏心块套间隙为 0.20～0.24mm；连杆大头瓦与十字头销间隙为 0.10～0.12mm；十字头与十字头滑套的间隙为 0.15～0.25mm；柱塞衬套与柱塞间隙为 0.20～0.25mm。

（5）蜗轮与蜗杆传动应灵活、可靠无异声，啮合面和各处间隙符合标准要求。

五、隔膜计量泵的检修

（1）该泵由传动箱和泵头两部分组成。传动箱部件由蜗轮、蜗杆减速机构、曲柄连轴机构和行程调节机构组成，该行程调节机构采用滑动曲柄改变偏心轮的位置，偏心轮通过连杆改变隔膜片往复行程，无论泵在运行或停车过程中，都可通过滑动曲柄调节来达到改变行程以改变流量的目的。

液压缸部分由隔膜、使隔膜动作的连杆、隔膜板及泵头，进出口止回阀等组成。

（2）工作原理：电动机轴经键与蜗杆直连，带动蜗轮、偏心轮作回转运动，偏心轮通过连杆将回转运动转变为往复运动，传递给隔膜和隔膜板，当隔膜远离吸入口时，泵头内压力下降，当泵头内压力低于吸入口压力时，入口阀打开，吸入口液体进入泵头内，吸入过程结束；当连杆带动隔膜向前时，泵头内压力升高，入口阀关闭，出口阀打开，泵头内液体流向出口管路，泵头就完成一次吸排过程。

六、隔膜计量泵的拆装

1. 泵头的拆卸

（1）松开进口阀组和出口阀组连接螺母。

（2）拆掉泵头压紧螺栓，取下泵头后松下出入口阀组，依次拆下阀座、阀球等。

（3）松开隔膜板，取下隔膜后拆掉隔膜挡板。

（4）拆掉油封压盖螺栓，取下油封压盖依次取下油封。

2. 传动箱的拆卸

（1）拆下电动机连接螺栓，取下电动机后依次旋拉出蜗杆和轴承。

（2）松开调节行程箱盖螺栓，取下调节行程机构，然后松开行程旋钮上的螺钉，拆下调节旋钮。

（3）依次旋出行程调节螺杆，拆下轴承等。

（4）拆下偏心轮，取下连杆后把蜗轮部件整体拉出。

（5）拆下蜗轮套后依次从曲柄上取下蜗轮、衬套、滑键等。

（6）安装顺序与拆卸相反。

3. 零部件的清洗、检测和修理方法

（1）隔膜计量泵的检修与柱塞计量泵的检修方法相同，只是增加了隔膜、隔膜限制板及安全阀、补偿阀和排气阀的检修项目。

（2）隔膜每次大修均应更换，隔膜限制板上的孔要彻底清理干净，并检查限制板有无裂纹和变形等缺陷，若存在缺陷应更换。

（3）阀组内各阀均应清理干净，并检查各阀组的阀球等是否完好，发现损坏件应予以更换。阀组装好后均应检查其动作是否灵活、可靠，否则应进行相应的调节处理。

七、计量泵的维护注意事项和故障处理

1. 维护注意事项

1）传动箱润滑油应保持干净，无杂质及指定的油位置，并适时换油，每年换油两次，若油位降低，则会影响液压缸补油，影响泵的正常工作。

2）定期清理过滤器及进出口阀，以免堵塞，影响计量精度，复装时上下阀座、阀套切勿倒装或错装。

3）对于隔膜泵隔膜每六个月更换一次，若泵长期停运时，应将泵头介质排放干净，并加罩遮盖。

4）对于柱塞泵应使用专用的密封材料密封，确保柱塞的使用寿命。

2. 故障处理

常见故障原因及排除方法见表 10 - 21。

表 10 - 21　　　　　常见故障原因及排除方法

故障现象	原　　　因	排　除　方　法
电动机不转或发热	（1）熔丝熔断、缺项； （2）油位太低，油劣化； （3）轴封压得过紧； （4）泵工作压力高于泵的最大允许值	（1）检查并重新更换； （2）加注油位到合适位置、更换新油； （3）调整轴封压盖； （4）减少输出压力、减少输出流量

故障现象	原　　因	排　除　方　法
排量不足	(1) 进口管道泄漏； (2) 油液和介质里有气体； (3) 止回阀已坏或堵塞； (4) 出口无压力； (5) 吸入量少； (6) 液体内有杂质	(1) 修理管道； (2) 释放气体； (3) 疏通或更换； (4) 使出口有一定背压，保证正常流量的控制； (5) 增大吸入口管径； (6) 清理入口管过滤器
排压不稳	(1) 入口管道泄漏； (2) 止回阀损坏或有杂质； (3) 安全阀有泄漏； (4) 过滤器堵塞	(1) 修复管道； (2) 更换或清洗止回阀； (3) 修理或更换安全阀； (4) 清洗过滤器
计量泵精度不准	(1) 充油腔内有残余气体； (2) 安全阀或补偿阀动作失灵； (3) 柱塞密封填料漏液； (4) 吸入或排出阀磨损； (5) 隔膜片发生永久变形	(1) 人工补油使安全阀跳开排气； (2) 按安全补油阀组的调试方法进行调整； (3) 调整或更换密封圈； (4) 更换吸排阀组； (5) 更换隔膜片
流量不可调	系统压力太低	出口装背压阀或背压弹簧
达不到压力要求	(1) 内部压力释放阀泄漏； (2) 内部压力释放阀已动作； (3) 安全阀设定压力太低	(1) 修理或更换； (2) 系统压力超过释放阀设定压力须重新设定； (3) 检查并调整至适当
运行中有振动冲击声	(1) 传动零件松动或严重磨损； (2) 吸入高度过高； (3) 吸入管道吸气； (4) 隔膜腔内油量过多；	(1) 拧紧有关螺钉或更换新件； (2) 降低安装高度； (3) 消除管道吸入现象； (4) 轻压补偿阀作人工瞬时排油；

故障现象	原 因	排 除 方 法
运行中有振动冲击声	（5）介质中有空气； （6）进出口阀组工作时控制球上下跳动产生，这种声音有时会因管路系统的自然原因而增强	（5）排出介质中空气

第十一章

油处理设备的检修

第一节 离心式滤油机的检修

一、离心式滤油机的工作原理

离心式滤油机用于过滤汽轮机油、机油、变压器油中的水分和机械杂质。

离心式滤油机的工作原理是利用离心力分离油内的水分和机械杂质。当离心式滤油机的转鼓达到工作转速时，转鼓内油液产生很大的离心力，由于密度的不同，比油重的水分和机械杂质就在离心力的作用下，被分离到转鼓的边缘，而油液则流到距转鼓中心较近的地方，从而达到油的净化。

二、离心式滤油机的特点

（1）离心式滤油机最宜用于净化含水量较大的油品。离心式滤油机有两种净油方式：①当油中含水量大于 0.3% 而以分离水为主时，宜采用净化法；②当油含水量不多，主要是清除油内机械杂质和少量水分时宜采用澄清法。两者的区别是转鼓内锥形盘的装配方式不同，前者需装上调整环，并须向鼓内灌入热水进行水封；后者最后一层用无孔锥形盘，最上一层用厚的多孔盘代替净化方式机头，并以澄清式机头代替调整环，且不要水封。

（2）离心式滤油机的净化效果，随分离时间的延长和进入离心机中的油量的减少而提高。

（3）离心式滤油机在净化过程中，常需对油进行加热（不超过 60℃），从而导致油的粘度减小，提高了分离净化效果。

三、离心式滤油机的检修

（一）离心式滤油机的结构及工作过程

1. 结构

离心式滤油机的结构如图 11 - 1 所示。其主要部件有机体下外壳、集油器上外壳、转鼓、锥形盘、复式齿轮油泵、水平主轴、立式主轴等。

第一篇　电厂化学设备检修

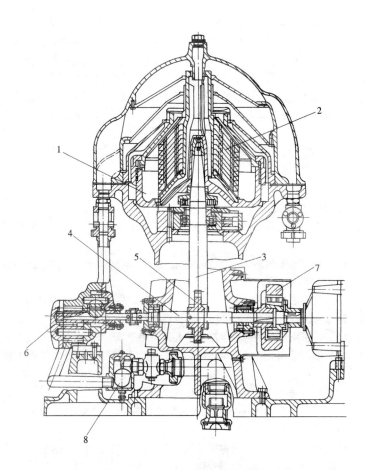

图 11-1　离心式滤油机的结构

1—转鼓；2—锥形盘；3—立式主轴；4—水平主轴；5—斜齿轮；
6—齿轮油泵；7—摩擦联轴器；8—过滤器

2. 工作过程

离心式滤油机的工作过程是：电动机通过摩擦联轴器带动装在机体内部的水平主轴旋转，并经斜齿轮和蜗杆传动装置带动装在立式主轴顶端的转鼓旋转，同时又通过水平主轴的传动，将需处理的油经齿轮油泵入口过滤器进入齿轮油泵，并将油输送至大盖顶部，沿中心导管进入转鼓底部。转鼓内的锥形盘是重叠安装的，每片盘上相同位置上的孔眼可形成上下通道，在转鼓的高速旋转下，油沿锥形盘的通道上升，并以薄层状分布在锥形盘之间。此时，油中的机械杂质和水分在较大离心力的作用下，便很快地被抛到转鼓的边缘，其中杂质沉积在转鼓的内壁，通过定期停机予以清除，而水分则沿转鼓内壁上升，从转鼓盖的内侧顶部经调整环甩出，并被大盖内的集水室收集后连续地从排水管排出。分离出的干净油沿净化法机头的内侧上升，由顶部甩出，被大盖内的集油室收集后，连续地从出油管排出。

（二）离心式滤油机的拆装顺序

1. 拆卸顺序

（1）油泵出入口油管和分离器大盖上的来油、排油、排水等管路拆下，并用布将管口包住。

（2）拆下对轮罩、油泵和电动机，并拆下油泵侧和电动机侧的联轴器。

（3）拆卸油泵侧的轴承端盖、蜗轮油室前侧的盖子，并拧下油室底部的油堵，将油放净。

（4）把斜齿轮的销子打出，再用铜棒将水平主轴从油泵侧打出。此时要注意拿住斜齿轮，待抽出轴后再将斜齿轮取出。

（5）拆下电动机侧的轴承端盖，并取下轴承。

（6）拆下分离器大盖，而后固定转子的手把，锁住转鼓使之不能转动。

（7）用专用扳手将转鼓上都小螺帽松下。

（8）取以分离法（或澄清法）净油的调整环（或澄清法机头）和小密封圈，拧下小压盖。

（9）用专用扳手拧下大螺帽，取下大压盖和大密封圈。

（10）一并取下圆盘支座和所有的锥形圆盘。

（11）依次从圆盘支座上拆下净化法的机头、中部锥形盘、底部锥形盘。

（12）吊下转鼓壳，拆下上部支持轴承的六个弹簧座。

（13）从上部抽出主轴和滚动轴承，以及上部的铁皮盖。

（14）取出轴下部的推力轴承的球形座、弹簧外套、弹簧和推力轴承。

2. 组装顺序

（1）依次装入主轴下面的支持推力轴承、弹簧、弹簧外套和球形座。

（2）装好带有两盘轴承的立式主轴（蜗杆）。

（3）装好支持上部轴承的弹簧座和弹簧，并用螺丝压住。

（4）盖好轴承上部的铁皮盖，并盘动转子检查是否灵活。

（5）装入电动机侧的轴承。

（6）将斜齿轮放在油室内，并把带有轴承的水平主轴从油泵侧穿入，对好斜齿轮和水平轴上的销子孔，压入锥形销子。

（7）装上两侧轴承的端盖和密封衬垫，并盘动转子检查是否灵活。

（8）将两端的对轮压入锥形销子。

（9）将分离器转鼓外壳装在立式主轴上，并与横销吻合。

（10）将圆盘支座套在转鼓中的立轴上，并使转鼓的键销嵌入至圆盘支座边缘的孔中。

（11）转动手把，锁住转鼓使之不能转动。

（12）按装配图将底部锥形盘、中部锥形盘和净化法的机头按顺序装在圆盘支座上。

（13）将大密封圈嵌入转鼓外壳的槽内，装上转鼓盖（大压盖）。

（14）装上大螺帽，用专用扳手将大螺帽拧紧。

（15）把小密封圈嵌入转鼓的槽内，装上调整环（采取净化分离法时），带上小螺帽并用专用工具拧紧。

（16）装上分离器大盖，并小心对称地拧紧螺栓，以免将铝制大盖紧裂。

（17）松开锁住转鼓的手把，放开转鼓制动带。

（18）装好电动机，并找中心。

（19）装好油泵，并找中心。

（20）连接好有关油管。

（21）蜗轮油室注入适量润滑油（22 号汽轮机油）。

（三）零部件的清洗、检测和修理方法

1. 零部件的清洗

清洗所有拆下的滚动轴承及水平主轴、立式主轴、转鼓、锥形盘、斜齿轮、大盖等所有零部件，并清理转鼓内壁上的杂质，擦拭所有抽管路并检查其严密性。

2. 主要零部件的检测和修理

（1）机体及集油器外壳（分离器大盖）。仔细检查机体及集油器外壳有无裂纹（特别是螺栓孔周围）、腐蚀等缺陷，若有裂纹应予以补焊修理（按焊铝的要求先将表面的氧化皮去除）。

（2）转鼓部件。检查转鼓壳、大螺帽、转鼓盖、上螺帽、圆盘支座、中部锥形盘、底部锥形盘等零件有无裂纹、腐蚀、磨损等缺陷。锥形盘上拨条开焊或掉下者，应进行补焊。转鼓壳、中部圆锥盘、底部圆锥盘等经修复后要经热处理和校验静动平衡。

（3）立式主轴及水平主轴。检查立式主轴、水平主轴各部位几何尺寸精度及尺寸偏差，特别是轴承、斜齿轮等配合处是否符合技术要求。检测立式主轴、水平主轴的弯曲度不得超过 0.02mm，立式主轴轴颈部分与其主轴中心线的不同轴度应不大于 0.02mm；并检查立式主轴上部的销孔和销子是否完好，发现有松动、变形则应予以更换或修复。对于立式主轴上的裂纹等缺陷一般不作修复而应更换；轴的弯曲度超标，则应校直或更换；轴上的磨损若不严重则可用涂镀法进行修理。按照蜗轮、蜗杆的检修工艺进行水平主轴上斜齿轮、立式主轴上蜗杆的检修，并注意检查斜齿轮与水平主轴的定位销子的完好情况，发现裂纹、变形、磨损等缺陷应更新销子。

（4）齿轮油泵。齿轮油泵的入口过滤器应彻底清理干净，发现滤网、滤芯损坏应修补或更换。齿轮油泵的检修可按照 Ch 型齿轮油泵的检修工艺要求进行。

（5）锥形盘。锥形盘应无变形、磨损等缺陷，发现存在上述缺陷应予以修整或更换。要特别注意其表面拨条的完整情况，对于开焊的拨条，应仔细焊上。

（6）轴承及轴承座。轴承及轴承座的检修可按照滚动轴承检修的有关技术要求进行。

（7）橡胶密封圈、弹簧、制动刹车带和摩擦联轴器等。每次检修橡胶密封圈均应更换；支持弹簧不应有断裂、弹力下降等缺陷，若有则应更换新弹簧；制动刹车带和摩擦联轴器的摩擦片，不得有严重的磨损，若磨损较重应予更换。

（四）技术要求和质量标准

（1）离心式滤油机所有的零部件应完好无损。

（2）斜齿轮与蜗杆（立式主轴）的啮合接触面积应大于 75%，齿轮接触表面光滑无毛刺，咬痕不应超过 0.5mm，斜齿轮与蜗杆的齿侧间隙为 0.3 ~ 0.65mm，齿顶间隙为 0.80 ~ 1.5mm。斜齿轮与轮毂要配合牢固，不得松动，斜齿轮与水平主轴的配合不得松动。

（3）滚动轴承的安装应符合滚动轴承的安装工艺要求。

（4）齿轮油泵的齿轮磨损程度不应超过 0.5mm，齿轮与外壳的径向间隙为 0.25mm，齿轮与端盖的轴向间隙为 0.02 ~ 0.12mm，齿顶间隙应为

0.30~0.50mm，齿侧间隙为0.15~0.50mm。

（5）联轴器中心偏差不超过0.10mm，摩擦联轴器的摩擦片应牢固，不得滑动。

（6）所有的油管路及接合面应无渗漏现象。

第二节 齿轮油泵的检修

一、齿轮油泵的作用和分类

齿轮油泵的作用是输送各种油类和其他类似的液体。但这种类似的液体必须是无腐蚀性、无固体颗粒、温度不超过60℃的液体。

齿轮油泵按啮合形式分为外啮合齿轮油泵和内啮合齿轮油泵。外啮合齿轮油泵结构简单，制造方便，对冲击负载适应性好；内啮合齿轮油泵具有结构紧凑、体积小、零件少、转速高、噪声小、输油量均匀等优点，但制造较为复杂。齿轮油泵按轮齿形状分为正齿轮泵、斜齿轮泵和人字形齿轮泵等。

二、齿轮油泵的工作原理

从图11-2中可以看出，当主动齿轮旋转时，出口侧的齿间空隙1处的齿将要啮合，而齿间空隙2处的齿已开始啮合，齿间空隙由大而变小，油液产生压力；入口侧齿间空隙3处的齿开始离合，而齿间空隙4处的齿已完全离合，齿间空隙由小而大，油液产生吸力。这样，在高速旋转下入口侧的油液不断补入逐个扩大的齿间空隙，当旋转至出口侧时又由于齿间空隙因齿啮合而逐个减小将油液由出口排出。齿轮与泵壳的间隙及啮合间隙都很小，泵在高速旋转下虽有一些容积损失，但油流还是由进口流向出口的。

三、齿轮油泵的性能

（1）要求精度高，制造复杂。

（2）比往复泵容积损失大，效率较低。

（3）流量比往复泵大而平

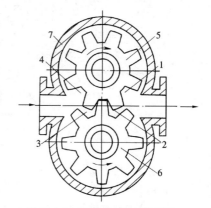

图11-2 齿轮油泵工作原理

1、2、3、4—齿间空隙；5—主动齿轮；

6—从动齿轮；7—泵外壳

稳，但仍是脉动式的。

（4）转速高，且齿轮在直接啮合下运转，噪声较大。

（5）靠机械性的啮合方式改变容积，压出油液，因而压力较高，但设有安全阀。

（6）只能输送有粘性的石油产品，不能输送水和其他无润滑性的液体。

四、Ch 型齿轮油泵的检修

（一）Ch 型齿轮油泵的结构

Ch 型齿轮油泵由壳体、主动齿轮、从动齿轮、泵体前压盖、泵体后压盖、安全阀等组成，如图 11 - 3 所示。主动轴和从动轴上各固定两个相对的斜齿轮，组成人字形。从动轴上有两个斜齿轮，其中一个没有用键固定，这样可以自身调整啮合程度，避免卡涩与磨损。

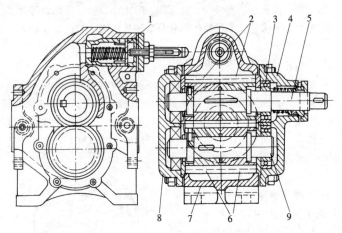

图 11 - 3　Ch 型齿轮油泵结构

1—安全阀；2—主动齿轮；3—滚珠轴承；4—泵体前压盖；5—主动轴；
6—从动齿轮；7—壳体；8—泵体后压盖；9—从动轴

（二）拆卸顺序

（1）拆下联轴器保护罩；

（2）拆下整个油泵；

（3）用工具将联轴器拆下；

（4）拆下前后端盖螺丝，并用顶丝把端盖取下来；

（5）松开压兰螺丝，把压兰和衬垫取下来；

（6）将主动齿轮轴取下，接着把密封垫环、动静环和弹簧——取下，再将从动齿轮轴取下；

（7）用工具把两侧轴承和轴承下面的嵌入物拆下来；

（8）一般情况下齿轮可不从轴上取下来，若需要取下时，可将挡圈的制动螺丝松开，取下挡圈，即可将齿轮从轴上取下；

（9）把安全阀的罩卸掉，再把制动螺母和调整螺丝拆下来；

（10）把安全阀盖拧下，将弹簧、阀芯取出来。

（三）零部件的检修

1. 齿轮检修

齿轮用煤油清洗后，检查齿面磨损情况，用红丹相互研磨，如接触不良应用油石打磨，或用瓦尔砂研磨，表面不应有裂纹、毛刺、咬痕，如齿面磨损深达 0.5mm，则应更换新齿轮。

2. 主轴检修

将主轴清洗干净后，检查轴表面的磨损情况，测量各部几何尺寸和偏差等。如超标则应涂镀、车削加工修理；若发现轴表面有裂纹或磨损严重则应更换；测量轴的弯曲度，若不符合要求，则应矫正轴的弯曲或重新更换。

3. 轴承检修

轴承的检修可参照有关滚动轴承检修的要求进行。

4. 安全阀阀芯检修

若发现安全阀阀芯磨损形成沟槽，轻微者可用瓦尔砂进行研磨，严重者应先车旋后再研磨，或重新更换。

5. 壳体和端盖的检修

先将壳体和端盖表面的油垢彻底清洗干净，然后检查内表面磨损情况及是否有裂纹。如发现有裂纹或磨损严重就应更换，一般情况可采用刮削打磨的方法进行修理。

（四）组装顺序

（1）将主轴卧好键，安装斜齿轮，呈人字形，从动轴用键固定斜齿轮，再套入滑动齿轮，使主动齿轮、从动齿轮互相啮合，再套上挡圈，紧固制动螺丝；

（2）把主动齿轮、从动齿轮后面的嵌入物套在轴上，并把轴承压入嵌入物 1mm 深；

（3）把带有轴承和嵌入物的齿轮轴，压入后端盖内，并把嵌入物压入；

（4）把带有后端盖的齿轮轴，装在泵壳内，接合面垫上 0.1 ~ 0.16mm 的纸垫；

（5）先用两个螺丝将后端盖旋紧，打入稳钉，再把所有螺丝旋紧固定；

（6）把联轴器侧的嵌入物嵌入，并把轴承装在轴上；

（7）把前面端盖套上，用两个螺丝拧紧，再打入稳钉，紧固所有螺栓，在接合面上应垫以 0.1 ~ 0.16mm 厚的纸垫；

（8）用手盘动转子，应轻快灵活，松紧合适；

（9）把填料箱内的弹簧、动静环、密封垫环及垫依次套在轴上；

（10）放上衬垫，把压兰紧固；

（11）装上联轴器；

（12）把安全阀的阀芯、弹簧和弹簧盘装入阀门内；

（13）拧上带有调整螺丝的门盖；

（14）把调整螺丝调到恰当位置，紧上制动螺母，然后把罩装上；

（15）把整个泵装到基础上，旋紧地脚螺丝，进行联轴器找正；

（16）连接出入口法兰螺丝。

（五）技术要求和质量标准

（1）泵内部应清理干净，各结合面应严密不漏油。

（2）齿轮应光滑，不应有裂纹，轮齿不应损伤，其工作面不应有毛刺及咬痕，磨损量不应超过 0.5mm。

（3）齿轮与泵壳的径向间隙为 0.25mm。

（4）齿轮与两侧嵌入物的轴向间隙为 0.02 ~ 0.12mm。

（5）齿顶间隙应大于 0.2mm，一般为 0.3 ~ 0.5mm，齿面间隙为 0.15 ~ 0.5mm。

（6）安全阀应严密不漏油，调整螺丝、弹簧均应完整无缺，不弯曲，动作可靠。

（7）联轴器找正偏差不超过 0.05mm，中心误差为 0.05mm。

（8）盘根应填好，压兰松紧应适宜，保证在运行中不泄漏、不发热；当使用机械密封装置时，动静环接触面的粗糙度必须符合设计要求。

第三节　压力式滤油机的检修

电厂常用的压力式滤油机形式为板框式，主要用于变压器油、透平油的过滤，以除去其中杂质和水分。当油中的水分过多时，应先用离心滤油机或采取其他的油水分离方法进行处理。

一、结构组成与工作过程

滤油机由过滤床、油泵和粗滤器等组成。其结构组成如图 11 - 4 所示。

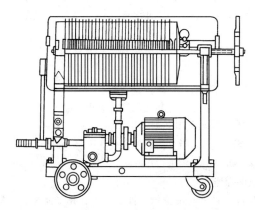

图 11 - 4　板框压力式滤油机示意

待过滤的油经油泵入口的粗滤器过滤后（将油中大颗粒杂质除去，以防破坏油泵）在油泵的作用下进入过滤床（过滤床由数个板框、滤油纸和滤板构成的过滤器通过手动螺旋压紧装置组成）。滤板和滤框的侧面有"耳子"支撑于机架的托板上，滤板和滤框间衬有滤油纸作为过滤介质，通过压紧装置的压力，将滤板和滤框压紧在固定的止推板和可移动的压紧板之间，从而形成一个单独的过滤室，被压紧在滤板和滤框之间的滤油纸起过滤作用。在滤板和滤框相应位置上设有两个通液孔，当压紧后就构成两条完整的通道，"耳子"呈三角形的一边导入脏油，经过滤室过滤后，过滤后的油从另一通道（"耳子"呈扇形的一边）引出。

齿轮油泵与电动机用弹性橡胶垫连接，为避免压力过高造成机械事故，在油泵的下部设有安全阀（产品出厂时已调节到规定的最高压力值）。用户可根据实际需要将安全阀用力调定在较低的数值上，但不允许调节到超过规定的最高压力值。

二、设备的调整和试运

使用前应首先检查过滤部分的滤板、滤框安装位置，从止推板这一端开始，第一片是板、第二片是框、第三片是板、第四片是框……以此类推进行排列，板的数量比框多一块。板和框不能左右放反，如果装反将不能起过滤作用。必须将涂在板、框、止推板和压紧板上的油脂清掉，同时清洗油泵入口的粗滤器，试车前在各板框之间夹好滤纸，将板框压紧。

开机前必须先用手将油泵轴转动二、三转，认为转动灵活，没有卡阻现象，并将取样油嘴关闭，再将耐油胶管（或铁管）与滤油机的吸油端和排油端连接好，再检查进出油管有无堵塞及漏油气现象，此时方可开机。

电动机正确的转动方向是油泵盖和齿轮泵铭牌上箭头所指示的方向，不能反转。

如一切正常，开机后几秒钟内油泵就会吸油，如到半分钟仍未吸油，这说明油泵吸入端和油样阀有漏气现象，应立即停止工作，排除故障后再试，防止齿轮泵在无润滑油时被损坏。

如开机后发现压力表指示的数值很高 0.4 ~ 0.6MPa，油泵有不正常响声时，应立即停机找出故障进行排除。

三、设备的操作

（1）操作前将冲好孔的滤纸，仔细地夹在每个滤板、滤框之间，每层滤纸数量一般为 2 ~ 3 张，视过滤的要求和滤纸的质量而定，在夹放滤纸时，必须使滤纸上两个通油孔和滤板滤框上的通油孔一致，不要偏移造成泄漏，影响过滤效果。

（2）滤纸使用前应进行干燥，干燥温度 120℃ 左右。使用已用过的滤纸时，滤纸必须经过烘干，并应无任何破损，注意有滤渣的一面（即脏的一面）应对着滤框放置，不应对着滤板，以免滤渣在过滤时，污染过滤后的油液。

（3）当过滤压力较高，发现滤纸有冲破现象时，可以在靠滤板的一面衬以滤布，以增加滤纸的强度。

（4）放好滤纸后，转动手轮将滤板压紧，压滤板时，只许一人，并且不能加长压紧手柄进行压紧，以免损坏设备。

（5）滤油机的正常工作压力随着滤油粘度大小，及排出管道的阻力而变，过滤的初始压力较低，随着过滤时间增长，滤渣和滤纸吸收水分的增多而使压力逐渐增高，一般在 0.05 ~ 0.3MPa 范围内。

（6）过滤完毕后，松开压紧装置，逐片取出滤纸，清洗滤纸和滤框内的滤渣，更换滤纸重新夹好压紧，盖上油箱。

四、设备检修维护及故障排除

（1）板框压力式滤油机维护检修的重点是油泵的检修和粗滤器滤网、滤板滤框的清理检查与更换。油泵的检修参照齿轮油泵的检修方法进行。

整机要保持清洁；滤板、滤框轻拿轻放；压紧螺杠要经常涂润滑油锈蚀；滤油机移动时或搬动时，不要用力过猛。

（2）故障排除见表 11 – 1。

表 11 – 1　　　　　　板框压力式滤油机常见故障的处理

故　　障	原　　因	措　　施
滤油量 不足	油管、阀门漏气，管道过长	消除漏点和缩短管道
	进油管小，粗滤器网堵，吸油高度 >3m	调整进油管口径和高度到合适，清理滤网
压　力 过高	出油管小或堵塞，滤纸脏物过多	调整出油管口径到合适，更换滤纸
	油黏度过大，温度低	对油加热

提示　本章共有三节，其中第二节适合于初级工，第二、三节适合于中级工，第一、二、三节适合于高级工。

第十二章

煤制样设备的检修

第一节 破碎缩分联合制样机

一、破碎缩分联合制样机结构和安装

1. 破碎缩分联合制样机的结构

破碎缩分联合制样机主要由锤式破碎机、对辊破碎机、缩分系统、加料输送器、弃料输送器、机架以及外罩等组成，如见图 12－1 所示。

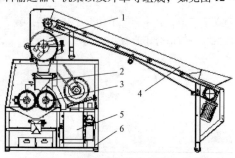

图 12－1 破碎缩分联合制样机的结构

1—锤式破碎机；2—缩分系统；3—对辊破碎机；4—加料输送器；

5—弃料输送器；6—机架

（1）锤式破碎机。锤式破碎机由电动机、V 形带传动、锤式破碎机构、机架以及外罩等组成，其中电动机为三相异步电动机，V 形带传动包括带轮、V 形带以及 V 形带张紧装置，锤式破碎机构包括锤破腔、锤破主轴、锤头以及锤破筛板等，如图 12－2 所示。

（2）缩分系统。缩分系统主要由缩分器、二分器、链条、连杆轴承座、杠杆、左缩分吊板、右缩分吊板、缩分滑杆等组成，如图 12－3 所示。

（3）对辊破碎机。对辊破碎机主要由电动机、V 形带传动、对辊破碎机构、机座以及外罩等组成。其中电动机为三相异步电动机，V 形带传动包括带轮、V 形带以及 V 形带张紧装置，对辊破碎机构由正轴辊筒组件、副轴辊筒组件、链轮、链条、链条张紧装置以及粒度调节装置等组

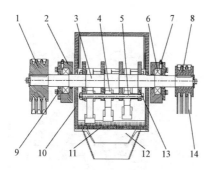

图 12 – 2　锤式破碎机的结构

1—带轮；2—轴承座；3—锤破主轴；4—锤头；5—锤破法兰螺栓；6—轴承；

7—注油嘴；8—带轮；9—轴承盖；10—锤破腔；11—锤破筛板；

12—锤破下料口；13—锤破法兰；14—V形带

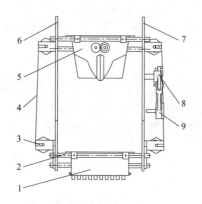

图 12 – 3　缩分系统的组成

1—二分器；2—缩分滑杆；3—链条滑轮；4—链条；5—缩分器；

6—左缩分吊板；7—右缩分吊板；8—杠杆；9—连杆轴承座

成，如图 12 – 4 所示。

2. 破碎缩分联合制样机的安装

（1）破碎缩分联合制样机由制造厂家供应，用户收到产品时应进行检查验收，以便消除在运输过程中可能产生的异常。

（2）开箱验收时，应检查设备在运输过程中有无损坏、丢失、附件、随机备件、专用工具、技术资料等是否与合同、装箱单相符，若有缺损及损坏现象，应立即与制造厂家联系处理。

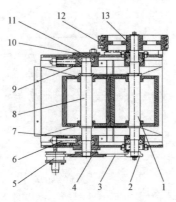

图 12 - 4 对辊破碎机的结构

1—正轴辊筒组件；2—链轮（小）；3—链条；4—链轮（大）；5—链条张紧
装置；6—调节螺栓；7—压缩弹簧；8—副轴辊筒组件；9—轴承座；
10—轴承盖；11—轴承；12—V形带；13—对辊带轮

（3）设备应安装在干燥且无阳光直射的室内，应将机体水平稳妥地放置在混凝土基础上以减少振动和噪声。

（4）设备周围应留出 1m 的空间，保证操作和维修的空间。

（5）机器接线通电后，电动机的转向与破碎机的转向标志必须一致。

二、破碎缩分联合制样机的维护及故障处理

1. 破碎缩分联合制样机的维护

（1）经常注意和及时做好摩擦面的润滑工作，确保本机正常运转，延长使用寿命。

（2）采用的润滑脂，应根据使用的地点、气温等条件来决定，一般采用钙基或钠基润滑脂。

（3）加入轴承座内的润滑脂为其容积的 50% ~ 70%，每六个月必须更换一次，更换油脂时必须用洁净的汽油或煤油将轴承清洗干净。

（4）正常工作情况下，轴承的温度不应超过 35℃，最高温度不得超过 50℃，如温度过高时，应立即停机，查明原因，排除故障。

（5）停机前，首先停止加料，待所有物料完全排出后方可关闭电源开关。

（6）在使用时，若因破碎腔内物料阻塞而造成停机，应立即切断机器电源，将阻塞物料清除后，方可再次启动。

（7）启动前的注意事项：

1）应仔细检查轴承的润滑情况是否良好，传动件及配合处是否有足够的润滑脂。

2）应仔细检查所有的紧固件是否完全紧固。

3）传动带是否良好，发现传动带破损现象应及时更换，传动带和带轮上不得有油污。

4）防护装置是否处于良好状态，如发现有任何不安全的现象，应及时排除。

5）应仔细检查破碎机内腔里是否有石块及其他杂物，如有，应清除干净。

2. 破碎缩分联合制样机的故障处理

破碎缩分联合制样机的故障处理见表 12 – 1。

表 12 – 1　　　　　破碎缩分联合制样机的故障处理

故障现象	故障原因	排除方法
闷机（卡死）	先投料后开机	停机清理物料
	一次投料量太多（太大）	按操作程序第三条操作
	辊筒上有金属物	清除辊筒上金属物
破碎时间长或缩分频率低	传动带损坏严重或张力不够	更换新传动带或调整张力
	筛板孔堵塞	清除筛孔堵物
样料粒径超大	锤头磨损	更换锤头
	筛板孔径不符或孔径磨损	更换筛板
	两辊筒间隙过大	调小两辊筒间隙
破碎机构内发出巨大的异常撞击声和辊筒机构振动大	机壳内或辊筒子上有金属物	立即停机，打开机壳清除金属物
	链条过紧或过松	调整链条松紧度
	整机安装不良	重新安装、调整
轴承温度过高	润滑脂不足	加入适量的润滑脂
	润滑脂脏	清洗轴承更换润滑脂
	轴承损坏	更换轴承
输送器的传送带速度变慢或不动	蜗轮减速机损坏	更换蜗轮减速机
	蜗轮减速机电动机电源断路	重接蜗轮减速机电源线
	传送带过松	调紧传送带

第二节　颚式破碎机

一、颚式破碎机结构和安装

1. 破碎机结构

颚式破碎机主要由机架、前开门、机座、破碎运动机构、调节机构、闭锁机构、润滑装置、进料斗及护罩、接料抽屉等组成。

机架安装在机座上，是上下开口的四壁钢性框架，采用板材焊接成型。用于支撑破碎运行机构、调节机构和前开门等部件，是破碎机的主要部件。

机座采用优质型钢和板材焊接而成，用于支撑机架、电动机及破碎机所有机构。

破碎运动机构由偏心轴、活动连杆、动颚板、定颚板、主动皮带轮、从动皮带轮、惯性轮、电动机等组成，偏心轴通过轴承或轴承座分别与机架和活动连杆连接，动颚板通过压楔安装于活动连杆；偏心轴两端分别安装有从动皮带轮和惯性轮，惯性轮用于储存能量，使设备运行平稳，减少能源消耗。

动颚板和定颚板是颚式破碎机的破碎工作部件。动颚板、定颚板采用耐磨材料铸造，两颚板的齿峰与齿谷凹凸相对，使物料易于破碎。动颚板、定颚板、左右侧护板形成上大下小的破碎工作腔。物料从进料斗进入破碎腔，动颚板在皮带传动驱动下，相对定颚板作周期性的往复破碎运动，已破碎的物料从破碎腔下部排入接料抽屉。

两颚板为上下对称结构，可以掉头再安装使用，延长其使用寿命。

调节机构主要由调节手轮、丝杆副、推力杆、移动板、安全销等零部件组成。其主要功能是根据需要旋动调节手轮调整出料口尺寸，调节出料粒度。遇到超过破碎机破碎能力的超硬物料，安全销因超过安全载荷而断裂，从而保证设备的安全。

闭锁机构由长拉钩、短拉钩及拉伸弹簧组成，通过拉伸弹簧的作用，使活动连杆和调节杆始终紧密接触，保持正常工作状态。

在活动连杆上的上部和轴承座上部分别安装有旋盖式压注油杯，定时旋转油杯盖，就可以给轴承加油。

2. 颚式破碎机的安装

（1）颚式破碎机是由制造厂装配成台供应的，用户收到产品时应进行检查验收。以便消除在运输过程中可能产生的故障。

（2）由于颚式破碎机工作时振动量较大，故应将机器安装在混凝土基础上。为了减少振动、噪声和吸收振动，以免机器工作时产生的振动影响建筑的基础，最好在破碎机和混凝土基础中间垫硬木垫板、橡胶带或其他缓振材料。

（3）基础的质量大致可取机器质量的 5～10 倍，地基的深度大于该处地冻结的深度。

二、颚式破碎机的维护及故障处理

1. 颚式破碎机的维护

（1）经常注意和及时做好摩擦面的润滑工作，可保证机器的正常运转和延长使用寿命。

（2）本机所采用的润滑脂应根据机器使用的地点、气温等条件来决定，一般可采用钙基、铜基或钙钠基润滑脂。

（3）加入轴承座内的润滑脂为其容积的 50%～70%，每三个月必须更换一次，换油时，应用清洁的汽油仔细地对滚子轴承进行彻底清洗。

（4）机械在不用时应清理干净放置，用塑料薄膜或其他物覆盖，并在转动部位注入润滑油。

（5）启动前应注意的事项：①应仔细检查轴承的润滑情况是否良好，轴承内及衬板的连接处是否有足够的润滑脂。②应仔细检查所有紧固件是否完全紧固。③传动带是否良好，发现传动带有破损现象应及时更换，当传动带或带轮上有油污时，应用干净抹布将其擦净。④检查破碎腔内有无矿石或其他杂物，如有矿石或其他杂物，则应消除干净。

（6）停车前，应首先停止加料工作，待破碎腔内破碎物料完全排出后，方可关闭电动机。

2. 颚式破碎机的故障处理

颚式破碎机的故障处理见表 12－2。

表 12－2　　　　　　　　颚式破碎机的故障处理

故障现象	故障原因	排除方法
电动机继续运转，破碎工作停止，固定牙板跳动	支撑杆保险销断裂压紧块松弛	更换保险销，拧紧压块螺钉
轴承温度过高	润滑油不足或污染和轴承损坏	加足润滑油或更换轴承
机器后面产生敲击声	牙板撞击，拉杆未拧紧	调整出料口间距，适当拧紧拉杆螺母

第三节 锤式破碎缩分机

一、锤式破碎缩分机结构和安装

1. 锤式破碎缩分机结构

锤式破碎缩分机由电动机、V形带传动、锤式破碎机构、缩分系统、机架以及外罩等组成，如图12-5所示。电动机通过V形带传动，驱动带轮和锤破主轴旋转，从而带动锤头旋转，对锤破腔内的物料进行撞击和摩擦，达到破碎的效果。

锤破主轴的一端带动单槽带轮旋转，其上面偏心位置安装的牵动滑杆在大滑架中往复运动，通过扦手往复牵动缩分链条及缩分器在缩分滑杆上运动，切割料流。

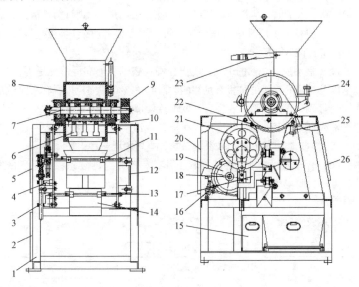

图 12-5 锤式破碎缩分机的结构

1—机架；2—开启门Ⅰ；3—牵动滑杆；4—大滑架；5—开启门Ⅱ；6—锤头；7—锤破主轴；8—锤破腔；9—锤破大带轮Ⅰ；10—V形带；11—四分器；12—缩分链条；13—缩分滑杆；14—二分器；15—盛料斗；16—电动机安装板；17—扦手；18—电动机带轮；19—电动机；20—开启门Ⅲ；21—单槽带轮；22—锤破筛板；23—加料操纵杆；24—梅花把手Ⅱ；25—小梅花把手；26—开启门Ⅴ

经破碎、缩分后，可制成粒径≤13mm、≤6mm 或≤3mm（可调）的样料，以满足化验分析需要。

2. 锤式破碎缩分机安装

（1）锤式破碎缩分机是由制造厂装配成台供应，用户收到产品时应进行检查验收，以便消除在运输过程中可能产生的异常。

（2）开箱验收时，应检查设备在运输过程中有无损坏、丢失、附件、随机备件、专用工具、技术资料等是否与合同、装箱单相符，若有缺损及损坏现象，应立即与制造厂家联系处理。

（3）设备应安装在干燥且无阳光直射的室内，应将机体水平稳妥地放置在混凝土基础上以减少振动和噪声。

（4）设备周围应留出1m 的空间，保证操作和维修的空间。

（5）机器接线通电后，电动机的转向与破碎机的转向标志必须一致。

二、锤式破碎缩分机维护及故障处理

1. 锤式破碎缩分机维护

（1）锤式破碎缩分机正常运转后，方可按主要技术性能参数技术规范的要求投料，加入料斗中进行破碎。

（2）经常注意和及时做好摩擦面的润滑工作，确保锤式破碎缩分机正常运转，延长使用寿命。

（3）采用的润滑脂，应根据使用的地点、气温等条件来决定，一般采用钙基或钠基润滑脂。

（4）加入轴承座内的润滑脂为其容积的50%～70%，每六个月必须更换一次，更换油脂时必须用洁净的汽油或煤油将轴承清洗干净。

（5）正常工作情况下，轴承的温度不应超过35℃，最高温度不得超过50℃，如温度过高时，应立即停机，查明原因，排除故障。

（6）停机前，首先停止加料，待所有物料完全排出后方可关闭电源开关。

（7）在使用时，若因破碎腔内物料阻塞而造成闷机，应立即切断机器电源，将阻塞物料清除后，方可再次启动。

（8）V形带张紧力调整的方法是：拧松电动机安装板上的下部调节螺母，再拧紧电动机底板上部调节螺母，达到张紧V形带的目的。需更换V形带时，要几根同时更换。

（9）筛板的更换即粒度的调节，出料粒度需要调节时，将筛板锁紧螺母松开，取出锤破筛板，再将满足出料粒度的筛板换上，拧紧筛板锁紧螺母即可。

2. 锤式破碎缩分机故障处理

锤式破碎缩分机的故障处理见表 12 – 3。

表 12 – 3　　　　　　　锤式破碎缩分机的故障处理

故障现象	故障原因	排除方法
加料时，突然出现破碎机不工作	一次投料量太多	投料力求均匀
	含有破碎机不能破碎的物样	核对破碎机的破碎范围
破碎时间过长或不能下料	传动带损坏严重或张力不够，打滑	更换新传动带或调整传动带张力
	筛板孔堵塞	清除筛孔堵塞物
	锤头磨损	更换锤头
出样粒径过大	筛板磨损	更换筛板
	筛板孔径选择不合适	更换筛板
破碎机构内发出响亮异声	锤破机壳内有金属物	停机取出金属物
	整机没放平稳	整机调整，保持水平稳定
轴承温度过高	润滑油脂不足	加适量润滑脂
	润滑油脂含脏物	更换润滑脂
	轴承损坏	更换轴承并加适量润滑脂
电动机无法启动	电源开关未开	合上电源开关
	电动机过载	待热继电器冷却 5min 左右后启动
	交流接触器损坏	更换交流接触器
	破碎机中有杂物	清除杂物后开机

第四节　密封式制样粉碎机

一、密封式制样粉碎机结构和安装

1. 密封式制样粉碎机结构

密封式制样粉碎机主要由机箱、机架、粉碎装置、压紧装置、电动机和电气控制系统等组成。利用电动机带动偏心块产生激振力，通过激振弹簧的柔性支承，驱动粉碎装置产生高频振动，使料钵内粉碎环和粉碎棒高频率相互撞击，从而使料钵内物料在短时间内粉碎成细粉颗粒。

（1）机箱。机箱分为上箱体和下箱体，整个机箱在设备工作时起到密封和隔离作用。

（2）机架。机架是用以支承电动机、激振弹簧和粉碎钵等部件，电动机拖动偏心块旋转，在激振弹簧的支持下，产生振荡冲击力，驱动粉碎装置内的粉碎棒、粉碎环产生回转冲击运动，从而对粉碎钵内物料进行撞击和研磨，使粉碎体内物科达到粉碎的目的。

（3）粉碎装置。粉碎装置包括粉碎棒、粉碎环、粉碎钵、密封圈、压盖和减振垫，它在电动机驱动下工作，其中密封圈在工作中起到密封作用，从而达到密封和粉碎的目的。

（4）压紧装置。密封式制样粉碎机压紧装置主要包括压杆和手柄，以压紧粉碎装置，在工作时保证粉碎装置工作安全、可靠、密封。

2. 密封式制样粉碎机安装

（1）密封式制样粉碎机是由制造厂装配成台供应的，用户收到产品时应进行检查验收。以便消除在运输过程中可能产生的异常。

（2）开箱验收时，应检查设备在运输过程中有无损坏、丢失、附件、随机备件、专用工具、技术资料等是否与合同、装箱单相符，若有缺损及损坏现象，应立即与制造厂家联系处理。

（3）设备应安装在干燥且无阳光直射的室内，应将机体水平稳妥地放置在混凝土基础上以减少振动和噪声。

（4）设备周围应留出 1m 的空间，保证操作和维修的空间。

（5）机器接线通电后，电动机的转向与破碎机的转向标志必须一致。

二、密封式制样粉碎机维护及故障处理

1. 密封式制样粉碎机维护

（1）密封式制样粉碎机正常运转后，方可按主要技术性能参数技术规范的要求投料，加入料斗中进行破碎。

（2）每月应打开箱体检查和紧定电动机、连接法兰及支承盘的连接螺栓。

（3）每两个月应打开箱体，为电动机轴承加注润滑油。

（4）每三个月应打开箱体后盖，检查电动机电源线是否松动或电源线绝缘层是否有破裂现象。

（5）每工作 1000h 后，应打开箱体，为电动机轴承加注润滑油。

（6）每次使用后，应将粉碎装置擦拭干净，并保持设备清洁。

2. 密封式制样粉碎机故障处理

密封式制样粉碎机故障处理见表 12-4。

表 12 – 4　　　　　　　　　　密封式制样粉碎机故障处理

故障现象	原因分析	排除方法
电动机通电而设备不工作	(1) 上箱体未完全盖合； (2) 行程开关未导通； (3) 行程开关故障； (4) 电源不通或缺相； (5) 控制电器故障； (6) 电动机转子轴断或线圈坏； (7) 电动机轴承缺油或烧坏	(1) 重新盖合上箱体； (2) 调整行程开关位置； (3) 维修或更换行程开关； (4) 排除电源故障； (5) 维修或更换控制电器； (6) 维修或更换电动机； (7) 加注润滑油或更换轴承
电动机通电超时工作	定时器坏	更换定时器
设备工作时有异常噪声	(1) 压紧装置未压紧； (2) 电动机或连接法兰松动； (3) 偏心块松动或脱出； (4) 激振弹簧失效或断裂	(1) 重新调整压盘位置； (2) 重新紧定电动机或连接法兰； (3) 重新装配偏心块； (4) 成套更换激振弹簧
粉尘量大	(1) 密封圈坏； (2) 压紧装置未压紧； (3) 压紧装置压合面平面差； (4) 吸尘器未开启（环保型）； (5) 吸尘器坏（环保型）	(1) 更换密封圈； (2) 调整压盘位置； (3) 维修或更换压紧装置； (4) 开启吸尘器； (5) 维修或更换吸尘器

第十三章

水箱与油箱的检修

火力发电厂的水、油处理系统有各式各样的水箱和油箱。按它们与大气的接触情况可分为非密封型和密封型两大类。

第一节　非密封水箱的检修

一、水箱各部件的结构和作用

（1）水箱箱体。贮存水的主体称水箱箱体，按其截面形状分有方形（矩形）、圆柱形、履带形几种。由于圆柱形箱体具有承受压力高、节省材料及制造简易等优点，因此水箱大多为圆柱形的。水箱通常用普通碳钢板焊制而成，亦有用钢筋混凝土浇灌成的。水箱内壁通常要做防腐蚀处理，即刷防腐涂料或衬玻璃钢。水箱外壁涂有防锈漆并进行保温。

（2）爬梯。水箱内外壁一般都设有钢爬梯，内部为直爬，外部为直爬梯或螺旋式爬梯。

（3）人孔。在水箱的顶部、侧部和下部一般均装有圆形人孔，以供进入水箱内部检查、维修。

（4）进出水管道及阀门。水箱上部安装有进水管道，下部安装有出水管道，并在管道上装有阀门，以控制水箱的进出水。

（5）排污管及排污阀。在水箱底板最低处装有排污管和排污阀，用于将水箱底部沉积的污水排掉或将水箱排空。

（6）溢流管。水箱侧壁顶部装有溢流管，当水箱水位超过溢流管口时，进水即可由溢流管排出，以防水箱冒顶。溢流管的管径通常大于进水管管径的一个规格等级。

（7）仪表附件。水箱一般均设有水位装置，如浮标式水位计、压力式水位计、灯光指示式水位计和水位高低报警装置等。有的水箱还装有温度测点、水质测点及其显示检测仪表。这些表计大都将其信号引到值班室的控制盘上，以供远方监测。

（8）基础。水箱箱体下部有大于箱底面积的坚实可靠的基础，以承受水箱的全部重量，防止水箱箱体下沉、倾斜等故障的发生。一般在基础上都设有高出地面的水泥基座，用于防止雨水对箱体底部的浸蚀。

此外，水箱顶部一般均做成拱形，以防顶部积水，并使其箱盖大于箱体，防止雨雪侵刷保温层和腐蚀箱体外壁。

二、检修项目和顺序

水箱每年应全面检查一次，并根据检查情况确定检修项目和内容。通常检修项目和顺序如下：

（1）将检修的水箱与系统解列并退出运行，以确保检修人员的安全。

（2）将水箱的存水排到地沟。

（3）待存水排尽后，水箱隔离措施已落实，即可打开人孔，进入箱内进行检查与修理。

（4）检查和修补水箱的防腐衬里层及焊缝。

（5）检查与修补水箱的保温层。

（6）检查与修理水箱的管道、阀门及爬梯。

（7）检查、修理和校对水箱的水位指示及报警装置、其他水质仪表及其附件。

（8）清理冲洗水箱内部。

（9）合上水箱人孔，撤除隔离措施，交付运行使用。

三、检修方法和技术要求

（1）修前应对水箱内部、外部及其管道、阀门、表计等进行仔细检查，并做好记录。

（2）水箱防腐衬里层如有脱落、鼓包，则必须挖掉这部分衬里层，使其露出箱壁，打磨除锈至显出金属光泽后，重新衬里或涂刷防腐漆。

（3）水箱的阀门检修应按阀门检修工艺的要求进行，必须保证阀门的严密性和开闭的灵活性。

（4）水箱的外部管道锈蚀严重者应予以更新，更新的管段同样应保温和涂漆。

（5）若发现水箱焊缝有缺陷并造成渗漏，则应先将有缺陷的焊缝处的防腐层剔除再补焊，然后重新衬里或涂刷防腐漆。

（6）水箱的保温层及其涂层应完整无缺，如有缺损就应予以修补。

（7）仪表及其附件及显示报警装置，通过检查校验，保证指示准确，信号灵敏无误。

（8）箱体内部的检修工作完成后，应检查内部有无遗留下工具和器材，然后将人孔封闭。

（9）全部检修工作完成后，应对水箱进行冲洗，并进行严密性试验，合格后方能交运行人员投入使用。

第二节　密封水箱的检修

随着机组参数的提高，对锅炉补给水的水质要求也愈来愈高。为了防止水箱中的高纯水被大气中的氧气、二氧化碳、二氧化硫等气体以及尘埃污染，造成水质劣化，就需对凝结水箱、除盐水箱采取与大气相隔离的措施而制成密封水箱。

密封水箱从结构上讲，较非密封水箱增加了密封部件及保证密封部件能正常工作的相应设施。另外，在材质上也较非密封水箱的要求严格，如管道、阀门等都选用具有防腐性能的，以适应高纯水的要求。由于篇幅所限，现仅对密封部件及不同的部分简述如下。

一、密封水箱的型式和结构

1. 浮盖式水箱

该型水箱的浮盖是由周边为 5～6mm 厚的聚乙烯泡沫做成，并与水箱侧壁相插接，其各镶拼连接处都是由 3～4mm 厚的硬质聚氯乙烯板条制成框架，并用聚氯乙烯螺栓连接。硬质聚氯乙烯在浮盖上既可作为相邻泡沫聚乙烯板块的连接件，又可当成浮盖的支撑架。这样，当水箱水位上升和下降时，聚乙烯板块总是均匀地漂浮在水面上，将水和空气隔离，起到密封作用。为了保证浮盖确为浮体，所用的泡沫聚乙烯的密度要小于 $0.1g/cm^2$，并要求水箱内壁光滑平整，以免损伤浮盖。

2. 浮顶式水箱

该型水箱如图 13-1 所示，其浮顶由耐腐蚀板对焊制成空皿形，靠水的浮力浮在水面上，并随水箱水位升降而上下浮动。浮顶四周与侧壁间有断面为三角形的泡沫塑料，外包纤维胶膜，用压板固定在浮顶外缘上，以实现浮顶四周与箱体侧壁的密封。

顶底下设有支腿，检修排水后起支撑作用，便于检查修理。浮顶上还装有空箱进水时用于排除浮顶下部空气的排气阀。该阀为单向阀，空气只能排出，而不能逆向进入。制作水箱时对箱体的椭圆度有严格的要求，并在箱体内设置防止浮顶浮动时产生水平旋转的立柱（或以箱内爬梯兼作防转立柱）。

3. 隔膜式水箱

该型水箱如图 13 - 2 所示，其密封装置为由橡胶薄膜制成的胶囊，其外形与箱体外形相似，囊口用压板固定在水箱上部侧壁的周边上，囊底下落可达水箱箱底。水箱充水时，进入胶囊下方的水将其托起，而折叠收缩，使胶囊随水位的升降而浮在水面上，起密封作用。

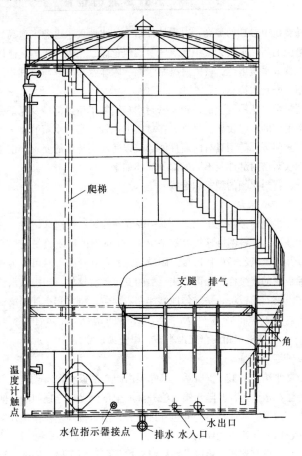

图 13 - 1 浮顶式水箱

胶囊的橡胶薄膜以纤维布作基层，用氯丁橡胶作覆盖层，可委托橡胶制品厂制作。

水箱箱体侧壁要光滑无毛刺，以防将胶囊划伤。水箱的溢流管为倒置

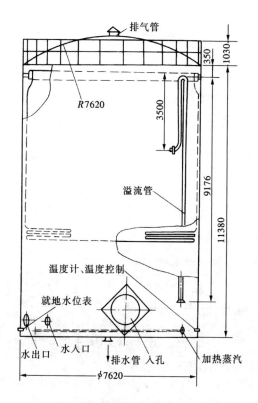

排气管

1030
350

R7620

3500

溢流管

9176

11380

温度计、温度控制

就地水位表

水出口　水入口　排水管　入孔　加热蒸汽

φ7620

图 13 – 2　隔膜式水箱

的 U 形管，其溢流管口伸入在箱高的 2/3 处，溢流排水管末端装有重锤式平衡挡板，当溢流管内水压对挡板的压力超过重锤的重量时即自动打开挡板，排水泄压，以防止胶囊受压过大而挤破。重锤重量可以改变，用以调节胶囊承受的压力，其最大重量相当于水箱水位达到溢流高度时的压力。

4. 塑料球密封水箱

该型水箱如图 13 – 3 所示，就是在水面上覆盖一层节能净化塑料球，将水和空气隔离，起到密封作用。水箱的进水管口要设在箱底，以防进水时冲动覆盖层影响密封效果；水箱内部排污管口、溢流管口、出水管口等处均应设置滤网，以防塑料球流失和被吸入泵内发生问题。水箱每平方米所需塑料球的数量应按其产品使用说明书上的要求进行装填，以保证最佳覆盖效果。

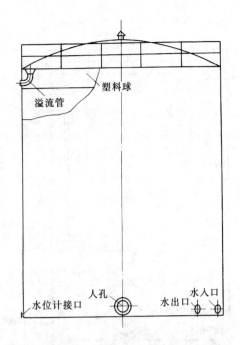

图 13-3　塑料球密封水箱

二、密封水箱的检修方法和技术要求

密封水箱的检修项目、检修方法和技术要求与非密封水箱的相同，这里不再重复。现只将水箱内的密封部件的检修作一介绍。

1. 密封浮盖的检修

浮盖检修就是检查聚氯乙烯板条与泡沫聚乙烯板块有无损坏，特别是周边及板块镶拼处的损坏状况；检查聚氯乙烯螺栓是否完整，有无松动现象。当发现损坏情况时，如短缺板块、板条和螺栓断裂等，则应更换新的，补齐后连接好，以保证浮盖的密封。

2. 密封浮顶的检修

（1）检查浮顶本体应完整无渗漏，如有渗漏，就应补焊将其消除；检查防腐层应完好，若有脱落部分就应修补完好。

（2）检查浮顶排气阀应严密可靠，如有泄漏现象则应研磨阀芯或更换新阀。

（3）检查浮顶与侧壁之间的三角密封胶膜有无老化磨损，如有就应予以修补或更换，以保证其密封性能。

（4）检查防转立柱与浮顶穿孔处的间隙密封情况，如磨损严重，就应更换新的。

3. 密封胶囊的检修

（1）检修前要做透气性试验。透气性试验须在风压为 9.8kPa、风温为 23℃ 的条件下进行。试验压力可用离心风机产生的风压来提供；风温在冬季可由附近的空气加热器来取得。试验前可在胶囊的正面中间压上一个重物，使整个胶囊底部和水箱箱底贴在一起。这样既可避免在试验中胶膜膨胀形成"气球"，又可减少试验用的风量，缩短试验时间。风压需保持 24h，如压力基本稳定，即认为透气性合格。

（2）检查胶囊各部位有无漏气破裂之处。其方法是将能产生异味的二丁基萘磺酸钠或其他易挥发、具有异味的物质，用风机鼓进水箱底部，当达到所需压力后即可对胶囊进行检查。但对大容量水箱因胶囊十分高大，检查工作比较困难，应注意安全。

（3）胶囊如有漏气破裂之处，就可按一般橡胶膜的粘补方法进行修补。如胶囊整体老化，则应更换。为了保护胶囊不受损伤，在水箱内检修其他部件时，如箱体衬里的挖补等工作，不得在水箱内进行加热和焊接。检修中须提起胶囊时，不得用金属丝或绳子直接系吊胶囊，须用胶皮带或垫有胶皮的麻绳缚住胶囊下方才可吊起，以防撕裂胶膜。检修人员到胶囊上工作时，不准穿带有钉子的鞋，要穿胶鞋，以免踩坏胶膜。

（4）检修胶囊密封水箱的溢流管。检查倒 U 形溢流管及其重锤式平衡挡板是否完好。挡板应开闭灵活并校对重锤与水箱水位应平衡。若挡板开闭失灵，将造成水箱内水压过大，则胶囊超压破裂。因此，在检修中应认真检查，精心修理。

4. 塑料球密封水箱的检修

检修时，应先将水箱内水排尽，打开下部人孔再将塑料球取出并认真清洗、检查，发现有破损、老化的应更换；同时要核查塑料球装填的数量是否符合要求，如不足应按要求补充。对于水箱内部各处的滤网一定要仔细检查，发现缺陷应彻底修理或更换，切不可马虎大意，以确保滤网的安全可靠，防止跑漏塑料球。

第三节　油箱的检修

油箱的类型和形式有多种多样，这里仅对油处理使用的贮油箱（以下简称油箱）作一简单介绍。

一、油箱的结构特点

(1) 油箱无论是方形的还是圆形的，其底部均应制成锥形，以利于排出杂质和进行放水。

(2) 油箱顶部通常都装着带有呼吸装置的空气管，以便排气，并在呼吸装置内装有带油封的过滤器和干燥器，以防外界杂质、湿空气等进入油箱内部，污染油质。

(3) 油箱的箱盖密封要可靠，雨水、杂质不得进入箱体内部。

(4) 油箱上的出油管距油箱底应有一定的距离，防止出油管吸走水分和杂质。

(5) 油箱上进油管的截面积应较出油管的截面积大一些，以降低流速，减少冲击、喷溅和产生泡沫。

(6) 油箱底部应装有排污阀、放水阀，同时还必须设置有足够高的底室，以便进行排污。

(7) 油箱应采用电气式油位计，其浮标同绳子或滑杆接触的部位应用铜料制成。

(8) 油箱还必须保温，以使油品易于流动，并避免阳光暴晒，促使油质劣化。

二、维修方法和注意事项

(1) 检查油箱的油位计及其他表计的准确性和可靠性，发现问题进行修理。对呼吸装置内的过滤网、干燥剂进行清理、检查，发现干燥剂失效时应予以更换。

(2) 清理油箱内部油泥、污物时，应注意工具强力碰撞箱壁，防止产生火花，最好使用铜质工具。

(3) 凡进入油箱内部检修时，必须加强通风，但严禁向箱内输送氧气。

(4) 仔细检查油箱的焊缝，发现有开焊及渗漏缺陷时要进行焊接处理，确保严密不漏。

(5) 检修油箱时内部应清理干净，最后用拌好的白面团粘净。使用的照明灯具及电线应有可靠的绝缘及防爆性能，其电压不超过 12V，用手电筒照明时应使用塑料电筒。

(6) 在油箱内检修，必须按照容器内工作的安全规定来进行。

(7) 当油箱检修需要动用电、火焊时，必须办理动火工作票。电火焊设备均应停放在指定地点，不准使用漏电、漏气的设备。相线和接地线均应完整、牢固，禁止使用铁棒等代替接地线和固定接地点。电焊机的接地线应接在被焊接的设备上，接地点应靠近焊接处，不准采用远距离接地回路，同时在焊接前，必须用火碱和磷酸三钠的混合液将油箱清洗干净。

（8）在油箱内进行明火作业时，必须将油箱上的所有管路系统隔绝，拆开管道法兰通大气。

（9）进行动火工作时，一定要做好防火措施，有消防人员在现场。

（10）参加油箱检修的人员绝对不得在油箱及其附近场所吸烟。

三、技术要求和质量标准

（1）油箱外部的保温层（指室外油箱）及涂层必须完整无损。室外油箱不得使用玻璃管油位计。油箱所属的管道、阀门均应有可靠的防冻措施，以防冻裂。

（2）油箱所属阀门必须严密，无跑冒滴漏现象，同时应开闭灵活。所有法兰接合面均不得有渗漏现象。

（3）油箱及其所连接的管路、表计不得有渗漏现象。

（4）油位计、油温计及其报警装置等应指示准确，完好无损。

（5）油箱箱盖密封可靠，呼吸装置通气良好，并能起到过滤、干燥作用。其内的变色硅胶应呈蓝色，具有较强的吸潮作用。

提示　本章共有三节，均适合于初级工。

第十四章

水处理设备的防腐

第一节　覆盖层防腐

覆盖层防腐一般是指在金属设备或管件的内表面，用橡胶、塑料、玻璃钢或复合钢板等作衬里，或用涂料等涂于金属表面，将金属表面覆盖起来，使金属与腐蚀介质隔开的一种防腐方法。所用防腐材料应不与腐蚀介质发生作用。

一、覆盖层的种类

1. 橡胶衬里

橡胶具有高度的化学耐蚀能力，除能被强氧化剂（硝酸、铬酸、浓硫酸及过氧化氢等）及某些能使橡胶膨胀、溶解的有机溶剂所破坏外，它对大多数的无机酸、有机酸及各种盐类、醇类等都是耐蚀的。橡胶与碳钢、铸铁等金属表面的粘着力很强，故可作为设备及管道的衬里材料。一般水处理设备及管道多采用橡胶衬里这种防腐方法。

2. 玻璃钢衬里

玻璃钢又称为玻璃纤维增强塑料。它是用树脂为基料，加入稀释剂、固化剂后揉浸于玻璃纤维增强材料中，作为衬里层贴衬在设备和管道内壁，在常温或一定温度下使树脂固化而制成。

玻璃钢具有耐腐蚀性能强、比强度（抗拉强度/密度）高和易成形等优点，因而在电厂化学水处理设备中应用较为广泛。它可以作为衬里层衬于设备、管道和废酸碱沟池内表面以及建筑金属外表面，它还可以单独制作储、运酸罐。

3. 塑料衬里

以钢作为基体与化学稳定性优良的热塑性塑料粉末经过特殊加工工艺（金属表面酸洗、喷砂、加热、涂覆加工等）复合制成。具有强度高、耐腐蚀、不龟裂、厚度均匀、无接口、结合力强、不易老化的特点。根据使用要求，衬里材料主要有聚丙烯（PP）、聚乙烯（PE）、硬聚氯乙烯（PVC）、LLDPE、氟塑料等。衬塑设备、管道、管件等在化学水处理的应用愈来愈广泛，是发展的趋势。

4. 涂刷耐蚀涂料

在设备管道防腐工作中，防腐涂料的应用相当广泛。合理而恰当地选用涂料是水处理设备防腐不可缺少的措施之一。油漆覆盖层广泛地用来保护设备及管道的内外表面，在液体介质及气体介质中均可使用。它具有施工简便、价格便宜的优点，但涂膜很薄、耐久性较差是它的缺点。

电厂化学水处理设备和管系常用的耐腐蚀涂料有：过氯乙烯漆、生漆、酚醛耐酸漆、环氧漆、环氧沥青漆、聚氨酯漆、氯化橡胶漆和氯磺化聚乙烯漆等。

二、覆盖层防腐的方法

覆盖层防腐的方法很多，具体工艺有简有繁，但不管采用哪种防腐方法，金属的表面清理则是首要的一步，在此基础上才能涂刷或内衬防腐材料。因此先重点介绍清理方法。

（一）金属壳体的表面清理

金属覆盖防腐前的表面清理是保证防腐层质量和防腐效果的重要环节。无论以何种方法涂、衬覆盖层，被保护的金属表面都应该完全干净，不允许有油脂、氧化皮、锈蚀、灰尘和旧的覆盖层残余物等，应呈现均一的金属本色，以增加覆盖层与金属之间的结合力。

金属表面清理除锈的方法有机械法和化学法两种，通过除锈达到既定的质量标准。

1. 金属表面处理的质量标准

金属表面处理的质量标准分为四个等级。一级标准必须采用喷砂法、机械切削法；二级标准应采用喷砂法、机械处理法或化学处理法；三级标准可采用人工、机械处理或喷砂法；四级标准采用人工清理法。

各种防腐衬里或涂层的金属表面处理的质量等级可执行表 14 - 1 的标准。

2. 机械和人工清理

机械清理可采用风（电）动刷轮、风（电）动砂轮和各式除锈设备。人工清理可使用手锤、刮刀、铲刀、钢丝刷及砂布（纸）等进行。

3. 酸洗除锈

酸洗除锈一般可采用浸泡、喷射和涂刷的方法进行。酸洗液必须按规定的配方和顺序进行配制，所用酸为 5% ~10% 的盐酸。经酸洗后的金属表面须进行中和钝化处理，钝化处理后的金属表面应在空气流通的地方晾干或用压缩空气吹干。各工序要连续进行，不得中途停顿，以免再度生锈。

表 14-1   各种防腐衬里或涂层的金属表面处理的质量等级

序号	防腐蚀衬里或涂层类别	金属表面处理的质量等级
1	金属喷镀、衬胶、衬塑、设备内壁涂过氯乙烯漆、热固性酚醛树脂漆、氯磺化聚乙烯漆等	一级
2	衬玻璃钢、树脂胶泥砖衬里、涂刷磷化底漆、生漆、环氧树脂漆、聚氨酯漆、氯磺化聚乙烯漆、氯化橡胶漆等以及化工大气防腐蚀涂料	二　级
3	油基、沥青基或焦油基涂料	三　级
4	衬铅、软聚氯乙烯板空铺法或螺钉扁钢压条法衬里	四　级

注　表内等级如设计有要求时，应按设计规定进行。

4. 喷砂除锈

喷砂除锈就是采用喷砂机，利用压缩空气携带石英砂或河砂喷射在金属表面上，将锈蚀物清除干净。

（二）涂刷或内衬耐蚀材料

按以上方法将金属表面处理干净后，紧接着就可进行涂刷或内衬耐蚀材料的工作。

第二节　喷砂除锈工艺

一、喷砂除锈用的设备和材料

（1）喷砂设备由空气压缩机、喷砂器、胶管和喷砂嘴等组成。空气压缩机的压力一般为 0.4~0.6MPa。

（2）喷砂材料应选用质坚有棱角的石英砂、金刚砂、硅质河砂或海砂以及金属喷丸等。砂子必须净化，使用前应经筛选，不得含有油污。干法喷砂用的砂必须干燥，含水量应不大于 1%。喷砂材料的堆放场地及施工现场应平整、坚实，防止砂子受潮、雨淋或砂内混入杂质。

二、喷砂除锈的方法

用喷砂法处理金属表面不仅能使金属表面干净，而且能使其表面粗糙，从而增加覆盖层与金属的接触面积和粘附能力，使覆盖层与其更好地结合。

喷砂法是将一定粒度（通常为 2~3mm）的石英砂借压缩空气的压力

从喷砂器中压出，经喷嘴喷成一股砂流打在金属表面上，将金属表面的铁锈杂质及污物除去，使其呈现钢灰色的麻面。

喷砂除锈时，将筛好的干燥石英砂装入喷砂器内，打开压缩空气门，调整好砂子流量（不宜太大），砂子受压力作用由喷嘴高速射出，除锈时喷嘴要斜对工作面，一般喷射角为 30°～75°，并离开金属表面 80～200mm 的距离，使砂流斜射于金属表面上。砂子用完后，停止送气，重新装砂，反复进行。喷砂后必须在 8h 内将金属表面先涂刷一层覆盖底漆，防止重新生锈。

三、技术要求和质量标准

（1）喷砂用的压缩空气应干燥洁净，不得含有水分和油污。检查方法是将白布或白漆靶板置于压缩空气气流中 1min，检查其表面应无油污、水珠或黑点。

（2）石英砂除应符合前面的要求外，其粒径应全部通过 3.2mm 的筛孔。

（3）喷砂用的喷嘴材质通常为刚玉和人造金刚砂。当采用石英砂喷砂时，喷嘴最小直径为 6～8mm，当采用金刚砂及钢丸喷砂时，喷嘴直径应为 5mm。但喷嘴出口端直径磨损量超过起始内径的 1/2 时，喷嘴不得继续使用。

（4）喷砂除锈四级质量标准的具体要求如下：

1）一级：彻底除净金属表面上的油脂、氧化皮、锈蚀等一切产物，并用吸尘器、干燥洁净的压缩空气或刷子，清除粉尘。要求表面无任何可见残留物，呈现均一的金属本色，并有一定的粗糙度。

2）二级：允许残存的锈斑、氧化皮等引起轻微变色的面积在任何 100mm×100mm 的面积上不得超过 5%。

3）三级：完全除去金属麦面上的油脂、疏松氧化皮、浮锈等杂物，并用干燥洁净的压缩空气或刷子清除粉尘。紧附的氧化皮、点蚀锈坑或旧漆等斑点状残留物的面积在任何 100mm×100mm 的面积上不得超过 33%。

4）四级：除去金属表面上的油脂、铁锈、氧化皮等杂物，允许有紧附的氧化皮、锈蚀产物或旧油漆存在。

四、喷砂除锈的劳动防护事项

（1）喷砂除锈前要详细检查空压机、油水分离器、喷砂器、砂带、喷嘴、缓冲缸、压力表、安全阀和电气设备是否处于良好状态。

（2）喷砂工要穿特殊的防护用品，戴上装有不易破碎玻璃的面罩，并用强制通风的办法通过面罩用胶皮管导入新鲜空气。

（3）喷砂作业岗位要有良好的有效的通风系统。在喷砂作业开始前，应先开动通风机以降低粉尘含量。

（4）空气压力要控制平稳，喷砂器要有专人看管，不得擅自离开岗位。

（5）工作中如喷嘴堵塞，必须停机清理。严禁用遮住喷砂胶管减压的方式来疏通喷嘴，严禁将喷嘴对着其他人员。

（6）在容器内进行喷砂作业时，必须采取严格有效的安全措施，并派专人监护。

第三节　耐蚀涂料的涂刷工艺

一、耐蚀涂料的选择

耐蚀涂料的选择应根据介质的性质、环境条件并结合工程中使用部位的重要性和耐蚀涂料的性能及其在室温下固化成膜的要求来综合选定。

（1）按腐蚀程度选择涂料的品种见表 14-2 和表 14-3。

（2）在碱性环境中，不应采用生漆、漆酚漆、酚醛漆和醇酸漆。

（3）富锌涂料适用于海洋大气，在酸碱环境中，只能作底漆。

表 14-2　　　　　　　　　常温涂料的选用

腐蚀程度	涂 料 名 称
强腐蚀	过氯乙烯涂料、聚氯乙烯涂料、氯磺化聚乙烯涂料、氯化橡胶涂料、生漆、漆酚漆、环氧树脂涂料
中等腐蚀	环氧树脂涂料、聚氯乙烯涂料、氯磺化聚乙烯涂料、氯化橡胶涂料、聚氨酯涂料、（催化固化型）、沥青漆、酚醛树脂涂料、环氧沥青漆
弱腐蚀	酚醛树脂涂料、醇酸树脂涂料、油基涂料、富锌涂料、沥青

表 14-3　　　　　　　　　耐高温涂料的选用

腐蚀程度	耐温度（℃）	涂 料 名 称
中等腐蚀	<250	氯磺化聚乙烯改性耐高温涂料
弱腐蚀	300~450	有机硅耐热涂料

（4）室外不宜采用生漆、漆酚漆、酚醛漆和沥青漆。

（5）应选用相互结合良好的涂料底漆、中间漆、面漆等进行配套使用。

（6）涂膜的厚度见表 14-4。

表 14 – 4   涂 膜 的 厚 度（μm）

腐 蚀 程 度	室　　内	室　　外
强腐蚀	200 ~ 220	220 ~ 250
中等腐蚀	120 ~ 150	150 ~ 200
弱腐蚀	80 ~ 100	100 ~ 150

二、常用耐蚀涂料的品种和性能

常用的耐蚀涂料有过氯乙烯漆、生漆、酚醛耐酸漆、环氧漆、环氧沥青漆、聚氨酯漆、氯化橡胶漆和氯磺化聚乙烯漆。

下面简单介绍几种耐蚀涂料的性能。

（1）过氯乙烯漆。过氯乙烯漆有清漆、磁漆和底漆。过氯乙烯漆在室温时对 20% 和 50% 的硫酸、20% 和 25% 的盐酸、3% 的食盐溶液等有抗蚀性，还能耐中等浓度的碱溶液。它的使用温度最好不超过 35 ~ 50℃。

（2）生漆。生漆又称中国大漆，它是漆树分泌的液汁，是我国的特产。生漆涂层具有优良的耐酸性、耐磨性和抗水性，且有很强的附着力；缺点是不耐碱，漆膜干燥时间长，施工时容易引起人体中毒。

（3）环氧漆。作为防腐蚀用环氧涂料，有环氧酚醛型、环氧沥青型、环氧氨基型及环氧聚氨酯型等。有自干的，也有烘干的。环氧漆的配比种类较多，性能各不同，可根据使用要求购置和配比。

（4）聚氨酯漆。聚氨酯漆耐化学腐蚀，附着力、坚韧性、耐磨性及电性能等均甚突出，耐热温度为 155℃。该漆有五种类型，即聚氨酯油型、湿固化型聚氨酯、热固化型聚氨酯、催化型聚氨酯和多羟基型聚氨酯。

（5）氯化橡胶漆。该涂料常温下具有良好的耐酸、耐碱、耐盐类溶液等介质的腐蚀性能，并具有较大的附着力、柔韧性强、冲击强度高、耐晒、耐磨和防延燃等优点，还宜用在某些碱性基体表面（如混凝土等），因而是一种良好的防腐涂料。

（6）氯磺化聚乙烯漆。该漆具有优良的耐腐蚀性,耐老化、耐磨、附着力强、耐温变性能幅度宽，并有一定的弹性，是一种应用较广的耐腐蚀涂料。

三、耐蚀涂料的施工基本要求

（1）耐蚀涂料中的腻子、底漆、磁漆和清漆等应配套使用，并按下述要求和产品说明书的规定进行施工。对不同厂家、不同品种的耐蚀涂料不得掺和使用。如需掺和使用，则应经试验确定。过期的耐蚀涂料须经检验合格后方能使用。

第十四章　水处理设备的防腐

（2）施工环境温度以 15～30℃ 为宜，施工时应通风良好，以便漆膜充分干燥。在前一道漆未干时不得涂第二道漆。不应在雨、雾、雪天进行室外施工。

（3）当使用不透明涂料时，各层应采用不同颜色，以便识别为第几道漆膜且底漆的厚度应小于 $50\mu m$，磁漆和面漆的厚度应大于 $20\mu m$。

（4）设备、管道焊缝在未检查或检查不合格时，不得涂漆。

（5）涂料施工时应先进行试涂。涂刷时应先搅拌均匀。如涂料中有碎皮或其他杂物，必须清除后方可使用。

（6）涂料开桶后必须密封保存，且不宜久存。施工使用工具应保持干净，刷子不得乱用。

（7）涂层的施工方法，宜采用刷涂或喷涂。刷涂时层间应纵横交错，每层应往复进行，涂层要均匀，不得漏涂。如金属表面有凸凹不平处，应先刮涂腻子，待腻子干固后再打磨平整而涂底漆。腻子应使用涂覆的涂料配制。

四、涂刷防腐涂料时的安全注意事项

施工现场必须有严格的安全防护措施，确保安全，杜绝起火、爆炸和人身中毒。

（1）防腐涂料作业场所严禁烟火和吸烟，施工时必须制定具体防火措施，设置消防器材。

（2）喷涂、滚涂、刷涂漆料时，要穿戴好防护用品，特别是面部防护用品，还应采用风量较大的风机进行强制通风，防止中毒和爆炸。

（3）从事树脂涂料作业的人员，皮肤裸露部分不得与树脂接触。对树脂过敏的人员不宜从事此项工作。

（4）登高作业必须严格遵守高空作业安全规定。

（5）严禁携带引火物进行配料和施工，所用风机和照明的电源线应完整无缺，不得有放电的可能。

（6）施工现场应有良好的照明，特别是容器内及沟道内的施工应采用低压和防爆照明，其电源开关应隔离安置，并要制定防爆、防中毒的具体安全措施。

第四节　贴衬玻璃钢工艺

一、玻璃钢的分类和性能

玻璃钢是以玻璃纤维及其织物为增强料与以树脂为基体料所组成的复合材料。人们常在玻璃钢名字前加上树脂的名称，如聚酯玻璃钢、环氧玻璃钢等，就是说以聚酯树脂和环氧树脂作为基体，以玻璃纤维及其织物为增强料组成的玻璃钢。

玻璃钢的分类、物理力学性能、耐腐蚀性能分别见表 14 - 5 ~ 表 14 - 7。

表 14 - 5　　　　　　玻 璃 钢 的 分 类

分类 项目	聚酯玻璃钢	环氧玻璃钢	酚醛玻璃钢	呋喃玻璃钢
制品性能	机械强度较高，耐酸碱性较差，耐热性低，成本低，韧性好	机械强度高，耐酸碱性高，耐热性较低，粘结力较强，成本较高	机械强度较差，耐酸性好，耐热性较高，收缩率较大，成本低，性脆	力学性能较差，耐酸碱性较好，耐热性高，性脆，粘结力差，成本较低
工艺性能	工艺性能优越，胶液粘度低，渗透性好，固化时无挥发物，适于作大型构件	工艺性能良好，固化时无挥发物，可在常压加压成形，易于改性，粘结性大，脱膜较难	工艺性能较差，固化时有挥发物，一般适用于干法成形，常压成形品性能差	工艺性能差，固化反应猛烈；对底材粘结力差，养护期长
参考使用温度（℃）	<90	<100	<120	<180
毒性	常用的交联剂苯乙烯有毒	乙二胺固化剂有毒		
适用范围	用于腐蚀性较差介质，广泛用于水箱内衬及冷却塔壳体	用途广泛，一般用于酸碱介质制品及内衬	一般用于酸性较强的腐蚀介质	适用温度较高

表 14 - 6　　　　　玻璃钢的物理力学性能

种类 性能	聚酯玻璃钢	环氧玻璃钢	酚醛玻璃钢	呋喃玻璃钢
密度（g/mL）	1.7 ~ 1.8	1.5 ~ 2.1	1.65 ~ 1.9	1.57 ~ 1.71
抗拉强度（MPa）	290	200 ~ 420	100 ~ 388	69 ~ 210

性能 \ 种类	聚酯玻璃钢	环氧玻璃钢	酚醛玻璃钢	呋喃玻璃钢
弯曲强度（MPa）	190	114.5~482	110~550	88.6~319
冲击韧性（kJ/m²）	230	75.8~280	50~150	44~177
吸水率（%）	—	—	1	0.1
马丁耐热性（℃）	250	80~120	150~300	300

表 14－7　　　　　　玻璃钢的耐腐蚀性能

介质名称	浓度（%）	环氧玻璃钢 25℃	环氧玻璃钢 95℃	酚醛玻璃钢 25℃	酚醛玻璃钢 95℃	呋喃玻璃钢 25℃	呋喃玻璃钢 120℃	聚酯玻璃钢（306）20℃	聚酯玻璃钢（306）50℃
硝酸	5	尚耐	不耐	耐	不耐	尚耐	不耐	耐	不耐
	20	不耐		不耐		不耐		不耐	
	40	不耐		不耐		不耐		不耐	
硫酸	5							耐	耐
	10							耐	尚耐
	30							耐	不耐
	50	耐	耐	耐	耐	耐	耐	—	—
	70	尚耐	不耐	耐	不耐	耐	不耐	—	—
	93	不耐	不耐	耐	不耐	耐	不耐	—	—
发烟硫酸		不耐	不耐	不耐	不耐	不耐	不耐		
盐酸	浓	耐	耐	耐	耐	耐	耐	不耐	不耐
	5							耐	
醋酸	浓	不耐	不耐	耐	耐	耐	耐	不耐	不耐
	5							耐	
磷酸	浓	耐	耐	耐	耐	耐	耐	耐	不耐
氯化钠		耐	—	耐	—	耐	—	—	—
氢氧化钠	10	耐	不耐	不耐	不耐	耐	耐	耐	不耐
	30	尚耐	尚耐	不耐	不耐	耐	耐	耐	不耐
	50	尚耐	不耐	不耐	不耐	耐	耐		
氨水		尚耐	不耐	耐	耐	耐	耐	—	—
氯仿		尚耐	不耐	耐	耐	耐	耐	不耐	—
四氯化碳		耐	耐	耐	耐	耐	耐	耐	—
丙酮		耐	不耐	耐	耐	耐	耐	不耐	—

二、玻璃钢的材质构成

(一) 基体材料

基体材料为各种材质的树脂，通用的有下列几种。

1. 环氧树脂

环氧树脂是指含有环氧基的高分子聚合物。用于环氧玻璃钢的环氧树脂一般有以下几种：

(1) 低分子双酚 A 型环氧树脂。一般常用的品种有 E – 44 和 E – 42 两种。

(2) 酚醛型环氧树脂。其主要品种为 F – 44，该型环氧树脂的玻璃钢具有较高的耐热性。

2. 聚酯树脂

聚酯树脂系一种缩聚高分子产物，是不饱和树脂，常用的品种有通用型、双酚 A 型和胶衣型。其玻璃钢具有较好的韧性和耐油性，但收缩性大，耐热性差（3301 型除外）。

3. 酚醛树脂

酚醛树脂系一种热固性树脂，常用的品种有 2130、2124 和 2127 等数种。其玻璃钢具有较好的耐酸性和绝缘性，吸水性和耐温性也较好，但机械强度较差。

4. 呋喃树脂

呋喃树脂中包括糠醇树脂、糠酮树脂和糠酮—甲醛树脂，它们大都用在改性玻璃钢中。其玻璃钢具有优良的耐酸碱性和耐温性，但性脆、粘结力较差。

(二) 辅助材料

1. 固化剂

固化剂的作用是使树脂固化。常用的固化剂一般分胺类、酸酐类及高分子树脂类三种类型。

2. 促进剂

促进剂一般为叔胺类，如三乙醇胺和四甲基二氨基二苯甲烷等，它们可作为酸酐类固化剂的促进剂。

3. 增韧剂

固化后的环氧树脂一般较脆，可用增韧剂来增加韧性，以提高弯曲强度和冲击强度，并降低固化时的放热温度，有利于产品成型。

增韧剂有活性与非活性两种。活性增韧剂带有活性基团，直接参加树脂的固化反应，是组成固化体系网状结构的一部分。常用的活性增韧剂有聚酰胺树脂和聚硫橡胶。非活性增韧剂则不参与树脂的固化反应，常用的有邻苯二甲酸二丁酯、亚磷酸三苯酯、磷酸三甲酚酯等。

（三）增强材料

增强材料主要是玻璃丝布。与氢氟酸接触的玻璃钢，其增强材料应改用涤纶布。玻璃丝布有多种，其中有中碱无捻粗纱方格玻璃纤维布，适用于酸性介质；无碱无捻粗纱方格玻璃纤维布，一般适用于碱性介质。

玻璃钢一般选用厚度为 0.2 ~ 0.4mm，密度为 （4×4 ~ 8×8） 支纱/cm^2，品种为中碱或无碱无蜡无捻的粗纱玻璃纤维布如 811 型、711 型和 4114 型等。

（四）填料

加入填料可以改善树脂的某些特性，并可降低成本。如石棉、铝粉可提高冲击性能；金属粉、石墨粉可提高导热性；滑石粉、石膏粉可降低成本，减少树脂的固化收缩。常用的耐酸填料为瓷粉、辉绿岩粉、石墨粉、石英粉等，它们还能提高耐磨性和刚性。选用填料时应考虑不影响树脂的固化度（如不饱和聚酯树脂不宜选用石墨粉）。

对耐酸填料的技术要求如下：

（1）耐酸率不应小于 94%；

（2）含水率不应大于 5%；

（3）细度在 1600 孔/cm^2 时，筛余不应大于 5%，在 4900 孔/cm^2 时，筛余为 10% ~ 30%；

（4）如选用酸性固化剂时，填料耐酸率不应小于 97%，并不得含有铁质等杂物；

（5）填料的加入量应根据需要适量加入，不宜过多。

三、常用玻璃钢用树脂粘合剂施工配方

（1）配料容器应保持清洁、干燥、无油污。

（2）根据胶液用量及操作人数确定每批配制量。每批配的量不宜太多，随用随配以防失效。

（3）环氧玻璃钢胶料（以乙二胺作固化剂时）的配制要求如下：在容器中称取定量的环氧树脂（当树脂稠度较大时，宜加热至40℃左右），加入稀释剂搅匀，再加入增韧剂，然后加入固化剂充分搅拌。需要填料时最后掺入，并搅拌均匀。配好的胶料自加入固化剂起，应迅速用完，以免固化而失效。环氧玻璃钢胶料的配合比，如表 14 - 8 所示。

表 14 - 8   环氧玻璃钢胶料的配合比

组　成		质　量　比（%）			备　注
		配方甲	配方乙	配方丙	
环氧树脂		100	100	100	
稀释剂	丙　酮	15 ~ 20	15 ~ 20		
	乙　醇			20 ~ 40	
增韧剂（邻苯二甲酸二丁酯）		10 ~ 15			
填　料		25 ~ 30	25 ~ 30	适量	
固化剂	乙二胺	6 ~ 8			常温固化
	T31		20 ~ 30		
	C - 20			25 ~ 30	

（4）酚醛玻璃钢胶料（如以苯磺酰氯作固化剂时）的配置要求如下：在容器中称取定量的酚醛树脂，加入稀释剂搅匀，再加入苯磺酰氯，充分搅匀，最后掺入填料，再搅拌均匀。配好的胶料一般自加入固化剂时起，要在 45min 内用完。酚醛玻璃钢胶料的配合比如表 14 - 9 所示。

（5）环氧呋喃玻璃钢胶料（以乙二胺/丙酮作固化剂时）的配制要求如下：按施工配合比将呋喃树脂与预热至 40℃ 左右的环氧树脂加入容器中搅匀，然后依次加入稀释剂、固化剂，最后掺入填料。每加入一次材料，都应充分搅拌均匀。配好的胶料一般自加入固化剂时算起，在 60min 内用完。环氧呋喃玻璃钢胶料的配合比如表 14 - 10 所示。

表 14 - 9   酚醛玻璃钢胶料的配合比

组　成		质　量　比（%）
酚醛树脂（2130）		100
固化剂	苯磺酰氯	8 ~ 10
	石油磺酸	14 ~ 16
稀 释 剂（无水酒精）		15 ~ 20
填　料		20 ~ 40

注　固化剂的种类可根据具体使用要求任选一种。

（6）不饱和聚酯玻璃钢（双酚 A 型不饱和聚酯玻璃钢）胶料的配制

要求如下：在容器中称取定量的不饱和聚酯树脂，先加入引发剂（过氧化环己酮糊），搅匀，再加入促进剂（环烷酸钴苯乙烯液），充分搅匀，随即使用。可根据胶凝时间的要求调节促进剂 E 的加入量。不饱和聚酯玻璃钢胶料的配合比如表 14－11 所示。

表 14－10　　　　　　环氧呋喃玻璃钢胶料的配合比

组　　成		质　量　比（％）
环氧树脂（E44）		70
呋喃树脂		30
固化剂的种类	苯二甲胺	10～14
	乙二胺/丙酮（1:1）	8～11
	二乙烯三胺	9～10
	间苯二胺	12～14
稀释剂（丙酮）		适　　量
填　料		

注　固化剂的种类可根据具体使用要求任选一种。

表 14－11　　　　　　不饱和聚酯玻璃钢胶料的配合比

组　　成	质　量　比（％）
不饱和聚酯树脂	100
引发剂（过氧化环己酮糊）	4
促进剂（环烷酸钴苯乙烯液）	0.5～4

（7）每种胶料在使用过程中，如有凝固结块等现象，不允许再加入稀释剂，不得继续使用。

四、贴衬玻璃钢的施工工艺

（一）施工前的准备工作

（1）应抽样检查各种原材料的质量是否符合要求，合格后方可使用。

（2）施工环境温度以 15～20℃ 为宜，相对湿度应不大于 80％。温度低于 10℃（当采用苯磺酰氯作固化剂时，温度低于 17℃）时，应采取加热保温措施，但不得用明火或蒸汽直接加热原材料。

（3）玻璃钢制品在施工及固化期间严禁明火，并应防火、防暴晒。

（4）树脂、固化剂、稀释剂等原材料，均应密封贮存在室内清洁干燥处。

（5）衬里设备的钢壳表面按喷砂除锈要求处理。其缺陷处、凹凸处可用环氧腻子抹成过渡圆弧。

（6）在大型密闭容器内施工时应设置通风装置，并搭脚手架或吊架。

（二）贴衬玻璃钢的方法

手糊贴衬玻璃钢的方法有间断法和连续法两种。酚醛玻璃钢采用间断法施工，不饱和聚酯玻璃钢采用连续法施工。环氧玻璃钢可采用两种施工方法。

1. 间断法施工

（1）打底层。将打底胶料均匀涂刷于基体表面上，进行第一次打底，自然固化一般不少于12h。打底应薄而均匀，不得有漏涂、流坠等缺陷。

（2）刮腻子。基体凹陷不平处用腻子修补填平，并随即进行第二次打底，自然固化一般不少于24h。

（3）衬布。先在基体上均匀涂刷一层衬布胶料，随即贴上一层玻璃布。玻璃布必须贴紧压实，其上再均匀涂刷一层衬布胶料，必须使玻璃布浸透，一般需自然固化24h（初固化不粘手时），再按上述衬布程序贴衬。如此间断反复贴衬至设计规定的层数或厚度。每间断一次均应仔细检查衬布层的质量，如有毛刺、突起或较大气泡等缺陷，应及时消除修整。

（4）涂面层。用毛刷蘸上面层料均匀涂刷，一般自然固化24h，再涂刷第二层面层料。

2. 连续法施工

除衬布需连续进行外，打底层嵌刮腻子和涂面层的施工均同间断法施工。贴衬布时，先在基体上均匀涂刷一层胶料，随即衬上一层玻璃布。玻璃布贴紧压实后，再涂刷一层胶料（玻璃布要浸透），随之再贴衬一层玻璃布。如此连续贴衬至设计规定的层数或厚度。最后一层胶料涂刷后，需自然固化24h以上，然后进行面层料的涂刷。

（三）玻璃钢施工的技术要求和注意事项

1. 技术要求

（1）打底层、涂面层、富树脂内层（胶衣层）宜采用薄布（厚度 = 0.2mm）或短切玻璃纤维毡。

（2）玻璃布的贴衬次序应根据容器形状而定，一般是先立面后平面，先上面后下面，先里面后外面，先顶面和壁面后底面。圆形卧式容器内部贴衬时，先贴衬下半部分，然后翻转180°再贴衬原先的上半部分。大型容器内部贴衬时，应采用分批分段法施工。

（3）玻璃布与布间的搭缝应互相错开，搭缝宽度不应小于50mm，搭接次序应顺物料流动方向。容器内管座贴衬时，衬管的玻璃布应与衬内壁的玻璃布层层错开。容器转角处、法兰处、人孔及其他受力处，均应适当增加玻璃布层数。

（4）玻璃钢制品施工完毕，应经常温自然固化或热处理固化后方可使用。玻璃钢制品常温自然固化的时间按表 14 - 12 的规定进行。

表 14 - 12　　　　　　玻璃钢制品常温自然固化的时间

玻 璃 钢 名 称	常温自然固化时间（昼夜）不小于
环氧玻璃钢	15
酚醛玻璃钢	20
环氧呋喃玻璃钢	30
不饱和聚酯玻璃钢	15
双酚 A 型不饱和聚酯玻璃钢	20

注　酚醛玻璃钢、环氧呋喃玻璃钢、双酚 A 型不饱和聚酯玻璃钢宜进行热处理固化。

2. 注意事项

（1）玻璃钢制品的极大部分原材料都具有不同程度的毒性（如乙二胺固化剂）与刺激性（如苯乙烯稀释剂），因此在施工期间，应充分重视车间或施工场地的劳动保护及安全措施。在现场应设置防火、防爆装置，并要加装专门、有效的通风装置，特别是在容器内部衬玻璃钢时，必须有可靠的通风设施，以及时排除有害气体。

（2）配制不饱和聚酯树脂时，严禁引发剂与促进剂直接混合，以防止爆炸。

（3）所用的乙醇、丙酮、引发剂、促进剂等均为易燃物，必须隔绝火种、热源，必须贮存在密闭的容器中，并置于专用仓库，避免剧烈振动。

（4）操作人员应尽量减少与胶液直接接触，操作时要戴各种防护用具及施工工具。

（5）选择确定胶料配合比时，应尽量选择低毒或无毒的原材料。

（6）贮存物料的玻璃钢容器，不允许用金属工具去清理富树脂内层，进入内部维修时应放置软性保护材料，防止损伤内层。

（7）玻璃钢设备吊装时，外壁表面禁止直接与钢丝绳接触，以防局部受力而损坏；在搬运过程中应受力均匀，尤其要保护好各种接管座等伸出部分。

（8）在容器内部施工时，应采用防爆灯具，电源线要完整，防止产生电火花。所穿衣服，也不能产生静电火花。

五、质量检查方法和质量标准

贴衬玻璃钢时，应在施工的全过程中进行质量检查，每道工序和每层质量检验合格后，方可进行下道工序施工。发现缺陷应立即进行修理。

1. 外观的检查

（1）用目测法检查所有部位不允许有下列缺陷。

1）气泡：防腐层表面允许的气泡直径不超过 5mm，直径不大于 5mm 的气泡少于 3 个/m^2 时，可不修补。否则应将气泡划破进行修补。

2）裂纹：耐蚀层表面不允许有深度为 0.5mm 以上的裂纹，增强层表面不允许有深度为 2mm 以上的裂纹。

3）凹凸（或皱纹）：耐蚀层表面应光滑平整，增强层的凹凸部分厚度不大于总厚度的 20%。

4）返白：耐蚀层不允许有返白区，增强层返白区最大不超过 50mm 的范围。

5）其他：玻璃钢制品层间粘结，以及衬里层与基体的结合均应牢固，不允许有分脱层出现、纤维裸露、树脂结节、异物夹杂、色泽不匀等现象。

（2）对于制品表面不允许存在的缺陷，应认真地进行质量分析，并及时修补。同一部位的修补次数不得超过两次。如发现有大面积气泡或分层缺陷时，应把该处的玻璃钢全部铲除，露出基体，重新进行表面处理后再贴衬玻璃钢。

2. 固化度的检查

（1）固化度的外观检查。用手摸玻璃钢制品表面是否感觉发粘，用棉花蘸丙酮在玻璃钢表面上擦抹观察有无颜色；或用棉花球置于玻璃钢表面上看能否被气吹掉。如手感粘手，目观棉花变色或棉花球吹不掉，则说明制品表面固化不完全，应予返工。

（2）树脂固化度的测定方法。根据需要可采取丙酮萃取法抽样测定玻璃钢中树脂不可溶分的含量（即树脂固化度）。其测定方法按 GB2576—1981《纤维增强树脂不可溶分含量试验方法》的规定进行，试样不少于 3 个。树脂固化度应不低于 85%，或符合设计规定值。

3. 含胶量的测定

可采用灼烧法抽样测定玻璃钢中树脂的含量（即含胶量）。其测定方法按 GB 2577—1989《玻璃纤维增强塑料树脂含量试验方法》的规定进行。试样每组为 3 个，耐蚀层的含胶量应大于 65%，增强层的含胶量为 50% ~55%，或符合设计图纸的规定值。

4. 衬里层的微孔检查

玻璃钢衬里层固化后，采用高频电火花检测仪检查有无微孔缺陷。当发现有强光点，且移动探头时光点不断，表明该处有微孔缺陷（但以石墨粉为填料的玻璃钢衬里层，不能用此法检查有无微孔）。

5. 衬里设备盛水试验

玻璃钢衬里设备全部施工完毕后，在室温下固化不少于 168h，然后盛水试验 48h 以上，要求无渗漏、冒汗和明显变形的不正常现象。

六、常见玻璃钢衬里的破坏形式

1. 渗透破坏

玻璃钢是由树脂胶液与玻璃丝布组成的。树脂胶液中含有溶剂、固化剂及辅助材料，由于在施工中易挥发，使玻璃钢容易出现针孔、气泡、微裂纹等缺陷，造成抗渗能力下降而发生破坏。

2. 应力破坏

玻璃钢中树脂固化时引起体积收缩。这样玻璃钢层就会产生收缩应力。另外玻璃钢衬里在应用时，由于温度变化，也易产生应力变化，就会导致玻璃钢离层开裂。造成腐蚀介质渗入产生腐蚀。

3. 腐蚀破坏

玻璃钢衬里一般耐磨性差，一旦树脂层被磨损露出玻璃布，渗透性增大。腐蚀加剧了渗透，而渗透作用又破坏了纤维与树脂粘合的整体性，使玻璃钢衬里层破坏。

第五节　橡　胶　衬　里

在火电厂锅炉补给水的除盐水及凝结水精处理装置中，由于再生中使用酸碱等强腐蚀介质，因而为了延长设备及管道系统的使用寿命，同时也为了保证水质质量，以供给锅炉高质量的除盐水，均应在设备及管内壁进行防腐衬里，如衬橡胶、塑料、玻璃钢等，其中以橡胶衬里最为常用。

橡胶具有较强的耐化学腐蚀能力，除可被强氧化剂（硝酸、铬酸、浓硫酸及过氧化氢等）及有机溶剂（溶剂汽油）和油脂（矿物油、抗燃油）等破坏外，对大多数的无机酸、有机酸及各种盐类、醇类等都具有耐腐蚀性能。橡胶还具有与碳钢、铸铁等金属设备表面的粘着力很强（扯离强度在 6MPa 以上）的特点。所以它可作为金属设备和管道的衬里层。根据管内所输送介质的种类以及具体的使用条件，可选用不同品种的橡胶。天然橡胶根据含硫量的不同，分为硬橡胶、软橡胶和半硬橡胶三种。这种天然橡胶不经过硫化不能使用，故在使用前必须经过硫化。

用橡胶衬里的设备和管道，过去一般用于压力不超过 0.6MPa 的场合，其工作温度对硬橡胶为 0 ~ 85℃，对半硬橡胶和软橡胶为 - 25 ~ 75℃。随着中压凝结水处理工艺应用的逐步广泛，高速混床内部使用橡胶衬里技术在中压系统广泛使用。

橡胶的理论耐热温度为 80℃，但如果在温度作用时间不长的情况下，也能耐较高的温度（可达到 100℃）。在灼热空气长期作用下，橡胶会老化。

（1）硬橡胶板。化学稳定性好，耐热，抗老化，抗渗透性较好，适用于温度变化不大、无磨损和无冲击的腐蚀介质。硬橡胶板与金属粘结强，可作为联合衬里的底层，这样就克服了硬橡胶板不耐冲击和物料磨损的缺点。

（2）软橡胶板。有较好的弹性，能承受较大的变形和较高的耐磨性，但其耐腐蚀性和抗渗透性比硬橡胶板差，与金属粘结性能次于硬橡胶板，因此单独使用的情况不多。耐盐酸的腐蚀性能差，选用时应注意。

（3）半硬橡胶板。腐蚀性能同硬橡胶板相似，耐寒性超过硬橡胶板，能承受冲击，与金属粘结较强。一般在温度变化不剧烈和无严重磨损的情况下使用。

一、胶板的种类和用途

目前，我国用于防腐衬里的橡胶，大多是天然橡胶。生产的胶板有软橡胶板、半硬橡胶板和硬橡胶板三种。胶板的规格尺寸如下：

（1）厚度：1.5 ± 0.25mm，2.0 ± 0.3mm，3.0 ± 0.5mm。

（2）宽度：不小于 500mm。

（3）长度：不小于 5000mm。

（一）胶板的牌号和用途

1. 天然橡胶板的牌号和用途

国内常用的天然橡胶板的牌号和用途如表 14 - 13 所示。

2. 衬里胶板的适用范围

作衬里用的胶板的适用范围如表 14 - 14 所示。

表 14 -13　　　　　　　　　　**天然橡胶板的牌号和用途**

胶板种类	硫含量（%）	牌号	旧牌号	用　途
硬胶板	43	509		宜衬各种贮槽、计量槽、阀门、离心机、离心泵等设备和管道及管件
	43	S1001	509 - 1	
	43	24	(509)	
	59.13	9067	1814	作 1976 底层，宜衬槽车、计量槽、贮槽、搅拌器等设备和管道及管件
	43	402	1814	
	59	33001	1814	
半硬橡胶	30	9071	1751	宜衬泵、离心机、槽车、计量槽、贮槽、反应设备等和管道及管件
	20	407	—	
	30	33002	1751	
软橡胶	3.6	9064	1976	作 1814 面层，用途与旧牌号 1814 的相同
	3	41410	1976 - 5	
	4	430	—	
胶料（片）	38.7	9066	2572	粘贴硬质与半硬质胶板
	3807	S1002	2572.5	
	39	401	—	
		7038	4508	粘贴软胶板
		39	401	

介质名称	允许最高温度（℃）	允许介质最大浓度，质量（%）		
		硬胶板	半硬胶板	软胶板
盐　酸	65 间歇 80	任意浓度	任意浓度	不耐
硫　酸	65	60 以下	50 以下	50 以下
氢氟酸	室温	40 以下	不耐	不耐
氢氧化钠	65	任意浓度	任意浓度	任意浓度
氢氧化钾	65	任意浓度	任意浓度	任意浓度
中性盐水溶液	65	任意浓度	任意浓度	任意浓度
次氯酸钠	65	10 以下	—	—
氨水	50	任意浓度	任意浓度	任意浓度

表 14 - 14　　　　　　衬里胶板的适用范围

（二）胶板的质量标准和贮存

1. 胶板的外观质量和贮存

（1）胶板不应有大于 0.5mm 的外来杂质。

（2）胶板应用木箱或铁架包装，即先将其用白细布或塑料作垫布卷于木滚上，再悬放于木箱或铁架中，每箱胶板不大于 50kg。

（3）胶板表面允许有垫布本身粘附的线毛、线头，垫布折皱所造成的印痕及因压延造成的水波纹，但该处胶板厚度应在规定的公差范围内。

（4）胶板允许有 2mm^2 以下的气泡存在，不大于 5mm^2 的气泡在 1m^2 的面积上，每侧不得多于 5 个。

（5）胶板在规定的存放条件下，硬胶板、半硬胶板、软胶板在 6 个月内不应产生早期自硫化或结块现象；胶浆胶在两个月内不应产生早期自硫化或结块现象。

（6）胶板应能全部溶解于溶剂汽油中。

（7）胶板的每一包装箱均应附有卡片，并注明产品名称、制造日期、数量、批号及技术检查印章，在包装箱上应标明不许倒放的标志。

（8）胶板应贮存温度在 0~30℃、相对湿度为 50%~80% 通风良好的暗室中，放置时不应受压、受热，并距热源 2m 以外。

（9）胶板在运输和储存中禁止与汽油、煤油、有机溶剂及酸碱等有损胶板质量的物质接触，也不允许表面上有重质油污染物。

2. 胶板的检验方法

（1）用千分表测量胶板的厚度，用米尺测量胶板的长度及宽度。

第十四章　水处理设备的防腐

（2）用目测法和量具检查胶板的外观质量。

（3）胶板的各项性能按国家有关标准及试验方法进行测定和试验。

二、质检方法和质量标准

橡胶衬里设备、管道和管件的成品，应100%地进行质量检验。其方法如下：

（1）用目测法和锤击法检查衬里的外观质量、与金属的结合情况，用卡尺、米尺测量其内径、宽度、深度和高度。

（2）用电火花检测仪检查衬里制品的"漏电"情况。

质量检验必须符合下列标准：

（1）衬里成品形状、尺寸必须符合设计图纸要求。

（2）受压和真空设备、管道、管件，必须采用切削加工的衬胶制品，以及转动设备的转动部件，其衬胶层均不允许有脱层现象。

（3）常压（箱槽）设备衬胶层允许有脱层现象，但每处脱层面积不得大于 $20mm^2$，凸起高度不得高于 2mm，且脱层数量必须受到表 14 – 15 的限制。

表 14 – 15   脱层数量的限制

衬胶层面积（m^2）	允许脱层数（处）	衬胶层面积（m^2）	允许脱层数（处）
≥4	≤3	<2	≤1
2 ~ 4	≤2		

（4）常压管道、管件的衬胶层允许有不破的气泡，每处面积不大于 $1cm^2$，凸起高度不大于 2mm，气泡的总面积不大于管道、管件衬胶层总面积的 1%。

（5）衬胶层表面允许有凹陷和深度不超过 0.5mm 的外伤、粗糙、夹杂物，以及在滚压时产生的印痕。

（6）法兰边沿及翻边密封面处的衬胶板的脱开不多于 2 处，总面积不大于衬里面积的 2%。

（7）检查衬胶层厚度时，各测点应尽可能地相距远一点，测定点的数目视工件的形状及大小而定（共测定 5 ~ 10 点）。各测点厚度的允差应为图纸标准厚度的 -10% ~ +15% 之内。

（8）硫化后的硬橡胶、半硬橡胶、软橡胶的硬度分别用邵氏 D 型、A 型硬度计来测量。

硫化胶硬度的算术平均值应符合胶板制造厂的规定，允许误差为

±5 度。

（9）容器、管件衬胶前耐压试验和衬胶后气密试验的压力应符合图纸要求。

（10）容器、管件衬胶后按图纸规定进行气密试验，主要检查法兰面是否泄漏，气压保持 10min 以上不下降为合格。

（11）真空容器衬胶后按图纸规定的真空进行抽真空试验 1h，试验后对衬里层应重复检查有无缺陷。

（12）转动设备的转动金属部件按图纸规定在衬胶前和衬胶后必须进行静平衡和动平衡试验，其残留不平衡量不得大于图纸和其他有关规定。

（13）当工艺介质要求纯度时，应检查衬里材料对工艺介质的污染程度。

当衬里层有超过上述（2）～（6）规定的脱层、气泡或有裂纹、针孔、漏电等缺陷时，应根据缺陷的严重程度决定修补或报废，经修补后的衬里层应确保使用。

第六节　橡胶衬里的修补

一、常见的缺陷

橡胶衬里层常见的缺陷有橡胶与金属脱开，橡胶与橡胶之间脱层，胶面有鼓泡、龟裂、针孔、胶合缝不严等，严重缺陷时，则必须进行修补。

二、修补方法

修补橡胶衬里层缺陷的方法可根据施工用的原材料和设备等条件进行选择，常用的方法有：

（1）用原衬里层同种牌号的胶片修补；

（2）用环氧玻璃钢和胶泥修补；

（3）用低温硫化的软橡胶片修补；

（4）用环化橡胶溶灌（环化橡胶为天然橡胶 100 + 酚磺酸 7.5 的胶料）；

（5）用聚异丁烯板修补；

（6）用酚醛胶泥粘贴硫化的软橡胶片修补。

第（1）种修复方法的缺点是大都需要在较高的蒸汽压力下硫化，但易于修补，有些衬里设备为防止过硫，不允许再次硫化，此法就不适用；第（2）种修复方法是用环氧玻璃钢修补，目前用得比较多；第（3）种方法系低温硫化；第（4）～（6）三种方法则不需硫化，故较为方便。

第十四章　水处理设备的防腐

但第（4）种方法修补不易彻底，所以较大面积的修补不能采用；第（5）种方法粘合强度较低；第（6）种方法的酚醛胶泥中含有固化剂苯磺酰氯，对金属表面有一定的腐蚀性，易降低粘合强度，且酚醛胶泥弹性很差。

第（1）、（3）、（5）、（6）四种方法主要用于修复鼓泡、脱开和离层等面积较大的缺陷；而第（4）种方法则只用来修复龟裂、针孔和接缝不严等缺陷。

修补时，先将鼓泡、脱开和离层等部位的衬里层铲去，直到没有脱开处为止，再将四周铲成坡口（见图14-1），并将四周和金属表面清理干净，然后刷三次相应的胶浆，分别干燥后，把修补用的胶片刷2~3次胶浆，粘贴在修补处，并用烙铁压贴严密。

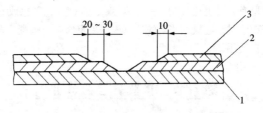

图14-1 修补衬胶层的坡口结构
1—金属；2—硬胶板；3—软胶板

用环化橡胶修补针孔、龟裂缝和接缝脱开等缺陷时，先将开口处扩大、打磨，用汽油擦洗两次，每次干燥10~15min，然后刷上环化胶浆（浓度为1:10~1:12），并干燥10~15min。胶浆干燥后，把环化橡胶片溶化，使其填满修补位置，并比原衬层略高一些，冷却凝固后再用热烙铁烫平或砂纸打磨平整即可。

三、局部修补的硫化方法

（1）允许再次硫化的设备可以按硫化技术条件进行整体硫化，但其最高压力应比原硫化压力低0.05~0.1MPa（原硫化压力为0.3MPa）。

（2）利用软橡胶修补或不能再次硫化的设备，可以利用各种局部加热方法（用加热模具等）进行硫化。低温硫化橡胶亦可在修补处压上铁板，用蒸汽直接加热铁板进行硫化。

在进行局部硫化时，必须随时对局部硫化的部位进行检查，判断硫化是否完全。

对较小面积的缺陷修复方法是：将牌号1976等软橡胶片硫化后，用酚醛胶泥（以酚醛清漆作底漆，或间苯二酚甲醛作底漆）粘贴于已除锈清理干净的被修复处。用这种方法修复的衬胶设备，使用情况尚可。

第七节　化学水处理设备系统常用防腐工艺的选择

水处理生产过程中接触腐蚀性介质或对出水有影响的设备、管路、阀门及排水沟等内表面和受腐蚀环境影响的设备、管道的外表面，均应衬涂合适的防腐层，或使用耐腐材料制作。电厂化学水处理设备、管道的常用防腐工艺方法可参见表 14 – 16。

表 14 – 16　　水处理设备、管路常用的防腐工艺方法及技术要求

序号	项　　目	防腐工艺方法	技术要求
1	活性炭过滤器	衬胶	衬胶厚度 3mm
2	钠离子交换器	衬胶或衬玻璃钢	衬胶厚度 3mm
3	除盐系统阴、阳离子交换器	衬胶	衬胶厚度 4.5mm（共两层）
4	中间（除盐、再生自用）水泵、化学废水泵	不锈钢	根据介质选择相应合适的材质
5	除（脱）碳器	衬胶	衬胶厚度 3~4.5mm 一层
6	真空脱碳器（除气器）		真空度 725~740mmHg 衬胶厚度 3~4.5mm 一层
7	中间水箱	衬胶、衬玻璃钢	衬胶厚度 3~4.5mm 衬玻璃钢 6~8 层
8	除盐水箱、凝结水自用水箱	衬玻璃钢	衬玻璃钢 6~8 层
9	盐酸储罐及酸计量箱	钢衬胶、衬塑，耐蚀玻璃钢	衬胶厚度 4.5mm（共两层）衬塑厚度 5~6mm，衬玻璃钢12~15 层
10	浓硫酸贮存槽及计量箱	钢制	不应使用有机玻璃及塑料附件

第十四章　水处理设备的防腐

序号	项　目	防腐工艺方法	技术要求
11	凝结水精处理用氢氧化钠储罐及计量箱	钢衬胶	衬胶厚度 3mm
12	次氯酸钠贮存槽	钢衬胶，钢衬塑，FRP/PVC 复合玻璃钢	耐 NaOCl 橡胶，衬胶（塑）厚度 4.5mm
13	食盐湿贮存槽	衬耐酸瓷砖，耐蚀玻璃钢	玻璃钢 4~5 层
14	浓碱液贮存槽（罐）及计量箱	钢制（必要时衬里）	
15	稀硫酸箱、计量箱	钢衬胶	衬胶厚度 3~4.5mm
16	食盐溶液箱、计量箱	硬聚氯乙烯、钢衬塑	衬里厚度 3mm 一层
17	混凝剂溶液箱、计量箱	钢衬胶（塑）FRP/PVC 复合玻璃钢	衬里厚度 3~4.5mm 一层
18	加混凝剂的澄清池、过滤器、生水箱、清水箱	涂耐蚀涂料	涂漆 4~6 道
19	氨、联氨溶液箱	钢制（应为无铜件），不锈钢（亚临界参数及以上机组）	
20	酸碱中和池	花岗岩、衬耐蚀玻璃钢	玻璃钢 10~12 层
21	盐酸、碱贮存槽（罐）和计量箱地面	花岗岩、耐酸瓷砖、衬耐蚀玻璃钢或其他耐蚀地坪	玻璃钢 4~6 层
22	硫酸贮存槽（罐）和计量箱地面	花岗岩、耐酸瓷砖、衬耐蚀玻璃钢或其他耐蚀地坪	玻璃钢 4~6 层
23	酸、碱性排水沟	花岗岩、衬耐蚀玻璃钢	
24	酸、碱性排水沟盖板	水泥盖板衬耐蚀玻璃钢、FRP 格栅	
25	受腐蚀环境影响的钢平台、扶梯及栏杆、设备和管道外表面	涂刷耐酸（碱）涂料	

序号	项　　目	防腐工艺方法	技术要求
26	盐酸喷射器	钢衬胶、耐蚀玻璃钢、有机玻璃	
27	硫酸喷射器	钢衬四氟	
28	碱液喷射器	钢制、有机玻璃	
29	浓盐酸溶液管	钢衬胶、钢衬塑管	
30	稀盐酸溶液管	钢衬胶、钢衬塑管PVC、ABS 管	衬里厚度 3mm
31	浓硫酸管	钢管、不锈钢管	
32	稀硫酸溶液管	钢衬胶（塑）ABS 管	衬里厚度 3mm
33	精处理用氢氧化钠碱液管	钢衬塑、不锈钢管	衬里厚度 3mm
34	混凝剂和助凝剂管	不锈钢管、钢衬塑管、ABS 管	应根据介质选择相应的材质
35	食盐溶液管	钢衬胶、钢衬塑管，ABS 管	衬里厚度 3mm
36	氨、联氨溶液管	钢管、不锈钢管（亚临界参数及以上机组）	
37	氯气管	紫铜	
38	液氯管	钢管	
39	氯水及次氯酸钠溶液管	钢衬塑、ABS 管	
40	水质稳定剂药液管	钢衬塑、ABS 管、不锈钢管	
41	气动阀门用压缩空气管	不锈钢管	
42	其他用压缩空气管	钢管	

注 1. 当使用和运输的环境温度低于 0℃时，衬胶应选用半硬橡胶。

2. ABS 管材不能使用再生塑料。

提示 本章共有七节，其中第一、二、三节适合于初级工，第四节适合于中级工，第五、六、七节适合于高级工。

第十四章 水处理设备的防腐

第二篇

制 氢 设 备

制氢基础知识

第一节 发电厂用氢

一、汽轮发电机的温升及能量损耗

（一）发电机的温升原因及影响

发电机的温升原因有两种：一种是当发电机在运转中，由于能量转换，导线电阻等产生了"热"，使发电机运行温度逐步升高；另一种是发电机转子由励磁产生磁力线，当磁力线通过铁芯时由于涡流而产生热，使发电机温度上升。

任何一种导体都有其固有的电阻率，但大小不一。目前以金属铂的电阻率最小，金和银次之，铜的电阻率虽然比以上金属大，但在普通金属中最小，价格相对便宜，所以发电机绕组选用铜作材料。铜导线与铁芯之间用绝缘材料隔绝。绝缘材料可分为有机质和无机质，这些材料一般都是组合使用。有机绝缘材料在长期高温下会被分解炭化，所以发电机发热是影响绝缘材料寿命的主要因素。近年来一般选用玻璃纤维作绝缘材料，玻璃纤维是无机质，一般耐温要比有机质高。

（二）发电机损耗的分类

（1）铜损：电流通过发电机绕组时产生的热量损耗叫铜损。铜损分定子绕组铜损和转子绕组铜损。

（2）铁损：发电机转子产生的磁力线旋转切割定子绕组时，磁力线在定子铁芯内产生涡流和磁滞，导致铁芯发热，这种由于涡流和磁滞产生的能量损耗叫铁损。铁损分定子铁损和转子铁损。

（3）通风损耗与风摩损耗：冷却发电机需要通风，而通风的动力则要消耗能量，风的流通所产生的摩擦也要消耗能量。

（4）轴承摩擦损耗：这是机械摩擦损耗的一种。

以上这些能量损耗对每台发电机来说都是不可避免的。发电机冷却的根本任务是散发掉发电机内部的热量，使发电机各部温升维持在标准规定范围内，保证发电机的正常运行。空冷汽轮发电机的损耗分布情况如图

15-1 所示。

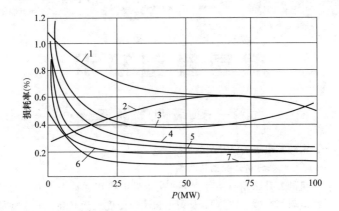

图 15-1 空冷汽轮发电机的损耗分布状况曲线
1—定子铁损；2—风摩擦损耗；3—通风损耗；4—转子铜损；
5—定子铜损；6—轴承损耗；7—定子铁损

二、发电机冷却

（一）冷却介质的选择

发电机对冷却介质的基本要求如下：

（1）比热容（或汽化热）大，比热容大则单位介质在同一温升下带出的热量就多，换言之，带出同样的热量所需的介质量小。

（2）黏度小，当速度不变时，黏度小则传热能力大，且流动摩擦阻力小。

（3）导热系数大，当速度不变时，导热系数越大，热交换能力越大，内部降温越大。

（4）密度小，对气体介质而言，密度小则通风损耗小。不过对液体介质讲，消耗在泵上的功率很小，为了考虑传热能力，液体介质并不一定要求密度小。

（5）介质强度高，可以减少电晕，有利于安全。

（6）应无毒，无腐蚀性，化学性稳定。

（7）容易制取，而且价格低。

几种气体冷却介质的热性能比较见表 15-1。

第二篇 制氢设备

表 15 –1 　　　　　　　　　　几种气体冷却介质的热性能比较

介质	空气	氢气	二氧化碳	氮气
分子量	29	2	44	28
相对比热容	1	14.35	0.88	1.308
相对导热系数	1	0.163	0.0137	0.0228
相对密度	1	0.08988	1.297	1.251
相对传热系数	1	1.63	0.0137	0.0228

注 标准状态为温度 0℃，压力为 0.101325MPa。

通过以上几种气体的比较，可以看出氢气做发电机冷却介质有以下优点：

（1）氢的密度是空气的 2/29，使发电机转子在转动过程中所受到的阻力相应比空气减少 10～14.5 倍，从而减少机械热损失。

（2）氢的导热系数比空气大约 7 倍，发电机冷却效果增强约比空气冷却的温差小 10℃。

（3）氢气比空气纯净，不会将灰尘等污物带到线圈上，造成短路。

（4）氢气扩散速度快，不易在绝缘体表面产生电晕现象，从而减弱了绝缘材料的老化。

（二）发电机冷却方式

1. 外冷式汽轮发电机

外冷式又称表面冷却式。氢气是在绕组导线和铁芯表面流过与热体接触，吸收热体表面的热量并带走。发热体绕组导线与铁芯内部产生的热量，必须全部传出本体表面，才能被氢气冷却。

表面冷却的冷却介质，不能采用液体作为冷却介质，只限于采用气体。

氢外冷方式常用于容量为 100MW 以下的发电机组，其效率比空冷发电机高 0.6%～1.0%。

100MW 以上的发电机用氢外冷的方式是不经济的。

2. 内冷式汽轮发电机

内冷式又称直接冷却式，是冷却介质在发热体内部直接冷却的方式。当汽轮发电机单机容量达 100MW 以上时，靠氢表面冷却来传热难以达到预期效果。

第十五章　制氢基础知识

从冷却效率上看内冷方式优于外冷方式，而且扩大了冷却介质的种类，有氢和纯水，两者可以配合使用。

第二节 电 解

一、电解

当直流电通过电解质溶液时引起的氧化还原反应过程叫电解。也可简化为电解质受电流作用而发生化学反应的过程。

当电解质溶解于水时，电解质发生电离，电离后产生的离子作自由运动。通以直流电后离子的运动则有一定的规律，即阳离子向电流的阴极移动，阴离子向电流的阳极移动，如图15－2所示。到达阴极的阳离子，阴极供给电子，使阳离子还原，发生还原反应。到达阳极的阴离子，阳极接受电子，使阴离子氧化，发生氧化反应。物质的化合分解反应都伴随着能量的改变。所以电解质通电分解，必须吸收电能而分解，工业用电解法生产的产品很多，如电解食盐而产生氢气、氯气和火碱，电解水制氢气和氧气，电解提取纯净的金属等。

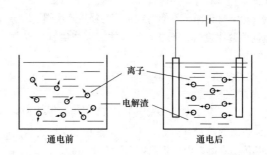

离子

电解渣

通电前　　　　　　　　通电后

图15－2　电解质离子通电前后的移动方向示意图

二、水的分解电压

电解质必须在有电流的作用下才能进行电解。有电流通过就必然存在一定的电压，能使电解质顺利电解所需的最低外加电压叫"分解电压"。

由理论计算而得的分解电压与实际所需的分解电压数值不同，故有"理论分解电压"与"实际分解电压"的区别，其两者之间的关系是：

实际分解电压 > 理论分解电压

实际分解电压 – 理论分解电压 = 超电压（或过电位）

三、水的理论分解电压

纯净的水只有极微量的离解，所以通常认定纯水是不电解的。水的理论分解电压是假设水在可逆条件下（$H_2O \rightleftharpoons H^+ + OH^-$）分解时，进行电解所需的电压，它等于氢氧原电池的可逆电动势 E。

水的理论分解电压是不计任何损耗的最低电压，相当于水分解，（或生成）时的自由能的变化，可逆电池电动势与自由能之间的关系为

$$\Delta G = -nEF \qquad (15-1)$$

式中　ΔG——自由能的变化；

　　　　n——反应物质的量，电极反应中电子得失数；

　　　　F——法拉第常数。

在一个大气压、25℃ 的状况下，电解 1mol 水能生成 1mol 的氢及 0.5mol 的氧，其自由能的变化（生成物与反应物之间的自由能差）为 56.74cal（卡），所需能量为 1 法拉第（26.8Ah），因此水分解成氢和氧的化学反应的自由能增加，需外加供给电能（$-E$），即

$$
\begin{aligned}
E &= -\frac{\Delta G}{nF} \\[6pt]
&= -\frac{56.7 \times 1000/0.239}{2 \times 26.8 \times 3600} \\[6pt]
&= -\frac{56.7 \times 1000}{2 \times 26.8 \times 3600 \times 0.239} \qquad (15-2) \\[6pt]
&= -\frac{56.7 \times 1000}{2 \times 26.8 \times 860} \\[6pt]
&\approx -1.23 \ (\text{V})
\end{aligned}
$$

在这里电量的单位为 C（库仑），自由能的单位为 J（焦耳）

$1J = 0.239cal$

四、法拉第定律

法拉第定律是电解理论的基础。任何电解过程中被电解的物质在数量上的变化都服从法拉第定律。

法拉第定律的含义表述如下：

（1）电解同一物质时，在电极上产生的物质的量与通入的电量成正比，即：

$$G = K_e It \qquad (15-3)$$

式中　G——电解析出物资的量；

K_e——电化学当量；

I——电流；

T——通电时间。

（2）电解时每产生 1mol 的任何物资都需要同样的电量，即 96494C 的电量。

电解时通入 1C 电量而析出的某元素的量叫该元素的"电化学当量"，电化学当量与摩尔之间的关系为

$$1 \text{ 电化学当量} \times 96494 = 1\text{mol} \qquad (15-4)$$

$$1F = 96500C = 26.8Ah$$

阴极每析出 1mol 氢（H_2）所需要电量为

$$It = 2 \times 26.8 = 53.6 \text{ （Ah）}$$

（3）法拉第定律不受温度、浓度、电流密度等的影响。

第三节　超电压及其造成的因素

水电解时理论求得的 1.23V 电压，并不能使电解液电解而得到氢和氧，实际上能分解水的电压比 1.23V 要高出很多，现在电解槽的小室电压为 1.89～2.02V。

实际分解电压与理论分解电压之差叫"超电压"。由于各种因素的不一致，超电压并不是一个固定值，而是随条件的不同变动。下面分别说明造成超电压的因素。

（1）电解液温度对超电压的影响。电解液温度的变化对电解质离子的活动能力有影响，一般是温度升高离子的活动能力增强。电解液温度升高对电解液本身流动性增大，电解产生的气体容易排出，所以电解温度变化直接影响超电压的变化。

（2）电解液浓度变化对超电压的影响。电解液在电解的过程中，由于离子在电极上放电，使电极附近的离子浓度较其他部分的浓度降低，形成了浓度差，即浓差电池，这个浓差电池的电动势与外加电压相对抗，称作浓差超电压，又称"浓差极化量"。

（3）电极超电压。电解过程中使用哪一种金属做电解电极，直接影响超电压的大小，称作"电极超电压"或"活化极化"。

在不同电极材料上的氢超电压见表 15-2。在不同电极材料上氧的超电压见表 15-3。

表 15 –2　　　　　　在不同电极材料上的氢超电压

电极材料	η_0 （V）	电极材料	η_0 （V）
Pt （镀铂黑）	~ 0.00	Cu	0.23
Pd	~ 0.00	Cd	0.48
Au	0.02	Sn	0.53
Fe	0.08	Pb	0.64
Pt （光活）	0.09	Zn	0.70
Ag	0.15	Hg	0.78
Ni	0.21		

表 15 –3　　　　　　在不同电极材料上氧的超电压

电极材料	η_0 （V）	电极材料	η_0 （V）
Pt （镀铂黑）	0.25	Cu	—
Pd	0.43	Cd	0.43
Au	0.53	Sn	—
Fe	0.25	Pb	0.31
Pt （光活）	0.45	Zn	—
Ag	0.41	Hg	—
Ni	0.06		

　（4）在电解水过程中，电解槽的阴极与阳极上氢与氧的气泡能否尽快脱离极面是很重要的，氢、氧气泡在电极上脱离的速度对超电压的影响非常大，任何一步的迟缓都会引起超电压的增加。

　所以加强电解液的循环是一个关键。DQ – 10/3.2 型电解水制氢设备是靠电解液自然循环。而 ZhDQ – 32/10 型电解水制氢设备是用泵强迫电解液循环，这是降低超电压的重要措施。

第四节　电解水制氢设备的组成及原理

目前水电解的原理有几种解释，下面分别说明。

一、离子放电顺序

简单地说，阴离子在阳极放电，阳离子在阴极放电，但有几种阴

（阳）离子同时存在的情况下，哪一种更容易放电或先放电，却没有一成不变的顺序。因为离子放电的难易，是受多种因素的影响，即决定于它们的标准电极电动势，又决定于溶液中离子的浓度，还与所用的电极材料以及放电产物在电极上的超电压等有关。

一般情况下金属离子在浓度相差不大时，标准电极电动势越低的离子在阴极上越难放电，反之标准电极电动势越高则越易放电。所以对同时存在的几种金属离子（它们之间浓度相差很小）的溶液进行电解时，活动性较差的金属离子放电消耗后，活动性较强的金属离子既标准电极电动势越低的离子才放电。

一般的情况下它们的放电顺序是：

Au→Ag→Hg→Cu→H→Pb→Sn→Fe→Zn→Al→Mg→Na→Ca→K

标准电极电动势越低→活动性越大。

上面的活动顺序不是永远不变的，在条件不同的情况下，如浓度、温度以及电极种类等造成不同的超电压时，前后次序常有小范围的变动。尤其是氢离子的放电顺序，不能只按标准电极电势判断，因为氢离子在溶液中的浓度一般很小，而氢在很多电极上的超电压又较大。而溶液中的金属离子浓度较大，其超电压又很小。所以氢在电解过程中的放电顺序由具体的情况判定。

总起来简单地说：碱性溶液（NaOH、KOH）通过电解的过程如下：

水的解离　　$2H_2O \rightarrow 2H^+ + 2OH^-$

在阴极　　　$2H^+ + 2e \rightarrow H_2 \uparrow$

在阳极　　　$2OH^- - 2e \rightarrow 2H_2O + 1/2O^2 \uparrow$

电解液中的 NaOH（KOH）没有变化，只起到了导电的作用，其浓度理论上是不会减小，只要连续不断地补充纯水。但实际上由于泄漏、气体携带等原因，碱液还是要在电解一段时间后进行补充。

二、离子水化

氢氧化钾（钠）溶于水离解而成钾（钠）离子和氢氧根离子，即 KOH→$K^+ + OH^-$ 水分子是极性分子，平时水中的水分子由于固有偶极的取向，而使极性分子相互吸引，相互平衡。

当有 K^+（Na^+）存在时，原有的水分子偶极取向平衡被破坏，水分子偶极带负性的一方向 K^+（Na^+）靠近，而使 K^+（Na^+）水化（水合），这种水化后的 K^+（Na^+）外围仍然带有正性，这种正性不是 K^+（Na^+）原有的，而是水分子偶极带正性的一方。

当这种水化后的 K^+（Na^+）向阴极移动、接近、接触时，首先是 H^+ 先接触、放电，所以在阴极得到的是氢气。这一过程可用图 15-3 说明。

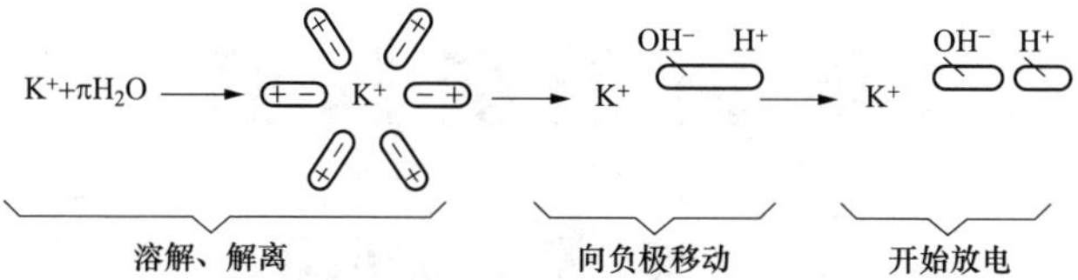

图 15-3　钾离子使水分子产生极性方向图

水分子是一个偶极矩为 $104°40'$ 结构，当金属离子吸引其成水分子时，组成这种水化离子外围表现出的正性有强有弱，金属离子本身正性强，所组成的水化离子正性也强，反之就弱。

金属原子随其原子量的增加，对水分子的吸引力在逐步减小，所以 K^+（Na^+）所组成的水化离子正性强于 Zn^{2+} 所组成的水化离子，Zn^{2+} 组成的水化离子正性主要是其本身固有的正性，而 Zn^{2+} 外围有偶矩的水分子也受 Zn^{2+} 的影响组合，但由于偶矩角度的关系是处于比 K^+（Na^+）水化离子非常自由松散状态，因此在 $ZnCl_2$ 电解时阴极放电是 Zn^{2+} 而不是 H^+。所以阴极得到了金属锌。阳极的反应与前面相同。

三、次反应解释

当 KOH（NaOH）解离后溶液中存在 K^+（Na^+）和 OH^-，即

$$KOH \rightarrow K^+ + 2OH^-$$

电解通电后 K^+（Na^+）向阴极移动、接触、放电而成 K 原子
即

$$K^+ + e \rightarrow K$$

钾原子在阴极生成是处于水溶液中，而钾原子又不能在水中存在，立即与水起下列反应

$$2K^+ + 2H_2O \rightarrow 2KOH + H_2 \uparrow$$

所以阴极电解时产生氢气。阳极反应与前面完全相同。

第十五章　制氢基础知识

第十六章

制氢设备检修

第一节 电解槽检修

氢系统的大修根据设备的技术状况以及检修工艺水平等合理的确定，一般为 3~5 年。为保证氢冷发电机的安全经济运行，在大修时，应将制氢系统电解槽的大修与其他附属设备的检修时间错开，并尽量缩短工期，保证质量，一次启动成功。

一、电解槽大修前的准备工作

（1）了解和弄清电解槽的运行工况和相关系统设备缺陷。

（2）准备好必要的备品配件，如绝缘垫片、石棉布隔膜、部分极板及隔膜框等。

（3）准备好起吊机具和专用工具。

（4）测量电解槽电压、电流、工作压力、温度、间隔电压、气体纯度、电解液密度等，记入检修记录簿上。

（5）记录电解槽四点主极距及误差。

（6）由电解槽正极向负极在每个框上按顺序打出字码编号，以便检修与回装。

（7）清理电解槽外部的积碱，并用漆在漏碱处做记号，以便检修时查明原因。

（8）将电解槽碱内的碱液打入碱箱，并用凝结水冲洗电解槽。

（9）卸掉系统压力，将氢系统及其设备进行氮气或二氧化碳的置换工作，直到含氢量小于 3%，在检查所有设备确实无氢、无碱和其他安全措施符合要求时，办理开工手续。

周期应根据设备情况，腐蚀、泄漏等缺陷来确定，制氢系统的小修一般为一年一次。电解槽标准大修周期为 5 年。

二、电解槽大修项目

（1）将电解槽解体，用清水冲洗隔离框、极板、主极板等，除去碱液。

（2）检查和清理隔离框内外缘及气道孔和液孔道孔内的污物。

（3）检查和清理极板。检查阳极板镀镍层的腐蚀情况，腐蚀的极板进行更换，检查清理阴极板的污物和锈蚀情况。

（4）检查清洗主极板接合面。

（5）检查与清洗紧固用的大螺杆、螺母、盘形弹簧等。

（6）检查石棉布和隔膜框加紧圈的完整情况。

（7）检修取样碱阀门及系统连接的管路法兰。

（8）联系热工专业检查校验、调整热工表计、仪表等。

（9）测量极间绝缘及对地绝缘。

三、电解槽拆卸顺序和方法

（1）打开排气阀，用手压泵或其他水泵将电解槽内的碱液抽到碱液箱。

（2）打开氢氧压力调节器水位计和除盐水箱放水阀，将水放净。

（3）用清水将电解槽内的残留碱液冲洗干净。

（4）卸下电解槽氢、氧两侧出口处的压力表、温度表、热电偶元件和各种自控仪表。

（5）拆下电解槽氢、氧出口至分离器入口的管道。

（6）拆开电解槽电解液底部或侧面碱液入口的法兰。

（7）将绝缘板垫块做好标记，拆开电缆接头并拧开电解槽的地脚螺栓。

（8）在电解槽四周120°夹角处画三条平行于轴线的直线，在每条线上从第一块极板起，每5块极板做一点记录，测量其长度并记录下来，以供组装时使用。

（9）将电解槽用三脚架等起重机具竖立到工作台上。

（10）从电解槽端极板开始，将极板组、隔膜框按顺序编号做好标记。

（11）用专用大扳手均匀松开4个或6个拉紧螺杆上的固定螺母，拆下蝶形弹簧和绝缘垫圈。

（12）拆下气道孔和液道孔螺母，取下榫面法兰盖、石棉垫圈，在气道孔和液道孔内穿入两个直径合适的导杆，抽出电解槽上部的部分拉紧螺杆，按拆装标记顺序的方法依次卸下端极板、副极板、聚四氟隔膜垫（或极板组）、隔膜框（或极板框）、小垫片等，并逐片进行冲洗，除去残留的碱液。极板组和焊有极板的极板框应平放，远离热源，并衬上橡胶垫等软物，防止损伤接合面。

（13）拆卸极板所用的工具应为硬质木锤、竹片，需要敲打时应用铜锤。拆卸工作应戴上橡胶手套。

四、检修方法和质量标准

（1）检修极板和端极板时，可先用棉纱或软麻布擦洗极板组（或极板）和端极板的阳极镀镍层，清除其表面、气道孔和液道孔内的污物，使其清洁。然后检查镀镍层是否有脱落、磨损、划伤、起泡、龟裂和变形等缺陷，必要时辅以放大镜进行观察。若有损坏时，应进行更换。对于不镀镍的阴极板，可用水砂纸将表面打磨干净，并露出金属色泽，再用柔软的麻布将表面擦净。然后将阴极板和阳极板浸泡在 80 号以上的汽油或易挥发、去油污的溶剂中数小时，取出擦干。

将处理好的阴极板、阳极板、端极板放在干燥室内存放，或用布包裹起来，防止灰尘脏污。

（2）检查隔膜框的密封线，发现缺陷应更换隔膜框。清理隔膜框内外的污物。用硬木棒或麻布清理隔膜框气道孔、液道孔，使孔内表面干净，畅通无阻。

（3）更换损坏、折叠和有孔洞的石棉布，并用压环将其紧固在隔膜框上并绷紧。要求石棉布经纬线均匀，无粗头和断裂，布面应致密不透光。

（4）表面的污物擦洗净后，用金属探伤法检查蝶形弹簧、拉紧螺杆有无损伤和裂纹，并进行校直工作，不合格时更换新弹簧并拉紧螺杆。

（5）清洗镍丝网，检查其完整性。

（6）将所有的螺栓、螺母等用汽油浸泡，擦洗干净；锈蚀严重、螺纹损伤者，应予以更换。

（7）更换绝缘密封垫片。

五、组装方法和技术要求

按拆卸的逆向顺序进行组装。极板组装的位置要逐片与原画面的三条线位置对正。

（1）端极板的组装。在组装端极板之前，需检查基础的水平情况。接着按原来的标记放入绝缘板垫块，将端极板垂直放在绝缘垫块上，装上绝缘套，然后在端极板的下部穿入两个拉紧螺杆，端极板中部也穿入两个，最后在拉紧螺杆的两端各套上一个蝶形弹簧，再装上螺母。组装时不要弄脏设备，特别是勿将金属物件或金属屑掉入设备内。

（2）电解槽的组装。首先在端极板气道孔和碱液孔中穿入直径合适的 4 个导杆，然后将绝缘垫片、检修好的极板组、隔膜框（或极板框），如此边穿入，边组装，直到穿完为止。组装时应注意：

1）隔膜框孔道方向应正确。

2）垫片要放正，不能错位。

3）氢气道孔、氧气道孔不能装反，并应对准位置，保证畅通。

4）极板组和隔膜框之间不能短路，可以用万用表或 12V 检查灯检查。

5）极板组（或隔膜垫）不能装反，这样阳极镍丝网和阴极镍丝网才能保持正确方向。

6）螺杆对端极板和端极板对地绝缘的电阻都应大于 1MΩ。

以上工序完成后，穿入上面另一个（或两个）拉紧螺杆的绝缘套、拉紧螺杆、垫圈、蝶形弹簧和螺母。将 4 个（或 6 个）拉紧螺杆上的螺母用专用大扳手并套上长柄用力对称紧固，其紧力要参考解体前所画的三条线的记录，使紧固后的总长度增加值为 3～5mm。然后将两侧端极板外侧气道口、液道口用榫面法兰堵板堵好。至此，电解槽的组装工作即告完成。

（3）热吹洗、水压试验、气密性试验。电解槽安装好后，在气道排除口通入压力为 0.2～0.3MPa 的蒸汽，吹洗约 30～40h，疏水和蒸汽从下面液道排除口排出。

在吹洗过程中，电解槽温度将升高到 120～130℃，这时绝缘垫片要变软、收缩，此时还应紧固拉紧螺杆的螺母，即热紧，使拉杆拉紧，弹簧变形量在 8～11mm 的范围内。

此后，用凝结水进行 4.0MPa 压力的水压试验 15min；接着进行 3.0MPa 压力的气密性试验 1h。

（4）绝缘试验。绝缘试验要求室间绝缘不短路，螺杆对端极板绝缘和端极板对地绝缘，电阻都大于 1MΩ。

（5）组装检验。将合格的碱液打入电解槽，直到分离器液位监视管溢出碱液为止，此时即具备投运条件。

（6）电解液的质量应符合表 16–1 的标准。

表 16–1　　　　　　　电解液的质量标准表

项目	单位	含量
氢氧化钠浓度	g/L	330～334
密度	g/cm³	1.263～1.285

第十六章　制氢设备检修

项目	单位	含量
铁离子	mg/L	≤3
氯离子	mg/L	≤800
碳酸盐	mg/L	≤20
硫酸盐	mg/L	≤100

六、小修项目

（1）冲洗电解槽、清理表面污物。

（2）检查系统中的阀门。

（3）压力表的校验。

（4）检查液位计及温度计。

七、制氢系统检修的安全技术措施

（1）将需要检修的电解槽停止运行，将碱液抽空，用氮气置换合格并用除盐水冲洗合格，至出水 pH 值为中性。

（2）将运行设备与检修设备进行隔离，将整流柜断电。

（3）进行检修工作时应每隔 2h，测量检修工作区域内空气中的氢含量。

（4）在进行除油工作时，应尽量在室外进行，如必须在室内进行，则空气中丙酮量不得超过 $400mg/m^3$。

（5）现场所有工作人员的着装，工器具的使用均应符合安规的要求。

（6）储氢罐检修的安全技术措施：

1）停止向需要检修的氢罐送氢气并关闭进氢一次门。

2）将需要检修的氢罐至发电机供氢门关闭。

3）将氢罐泄压排氢，直至罐内压力到 0.2MPa 为止。

4）通过排污门向氢罐内进行带压注水排氢，注水时氢罐内压力不许低于 0.2MPa 直至取样门出水 3min 为止。

5）排氢过程中应停止罐内其他检修工作，直到氢储罐内注满水，测现场空气中含氢量合格后，方可进行检修工作。

6）检修工器具、材料、备品配件摆放整齐，检修现场"三不落地"。

第二节　电解槽极板

ZhDQ－32/10 型电解水制氢系统的电解槽是由极板、副极板和石棉隔膜垫组成。其中左右间是结构形式完全相同而方向相反的，所以只需介绍一侧。

一、中间极板

由于 ZhDQ-32/10 型电解槽是分两节工作，所以设有中间极板，其结构如图 16-1 所示。

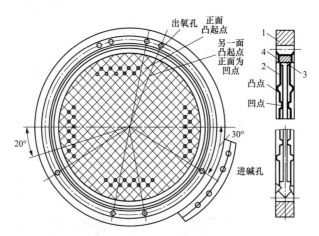

图 16-1　中间极板结构
1—极板框；2—主极板；3—支撑体；4—焊缝

在极板框的中间，左右焊接两块主极板，中间夹有支撑体，放电面积只用了向外的一面。电解液由两侧进入中间极板的夹层内，再由下通道进入各极板框出碱孔连成的横通道内，而后进入各电解小室。

中间极板的主极板是用 2mm 厚的钢板冲压而成，其极板面上压有均布的凹凸点，以固定副极板。将中间极板焊在极板框上就组成中间极板。

中间极板的下方有接线板，以便连接电源母线。中间极板是阳极的起点，电流由此通往两侧的电解小室，所以极板两侧都是阳极。电解时只析出氧气，故使其气孔通道只通氧气。为防止氧对铁的氧化腐蚀，中间极板的外侧都镀有镍保护层。

二、极板

极板系指中间极板左右两侧的所有极板。每个极板框中只有 1 块主极板，其结构与中间极板的主极板完全相同，如图 16-2 所示。

同一块主极板两侧的电性却不同，一侧为阳极，另一侧为阴极，其表面均进行镀镍处理。但阳极侧要求镀镍层质量严格；阴极侧镀镍后还要进

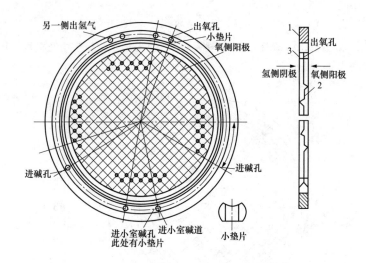

图 16 - 2　左（右）极板结构
1—极板框；2—主极板；3—焊缝

行活化处理，即在镀镍层上再镀一层硫化镍，以降低对氧的超电位。

为防止在整体组合电解槽时氟塑料垫片因挤压而堵塞电解液通道，在所有开孔的通道处加装一小垫片。

三、副极板

为了提高电解效率，必须增大电流密度，为此在极板两侧，各增加一块阴阳极板。实际上副极板不是板，而是用纯镍丝编织成的网。镍丝的直径只有 0.19mm，网孔的面积为 $0.44 \times 0.44 = 0.194$（mm^2），镍丝网紧靠石棉隔膜，装放在主极板与石棉隔膜之间，还起保护隔膜的作用。

阴副极板还应进行活化处理，以制得多孔镍电极。活化的方法为烧结法。

四、端极板

ZhDQ - 32/10 的端极板最初设计的是与槽体紧固为一体的。这种结构容易产生砂眼缺陷，而且铸钢用量较多。故现在的端极板与紧固体分开制作，这样紧固体可以选用铸钢材料，其结构如图 16 - 3 所示。

五、石棉隔膜垫片

（一）石棉隔膜垫片的作用

每一个电解小室分阴阳两极，阴极产氢，阳极产氧，而氢与氧又绝对

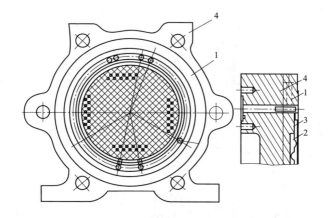

图 16 – 3　端极板与紧固体结构
1—端极板；2—主极板；3—焊缝；4—紧固体

不能混合。被电解的氢离子、钾离子、氢氧根离子等还必须在小室内自由游向阴极和游向阳极，因此必须有一种能隔离开两极产生的氢气与氧气，又不能阻止离子的自由游动，石棉隔膜垫片就是起这种作用的。

可以做隔膜的材料还有聚丙烯、多孔镍板、钛酸钾纤维等。但在几种隔膜中一般都趋向于当电流密度增大时其阻力亦增大，而相比之下石棉隔膜增大最小。所以用石棉布做隔膜的较多，石棉隔膜的缺点是当电解液温度升高到100℃时有腐蚀现象。

（二）石棉隔膜垫片的结构

ZhDQ – 32/10 型电解槽是将石棉隔膜和聚四氟乙烯密封垫合为一体，不仅减少了电解槽组合中零件的数量，而且密封严好，不易泄漏。其结构如图 16 – 4 所示。

圆的石棉隔膜垫片，真正起隔膜作用的只有中间直径 480mm 的裸露部分，外围全部用聚四氟乙烯热铸包围起来，石棉不外漏任何毛边，密封严好。

（三）对石棉隔膜的要求

石棉纤维必须是经过酸洗处理后的纯净物，保证不污染电解液。编织成的石棉布必须很致密，能达到只允许通过离子而不能通过氢气与氧气。有关石棉隔膜的具体质量要求，参看表 16 – 2 石棉布的技术规范。

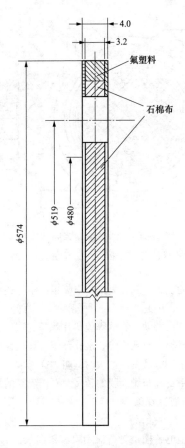

图 16 – 4　石棉隔膜垫片

表 16 – 2 石棉布的技术规范

规格（mm）				经纬密度（根数/100mm）		织纹结构
厚度		幅宽		经线（不小于）	纬线（不小于）	
尺寸	允许误差	尺寸	允许误差			
3.20	±0.2	870 1000 1150 1550	+20~0	140	76	斜纹

第二篇 制氢设备

第三节　镀镍层与镍网活化处理

一、镀镍

镍对氧有优良的抗腐蚀能力，所以电解槽所有带正电的，并和电解液接触的地方，要求必须镀镍，以防止氧对铁的腐蚀和腐蚀后铁对电解液的污染。

最初的电解槽极板只是对正极进行镀镍，负极仍为铁本体。负极氢对铁的超电压是 0.08V，而对镍的超电压是 0.21V，铁略优于镍。但是这给制造带来的困难很大，同一块极板一侧要求镀镍，另一侧不要求镀镍，就必须在电镀的过程中屏蔽起来。另外，不镀镍的一侧在存放中常是铁锈满片，运行中电解液的铁含量也很高。所以 ZhDQ – 32/10 采用了两侧（正极、负极）全镀镍，但两侧对镍层的要求不同，处理也不同。经镀镍并处理后的负极，超电压比纯镀镍要低。

二、镀镍层的质量要求

对镀镍层的质量和检修过程中的保护很重要，若正极有一点的镀镍层破坏，运行中这块极板就会腐蚀、穿孔，直至造成氢氧混合，其后果很难想象。对镀镍层的质量要求：

（1）镀层为暗镍，淡灰色，不允许采用任何镀前底层处理。

（2）镀镍层表面无皱纹、脱皮、毛刺，更不允许有任何未镀到的地方。

（3）镀层应妥善保护，不得有任何碰伤、划痕，若发现有镀层被划、被碰必须进行补镀。

（4）镀件的物理检验方法之一是：镀件经 90°弯曲，弯曲半径为 4 倍板厚时，不许有明显的镀层剥离。

（5）镀层要求均匀，主极板镀层厚度≥100μm，框架、气道、液道镀层厚度≥60μm。极板阴极的镀层要求低于阳极侧，但也不应小于 40μm。

（6）要求极板镍镀层无孔隙，在 100cm² 上孔数不得超过 20 点，实验方法为氰化钾兰点测定法（电镀工艺的要求），孔隙率测定应在钝化前进行。

（7）镀件的检查应在每批产品中抽样测试。电解槽大修解体时，必须参照有关规定，对极板镀层检查。

（8）极板阳极侧镀层应经碳酸钠钝化处理。

三、阴极侧镀层的活化处理

阴极侧镀镍后，超电压比铁本体有所升高，为了克服这一问题，对镍层进行活化处理。活化处理的过程是在已镀过一层 20～40μm 厚的镀镍层上，再镀一层二硫化三镍。该镀层出镀槽时呈黄绿色，然后逐渐变为古铜色。

对活化层的要求是不能有剥落、鼓泡，要求作电位试验，试验过程中活化层不应有剥落现象，试验电流密度应不小于 $2000A/m^2$。

活化层厚度应在 $12\mu m$ 左右，不能小于 $5\mu m$。

四、副极板（镍丝网）的活化处理

镍丝负极比平板负极已经扩大了面积，但为了使阴极超电位低，还要对阴极副极板进行活化处理。活化处理的实质就是使镍丝网成为多孔的表面，这样更有利于电解电流增大，降低氢的超电位。

活化处理的方法是烧结法，这种办法处理后的电极叫"拉内—镍"（Raney—Ni）高活性和力学性能稳定的双骨架电极，即多孔镍电极。

活化处理的方法是：

（1）先将60%铝与40%镍，制成 $20\sim60\mu m$ 的粉末，然后与粒度为 $5\sim15\mu m$ 的羟基镍粉以 1:2 的体积比混合。

（2）将上述混合粉末涂覆（喷涂）在镍丝网表面，厚约0.3mm，在容器内加压至 $300\sim700MPa$ 的气压。

（3）减压后在200℃下烧结30min。

（4）在 $80\sim100$℃ 下，将镍丝网表面的铝溶解于浓的氢氧化钠溶液中，水洗后得多孔镍电极。

镍网活化前后的电流电压比较，通过图16-5说明。

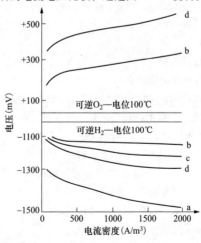

图 16 - 5　水电解用"拉内—镍"电极的电压电流曲线

a—光滑 Ni，100℃；b—Raney—Ni，100℃；

c—Raney—Ni，60℃；d—Raney—Ni，40℃

第一篇　制氢设备

可以看出，未活化的光滑镍曲线 a 远离可逆氢电位，而其他经活化处理后的曲线 b、c、d 随处理温度的升高而越靠近理想可逆电位。

第四节　附属设备的检修

附属设备包括气体分离器、洗涤器、冷却器、过滤器、补水箱等。由于气体分离器、洗涤器、冷却器的内部构造相似，因此其检修项目和方法也基本相同。

一、气体分离器

（一）气体分离器的结构

内部结构较为复杂，全部用不锈钢制作，承受压力为 3.92MPa（40kgf/cm^2），对焊接要求严格，装有水位计，随时可以观察内部液位，以便和氧分离器液位进行比较，此外，还有温度、压力等信号的测量接口。

（二）气体分离器作用

尽可能地将氢气与氧气携带出来的雾状态碱液与气体分离开，这是氢与氧出电解槽第一部净化。分离器的原理是利用分离器的扩容减速作用。气体分离器还起冷却作用。使电解槽的温度保持在 80℃ 左右，氢气的温度冷却到 30℃ 以下。在氢侧和氧侧均设有分离器。分离器的结构如图 16－6 所示。

氢（氧）气由下部进入，从上部排除，被分离出来的碱液集存在分离器下部并保持一定液位，而后逐步与补充水回收，补入电解槽。

电解槽产生的氢气与氧气在电解槽内容积很小，流速很高，当进入分离器后，容积突然增大，速度减慢，小雾滴密度大，开始下沉，达到分离目的。但这是第一次分离，不可能达到完全分离仍有少量的雾点进入下一步工作。

二、洗涤器

洗涤器的作用是将分离出来的氢气与氧气再进一步进行水洗。使微量的碱溶液在水中，保证氢气的纯度。其结构如图 16－7 所示。氢（或氧）气从上部进入，由下部扩散管呈气泡状喷出，再通过从下部进入的凝结水而得到洗涤，最后从上部引出，含有碱液的洗涤水进入电解槽内。

洗涤器装有蛇形管，内通冷却水再一次对氢（或氧）气进行冷却。
注意：氢气与氧气的分离器、洗涤器完全相同。

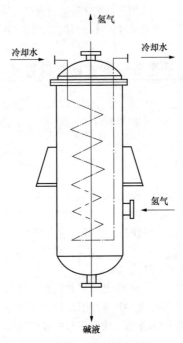

冷却水 ← 　　　　　　　　→ 冷却水

氢气 ↑

氢气 ←

碱液 ↓

图 16 - 6　分离器的结构

三、冷却器

（一）冷却器的结构

氢气冷却器的结构简单，是一个管式表面冷却器，如图 16 - 8 所示。

氢气走蛇形管内部由上而下，冷却水在管外由下而上，冷却后氢气出口应在 30℃ 以下，比室温略高。

冷却器大小与分离器相差无几，由于内部结构简单，所以是一个全封闭容器，无法兰等设施。蛇形管的展开长度则比较长，这是为了保证氢气的冷却效果。

冷却水是软化水，保证不会因结垢而影响冷却效果。

（二）冷却器的作用

（1）氢（或氧）气进一步冷却，分离氢气中的水分，结构如图 16 - 8 所示。冷却器只在氢侧系统中设置，氧侧系统因不需要多级提纯而省略。

氢气由分离器出来，温度仍然在 60℃ 左右，必须经过专门的冷却至接近室温，才能送入储存罐，所以专门设有冷却器。到此本系统对氢气的

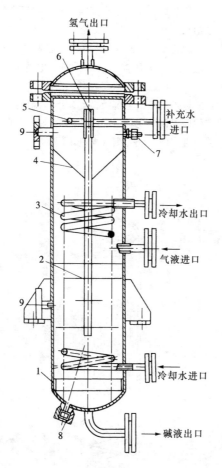

氢气出口

补充水
进口

冷却水出口

气液进口

冷却水进口

碱液出口

图 16 - 7　氢气分离洗涤器结构

1—加固衬环；2—溢水管；3—冷却管；4—支撑；5—布水管；6—漏水筛板；
7—压差发信口；8—温度计接口；9—液位计接口

净化已全部完成。

（2）电解液冷却器。电解液在系统中循环使用，若不控制进入电解槽前的电解液的温度，必然会影响电解效率。电解液在系统中要进行两次冷却，第一次是在氢分离器和氧分离器中同时进行冷却，第二次是专门设置的电解液冷却器，这最后一次冷却要保证温度至 $60 \sim 65 \, ^\circ\!C$ ，这样就能保证电解槽出口温度不超过 $85 \, ^\circ\!C$ 。

电解液冷却器结构简单,在一个小圆筒容器内装设有蛇形管,管内是电解液,管外是冷却水。

冷却水是专用的软化水,它和氢、氧分离器的冷却水相串连,先进入电解液冷却器,再通入两个分离器,最后排放。电解液的流向则与其相反,分离器是第一冷却,再进入冷却器为第二次冷却。

冷却器冷却水的进入门是由电解液循环泵出口温度测量来控制,循环泵出口温度与给定的槽温调节比较后,反馈回信号来控制冷却水进入门的开度,温度低,关小进水门,反之则开大进水门。

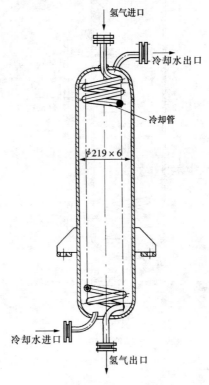

图 16-8 氢气冷却器结构图

（三）除盐水冷却装置

除盐水冷却装置由缓冲水箱、板式换热器、循环水泵以及管路、阀门配件、就地仪表等组成。该装置除盐冷却水箱的水经除盐冷却泵输送至板式换热器,在换热器经工业水冷却后分别送至氢（氧）分离器、氢气冷却器、再生冷却器、整流柜，吸收热量后返回除盐冷却水箱进行循环利用。该装置水压不仅稳定，而且腐蚀、结垢、堵塞现象完全杜绝，冷却效果明显改善，如图 16 - 9 所示。

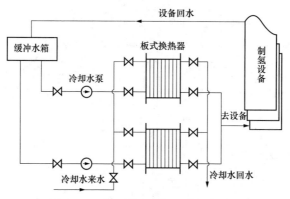

图 16 - 9　闭式循环冷却水系统流程图

四、过滤器

电解液在循环中，由于侵蚀作用会产生一些铁的氯化物，电解槽内的石棉布也会脱落一些石棉纤维，若不将这些杂质去除，就会堵塞氢气和氧气的出口通道，附在石棉布上的杂质也会影响离子的自由通过。除去这些杂质的方法就是过滤。

（一）过滤器的结构

电解液过滤器是长筒形，筒内有一套筒，套筒上开有若干小孔，外包双层镍丝滤网，电解液通过滤网进入内筒，再由上部隔绝的出口排出，污物被截留在滤网上。过滤器的结构如图 16 - 10 所示。

（二）过滤的目的

（1）电解液中的杂质主要有铁氧化物、脱落的石棉纤维，有时也有电解液中析出的晶体。新配置的电解液或新投运的电解槽更为严重。

（2）这些杂质若不及时过滤除去，进入电解槽将阻塞电解液管道，堵塞石棉隔膜，堵塞氢、氧排出气孔，所以必须连续地通过过滤器除去杂质。

（三）过滤器的清洗

当发现电解液的循环流量不大，电解槽槽温上升难控制时，很可能是过滤器滤网堵塞，应当关闭过滤器出入口截门，先充氮排出氢气（正常情况其中不应有氢气，充氮是为了防止万一发生不正常情况），打开过滤

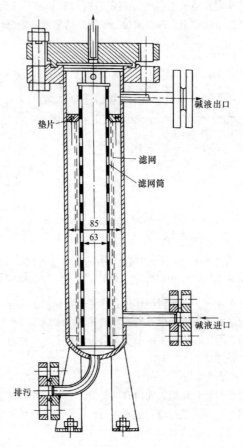

碱液出口

垫片

滤网

滤网筒

85

63

碱液进口

排污

图 16 – 10　氢气冷却器结构图

器上部法兰，取出滤网筒，用清水冲净滤网，再重新组装好。

　　重新组装好的过滤器，必须充氮排尽内部空气后（一般充两次以上）才可投入运行，否则将是很危险的。

　　过滤器的堵塞现象在电解设备新投运是较频繁的，运行一个时期逐步好转，主要原因是石棉隔膜的纤维脱落造成，运行一段时间石棉隔膜的短纤维已基本脱净，不再脱落，所以逐步好转。

五、补水箱（除盐水补水箱）

　　其作用是储存除盐水，定期将除盐水注入氢分离器，再到电解液中，同时对氢气进一步洗涤净化。除盐水箱配有电磁阀和阀门等，由微机控制水的储存量。制氢设备运行过程中，除盐水箱补水系统水箱液位信号传送给 PLC，PLC 根据水箱液位情况，自动控制水箱的电磁阀，实现了补水的自动化。

（一）检修间隔

水箱每年应全面检查一次，并根据情况确定检修项目和内容。

（二）检修顺序

（1）将检修的水箱与系统解列并退出运行，以确保检修人员的安全。

（2）将水箱的余水排到地沟。

（3）待余水放尽后，隔离措施已落实，即可打开人孔，然后进入水箱检查与修理。

（4）检查和修补水箱的防腐衬里层及焊缝。

（5）检查与修补水箱的保温层。

（6）检查与修理水箱的管道阀门及爬梯。

（7）检查、修理和校对水箱的水位指示及报警装置及其附件。

（8）清理冲洗水箱内部。

（9）合上水箱人孔，撤出隔离措施，交付运行使用。

（三）质量标准

（1）修理前应对水箱内部、外部及管道阀门等进行仔细检查，并做好记录。

（2）水箱防腐衬里层如有脱落、鼓包，则必须挖掉这一部分衬里层，使其露出箱壁，打磨除锈至显出金属光泽后，重新衬里或涂刷防腐漆。

（3）检查水箱各处滤网，发现缺陷彻底修复或更换。

（4）水箱的阀门应按阀门检修工艺的要求进行，必须保证阀门的严密性和开闭的灵活性。

（5）水箱外部管道如锈蚀严重应予以更新，新管道应保温和涂漆。

（6）若发现水箱焊缝有缺陷并造成泄漏，则应将有缺陷并造成泄漏的焊缝处的防腐层剔除后再补焊，然后重新衬里或涂防腐层。

（7）仪表及其附件及显示报警装置通过检查校验保证指示准确，信号灵敏无误。

（8）箱体内部检查后，检查有无遗留工具和器材，然后关闭人孔。

（9）全部水箱检修完毕后，应对水箱进行冲洗，并进行严密性试验，合格后交运行人员投入使用。

六、补水泵（补充除盐水）

供给设备运行所需的除盐水。补水泵的启动与停止是根据氧分离器的液位决定的，当氧分离器的液位低于定值时启动柱塞泵补水，反之液位高出最高定值时又停止水泵的运行，补水停止。

七、制氢室附属设备

制氢室附属设备检修时，应储备足够检修期用的氢气使用量。

八、检修前的准备工作

（1）将需要检修的电解槽停止运行，将碱液抽空，用氮气置换合格并用除盐水冲洗合格，至出水 pH 值为中性。

（2）将运行设备与检修设备进行隔离，将整流柜断电。

（3）进行检修工作时应每隔 2h，测量检修工作区域内空气中的氢含量。

（4）在进行除油工作时，应尽量在室外进行，如必须在室内进行，则空气中丙酮量不得超过 $400mg/m^3$。

九、检修项目

（1）检查清洗蛇形管表面的锈蚀产物和内部污垢。

（2）检查清理器壁锈蚀产物和污垢。

（3）检查清理冷却器底部隔板两侧的锈蚀产物。

（4）检查法兰垫片是否完整。

（5）检查分离器、洗涤器、冷却器的接合面。

（6）检修阀门。

检修顺序、方法和质量要求：

a）拆除分离器、洗涤器、冷却器连接的所有法兰、管路和大盖螺栓。

b）取出分离器、洗涤器的蛇形管，检查清理蛇形管外部，检查有无严重腐蚀现象，用带有压力的清水冲洗蛇形管内部，除去水垢。

c）当蛇形管或芯子锈蚀严重或结垢后可用 5%～7% 的稀盐酸或 1%～2% 的氢氟酸（指不锈钢材质）进行清洗，要求表面干净，管子畅通。

d）对器壁、洗涤器喇叭管等应用钢丝刷或砂纸将表面清理干净，使其露出金属色泽。

e）拆开冷却器气水分离室，清理内部污垢，修理排污门。用带有压力的清水冲洗氢气管及冷却室，对蛇形管作 1.2MPa 水压试验并合格。

f）将螺栓、螺母用汽油浸泡后，擦净，涂上二硫化钼或铅粉。

g）按拆卸的逆顺序进行组装。组装时要求罐体中心线垂直，洗涤器喇叭口管中心线与壳体同心，法兰平整。

十、中低压阀门

中低压阀门检修间隔，实行状态检修或随主设备大小修期间做部分解体检查。

（一）检修项目

（1）检查阀瓣阀座密封面的接触及磨损情况，根据情况进行研磨。

（2）检查阀瓣阀座的接触面为 75% 以上。

（3）检查阀杆表面粗糙度，无严重腐蚀弯曲等现象，丝扣应完好，不起毛刺，否则应更换备件。

（4）检查阀座是否有裂纹、砂眼等，不能使用应更换，接合面要修理平整。

（5）清洗拆下的螺栓等零部件，检查修理合格后涂上铅粉。

（6）检查清扫填料压盖及填料。

（7）检查阀杆螺母无磨损，丝扣完好不起毛刺，否则应更换。

（8）清扫阀盖、阀座。

（二）拆卸顺序

（1）清扫阀门外部的污垢。

（2）将阀门平置于地面上，拆下手轮。

（3）拆下阀盖螺栓（拆前，阀门应放在半开位置），打好位置记号，揭开阀盖。

（4）将阀杆、阀盖、阀板从阀座抽出。

（5）取下填料压盖及旧盘根。

（6）拆下阀板，把镶有铜环面向上放好。

（7）向反方向（逆时针方向）旋转阀杆使阀杆与螺母脱离。

（三）质量标准

（1）组装完毕后，应试验阀门灵活无卡紧现象。

（2）水压试验，试验压力为公称压力的 1.25 倍，5min 不降压。

（3）盘根压紧后法兰留有 2/3 压紧余量。

十一、检修阶段技术要求

（1）制氢站及其周围的防火防爆要求，应符合《电力建设安全工作规程》有关规定。

（2）工作人员不可穿纤维服装，不准穿与地面摩擦会产生火花的鞋进入工作现场。

（3）制氢站使用的工具一律采用铜制工具，必须使用钢制工具时，应在工具上涂抹黄油。

（4）严禁烟火，禁止在氢气系统各部位存放其他易燃、易爆和化学危险品，如必须存放使用时，采取可靠地安全措施。并在使用后，及时清理剩余物质。

（5）只有氢站人员同意后，方可开始检修工作，且由制氢站管理人员协调配合。

（6）制氢站检修必须动用电焊时，必须办理动火工作票，并由总工程师签字许可。

（7）检修前，置换用的氮气或二氧化碳气体的纯度，均不得小于98%。

（8）电解室必须严格地与明火或可能发生火花的电气设备、监督仪表隔离。

（9）对制氢系统的严密性要求很高，各种阀门必须经过仔细研磨，确保严密不漏。

（10）电解液系统内严禁使用铜制阀门或铝制阀门及垫圈。

（11）凡与电解液接触的设备和管道，严禁在内部涂刷红丹或其他防腐漆。

（12）氢氧系统应有可靠的导除静电装置，阀门、法兰等处应有铜线跨接，导除静电的接地线应使用铜线。严禁利用输送有爆炸危险物质的管道作为接地线。

（13）安全门应解体清污，安全门的动作压力，应按制造厂的规定整定，整定工作一般在启动前作系统气密试验的同时进行。

（14）需要动火检修时，应尽可能移到厂房外安全地点进行。如必须在现场动火工作时，应保证做到：

1）动火设备与其他管道全部拆离，并加盲板后用氮气吹扫，取样化验合格。而且至少有两台以上的测爆仪在场检测。

2）工作现场应保持通风换气，通风机应为防爆型。

3）制氢站内其他氢气设备尽可能停止运行，不能停止时，应确保运行设备的严密，并用毡布等临时隔开。工具、零件和材料应与运行设备保持一定的安全距离。

4）使用气焊时，氧气瓶、乙炔瓶应设在生产现场外，电焊的地线不接在氢气设备上，现场应配备灭火器材，检修人员应熟悉灭火器材的使用方法。

（15）检修期间，用以堵塞氢母管或储氢罐解列时用的死垫不能用圆规划刀截取，以免中心穿孔，造成漏氢；另外，在死垫后再加一层金属垫，加强强度。

（16）排污换气时，必须检查周围地区有无明火作业，以防引起爆炸。

第五节 储氢罐的检修

储氢罐检修，应将所有检修的罐与运行罐解列，确保不使漏气进入检修的罐内。

一、储氢罐的检修周期

储氢罐的检修一般于投用后 3 年内进行首次定期检验。以后使用单位应当实施储氢罐的年度检查（年度检查至少包括压力容器安全管理情况检查、压力容器本体及运行状况检查），储氢罐的标准大修周期为 6 年。

（一）外部检验（每年至少一次）

以宏观检查为主，必要时刻进行测厚、壁温检查和腐蚀介质含量测定等。检验周期为每年至少一次。

（二）内外部检验

（1）安全状况为 1 或 2 级的每 6 年至少一次。

（2）全状况为 3 级的每 3 年至少一次。

二、储氢罐检修前的工作

（1）停止向需要检修的储氢罐送氢气并关闭进氢一次门。

（2）将需要检修的储氢罐至发电机的供氢门关闭。

（3）将储氢罐泄压排氢，直至储氢罐内压力到 0.2MPa 为止。

1）用二氧化碳置换罐内氢气后，换充空气，并证明罐内已属非爆炸性气体及非窒息性气体时，方能进行检修。置换氢气的另一方法是充水排氢法，在大罐底部排水门用连接橡胶管进水，从大罐顶部排气，直至排气门大量流水为止；然后切断进水，打开底部排水门，将水放净，即可检修。

2）卸下与储氢罐相连的阀门、管道及压力表，所有零件均应做好记号，并保存好。

3）拆下安全门、排水门。

4）用水冲洗储氢罐内外，仔细检查内部情况。

5）用水冲洗管道，直至冲洗干净为止，然后用布包扎好管口。

6）人孔门的螺栓正常，所有管接头不应有堵塞。

7）全部按原样装好后，做安全门的水压试验，调整到额定压力的 1.25 倍应动作。

8）驱除空气，投入氢气，有两种方法。

第一种方法：充二氧化碳，分析合格后，连接有关管道，然后通入空气，驱除二氧化碳。当大罐内氢纯度合格后，可以备用或投入运行。

第二种方法：充水排气，在大罐底部排水门连接橡胶管进水，从大罐顶部排气门驱除空气，直到排气门大量流水为止。然后，连接有关管道，通入氢气驱除罐内的水，直至水放净。大罐氢纯度合格后，可以备用或投入运行。

9）对检修的储氢罐，要求保持额定压力的 1.25 倍水压试验，30min 不漏。

（4）检修工器具、材料、备品配件摆放整齐，检修现场"三不落地"。

注意：为避免储氢罐受日光照射，引起储氢罐局部受热，储氢罐外表应涂成白色，如油漆脱落严重，应及时补刷。

第六节 制氢设备故障及处理

制氢设备故障及处理见表 16－3。

表 16－3 制氢设备故障及处理

序号	异常现象	原因分析	处理方法
1	电流升不上去	（1）电解槽中碱液浓度太高或太低； （2）电流给定回路和电流反馈回路中元器件老化或者接触不良等	（1）排除碱液浓度不合理原因； （2）将手/自动转换按钮转换至手动，用手动调节器调节观察电流的变化
2	槽总电压过高或达不到额定值	（1）控制槽压的氧气调节阀芯磨损； （2）氧减压器开度太大； （3）气体系统阻塞； （4）系统泄漏	（1）可将阀芯初始位置下调，或更换气动薄膜调节阀； （2）关小氧减压器开度，减小氧放出量； （3）检查和排除阻塞； （4）消除漏点
3	氢氧液位压差大	（1）液位调节阀调节不当； （2）氢、氧调节阀阀芯阻滞或泄漏； （3）筛板阻塞	（1）检查调节阀和变速器，检查引线部分，向除盐水箱注水； （2）消除泄漏或更换调节阀； （3）清洗筛板

序号	异常现象	原因分析	处理方法
4	气体纯度下降	（1）氢氧分离器液位太低，气液分离效果差； （2）分析仪不准； （3）碱液循环量过大； （4）碱液浓度过低或过高； （5）隔膜损坏	（1）补充除盐水至正常高度； （2）检查分析仪，重新校对； （3）调节碱液流量在规定范围内； （4）调整碱液浓度至24%； （5）进行电解槽大修
5	槽温过高或波动较大	（1）冷却水温度偏高或水量不足； （2）冷却水管结垢； （3）槽温自控失灵； （4）碱液循环量不足； （5）电流不稳定	（1）增加冷却水量，降低冷却水温度； （2）用锅炉清洗剂清洗，换合格的冷却水； （3）检查冷却水的调节阀、电气转换器等自控仪表，排除故障； （4）调节循环量； （5）调整整理柜稳流部分
6	电解液停止循环或循环不良	（1）碱液过滤网堵塞； （2）碱液循环量调节阀开度太小； （3）屏蔽泵内有气体； （4）屏蔽泵损坏	（1）清洗过滤网； （2）调节开度，保持循环量适度； （3）可用柱塞泵向屏蔽泵入口注入除盐水赶走气体使屏蔽泵正常运行； （4）更换备用泵，对泵进行检修
7	碱液循环量下降	（1）碱液泵故障； （2）过滤器阻力大； （3）循环系统有阻滞； （4）泵吸入口有气体吸入； （5）电流、电压过高或过低； （6）流量指示不准	（1）检修碱液泵； （2）清洗过滤器； （3）检查碱液循环泵，消除阻滞； （4）检查相关管路，排除液路内的气体； （5）解决电源问题； （6）检查流量计

第十六章　制氢设备检修

序号	异常现象	原因分析	处理方法
8	电解槽总电压高、电耗高	(1) 电解液浓度过高或过低; (2) 工作温度偏低; (3) 碱液循环量不适合	(1) 配好合适浓度的碱液; (2) 适当提高工作温度; (3) 调整循量
9	氢气含湿量大（露点偏高）	(1) 运行压力低; (2) 气体冷却不良; (3) 筛板阻塞; (4) 运行压力、温度等波动太大; (5) 再生不彻底，加热时间短，温度过低; (6) 吸附温度过高; (7) 仪表误差	(1) 提高系统压力; (2) 加大冷却压力和流量; (3) 清除筛板污物; (4) 改善运行状态; (5) 增加再生时间，提高再生温度; (6) 降低吹冷控制温度，增加小切换时间; (7) 检查校验仪表的准确度
10	电解槽漏碱	(1) 氟塑料隔膜石棉布垫片压缩变薄，密封压力下降; (2) 碟形弹簧板弹性下降或破碎	(1) 用专用扳手将槽体的拉紧螺母紧至槽体密封; (2) 更换碟型弹簧板
11	屏蔽泵声音不正常	(1) 泵内有赃物; (2) 泵叶轮防松螺母松动; (3) 石墨轴承磨损	(1) 停泵拆开清洗、检修，更换备用泵; (2) 打开泵头，拧紧防松螺母; (3) 更换石墨轴承
12	左右两槽体电流偏流严重	(1) 左右两槽有的个别小室进液孔、出气孔堵塞，引起小室电压过高过低; (2) 输电正负极铜排与分流器、端压板接触不良。	(1) 清洗电解槽和碱液过滤器; (2) 用急剧改变电流大小、碱液循环量大小的方法冲洗污垢，将正负极铜排表面磨光与中间极板输电电极及左右端压板接触好，并拧紧固定螺栓

序号	异常现象	原因分析	处理方法
13	氢氧分离器液位上下限来回振荡报警	压力调节系统、压差调节系统故障	重新调整压力调节器,氧液位调节器比例度和时间积分
14	氢氧减压器压力无指示	减压器内有碱液	清洗减压器,去除碱液
15	氢氧分离器碱温高,接近槽温。	(1)分流器冷却水量小,进口温度高; (2)槽温自控失灵; (3)碱液循环量超过规定范围; (4)氢分离洗涤器冷却水管结垢	(1)调整冷却水量,降低冷却水温; (2)检查自控仪表,检查冷却水调节阀是否处于开的位置; (3)调节循环泵出口门,使循环量在规定范围内; (4)用锅炉清洗剂清除蛇管内壁的水垢,清洗蛇管换热器管外的水垢

第三篇
电厂化学仪表及
自动装置

第十七章

化学仪表及自动装置的检修基础知识

第一节　电厂化学与化学仪表

在火力发电厂生产过程中，水是重要的工质。在锅炉中，它被加热蒸发形成规定压力下的饱和蒸汽，经继续加热形成过热蒸汽，过热蒸汽进入汽轮机中将热能转变为机械能，推动汽轮机转动，带动发电机同步旋转。这样发电机旋转中便将汽轮机传递来的机械能转变为电能。做了功的蒸汽在凝汽器内被冷却，凝结成为凝结水，凝结水又进入锅炉内循环使用。因此在整个发电过程中水和蒸汽贯穿了发电机组的热力设备。为了得到符合需求的各种锅炉用水，火力发电厂应用了各种水处理方法来除去水中各种有害杂质，电厂水处理一般分为锅炉补给水处理、给水处理、炉水处理、循环水处理、循环冷却水处理、发电机内冷却水处理等。为保证发电机组的安全经济运行必须对各种水汽品质进行严格的检测与控制。

电厂化学监督的目的是防止或减缓热力系统中各种设备的结垢与腐蚀，防止化学原因引起的生产事故，是保障火力发电厂安全、经济运行的必要措施之一。水汽质量的监督是化学监督的主要工作内容。化学仪表是完成对水汽质量监督的主要工具。目前，我国电力工业迅速发展，高参数大容量机组所占比例越来越大，大机组对给水与蒸汽品质质量指标要求十分严格，因而需要连续监督水、汽质量品质。依靠人工定期采样化验无法满足大机组连续进行化学监督的技术要求，化学仪表具有准确、灵敏、及时的特点，是手工分析无法比拟的，可以连续地检测水汽品质和随机性污染的情况。化学仪表为实现化学监督现代化和技术诊断的应用以及自动化水平提供了可靠的基础与依据，大力加强化学仪表工作，提高化学监督水平，对保证机组安全经济运行是十分必要的。

水汽循环系统中配置化学监控仪表承担着直接监督水汽品质、监控化学加药计量、监督污染源、监控设备运行工况等任务，以达到监控给水、炉水、蒸汽冷却水（包括循环水和发电机定子冷却水）的品质，防止结垢、积盐，减缓热力设备汽水系统中腐蚀，延长热力设备的检修周期和使用寿命。

发电机组水汽循环系统化学监控仪表的配置如图17-1和表17-1所示。

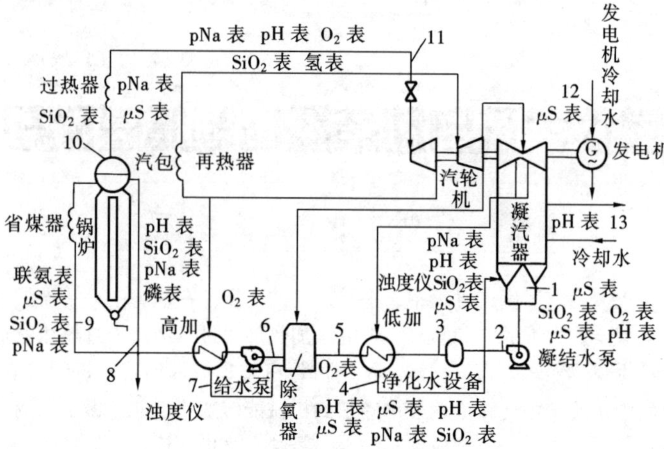

图 17-1   大型机组热力系统在线化学仪表配制

1—热井；2—凝结水泵出口；3—凝结水处理设备出口；4—低压加热器疏水出口；5—除氧器入口；6—除氧器出口；7—高压加热器疏水出口；8—汽包下部（锅水）；9—省煤器入口；10—汽包上部（饱和蒸汽）；11—主蒸汽管；12—冷却水入口（发电机）；13—循环冷却水入口

表 17-1   大型机组热力系统在线化学仪表配置

采样点部位	测 定 参 数	主 要 作 用
凝结水泵出口	电导率（H+）、钠离子、溶氧、pH	监督凝结水质量、凝汽器泄漏、防止凝汽器铜管腐蚀
凝结水处理设备出口	电导率（H+）、钠离子、二氧化硅、pH	监控凝结水设备的运行工况和出水水质
除氧器出口	溶氧	监控除氧器的运行
省煤器入口	pH、电导率（H+）、联氨、二氧化硅	监测给水指标、监控加氨剂量
炉水	pH、电导率（H+）、磷酸根、二氧化硅、钠离子	监测炉水指标、控制排污率；监控磷酸盐加药剂量；控制炉水 pH；保证蒸汽品质

第三篇 电厂化学仪表及自动装置

采样点部位	测定参数	主要作用
饱和蒸汽	电导率（H⁺）、二氧化硅、钠离子	监督杂质携带，监测蒸汽质量，为运行调节提供依据
过热蒸汽	电导率（H⁺）、二氧化硅、钠离子、pH	监测蒸汽质量
发电机定子冷却水	pH、电导率	监测发电机定子冷却水质量，防止腐蚀结垢，保证其绝缘性能
循环水入口	pH	监控循环水 pH
加热器疏水	电导率、二氧化硅、钠离子	监测水质

注 电导率（H⁺）为离子交换后的电导率值。

水处理系统配置化学监控仪表的主要目的是监控水处理设备运行工况，保证出水质量。同时也使得净化水设备的安全、经济运行以及按照环保规定监督废液的排放。补给水处理系统中的在线化学仪表配置，如图 17－2 和表 17－2 所示。

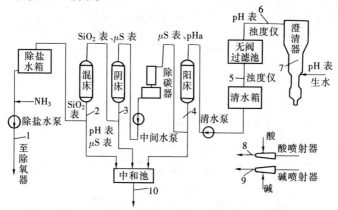

图 17－2　补给水处理系统在线化学仪表配置

1—除盐水母管；2 —混床出口；3—阴床出口；4—阳床出口；

5—过滤池出口；6—澄清器出口；7—澄清器反应区；

8、9—酸、碱喷射器出口；10—废水中和池排放

第十七章　化学仪表及自动装置的检修基础知识

取样点	监测参数	主要作用	仪表量程范围
澄清器反应区	pH	监控预处理加药剂量，进行运行调节，与自动装置联合实现自动加药	4～10pH
澄清器出口	pH、浊度	监控澄清器工作状况，进行出水 pH 调节	4～10pH 0～20FTU
过滤器出口	浊度	监控过滤器运行状况	0～5FTU
阳床出口	钠离子	监控阳床运行工况	4～7PNa
阴床出口	电导率、二氧化硅	监控阳床运行工况	调整确定 0～100μg/L
混床出口	电导率、二氧化硅、pH	监控除盐水质、保证制水质量	0～1μS/cm　0～50μg/L 4～10pH
除盐水箱出口	电导率	监控除盐水质、保证水质指标合格	0～1μS/cm
酸喷射器出口	酸浓度	调控再生液浓度	0～5%
碱喷射器出口	碱浓度	调控再生液浓度	0～8%
中和池	pH	监控排放条件	4～10pH

第二节　电厂化学仪表的类型与组成

一、化学仪表的类型

1. 按使用场合的不同分

按照使用场合的不同化学仪表可分为两种类型：

第三篇 电厂化学仪表及自动装置

（1）在线化学仪表。它是指在发电机组运行中连续监测生产过程中的化学仪表。

（2）离线化学仪表。它是指那些用于试验室等非生产过程间断使用的化学仪表（也称为试验室分析仪表）。

2. 按测量原理的不同分

按照测量原理分有以下几种类型：

（1）电化学分析仪表包括电导式、电量式、电位式等。

（2）热化学分析仪表包括热导式、热化学式等。

（3）磁学式分析仪表包括磁性氧分析仪、磁共振波谱仪等。

（4）光学式分析仪表包括红外线气体分析仪、硅表、磷表。

（5）色谱分析仪表包括气相色谱、液相色谱等。

（6）物理特性测定仪表包括湿度计、水分计、密度计、粘度计、闪点仪等。

电力系统的在线化学仪表有电位式、光学式、热学式、色谱式及物理特性测定仪等几种类型。

二、化学仪表的组成

分析仪表虽品种多，结构、特点各异，但基本构成可分以下几部分：分析部分、信号处理转换部分、显示部分。在线化学仪表还包括采样、样品处理部分。

1. 分析部分

仪表是将试样中待测组分换成相应的、能准确测量的电信号，即应用不同的测量原理，将被测物质的含量或物理特性转换成某种电信号，如电阻（或电导）、电位、电流等。

2. 信号处理转换部分

由于传感器输出的电信号种类不同，而且测量信号十分微弱，不能直接带动指示器、记录仪或调节装置，需要采用不同的检测电路、放大器等电路来对微弱的信号进行处理。仪表的设计为标准化功能菜单，仪表具有自动、手动调校标定功能，同时仪表能进行自检、数据存储等处理功能。

3. 显示部分

被测量值的显示主要有模拟显示和数字显示。模拟显示一般采用动圈式仪表、电子电位差计等来显示。数字显示采用数码管、LCD 发光二极管、液晶显示器等。

第三节 电厂化学仪表的使用要求

一、化学仪表对环境的要求

1．湿度

一般仪表要求环境相对湿度不应大于80%，湿度过大易造成电子元件及电路接触不好，可能引发故障。

2．温度

一般仪表要求环境温度为0～40℃，环境温度过高，对仪表的电子元件工作特性有影响，造成部分元件性能下降，从而导致整机工作性能下降。环境温度过低，对仪表的工作特性有影响，特别是对水样流过发送器（一次仪表）有可能发生冻裂。化学仪表的分析是根据化学反应来测定的，温度过低会影响反应速度、影响测量，所以控制水样温度在25℃为最佳。

3．电磁场

一般在线仪表要求有除地磁场外，应避免其他强电磁场干扰，因为发送器输出的信号经转换通过导线传送到仪表，其中传送导线周围有强电磁场干扰造成仪表显示不稳定。

二、在线化学仪表的投运条件

为了使在线化学仪表能连续准确地进行检测测量，有效地监控生产过程，投运仪表必须具备以下条件。

1．采样系统完好

采样系统应包括采样器、采样管路、取样冷却系统。采样系统必须管路畅通，冷却效果良好，保证满足在线仪表所需的流量，并且样品的流量充足、温度控制在25℃左右，否则，仪表不能正常投入运行。

2．环境条件

环境条件应满足仪表的要求，根据现场仪表对环境的要求来完成。

3．仪表投入运行前应进行的工作

（1）检查与冲洗采样系统；

（2）检查仪表电源；

（3）调整水样温度、水样流量冲洗管路并稳定一段时间；

（4）检验仪表的性能，进行仪表标定、调节，上述工作完成后方可投入水样，仪表投入运行。

第四节 电厂化学仪表的主要技术指标

一、仪表主要技术指标

（1）测量范围。它是指仪表的最大示值范围。如果样品含量超出仪表测量范围，仪表则无法读出准确示值。例如某工业溶氧仪的测量范围为 $0 \sim 200 \mu g/L$，如果待测水样中溶解氧含量大于 $300 \mu g/L$，则该仪表无法给出准确示值。选型时应使仪表测量范围适合实际测量的需要。

（2）灵敏阈。它是指引起仪表示值可察觉变化的最小变化值。如某 pH 计灵敏阈为 0.01，就是说该表示值可察觉的最小变化值为 0.01，即可以从该表读出小数后第二位数，如 7.02、9.06。如果仪表的灵敏阈为 0.1，则上述被测值只可读出 7.0、9.1。

（3）准确度。仪表的准确度又称为精确度，是指在一定条件下进行多次测量时所得到的测量结果与实际值（真值）之间符合的程度。例如 A 表（pH 计）的准确度为 ±0.2，B 表（pH 计）的精确度为 ±0.02。B 表的准确度高于 A 表。比如测量同一份标准溶液，其标准值为 9.180（25℃），则 A 表测定结果为 8.98，B 表的测定结果为 9.16，即 B 表的示值更接近标准液的标准值。

（4）稳定性。它是表示仪表工作状态的稳定程度。稳定性高的仪表，其示值漂移小。例如，某 pH 计的稳定性指标为 ±0.02/24h，其含义是在连续 24h 的运行中，如水样 pH25 值始终为 7.91，则该表在一昼夜的运行示值变化范围在 7.9±0.02 以内。

（5）输入阻抗。仪表的输入电阻，只有当仪表的输入阻抗比相配的发送器阻抗大三个数量级以上，这样的配套仪表才会有足够的测量精确度。

（6）输出。仪表的输出方式、输出信号的规格。如注明是隔离输出还是非隔离输出，输出毫伏信号还是毫安信号，输出信号的范围（如 $0 \sim 10mA$ 或 $4 \sim 20mA$）和最大负载等。

（7）其他指标。如报警设定准确度、报警继电器触点容量、发送器与变送器之间导线的最大长度。对被测介质的要求，如介质种类、介质温度、介质压力、流量等。对电源的要求和对环境的要求等。

二、测量误差与修正

1. 仪表的示值误差

为说明误差，首先介绍真值。所谓真值是指一个被测量本身真实的数值，实际上量的真值是个理想的概念。在实际测量中，常用被测量经精密测量的实测值代替真值，或经多次测量求其算术平均值来代替真值。

所谓测量误差是指测量结果与真值之间的差值。而仪表检测的示值与被测量的真值之间的差值亦称为仪表示值误差。

2. 仪表计量性能评定

为了对所使用的仪表做到心中有数，需对仪表进行多种性能评定，求出仪表引用误差、示值修正值等，以便通过修正使测量结果接近准确值。

（1）仪表检定。它是指为评价仪表本身是否合格和以确定精确度等级为目的的仪表性能检定工作。这项工作须按量值传递系统进行，从事该项工作的人员须具有相应的检定资格证书，否则，不能出具检定书。

通过检定可了解仪表的准确度、稳定性、灵敏度，确定仪表的引用误差及仪表等级。

（2）仪表校验。它是指在规定条件下，以检查验证被检仪表的示值与标准值的差异程度为目的的操作。一般采用比被检仪表等级高且已检定过的检测器具来校准被检仪表，也可用基准物质进行校准。

（3）仪表比对。是在规定条件下，将被检仪表与准确度等级相同的同类标准仪表或计量器具进行对比，以了解被检仪表的性能。

3. 仪表性能描述

（1）稳定度。它是指在规定的工作条件下，仪表性能随时间保持不变的能力。

（2）灵敏度。它是指仪表对被测量变化反应的能力。

（3）变差。它是指在相同条件下，仪表正行程与反行程在同一点示值上被测量值之差的绝对值。

4. 仪表误差修正

（1）修正值。仪表检定后，标准值与仪表指示值的差值即为仪表示值的修正值，那么用该仪表进行测量时，测量结果（即标准值）应为指示值加修正值。例如：天平 10.000g 指示值的修正值为 +0.002g，20.000g 指示值的修正值为 -0.005g，在使用该天平称量甲物的指示值若为 10.000g，则甲物的真实值（标准值）为 10.002g，称量乙物的指示值若为 20.000g，则乙物的真实值为 19.995g。

（2）示值误差与示值相对误差。由下两式计算

示值误差 = 指示值 - 标准值

示值相对误差 = [（指示值 - 标准值）/指示值] × 100%

例如某电导率仪的量程为 $0 \sim 100\mu S/cm$，在 $50\mu S/cm$ 示值处的标准值为 $49.8\mu S/cm$，则仪表示值误差为 $0.2\mu S/cm$，示值相对误差为 $0.2/50 × 100\% = 0.4\%$。

（3）仪表示值引用误差与仪表准确度等级。

仪表示值引用误差 = （仪表示值误差/仪表满量程值）× 100%

引用误差为仪表被检定刻度的引用误差中的最大值，去掉百分号的数值称为仪表的准确度等级。如上例电导率仪在 $50\mu S/cm$ 刻度点的引用误差最大，此表的引用误差为 $(0.2/100) × 100\% = 0.2\%$，则此表的准确度等级为 0.2 级。

第五节 自动控制基础知识

一、自动控制概念

（一）自动控制基本概念

在工业生产过程中，为了保证生产的安全性、经济性以及产品的质量，需要对生产设备或工艺过程进行控制，以使被控的物理量保持恒定或者按照一定的要求变化。我们把这些被控制的设备或过程称为被控对象和被控过程，所要求保持的物理量称为被控量，例如物理量中的压力、温度、液位、流量、成分和转速，化学量中的导电度、酸碱度、钠含量、硅含量等。这些被控量在运行中总要经常受到许多因素的影响而偏离所要求的值，因此运行人员就要随时加以控制，这称为人工控制，采用机械或电气等装置来代替人的控制，这就称为自动控制。

工业自动控制技术是一种运用控制理论、仪器仪表、计算机和网络通信技术，对工业生产过程实现检测、控制、优化、调度和管理，达到提高效率、提高质量、降低消耗、确保安全等目的的综合性技术。

传统的自动控制是指对设备和生产过程的控制，即在没有人参与的情况下，通过控制设备使被控对象或生产过程自动地按照预定的规律进行。由机械本体、测量变送部分、执行机构、控制及信号处理单元、接口等硬件元素，在软件程序和电子电路逻辑的有目的的信息流引导下，相互协调、有机融合和集成，形成物质和能量的有序规则运动，从而组成工业自动化系统或产品。

目前，自动控制技术已在包括电力生产的各个行业得到广泛应用，并逐步从常规控制系统过渡到计算机、微处理器控制，自动控制的原理也由最基本的反馈控制和前馈控制原理向最优控制、多变量控制、自适应控制等现代控制理论方面发展。

（二）自动控制的主要内容

生产过程必须按照一定的步骤和条件进行并保证产品满足一定的数量和质量要求，同时也要保证生产的安全和经济，这就要求生产过程在预期的工况下进行。但是，生产过程总是会经常地受到各种因素的干扰和破坏，使运行工况偏离正常情况，必须时刻监视现场。各类参数的变化，并通过自动控制随时消除各种干扰，保证正常运行。更为严重的是有时自动控制系统本身也要发生故障，这就要求在设计自动控制系统时，考虑到各种可能发生的故障，并加以自动保护。因此，现代的自动控制系统往往包括自动检测、自动保护和报警、自动调节、程序控制等内容。

1. 自动检测

在自动检测系统中使用检测仪表自动地检查和测量反映生产过程的各种物理量、化学量以及生产设备的工作状态参数，以监视生产过程的进行情况和趋势，称为自动检测。它所使用的检测设备有常规的模拟量仪表、巡回检测数字式显示仪表等。

2. 自动保护

在发生事故时，自动采取保护措施，以防止事故进一步扩大或保护生产设备使之不受严重破坏，称为自动保护。自动保护对设备和生产的安全提供保障，如电厂化学水处理系统中的液位保护、水质保护、温度保护、泵的连锁保护等。

3. 自动调节

自动地维持生产过程在规定的工况下进行，以保证某些工艺参数的稳定，使之不远离给定值，又称为自动控制，如给水自动加药、水箱液位自动控制等。

4. 程序控制

根据预先拟定的程序和条件，自动地对设备进行一系列操作，称为程序控制，又称顺序控制。如水处理的程控装置可自动控制系统的投入、退出运行、再生等工艺过程。

二、电厂自动控制

电厂自动控制是一门介于许多学科之间的学科，它渗透了各种专业知识，如自动控制理论、自动控制设备、计算机技术、网络技术、发电厂主设备及辅机系统生产过程等各方面的知识。

随着大容量高参数机组的发展，为了防止热力设备的结垢和腐蚀，保证机组安全经济运行，对汽水品质的要求越来越高。因此，在采用化学水处理新工艺和新技术的同时，对化学水处理设备的自动化程度也提出了较高的要求。

（一）电厂自动控制装置

电厂自动控制系统先后经历了由基地式气动仪表控制系统、电动单元组合式模拟仪表控制系统、集中式数字控制系统和集散式控制系统的发展历程。目前电厂自动控制装置一般可分成下列几类。

1. 可编程序控制器（PLC）

按功能及规模可分为大型 PLC（输入输出点数 > 1024）、中型 PLC（输入输出点数 256 ~ 1024）和小型 PLC。

2. 工业 PC 机

能适合工业恶劣环境的 PC 机，配有各种过程输入输出接口板组成工控机。近年又出现了 PCI 总线工控机。

3. 分散控制系统（DCS）

又称集散控制系统，按功能及规模亦可分为多级分层分散控制系统、中小型分散控制系统、两级分散控制系统等。

4. 现场总线控制系统（FCS）

目前在大型控制系统中已逐步应用的 LONWORKS、CANBUS 等现场总线已经表明：自动控制系统将来发展的趋势是计算机网络通信向现场级的延伸，传统的现场层设备与控制器之间的通信采用一对一连线的方式，传输 4 ~ 20mA/24V（DC）信号。这种通信技术信息量有限，难以实现设备之间及系统与外界之间的信息交换，严重制约了企业信息集成及企业综合自动化的实现。现场总线技术采用计算机数字化通信技术，使自控系统与设备加入工厂信息网络，成为企业信息网络底层，使企业信息沟通的覆盖范围一直延伸到生产现场。

（二）电厂化学自动控制装置

目前在 300MW 以上火电机组水处理系统中自动控制装置应用得较为普遍，原水预处理、除盐水处理、凝结水处理等工艺过程中的电机启停，阀门开闭，温度、压力、流量、液位以及导电度等参数的设定和控制均采用了开关和模拟量的自动控制。尽管各种水处理的工艺和采用的自动装置不尽相同，但它们的自动控制都有以下特点：

（1）自动控制装置的基本特点是过程通道以开关量为主，功能以控制设备的启停和开闭为主，主机部分的特点是以逻辑运算（程序控制）

为主，模拟量控制（自动调节）为辅。其中程序控制又以时间控制为主，以条件控制为辅，按步进方式工作。

（2）水处理系统投运及再生控制一般采用车间集中控制方式，在各自的控制室内可以实现整个工艺设备的监视、管理和自动顺序控制。

（3）自动控制装置的选用以大、中型可编程控制器（PLC）居多。部分规模较大的系统采用了分布式计算机控制系统或分布式计算机控制系统与 PLC 相结合的方式。

（4）自动控制系统在控制室的布置一般仍沿用常规控制系统的格局，一方面设置了监控计算机，CRT 屏幕显示工艺流程及所有测量参数、成组参数、控制对象状态，参数越限报警及控制对象故障或状态变化时，以不同颜色显示并伴有报警音响；另一方面，仍保留常规模拟控制盘，控制盘上可以显示现场阀门的位置反馈信号，泵的启停信号以及各类声光报警信号装置。

水处理系统的执行机构一般为可远方控制的气动、电动阀门，一般都具备就地/远方手动操作功能、计算机软手操以及自动开关功能。执行机构配备较可靠的位置反馈信号。

（5）除盐系统以单元制设计时，普遍选用阴床出水电导率作为系统失效的判断依据；采用母管制设计时，分别以阳床出水钠含量和阴床出水的电导率作为设备失效的判断依据。

（6）再生系统进酸碱大多采用计量箱液位报警控制，也有按时间控制的。

三、自动检测

传统的自动检测是指模拟量信号的采集处理，即现场层设备与控制器之间的连接是一对一（一个 I/O 点对设备的一个测控点）关系，传递 4～20mA（或 1～5V）模拟量信号或 1～5V（DC 或 AC）信号。

在现代的自动控制系统中，自动检测是指现场所有数据的采集和处理（DAS），其过程输入量信号分为模拟输入量、模拟输出量、开关输入量、开关输出量、中断型开关量、脉冲输入量等几种类型。它通过将设备过程参数如压力、流量、温度、阀门或挡板开度等做巡回检测、处理，利用计算机强大的计算和逻辑分析能力实现对机组运行的监督和控制，其主要功能有数据采集、参数监视、报警记录、性能计算、事故追忆、操作指导、报表打印等。其结构如图 17－3 所示。

1. 自动检测的结构

自动检测系统一般由传感器（一次元件）、变送器、显示仪表、计算机接口及电气回路组成，根据现场电源和信号的不同接法又有二线制和四线制之分，如图 17-4 所示。

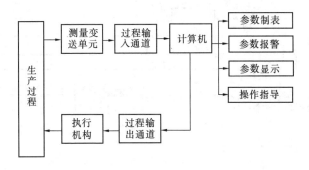

图 17-3　自动检测与处理系统

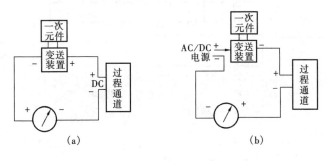

图 17-4　自动测量回路

2. 电厂化学水处理自动检测的参数类型主要采集的信号

（1）物理量：温度、压力、流量、料位、成分、转速等。

（2）化学量：导电度、pH、钠含量、硅含量、浓度、含氧量等。

3. 电厂汽水系统在线数据采集

随着火电机组容量的不断增大，汽水系统化学量的连续集中采样、远程监视、趋势显示、数据校正和数据网络传输已成为必然。

以某 300MW 机组的汽水系统分析数据采集与处理系统为例说明其结构（见图 17-5）和工作过程。整个系统主要由水样预处理（高温高压架、仪表采样架）、数据采集和处理、网络传输三部分组成。

（1）高温高压取样水汽经过降温降压引入取样装置，由化学分析仪表的一次元件（电极）采样后进入变送装置（二次表）进行分析

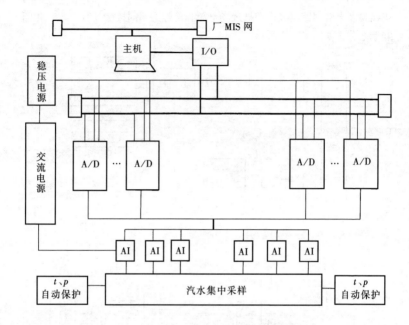

图 17 – 5　汽水系统在线数据采集系统

A/D—模数转换；t—温度；p—压力

处理。

（2）二次显示仪表将 4 ~ 20mA 输出电流信号汇集到标准模块上，模块作 A/D 转换处理后传送到上位监控计算机。

（3）在上位机上可对信号进行处理，做趋势显示、历史记录、报表打印等工作，亦可经过通信光缆送入上一级管理网络。

提示　本章共有五节，均适合于初、中级工。

第三篇　电厂化学仪表及自动装置

第十八章

采样与采样冷却系统

在电厂热力设备生产过程中，不论是人工采样化验，还是采用在线化学仪表进行水汽质量监测，从机组的热力系统取样点取出具有代表性的水汽样品是非常重要的，这是进行水汽质量化学监督的前提条件。否则，就失去了监测的意义。

第一节 水汽样品的采集

一、水汽样品的采集

从运行的热力设备中采集有代表性的水汽样品，首先要选取合理的采样位置确保样品的真实可靠，其次是正确安装和运行中维护。

（1）给水水样的采集。给水取样点一般设在给水泵的出口、省煤器前的高压给水管上，最好在给水管垂直的管道上装取样点。

（2）凝结水水样的采集。凝结水的采样点一般设在凝结水泵出口端的凝结水管道上，最好在凝结水垂直管道上装取样点。

（3）除氧器水样的采集。为了监督除氧器的除氧效果，除氧器的取样点应设在除氧器的出口管上。

（4）饱和蒸汽水样的采集。为了取得具有代表性的饱和蒸汽样品，饱和蒸汽中的水分在管内应均匀分布，同时取样器进口的蒸汽流速与管道内的流速应相同，且取样应装在垂直下行的管道上。

（5）过热蒸汽水样的采集。过热蒸汽是单介质没有水分，取样点设在过热蒸汽管道上，一般采用乳头式取样器或缝隙式取样器。

二、取样冷却装置

从电厂热力设备生产过程中采集的水汽样品多为高温、高压介质，必须采用降温减压及冷却装置将其温度、压力降至仪表规定的允许范围内，才能输入仪表发送器。

水样的冷却是在线化学正常投运的前提条件，目前电厂采用的汽水取

第十八章 采样与采样冷却系统

样装置一般是由高温高压采样架（湿盘）和仪表架（干盘）组成的。对高温高压水汽样品必须进行安全可靠降温减压，并配置有水样温度超温报警、水样断水保护等功能。为了减少水样污染滞后现象，采样管与仪表间的距离尽量缩短，整个取样装置采用不锈钢材质，包括高压阀、减压调节阀、冷却器、水样过滤器等。仪表架配置有电源柜、仪表的发送器、显示器、水样温度表、浮子流量计、水样恒温装置、人工取样等。

1. 在线化学仪表采样架系统（见图 18-1）

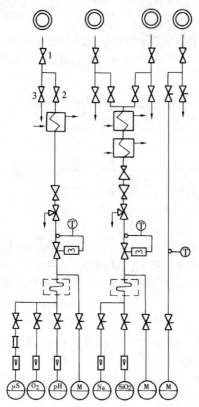

符号	名称
	高压阀
	冷却器
	减压阀
	节流阀
	超压保护阀
	电触点温度计
	电磁阀
	温度计
	恒温器
	中压阀
	离子交换柱
	流量计
	手工取样
	硅表
	钠表
	酸度表
	溶氧表
	电导率表

图 18-1　在线化学仪表采样架系统

1、2、3—阀门

2. 高温架的主要部件

（1）高压阀：材质为 1Cr18Ni9Ti、压力不超过 32MPa、温度不超过 570℃。

（2）冷却器：材质为 1Cr18Ni9Ti、采用一级、二级冷却保证冷却效果。冷却器一般采用筒型冷却器，其体积小、冷却效果好，易于检查处理。

（3）减压调节阀：材质为 1Cr18Ni9Ti，用于高压水样的减压和调节水样流量。

（4）超压保护阀。材质为 1Cr18Ni9Ti，用于取样系统的超压保护，防止因水样压力过高损坏仪表。

（5）冷却水断水保护：用于冷却水断流时的保护，以保护仪表不被损坏。

（6）温度超温断水保护：用于水样超温时切断水样，以保护仪表不被损坏。

（7）水样恒温装置：通过对水样冷却和加热来控制水样温度，使其恒定在 25℃ 左右的范围内。

第二节　水样冷却系统

一、冷却介质

电厂用于样水冷却的介质主要有：

（1）工业冷却水：水质一般为软化水，这种水质较稳定、不易发生结构或腐蚀。

（2）循环冷却水：有的采用循环冷却水分流到取样冷却器进行样水冷却。循环冷却水主要流经凝汽器，其浓度倍率如控制不当，就会发生冷却器结垢，应以注意。

（3）除盐水：采用除盐水作冷却器的冷却水，一般采用闭式循环使用。

二、冷却系统

1. 开放式冷却系统

冷却水经贯流冷却器后排出，该系统较简单，一般选用江、河、湖等地表水，对该系统需定期对冷却器进行除垢处理，可使用桶式冷却器。

2. 循环式冷却系统

冷却水在取样冷却器中进行热交换后退回散热装置进行降温，降温后的水再作为冷却水循环使用。系统内一般使用除盐水、软化水，单独建立一个循环系统。

第三节　水样及其冷却装置系统的维护

一、采样器的检查

采样器可根据采样器的使用情况进行检查与修理，主要检查采样器的安装位置、安装质量是否符合要求，同时应检查采样器有无腐蚀、开焊现象，如发现问题就应及时消缺。

二、采样器的冲洗

水样中含有杂质成易发生沉积而影响水样的代表性，另外，当热力系统工况发生波动时（如压力、温度发生波动），沉积在阀门附近或弯曲部位的沉积物松动，随水样流入仪表的发送器内，造成检测结果偏差，因此取样系统应定期冲洗。

1. 冲洗的一般规定

（1）新建机组在投运时，应进行数次采样系统的冲洗，直至水样测试结果趋于平稳、待水样清澈后方可引入仪表进行测量。

（2）机组检修（大、小修）后，在机组启动时，应进行数次采样系统的冲洗，待水样清晰，水样测试结果平稳后方可引入仪表测量。

（3）任何测点水样，在测试结果长时间出现异常时，应进行该点采样系统的冲洗，如仍无结果，应寻找其他原因。

（4）某些机组由于运行指标控制不当，或因机组启停频繁而又没有采取保护措施时，应定期进行采样系统的冲洗。

（5）对于长期连续运行的机组应采取定期进行采样系统的冲洗工作。一般情况为 1～2 周冲洗一次。

（6）在进行某些化学系统的查定试验前，应进行采样系统的冲洗工作。

2. 冲洗的一般程序

冲洗采样系统要注意人身安全，防止烫伤，同时要防止损坏在线仪表及其设备。要求制定出采样系统的冲洗的安全措施。

（1）解列在线仪表。在冲洗工作前，首先将流入仪表内的水样阀门关闭或将引入仪表内的导管解列。

（2）将采样冷却器入口前的水样的旁路门打开（排污门），此时高温水或汽排入排污管，排污渐渐变热。注意切勿烫伤工作人员，更有防止水汽飞溅。

（3）操作高温采样架的一次、二次高压阀门。首先关闭一次、二次高压阀门，待 1~2min 后，快速全开一次、二次高压阀门，进行冲洗。如发现水样较脏时，就应进行长时间大流量冲洗，然后关闭一次、二次高压阀门。

（4）打开采样架冷却器入口阀门，此时应先将仪表水样关闭，人工取样管打开，然后关闭采样冷却器入口水样的旁路门（排污门）。

（5）检查冷却器的冷却水流量，待冷却水流量正常稳定后，然后打开一次、二次高压阀门，调节减压调节阀，调节水样的流量、温度达到正常稳定值。

（6）调节控制水样的流量、温度后，投运超温保护及样水恒温控制装置，检查水样的流量应为 20~30kg/h，水样的温度控制为 25℃ 左右，否则应进行调节。调节好后保持样水流动 1~2h 后，连接仪表的样水导管，投运仪表。

（7）对于新机组、大修后机组、热力系统腐蚀严重的机组，通常其采样系统冲洗时间较长，往往在冲洗后的一段时间，仪表示值稍稍高于平时测量值，此时无须对仪表进行调节，是由于水样受到采样系统内沉积物污染所致。

提示 本章共有三节，均适合于初、中级工。

第十九章

电导式分析仪表

能导电的物质称为导体，导体分为两类。第一类依靠自由电子运动导电，如金属、石墨和某些金属化合物等。当电流通过第一类导体时，导体本身不发生化学变化，随着温度升高，其导电能力降低，常用电阻来表示其导电能力。第二类导体依靠离子在电场作用下的定向迁移而导电，如电解质水溶液和熔融的电解质等。电解水溶液是最常见的第二类导体。与第一类导体相反，第二类导体的导电能力随温度的升高而增强。常用电导率这个物理量来表示第二类导体的导电能力。测量第二类导体电导率的仪器属于电导式分析仪表。用测量溶液电导来确定电解质溶液含量的方法称为电导分析法。

第一节 电导率的测定原理

一、电导率测量基本知识

1. 电阻、电导、电导率、电极常数之间相互关系

（1）电阻和电导的关系。金属导体中原子的体积比自由电子的体积大得多，因此自由电子在移动的过程中不断与原子发生碰撞，即移动受到阻力，用来衡量这种阻力大小的物理量叫做导体的电阻，常用 R 来表示。电阻的单位为欧姆，用字母"Ω"表示。

对于不同的导体，在相同的电压下流过导体的电流是不相同的，即电阻越大，流过的电流越小，既然电阻可表示导体阻滞电流的能力，那么电阻的倒数则体现了导体的导电能力。将电阻的倒数称为电导，用符号"G"表示，即 $G = 1/R$。电导单位为西门子，用符号"S"表示。实际应用中常用微西，μS 表示。

（2）电阻率和电导率的关系。根据实际测定可知，在条件（如温度、压力、材料等）一定时，物体的电阻与其截面积 A 成反比，与其长度 L 成正比，即关系式如式（19-1）所示。

$$R = \rho L / A \qquad (19-1)$$

$$\rho = RA / L \qquad (19-2)$$

式中　L——导体的长度，m；

A——导体的截面积，m^2；

ρ——电阻率，它是与导体的材料和温度有关的量，Ωm。

电阻率 ρ 代表单位长度、单位截面积的一段导体的电阻。

电阻、电导、电导率之间相互关系

$$G = 1/R = 1/\rho \cdot A/L = \gamma \cdot A/L \ (\gamma = 1/\rho) \qquad (19-3)$$

由此得出 $$\gamma = G \cdot L/A \qquad (19-4)$$

γ 称为电导率，代表具有单位长度、单位截面积的一段导体的电导。电导率的单位为 S/m，实际中常用 $\mu S/cm$。

（3）电极常数。测量电解质溶液电导率时要使用电导池，把两块平行的金属板作为电极置于电极质溶液中便构成电导池。如果电极面积为 $1 cm^2$，两极板间距离为 1cm，则电导池内所含电解质溶液的体积为 $1 cm^3$，溶液的电导等于电导率。

$$\gamma = K G \qquad (令 K = L/A) \qquad (19-5)$$

溶液的电导率可以看成是用电极常数为 1 的电导池测得的溶液的电导值。

溶液的电导值与电极截面积及距离无关，而溶液的电导值不仅与电解质浓度有关，而且与使用的电极常数有关。因此，判断不同溶液导电能力大小时，应使用电导率值而不应使用电导值。

2. 电解质溶液电导率大小的确定因素

（1）溶液的离子浓度。浓度越大、电导率也越大。

（2）溶液离子的淌度。离子的淌度越大（即离子迁移速度越快）电导率也越大。

（3）离子化合价。离子的化合价越高（即离子所带的电荷数越大）电导率也越大。

二、电导率仪表的应用及其特点

由于电导率仪表具有结构简单、使用方便、实用性强等特点，电导率仪表已成为化学仪表中应用最广泛的表计。在火电厂中主要应用于：

（1）汽包炉水的检测。通过对汽包炉水电导率的测量，能够迅速地反映出当时的炉水质量，可以了解到炉水的浓缩情况，控制排污保证汽包炉水质量。

（2）蒸汽质量的检测。主要用于对蒸汽中含盐量的监督，以便了解掌握锅炉内部汽水分离装置的工况与蒸汽携带系数和过热器盐类的沉积情况等。

（3）凝结水的检测。当运行中有凝汽器泄漏时，对水汽质量已有影响，采用电导率仪表监测，特别是在测量时，测量经过阳离子交换树脂后的凝结水的电导率，则易发现凝汽器泄漏。

（4）发电机内冷水的检测。发电机内冷水的电导率的大小，直接影响绝缘性能，易于及时发现问题。

（5）疏水与供热回水的检测。由于受到热用户使用条件的影响，水质易受到污染，使用电导率的测量能够及时发现问题。

（6）补给水处理的检测。对于阴床出水或混床出水的电导率的测量，是对除盐系统制水质量监督的重要指标。

（7）给水指标的检测。它是机组给水质量监督的重要指标（对采用中性水工况的电厂给水电导率是主要监控指标）。

由于溶液中的电导率值与含盐量之间没有一个确定的关系，因此电导率表的测量结果就只能近似地表示含盐量的多少，而不能反映出溶液含盐量的确切值。特别对于大容量、高参数机组，由于蒸汽中的盐类物质主要为钠盐和二氧化硅，对电导率量值的影响不大，因此运行中蒸汽含盐量的微小变化，电导率仪表是反映不出的。电导率的监测结果只能作为参考。

第二节 测量电导池

一、电导池的类型和结构

电导池按工作原理可分为电极式和电磁感应式两种。按介质压力分，有常压、耐压型。按介质温度分，有高温型与常温型。按电极材料分，有不锈钢电极、铂电极、钛合金电极等。

（1）玻璃骨架铂电极。这类电极有光亮铂电极与铂黑电极之分。

（2）不锈钢电极。不锈钢电极的发送器的内部结构由测量电极（包括内电极、外电极）、温度电极、电极引线及水样流通池等。

（3）钛合金电极。钛合金电极的发送器的内部结构由测量电极（包括内电极、外电极）、内电极、外电极使用材料为钛合金材料，制成同心圆筒型构造，水样在两圆筒间的空隙中流过，温度电极是由敏感元件组成的（具有负温度系数的精密热敏电阻），由于钛合金电极对纯水的污染较小，该电极适用于对纯水的电导率测量。

二、电导池常数的测量

1. 标准溶液法

将已知电导率的标准溶液放入电导池，用电导仪或交流电桥测出其电导或电阻值，根据公式（19-6）算出电极常数 K 值。

$$K = \gamma/G = \gamma R \qquad (19-6)$$

式中　K——电极常数，cm^{-1}；

　　　γ——电导率，$\mu S/cm$；

　　　G——电导，μS；

　　　R——电阻，Ω。

（1）清洗电极。先用纯水清洗电极，然后用适当浓度的标准溶液清洗电极 2~3 次，弃去清洗液。

（2）向导电池注入适当浓度的标准溶液，标准溶液的液位应与运行时电导池水样液位相同。标准溶液的选择见表 19-1。

（3）把电导池接入电桥（或电导仪、电导率仪）。如与电导率仪连接，就应将其电极常数放在 1 的位置上。

（4）控制标准溶液温度在 $25 \pm 1°C$。

（5）测出电导池电极间的电阻 R 或电导 G 值。

（6）按下式计算电极常数值：

$$K = \gamma_n \times R \text{ 或 } K = \gamma_n/G$$

式中　γ_n——KCl 标准溶液的电导率值（见表 19-2）。

表 19-1　　测定电极常数的 KCl 标准溶液选用表

电极常数 K（cm^{-1}）	0.01	0.1	1	10
选用的 KCl 浓度 c	0.001mol/L	0.01 mol/L	0.1 mol/L	0.1 mol/L 或 1 mol/L

表 19-2　　氯化钾标准溶液的电导率值 γ_n（S/cm）

温度（℃）	KCl 浓度 c			
	1mol/L	0.1mol/L	0.01mol/L	0.001mol/L
5	0.07414	0.00822	0.001752	0.000896
10	0.08319	0.00933	0.001994	0.001020
15	0.09212	0.010455	0.0011414	0.0001185
18	0.09780	0.011168	0.0012200	0.0001267
20	0.10170	0.011644	0.0013737	0.0001322
25	0.11131	0.012852	0.0014083	0.0001465
30	0.12165	0.01412	0.003036	0.001552
35	0.13110	0.015351	0.0016876	0.0001765

2. 比较法

用一已知电极常数的电极与未知电极常数的电极测量同一溶液的电阻或电导值，然后计算出未知电极的电极常数。

（1）选用一只与未标定电极的电极常数相同或相近的已标定过电极常数的电极作为标准电极，其电极常数为 K_n。

（2）将待标定电极与标准电极以同样插入同一溶液中，并搅动溶液 $1 \sim 2min$，使两电极接触的溶液浓度均匀。

（3）将待标定与标定电极分别装入各自电导池内，取同一溶液分别注入两个电导池，控制液位高度相同，浸泡数分钟后排掉，然后再重新注入该溶液，使两个电导池液位相同。

（4）分别测量两个电极或两个电导池的电阻或电导值；标准电极对应的测量值为 R_n；待标定电极对应的测量值为 R，同一溶液在同一温度下只有一个确定的电导率值 γ，所以 $K_n/R_n = K/R = \gamma$，进而成式（19-7）。

$$K = RK_n/R_n \qquad (19-7)$$

（5）也可以先用已知常数的标准电极测出该溶液的电导率 γ，然后再用待标定电极测同一溶液的电导值 R，计算待标定电极的电极常数。

$$K = \gamma R \qquad (19-8)$$

三、电导池的清洗

电导池使用较长时间后，有可能发生结垢或有污物附着在电极的表面，造成电极常数发生较大变化而影响测量的准确度，因此应定期进行电极的清洗与维护。清洗的方法可根据被污染物质的化学成分和污染程度来确定。通常可按：

（1）粘附的油污可用 $5\% \sim 10\%$ 的丙酮进行清洗，将油污洗掉后，再用除盐水反复冲洗干净。

（2）如果有积盐，可用 5% 的盐酸（加缓蚀剂）进行清洗，待积盐除掉后再用除盐水反复冲洗干净。

（3）如果积有钙镁等盐垢，就可用 EDTA 溶液进行清洗，待除掉后再用除盐水反复冲洗干净。

第三节　影响溶液电导率测量的因素

一、离子的导电性能的影响

溶液中含有导电性能不同的各种离子，离子的导电性能与离子本性及所带电荷有关。如在阳离子中，氢离子的导电能力最强，是钾离子的

4.76 倍，钠离子的 6.98 倍，在阴离子中，氢氧根离子的导电能力是氯离子 2.59 倍，而氢离子的导电能力又是氢氧根离子的 1.77 倍，因此同样浓度的电解质溶液，由于其组成的离子不同，电导率会相差很大。

二、水样温度对测量精度的影响

溶液温度升高，离子间的水化作用减弱，溶液的粘度降低，离子运动阻力减少，在电场作用下，离子的定向运动加快，溶液的电导率增大；反之，溶液温度下降，其电导率减小。

在较低浓度时，溶液的电导率与温度的关系可近似表示为

$$k_t = k_o [1 + \beta(t - t_o)] \qquad (19-9)$$

式中 k_o、k_t——溶液温度在 t_o 和 t℃时的电导率，$\mu S/cm$；

β——温度系数，℃$^{-1}$。

需特别注意的是对超纯水的测量，测量值很小，而温度变化的影响却很大，仪表对溶液温度的响应往往会大于电导率的实际值。尽管在线电导率表基本都有自动温度补偿的功能，但很难达到完全补偿，因此水样温度变化是影响电导率测量精度的主要原因之一。

三、基准温度对测量精度的影响

当溶液浓度保持不变，在不同的温度测量时，会得到不同的结果。所以在采用电导率值来计算或表示溶液浓度的时候，必须规定一定的温度条件下的电导率值，这个规定的温度就是基准温度。在一般水汽质量标准中，采用 25℃ 作为电导率值的规定温度，在应用时，自由温度下的测量值可以通过换算成基准温度下的电导率值。

四、水质对测量精度的影响

按照锅炉补给水处理对出水质量的分类，电导率为 0.1~3$\mu S/cm$ 为纯水，电导率为 ≤0.1$\mu S/cm$ 则为超纯水。当水的纯度提高到一定程度后，其电导率虽然不会降到零，但有可能降到极限（即理论值），在水分子中，有一部分便会离解成 H^+ 和 OH^- 离子，在这种（超纯水）条件下所测量的电导率值，实际上就是电离度、温度综合反应的结果，为排除对超纯水测量的影响，采用了一些补偿方式，以解决超纯水的测量精度。

五、溶解性气体对测量精度的影响

在一些蒸汽样品中，由于氨、联氨、二氧化碳与氮氧化物等溶解气体的存在，对电导率的测量干扰很大，上述干扰性溶解气体来源生产过程中添加的氨、联氨，溶解气体的存在，将会使电导率的测量增大数倍，从而使测量失去意义，为了消除溶解性气体，特别是氨对测量结果的影响，目前采用通过氢型阳离子交换柱过滤处理的办法，水样中的氨经氢

型阳离子交换柱后虽然被除掉了，但水样中原有的一些中性盐类物质经过离子交换后，却是生成了相应酸，在对水样进行脱氨预处理的同时又破坏了水样的原始状态，对电导率的测量结果产生了影响。由于水样中盐类成分与含量各不相同，经阳离子交换柱后对电导率的测量精度的影响有所不同。

第四节　电导率仪表的投运、维护

一、电导率仪表的投运

1. 投运仪表前的准备工作

投运仪表前应先检查仪表的投运条件是否满足：

（1）水样冷却系统是否正常，要求能保持温度在 25℃ 左右、流量为 200mL/min 左右、连续流动的水样。

（2）仪表的环境条件满足。

（3）采样及仪表系统无泄漏。

（4）仪表电源符合要求，同时要有良好的接地。

（5）仪表校验合格、电极常数进行标定等。

2. 投运步骤

（1）使水样流入传感器，要求水样在电导池内呈稳定流速状态，无气泡。

（2）接通仪表电源，仪表应显示正常、无波动变化。

（3）严格按照仪表使用说明书进行仪表的调整，保证各参数设置正确。

二、电导率仪表的运行维护

1. 定期校验

（1）校验制度。应根据仪表的性能特点，制定校验制度。应把校验周期、校验项目、校验方法、校验记录、校验用标准仪器等记录于校验卡上。

（2）校验制度的实施。应严格执行仪表的校验制度，将校验结果记录台账，对校验中发现的仪表故障或缺陷进行及时修理。

2. 日常维护

制定维修制度，及时进行定期维修，能及时进行消缺，使仪表在投运时一直处于正常状态。

第五节　现场检验中的一些注意事项

在现场对仪表进行整机基本误差检验的方法，主要有比较法和定点法两种。

比较法是在相同测量条件下，用标准表和被检表的示值进行比较的一种方法。在使用中有以下注意事项：

（1）首先要正确的选择适用的标准表，标准表必须具备量值传递的条件和要求，标准表的正确选择和严格使用方法，是保证检验效果的重要措施。

（2）对于电导率小于 $10\mu S/cm$ 的水样，则不宜取回水样在试验台上进行对比测量，这是由于低电导水样暴露在空气中，易受溶解性气体污染而影响测量结果，为此对低电导水样可将标准表带到现场进行密封式测量。

（3）对于电导率大于 $10\mu S/cm$ 的水样，可以从现场取回水样在试验台上进行对比测量，但放置时间不宜过长，以免空气中氧气、二氧化碳等气体的进入影响测量结果。

（4）检验时，必须注意测量溶液的实际温度值，以对测量结果进行必要的温度修正。

（5）在流动的水样中进行测量时，应避免水样的冲击影响和水质的变化影响，水样的流速应控制在 $200 \sim 300 mL/min$。

第六节　DOG－9801 型电导率仪

DOG－9801 型在线电导率仪用来测量锅炉蒸汽、给水、汽轮机凝结水及其他系统中纯水的电导率，可根据监视水样中含盐量或设备的泄漏状况进行连续监督。

一、仪表的特点

（1）全智能化。采用单片机来完成电导率的测量、温度测量和补偿，没有功能开关和调节旋钮。

（2）自动量程转换。在电极所覆盖的测量范围内可进行量程的自动转换。

（3）自动定时校准。确保仪器测量的稳定性。

（4）电流隔离输出。采用光电耦合隔离技术，抗干扰能力强，可远传控制。

（5）自动温度补偿。在 0～60℃ 自动温度补偿。

（6）简单的菜单结构、全中文显示、界面友好、多参数同时显示。

二、基本功能

（1）有超纯水自动补偿功能。对于纯水，实现了在 25℃ 时的电导率自动温度补偿。

（2）历史曲线和数字记录仪功能。测量数据自动存储，连续自动存储电导率值，便于发现问题和解决问题。

（3）记事本功能。真实记录仪表的操作情况和报警时间，便于监督。

（4）数字时钟功能。显示当前的时间，为记录提供数据。

（5）背光功能。根据温度的变化自动调节对比度。

（6）防程序飞死。确保仪表不死机。

（7）输出电流设置。选择 0～10mA、4～20mA 输出。

三、主要技术指标

（1）测量范围：电导率测量为 0.01～20.0μS/cm（配 0.01 电导池）；1.00～200.0μS/cm（配 0.1 电导池）；10～2000.0μS/cm（配 1.0 电导池）。

（2）电子单元基本误差：电导率为 ±0.5% FS，温度为 ±0.5℃。

（3）仪器基本误差：电导率为 ±1.0% FS，温度为 ±0.8℃。

（4）自动温度补偿范围：0～60℃（25℃ 为基准）。

（5）被测水样：0～60℃，0.3MPa。

（6）电子单元最大输出负荷误差：0～10mA 最大负荷 1.5kΩ，不超过 ±1% FS 4～20mA 最大负荷 750Ω，不超过 ±1% FS。

（7）隔离输出：0～10mA（最大负荷 1.5kΩ）、4～20mA（最大负荷 750Ω）。

（8）环境温度：0～60℃。

（9）数据存储数量：一个月（1 点/5min）。

（10）电源：220V ±10%，50 ±1Hz。

四、仪表的测量原理

为避免电极极化，仪器产生高稳定度的正弦波信号加在电导池上，流过电导池的电流与被测溶液的电导率成正比，二次表将电流由高阻抗运算放大器转化为电压后，经程控信号放大、相敏检波和滤波后得到反映电导率的电位信号，微处理器通过开关切换，对温度信号和电导率信号交替采样，经过运算和温度补偿后，得到被测溶液在 25℃ 的电导率值和当时的温度值。

温度补偿原理：电解质溶液电导率受到温度变化的影响，必须进行温度补偿，根据情况变化来设置，范围为 0 ~ 9.99% 。

五、仪表的组成和功能

电导仪表通常由电导池（包括电导电极和溶液）、测量电源、测量电路、放大器、线性检波器（包括温度补偿器）、指示器和直流电源等部分组成。

该仪表由信号处理部分、主板部分、电源部分、显示和键盘部分、背板部分组成，信号处理部分和主板部分的方框图如图 19 - 1 所示。

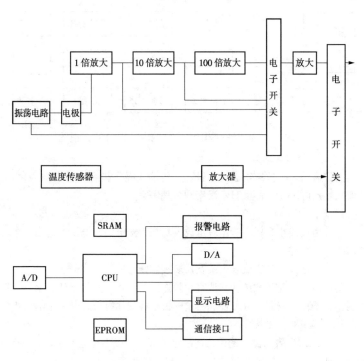

图 19 - 1　DOG—9801 电导仪的组成方框图

1. 信号处理部分

信号处理部分由振荡电路，1、10、100 倍放大电路、电子开关等组成，完成信号的采集和放大等功能。

2. 主板部分

主板由单片机、数据存储器、程序存储器、地址译码器等组成，完成信号的各种数学和逻辑运算，由于该仪器具有历史曲线和记事本等功能，所以需要大的 SRAM 和 EPROM。

3. 电源部分

主要由变压器、整流电路、滤波和稳压电路组成，以产生稳定的 +5V、−5V 电源供给数字电路，产生 +12V 电源供给运算放大电路等模拟电路，方框图如图 19 − 2 所示。

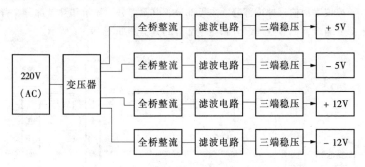

图 19 − 2　DOG—9801 电导仪的电源部分的方框图

4. 显示和键盘电路

该仪表由 8 个按键组成操作键盘，供输入操作指令和数据输入之用，仪器采用点阵 LCD，能够显示汉字和各种图案。

5. 背板部分

背板由接线排和保险管座等组成，功能为接电极和电源的输出、各种通信接口。

六、测量池、二次仪表安装及仪表接线端连接

测量池采用流通式结构，适宜软管连接的流路，测量池外壳采用不锈钢制作，操作、安装十分方便。测量电极用特制钛电极，其余全部为不锈钢制作，屏蔽有害干扰。

（1）二次仪表与测量池的距离越近越好，一般不超过 10m，必须有良好的接地。

（2）测量电极与二次仪表的连接信号电缆不得与电源线平行敷设，以免对信号产生不良的影响。

（3）仪表接线端如图 19 − 3 所示。

七、调整与维护

二次表的校验设置参数：将水质设为普通水，温度系数设为 0.00%，用高精度的电阻箱接电极两端，电阻箱的读数 R 与显示的电导率有如式（19 − 10）所示的关系：

屏蔽线	+	−	高报警				地	~220V	
11	12	13	14	15	16	17	18	19	20
1	2	3	4	5	6	7	8	9	10
电极 1	电极 2	NTC			I +	I −	空	通信 +	通信 −

图 19 – 3　　DOG—9801 电导仪的接线端

$$S = 1.000.000 \times K/R \tag{19 – 10}$$

式中　S——电导率值；

R——电阻值，Ω；

K——电导电极常数。

电阻与电导率对应如表 19 – 3 所示。

表 19 – 3　　　　　　　　电阻与电导率对应

（普通水、温补系数为 0.00% 或温度为 25℃时）

电阻值	电导率（常数 = 0.010）	电导率（常数 = 0.100）	电导率（常数 = 1.00）
50. 0K	0. 200	2. 000	20. 00
40. 0K	0. 250	2. 500	25. 00
30. 0K	0. 333	3. 333	33. 33
20. 0K	0. 500	5. 000	50. 00
10. 0K	1. 000	10. 00	100. 0
5. 0K	2. 000	20. 00	200. 0
2. 0K	5. 000	50. 00	500. 0
1. 0K	10. 00	100. 0	1000
0. 5K	20. 00	200. 0	2000

如发现仪器指示的电导率与计算值相差较大，需分别调整 1 倍档、10 倍档、100 倍档电位器，使仪器的显示值接近计算值，以校验二次表。

该仪表采用 NTC – 负温度系数热电阻，采用两线制进行温度测量。要用电阻箱模拟校验温度时，接线柱上的 3 和 4 分别接到电阻箱的两端，温度与电阻对应表见表 19 – 4。

表 19 – 4　　　　　　　温度与电阻对应

电阻（Ω）	7352	4481	2813	2252	1814	1199	811. 4	560. 3
温度（℃）	0. 0	10. 0	20. 0	25. 0	30. 0	40. 0	50. 0	60. 0

如果温度显示值与表中的值相差比较大，则需调节温度电位器进行校验。

八、电导池的清洗维护

对电导池使用较长时间后，从测量池取出电导池发现沾污时应及时清洗，用50%的温热洗涤剂清洗，用尼龙毛刷刷洗，随后用除盐水清洗电极内部，确保电极内外表面无污物，切忌用手触摸电导电极。对于粘着力强的沉积污物可用2%的盐酸溶液浸泡清洗，然后再用除盐水反复清洗。

提示 本章共有六节，第一、四节适合于初级工，第一、二、四、五、六适合于中级工，第三节适合于高级工。

第二十章

电位式分析仪表

电位式分析法是指通过测量电极系统与被测溶液构成的测量电池（原电池）的电动势来获知被测溶液离子活度（或浓度）的分析方法。用于该分析法的仪器称为电位式分析仪表。

电位式分析仪表主要由测量电池和变送器两部分组成。测量电池是由指示电极、参比电极和被测溶液构成的原电池，参比电极的电极电位不随被测溶液浓度的变化而变化，指示电极对被测溶液中的待测离子有敏感作用，其电极电位是待测离子活度的函数，所以原电池的电动势与待测离子的活度有一一对应关系，因此，原电池的作用就是把难以直接测量的化学量（离子活度）转换成容易测量的电学量（测量电池的电动势）。电动势由具有高输入阻抗的离子计测量与显示。电位式化学仪表在电厂应用较为广泛，常见的有酸度计（pH 表）、钠度计（PNa 表）离子计和电位滴定仪等。

第一节　电位分析的基本知识

一、原电池与原电池电动势

参加化学反应的物质，其组成元素的化合价在反应后发生变化，这一类化学反应称之为氧化还原反应，氧化还原反应的实质就是物质失去电子，其化合价升高，而另外物质得到电子，其化合价降低。

1. 原电池

将锌片、铜片插入硫酸铜、硫酸锌溶液中，用导线将铜片、负载、电流表、锌片连接，可发现电流表偏斜，表示电流流过，同时锌片发生溶解，在锌片表面出现呈紫铜色的金属附着物，这是发生氧化还原反应，化学反应式如下

锌片（阳极）（负极）$Zn - 2e \leftrightharpoons Zn^{2+}$（氧化反应）

铜片（阴极）（正极）$Cu^{2+} + 2e \leftrightharpoons Cu$（还原反应）

锌片为负极、电位低；铜片为正极、电位高。铜锌原电池装置如图 20-1 所示。

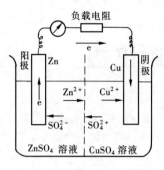

图 20-1　铜锌原电池装置

将化学能变为电能的装置，称之为原电池。

原电池的形成必须具备以下三个条件：①外电路由导体导通；②电解质溶液中允许离子迁移；③有两个电极，在电极与溶液的界面上可发生氧化还原反应。

2. 原电池电动势

原电池可以产生电流，表明原电池的两个电极之间存在电位差。两极间的最大电位差称为原电池的电动势。它等于组成电池的各个界面之间电位差的代数和。如果不考虑接触电位的影响，原电池的电动势（E）等于两个电极电位的代数和，即 $E = \varepsilon_+ + \varepsilon_-$。

二、能斯特方程

将金属插入水或溶液中，金属表面与其表面相接触的水层或溶液层之间形成双电层，这使金属与溶液间存在一定的电位差。金属与溶液间的电位差叫做该金属电极电位。

原电池的电动势可以用高阻抗的电压测量仪表进行直接的测量。如果知道了某一电极的电极电位，就可用其他电极与它组成原电池；通过测量该电池的电动势，来得到全体电极的电极电位。但任一电极的电极电位的绝对值却是无法得到的。因此国际上采用一种标准氢电极作为选定电极电位标度的参考电极，规定其电极电位为零。这样只要将未知电极电位的电极与标准氢电极组成一个原电池，测出这个原电池的电动势，便可求得这个电极的电位相对值。

1. 标准电极电位

标准氢电极是指气压为 101kPa 的氢与氢离子活度为 1mol/L 的酸溶液构成的氢电池体系。如将某金属放入该金属盐的溶液中，当金属离子活度为 11mol/L，温度为 25℃时，金属电极与标准氢电极组成原电池的电动势就是该金属的标准电极电位。

这里标准氢电极电位在任何温度下都为 0。

2. 能斯特方程

电极电位主要决定于参加电极反应物质的活度，还与电极材料、溶液温度等因素有关。

非标准状态下的电极电位与溶液中相关离子的活度及温度之间的关系，可由能斯特方程表达。

$$E = E^0 + RT/nF \times \ln\alpha_1/\alpha_2$$

式中　E——平衡电极电位，V；

E^0——标准电极电位，V；

n——电极反应中得失的电子数；

F——法拉第常数，96485C/mol；

R——气体常数，8.314J/（mol·K）；

T——热力学温度，K；

α_1——氧化态物质的活度，mol/L；

α_2——还原态物质的活度，mol/L。

三、测量电池

测量电池由指示电极与参比电极构成。如前所述，要测量单独某电极电位是不可能的，但可以测量由两个电极构成的测量电池的电动势。这两个电极中如其中某一电极电位为恒定值，即不随待测离子浓度变化而变化，这样就为测量电池电动势提供了一个可以比较电位变化的基础，这个电极就是参比电极。对另一个电极，则要求其电位能随待测离子的浓度变化而变化，并呈一固定的数学关系，那么通过测量这个电极电位的变化，便可以测得待测离子浓度，这个电极就叫指示电极，所依据的固定数学关系式就是能斯特方程。由参比电极与指示电极组成的测量电池的电动势，实际上就是参比电极与指示电极间电位差。参比电极电位恒定，所以测量电池的电动势的变化取决于指示电极电位的变化。而指示电极电位的变化又取决于溶液中待测离子的浓度，因此便可通过测定测量电池电动势的变化来测定待测离子的浓度。

指示电极是组成电位式分析仪的基本部件，指示电极的电极电位随液中被测离子活度的变化而变化，并严格服从能斯特方程，所以指示电极又称为工作电极。大部分指示电极是离子选择性电极。

四、电极的种类

电极大体可分几类，但每个类型包括多种电极。

（1）第一类电极。由金属插入含有该金属离子的溶液中所构成的电极，如锌电极、铜电极、氧电极等。这类电极为金属电极，阳离子浓度越大，电极电位越高。

（2）第二类电极。由金属及该金属的一种固体难溶盐，浸在该难溶盐的阳离子的溶液中所构成的电极，如甘汞电极等。这类电极为阳离子电极，电极电位随着阳离子浓度的增大而降低。

（3）第三类电极。由一种金属和这种金属的难溶盐，与另一种难溶盐及与其有相同阳离子的电解质溶液所构成的电极体系。这类电极为氧化——还原电极。

（4）第四类电极。膜电极包括离子选择性电极，是由某种膜间隔不同浓度的同一电解质或不同组成的电解质溶液时，膜两边将产生一定的电位差，具有将溶液中某特定离子的浓度转变成一定的电位功能。

第二节　离子选择性电极

离子选择性电极是指具有将溶液中某种特定离子活度转变成一定电位功能的电极（这种功能又称为"响应"），又称为敏感电极、选择性离子敏感电极、离子专业性电极，它是指某种特定离子产生选择性相应的一种电化学器件。各种离子选择性电极的结构虽然各有特点，但都有一个被称为离子选择性膜的敏感元件，离子选择性电极的性能主要膜的种类及其制备技术。离子选择性电极的敏感膜都有渗透性，也就是说被测溶液中的特定离子可以进入膜内，并在膜内移动，从而可以传递电荷，在溶液和膜之间形成一定的电位。而膜的渗透性是有选择的，非特定的离子不能渗透，这就是离子选择性电极对离子具有选择性响应的根本道理。

一、离子选择性电极的分类

这类电极的种类较多，目前比较常见的分类是按照组成离子选择性电极的敏感材料进行分类的，1975 年国际纯化学和应用化学联合会（IUPAC）推荐的离子选择性电极分类如下：

$$
\text{离子选择性电极}
\begin{cases}
\text{基本电极}
\begin{cases}
\text{晶体膜电极}
\begin{cases}
\text{均相膜电极} \\
\text{非均相膜电极}
\end{cases} \\
\text{非晶体膜电极}
\begin{cases}
\text{刚性基质电极} \\
\text{流动载体电极}
\end{cases}
\end{cases} \\
\text{酶化离子选择性电极}
\begin{cases}
\text{气敏电极} \\
\text{酶电极}
\end{cases}
\end{cases}
$$

二、离子选择性电极概述

基本电极是指敏感膜直接与试液接触的电极。

（1）晶体膜电极是由含有被测离子成分的难溶盐制成的敏感膜电极，由于制膜方法不同，晶体膜电极分为均相膜和非均相膜，均相膜是由一个化合物或几种化合物均匀混合晶体所制成。非均相膜除了活性物质外，还包括惰性基质，如聚氯乙烯、硅橡胶等。

（2）非晶体膜电极分为刚性基质电极（玻璃膜电极）和流动载体电极（液膜电极）：

1）玻璃膜电极根据用途的不同，可以制成各种不同的形状，但都由敏感玻璃膜、电极杆、内充液、内参比电极、屏蔽导线等几部分组成，pH 电极、PNa 电极为一种玻璃膜电极。现在已制成的玻璃膜电极有 H^+、Na^+、K^+、NH_4^+ 等离子选择性电极。

2）流动载体电极（液膜电极）这类电极的敏感膜由熔有某种溶液离子交换剂的有机溶液薄膜层构成。

流动载体电极（液膜电极）是根据离子交换剂的不同分两种，一种是带电的离子交换剂（可以带正电或负电），它与被测离子络合物成中性分子。一种是中性的有机分子载体，与被测离子形成带电的络合物，液膜电极能测的离子有 Ca^+、K^+、NH_4^+ 等。

3）酶化离子选择性电极（酶化电极）它可分为气敏电极和酶电极。

气敏电极是一种复合电极，这类电极能测定下列气体 CO_2、SO_2、Cl_2、NO_2 等气体。实际上是一个透气膜与被测试液隔开的电化学电池。

酶敏电极是一种敏化电极，它将离子选择性电极与特异性酶结合，既能测定无机物，又能测定有机物，特别是能测定生物体液的组合。

第三节　参　比　电　极

参比电极是指在构成测量电池时，可以提供一个固定的稳定电位的参考电极。为达到这个要求，参比电极应具有良好的可逆性、重现性和稳定性。参比电极的种类有很多，常用的有甘汞电极与固体电极两种类型。

一、甘汞电极

甘汞电极多采用直立式结构，以玻璃管作容器、铂丝作导体并插入汞液中，汞液和甘汞（由 Hg_2Cl_2 和 Hg 共同研磨加 KCl 溶液调制而成）相连接，下部用脱脂棉球堵塞，浸入 KCl 溶液之中作为盐桥。玻璃外壳体与盐桥溶液之间用多孔陶瓷芯构成通道。

测量时，离子迁移是通过陶瓷芯毛细管进行渗透来实现的。

甘汞电极的表达式为：Hg｜Hg_2Cl_2（固体）｜KCl（溶液）

电极的反应式为：　$Hg_2Cl_2 + 2e \rightleftharpoons 2Hg + 2Cl^-$

其电极电位为：$E = E^0 + RT/2F \times \ln [Hg_2Cl_2] / [Hg]^2 [Cl^-]^2$

$$= E^0 - RT/F \times \ln \left[Cl^- \right]$$

甘汞电极电位在一定温度下,仅由 Cl^- 决定,不受其他离子影响。只要 Cl^- 活度确定甘汞电极电位也就成为恒定值。

由上式可以明显地看到,当温度一定时氯离子浓度对甘汞电极的电极电位起着决定性作用,改变浓度便可以改变其电位。常用的甘汞电极内充 KCl 溶液,其浓度为 3.5(饱和态)、1、0.1mol/L。

甘汞电极结构简单、使用方便,在一般情况下,电极电位比较稳定。缺点是电极电位受温度影响较大,存在"温度滞后"现象,即当温度变化时,电极电位发生缓慢变化。甘汞电极在使用中应注意的几个问题:

(1)在运输、储存与使用中应避免剧烈震动,以防止扰乱甘汞电极各相的界面而破坏电极的平衡,否则,会引起电极电位的漂移。

(2)使用后应将管壁擦干,以免由于玻璃管的亲水性而使电极内部的 KCl 产生回扩散或爬移,致使 KCl 溶液在玻璃管外壁析出。

(3)甘汞电极的电极电位受温度的影响较大,饱和甘汞电极的温度系数 $\beta = -0.0076$,所以在测量时应注意防止温度的波动,同时,也不宜在 80℃ 及以上条件下使用。

(4)汞电极下端的 KCl 溶液的渗漏速度以 5~7min 渗一滴为宜。上述指标,从对甘汞电极的电阻值测量结果中便可做出判断,阻值过大,说明渗速太慢;阻值大小,则说明渗速过快。

二、银-氯化银电极

银-氯化银电极是一种稳定性、重现性都较好的参比电极,制作较简单、使用方便可靠,特别是在高温条件下(250℃ 以下),其电极电位仍很稳定。它的温度滞后现象较小,但温度系数较大。

银-氯化银电极的表达式为:Ag | AgCl(固体)| KCl(溶液)

电极的反应式为:$AgCl + e \leftrightharpoons Ag + Cl^-$

其电极电位为:$E = E^0 - RT/F \times \ln \left[Cl^- \right]$

三、固体电极

固体电极是近几年才出现的一种实用型参比电极。它采用全封闭型结构,外壳用填充了氯化钾的玻璃纤维,聚乙烯或聚四氯乙烯等热压成型,以达到参比电极内充液与被测试样间的特殊盐桥作用。

固体电极具有机械强度高、不需要定期添加内充液,使用维护简单方便,使用寿命长,能耐受较高的温度与压力,可以用于粘稠的液体试样的测量等优点。但存在内阻较高,一般多在 $1M\Omega$ 以上,使用时对二次仪表尚有特殊要求(即必须采用双高阻输入电路)。

第四节　影响电位分析准确性的主要因素

使用离子选择性电极进行电位测定时，影响测定准确性的主要因素有溶液离子、溶液的 pH 值、干扰离子、测定条件、温度等。

1. 溶液离子的影响

离子选择性电极响应的离子活度，而非浓度，即电极电位与活度的对数呈线性关系，而与浓度呈非线性关系。这种差别随浓度的增大更为显著。活度与浓度的差别受离子强度的制约，这主要是在高浓度下，离子间的相互吸引作用所致。

2. 溶液温度的影响

温度的变化对电极的响应斜率、标准电极电位、溶液性能等有影响，温度还影响电极性能，如活性材料的溶解度。温度对测量的影响是多方面的，但有些仪表设置了温度补偿，但温度补偿只对斜率变化进行补偿，因此称为温度/斜率调节装置。在使用毫伏测量测量时，该温度补偿装置不起作用，所以不能靠仪表的温度补偿来实现对温度变化的全面补偿，因而在实际测量中，应尽量保持水样与标准溶液温度恒定在一个范围内，仪表的温度补偿通常是在使用标准溶液进行仪表标定时使用的。但是智能化仪表对温度补偿（手动、自动）是通过在 25℃时的标准电阻值来进行仪表标定的，减少了对仪表测量的误差。

3. 溶液 pH 的影响

溶液的酸度对离子选择性电极有一定的影响，电极适应的 pH 范围与电极的类型和试剂中待测物的浓度有密切关系，电极电位稳定的 pH 范围随试液中待测离子浓度的降低而变小，pH 的影响主要来自溶液中化学平衡的限制，导致对溶液和电极的干扰，有的水样受 pH 的影响较大，pH 的微小变化就会导致一定的测量误差，水样溶液和标准溶液的 pH 可借缓冲溶液调节一致，以减少测量误差。

4. 共存干扰物质的影响

共存于水样试液中的干扰离子可能对电极和溶液产生干扰，是电极对共存干扰离子的响应，也就是共存干扰离子对电极电位提供一部分响应电位。水样溶液中含有干扰物质时，应采取适当的预处理以消除干扰，必要时改变测量方法。

5. 测定条件的影响

测定条件主要包括温度、光照、电极位置、搅拌与流速、标准溶液等。

第五节 PHG-9802型酸度计

在水汽分析中，许多化学反应都受溶液 pH 值控制，尤其是金属腐蚀与水质 pH 值有很大关系，为了防止给水系统锅炉本体等热力设备的腐蚀，必须严格控制给水、炉水的 pH 值，对于锅炉补给水和废水处理，监督 pH 值是一项重要的监督项目。

在化学分析中，酸度与 pH 值是两个不同的概念，在应用中注意加以区别。酸度是指水中含有能与强碱（如 NaOH、KOH 等）起中和作用的物质的量。可能形成酸度的物质有强酸、强酸弱碱盐、酸式盐、弱酸等，酸度是指上述物质能提供的 H^+ 总量，不论是电离还是非电离的。pH 值是指溶液 H^+ 活度（有效浓度）的负对数。它表示完全电离成自由态的 H^+ 的量，不包括未电离的部分氢。pH 由下式计算：$pH = -\log [H^+]$。

PHG-9802型酸度计用来测量炉水、给水、汽轮机凝结水及其他系统中 pH 检测仪表，可根据水中加药状况进行连续监督，pH 仪表为智能化在线连续监测仪表，由传感器和二次仪表组成，并配有高性能的两复合或三复合电极，以满足不同场所监测的需要。

一、仪表的特点

（1）全智能化。采用单片机来完成 pH 的测量、温度测量和补偿，无功能开合调节旋钮。

（2）双高阻前置放大。双高阻输入阻抗高达 $10^{12}\Omega$，抗干扰能力强。

（3）自动温度补偿。在 $0 \sim 60℃$ 自动温度补偿。

（4）简单的菜单结构、全中文显示、界面友好、多参数同时。

二、基本功能

（1）有加氨超纯水的 25℃ 换算功能：对于加氨超纯水，实现了在 25℃ 时的 pH 自动补偿。

（2）历史曲线和数字记录仪功能：测量数据自动存储，连续自动存储 pH 值，便于发现问题和解决问题。

（3）记事本功能：真实记录仪表的操作情况和报警时间，便于监督。

（4）数字时钟功能：显示当前的时间，为记录提供数据。

（5）背光功能：根据温度的变化自动调节对比度。

（6）防程序飞死：确保仪表不死机。

（7）输出电流设置：选择 $0 \sim 10mA$、$4 \sim 20mA$ 输出。

（8）标定方式：有一点和两点标定方法，还有手动输入零点和斜率及已知 pH 值的标定的方法。

三、技术指标

（1）测量范围：pH 值为 0～14，分辨率为 0.01pH。

（2）电子单元温度补偿误差：±0.03pH。

（3）电子单元重复性误差：0.02pH。

（4）自动温度补偿范围：0～60℃、25℃为基准。

（5）被测水样：0～60℃，0.3MPa。

（6）输出电流误差：不超过 0.05mA。

（7）隔离输出：0～10mA（最大负荷 1.5kΩ），4～20mA（最大负荷 750Ω）。

（8）环境温度：0～60℃，相对湿度 <85%。

（9）电源：220V±10%，50±1Hz。

四、仪表的工作原理

PHG－9802 型酸度计是一种电位式化学分析仪器，它是依据能斯特方程，将被测水样中的氢离子活度转换成毫伏信号，然后进行放大，显示测量被测溶液的 pH 值。

PHG－9802 型酸度计由传感器（测量电池系统）和变送器（高阻毫伏计）两大部分组成，由于传感器输出电压不但与被测溶液的 pH 值有关，而且和被测溶液的温度有关，所以此表还有温度传感器，以进行温度补偿。

五、仪表的组成、功能

PHG－9802 型酸度计是由传感器和变送器两大部分组成。

1. 传感器部分

PHG－9802 型酸度计的电极有两复合电极、三复合电极、HPW2000 测量单元等几种。

2. 变送器部分

PHG－9802 变送器的总的方框图如图 20－2 所示。

图 20－2　PHG－9802 变送器的总的方框图

从方框图可以看出 PHG - 9802 仪表的变送器由模拟信号处理、单片机系统和电源系统等三大部分组成信号流程：测量池的电位，由模拟信号处理部分进行阻抗转换，放大后使其模拟信号能满足模数转换器的要求，然后由模数转换器转换成数字信号，由单片机系统完成数字信号的处理，然后送往液晶显示器显示被测溶液 pH 值。

（1）模拟信号处理部分方框图如图 20 - 3 所示。从方框图可以看出模拟处理包括阻抗变换、直流放大器、电子开关等电路。

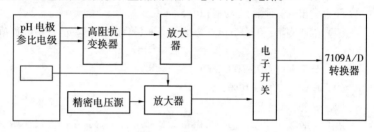

图 20 - 3　PHG - 9802 钠表模拟信号处理部分的方框图

由于 pH 电极的输入阻抗高，所以变送器的输入阻抗也必须高，输入极需要高阻抗的放大器，完成 mV 值的放大，阻抗变换电路的主要功能是将 pH 玻璃电极和参比电极对产生的高内阻毫伏信号转变成低内阻的信号，该仪表采用双高阻差分测量电路，具有较高的抗干扰能力，由于仪表需要对 pH 和温度值的同时显示的功能，所以需要用电子开关来完成 pH 信号和温度信号的切换，由于 pH 信号的变化速度比较慢，同时由于工业现场有很强的干扰，所以数模转换采用的是双积分式，由于仪表的要求精度较高，所以采用 14 位的数模转换。

（2）单片机部分框图如图 20 - 4 所示。从方框图可以看出单片机部分包括数据存储器、程序存储器、地址译码器、键盘接口和键盘电路、数模转换、显示接口和显示电路、报警电路、通信接口等计算溶液的 pH 值和温度值，并由液晶显示器显示出来，同时通过数模转换将 pH 值转换成 0 ~ 10mA 或 4 ~ 20mA 的电流，送给上位机。

由于仪表有记录仪功能，能完成对历史曲线和记事本功能，所以需要大的数据和程序存储器，本表采用 192 × 64 点阵的液晶显示器能同时显示 pH、温度、时间、输出的电流和 mV 值等工作状态。

（3）电源部分方框图如图 20 - 5 所示。从方框图可以看出电源部分包括变压器、整流电路、滤波电路、稳压电路等，整流电路将交流电压变

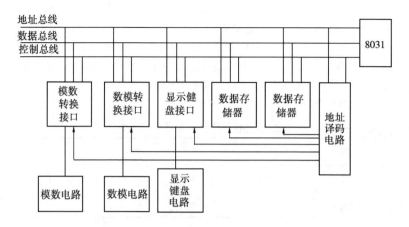

图 20 – 4　PHG – 9802 钠表单片机部分的方框图

成直流电压，滤波电路滤出直流电中的高频和低频干扰成分，由于数字电路对电压的稳定性有一定的要求，所以需要稳压电路进行稳压，提供给数字电路 +5V、 – 5V 的电压，提供给运算放大器的 + 12V、 – 12V 电压。

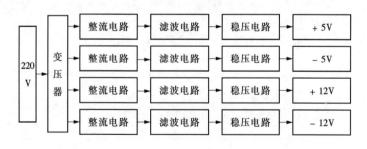

图 20 – 5　PHG – 9802 钠表电源部分的方框图

（4）温度补偿部分。由能斯特方程可知，电极响应斜率 S 与温度 T 有关，随着温度的升高，响应斜率增大，如表 20 – 1 所示为理想电极的响应斜率与温度的关系。

为了消除温度对测量带来的影响，该仪表设计了温度补偿电路信号。

关于 pH 的温度补偿与此 25℃ 的折算：这是两个不同的概念，普通的温度补偿是将电极在标定温度下得到的斜率按能斯特公式换算成当前温度下的斜率，从而得到当前温度下的 pH 值。而 25℃折算，是将当前温度下的 pH 值，换算到假定其他条件不变，只是温度变化到 25℃ 时的 pH 值。因各种溶液的成分不一样，其温度系数也不一样，故分析要做到对任何溶液的 pH 值都要折算到 25℃ 是不可能的，但对纯水和加氨超纯水，本表做到了 25℃ 折算，以满足电力系统的《火力发电厂水汽化学监督导则》中的各种 pH 值均以 25℃ 为基准这一要求。

表 20 - 1　　　　理想电极的响应斜率与温度关系表

电极	0	20℃	25℃	30℃
一价离子	54.20	58.16	59.16	60.16
二价离子	27.10	29.08	29.58	30.08

（5）报警部分。仪表有上限、下限报警继电器，来控制电路组成一个 pH 值控制系统。

六、测量池及二次仪表与传感器的连接

测量池采用流通式结构，用不锈钢外壳，使水样和前置放大级处于密封状态，构成完整的屏蔽，减少外电磁场对高阻测量电极的影响。安装电极时，先旋松电缆接头，将电极插入测量池，然后旋紧电缆接头，用力要适当，以免损坏电极。

（1）二次仪表与测量池的距离越近越好，一般不超过 10m，测量池表面要保持清洁、干燥、避免水滴直溅，必须有良好的接地。

（2）测量电极与二次仪表的连接信号电缆不得与电源线平行敷设，以免对信号产生不良的影响。

（3）二次仪表与传感器的连接如图 20 - 6 所示。

			动	合					
屏蔽线	+	-	高报警				地	~220V	
11	12	13	14	15	16	17	18	19	20
1	2	3	4	5	6	7	8	9	10
测量电极	参比电极	温补电极			I+	I-	空	通信+	通信-

图 20 - 6　二次仪表与传感器的连接

七、标定

由于每支 pH 玻璃电极的零电位不相同，电极对溶液 pH 值的转换系数又不能精确地做到理论值，有一定的误差，而且更主要的是零电位和斜率在使用过程中会不断的变化，产生老化现象，这就需要不时地通过测定标准液来求得电极的实际的 E_0 和 S 进行标定。

（1）一点标定：只采用一种标准液对电极进行标定，它将电极的斜率不变，求得电极的零电位。

（2）两点标定：根据仪表在正常投运时被测水样的 pH 值选择两个标准溶液对电极进行标定。如被测水样是酸性的 pH < 7，则应选择 pH4、pH6.86 这两个 pH 标准溶液对电极进行标定，如被测水样是碱性的 pH > 7，则应选择 pH6.86、pH9.18 这两个 pH 标准溶液对电极进行标定，总之，被测溶液 pH 值应在两个 pH 标准溶液的 pH 值之间，这对提高测量精度有利。

（3）两点校正法测定溶液离子活度值和浓度。当被测定的离子活度或浓度值是在电极的线性范围内，通常采用两点校正法来测定溶液中的 pH 值，在这种情况下，CPU 根据人机对话输入两种标准的 pH 值 pH_1 和 pH_2，离子选择电极在相应的标准溶液中测得的电位值 E_1 和 E_2，计算出测量电池的斜率 S。上述过程就完成了对测量仪表的标准化，可以对与标准溶液温度相同的样品溶液进行 pH 的测定。

八、测试与模拟调试

对于 PHG - 9802 型仪表高阻内置，其模拟调试的接线如图 20 - 7 所示。

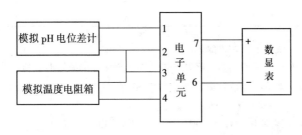

图 20 - 7　PHG - 9802 型仪表模拟调试的接线

最重要的是，电位差计的负端一定要与第三脚短接，否则信号不稳定。mV 数与 pH 值的对应关系如表 20 - 2 所示，电阻与温度的对应关系如表 20 - 3 所示。

表 20 - 2 输入电位差与对应关系

（温度为 25℃、$E_0 = 0$、$S = 1$ 时）

高阻输入 （mV）	直接输入 （mV）	pH	pH	直接输入 （mV）	高阻输入 （mV）
414.12	1656.48	0.00	14.00	-1656.48	-414.12
354.96	1419.84	1.00	13.00	-1419.84	-354.96
295.80	1183.20	2.00	12.00	-1183.20	-295.80
236.64	946.56	3.00	11.00	-946.56	-236.64
177.48	709.92	4.00	10.00	-709.92	-177.48
118.32	473.28	5.00	9.00	-473.28	-118.32
59.16	236.64	6.00	8.00	-236.64	-59.16
0.00	0.0	7.00	7.00	0.0	0.00

表 20 - 3 mV 数与温度的对应关系

高阻输入（mV）	直接输入（mV）	温度（℃）
7352.90	780.00	0.0
5718.10	676.00	5.0
4481.09	581.00	10.0
3537.90	496.00	15.00
2813.11	420.00	20.00
2252.00	354.00	25.00
1814.51	298.00	30.00
1470.89	250.00	35.00
1199.72	210.00	40.00
811.42	148.00	50.00
672.58	124.00	60.00

九、仪表的维护、维修

二次仪表一般不需要日常维护，在出现明显的故障时，检查分析故障的原因，确定故障进行更换（如电源板、信号板、程序板、输出板等）。

（一）二次仪表的维护

pH 仪表使用的好坏，很大程度上取决于电极的维护。

（1）应对电极定期清洗，确保其不受污染。

（2）每隔一段时间要进行电极标定。

（3）在停止水样时，应保持电极浸泡在被测溶液中，否则，会缩短使用寿命。

（4）必须保持电缆连接部分清洁，不能受潮或进水。

（二）仪表故障的判别与处理

1. 液晶显示不正常

液晶显示不正常时，表现为无显示或显示内容杂乱无章该故障大多有以下几种原因，检修人员只要查明故障原因即可排除故障：①供电电源不正常；②仪器受到较强干扰信号的干扰；③工作电源出错；④液晶片插座与液晶片接触不好。

2. pH 值的示值超差

检修步骤如下：

（1）拆下 pH 电极的引线，用电位差计代替输入信号，信号范围 0～400mV，观察仪器的毫伏显示值与输入的毫伏值，应接近或一致，且毫伏值显示稳定，这时候可以排除出现电子线路明显误差的可能。

（2）清洗电极，用新配制的标准缓冲溶液进行标定，标定结束后重新测试样品 pH 值，观察示值误差。

（3）检查发送器电极装配密封情况，有无漏现象。如电极安装不密封，或现场湿度太大，都将影响高阻放大器的输入阻抗，造成 pH 示值误差。

解决的方法是：将电极卸下，使发送器内部结构受潮的部分充分干燥后重新装配，并更换新的密封圈。

3. 温度超出测量范围

检修步骤如下：

（1）松开温度传感器的两根引线，用万用表测量两根引线之间的电阻，仪器采用 NTC 铂电阻作为温度传感器。

（2）用万用表测量发送器接线端上的温度信号端，电压如不足就可确定发送器的高阻板电子线路故障。

十、电极

电极的准确与稳定是决定 pH 仪表好坏的关键因素之一，特别是对热力发电厂的低电导率水质，对电极的要求很高，该仪表采用三复合电极来测量，稳定性、使用寿命基本能满足现场使用要求。

三复合电极是测量电极、参比电极、温度补偿电极组合成一个整体，方便安装、拆卸、清洗。新电极必须放置在干燥的环境下，在使用前必须浸泡 24h，使其活化，否则，标定和测量造成误差。发现电极受污染影响测量精度时，可用细软刷清洗电极，对其进行处理，确保电极测量的准确性。

测量 pH 电极的直流电阻含有下列三个方面的意义：

（1）对仪器制造者来说，根据电极的直流电阻，来确定测量仪器的输入阻抗的技术指标；对仪器使用者来说，根据所使用的 pH 电极的直流电阻，选择输入电阻指标符合测量要求。

（2）判断一个 pH 电极好坏的指标之一，在室温下，一般玻璃电极直流内阻为数十兆欧，如果测得电极直流电阻为数千欧以下，则说明玻璃膜电极有裂痕，相反，如果测得的内阻为无限大，则说明电极引出线开路，或者测得玻璃膜电极内阻超过数十兆欧，且反应迟钝，则说明电极可能老化，不宜使用。

第六节　钠　度　计

测定水样时，钠离子含量的电位法是较快速、可靠、准确的分析方法，在火电厂生产中，这种方法常用于鉴别凝汽器泄漏，监控蒸汽品质，水处理阳床的运行工况及进行水质分析。

一、钠度的测定

1. 钠度测定的依据

用电位分析法测定溶液中 Na^+ 含量的原理，是 pNa 电极对溶液中 Na 的选择性响应，其响应电极电位服从能斯特方程，即 $E = E^0 + 2.303RT/F \cdot \lg\alpha_{Na}^+$

因为 $$pNa = -\lg\alpha_{Na}^+$$

所以 $$E = E^0 - 2.303RT/F \cdot PNa$$

常用的钠离子选择电极为钠电极，参比电极为甘汞电极组成的测量电池电动势，便可显示 pNa 值或 Na^+ 浓度。

2. 活度系数

根据实际测定，当溶液中钠离子浓度小于 10^{-3} mol/L 时，$f_{Na^+} \approx 1$，当溶液中钠离子浓度大于 10^{-3} mol/L 时，$f_{Na^+} < 1$，在测定时应注意活度系数的修正，或者用稀释法将待测溶液进行稀释，否则，将会带来较大测量误差。

3. 离子干扰

（1）H^+ 干扰。钠离子选择电极对离子的选择性次序一般为 $Ag^+ > H^+ > Na^+ > K^+ > NH4^4 > Mg^{2+}$，即电极对 Ag^+、H^+ 的选择性比对 Na^+ 更灵敏（Ag^+ 很少可忽略），所以 H^+ 是 pNa 电极测定的主要干扰离子，一般采用加碱化剂的方法，调节溶液的 pH 值来抑制 H^+ 的干扰作用。

在 pNa 测定时，必须用碱化剂对水样进行 pH 调节，使溶液 pH 值比

pNa 值大三个单位时，即可满足测量要求，对所加碱化剂纯度一定要高，在测量 Na^+ 含量很低的溶液时，要防止碱化剂自身的钠量给测量带来影响。如溶液 pNa 为 5 时，应将水样的 pH 值调至大于 8 以上，再进行 pNa 测定，才可得出正确的测量值。常用的碱化剂有二乙丙胺、纯氨水等。

（2）K^+ 干扰。对一般钠电极，K^+ 的影响较大，其干扰主要来自参比电极内充液的渗漏，为了减少 K^+ 对 pNa 测定的干扰，在静、动态测定 pNa 时，采用内充液为 0.1mol/l 的甘汞电极，也可选用 pH 复合电极作为参比电极，并将其装在 pNa 电极的下游。使参比电极渗漏的 K^+ 不经过测量电极就被水样带走，减少测量干扰。

4. 污染的影响

使用 pNa 电极测量 Na 离子含量多属低浓度测量，所以污染是造成测量误差的主要原因，对于电极系统、容器、测量杯、流动测量杯等均须用加有碱化剂的高纯水进行冲洗。水样在测量时携带的铁会对 pNa 电极造成污染，这是因为被测水样必须进行碱化才能测钠。

5. 温度的影响

温度对电位分析法测量准确性的影响是难以有效地进行补偿，根据 pNa 电极的特性，在进行 pNa 测量时，将温度控制在 20～40℃ 为宜，因为低于 20℃ 时，pNa 电极的响应变得缓慢，容易出现较大的误差，最好保持在 25℃±3℃，以减少温度变化引起的测量误差。

二、DWS－51 型钠离子浓度计

DWS－51 型钠离子浓度计是实验室用 PNa 测量仪表，它是由测量电池和电子仪器（变送器）两部分组成。

（一）技术指标

（1）测量范围为 0～9pNa，Na^+ 含量为 23g/L～0.023ug/L。

（2）仪表最小分度值为 0.01PNa。

（3）仪表环境温度 5～35℃，湿度不大于 85%。

（4）电源电压 220V，频率 50Hz。

（二）工作原理

当钠电极浸入溶液时，钠电极敏感玻璃与溶液产生一定的电位，此电位决定于溶液中 Na^+ 的活度，因此，用另一支固定的电极即能测定其电动势，即 Na^+ 的活度。

$$E = E^0 + 2.303RT/F \cdot \lg \alpha_{Na}^+$$

（三）电子单元

DWS－51 型钠离子浓度计的电子仪器（变送器）由参量振荡放大电

路、交流电压放大器、全波整流电路、直流功率放大器、显示仪表、定位调节、零点调节、温度补偿、量程扩大、校正电压电路等部分组成，如图20-8所示。

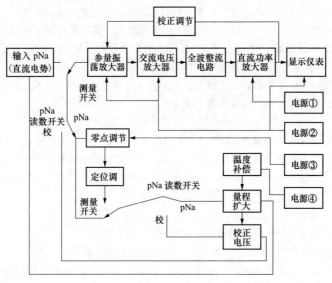

图20-8　DWS-51型钠离子浓度计的组成

参量振荡放大电路将代表溶液的钠离子浓度的直流电压信号转换成交流电压信号，再经交流电压放大器放大、全波整流电路整流成为直流电压，然后经直流功率放大器放大并转换成直流电流信号，转换为显示仪表进行显示。为了提高仪表的测量准确度，以上电路的测量范围为0~1pNa。变送器的电气零点为0，即当输入为0时，显示应为"0"，当输入1pNa对应的mV信号时，仪表显示满度为"1"。

零点调节电路用于变送器的电气调零，其作用是为校正变送器的增益作准备。

由能斯特方程可知，电极的输出电势为 $E = E_0 \pm \mathrm{Sp}X$，其中，E_0 与被测溶液浓度无关，在一定温度下 E_0 是一常数。当变送器将电极输出电动势转换成 pNa 值之前，必须将 E_0 从 E 中减掉，使得 $E' = \pm \mathrm{Sp}X$，即只转换与溶液浓度有定量关系的电动势。在仪表使用时，将电极输出电动势中的 E_0 减去的操作叫做"定位调节"。

校正电压电路是在仪表校正时，提供与 1pNa 相对应的标准电压，通过调整校正调节电位器，使仪表指示为满刻度，即显示 1pNa 值。

量程扩大电路用于扩大量程，为了提高测量准确度，仪表的实际测量范围为 0～1pNa，这个范围是不够的。为了解决这一矛盾，该仪表设有量程扩大电路。仪表的测量范围扩大为 0～9pNa，显示仪表及分挡开关直接显示 pNa 值和 Na^+ 浓度。

温度补偿电路是通过改变量程扩大电路的标准电压，使量程扩大电路中的每个电阻和校正电路输出在不同温度下的 1pNa 值都对应标准毫伏值，以满足对被测溶液的不同温度的补偿。

（四）仪表的调校

DWS－51 型钠离子浓度计的外观示意如图 20－9 所示。

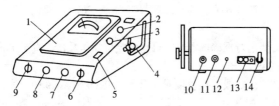

图 20－9　DWS－51 型钠离子浓度计的外观示意

1—指示表；2—玻璃电极插口；3—甘汞电极接线柱；4—电
极杆；5—读数开关；6—量程分挡开关；7—定位旋钮；
8—校正旋钮；9—温度补偿调节旋钮；10—记录仪
插口；11—零点周节旋钮；12—准确度调节旋钮；
13—电源插口；14—电源开关

1. 准备工作

（1）通电前先调好显示仪表的零位。

（2）连接好电极系统，并保持电极接头干燥、清洁。

（3）检查读数开关，应放在开位置。

（4）仪表通电 15min，保证仪表正常。

2. 校正步骤

（1）将读数开关置于松开位置，量程分挡开关置于 0 位置（0pNa），调节零点调节旋钮，使指针指示在 0 位置。

（2）置温度补偿调节旋钮为定位标准溶液的温度值处。

（3）置量程开关于校正位置，调节校正旋钮，使仪表显示在满度，即"1pNa"刻度。

（4）重复上述步骤，直至零点与满刻度都符合要求为止。

3. 定位要求与步骤

定位标准溶液要严格按照配制方法进行准确配制并妥善存储，避免污染。定位标准溶液的浓度最好与被测溶液的浓度接近，一般使用 pNa4 作为定位标准溶液。以 pNa4 作为定位溶液进行的定位步骤：

（1）用以碱化的 pNa4 定位溶液清洗电极数次，每次淋洗后要用洁净的滤纸洗去电极底部的滴液，同时也应清洗电极杯数次，然后将碱化的 pNa4 定位溶液倒入电极杯中，使之浸没电极 1/2 处。

（2）将量程分挡开关置于"3"处，按下读数开关，等待指针达到最大值后，稳定 1～2min，指示无明显变化时，调定位旋钮至满刻度即可。

（3）放开读数开关，检查"0"点，如偏差在一小格内，则说明仪表正常。

（4）对要进行准确的测量，可重复定位操作数次，直至定位偏差在 ±0.03pNa 之内为止。

（5）在不读数或更换溶液时，只要电极未浸入溶液中，读数开关就一定放开。

4. 测量工作

（1）清洗电极，一定要使用调好的无钠水或调好 pH 值的待测溶液进行电极清洗。

（2）选择合适的量程分挡开关。

（3）按下读数开关进行读数，读数后放开读数开关。

5. 仪表的准确度

仪表的准确度可以用电位差计进行检验，如图 20 - 10 和表 20 - 4 所示。

图 20 - 10　DWS - 51 型钠离子浓度计的检验

表 20 - 4　　　　　　DWS - 51 型钠离子浓度计的检验

PNa 值	1	2	3	4	5	6	7	8	9
mV 值	60.15	120.30	180.45	240.60	306.75	360.90	421.05	481.20	541.35

三、1181EL 型钠表

1811EL 型微量钠离子检测仪是用来在高纯水中连续测量微量钠离子含量的仪表，本仪表的测量范围为 0.01~1000ppb，可作为监测凝结水、给水、补给水和除盐水的在线仪表使用。

仪表具有一个独特的 pH 调节系统，利用一个简单的移液管，使得仪表的标定变得迅速、简单、可靠和精确。安置在测量池中的温度探头用于进行自动温度补偿。

1. 技术指标

（1）测量范围：0.01~1000ppbNa$^+$。

（2）显示：用于显示浓度、斜率、量电位、毫伏、温度、错误代码和诊断消息。

（3）信号输出 4~20mA 最大隔离负载为 1000Ω。对数方式：最小范围为 2 个数量级，最低量程 0.01~10ppb。线性方式：最低量程 0.01~10ppb。

（4）精度（DKA）：在标定温度 ±10℃ 以内，最大误差为读数的 ±2.5% 或 ±0.01ppb。

（5）取样条件：温度 5~40℃，总碱度小于 50ppb。

（6）响应时间：2min 内达到 50% 的响应。

（7）标定：两点已知添加法，离线标定，空白校准。

（8）流量：40mL/min，用压力调节阀设定。

（9）电源：220V（AC）±10%、50Hz、100W。

1181EL 型钠表的样水流程方框图和在正常测量状态下的样水流程如图 20-11、图 20-12 所示。

2. 测量原理

仪器是根据能斯特关系式进行定量测试的。

所测量的电位随着温度和相关离子浓度的变化而改变，为了消除水样温度波动造成的误差。从能斯特方程可知，在 25℃ 时钠离子选择电极对钠离子浓度变化的理论响应值为 59.16mV，称为电极斜率。因此，需标定仪表以确定其真实斜率值。

在测量低浓度钠离子时，为了消除氢离子的干扰，将水样的 pH 值调节到 11 以上，水样流进经试剂扩散瓶中的扩散管，瓶中装有氨溶液，试剂通过扩散管的管壁向水样中扩散从而将水样的 pH 值提高到 11 以上。

通过压力调节阀和节流管的共同作用可控制进入流动池的水样流量，调整压力调节阀，得到一个 40ml/min 的标准流量。

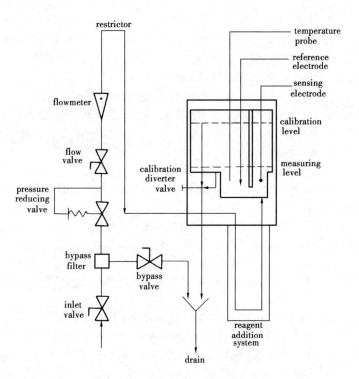

图 20 – 11　仪表的样水流程方框图

3. 仪表操作

（1）操作键说明。

ON/OFF 开关键——控制所有电气部件和空气泵的电源。

　LCD 液晶显示——用于显示浓度、斜率、E_o、毫伏、温度、错误信息和诊断信息。

　模式指示 LCD——在 sample 样水方式时，将显示量程、电极的稳定，在 test 检查方式时，将显示温度、毫伏、E_0、斜率。

　提示指示 LCD——用于在标定时提示，分别是 fill/flow off（充满/停止进样）、add STD1（加标准溶液 1）、add STD2（加标准溶液 2）、drain/flow on（排污/流通）。

　增加和减少键——用来增加和减少所显示的值，报警限值、模拟量输出范围，离线标定和空白值。

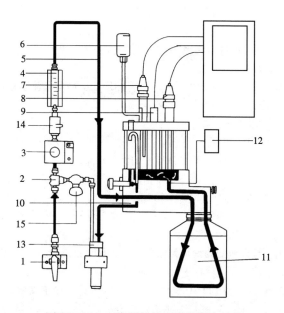

图 20 - 12 正常测量状态下的样水流程

1—进口阀；2—分流过滤器；3—压力调节阀；4—流量计；5—节流管；
6—电解液瓶；7—参比电极；8—钠电极；9—温度探头；10—流动池
复式接头；11—试剂扩散瓶；12—空气泵；13—排污管；
14—流量阀；15—旁路阀

Enter/done 回车键——可将 LCD 显示的输入内存，以备使用。

Sample 取样键——使仪表处于测量状态，仪表将进入自动取样状态。

Cal 标定键——启动仪表的标定模式，按提示逐步完成标定模式。

Tcst 检查键——使仪表进入检查方式，在此方式，LCD 可以依次显示温度、毫伏、E_0、斜率，每按一次该键，仪表将按顺序依次显示。

Error 错误键——如错误 LCD 灯亮，可按此键上使 LCD 显示错误代码。

Program 编程键——用于输入标定浓度增加浓度值和流动池的体积。

（2）启动仪表的操作：

1）开启进水进样阀，至少冲洗 1h。

2）打开电源开关后，仪表应有良好的接地。

3）流动池中有气泡溢出，完成后仪表进入水样测量状态。

（3）仪表的初始启动。

1181EL 型钠表在首次测样时，应将标定浓度增量和流动池体积存入微处理器的内存。

P——离线标定值；

P1——空白效准值；

P2——加入标准液 1 后的浓度增加值（20ppb）；

P3——加入标准液 2 后的浓度增加值（200ppb）；

P4——流动池体积（95ml ± 5）。

1）按 program 键到 LCD 显示 P4（流动池体积），然后显示流动池体积的当前值，缺省值是 95ml。

2）用标有∧和∨的键可修改此值，当显示正确数值时，按一下 enter/done 键，该体积值就存入仪表的内存。

3）按 program 键到 LCD 显示 P2，然后显示第一个浓度增加值的当前值为 20ppb。

4）用标有∧和∨的键可修改此值，按一下 enter/done 键将正确的数值存入仪表的内存。

5）按 program 键到 LCD 显示 P3，然后显示第二个浓度增加值的当前值为 200ppb。

6）用标有∧和∨的键可修改此值，按 enter/done 键将正确的数值存入仪表的内存，然后自动回到取样模式。

（4）停机和启动步骤：

1）停机。关闭仪表水样进口处的水样流量，关掉电源，排空流动池，从流动池顶部取下钠电极和参比电极，给钠电极套上保护帽，将参比电极用内充液充满即可。

2）启动。当水样停止后重新启动时，进行冲洗管路，用清洗液浸洗钠电极数分钟，再用取离子水清洗，并重新安装到仪表上，重新给仪表通水样，调整水样流量到规定范围内，启动仪表稳定后要进行标定，方可投入运行。

4. 设置操作

（1）设置模件输出，如图 20 - 13 所示。

1）将电流输出在 4 ~ 20mA，可将开关 S1 - 2 拨到 OFF 位置，并将

S1 - 3拨到 ON 位置。

2）将电压输出在 0 ~ 10V，可将开关 S1 - 1 拨到 ON 位置。

	S1 - 1	S1 - 2	S1 - 3	S1 - 4
0 ~ 10V	ON	×	×	×
4 ~ 20mA	×	OFF	ON	×

图 20 - 13   1181EL 型钠表设置模件输出

（2）测量量程：

1）按 Set Zero 键，其上的 LCD 发亮，LCD 将显示零值的当前值，预置的系统设定值是：线性量程为 0.1ppb，Log 量程为 0.1ppb；

2）用 △ 和 ▽ 键改变此值，最低的值为 0.01ppb；

3）当显示值正确时，按 enter/done 键；

4）按 Set full Scale 键设置上限量程，预置的系统设定值为 100ppb；

5）从对数方式转换为线性方式：按 set zero 键，输出方式将在对数和线性两种方式之间转换，对数和线性方式的零值和满度是彼此独立的。

Po	离线标定值	000
P1	空白修正值	000
P2	STD1	20ppb
P3	STD2	200ppb
P4	（体积）	95
Set Zero	（对数）	0.1ppb
Set Zero	（线性）	0.1ppb
Set Full Scale	（对数）	100ppb
Set Full Scale	（线性）	100ppb
斜率		59.2mV
E_0		- 25mV

5. 标定

在所有的水样范围内进行一种快速、简便、准确的标定，可以保证系统最大精度，在使用移液管时，正确使用移液管对于标定来说是很关键的。

（1）在标定前应做的工作：

1）进行包括电极的维护，在更换试剂或清洗电极后应至少 1h，应在清洗电极 1h 后才能开始标定以保证电极的快速响应。

2）检查标定增加浓度值（20ppb、200ppb）和流动池体积（95ml）值是否正确输入到仪表内的微处理器。

3）检查当前基底浓度是否不大于 20ppb，如果基底浓度不是非常大，标定可进行，只是精度下降。若交替使用标准液可以达到精度。

（2）清洗流动池。当测量非常微量的钠离子时，为防止标定后对正常测量产生的干扰，应该清洗流动池。先拔下空气泵进口管，拆下流动池盖，用去离子水清洗流动池和电极。清洗完成后将空气泵进口管连接好。

（3）两点标定法：

1）清洗钠电极。钠电极在清洗后在标定时其响应时间会响应缩短。

2）拔下空气泵进口管。防止水样充满流动池时对空气泵可能造成损坏。

3）将流动池的切换阀推入。当水样液位上升超过虹吸管顶部时就开始虹吸管下降。

4）等待 1h 后在开始标定。确保最佳的标定精度。

5）打开流动池盖上的标定孔。

6）按下标定键，等待 fill/fiow off 指示灯亮。

7）等待液位开始下降时，马上关闭流量阀。

8）等虹吸停止后，按 enter/done 键，重新连接好空气泵进口管。

9）等待加标准溶液 1add STD1 的 LCD 指示灯亮后，检查标准浓度与 LCD 屏上显示的值是否一样。

10）用移液管吸取标准溶液 1 加到流动池中按 enter/done 键，现在仪表检测电极电位，并会自动将其稳定电位存储，这时 add STD2 的指示灯亮。

11）等待加标准溶液 2add STD2 的 LCD 指示灯亮检查标准浓度与 LCD 屏上显示的值是否一样。

12）用移液管吸取标准溶液 2 加到流动池中按 enter/done 键，现在仪表检测电极电位，当 electrod estable 电极指示灯亮时将其稳定电位存储。

13）等待 drain/flow on 的 LCD 指示灯亮。

14）拉出切换阀并重新打开流量阀让流动池恢复正常运行时的液位（20ml），然后按 enter/done 键。

15）标定结束。

6. 仪表维护

（1）检查水样流量应在 35~45mL/min 之间，保证流量充足。

（2）检查仪表流路有无泄漏，若试剂瓶的液位上升，说明扩散管泄漏。

（3）检查仪表有无错误的显示，显示浓度是否合理。

（4）检查仪表的空气泵是否正常工作。

7. 故障处理

在大部分设置中，温度读数应在 5 ~ 40℃ 之间，毫伏读数应在 −400 ~ 0 之间，斜率在 48 ~ 61mV 之间，E_0 在 −50 ~ 80mV 之间，如表 20 − 5 所示。

表 20 − 5　　　　　　　　1181EL 型钠表的故障处理

故　　障	可能出现的原因	处　理　方　法
斜率低	（1）标定方法不对； （2）钠电极故障； （3）标准溶液污染； （4）移液管使用不当； （5）背景浓度太高	（1）重新标定； （2）更换钠电极并重新标定； （3）用新的标准溶液重新标定； （4）正确使用； （5）用高浓度的准溶液标定
斜率太低 $S < 5mV$	（1）标准溶液 1 和 2 混用； （2）电气故障	（1）重新标定； （2）重新复位计算机
斜率低于零	参比电极与钠电极接反	重新连接两个电极的连线
斜率高 $S > 63mV$	（1）标定方法不对； （2）钠电极故障； （3）标准溶液污染； （4）电气故障； （5）移液管使用不当； （6）钠电极响应缓慢	（1）重新标定； （2）更换钠电极并重新标定； （3）用新的标准溶液重新标定； （4）重新复位计算机； （5）正确使用移液技术； （6）清洗钠电极并重新标定
干扰	（1）样水波动； （2）参比电极填充液流动不畅； （3）电极故障； （4）温度探头故障； （5）空气泵故障； （6）连续使用同一标定结果	（1）将流动池充满到标准并关闭流量，如电极稳定，则表示仪表正常； （2）检查电解液是否流动，检查瓶底上的排气孔； （3）更换电极； （4）用 test 键来检查温度稳定性，如有干扰，更换探头； （5）调节空气泵，使空气泡能稳定地冒出； （6）拔下空气泵的进口管，打开流动池的盖子，用去离子水清洗流动池和电极，然后连接流动泵

故　　障	可能出现的原因	处　理　方　法
漂移过大	（1）水样浓度变化； （2）参比电极故障； （3）钠电极故障； （4）温度探头故障	（1）进行量程检查，如检查通过，则说明仪表测量正常； （2）更换参比电极； （3）更换钠电极； （4）用 test 键来检查温度稳定性，如有干扰，就更换探头
流量过低	（1）水样压力低； （2）压力调节阀设定太低； （3）分流过滤器阻塞	（1）检查水样压力，如低于规定值，应提高样水水压； （2）拉出红色锁环，顺时针方向旋转黑色旋钮，提高水样压力； （3）清洗或更换过滤器
没有空气泡	（1）气管弯皱或断裂； （2）空气泵故障	（1）检查导气管，需要时可更换； （2）必要时更换
不能进行良好的标定	（1）标准溶液，移液管或移液管嘴被污染； （2）试剂已消耗； （3）移液管故障； （4）流动池污染； （5）电极故障； （6）在标定时，加标准溶液 1 的指示灯不亮，浓度持续增大	（1）使用新的标准溶液，更换移液管嘴，参照移液管说明书，掌握正确使用移液技术； （2）更换试剂； （3）正确使用移液技术； （4）用除盐水冲洗流动池，保持标定液位高度，用水样冲洗一夜； （5）更换新电极； （6）流动池污染，用去离子水清洗流动池，保持标定液用水样冲洗流动池，然后开始标定
读数偏高	（1）仪表标定超限； （2）流动池污染； （3）更换旁路过滤器	（1）重新标定； （2）用除盐水冲洗流动池，保持标定液位高度，用水样冲洗； （3）冲洗一小时
仪表不运行	当备用电池未充满电时发生停电	给电池充电，重新设定程序重新开始标定
读数偏低	仪表正常，水样很纯	进行量程检查，如检查通过则说明仪表正常，水样水质太纯

提示 本章共有六节，其中第一、二、三节适合于初级工，第四、五节适合于中级工，第六节适合于高级工。

第二十一章

电流式分析仪表

电流式分析仪表是由两个置于电解质溶液中的不同电极构成极化原电池，被分析的物质作为极化原电池的去极化剂，由于去极化的作用，在原电池的外电路中有去极化电流产生，去极化电流的大小与去极化剂在溶液中的浓度有关，测出去极化电流的值，就得到被分析物质的含量。按工作原理的不同，仪表可分为原电池式和极谱式。

第一节 SJG-7835A 型联氨分析仪

SJG-7835A 型联氨分析仪主要适用于火力发电厂锅炉给水中联氨含量的连续测定。通过监测锅炉水样的联氨浓度，可以严格控制联氨投放量，达到既不浪费又能更好有效地除氧。

一、仪表的工作条件和特点

1. 仪器的正常工作条件

(1) 环境温度：-5 ~ +50℃；

(2) 相对湿度：不大于90%；

(3) 供电电源：交流电压220V，频率50Hz；

(4) 样品温度：10~35℃；

(5) 样品 pH 范围：恒定在8.5~10.0内，变化不超过±0.5；

(6) 样品流量：不小于10L/h；

(7) 样品消耗量：6L/h；

(8) 样品压力为14~138kPa；

(9) 周围空气中无腐蚀性气体存在；

(10) 周围除地磁场外无明显电磁场影响；

(11) 周围无影响仪器性能的振动存在；

2. 仪表的主要特点

(1) 采用单片机控制，中文菜单操作，方便简单；

（2）具有 4～20mA 光电隔离输出电流，其值对应一定的联胺浓度值；

（3）具有上下限功能，对应为报警上下限联胺浓度；

（4）具有断电保护功能，即使非正常停电，仪表内部存储的数据有效，开机后无需校准即可进入测量状态；

（5）自动温度补偿功能，联氨浓度及温度双显示。

二、原理

1. 测量原理

根据电化学池原理，由铂丝、银丝、电解池组成一个化学池，联氨为还原剂，在铂电极上失去电子被氧化，其电极反应为

阳极（铂）：$N_2H_4 + 4OH^- \longrightarrow N_2 + 4H_2O + 4e^-$

阴极（银）：$2Ag_2O + 2H_2O + 4e \longrightarrow 4Ag + 4OH^-$

反应的结果是在电化学池上得到电流 I：

$$I = nFDAC/\delta \qquad\qquad (21-1)$$

式中　D——扩散系数（与温度有关）；

　　　A——铂丝面积；

　　　F——法拉第常数；

　　　n——一个联氨分子释放的电子数；

　　　δ——扩散层有效厚度（与流速有关）；

　　　C——联氨浓度。

由以上方程可见，当温度、流速等条件恒定后，原电池的电流与水样中 N_2H_4 的浓度成正比。该仪表就是根据这个原理检测联氨的。联氨电极的结构如图 21-1 所示。

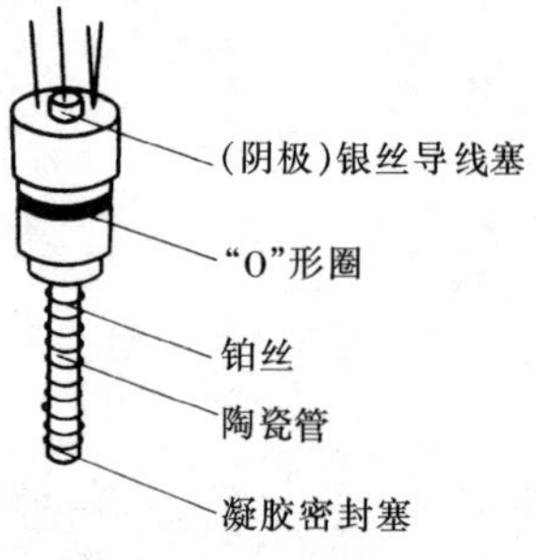

（阴极）银丝导线塞

"O"形圈

铂丝

陶瓷管

凝胶密封塞

图 21-1　SJG-7835A 型
联氨分析仪电极的结构

2. 仪表的工作原理

仪表由测量单元与带微处理机的电子单元两大部分组成，整机原理框图如图 21-2 所示。

由联氨电极上得到的电流信号和温度信号一起输入电子单元，经转换放大的信号由单片机处理，在液晶上直接显示水样的联氨浓度值。

三、仪表的结构

1. 化学测量单元

（1）进样控制阀：球阀，它可以控制恒液位水槽的溢出量。

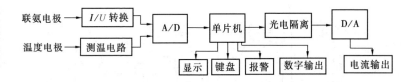

图 21 - 2　SJG - 7835A 型联氨分析仪整机原理

（2）恒液位水槽：保证水样压力恒定。

（3）流量计及可调节的流量控制阀：控制水样的流量。

（4）测量池：内有联氨电极。

（5）排液漏斗：承接恒压槽，测量池排出的废液。

（6）接线盒：六个接线柱，一端通过五芯电缆线与电子单元相连，另一端与测量池内的联氨电极及温度电极连接，如图 21 - 3 所示。

2. 联氨电极

联氨电极的结构如图 21 - 1 所示，联氨电极由螺旋状铂丝套于多孔陶瓷管外作为阳极，螺旋状银丝装入陶瓷管内，并用电解液填充陶瓷管内。当电解液渗过陶瓷管壁达到平衡时，在电极上产生与联氨浓度成正比的电流。

3. 电子单元

电子单元即通常所说的二次表部分，它包括四块印刷线路板。四块线路板为计算机板、输出板、测量板、电源板组成，统一装在一个机箱内。其中测量板和电源板上的接线柱，分别与交流电源、报警输出、化学测量单元及记录仪相连接，如图 21 - 4 所示。

（1）计算机板：此板为双面焊接板，一面焊有液晶，一面为计算机电路，具有采集、运算、存储显示等功能。

（2）输出板：有 A/D 转换电路，4 ~ 20mA 电流输出电路。

（3）测量板：将传感器温度信号和测量信号转变成 0 ~ 2000mV 电信号。测量板插座与输出板插座连接。

（4）电源板：提供各块线路板电源。同时电源板上有继电器，用于

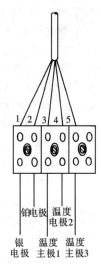

图 21 - 3　SJG - 7835A
型联氨分析
仪的接线盒

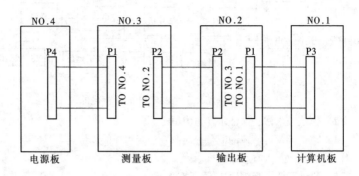

图 21-4 电子单元各印刷线路板连接

报警功能。电源板插座与测量板插座连接。

4. 仪器主要技术指标

（1）测量范围：N_2H_4：（0～199.9）μg/L；

分辨率：0.1ug/L；T：-10～120.0℃、0.1℃。

（2）被测溶液温度：10～35℃

（3）电子单元基本误差：N_2H_4 ±2.0μg/L；温度：±0.3℃；

T：±0.5℃（0.0℃≤T≤60.0℃），±1.0℃（在其他范围内）。

（4）仪器的基本误差：N_2H_4：±5.0μg/L。

（5）仪器重复性：不大于2.5μg/L。

（6）仪器响应时间：不大于3min（90%响应）。

（7）电子单元稳定性：2.0μg/L/24h。

（8）电子单元报警误差：±0.1μg/L/±1个字。

（9）电子单元输出电流误差：1%FS。

5. 取样

（1）取样点除尽可能接近化学测量单元的位置外，必须符合温度10～35℃。

（2）水样入口处水压应恒定，若进水口温度或压力太高，加长取样点到仪器之间的传输管道或增设冷却器和减压器。

（3）流量：不小于100mL/min。

（4）pH范围：8.5～10。

6. 电气连接

（1）联氨电极与接线盒的连接如表21-1所示，将联氨电极的各线

第三篇 电厂化学仪表及自动装置

与接线盒连接好。

（2）接线盒与电子单元的连接、接线盒和电子单元用五芯电缆线连，如表 21 - 2 所示。

表 21 - 1   联氨电极与接线盒的连接

接线盒	Ag	Pt	RT1	RT2	RT3
联氨电极	银电极	铂电极	温度 1 号线	温度 2 号线	温度 3 号线

表 21 - 2   接线盒与电子单元的连接

电缆线编号	1	2	3	4	5
测量单元接线盒	Ag	Pt	RT1	RT2	RT3
电子单元测量板插座	LAN	AGND	RT1	RT2	RT3

（3）电子单元输出信号线的连接，如图 21 - 5 所示。

电子单元测量板插座　　R（A）　　T（B）　　IDGND　　1～24　　RL

　　功　能　　RS—232（RS—485）接口　　　　4～20mA　电流输出

　　　　　　　　二次表　二次表　地线　　负端　　正端

RS—232　RXD 接收端　　　TXD 发送端

RS—485　双绞线 A 端　　　双绞线 B 端

图 21 - 5　SJG - 7835A 型联氨分析仪电子单元输出信号线的连接

（4）电子单元电源、报警输出线的连接。

1	2	3	4	5	6	7	8	9	10
	低报警			高报警			220V 交流电源		
常	常	公	常	常	公	空	中	地	相
开	闭	共	开	闭	共		线	线	线
触	触	端	触	触	端				
点	点		点	点					

四、使用操作

1. 电子单元键盘设置及操作功能

如图 21 - 6 所示，仪器面板正下方有五个功能键："复位"、"▲"、"▼"、"模式"、"输入"键，"模式"键功能：按此键可由测量状态进入模式设定主菜单，在模式设定主菜单中可通过"▲"、键（或"▼"键）依次选择"报警上限"、"报警下限"、"输出上限"、"输出下限"、"标定"、"机号"共六个工作状态。按"输入"键可进入相应的模式设定子菜单。

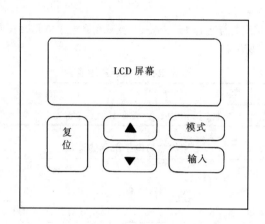

图 21-6 电子单元正面板

选定上述某种工作状态时，相应的模式字体呈反亮状态。在"输入"键按下放开后才进入该模式的参数设定状态。

(1) 上行"▲"、下行"▼"键功能：主要用于模式的选择及参数的设置。当仪器处理模式设定主菜单状态时，按上行"▲"、下行"▼"键来选取模式；当仪器进入各模式后，用上行"▲"、下行"▼"键来修改设置各参数。当持续按住上"▲"或下"▼"键达几秒后可以快速调节参数。

(2) "输入"键功能：主要功能是将设定的参数或确认的数据输入并储存于计算机中，另一功能是进入模式设定菜单中选定的模式。

(3) "复位"键功能：相当于硬件复位，当仪器处于模式设定状态时按"复位"键可放弃本次参数设定，返回到测量状态。另一功能是当发生断电等意外事故时，按"复位"键，使仪器回复到初始状态，仪器直接进入测量状态（上次设定的参数仍记忆下来，不必重新设定）。

2. 菜单介绍

(1) "报警上限"：在模式设定主菜单中，按"▲"或"▼"键，使光标指向报警上限，按"输入"键，仪器进入报警上限参数设定子菜单，此时屏幕显示的数值为仪器在上次参数设定时所记忆的数据，按上行"▲"键（或下行"▼"键）调报警上限 0~200μg/L，再按下"输入"键，以确定报警上限。

(2) "报警下限"：在模式设定主菜单中，按"▲"或"▼"键，使光标指向报警下限，按"输入"键，在按"▲"键或"▼"键，调节好报警下限 0～200ug/L，再按下"输入"键，以确定报警下限。

3. 操作步骤

仪器在使用前，必须进行零点和满度的调节，应准备好去离子水和标准液。开机前，要检查安装是否正确，所有管道的连接是否正确，检查完毕后，即可开机，按下述步骤进行操作。

（1）液流控制的设置。将仪器的进水口通入被测水样；开进样阀（位于恒压水槽下面），调节阀门大小，保证恒压槽内水位线略高于溢出口；调节流量控制阀（位于流量计下面），使流量计指示 100mL／min；检查管道接头处是否有液漏现象，如发现液漏应紧固管道的接头，然后再进行以下步骤。

（2）联氨电极的标定：

1）继续上述步骤，关闭进样阀；在恒压水槽一侧的接嘴口接入去离子水，置去离子水容器的位置应高于恒压水槽的位置；

2）调节流量控制阀，使流量计指示 100mL／min；

3）按"模式"键，再按"▲"或"▼"键，使光标指向"标定"按"输入"键，仪器显示"xx. xxμA"，仪器运行至少 1h，待读数稳定后，按"输入"键，显示 0.0μg/L 几秒，仪器完成零点校准。

4）仪器自动进入"满度"校正，仪器显示"xx. xxμA"，将 80μg/L 联氨标准样品接入恒压水槽的接口处，置标准容器的位置应高于恒压水槽的位置，确保流量控制在 100mL／min；待仪器运行至少 20min，待读数稳定后，按"输入"键，显示 80μg/L 几秒钟后，仪器完成满度校准。

（3）水样测量。完成零点和满度的校准后，仪器可投入正常运行，即水样监测，操作如下：

1）开进样阀，调节阀门大小，保证恒压槽内水位线略高于溢出口待测水样接入仪器的进样口；

2）确保流量控制在 100mL／min；

3）监测仪可连续指示出水样中的联氨浓度。

（4）停机。

1）仪器使用一段时间后，如需要停机，就可按下述步骤操作：关闭交流电源，关进样控制阀，关流量控制阀。

2）如果仪器停机需超过 14 天，应增加下述步骤：断开取样管的连接端，即脱离水样源；仪器电源脱离电网；将测量池中联氨电极引线从接线板上脱开，从测量池内取出联氨电极并用高纯水清洗电极，并将陶瓷管内所有凝胶清洗干净。

五、仪器的日常维护和故障处理

对一只新装配好的传感器（即一只新填充了凝胶的传感器），监测仪应每隔三天进行一次校准，为期2~3周。每次标定前应使传感器在流动的水样中运行至少3h，待稳定后才可进行标定。2~3周以后，每隔1~2周校准一次即可。

传感器使用一段时间后，如果观察到读数发生漂移，或传感器灵敏度极低，则可能是由于铂丝或陶瓷管被水样中极微物污染。这时可以按下述步骤对传感器进行清洗：

（1）关闭流量阀，从测量池中取出传感器；

（2）用一支小牙刷或试管刷擦洗陶瓷管外铂丝上污物，然后浸入1:1氨中2min；

（3）用蒸馏水冲洗传感器，直到无氨味；

（4）传感器装上测量池，开启水源。

常见故障及处理方法见表21-3。

表21-3　　　SJG-7835A型联氨分析仪的故障处理

序号	现象或出错显示	故　障　分　析	排　除　方　法
1	标定状态下，显示为"电流溢出"	测量电极电流超出20μA	检查标准样品浓度是否正确；更换测量电极
2	温度显示为"溢出"	（1）样品温度在-10~120℃之间； （2）温度电极未连接或已损坏	（1）检查样品温度，如超常就及时调整； （2）连接温度电极或更换温度电极
3	测量状态下，仪器显示为"浓度溢出"	（1）测量温度超出温度补偿范围； （2）测量联氨浓度太高或测量电极电流超出20μA； （3）标定时发生了错误	（1）检查样品温度或温度电极； （2）检查样品浓度是否超出范围、检查电极电流是否超出20μA，更换测量电极； （3）重新标定

序号	现象或出错显示	故 障 分 析	排 除 方 法
4	测量状态下、仪器显示"上限报警"或"下限报警"	（1）测量浓度值大于模式中上下限报警的设定值； （2）测量电极已损坏； （3）标定时发生错误	（1）检查仪器上下限设定是否正确； （2）更换测量电极； （3）重新标定
5	记录仪显示与仪器显示浓度超标	（1）仪器输出上限设定与记录仪设定不一致； （2）仪器输出上下限设定与记录仪设定太大； （3）输出电流发生漂移	（1）检查仪器上下限设定与记录仪设定是否一致； （2）重新调整仪器输出上下限设定与记录仪设定； （3）重新调整输出电流

六、仪器使用的注意事项

（1）校准液 pH 值应与被测水样 pH 值相近，最大差值不超过 ±0.5pH。

（2）水样流量必须稳定，否则会造成读数不稳定，影响仪器测量精度。

（3）恒压水槽的水位必须略高于溢流口，即溢流管中必须有水样流出，但不必太多，以免造成水样的损耗。

（4）测量池的排水口必须畅通，不能在排水口接很长的管子，否则，可能引起读数不稳定和测量误差。

七、联氨标准液的配制方法

（1）储备液的制备。取分析纯硫酸联氨（$N_2H_4H_2SO_4$）4.058g，溶解于 400mL 去离子水中，移入 1000mL 容量瓶中，用去离子水稀释至刻度，此储备液的浓度为 1000mg/L。

（2）把上述储备液用逐次稀释法配置所需要的标准校准液（一般校准液需配制 10L），同时用氢氧化钠溶液调节 pH 值，使标准校准液的 pH 值为 9.0±0.5。

第二节 DOG-9804型溶氧分析仪

DOG-9804型溶氧分析仪是用来测量电厂凝结水、除氧器等水中氧含量的仪表,可以根据检测水中氧含量的多少来进行及时的调整,以降低氧腐蚀。该仪表为智能化在线仪表,可以配接氧电极,自动实现从ppb到ppm的范围进行测量。

一、主要特点

(1) 全智能化:采用单片机来完成水中溶氧的测量、温度测量和补偿,无功能开关和调节旋钮。

(2) 电流隔离输出:采用光电耦合隔离技术,抗干扰能力强。

(3) 自动温度补偿:在0~60℃自动温度补偿。

(4) 自动定时效钟:确保仪表测量稳定性。

(5) 自动量程转换:在电极所覆盖的测量范围内实现量程自动转换。

(6) 简单的菜单结构、全中文显示、界面友好、同时多参数。

二、基本功能

(1) 有自动补偿功能:对于纯水,实现了在25℃时的自动温度补偿。

(2) 历史曲线和数字记录仪功能:连续测量自动存储氧浓度值,便于发现问题和解决问题。

(3) 记事本功能:真实记录仪表的操作情况和报警时间,便于监督。

(4) 数字时钟功能:显示当前的时间,为记录提供数据。

(5) 背光功能:根据温度的变化自动调节对比度。

(6) 防程序飞死:确保仪表不死机。

(7) 输出电流设置:选择0~10mA、4~20mA输出。

(8) 电极标定功能:存储电极标定的方式、时间、结果,以分析电极的变化规律。

(9) 标定方式:有一点和两点标定方式,还有手动输入零点和斜率及已知氧浓度值标定方式。

三、技术指标

(1) 测量范围:0~100ug/L,0~20mg/L(自动切换)。

(2) 整机基本误差:±2.0ug/L,±0.2mg/L。

(3) 整机示值重复性:±0.5% FS。

(4) 整机示值稳定性:±0.5% FS。

(5) 自动温度补偿范围:0~60℃,25℃为基准。

（6）响应时间：小于60s。

（7）隔离输出：0～10m（负载电阻<1.5kΩ）。

四、仪表的组成、功能

1. 变送器部分

方框图如图21-7所示。

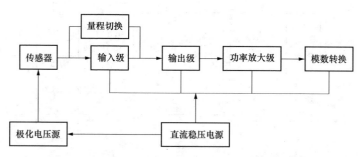

图21-7　DOG-9804型溶氧分析仪变送器的方框图

输入级：它由高阻抗运算器，量程切换电路组成。其输入信号有两种：传感器产生的单片机给出的控制信号，输出级由运算放大器和反馈电路组成。

温度补偿电路：具有负温度系数的热敏电阻，置于传感器的内部，完成水样温度的测量。

放大器：仪表的放大部分是一个由输入级、输出级组成的直流放大器。

2. 单片机部分

方框图如图21-8所示。

完成数据的采集和处理，计算出溶液的氧含量和溶液的温度，由于仪表有历史曲线和记事本功能，所以需要比较大的数据存储器和程序存储器，同时由于仪表应在工业现场使用，现场通常有很强的干扰，如大功率电机的磁场等，而被测信号往往是很微弱的直流信号，如果不能有效地抑制干扰，则测量结果很可能会失去意义，所以仪表采用了积分式的模数转换器。

3. 电源部分

方框图如图21-9所示。

从方框图可以看出电源部分包括变压器、整流电路、滤波电路、稳压电路等，电源220V交流电，通过变压器变压，然后通过全桥电路整流，再通过电容滤波，滤出高频和低频交流成分，通过三端稳压器件进行稳

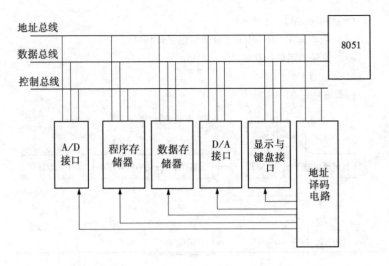

图 21 - 8　DOG - 9804 型溶氧分析仪单片机的方框图

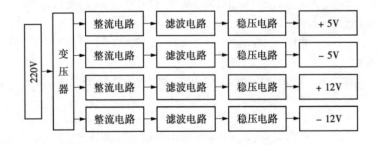

图 21 - 9　DOG - 9804 型溶氧分析仪电源部分的方框图

压，输出稳定的 + 5、 - 5、 + 12、 - 12V 等几路电压，供给二次表。

五、测量池及二次仪表与传感器的连接

测量池采用流通式结构，用不锈钢外壳，使水样处于密封状态，构成完整的屏蔽，减少外电磁场对测量电极的影响。安装电极时，先旋松电缆接头，将电极插入测量池，然后旋紧电缆接头，用力要适当，以免损坏电极。

（1）二次仪表与测量池的距离越近越好，一般不超过 5m，测量池表面要保持清洁、干燥、避免水滴直溅，必须有良好的接地。

（2）测量电极与二次仪表的连接信号电缆不得与电源线平行敷设，以免对信号产生不良的影响。二次仪表与传感器的连接如图 21 – 10 所示。

		常	开						
屏蔽线	+	–	高报警				地		~220V
11	12	13	14	15	16	17	18	19	20
1	2	3	4	5	6	7	8	9	10
+极	–级	温补电阻			I +	I –	空	通信 +	通信 –

图 21 – 10　DOG – 9804 型溶氧分析仪二次表与传感器的连接

六、电极原理

本仪表采用的电极 K401，属覆膜式极谱型电极，阳电极为 Ag，阴极为铂金组成，两者之间充满特殊化学成分的电解液。由硅橡胶膜包裹于电极四周。测量时，电极间加上 675mV 的极化电压，氧渗透过隔膜在阴极消耗，同时等量的氧在阳极产生，这个动态过程进行到两边的氧分压相同时达到平衡。此时两电极间的电流与氧分压成正比，二次表检测到此电流，再经过一系列变换，得到氧浓度和氧含量。同时，NT（负温度系数热敏电阻）检测被测液的温度，二次表采样后进行温度补偿，将氧浓度或氧含量折算成 25℃时的值。

阴极（Pt）反应：$O_2 + 2H_2O + 4e = 4OH^-$

阳极（Ag）反应：$4Ag + 4Cl^- = 4AgCl + 4e$

1. 电极的存放

充有电解液并套上保护套时，电极可存放几个月，保护套可以减少电解液的干涸。若要将电极连续存放超过 6 个月时，应将膜体中的电解液倒掉，使阴阳电极保持干燥，此时不能将电极接到二次表上通电极化。

2. 电极极化

首次使用或连续断电 5～10min 以上时，与仪表连接好通电后，所进行的是极化。以使电极里的化学体系达到平衡，降低零氧电流，使电极稳定，开始时，电极的电流较大，按指数规律下级，6 个小时后便处于稳定态，在此期间的显示数据将逐渐降低，直到稳定，随后才能进行标定。极化过程需要 6h，先将电极与二次表正确连接，接通仪表电源即可。如果是关电时间不长，极化时间会短一些，能较快地稳定。

3. 电极的标定

每只氧电极都有自己的零点和斜率，而且随着使用，电解液会逐渐消耗，零点和斜率就会发生变化，标定就是为了得到电极的真实的零点和斜率。

一点标定：在已知氧浓度的情况下标定电极的零点。

斜率标定：在空气饱和去离子水或空气中标定电极的斜率，这时候需要知道大气压和温度，在空气中还要知道含氧量。

两点标定：在零氧环境中标定电极的零点，在已知氧浓度的空气饱和去离子水或空气中标定电极的斜率，这时候需要知道大气压和温度，在空气中还要知道含氧量。

对电厂超低浓度的溶解氧测量，特别是对除氧器出口，含氧量极低，这时零点是影响测量准确度的关键因素，零点的准确标定就特别重要。零点标定时，最好用 99.99% 以上浓度的氮气。

4. 电极维护

在使用中最容易发生的是膜的堵塞，造成测量不稳、不准，由于水质的变化，特别是对电厂，停炉后再启炉，水中夹带着较多的杂质，严重时可用肉眼看见有污物覆在膜上。对这类污染容易发现，而对另一类离子污染就不易发现，因微小的离子附在膜的表面，影响了膜的透气性，而肉眼又不易发现，对这类污染，可将电极取下，用 3% ~ 5% 的稀盐酸浸泡几个小时后再使用。

每次标定前应用肉眼观察隔膜是否有损坏，若隔膜上有脏物，应用软纸小心擦去依据被测质的特点，应周期性地更换电解液隔膜失效后应更换，以下几种现象常常表示隔膜失效。响应时间变长，反应变慢，二次表读数不稳定，漂移大，标定时明显地到不了零和满值，机械损伤等。

5. 电极性能检查

为了检测电极性能的好坏，可通过零氧测量，定性地检测电极的好坏。先将电极取出，置于空气中，稳定几分钟，记下浓度值。再将电极置于无氧环境中，两分钟内，显示值应降到空气中读数的 10 以下，5min 内应降到 1 以下，读数超出以上范围，往往是电解液用尽或隔膜损坏，应更换。若更换以后还不好，就应是电极本身的问题，请更换。

6. 电解液、膜体的更换

电解液具有 pH 为 13.0 的强碱性，应避免与皮肤和眼睛接触，如有上述情形发生，就应迅速用大量的清水冲洗，建议戴上手套加以保护。电极出厂时配有膜体和电解液，并已检测过，可以直接使用，如存放了几个月才用，就应先更换电解液。

若有隔膜失效的现象（如响应时间变长，在零氧环境中电流偏大或机械损坏等），应更换敏感膜体。

更换电解液和敏感膜体时，应遵守以下要点：

（1）用手持住电极，使其呈垂直态，膜体向下，旋下旧的膜体，像甩体温计一样，甩掉残留的电解液，用清水清洗膜体，阴阳电极和电极内体，并晾干或用软纸擦干。两者均不能带有水滴。

（2）观察 O 形圈是否有损伤，若有，就应更换。

（3）将新的原配电解液滴入（新的）膜体内腔，不要太满（只要充满电极内体与膜体的对应空间即可，约占整个敏感膜体内部空间的 2/3，以旋紧后稍有渗出为准），因为阴阳电极插入时会占据膜体的大部分空间。

（4）将电极垂直握住，向上慢慢地旋紧膜体，一定要旋两圈后退一圈，确保没有气泡夹杂，多余的电解液会渗出来，将其擦干净，最后膜体应轻松地套上 O 形圈，如需要使力才能套上或根本就套不上 O 形圈，是因为膜体没有安装正确，需要重新安装每次更换了电解液或膜后，应重新极化和标定。

七、影响测量的主要因素

1. 水样温度的影响

温度影响氧穿透薄膜的速度，同时温度影响氧在水中的溶解度，因此会引起测量误差，仪表设置了温度补偿电路，在温度 $0 \sim 60℃$ 范围内达到有效的补偿。

2. 水质有害气体的影响

在接近极化电压能被还原或氧化的气体，都可引起测量误差，例如：SO_2、Cl_2 等都会有所影响，应尽量避免。

3. 被测水样流量的影响

在不同的水样流量下膜的透气率相差很大，直接影响传感器的响应值与响应时间。当流速增大时，响应减小。

八、常见现象及处理方法（见表 21 - 4）

表 21 - 4　　　　DOG - 9804 型溶氧分析仪的故障处理

故障现象	原　因　分　析	原　因　分　析
溶氧示值高且无法调节	膜有小洞、金电极脱、热敏电阻开路	换膜、重新焊接金电极、重接线或更换热敏电阻

故障现象	原 因 分 析	原 因 分 析
溶氧示值低且无法调节	金银电极间内阻增高、电解液污、膜未贴紧、热敏电阻短路	更换电解液、更换电解液、重新更换并贴紧透气膜，旋紧压盖、检查短路处，进行处理或更换热敏电阻
传感器信号漂移不稳定	膜松动、电解液浓度偏低、金银电极被污染	参照上项处理、更换浓度合格的电解液、活化，再生金，银电极
响应速度慢	电解液被污染	更换电解液

提示 本章共有两节，均适合于中、高级工。

第二十二章

光学分析仪表

根据物质发射的辐射能或辐射能与物质相互作用而建立起来的分析方法，称为光学分析法，这种方法可通过测量被测组分的某些光学特性（如吸收光波、发射光波、反射光波、散射光波）来进行定量分析被测组分的含量。它特别适应于微量组分的测量，同时还具有准确、灵敏、快速和操作简便等优点。光学分析法按作用原理不同可分为比色分析法、分光光度法、光谱分析法等。

第一节 光学分析法的基本知识

一、光的特性

光具有"波粒二象性"，即光具有波动性和粒子性，光的这种双重性是不可分割的，在某些场合主要为波动特性，而在另外一些场合主要出粒子的特性。

光的波动性体现出它是电磁波谱的一个组成部分，如表 22 – 1 所示。

表 22 –1　　　　　　　　各种波的波动特性表

区　　域	波长 λ（m）	起　　源
无线电波	$>2.2 \times 10^{-4}$	电振动
红外线	$>7 \times 10^{-7}$	原子或电子的振动
可见光	$7 \times 10^{-7} \sim 4 \times 10^{-7}$	外层电子的跃迁
紫外线	$<4 \times 10^{-7}$	外层电子的跃迁
X 射线	$0.1 \times 10^{-10} \sim 100 \times 10^{-10}$	原子内层电子的跃迁
γ 射线	$0.005^{-10} \times 10 \sim 1.4 \times 10^{-10}$	原子核内变化

光的波动性可用波长 λ、频率 γ、周期 T 等物理量来描述。不同波长的光在同一媒质中有相同的传播速度，而在不同媒质中一般有不同的传播速度，光在真空中的传播速度 $c = 3 \times 10^8 \text{m/s}$，光速 c 与波长 λ、频率 γ、周期 T 的关系为

$$c = \lambda\gamma = \lambda/T \qquad (22-1)$$

单一频率的光，称为单色光。一般光源发出的光包含相当宽的频率范围，称为复色光。

光的粒子性体现在光的能量传播上，光在空间传播时，光能量不是连续地在空间传播，而是以一份一份集中的方式在空间传播，这一份集中的光能量称为光子。光子所具有的能量 E 与光波的频率有关，即

$$E = h\gamma \qquad (22-2)$$

式中 h——普郎克常数，其值为 6.62×10^{-34} J·s。

光能的不连续性与物质的结构有关，这是由于构成物质的分子、原子或其中的电子具有的能量是一些不连续的分立数值，而物质的原子或分子的振动以及核外电子在不同能级间的跃迁都会放出相应的能量而形成不同波长的光。

二、可见光与溶液的颜色

人的眼睛所能感受的光称为可见光，其波长范围为 $4.0 \times 10^{-7} \sim 7.5 \times 10^{-7}$ m。根据人们对颜色的分辨能力不同，可见光可分为若干种色光，各种溶液所呈现的颜色与可见光的波长有关，当光照射到溶液时，可发生的吸收、光的透过、光的反射或散射等现象。

当一束白光（混合光）通过照射到溶液时，倘若所有的色光都能透过溶液时，则该溶液呈无色透明状。如若溶液吸收了除红色以外的其他各种色光，则该溶液呈现红色。因此溶液的颜色是由其透射、反射或散射光的颜色决定的。溶液吸收的那部分光与其余未被吸收的那部分光可以相互补充组成白光，通常称两者为互补色。任何物质在白光照射下呈现的颜色都是被该物体吸收的色光的互补色，如表 22-2 所示。

表 22-2 　　　　　**可见光的各种色光的波长及其互补色**

波长（nm）	颜　色	互　补　色
400~450	紫	黄　绿
450~480	蓝	黄
480~490	绿　蓝	橙
490~500	蓝　绿	红
500~560	绿	红　紫
560~580	黄　绿	紫
580~600	黄	蓝
600~650	橙	绿　蓝
650~750	红	蓝　绿

三、光的吸收定律

1. 吸收定律（朗伯-比耳定律）

此定律给出了吸光度 A 和溶液浓度 c 的关系，吸光度的表达式为

$$A = \log I_i/I_t = KcL \qquad (22-3)$$

式中　I_i——入射光强度；

　　　I_t——透过光强度；

　　　c——有色溶液的浓度；

　　　L——溶液的厚度；

　　　K——吸光系数。

吸收定律的物理意义是：如果光通过溶液后完全不被吸收，即 $I_i = I_t$，$\log I_i/I_t = 0$，则入射光 100% 透过。若入射光线被溶液吸收，被吸收的越多，即 I_t 比 I_i 越小，则 $\log I_i/I_t$ 的数值越大，溶液颜色也就越深。也就是说当一束单色光通过有色溶液时，由于一部分光被有色溶液中的吸光粒子吸收，光的辐射能减弱。有色物质的浓度越大，液层越厚，有色物质吸光粒子数越多则被吸收的光也越多，透过的光就越弱。

2. 吸收定律的符号

（1）吸光度 A。它表示溶液吸收入射光的程度，其值为 $0 \sim \infty$。

（2）透光率：一束单色光通过溶液后的透过光强度 I_t 与入射光强度 I_i 的比值叫做透光率或透光度，用 T 表示，$T = I_t/I_i = 10^{-KcL}$，其值为 $100\% \sim 0$。

（3）光程长：光束通过溶液的厚度，用 L 表示，单位为 cm。

（4）吸光系数：不同的吸光物质有不同的吸光系数，以 K 表示溶液的吸光系数，$K = A/cL$，K 随所用的波长不同而异，任何物质都有最大的吸收波长 λ_{max}，K 的量纲取决于光程长 L 和溶液浓度 c 所采用的量纲。

四、影响光学分析准确的因素

影响光学分析准确度的因素大体上可分为两大类，即方法误差和仪表误差。

1. 方法误差

（1）化学显色方法的影响。化学显色方法的选择对光学分析误差的影响是十分重要的。比如，采用硅钼黄杂多酸法测定硅就不如采用硅钼蓝法，因为硅钼蓝法在灵敏度与精确度上都优于硅钼黄法。

（2）浓度的影响。被测溶液的浓度与吸光度的关系通常只在较低浓度范围内符号吸收定律；而在高浓度溶液时，浓度与吸光度之间的关系便

偏离吸收定律，因此，对高浓度溶液应采用标准曲线或采用回归方程处理法才可取得满意的结果。

（3）操作条件的影响。在溶液的显色反应过程中，显色剂的质量、显色剂用量、溶液 pH 值、温度、显色时间及试剂加入顺序等对溶液的显色程度或光的吸收都有一定的影响。因此测定时必须严格控制操作条件，特别是要保证标准试样与被测样品的操作条件一致，才能提高测量的准确度。

（4）干扰物质的影响。干扰物质本身的颜色，干扰物质与显色剂生成有色物质，或者干扰物质与被测离子、显色剂生成稳定的无色物，都会对溶液的颜色或显色过程造成影响而降低分析准确度。一般可利用控制显色 pH 值、添加掩蔽剂或设法将干扰物从溶液中分离出去的方法来消除干扰物质的影响。

2. 仪表误差

（1）光源稳定性的影响。光源强度的稳定性对光学分析的稳定性影响极大。光源不稳定主要是由光源电压波动引起，为减少电源电压波动，仪表中设有稳压电源。

（2）光的单色性影响。在光电比色计和分光光度计中，为提高仪表的灵敏度和准确度，采用被测物质最大吸收的单色光作光源，光的单色性越好，分析准确度就越高。在光电比色计中，使用滤光片获得单色光，在分光光度计中多采用棱镜或光栅获得单色光，这两类仪表所的单色光的单色性能差别较大，棱镜或光栅优于滤光片。

（3）光电元件的光电转换特性的影响。在正常使用条件下，光电元件具有一定的光电转换特性，且在一定范围内保持线性关系。但是由于元件老化或因受强光长时间照射而产生疲劳现象，这导致光电转换关系变化，造成测量误差。

（4）比色皿的影响。比色皿是进行比色的重要器件之一，对同一组比色皿，要求其材质、厚度、长度等完全一致，故应进行透光率检测。对于误差较大者应剔除，否则将会造成较大的测量误差。在实使用中要注意不同规格的比色皿、不同仪表的比色皿不准混用。对有方向性标记的比色皿，应注意方向保持一致。

（5）仪表的读数误差。为了获得较为准确的读数，一般应控制吸光度在 0.2～0.7 范围内。

第二节 分类与主要部件

一、分类

用于光学分析的比色仪表种类很多，但归纳起来大体上有两种分类方法：一种是按获得单色光的方法分类，可分为光电比色计和分光光度计。光电比色计是使用滤光片获得单色光的比色仪表，而分光光度计一般采用棱镜或光栅并配合使用狭缝来获得单色性较佳的单色光。另一种是根据单色光的光束及波长特性来分类的，常用的有单光束分光光度计、双光束分光光度计、双波长分光光度计。这三类分光光度计的典型装置示意分别如图 22 -1 所示。

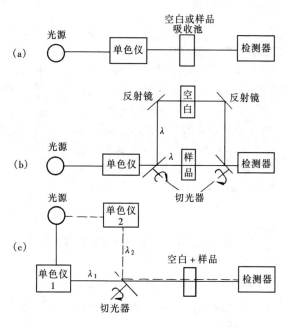

图 22 - 1 各类分光光度计装置示意

（1）单色束分光光度计的结构比较简单，操作方便，但要求具有高稳定性的光源和检测系统，对每一波长位置都必须较正空白后方可在波长下进行比色测定，因而无法进行自动波长扫描。

（2）双光束分光光度计在一定程度上可以克服单光束的某些局限性，

第二十二章 光学分析仪表

因而在光学分析中得到广泛应用。双光束分光光度计有带一个单色器和带双单色器之分，使用一个单色器的双光束分光光度计又有两种装置类型，一种是把单色仪所得到的"单色"辐射光用切光器分成两个光束，让它们分别通过样品溶液和空白溶液。通过的两个光束再通过另一个机械切光器在不同时间内交替由一个检测系统来接收，并通过一个光电计对信号系统输来的两个光束的信号加以比较，获得吸光度读数。另一种是同时把"单色"辐射用半反射镜分成两个光束，然后由分别置于不同空间位置的两个检测系统同时测量，以读取吸光度。

二、主要组成部件

光电比色计和分光光度计主要由光源、反光镜、单色器、比色皿、光电元件、检测显示几部分组成。

（一）光源

一般采用连续光源，可见光区常使用钨灯、卤钨灯作光源。紫外区使用氢弧灯或氘灯作光源。钨灯中用钨丝制成灯丝，灯泡内多充以惰性气体，减少灯丝的蒸发，延长其使用寿命。钨灯、卤钨灯都属于白炽灯，白炽钨灯的光谱相对能量曲线如图 22-2 所示。一般白炽灯的使用波长为 400~800nm。

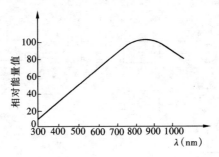

图 22-2　白炽钨灯的光谱相对能量曲线

氢弧灯与氘灯的使用波长为 200~400nm，它的光谱相对能量曲线分别如图 22-3、图 22-4 所示。

（二）单色器

在光电比色计和分光光度计中，用来获得单色光的器件有滤光片、棱镜、光栅等，它们称为单色器。

1. 滤光片

它是最简单的单色器，一般由有色玻璃制成，它是依靠有色玻璃对光

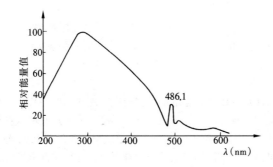

图 22 - 3　氢弧灯的光谱相对能量曲线

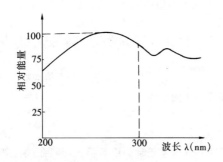

图 22 - 4　氖灯的光谱相对能量曲线

的选择性吸收原理获得单色光的。当复色光通过滤光片时，滤光片选择性
吸收一部分光，其透射的光线为一近似的单色光带，有的仪器使用复合滤
光片来提高单色光的质量，选择滤光片的原则是滤光片最大透光率对应的
波长与溶液的最大吸收波长相接近，以获得比色分析的最好灵敏度和线
性度。

2. 棱镜

棱镜是用光学玻璃或石英玻璃制成的直角三角形或等腰三角形的玻璃
体。当一束白光射入棱镜时，光便产生折射。当光透过棱镜时，光被变成
红、橙、黄、绿、青、蓝、紫等顺序依次排列的光谱，这种现象称为光的
色谱，由于棱镜对不同波长光的折射率不同（随着光波长的增加，折射
率逐渐减少），所以棱镜对光才有色散作用。

3. 光栅

光栅是依据光的衍射和干涉原理进行分光的。光栅是由刻有大量等宽、等距、平行线条的光学玻璃制成，它的刻痕在1cm内可达万条以上，每一条刻痕都相当于不易透光的毛玻璃，光透射光栅时发生光的衍射和干涉，出现明暗相同的条纹。不同波长的光有不同的明条纹距离，且各波长的明条纹互不重合，因此可以利用光栅进行分光。

（三）光电元件

光电元件是指能将光能定量地转换成电能的元件，其转换作用原理是光电效应。光具有波动性与粒子性，频率为 v 的光波可以看作是由能量为 hv 的粒子组成的粒子流。当光粒子流射到不同性质的光电元件材料上时，可能产生不同的光电效应，被光照射物质内部电子由其表面逸出，这种现象称为外光电效应，光电管、光电倍增管就是根据这种效应制成的，光电物质受光照后产生一定方向的电动势，这种现象称为阻挡层光电效应，光电池就是基于这种效应制成的；光电材料在光的作用下，其电阻率发生变化这一现象称为内光电效应，光敏电阻就是基于这种效应制成的。

在适当的波长范围及光强下，光电管、光电倍增管、光电池都能将接受到的光能定量地转变为电信号（电压或电流），然后通过对电信号的测量就能测量出吸光度。

1. 光电管

（1）光电管有一个真空玻璃，或石英玻璃泡在这真空灯泡的内壁上涂有金属或其他氧化物，形成光电阴极，在阴极的对面为半球形的光电阳极，通常阳极是用镍制成的环状或网状物，光电管底座上的两个管脚分别与阴、阳极相连。结构如图 22-5 所示。

（2）光电管的特性：

1）光谱特性。不同波长的光射到同一光电管的阴极时，即使入射光强度相同，但光电管产生的光电流仍不相同，也就是说光电管对于不同频率的光有不同的相对灵敏度，光电管的这种特性叫做光电管的光谱特性。

2）光电特性。当光电管的阴极和阳极间所加电压一定时，光电流与入射光的光通量的关系称为光电管的光电特性。

3）灵敏度。是表示单位光通量产生的光电流值。对于相同波长的

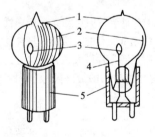

图 22-5　光电管的结构

1—玻璃泡；2—阴极；3—阳极；

4—金属线；5—底座

第三篇　电厂化学仪表及自动装置

光，真空式光电管的灵敏度为一常数，充气式光电管在强度较小时，其灵敏度为一常数，当光强度较大时，其灵敏度迅速增大。

2. 光电倍增管

光电倍增管与一般光电管相比，除了具有阴极和阳极外，还有数级倍增电极，倍增电极的电压绝对值逐渐增大，如图 22-6 所示。当光线照射光电倍增管的光阴极时，由于光电效应，从光阴极表面逸出响应数目的电子，光电子在逐级以 2~5 倍数量增加，最后聚集到阳极上的电子数可达阴极电子数的 10^6 倍。它的优点是惰性小、灵敏度高，且具有放大倍数高、信噪比大、线性好等特点。

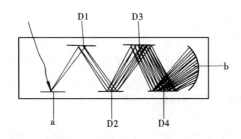

图 22-6 光电倍增管示意

a—光阴极；b—阳极；D1~D4—倍增电极

3. 光电池

常用的光电池主要是硅光电池与硒电池，如图 22-7、图 22-8 所示分别为硒电池与硅光电池的结构示意。当入射光线照射到光电池上、外电路开路时，会在正极、负极间产生光电动势。其特点为所有波长范围较

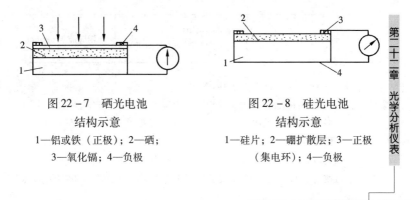

图 22-7 硒光电池
结构示意

1—铝或铁（正极）；2—硒；
3—氧化镉；4—负极

图 22-8 硅光电池
结构示意

1—硅片；2—硼扩散层；3—正极
（集电环）；4—负极

宽，灵敏度高，光电线性好，它的优点是相应快、稳定性好、波长范围宽、使用寿命长等。

第三节　721-100型分光光度计

一、仪器的用途

721-100型分光光度计是一种试验仪器，在可见光谱区范围内（360~800nm）进行定量比色分析用，仪器在410~710nm之间可增加消光片或采用有色溶液作被测溶液的陪衬代空白，以提高分析灵敏度和提高消光读数范围。

二、仪器的工作环境

仪器应放在干燥的空间，使用时放置在平稳的工作台上，远离高强度的磁场、电场等设备，使用交流稳压电源，以加强仪器的抗干扰性能。

三、仪器的主要技术指标和规范

（1）波长范围：360~800nm。

（2）波长精度：360~600±3nm，600~700±5nm，700~800±8nm。

（3）灵敏度：见表22-3。

表22-3　　　　　721-100型分光光度计的灵敏度

重铬酸钾 $K_2Cr_2O_7$	不小于0.01A 2.5ppm（含铬量）	相应波长440nm
氯化亚钴 $CoCl_2$	不小于0.01A 150ppm（含钴量）	相应波长510nm
硫酸铜 $CuSO_4$	不小于0.01A 150ppm（含铜量）	相应波长690nm

（4）重现性误差：不大于0.5%。

（5）电源变化范围：190~230V，50Hz。

（6）仪器增加吸光读数片后可使吸光读数提高到1~2A左右。

四、工作原理

分光光度计的工作原理是溶液中的物质在光的照射激发下，产生了对光吸收的效应，物质对光的吸收是具有选择性的，各种不同的物质都具有其各自的吸收光谱，因此当某单色光通过溶液时，其能量就会被吸收而减弱，光能量减弱的程度和物质的浓度有一定的比例关系，符合于比耳定律。

五、光学系统

721－100 型分光光度计采用自准式光路，单光束方法，其波长范围为 360～800nm，用钨丝白炽灯泡作光源，其光学系统如图 22－9 所示。

由光源灯发出的连续辐射光线，射到聚光透镜上，会聚后在经过平面镜转角 90°，反射至入射狭缝。由此入射到单色光器内，狭缝正好位于球面准直镜的焦面上，当入射光线经过准直镜反射后就以一束平行光射向棱镜，光线进入棱镜后，就在其中色散，入射光在镜面上反射后是依原路稍偏转一个角度反射回来，这样从棱镜色散后出来的光线再经过物镜反射后，就会聚在出光狭缝上，出射狭缝和入射狭缝是一体的，为了减少谱线通过棱镜后呈弯曲形状，对于单色性的影响，因此把狭缝的二片刀口做成弧形的，以便进似地吻合谱线的弯曲度，保证了仪器有一定幅度的单色性。

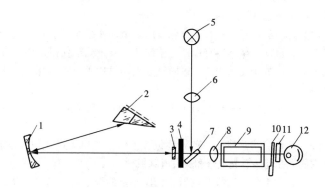

图 22－9　721—100 型分光光度计的光学系统

1—准直镜；2—棱镜；3、11—保护玻璃；4—狭缝；5—光源灯；
6、8—透镜；7—反射镜；9—比色皿；10—光门；12—光电管

六、仪表的结构

仪器内部分为光源灯部件、单色光器部件、入射光与出射光调节部件、比色皿座部件、光电管暗盒部件、稳定电压装置部件及电源变压器部

件等，全部装成于一体。

（1）光源灯部件：装在仪器的单色光器的右后端，光源采用12V25W的白炽钨丝灯，安装在一个固定的灯架上，能进行一定范围的上、下、左、右移动，以使得灯丝部分正确地射入单色光器内。

（2）单色光器部件：包括狭缝部分、棱镜转动部分、准直镜、凸轮与波长盘部分。

1）狭缝。它能使出光谱线得到适当的较直，保证了出狭缝色带的一定纯度。

2）棱镜。是安装在一个圆形活动板上，使活动的转轴由上下两个滚动轴承定位，并支持它的活动。

3）准直镜。是一块凹形长方的玻璃球面镜，装在镜座上，后装有调节螺钉，用来调节出射光，聚焦于狭缝，以及出射于狭缝时光的波长与波长盘上所指示的相对应。

（3）入射光与出射光调节部件：入射光在进行狭缝以前，先用一只聚光透镜将光源成像在狭缝上，聚光透镜的焦距可以通过镜筒部件进行适当的调整，入射光的反射镜，可以用一只螺杆进行反射角的调整，以便使得光束能正确地投射入狭缝。

（4）比色皿座部件：整个比色皿座连滑动座架全部装在暗盒内，置于光路中，滑动座架下装有弹性定位装置。能正确地使滑动座架带动四挡比色皿正确处于光路中心，可同时放入四只比色皿进行比色，比色皿的规格有0.5、1、2、3、5、10cm规格，可放入比色皿座中，便于含量测量，用定位夹来确保比色皿正确的靠在同一方向上，减少测量中的误差。

（5）光电管暗盒部件：实际是包含了整个光电微电流放大器在内，暗盒内的光孔前装有光电管和放大电路板。

（6）光门部件：当打开仪器比色皿盒上的翻盖时，光路遮断，仪器可以进行零位调节，翻盖放下时，可调100%，进行测量工作。

七、仪表的使用

（1）使用仪器前，应了解仪器的结构和原理，以及操作功能，根据仪器调节过程进行调整，然后才能使用。

（2）在仪器未通电时，电表的指针应位于"0"刻线上，若不是这种情况，则可以用校正螺丝进行调节。

（3）将仪器的电源接通，打开比色皿暗箱盖，选择需用的单色波长，灵敏度调节"0"电位器使用电表指"0"，然后将比色皿暗箱盖合上，比色皿用蒸馏水校正位置，使光电管受光，旋转调"100%"电位器使电表的指针到满刻度位置，仪器预热20min。

（4）放大器灵敏度有五挡，是逐渐增加的，"1"最低，其选择是保证能使空白挡良好调到"100"的情况下，尽可能采用灵敏度较低挡，这样仪器将有更高的稳定性。

（5）预热后应连续调整"0"和"100%"，仪器即可以进行测定。

八、仪器的维护

（1）为保证仪器稳定工作，用稳压电源可降低电压波动，减少测量误差。

（2）当仪器工作不正常时，如无输出，光源灯不亮，电表指针不动，就应先检查保险丝的好坏，然后检查电路。

（3）仪器要接地良好。

（4）仪器放有干燥剂，应保持干燥剂干燥，发现变色立即换新或烘干再用。

（5）当仪器停止工作时，必须切断电源，开关打到关的位置。

九、仪器的故障及处理（见表22-4）

表22-4　　　　　721-100型分光光度计的故障及处理

故　　障	处　理　方　法
接通电源后，指示灯及光源灯不亮，电流表无偏转	（1）保险丝不通，更换新的； （2）电源开关接触不良，或开关本身质量问题； （3）电源变压器初级线圈不通
仪器接通电源后，指示灯不亮	（1）指示灯与灯座接触不良，重新安装； （2）电源变压器次级线圈中一组6V无输出
电流表无偏转	（1）电流表活动线圈不通（线圈内阻为2kΩ）； （2）仪器内部放大系统有虚焊，重新焊接
电流表偏转于右面100%方向处，无法回"0"位	先调节调"0"的电位器，再旋转调"0"电位器逆时针方向，而不能使电流表指到"0"，是由于仪器光电管暗盒内干燥剂受潮，更换干燥剂，即可达到调"0"效果

第二十二章　光学分析仪表

故　　障	处 理 方 法
电流表左、右摆动不定（"0"及100）处摇摆不定	（1）稳压电源失灵，检查各元件的工作状态； （2）仪器的光源灯处有较严重的气浪波动，可将仪器移置于室内在流速很小的地方
仪器在测定中100%处经常变化	（1）光源不稳定，检查各元件的工作状态； （2）比色槽定位不精密，松动而引起每次移位不一致而重现性差，重新较正比色槽定位的安装； （3）比色皿在比色槽框架内安放的位置不一致有松动移位的可能，比色玻璃表面有溶液影响透光，需重新擦抹清洁后，将比色槽框架的一边安放面用定位夹定位
光源灯玻壳发白或黑	光源灯质量变坏，必须更换新灯泡
光源灯亮而无单色光	（1）进光处反射镜脱位，进行反射角度的调整； （2）准直镜脱位，需开启仪器底部单色光器部件盖，进行修复
单色光波长移位	由于仪器振动所致，进行校正调整，采用干涉滤光片进行校正，仪器左侧有一盖板打开后调节凹槽转动，以达到正确位置
仪器读数电表指针不在"0"位	调节电表机械零位，使指针回复"0"位

第四节　8888 型硅酸根分析仪

对于大容量、高参数机组，汽水中的硅含量是衡量汽水品质的重要指标。蒸汽中硅的携带系数随压力的升高而升高，因此必须监测给水、炉水、蒸汽中硅的含量。

一、主要技术数据

1. 连接部分

（1）打印机，内设标准打印，需要打印时，打印时间按需要编程。

（2）报警：正常断开按点为交流250V，最大工作电流3A，设"无样品"，"无试剂"，"校准"，"SiO_2 含量过高"报警。

（3）输出：4～20mA 或 0～20mA，负载 250Ω（最大负载 500Ω）。

2. 分析部分

（1）液位控制：红外线液位探头对所有样水，一种试剂及校准液进行监测。

（2）泵：5 通道蠕动泵，20r/min。

（3）延迟线圈：5min，30s，1min。

（4）光度计：单光束红外发光二极管，波长为 820nm。

（5）测量室：40mm 径长（测量范围 1000ppbSiO2）。

8mm 径长（测量范围 5000PPbSiO2）。

3. 分析仪表

（1）测量范围：线性 0～1000ppb SiO_2（40mm 测量槽）。

（2）测量误差：±2ppb，相当于 SiO_2 浓度为 100ppb 溶液。

（3）响应时间：<12min。

（4）干扰：允许磷酸盐过量 10 倍的超出量。

（5）环境温度：+5～35℃。

4. 采样部分

（1）采样时间：10min。

（2）内部延迟时间：15min。

（3）水样温度：+15～ +35℃。

（4）水样压力：1～6Pa。

（5）采样量：180mL/h。

5. 试剂部分

（1）试剂量：9mL/h。

（2）试剂浓度：见表 22－5。

表 22－5　　　　8888 型硅酸根分析仪的试剂浓度

试剂	钼酸铵	氨水	浓硫酸	乙二酸	硫酸亚铁	浓硫酸
浓度	14g/L	8ml/L	25ml/L	20g/L	6g/L	6ml/L

二、仪表的工作原理

（一）化学原理

溶于水的 SiO_2 与钼酸铵反应生成黄色的硅钼酸盐复合物，反应式为

$$H_2SiO_4 + 12MoO_2 + 26H^+ = H_4SiO_4 (MO_3O_9)_4 + 12H_2O$$

该复合物在合适的还原剂作用下被还原成深蓝色的钼兰合成物, 反应式为

$$H_4SiO_2(MO_3O_9) + 4e + 4H^+ = H_4SiMO_3 + MO_4O_{36}(OH)_4$$

用测量钼兰来对 SiO_2 含量进行光度计分析。

(二) 仪表的调校

1. 初次基础校准 (参比标准)

(1) 在实验室配制已知 SiO_2 浓度的高精度标准样水。

(2) 选择 CALIBRATLON 标准项目单, 并输入下列数据:

1) 零点溶液: 选择已知水样中 SiO_2 含量最低的通道。

2) 校准溶液: 校准溶液 SiO_2 浓度。

3) 校准方式: 无须输入 ZERO + SLOPE、在初始校准中自动校准、仪表自动选择。

(3) 按 "PRIME" 软键, 仪器自动开始初次基础校准, 校准需要 25min 完成。

2. 手动校准

(1) 手动零点 + 斜率校准方法。

1) 实验室配制已知 SiO_2 浓度高精度标准水样。

2) 选择 CALIBRATION (校准) 项目单, 并输入下列数据:

零点溶液: 选择已知水样中 SiO_2 含量最低的通道。

校准方式: 选择零点 + 斜率 (ZERO + SLOPE) 方式。

校准周期, 无须输入。

3) 按 "MANVAL" 软键, 手动校准开始工作。

(2) 手动零点校准方法。

1) 选择 "CALIBRATION" 项目单, 并输入下列数据。

零点溶液: 选择已知样水中 SiO 含量最低的通道。

标准溶液: 无须输入。

校准方式: 选择 "ZERO" (零点)。

校准周期: 无须输入。

2) "NVAL" 软键, 手动零点校准开始工作。

(3) 手动斜率校准方法。

1) 实验室配制已知 SiO_2 浓度的高精度标准样水。

2) 选择 "CALIBRATION" 项目单, 并输入下列数据。零点溶液, 无须输入。

校准溶液：标准样水的 SiO_2 浓度值。

校准方式：选择"SLOPE"（斜率）。

校准周期：无须输入。

3）按"MANVAL"软键，手动斜率校准开始工作。

3. 自动校准

（1）自动零点 + 斜率校准方法。

1）实验室配制已知 SiO_2 浓度高精度校准样水。

2）选择"CALIBRATION"项目单，并输入下列数据：

零点溶液：选择已知水样中 SiO_2 含量最低的通道。

校准溶液：标准溶液 SiO_2 浓度。

校准方式：选择"ZERO + SLOPE"（零点 + 斜率）。

校准周期：选择 1～240h 之间。

校准周期自动设定，并将"ON"或"OFF"设定为"ON"。

（2）自动零点校准。

选择"CALIBRATION"项目单，并输入下列数据：

零点溶液：选择已知水样 SiO_2 浓度最低的通道。

校准溶液：无须输入。

校准形式：选择"ZERO"。

校准周期：选择校准周期。

（3）自动斜率校准。

1）实验室配制已知 SiO_2 浓度的标准样水。

2）选择"CALIBRATION"项目单，并输入下列数据：

零点溶液：无须输入。

校准溶液：标准样水的 SiO_2 浓度值

校准方式：选择"SLOPE"（斜率）。

校准周期：选择校准周期。

（三）仪器的投运、停运与维护

1. 仪器的投运

（1）仪器进行安装检查，并调节针型阀，满足水样流量；

（2）检查电气接线，应正确无误；

（3）按流程图检查各管道安装，添加试剂及标准水样，并将各试剂管及标准水样管插入各自桶中；

（4）检查泵管是否按序就位连接，调节压管架使泵管恰能吸上试剂和样水为好；

（5）检查化学流路应无气泡产生；

（6）数据处理器编程，设定浓度极限值，报警，时间，样水采集顺序，选择显示方式，设定泵管更换时间；

（7）检查软件地址设置开关位置是否正确；

（8）检查光度计电压值，把光度计测量室充满新鲜的高纯水，仪器通电 10min 后，调节电位器 RO_2，使插头 X_6、X_3 之间电压为 $-9V$，X_8、X_7 之间电压读数为 $-7.5 \sim -9.0V$ 之间。

2. 仪器的停运

（1）用高纯水对分析仪器进行 30min 的清洗；

（2）把试剂管从各自的试剂桶中取出，放入盛有高纯水的容器内；

（3）切断电源，打开压管架释放泵管。

3. 维护

（1）40d 定期维护工作：①更换泵管；②检查流通回路是否有脏物沉淀，并消除；③检查校准液用量并补充；④检查试剂液位用量并补充。

（2）一年定期维护工作：①流通回路除延迟线圈外应全部更换管子；②用毛刷清洗采样单元；③用软纸擦净液位探测器。

（3）泵管的更换。更换管子必须在系统临时停机且程序中断时进行，显示维护（SERVICE）项目，并使之处于更换管子（TVBECHANGE）方式。

1）打开排放阀门，使光度计测量室中水样排放干净；

2）关断泵，小心地将泵管两头从接头处拆下；

3）按下棍压卡杆；

4）轻压管夹架子，向泵棍的侧前方打开管夹架；

5）取出管夹架中旧泵管，在架夹回中放置新泵管；

6）按压管夹架右边，使其卡住；

7）连接上下水口到接头处；

8）打开泵，向上推棍卡压杆，使泵管开始吸收溶液；

（4）纸带的更换：

1）当纸带用完，打印机前面板上红色的 LED 灯亮；

2）按前面板开关，同时打开前面板；

3）用拉手将打印单元全部拉出；

4）拆下用过的纸轴，用新纸轴更换之；

5）打印纸前端穿过纸带槽时，按"FEED"走纸钮，直至纸被夹住且伸入到打印。

三、微处理器

1. 微处理器界面设置

（1）Power 电源开关：整机电源开关或断开。

（2）Enter 键：当光标选择主项目或子项目单各功能时，该键可进入所选功能项。

（3）select 键：用光标选择主项目或子项目单各功能。

（4）增大键：用来变换、调整、修改预选定的参数。

（5）减小键：用来变换、调整、修改预选定的参数。

（6）功能软键共四个，当屏幕底部显示对应软键功能，按下该键启动显示功能。

2. 主项目单

主项目单用于选择子项目单，以改变系统程序，共有 11 个项目单。

MRIN：

ALARM	DISPLAYMODE	SEQUENCE
ANALOGOUT	INSTALLATION	SERVICE
CALIBRATION	PRINTER	TIME
DIAGNOSTICS	RS232	
		DISPLAY

（1）ALARM 报警项目设置，水样浓度报警极限和试剂，校准液位报警控制。

（2）ANALOGOUT 模拟输出项目，设置电流输出信号。

（3）CALIBRATION 校准项目，用于输入校准浓度，进行初次基础校准和手动校准。

（4）DIAGNOSTICS 自检项目，显示系统状况。

（5）DISPLAYMODE 显示方式项目，显示系统测量值的范围及单位显示形式。

（6）1NSTALLATION 设置项目单，通道密码用于改变测量范围和样水通道数。

（7）PRINTER 打印项目，用于打印存储于仪器中的数据。

（8）RS232 设定计算机输出接口。

（9）SEQUENCE 采集顺序项目，用于改变采集通道次序。

（10）SERICE 检修项目，用于检修系统辅助设备。

3. ALARM DISPLAY 报警显示

ALARM DISPLAY				CALIBRATION：OK		
SAMPLE：	1	2	3	4	5	6
LIMIT：	OK	OK	OK	OK	OK	OK
LEVEL：	OK	OK	OK	OK	OK	OK
REAGENT：	LOW	CALSOL		OK TUBES：	OK	
ACCEPT				DISPLAY	MAIN	

当某一报警条件超限时，可利用"ACCEPT"按键切断其报警继电器的输出，同时确认某报警。当新的报警信号出现时，将会再次接通报警继电器，未经确认的报警将用黑框在屏幕上标注出来。

(1) LIMIT 样水极限报警，该报警共有三种工作状态：OK、HIGH、OFF，极限报警就是当样水中 SiO_2 浓度超过预先设定极限值的报警。这一极限值可以在"ALARM"子项目单中设定，当报警信号低于预先设定值时，屏幕显示"OK"，高于设定值时显示"HIGH"，其他情况（不设报警）为"OFF"。

(2) LEVEL 样水液位报警，该报警共有 OK、LOW、OFF 三种工作状态，用于探测监视样水采样杯的液位，OK 为液位正常，LOW 为液位低报警，OFF 为不设报警工作状态。

(3) REAGENT 试剂液位报警，该报警共 OK、LOW、OFF 三种工作状态，用于监视试剂液位，OK 为试剂液位正常，LOW 为试剂液位低报警，OFF 为不设报警工作状态。

(4) CALSOL 校准液报警，该报警共有 OK、EMPTY、OFF 三种工作状态。用于监视校准液液位。OK 为校准液液位正常，EMPTY 为校准液桶无校准液，OFF 为不设定报警工作状态。

(5) CALIBRATION 校准报警，该报警有 OK、ERR 两种工作状态。用于监视校准是否正常。OK 为校准正常，ERR 为校准错误，如果最近一次校准超出初次基础校准线 ±20%，系统将出现校准错误 ERR 的报警显示。

(6) TURES 管路系统报警，该报警共有 OK、CHANGE 两种工作状态。当泵管在 40d 以内工作时将显示 OK 工作状态，若超过 40 天还没更换泵管，报警将显示 CHANGE 报警。

4. ALARM 报警项目

该项目用于设定每路样水的报警极限，并选择每一种报警是否工作。

ALARM:	1	2	3	4	5	6
LIMIT:	01000	01000	01000	01000	01000	01000
ppb	ON	ON	ON	ON	ON	ON
LEVEL	ON	ON	ON	ON	ON	ON
REAGENT	ON				CALSOL	ON
					DISPLAY	MAIN

（1）LIMIT 极限报警，该项用于设定各通道样水的报警极限，可在 10～1000ppb 之间设定，改变极限报警，将下边的"OK"变成"OFF"，可将极限报警由报警状态变为解除报警工作状态。

（2）LEVEL 样水液位报警，将"ON"变成"OFF"就可将样水液位报警由报警变为解除报警工作状态。

（3）REAGENT 试剂液位报警，将"ON"变成"OFF"就可将样水液位报警由报警变成解除报警工作状态。

（4）CALSOL 校准液位报警；将"ON"变成"OFF"可清除该报警。报警项目各功能的改变，可用"selet"按键移光标，再用增减键改变功能参数来修改。

5. ANALOGOUT 模拟输出

该仪器模拟输出为 0～20mA 或 4～20mA 直流信号，两种状态可任意设定。

ANALOG OUT:	4～20mA					
LINE:	1	2	3	4	5	6
OUT: CONC	CONC	CONC	CONC	CONC	CONC	CONC
FSD 1000	1000	1000	1000	1000	1000	1000
Pbb pbb	pbb	pbb		pbb	pbb	pbb
					DISPLAY	MAIN

（1）在正常工作状态下，输出为"CONC"，而"ZERO"和"EULL"通常用于试验和调整仪器测量范围两端输出参数。

（2）L1NE 参数为某一通道样水排放完成后，光度计最新一次测量的实际值。

（3）FSO 设定，可在 50～1000ppb 任意设定，当仪器输出零值。对应

第二十二章 光学分析仪表

输出模拟电流为 0 mA 或 4mA，而满度值对应输出电流为 20mA。

（4）该仪器输出电流信号只能统一设定，而不能对一通道单独设定。

6. CALIBRATION 校准项目

校准项目通常根据实际需要设定仪器进行自动手动校准。

CALIBRATION：

ZERO SAMPLE：	1
CAL SOLUTION ：	500ppb
CALIBEATION TYPE：	ZERO + SLOPE
CALIBRATION INTERVAL：	024h ON
PRIME MANUAL	DISPLAY MAIN

（1）ZERO + SLOPE 零水样，校准时为了得到零基准点，所使用的一种不加入钼酸盐的水样，必须设定水样中含 SiO_2 最小的水样。

（2）CAL SOLUTION 标准液，校准时必须设定校准液的浓度，所设定的浓度值随校准液的更换而做相应的变化。

（3）CALIBEATION TYPE 标准方法。ZERO 零点校准，只做位移校准。

SLOPE 斜率校准，只做高点校准

ZERO + SLOPE 零点 + 斜率校准

（4）CALIBRATION INTERVAL 校准周期，两次自动校准之间的时间间隔，可以从 1～240h 自由设定将屏幕上"ON"变成"OFF"即可消除自动校准。

（5）PRIME 初次校准软键，这一软键用于初次校准。

显示内容注意：初始校准通常作为比较所有其他校准的基础，进行初始校准前应对所有条件进行检查。

按"CONTINVE"键，继续初始校准，按"ABORT"键返回校准于项目单。

（6）MANUAL 手动校准软键，当按下手动校准软键时，仪表直接进入校准程序，没有警告显示。

7. DIAGNOSTCS 诊断项目

DIAGNOSTCS：

Maill Software	359096——01000 Vs 2.0
Boot sohwsrcl	359096——01020 Vs 2.0
TEST CONSTANT	DISPLAY MAIN

该项目用于测定数据处理器当中的软件，所显示的数据是指存储器的

内部密码，而不是存储器本身的单元数据。

8. DISPlAYMODE 显示方式项目

DISPlAY MODE：

DetectiOn Range：   0 ~ 1000ppb

Display Units：   ppb——ppm

                              DIDPLAY MAlN

该项目用于查看仪器的测量范围和改变显示测量单位。测量范围是在设置项目单中设置其值。

9. 1NSTALLATION 设置项目单

NSTALLATlON，

ENTER PASSCODE，   0000

                              DISPLAY MAIN

该项目单用于仪表设定所用的通道数及测量范围，输入相应的通道密码将出现下面的显示状态。

INSTALLATION：

Number of channels：   6

Instrument Range：   0 ~ 1000ppb

                              MAIN

通道数：选择仪表背面所设进样数目，按 select 键，并用增减键输入这一数值，通道数改变，采集程度将回到计算机预先设定的顺序，在输入新的通道的同时，将显示在屏幕上。

测量范围的改变，依据光度计所采用的测量室，可以有两种测量范围，标准范围 0 ~ 1000ppb 对应于 40mm 测量室，高标准范围 0 ~ 10ppm 对应于 8mm 测量室。

如果测量范围改变，许多参数将回到计算机预先设定值，它是模拟输出，满量程指示，报警极限和标准溶液。

测量范围	0 ~ 1000 ppb	0 ~ 10 ppm
模拟输出	1000 ppb	10000 ppb
报警极限	1000 ppb	10000 ppb
校准溶液	500 ppb	5000 ppb

在输入新的测量范围后，将出现下面显示内容。注意：测量范围已经改变，如果不需要计算机预先设定值，就应该重新设定报警极限模拟输出

和校准溶液等参数。

10. PRINTER 打印项目

用于将存储于仪器中的时间输给打印机，用户输入打印开始时间，并按键"STARP"，开始打印，按"STOP，即可停止打印。

11. SEQUENCE 采集顺序项目

SEQUENCE：	1	2	3	4	5	6
SAMPLE：	1	2	3	4	5	6
	ON	ON	ON	ON	ON	ON

Type ENTER   to   Staet

INSERT DELETE   DISPLAY MAIN

用于确定仪表那些通道采集水样，那些通道处于关闭状态，及通道采集顺序编程。

采集顺序编程，采集顺序显示在本项目单上边一项，计算机预先设定的顺序为递增系列。

改变通道编码下边的 ON 为 OFF，就可关闭该路水样，当采集顺序进行到这点时，将超越该点而进行下一通道的水样采集。

12. SERUICE 检修项目

检修项目在某些方面重复"显示 1"的数据信息。显示正在进入化学分析系统的样水和目前正在测量的样水及其浓度读数，也显示下次更换管子的日期，如果更换管子日期已经到期，计算机将用强光将其标志出来。

待机："STANDBY"键，可使仪器的蠕动泵和阀门处于关闭状态，直到按"SERVICE"键后，仪器方可脱离这一工作状态。当离开待机状态后，采集顺序将从中断点重新开始工作，待机态将出现下面屏幕提示：

STANDBY：

Standby enteved at：   12：49：21

            On   Thu 31. 8. 89

（SERUICE to resumel operation）

                         SERUIGE

待机态提示内容：其一显示待机开始时间，其二显示检修到仪器完全正常。

更换管子项目：按"TUBES"键后将显示更换管子屏幕，通过这一屏

幕就可以很容易更换泵管，设置报警系统的时限 40d，为避免意外性的报警设置，在检修和更换管子间加入了下面提示屏幕，

CAUTION：

selecting tube change resets the alarm timer for the tube change interval You should only continue you

are about to change the tubing

ABORT CONTINVE

揭示内容：注意：选择设定管子更换周期的报警时间，如果你要更换管子就必须完成这一工作，按"CONTINUE"键，系统停止运行，光度计开始排放；

当排放状态完成时（从 FLUSHINE 转换成 COMPLETE），可按更换管子说明进行更换管子工作。

利用"PUMP"和"STOP"分别接通或断开蠕动泵，以便调整泵管压力，得到恰当的流速。

13．TIME 时钟项目

该项目用于设定时钟的真实时间。

四、试剂、校准液的配制

1．试剂的配制

（1）R1 硫酸试剂配制：将 250ml 浓硫酸（98%）慢慢倒入装有 7L 去离子水的 Rl 试剂桶中，待冷却后再用去离子水稀释到 10L。

（2）R_2 钼酸铵试剂配制：在 R_2 试剂桶中加入 7L 去离子水和 140g 钼酸铵 $(NH_4)6MO_7O_{24} \cdot 4H_2O$，连续摇动使其完全溶解，把 pH 计插入桶中边摇晃边加入约 80mL 氨水（浓度为 25%），使其混合液 pH 值为 7~9，否则，可多加氨水满足 pH 值要求，最后用去离子水稀释至 10L。

（3）R_3 乙二酸试剂配制：在 R_3 试剂桶中将 200g 乙二酸（$H_2C_2O_4 \cdot 2H_2O$）溶于 8L 去离子水中，最后稀释至 10L。

（4）R_4 硫酸亚铁试剂配制：在 R_4 试剂桶中将 60g 硫酸亚铁铵 $(NH_4)_2 \cdot Fe(SO_4)_2 \cdot 6H_2O$ 溶于 8L 去离子水中，搅拌之，再慢慢加入 120mL 浓硫酸（98%），必要时冷却之，最后再稀释至 10L。

2．标准液的配制

用化验室 SiO_2 母液，稀释至 20~80ppb 即可。

五、常见故障及处理

故障问题、原因及处理（见表 22-6）。

第二十二章 光学分析仪表

表 22-6   8888 型硅酸根分析仪的故障及原因处理

故障	原 因	处 理
试剂	(1) 分析仪停运； (2) 分析仪处于 STANBY SERVICE； (3) 主电源断	(1) 显示报告错误（ERRCR）； (2) 启动分析仪； (3) 接通主电源
泵	(1) 不转； (2) 太慢； (3) 无规则乱动	(1) 接通电源，启动分析器； (2) 正常转速 20r/min； (3) 检查齿轮构是否正常
管路	(1) 管路故障； (2) 管路中沉淀物； (3) 泵管次序不对； (4) 管子坏旧	(1) 检查管路； (2) 更换管子； (3) 检查管路； (4) 更换管子
管架	(1) 辊子压力太弱大重； (2) 管架不能很好齿合； (3) 管夹位置错	(1) 正确重新调整压力； (2) 把管夹齿合在正确位置； (3) 按流通图检查位置
阀	(1) 阀漏； (2) 阀不开； (3) 阀不灵	(1) 拆开检查并清洗阀； (2) 弹簧卡，无电源； (3) 弹簧卡，阀座需清洗
采样水	(1) 脏； (2) 流速不对	(1) 在采样溢流入口处拧下管子清洗管路和采样溢流杯； (2) 检查调整正常值为 180m/h
校准	(1) 程序中浓度错； (2) 校准溶液浓度错； (3) 实验室分析浓度值错； (4) 使用药品错被污染	(1) 重新编程 SiO_2 浓度； (2) 重新配制标准 SiO_2； (3) 实验室检查 SiO_2 浓度值； (4) 检查药品，清洗试剂瓶
校准程序	编程中 SiO_2 浓度不能适应标准的要求	重新编程或重配标准液
试剂	(1) 试剂桶接错顺序； (2) 试剂管接错顺序； (3) 浓度错； (4) 药品错被污染； (5) 试剂流速不准	(1) 检查流路正确连接； (2) 按流路图正确连接； (3) 重新正确配制； (4) 检查药品，正确配制； (5) 正确调整流速 9mL/h

第三篇 电厂化学仪表及自动装置

故障	原　　因	处　　理
气泡	（1）空气进入； （2）测量室不潮湿	（1）检查管路及接头； （2）泡在 NaOH >5% 溶液里
光度计	无反应超量程范围	拿开测量室，输出信号降到最低量程用一物件。 遮断光源信号应上升到最高量程

第五节　FIA－33 型联氨自动分析仪

一、概述

FIA－33 型自动分析仪是一种采用流动注射分析原理进行工作的智能工业流程在线监测仪表。它采用大屏幕液晶显示器，以中文菜单方式引导操作，显示仪器工测量结果。仪表能自动定时地对工艺流程的某一组分进行定量分析。输出一个对应于浓度值的模拟信号和数字信号，对工艺过程进行监控。仪器可用于火力发电、化工等工业部门，各种大、中型锅炉水汽中联氨含量的测定或其他水质参数的测定过程在线监测仪表。

二、仪器工作原理及结构

FIA－33 型自动分析仪，由化学流路系统和电子学系统两部分组成。化学流路系统安装在机箱中部。它包括蠕动泵、电磁阀、化学管路、恒温加热器、光度检测器等。电子学系统包括电源、液晶显示器、键盘、计算机及电子学电路板，位于机箱上部。机箱下部放置试剂桶，试样过滤器安装在机箱后面板下方，结构如图 22－10 所示。

仪器采用流动注射分析原理进行工作。试样经试样过滤器后，由试样泵吸入仪器对流路系统进行清洗并确定基线值，然后启动试剂泵注入试剂。试剂与试样会合后进入反应螺旋管，加热并发生化学反应，产生颜色，再流经光度检测器的流通池。计算机采集光度检测器产生的信号，计算出浓度值并输出相应信号。

三、仪器的主要技术参数

（1）测量范围：A 型：联氨 0～100μg/L。

（2）测量光源：固态冷光源。

（3）测量误差：±2%（满量程）。

（4）测量重现性：标准偏差 -2% ～ +2%（满量程）。

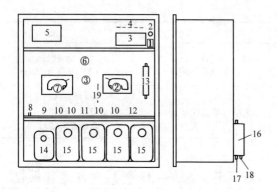

图 22 - 10   FIA - 33 型自动分析仪

1—电源开关；2—吸光度调节钮；3—键盘；4—指示灯；5—显示器；
6—加热器及反应螺旋管；7—试样泵；8—漏液探针；9—标定阀；
10—试样阀；11—八通；12—空气阀；13—流通池；14—
校正液瓶；15—试剂桶；16—试液过滤池；17—试样
进口；18—排放口；19—去泡器

（5）响应时间：1～3min。

（6）测定周期：0、15、20、30、40、50、60、70、80、90min 任选。

（7）显示方式：240×128 点阵 LCD 显示器以中文菜单方式引导操作，显示运行状态和测量结果。

（8）测量结果查询：13000 多条测定结果可按数据或图形方式查询。

（9）测量方式：9 种测量方式可供选择，可选定单、双次测定、跟踪测定等。

（10）浓度值模拟量输出：4～20mA 隔离恒流输出，要求负载，电阻 <500Ω 多路测量时，每路信号均单独输出。

（11）浓度数字量输出：RS232C 或 RS485 通信接口。

（12）上、下限浓度值报警：可带交流 36V、1 A 的警示装置。

（13）试样监测：当检测到无试样时，则取消本次分析。直到试样恢复时重新正常工作。

（14）运行监视：远距离监视仪器运行状况。可带 36V、1A 的警示装置。

（15）试样：温度 15～40℃，流量为 50mL/min，压力为 0.1MPa，试样中含固量少于 0.5g；颗粒尺寸 <5μm。

第三篇 电厂化学仪表及自动装置

（16）环境温度：0～40℃。

（17）电源：220V±10%，50Hz。

（18）流路：

1）泵管：内径0.8、1.0、1.3mm。

2）反应管路：内径0.8mm聚四氟乙烯管。

3）阀管：内径1.0mm硅胶管。

4）标定及校正：8、16或24h自动校正或手动较正。

5）试剂：一般30d添加一次试剂。

6）试剂消耗：每次测定1～2mL。

7）试样量：每次测定10～20mL。

四、仪器的组成

1. 仪器的电学系统

仪器的电学系统由240×128点阵液晶显示器、键盘、电路板、电源等部分组成。仪器的计算机系统、控制驱动电路、光度检测电路、输出电路全部集中在一块电路板。电学系统框图如图22－11所示。

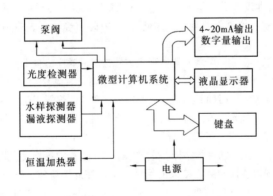

图22－11　FIA－33型自动分析仪电学系统结构框图

计算机系统由单片微处理器、液晶显示器、键盘、存储器、接口电路、D/A转换器、D/A转换器等器件组成。仪器各部件工作的控制、测量信号的采集、处理及测量结果的计算、显示、存储由计算机完成。计算机给出的控制信号通过光电隔离器输出到驱动电路后，驱动泵和阀工作。液晶显示器以中文方式显示出测量结果、时间从运行的各种状态，并以中文菜单方式引导用户通过键盘进行各种参数的设置和操作的选择。

光度检测电路由 LED 光源、光电池、前置放大器、吸光度电位器等组成。被测溶液的光吸收率由光电池转换成电信号经前置放大器后，加到吸光度电位器两端。在从电位器上分取出部分电压信号，由 A/D 转换器转换成数字信号。计算机采集后，运算转换成吸光度值，显示在屏幕上。在测定试样时计算机根据吸光度计算出试样中被测物的浓度值。

输出电路通过光电隔离器将测出结果、运行状态等信号转换成模拟信号、数字信号或开关信号传送给外接的设备对仪器远程进行监控。

恒温控制电路将恒温加热器中热敏电阻发出的温度信号送到一个比较器上与设定值进行比较，然后输出一个控制电压，控制恒温加热器温度工作恒定在一个设定的范围内。

2. 液晶显示屏幕

开机后仪器显示屏幕图。按动任意键，仪器将进入工作状态屏。

（1）工作状态。工作状态屏为主菜单屏，显示了仪器可供选择的各种工作状态、当前日期、时间和光度检测器的吸光度值。通过数字键和"↑""↓"键选择要进行的工作命令。选中的项目文字将返亮，按下"确认"键即进入下一级菜单。只有在测定样品屏上出现"请维护"的提示后才出现。仪器经规定的维护后，选中此项确认后，将清除屏上的提示。

（2）试样测定。屏幕左侧以列表方式按时间顺序，自下而上列出了从当前开始，以往测量的通道号、时间和浓度值。右侧显示出当前的日期、时间、上次测定的时间、通道号、浓度值、单位、仪器当前状态、校正系数值和当前的吸光度值。若当前正在进行测量，则显示正在测量的通道号和测定过程等。如 A 通道进行测量时，会出现 A 准备、开始、基线、反应、测峰、冲洗、结束等字样。它显示了测定过程的各阶段。此时在时间显示处出现以秒计的测定结束的倒计时数。在此屏幕时，按下"↑"键可以查询在此以前的数据。"↓"键用于数据复原。在"待机"时按动"6""测量"键可以立即进行一次试样测定。按动"校正"键可以立即进行一次手动校正测定。按动"复位"键将回到主菜单状态。

（3）标定仪器。选定标定仪器后，将出现列出的屏幕。屏幕左侧列出已测定过的样号、标样浓度值和吸光度值。在光标位置上键入标样浓度值。确认以后，将出现标样测定运行状态屏。与试样测定屏相似，屏幕显示测定过程中的各种状态。测定结果被填写到屏幕左侧的表列中。同一标样进行两次测定，结束后，屏幕将自动返回到标样值输入屏。更换新的标样溶液后，键入新的浓度值即可继续进行测定。仪器最多允许测定 5 个标样溶液。测定完毕后，按下确认即结束标定操作。屏幕上将显示出浓度计算方程式中各项系数和测定结果与计算方程的相关系数 R。

当需要对某一标样重新进行测定时，可以按"校正"键，此时屏幕将出现"重新标定标样号"的提示，输入需要重新标定的标样编号后，将校正液吸入管放入该标定溶液中，按"确认"键，即可重新对此标样进行测定。仪器可多次重测各标样。最后确认后，计算机将根据新测定的结果重新计算出计算方程式中的各项系数。当标定被确认后，按"复位"键，屏幕将回到主菜单屏。

(4) 硬件测试。选定"硬件测试"后，仪器显示上面的屏幕，在此状态下可对各部件进行测试。选中 0 ~ 3 项即可启动标示的部件。4 ~ 7 项可测试各通道阀并显示该通道有无试样。8 ~ A 项可测试各输出信号，选中某项后，在后面板的相应端子上将有相应的信号输出。如选中"下限报警"，在下限报警端子上将有开关信号输出；在模拟量输出端子上将有 12mA 的电流信号输出。试样泵和试剂泵第一次选中时为启动，第二次选中时则为停止。

(5) 参数设定。该屏上显示了仪器运行中的各项参数，通过有关参数的设定，仪器将按照要求进行工作。选中某一参数，按"确认"键后，可以选择的代码或浓度单位将提示在屏幕的下方。在光标位置处键入相应数字，确认后即完成设定。

1) 测定周期。上次测定结束到下次测定开始的间隔时间为测定周期，选择的代码为 0 ~ 9，0 代表连续测定，1、3、6 分别表示 15、30、60 可以整除的时间进行一次测定。

2) 测定方式。仪器设置了九种不同的测定方式，其内容是否要判断有无试样：是否判断有无试剂，每次测定是单次还是二次等。选择单次测定时，每次测定只进行一次。但当测定结果超出上、下限报警浓度时，则自动转入二次测定。二次测定是指每次测定连续进行两次，以其平均值作为本次测定结果。若两次测定结果的偏差大于仪器测定误差时，再启动第二次测量，并将两次最接近的结果平均值作为本次测定的结果。在二次测量时，第一次或第二次测定的结果以"CON. XXX"显示住屏幕的右下方，最后一次测定结果将不再直接显示出来，而只在屏幕中部显示最终的平均结果值。

3) 测量通道。该项用于测量通道的设置，确认后光标出现在设定位置上，四位数分别对应 A、B、C、D 四个通道。可以用 1、2、3、4 数字选定对应的通道若要关某一通道，可以在对应的位置上设置 0 如设定

第二十二章 光学分析仪表

A、B、D 通道，则可键 1204 四位数。确认后即完成设定。

4）校正浓度、校正周期及校正方式。此三项用于设定自动定时校正浓度、时间间隔和校正计算方式。在校正浓度项后的光标处，输入使用校正液溶液的浓度值。校正溶液浓度一般可选择在测定范围的中间处或在要控制的浓度处。校正周期有 4 种选择。代码 0 代表不自动定时测定，可在任意时间手动校正。1、2、3 分别代表 8、16、24h 进行一次自动校正。

5）上、下限浓度。此项用于设定产生上、下限浓度报警信号的界限。当测量结果超出这个范围时，仪器将发出报警信号。

6）输出满度。该项设定模拟量输出为 20mA 时所对应的浓度值。如设定为 100 时，则在测定结果为 100μg/L 时，仪器模拟量输出为 20mA，当测量结果为 0 时，则为 4mA。该值同时也规定了"查询记录"中曲线查询方式浓度坐标的满度值。

7）计算系数。此项显示计算机计算浓度时计算方程使用的各项系数。它们是使用标准试样标定仪器后，由计算机根据标准试样的浓度值和吸光度值采用回归分析方法计算求出。但当选中此项后，在光标的引导下，也可以对各项系数进行修改和设定。在以后的测定中，修改后的系数将被采用。仪器重新标定后，系数将被更新。

8）出峰时间。此项用于规定采集测量信号的时间。其数值与流路参数有关。

9）时钟校正。此项用于校正仪器时钟，选中后即可对仪器时钟进行修正。首先输入年、月、日，确认后，输入时、分。

（6）查询。屏列出了 9 种查询测最数据的方式。0 ~ 4 为表列方式，计算机按照测定的顺序，列出测定的时间和结果。用"↑""↓"可以向前或向后进行查询。

（7）标定。本屏记录了仪器标定的日期和各项数据。

（8）屏幕提示。仪器工作时，计算机将对其工作状态进行监控，若发现不正常，将在屏幕上出现相应的提示。各项提示列出如表 22 - 7 所示。

3. 仪器的输出

（1）模拟量输出。仪器每个通道都有各自独立的 D/A 输出，它们与本仪器是完全隔离的。仪器测得的样品浓度将以 4 ~ 20mA（或 0 ~ 10mA）的恒电流信号输出。它与二次表或计算机数据采集器连接时，其采样电阻应小于 500Ω。

表 22 - 7　　　　　　FIA -33 型自动分析仪屏幕提示表

屏幕提示	说　　明	运行报警输出	模拟量输出	数字量输出
气泡	流动池中存留气泡,仪器启动空气阀排除气泡若三次无效,报警。屏幕记录"AIR"	有输出	保持上次结果	发送特征代码
无试剂	无试剂。取消该次测定。屏幕记录"NO R"	有输出		
无试样	本通道无试样。取消该次测定。屏幕记录"NO S"			
校正	连三次校正值超过规定范围。报警	无输出		
漏液	流路泄漏。停机,报警	有输出		无输出
末恒温	仪器不启动,等待升温			
恒温坏	温度失控,停机待修,报警			
*	基线值过高,结果仅供参考			有输出
参数坏	运行中参数被破坏,须重新设定参数	无输出		
程序	程序被修改			
时钟	时钟芯片电池耗尽。时间出错			
程序跑飞	程序跑飞,若多次出现应检查环境和仪器		无输出	无输出
请重设参数	启动时参数被修改,重新设定参数			
请维护	提示定期维护。维护后请清除提示			

（2）开关量输出。仪器设有三个开关量输出,供远程连接上限、下限报警灯和仪器运行状况监视灯用。当样品浓度超过设定的上限或低于设定

的下限时，仪器内的固态交流继电器动作，使回路闭合，发出报警信号。同样，当仪器出现不正常时（气泡除不尽、缺试剂、恒温器故障、校正系数偏离太大、漏液…），发出运行报警信号。由于采用了固态交流继电器作为开关元件，且考虑到人身安全，故一定要使用等于或小于36V的交流电源，每路负载电流要小于1.1A。

（3）数字量输出：输出通道号，浓度值及相关的报警信息。

4. 蠕动泵

仪器安装两台多通道蠕动泵，用于试样及试剂的吸入和输送。蠕动泵由计算机控制工作。结构如图22-12所示。

蠕动泵由泵滚轮、压带、泵管卡、锁紧钮、泵管、电机等部分组成。

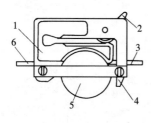

图 22-12 蠕动泵的结构

1—泵管卡；2—锁紧钮；

3—泵管出口；4—压舌；

5—泵滚轮；6—泵管进口

（1）泵的使用和调整：

1）根据需要的流量，选择相应内径的泵管，向下松开锁紧钮推压泵管上的长舌柄，取下泵管卡，利用泵管上的卡头，将泵管安放在泵管卡上。然后利用泵管卡上的安装槽重新将泵管卡妥帖地安装在卡支架上。

2）打开仪器电源开关，使进入"硬件测试"菜单，启动试样泵和校正阀及试剂泵。将校正液进口管和试剂进口管都插入到除盐水中。

3）用锁紧钮逐步锁紧泵管卡，至平稳吸入溶液。然后再锁紧，进入分析程序后泵在计算机控制下工作（注意：不要使泵管卡过度压迫泵管，以免过快磨损泵管）。

（2）蠕动泵的维护：

1）泵滚轮轴和滚轮上的滚柱轴可用润滑油润滑，以保持转动灵活，减少摩擦。滚柱和泵管之间可涂以少许凡士林，减少泵管的磨损。

2）泵管失去弹性后应注意更换。更换时要用相同内径的泵管。使用三卡头的泵管可以更换一个位置继续使用。

3）仪器工作结束后，应吸入除盐水清洗泵管。不工作时应松开泵管卡。

（3）流量的测试。为了确定选用的泵管内径是否正确及泵管卡调整是否适宜，可对吸入的试样或试剂流量进行测量。其方法是：在"硬件测试"菜单中，启动试样泵、校正阀和试剂泵吸入校正液和试剂，排除系统中残留的气泡。然后按动"0"和"1"键暂停泵的运行、从 A 道试样过滤器拔下废液排放管。将其插入到 10mL 量筒中，重新启动试样泵，同时用秒表记录时间，测量一分钟排出水的体积，即为吸入试样的流量。用同样的方法同时开启试样泵和试剂泵，测量吸入试样和试剂的总流量。再用它减去吸入试剂流量，即为吸入试剂流量。吸入试样和试剂的流量应符合该测定项目流路规定的流量。测量完后，注意应将废液排放管与试样过滤器重新连接好。

5. 电磁阀

仪器箱体内安装了 3 ~ 6 只管夹式电磁阀，它们均在计算机控制下工作。在"硬件测试"菜单中，选择相应阀，阀将吸合，相应指示灯亮。阀工作时，液路连通；阀不工作时液路切断。阀的维护：阀长时间不工作，阀管经长期挤压会发生粘结，这时可拉出粘结部分，疏通后，挪动一下受挤压位置，可继续使用。如无法疏通，可用一根新阀管更换。

6. 分析流路、过滤器和恒温加热器

（1）分析流路。仪器分析流路由硅橡胶细管连接各流路部件构成。由聚四氟乙烯细管构成的反应螺旋管缠绕在恒温加热器上，以提高反应温度。流路系统不允许固体物吸入，以防止堵塞。

（2）试样过滤器和试剂过滤器。试样过滤器，试样由试样进口进入过滤器，从排出口排出。试样通过高分子微孔过滤芯，进入滤液储腔。滤液流量应不小于 20mL/min。滤液出口与试样泵的试样进口管相连，多余滤液由排放口排出，流入下水道。微孔过滤芯应视试样的清洁程度定期更换。更换时，先拧开过滤芯帽盖，取下过滤芯，然后换上新过滤芯，重新紧锁好帽盖即可。

在滤液储腔中装有试样检测器，用以监测有、无试样。滤液储腔充满试样时，磁性浮子上升，内部继电器吸合，计算机判断为有试样。反之，磁性浮子下降，计算机判断为无试样。

试样过滤器安装在仪器后面板下部，可通过 8mm 塑料软管与被测水样连接。排放口也用 8mm 塑料软管连接插入到下水道中。

（3）恒温加热器。恒温加热器可使化学反应在一个恒定的温度一工作。当恒温水未达到或超过设定温度时，显示屏将给出相应的文字提示并发出报警信号。

7. 光度检测器

光度检测器由固体单色冷光源、流通池、硅光电池、前置放大器、光纤传输头等部分组成。用于测量流过流通池溶液的吸光度。

（1）光度检测器的调整。开启仪器的电源开关，使进入"硬件测试"菜单，显示器右下角即显示流通池中溶液的吸光度值。吸光度值显示的范围为 –0.200 至 3.161，当小于 –0.200 时将显示 out。启动试样泵和校正阀，从校正液进口管吸入高纯水，使流通池充满水，调整吸光度旋钮，使显示为 0，待读数稳定后，光度检测器即可使用。溶液应从流通池下端进入，从上端排出。当有小气泡存留在池内时，吸光度会大大增加，并且读数跳动不稳定。此时可开启空气阀，从试样泵吸入端吸入一段空气，将流通池排空后，再启动校正阀吸入高纯水，使小气泡排出。另一种方法是停止试样泵，将流通池进口管和出口管拧下，用洗耳球吹洗使流通池排空，然后再连接好。再启动试样泵，用水充满流通池。流通池溶液进口端连接了一个气泡分离器，可将液流中气泡排出，防止气泡进入流通池。应注意气泡分离器的连接方式。液流从中间支管进入，下端与流通池相连，上端与泵相连，吸出进入的气泡。

（2）光度检测器的维护。当流通池长期使用，吸光度调整不到零或当吸光度显示不稳定时，可能因流通池污染所致。此时可用试样泵吸入 1% 氨水洗涤 5～10min，然后再用高纯水将流通池冲洗清洁。当有异物存留在池中时，可将光纤传输头旋下进行清洗，但需要特别小心。慢慢松开流通池上光纤传输头的压紧螺母，小心取出光纤端头，用水清洗后再用擦镜纸轻轻擦拭。流通池内部可用高纯水冲洗除上异物，然后按顺序复原。操作要小心进行，以免损坏光纤。

五、仪器的标定和校正

1. 仪器的标定

FIA – 33 型自动分析仪采用光度法对待测物的浓度进行测定。根据比尔定律溶液中有色物对光的吸收与该物质的浓度有式（22 – 4）的关系。

$$A = \text{Log } PO/P = \zeta CL \qquad (22 - 4)$$

式中　PO——入射光强度；

　　　A——吸光度；

　　　P——透过溶液后光强度；

　　　C——有色物浓度，mol/L；

　　　ζ——摩尔吸光系数；

　　　L——光程长度。

因此在试样测定前，首先应用一组已知浓度的待测物溶液对仪器进行标定。仪器根据已知浓度和对应的吸光度值建立一个计算待测物浓度的方程式。

当标定采用两个标准液时，计算采用式（22-5）进行。

$$C = a + b\Delta A \qquad (22-5)$$

式中　a——方程截距；

　　　b——方程斜率；

　　　c——溶液的浓度值；

　　　ΔA——被测物吸光度值与基线吸光度值之差。

当标定采用三个以上标准液时，计算采用如方程式（22-6）

$$C = a + b\Delta A + c\Delta A^2 \qquad (22-6)$$

a、b、c为多项式常数。采用多点标定可以对测定中化学因素造成的偏离进行修正。浓度计算公式见式（22-7）。

$$C = a + b\Delta A + c\Delta A^2 + d \qquad (22-7)$$

在初次使用仪器时一定要先对仪器进行标定。在使用期间也应定期或对测定结果发生疑义时，重新标定仪器。

2. 标定仪器的方法

仪器用水试运行后，将试剂进口管按要求插入到相应的试剂桶内。通入试样，再试运行 $1 \sim 2h$。一切正常后，即可正式进行标定。首先配制 $2 \sim 5$ 个已知浓度的标准溶液，将标定液进口管插入到第一个标样中，在"工作状态"菜单中选取"标定仪器"命令，即进入标定仪器程序。按提示输入标样的浓度值，"确认"后仪器即自动开始标样的测定。显示屏显示测定的过程并记录下测定的吸光度值。每一个标样平行进行两次测定，当第一个标样测定完后，屏幕将提示输入下一个标样的浓度值，继续标样的测定，当所有标样测定完后，按提示结束标定工作。此时计算机根据测定的结果计算出浓度计算方程的各系数和相关系数。如果发现某一标样测定的吸光度值差别较大，就可以重新对该标样进行测定。此时可将校正液进口管放入需重新测定的标样中，按"校正"键，屏幕提示输入需要重新测定的标样序号。仪器即对该标样重新进行测定。需要重测的标样测定完后，计算机根据新的测定结果修改浓度计算方程的各项系数和相关系数。相关系数 R 可以用来评价测定结果与计算结果的相关性。一般要求 R 应大于 0.999。

3. 仪器的校正

仪器还提供一种自动校正的功能，用来修正运行期间由于化学或物理的因素产生的变化。在仪器的试剂柜中放置一已知浓度的标准液作为校正液。在"参数设定"菜单的相应项中将校正液的浓度值、校正周期和方式输入仪器。仪器在运行时将对校正液进行测定，并计算出校正值 K。选择方式 0 斜率校正时，仪器按式（22 - 8）计算试样浓度，对结果进行校正。

$$C = (a + b\Delta A + c\Delta A^2)K \qquad (22 - 8)$$

选择方式 1 截距校正时，则按式（22 - 9）计算试样浓度。

$$C = (a + b\Delta A + c\Delta A^2) + K \qquad (22 - 9)$$

校正也可以在仪器处于"待机"时手动进行。按动"校正"键即可启动校定测定。校正测定一般进行两次，以两次结果的平均值计算 K 值。当两次测定结果超过仪器规定的误差时，将启动第三次测定，并以两次最接近的结果计算 K 值。

六、仪器的安装与调试

1. 仪器的安装

（1）仪器应安装在无强烈震动、远离磁场、不受阳光直接照射和无强腐蚀性气氛及粉尘较少的工作环境中，并应尽量靠近取样点。

（2）将仪器安放在符合上述工作环境的仪表盘托架上。

（3）用 8 mm 软塑料管将试样过滤器的废液排放口连接好，插入下水道，并保证与大气相通。

（4）将待测试样流出管预先排放出存留的水样，充分冲洗管内壁，直至流出液，无异物、异色。截断液流，用 8mm 软塑料管将试样流出管与试样过滤器的试样进口接头连好。试样流量应不少于 50mL/min，压力不小于 0.1 MPa。多路测定时，应得将各路试样按上述方法与相应的水样过滤器连接好。

（5）将仪器电源插头插入 220V 50Hz 交流电源插座，并将位于仪器后面板上的接地端子与大地接妥，输出信号端子可根据需要进行连接。

2. 仪器的通电检查

（1）打开仪器电源开关，显示屏和加热指示灯亮。

（2）按动任一键进入"工作状态"菜单，选择"硬件测试"命令，进入硬件测试状态，检查各部件工作及输出信号状况。

3. 仪器的水试运行调试

（1）检查泵管、阀管是否具有良好的弹性，有无粘结的地方，及各处接头是否连接牢固，然后将两台泵的泵管卡安放好。

（2）将各试剂、校正液进口管安装好试剂过滤器，插入到除盐水中。开启仪器"工作状态"项，然后选择"硬件测试"命令，在菜单屏上启动试样泵，校正阀，逐步锁紧泵管卡的锁紧钮，使除盐水通过校正液进口管平稳地被吸入。开通试样管路，使试样流入试样过滤器。然后分别启动各通道阀，使各通道试样能平稳地吸入。启动试剂泵，调整试剂泵，使除盐水平稳地吸入。

（3）检查流路系统是否有泄漏，在泵吸入端以前管路有泄漏时，将会不断吸入气泡。如发现泄漏，就应立即按下"复位"键，停下进行处理。然后测定试样和试剂的流量，它们应分别符合该测定项目的化学流路的规定值。同时应注意启动试样泵时，溶液不应从试剂进口端流出。反之，启动试剂泵时，溶液不应从试样进口端流出。若发生此情况，应进一步调紧相应的泵管卡。

（4）在使除盐水通过光度检测器的流通池时，用吸光度旋钮调整吸光度显示值为 0。连续观察 5min，显示值应稳定，无大的跳动。如果不能得到稳定的读数，首先应考虑流通池内是否存有气泡或污物并排除它。

（5）在"工作状态"菜单中选择"参数设定"命令，在"测定周期"项设定 0，选择连续测定。然后复位回到"工作状态"菜单，选择"试样测定"命令，用水连续运行 1h 以上，用水清洗系统。

4. 试运行调试

（1）水试运行完后，将配制好的试剂放置到仪器下方的仪器柜中，在试剂进口管端安装好试剂过滤器，并将它们放入相应的试剂桶内。

注意：一定要按照试剂进口管上的标注将其放入相应的试剂桶内，不得错乱。

（2）按"复位"键进入主菜单，选择"参数设定"命令，检查"出峰时间"项，确认出峰时间。

（3）复位回到主菜单，选择"试样测定"命令，再次连续运行 1h。使系统达到稳定；观察测定过程中"测峰"是否正确，可回到"参数设定"，在"出峰时间"项对时间进行修改。

5. 标定仪器

按"复位"键，使仪器回到主菜单状态下，配制好的一系列标准试样溶液，将校正液进口放入到浓度最低的一个标样中，选择"标定仪器"命令，对仪器进行标定。

七、维护和故障处理

1. 维护

（1）日常维护。保持仪器内外清结。每日打开仪器前观察仪器工作状态。检查试样过滤器有无泄漏等。发现问题及时处理。

（2）定期维护：

1）当仪器出现"请维护"提示时，应进行定期维护工作。主要工作为更换试剂。

2）按"复位"键，使屏幕回到主菜单。选择"硬件测试"命令。

3）取出试剂桶和校正液瓶。将试剂进口管和校正液进口管放盛有5%氨水溶液的清洗液杯中。

4）在"硬件测试"屏中启动校正阀、试样泵和试剂泵。吸取清洗液10min，清洗系统管路。用高纯水更换清洗液，继续清洗系统10min，然后按"复位"键停止清洗。

5）清洗试剂桶和校正液瓶，按桶的标注加入新配制的试剂和校正液，放回到仪器的试剂柜中。更换试剂进口管和校正液进口管的试剂过滤器，然后按规定将各进口管放回到相应的桶和瓶中。

6）再次启动校正阀、试样泵和试剂泵，吸入校正液和试剂3min，停止试剂泵，将校正阀切换到通道阀，用试样冲洗系统一直到光度值稳定，按"复位"键使仪器回到主菜单。

7）启动"试样测定"命令，对试样测定三次，待测定结果稳定后，启动一次手动校正，检察测定结果，仪器即可正式投入运行。若校正值发生较大偏差，就应寻找原因，重新标定仪器。

（3）季度维护。季度维护应与定期维护结合进行。每三个月做一次。主要工作为更换试剂、泵管、试样过滤芯和清洗流通池及光纤头。

1）将仪器复位到主菜单状态。选择"硬件测试"命令。取下试剂桶和校正液瓶，放入清洗液杯启动校正阀、试样泵和试剂泵吸入清洗液，消洗系统。

2）松开所有泵卡，从接头处取下旧泵管，用相同内径的新泵管替换它，并与接头连接好。使用泵管时，若另一段尚未使用过，可以挪动一个卡头，继续使用。（建议更换泵管时，一根一根地进行，以免发生错乱。）然后重新安放回泵管卡架上。锁紧泵管卡，使清洗液能从每个进口管平稳地吸入。

3）更换试样过滤器滤芯。将试样流关闭，旋开试样过滤器上过滤芯盖帽，取下过滤芯，新的试样过滤芯替换它。重新拧紧盖帽，再开通试样流。

4）清洗流通池和光纤头。小心拧下流通池的进、出液接头和上、下光纤头。用洗耳球吸入高纯水和空气分别冲洗流通池数次，用细绒布和酒精棉小心擦洗光纤然后将它们装回原位。

5）完成定期维护规定的各项维护工作。

6）取一组标准溶液重新标定仪器，然后即可投入运行。

（4）年度维护。年度维护建议与季度维护结合起来进行。对仪器进行全面的维护。

1）取下试剂桶和校正液瓶，换上清洗液杯，清洗系统 10min 再用高纯水清洗系统 10min。关闭仪器电源。

2）取下泵管卡，检查泵滚轮和滚柱若发现有松动或磨损，应拆下进行维修或更换，然后按原安装位置复原。

3）擦洗试样检测器。切断试样流，松开试样过滤器上试样检测器盖帽，取下试样检测器，将它浸泡在 10% 的稀盐酸溶液中，清洗去沉积物，再重新安装回原位置上。

4）更换阀管。拔下阀管两端接头，用手推压阀芯，抽出旧阀管，然后将端头剪尖的新阀管插入，重新将阀管接连接好。

5）更换反压圈、试样及试剂进口管。将废液排放管端反压圈取下，用新的替换它并按原样连接好。用新的聚四氟乙烯管更换原有的试样和试剂进口管。

2. 故障与处理

（1）吸光度调不到零。流通池内存留有气泡或有异物：松开流通池进出口接头，用洗耳球吹出存留的气泡或异物，或用洗耳球吸入高纯水，用水冲洗出异物。

（2）吸光度值大幅度跳动或基线不稳定。流通池内存留有气泡或有异物：松开流通池进出口接头，用洗耳球吹出存留的气泡或异物，或用洗耳球吸入高纯水，用水冲洗出异物；系统出现气泡：检查管路连接处是否泄漏及试剂或试样被吸空。对症进行处理。前置放大器接触不良或故障：检查前置放大器。

（3）系统溶液不流通：泵管卡未锁住，阀不通；泄漏：检查泵、阀或流路各连接处。

（4）不出现注射峰或注射峰未在"测峰"时出现①加入试剂次序不正确：检查试剂进口管插入的试剂桶是否正确；②试剂配制不当：重新配制试剂；③试样未吸入或流量不正常：检查试样是否断流，检查试样泵，测量吸入试样的流量。

（5）泵不转或泵不停：电机损坏；电机工作电容坏；驱动控制电路故障。

（6）阀不动作：供电连线松开，阀芯卡住或阀座锁紧螺栓松通：检查阀和电路。

（7）显示屏无显示：+5V 电源坏、显示屏连接不良。

八、纯水中联氨测定的化学流路及试剂配制

1. 联氨的测定原理

在酸性条件下，联氨和对二甲基苯醛反应生成黄色的偶氮化合物。采用光度法，可以测定联氨的浓度。

2. 联氨测定的化学流路

如图 22 – 13 所示，当测定开始后，经试样过滤器过滤的试样由试样泵吸入仪器，冲洗流路系统。一定时间后，光度检测器测定试样吸光度值作为基线值，随即试剂泵启动，注入一定量试剂。它们与联氨在反应螺旋管中反应生成黄色物后，流经流通池，当吸光度达到最大时，计算机读取吸光度峰值。根据它与基线吸光度的差值，计算出试样中联氨的浓度。

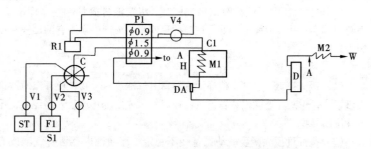

图 22 – 13　纯水中联氨测定的化学流路图

P1—蠕动泵；V1—校正阀；V2—试样阀；V3—空气阀；V4—试剂阀；

ST—校正液；S1—试样；F1—试样过滤器；C—八通；R1—显色剂；

C1—连接器；M1—反应螺旋管；M2—反压圈；D—光度检测器；

DA—去泡器；H—恒温加热器；W—废弃

第三篇　电厂化学仪表及自动装置

3. 试剂配制

（1）R1 显色剂：取 100ml 浓硫酸加入到 600mL 无氧水中，冷却后加入 30g 对二甲氨基苯甲醛，溶解完全后用无氧水稀释至 2L，盛于仪器的试剂桶内。

（2）联氨标定储备液：取 82g 盐酸联氨（N_2H_42HCl），溶于已加有 37mL 浓盐酸的无氧水中，转移至 500mL 容量瓶中，用无氧水冲释至刻度。此溶液为 0.05mg/mL 的联氨标定储备液。

（3）仪表标定用联氨标准液的配制，准确分别 0.1、0.2、0.4、0.6、

0.8mL 联氨标准储备液于 500mL 容量瓶中，用无氧水稀释至刻度，制备得 10、20、40、60、80μg/L 标准液，供仪表标定用。

（4）无氧水的制备：在 2.5L 三角瓶中加入除盐水 2L，加热沸腾 10min，加盖冷却。

提示 本章共有五节，其中第一、二、三节适合于中级工，第四、五节适合于高级工。

第二十一章 光学分析仪表

第二十三章

自动调节系统

生产过程自动控制按被控变量的时间特性可分为两类：一类是断续量的控制系统，这类控制系统在时间上表现为离散量，以程序控制为主；另一类在时间上表现为连续量，以反馈控制为主即自动调节系统。

自动调节系统主要应用在电厂的主机控制中，如主汽温控制系统、全程给水控制系统、高低压旁路控制系统、燃烧控制系统以及机炉协调控制系统等。在电厂辅助设备的控制中也有应用，如炉水自动加药控制系统。本章就结合化学水处理的有关实例介绍自动调节系统。

第一节　自动调节系统的组成和分类

一、自动调节系统的概念

1. 人工调节和自动调节

工艺过程参数的调节和控制一般有两种方式，即人工调节与自动调节。生产过程中靠运行人员眼睛观察被调参数的数值及其变化情况（变化的方向与速率），经过大脑分析判断，再用手操纵有关的调节机构，使被调参数稳定在规定值附近。这种调节过程从参数的监视、分析判断到操作，是完全依靠人工进行的，因而称为人工调节（手动调节）。随着科学技术的发展，采用技术先进、节能省力的自动化装置代替人去进行调节，这种方式称为自动调节方式。在自动调节设备中，检测仪表相当于人的耳目，调节仪表相当于人的大脑，执行机构相当于人的手。

2. 常用术语

（1）自动调节系统。调节设备和被调对象构成的具有调节功能的统一体，称为自动调节系统。

（2）被调对象。被调节的生产过程或工艺设备称为被调对象，简称调节对象或对象。

（3）被调量。被调对象中需要加以控制和调节的物理量，称为被调量或被调参数。不能把对象中流入和流出的物质（如水、汽等工作介质）

当作被调对象的被调量。

（4）给定值。根据生产过程的要求，规定被调量应达到并保持的数值。

（5）扰动。引起被调量偏离给定值的各种因素称为扰动，阶跃变化的扰动称为阶跃扰动。

（6）调节量。由调节作用来改变并抑制被调量变化（使被调量恢复给定值）的物理量。

二、调节系统的分类

生产过程自动调节系统应用广泛、形式多样，其分类方法也很不一致，现将常用的调节系统分类叙述如下。

1. 按给定值的不同分类

（1）定值调节系统。被调量给定值在运行中恒定不变，也就是被调量保持为某一固定数值的系统叫做定值调节系统，除氧器的压力调节系统、汽包的水位调节系统都属于这类系统。

（2）随动调节系统。被调量的给定值既不恒定又不按预定的规律变化，而是决定于某些外来因素。例如，锅炉启动时，根据某些部件的温度或应力变化随时确定升温、升压的速率，这时的汽温、汽压调节系统属于随动调节系统。

（3）程序调节系统。被调量的给定值是时间的已知函数的调节系统，如汽轮机启动过程中的转速给定值随时间的变化规律是预先拟定的，因此汽轮机的实际转速也是按预先拟定的规律变化的。

2. 按调节系统的结构不同分类

（1）开环调节系统。开环调节系统是指调节器与调节对象之间只有正向作用，而没有反向联系的系统。其原理是直接根据扰动进行调节，一般称为前馈调节。如果按扰动量进行的调节量合适，就可能及时抵消扰动的影响而使被调量不变。但是在开环调节系统中，由于没有被调量的反馈，因此调节过程结束后，不能保证被调量等于给定植。这种系统在生产过程自动调节中，通常是不能单独使用的，然而用扰动补偿的方法来控制被调量的变化是十分有效、可取的。

（2）闭环调节系统。闭环调节系统是指调节器与调节对象之间既有正向作用，又有反向联系的系统。由于其是按反馈原理工作的又称为反馈调节系统。闭环调节系统根据被调量与给定值的误差进行调节，通过不断反馈、调节来消除误差。

（3）复合调节系统。复合调节系统是指系统中既有开环调节作用又有闭环调节作用的系统。它是在反馈调节的基础上，加入对主要扰动的前馈调节，构成复合调节系统，也称为前馈—反馈调节系统。实质上它是在闭环系统的基础上，用开环通路提供一个时间上超前的输入作用，以提高系统的调节精度和动态性能。其调节效果比一般的闭环调节系统更好，因此应用较为广泛。

3. 按系统的输入和输出信号的数量分类

（1）单输入单输出系统。系统中只有一个输入信号和一个输出信号，系统结构简单，系统中主反馈（从系统输出端至系统输入端的反馈为主反馈）只有一个。有时为改善系统的性能，还可加局部反馈，故单输入单输出反馈调节系统可以是单回路，也可以是多回路的。

（2）多输入多输出系统。系统中有两个或两个以上的输出信号被反馈到调节器的输入端，从而形成两个或两个以上的闭合回路的系统。

4. 按系统的输出量与输入量之间的关系分类

（1）线性调节系统。可以用线性微分方程来描述的调节系统。系统的输入量与输出量之间的关系是线性的。

（2）非线性调节系统。当系统中只要有非线性元件，系统须由非线性方程来描述，这类系统称为非线性调节系统。常见的非线性系统的特性有饱和非线性、死区非线性、平方律非线性等。

5. 按调节动作和时间的关系分类

（1）连续调节系统。反馈调节系统中，各元件的输入信号是时间 t 的连续函数，其输出信号也是时间 t 的连续函数，如被调量是连续地被测量和连续地进行调节，这种系统称为连续调节系统。

（2）采样调节系统。每隔一段时间测量一次被调量和给定值的误差，并对生产过程进行一次调节的系统称为采样调节系统。

三、自动调节设备的组成和发展

在一个自动调节系统中，都是由调节对象（工业设备）和自动调节设备组成。

1. 自动调节设备的组成

自动调节设备是实现生产过程自动化的工具，主要包括：

（1）数据采集与处理单元。检测仪表和变送器对过程参数进行测量和信号转换，显示仪表用于指示和记录过程参数。

（2）回路控制功能单元。控制器根据被调参数的与给定值的偏差变化，按经典控制理论（如比例—积分—微分规律）或其他更复杂的控制理论（如模糊控制、SMITH 等），实现各种运算和监控功能。

（3）执行单元。执行器及调节机构如阀门、电机等接受系统的执行命令，使生产过程按规定的要求进行。

2. 自动调节设备的分类

自动调节设备从其结构形式上看大致经历了以下几个其发展阶段：

（1）基地式调节装置。它是指控制和执行单元均在现场，以指示、记录仪表为主体、附加调节机构而组成的自动调节装置。

（2）常规控制系统。用模拟控制仪表构成的单元组合式仪表，先后经历了电子管式仪表、晶体管式仪表、集成电路仪表等几个阶段。各功能部件自成一个独立的单元，可根据需要组成各种复杂的自动调节系统。各单元之间采用统一的标准信号，为合理应用提供了方便。

（3）计算机分散控制系统。它是一种以微处理器和微型计算机为核心，对生产过程进行分散控制和集中监视、操作及管理的新型控制系统。它的技术特点是：以微处理器和微型计算机实现过程控制功能；以 PC 机作为上位监控机，实现数据处理、集中显示、监督管理和控制，用不同性能的电缆将各设备有机地联系起来。

第二节　调节系统的原理与质量指标

一、调节系统的原理方框图

调节系统的原理方框图是一种描述系统组成及变换的方法，对于系统特性的分析和综合是非常方便的。在方框图中，用方框表示各种环节，环节之间信号的传递方向则用带箭头的线段来表示。符号 $\otimes$ 表示信号的叠加点，称为比较器。箭头指向 $\otimes$ 的表示比较器的输入端，箭头离开 $\otimes$ 的表示比较器的输出端，输出量等于各输入量的代数和。

方框图清楚地表示出自动调节系统中信号在各环节之间的传递方向和顺序，表示出系统的动态结构，但并不代表某一部件或设备的具体结构，输入量和输出量也并不代表流入和流出某一设备的物质或能量。对每个环节而言，输入量与输出量是确定的，并且输入量的变化会引起输出量的变化，而输出量则不会反过来影响输入量。这种特点称为调节系统的单向性。图 23-1 所示为单回路调节系统原理方框图。其中，W（s）—调节对象，Wr（s）—调节器，Wb（s）—测量元件，Wz（s）—执行机构，Wm（s）—调节机构，Wg（s）—扰动量。

任何一个复杂的环节都可看成是若干个比较简单的环节组成的。

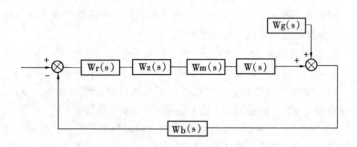

图 23-1　单回路调节系统原理方框图

二、调节过程的品质指标

调节过程的品质指标是衡量调节系统在动态和静态时工作质量的一种标准，可以用调节系统受到单位阶跃扰动后被调参数的过渡过程曲线来分析。

在自动调节系统中凡是可以引起被调量发生变化的各种因素叫做扰动。发生在闭环系统外部的扰动叫内扰，发生在闭环系统外部的扰动叫外扰。过渡过程是指在调节系统受到干扰作用，被调参数偏离给定值时，调节系统的调节作用使被调量恢复到新的稳态的过程。图 23-2 表示在单位阶跃扰动下的几种典型的过渡过程曲线，对于过渡过程，可从稳定性、快速性和准确性三个方面进行分析。

1. 稳定性

图 23-2（a）、（b）所示的三种过渡过程是稳定的，过渡过程结束后，系统能恢复平衡。曲线（2）所反映的过程有单峰值、调节作用可使被调量最终达到或接近于稳态值；图（c）、（d）表示"等幅振荡"和"发散振荡"过程，在生产中不能采用。只有稳定的系统才能完成正常的调节任务，并要求系统具有适当的稳定裕度。

通常用衰减率来表示调节系统的稳定性。衰减率是指每经过一个周期，被调量波动幅值衰减的百分数，用 ψ 表示，即

$$\psi = \frac{y_1 - y_3}{y_1} = 1 - \frac{y_3}{y_1} \tag{23-1}$$

式中　y_1——第一个半波幅值；

　　　y_3——第二个半波幅值。

由式（23-1）可知：

$\psi < 0$，则调节过程是发散振荡的；

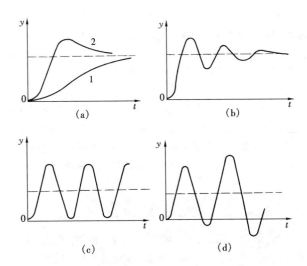

图 23 - 2 单位阶跃扰动下的几种典型的过渡过程曲线

$\psi = 0$，则调节过程是等幅振荡的；

$0 < \psi < 1$，则调节过程是衰减振荡的；

$\psi = 1$，则调节过程是非周期过程；

$\psi > 0$，系统是稳定的，但 $\psi = 1$，则构成非周期过程，过程的持续时间长，动态偏差大，一般取用 $\psi = 0.75 \sim 0.90$ 比较合适。

2. 准确性

这是对被调量实际值与给定值之间的动态偏差和静态偏差的要求。

动态偏差是指调节过程中被调量与给定值之间的最大偏差值，它表示被调量短期偏离给定值的程度。偏差值越大，偏离的时间越长，实际工况离开规定工况越远。通常要求在最大扰动时，被调量的动态偏差不超过生产所允许的范围。

静态偏差（稳态偏差）是指调节过程结束以后，被调量的实际值与给定值之间的偏差。对静态偏差值的要求，应根据工艺要求作具体分析。在定值调节系统中，静态偏差越小越好。

3. 快速性

快速性是对调节过程所经历时间的要求，通常把从扰动发生时刻到被调量重新进入稳定状态所经过的时间称为过渡过程时间。过渡过程时间越短，调节作用进行得越快，说明调节系统克服干扰的能力越强。

快速性可用过渡时间、周期或频率来表示。过渡时间是指从阶跃扰动作用起至被调对象建立新的平衡状态的间隔时间。过渡过程曲线上从第一个波峰到第二个波峰之间的时间叫做周期。在保证一定的衰减率的条件下，一般希望周期越短越好，周期短就意味着过渡过程时间短，调节的快速性好。

稳、准、快这三个指标是互相制约的，要求同时满足是困难的。稳定性过高就会影响快速性，使调节过程时间加长；反之，若片面追求快速性，将使稳定性下降。在实际工作中应根据具体情况综合考虑。一般的原则是，首先满足稳定性要求，再兼顾到准确性和快速性。

第三节　调节对象的特性

在电厂化学自动调节系统中，除了水箱水位控制、泵出入口压力控制外，还有自动加药控制。其中调节对象参数随着运行工况的变化，差别很大，往往关系着系统的安全运行。只有对调节对象的特性有所了解，才能设计制订出切实可行的调节系统方案。

调节对象的特性分为静态特性和动态特性。

一、调节对象的静态特性

调节对象的静态特性是指对象在稳定工况时，其输出量与输入量之间的关系。其中传递系数 K（放大系数）是对象的静态特性参数，其物理意义是：输入量变化一个单位所引起输出量的改变量。对于相同的输入量，传递系数大，则输出量也大。自动调节系统的静态偏差是指调节过程结束后被调量与给定值的长期偏差。

二、调节对象的动态特性

调节对象的动态特性是指在动态过程中，被调对象输出量与输入量之间的运算关系。调节对象的动态特性可以用数学模型来描述，也可用某些动态参数来表征。

1. 容量和容量系数

调节对象积蓄能量或积蓄物料的能力称为容量。容量越大，当流入量和流出量不平衡时，被调量变化越慢，对调节质量的要求较低；容量越小，则当流入量和流出量不平衡时，被调量变化越快，对调节质量的要求较高。

当被调量每改变一个测量单位时，调节对象中需要改变的能量或物料量的数值称为对象的容量系数。对于相同的输入量，容量系数大，被调量的变化小；反之，容量系数小，被调量的变化大。所以，在分析调节对象的动态特性时，用容量系数来表示对象抵抗扰动的容量能力，而不用对象的容积。

2. 飞升速度和飞升时间（时间常数 T）

飞升速度表示在单位阶跃动量作用下，被调量的最大变化速度。在同一扰动量作用下，对象的容量越大，飞升速度越小；反应，容量越小，飞升速度越大。

飞升时间是指在阶跃扰动量作用下，被调量以最大的飞升速度达到稳态值所需的时间。

3. 自平衡能力

调节对象的自平衡能力是指系统的平衡状态因扰动而被破坏后，不需要借助调节设备的作用，而依靠调节对象自身的变化使对象重新恢复平衡，被调量就能达到一个新的稳定值，这种自动恢复平衡的能力称为自平衡能力。调节对象的自平衡能力对调节作用是有利的。

4. 迟延时间 τ

调节对象在受到扰动后，控制执行机构动作，但其被调量并不立即迅速变化，而要经过一段时间 τ 后才发生变化，这种特性称为迟延（又称滞后）。迟延特性造成被控量有较大的偏离，对调节作用是不利的，它使调节系统的稳定性降低，过渡过程时间加长，调节系统特性变坏，调节系统的结构变得复杂。

第四节　调节的基本规律

调节规律是指在调节过程中，被调量的偏差信号（即调节器输入变化量 Δe）与调节器输出信号 Δu 之间的运算关系，这种关系是由调节器决定的。电厂水处理自动调节系统通常采用的有比例、比例积分、比例积分微分三种调节规律。复杂的调节系统是由基本调节规律优化组合而成的。

一、比例调节规律

图 23 – 3 是比例调节器的输出信号和输入信号之间的关系，其数学表达式如下：

$$Y = K_p X \text{ 或 } Y = (1/\delta_p) X \qquad (23 - 2)$$

$$\delta_p = (1/K_p) \times 100\%$$

式中　Y——调节器的输出信号；

　　　δ_p——调节器的比例带，常以百分数表示；

K_p——调节器的比例系数（比例增益），其数值等于比例带的倒数；

X——调节器的输入信号。

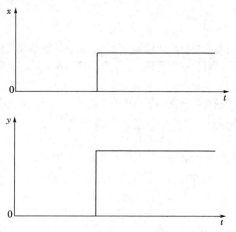

图 23 – 3　比例调节规律

在阶跃扰动下，其输出立即成比例地反映一个阶跃，这种环节称为比例环节。比例调节器工作时，其输出信号随输入信号同时变化，在时间上没有迟延，调节速度较快。比例系数 K_p 只与调节器内部结构有关并可进行调节。

比例调节器是按被调量偏差值的极性和幅值成比例地改变调节器的输出，使调节对象最终达到能量或物料的平衡，被调量也达到新的稳定值。新的稳定值与原来的稳定值之差，就是比例调节规律不可克服的静态偏差，简称静差。静差的大小与比例带 δ 的数值有关。比例带大，静差大；比例带小，静差小。

二、比例积分调节规律

比例调节积分规律是由比例和积分两种调节规律组合而成的，比例调节规律前已述及。所谓积分规律，是指调节器输出信号的变化量与输入信号的偏差值及偏差存在时间乘积的偏差值成正比。只要偏差信号存在，调节器输出信号的变化率就不会是零，即输出信号一直变化下去，直到偏差信号消失，输出信号才停止变化。比例作用是一种很有效的调节作用，其缺点是被调量有稳态误差，积分作用的优点是能消除被调量的稳态误差，但仅仅应用积分调节也无法满足生产过程的要求，因为它容易使过程产生震荡，被调量的波动幅度较大，调节过程时间长。所以，比较好的方法是把这两种调节作用结合起来成为比例积分作用。在这种调节器中，比例是主要的调节作用，积分只是用来消除稳态误差的一种辅助调节作用。

如图 23 – 4 所示，比例积分调节器的输出是比例部分 Y_P 和积分部分 Y_I 之和。当输入为阶跃信号时，调节器的输出开始是一个跃变，幅值为 $K_p X$；接着继续上升，当偏差信号消失后，积分停止作用，调节机构也停留在相应的位置上。

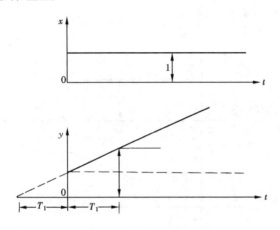

图 23 – 4 比例积分调节规律

积分作用的有关参数是积分时间。它是指当积分作用形成的输出达到和比例作用的输出相等时所用的时间。积分时间短，则积分作用强；积分时间长，积分作用弱；积分时间取无穷大，则积分作用消失，比例积分调节器就成为纯比例调节器。

积分时间对调节过程品质的影响具有两面性：积分时间短，积分作用强，消除静差快，但将使系统的稳定性降低、有产生振荡的倾向。积分时间越短，振荡的倾向越大，甚至会发生发散振荡。对于滞后时间大的对象（又称大迟延对象），其影响尤其明显。所以，应用比例积分调节器时，积分时间要根据对象特性来选择。对于滞后时间不大的对象，积分时间可选得短些；滞后时间较大的对象，积分时间可选得长一些。

三、比例积分微分调节器

比例积分微分调节器的输出是由比例、积分和微分三种调节作用组合而成的。它除具有前面两种调节规律的特点外，还因为微分调节作用的强弱是与被调量偏差的变化成正比,所以只要被调量有变化的趋势,调节器就能及时动作。这种超前的调节作用有助于减小被调量的动态偏差,并能提高调节系统的稳定性。比例积分微分调节器常用于滞后较大的调节对象。

比例积分微分调节器的输入信号和输出信号如图 23 – 5 所示,其整定参数是:

δ_P——调节器的比例带;

T_I——调节器的积分时间;

T_D——调节器的微分时间;

K_D——调节器的微分增益。

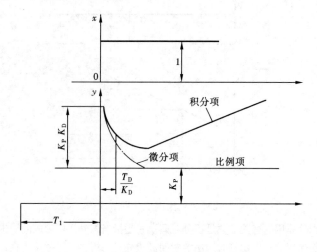

图 23 – 5　比例积分微分调节规律

在比例积分微分调节规律中,微分作用反映了输出信号与输入信号的变化速度成比例,具有超前和加强调节的作用,可以减少被调量的超调量,从而削弱了被调量的波动。

调节器的主要参数对调节过程的影响可归纳如下:

(1)比例带增加时,比例调节作用减弱,调节过程变慢;比例带减小时,比例调节作用增强,调节过程变快,但系统稳定性降低;比例带过小时,调节过程会出现等幅振荡或发散振荡。

(2)积分时间长,积分调节作用弱,积分速度慢,消除静差需要经过较长的时间;积分时间短,积分调节作用强,积分速度快,消除静差快,但可能使调节过程出现振荡;积分时间太短时,调节过程可能变成等幅振荡或发散振荡。

（3）微分时间长，微分调节作用强，超调量减小，但将使系统出现周期较短的等幅振荡。

以上所述因参数选择不当而引起的振荡特性如图 23-6 所示。由图示可以看出，比例带太小，积分时间太短及微分时间过长，都会引起调节过程的振荡，只是振荡周期不同而已。积分时间太短，引起的振荡周期最大；比例带太小，引起的振荡周期较小；微分时间过长，引起的振荡周期最小。

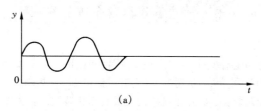

(a)

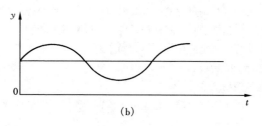

(b)

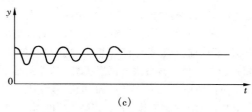

(c)

图 23-6　参数选择不当引起的振荡

提示　本章共有四节，均适合于初、中级工。

第二十四章

程序控制系统

第一节 程序控制系统的组成

一、概念

程序控制是指按照一定的顺序、条件和时间的要求，对局部工艺系统中的若干相关设备执行自动操作。程序控制也称顺序控制。

程序控制装置是施控系统中的主要自动化装置，它由输入、逻辑控制、输出三部分构成。

用以完成程序控制过程的所有装置和部件，总称为程序控制系统，简称程控系统，包括施控系统和被控系统。其最基本的功能：一是按程序进展由活动步执行所规定的操作项目和操作量，二是在上一步完成后，根据转换条件进行步的转换。

二、程序控制原理

程序控制属于断续控制，它应用于按事先安排好的顺序或条件，分段实行逐次控制的场所。例如，发电厂水处理过程中，一台混床投入再生所要满足的条件有十几项，操作较为复杂，完全靠运行人员去逐个核实条件，作出判断后再进行操作，不仅延误启动时间，而且很可能引起误操作。但是，如果将所有的必要条件接入逻辑"与"回路中，当所有条件具备时，逻辑输出为"1"，设备进入再生状态。这是最早出现的程序控制的典型方式。早期的程序控制大都应用于电机的启停控制。随着生产的发展，程序控制应用的领域越来越宽广，控制系统也越来越复杂。

正如一组微分方程对应着一个动力系统一样，一个无论怎样复杂的程序控制系统都可以通过逻辑代数表达式来表述。因此，根据生产过程中工艺条件的要求和必须遵循的顺序限制，运用逻辑代数的运算规则，将这些要求和顺序写成逻辑表达式，并将其最优化，然后根据该逻辑表达式绘制逻辑框图，再选取合适的元件在技术上具体地实现，这便是实行程序控制系统设计的全过程。

逻辑系统能够正常工作,是指在任何可能的输入作用下系统的状态必须是惟一的。而系统的组合设计，只是从系统必须满足某些特定的要求和适应一定的条件出发的。至于逻辑表达式的最优处理，不仅可以在一定程度上使逻辑系统变得简洁，节省元件，也可以避免由于网络重叠而形成的错误。

当给定一个逻辑系统时，必须首先分析它是否存在矛盾，再确定其能否正常工作，然后进一步弄清其逻辑关系，了解系统可以实现的功能，等等，这些工作称为系统分析。

总之，为满足生产过程的控制要求，而运用组合逻辑技术进行控制系统的综合设计工作，或者对一个既定的程序控制系统，判断其技术上的可用性和弄清其功能的系统分析工作，这两者是相辅相成的。

三、程序控制系统的基本结构

一般程序控制系统从物理结构上看，都分为三部分，如图 24 - 1 所示。

1. 程序系统控制台

程序系统控制台是程序系统与运行人员之间联系的界面，通常指 CRT 操作台和操作控制盘。运行人员通过它控制程序系统的运行，从而实现对整个控制系统的管理。程序运行情况和设备状态等信息由操作台上的光字牌或控制计算机来显示。

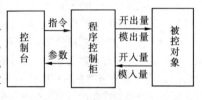

图 24 - 1　程序控制系统的构成

2. 程序控制柜

程序控制柜主要功能是进行现场信号的采集、处理和程序执行、声光报警等工作。程序系统控制台由双路冗余供电的电源柜（包括信号、检测、控制用的电源）、总程序柜和子程序柜三部分组成。现在一般选用可编程序控制器。

3. 现场被控对象

被控对象包括阀门、回转设备等。运行人员在控制台上发出的程序指令被送往程序柜。程序系统根据现场的条件信息经过组合逻辑的运算，其结果由出口继电器转化为现场控制信息，进而控制现场设备的运行状况。同时，程序检测系统将现场信息随时收集到程序柜内，供其他程序使用并送往控制台，向运行人员提供信息。

现场设备主要包括变送单元和执行单元，下面章节将分别介绍。

四、程序控制系统的分类

1. 按系统的构成方式分类

（1）开环工作方式。在程序控制系统工作的过程中，施控系统发出操作命令以后，不需要把被控对象执行后的回报信号反馈给施控系统，施控系统仍能自动使程序进行下去，这是开环工作方式。例如，化学水处理程序控制系统中，阀门的开闭、水泵的启停通常是按照时间顺序操作的，不需要阀位或过程参数等回报信号。

（2）闭环工作方式。施控系统发出操作命令以后，要求把被控对象执行完成后的回报信号反馈给施控系统，施控系统必须依据这些输入信号控制程序的进行，这是闭环工作方式。

2. 按程序步转换条件分类

（1）按时间转换。根据时间进行程序步转换的控制系统采用开环工作方式。施控系统由时间发信部件（延时继电器、电气机械式的或电子式的）为主构成，并按时间顺序发出操作命令，程序步的转换完全依据时间而定。

（2）按条件转换。根据条件进行程序步转换的控制系统采用闭环工作方式。前已述及，对某一程序步，操作前应准备充分的条件（称为操作条件），在条件满足的情况下，才能够进行程序步的操作，操作已完成的条件称为回报信号，回报信号反馈到施控系统，作为进行下一步操作的判据。因此，在程序进展过程中，程序步的转换是依据条件而定的。

（3）混合式转换。有的程序控制系统，其某些程序的转换是根据时间而定的，有些程序步的转换则根据条件而定，为一种混合式转换。混合式转换通常采用闭环工作方式，时间信号来自计时器，相当于一个"时间"条件，计时时间达到的回报信号要求反馈给施控系统。

3. 按逻辑控制原理分类

（1）时间程序式。按照预先设定的时间顺序控制，每一程序有严格的固定时间，采用专门的时间发信部件，顺序发出时间信号。

（2）基本逻辑式。采用基本的"与"门、"或"门、"非"门、触发电路、延时电路等逻辑电路构成具有一定的逻辑控制功能的电路，当输入信号符合预定的逻辑运算关系时，相应的输出信号成立，即基本逻辑式电路在任何时刻所产生的输出信号仅仅是该时刻电路输入信号的逻辑函数。

（3）步进式。整个控制电路分为若干个程序步电路，在任何时刻只有一个程序步电路在工作。程序步的进展是由程序装置内的步进环节实现的，步进环节根据操作条件、回报信号或设定的时间依次发出程序步的转换信号，因此程序步的进展具有明显的顺序关系，即步进式电路的每个程序步所产生的输出信号不仅取决于当时的输入信号，且于上一级的输出信号有关。

4. 按程序可变性分类

（1）固定程序方式。根据预定的控制程序将继电器或固态逻辑元件等用硬接线方式连接。程序的可变性差。

（2）矩阵式可变程序方式。利用二极管矩阵接线方式可以比较容易地改变电路的连接，以满足不同控制程序的要求。具有一定的灵活性和通用性，改变较为灵活。

（3）可编程序方式。可编程序方式使用软件编程，将程序输入微机或可编程序器，以满足不同控制程序的要求。

5. 按使用逻辑器件分类

（1）继电器逻辑。是一种较古老的逻辑控制器件，可用于构成继电器式的程序控制装置。

（2）晶体管逻辑。以晶体管分立元件数字逻辑电路为主构成的程序控制装置。

（3）集成电路逻辑。以集成化数字逻辑电路为主而构成的程序控制装置。

（4）可编程控制逻辑。控制逻辑以软件实现，主要的硬件由集成电路、微机或可编程控制器构成。

总的来说，对于程序控制装置中所使用的逻辑控制器件，可分为两大类，一类为老式的逻辑控制器件继电器，称为有触点的控制逻辑；另一类为随着电子技术的发展而形成的固态逻辑控制器件，称为无触点控制逻辑。

第二节　逻辑控制的基本知识

一、基本逻辑运算的实现

顺序控制系统中，大量的信号是数字量或开关量。对数字量或开关量，其基本的运算是逻辑运算。逻辑运算关系可以用布尔代数、真值表或卡诺图表示。基本逻辑运算有"与""或"和"非"运算。利用不同门电路的不同组合，可以完成一系列逻辑运算。

1. "与"逻辑运算的实现

"与"逻辑运算又称为逻辑乘。两个变量 A 和 B 的"与"逻辑运算用下式（24 – 1）表示。

$$Y = A. B \text{ 或 } Y = A \cap B \qquad (24 - 1)$$

Y 是"与"运算结果,"与"运算的真值表见表 24 –1。

"与"运算可采用 A 和 B 两个常开接点的串联电路实现。图 24 –2 是"与"运算的实现电路,Y 是串联电路中继电器线圈。

2. "或"逻辑运算的实现

"或"逻辑运算又称为逻辑加,两个变量 A 和 B 的"或"逻辑运算用式(24 –2)表示。

$$Y = A + B \text{ 或 } Y = A \cup B \qquad (24 - 2)$$

Y 是"或"运算结果,"或"运算的真值表见表 24 –2。

"或"运算可采用 A 和 B 两个常开接点的并联电路实现,图 24 –3 是"或"运算的实现电路,Y 是串联电路中继电器线圈。

表 24 –1 "与"运算真值表		
A	B	Y
0	0	0
0	1	0
1	0	0
1	1	1

表 24 –2 "或"运算真值表		
A	B	Y
0	0	0
0	1	1
1	0	1
1	1	1

3. "非"逻辑运算的实现

"非"逻辑运算又称为反相运算,一个变量 A 的"非"逻辑运算用下式(24 –3)表示。

$$Y = \bar{A} \qquad (24 - 3)$$

Y 是"非"运算结果,"非"运算可采用常闭接点 A 和继电器线圈串联电路实现。图 24 –4 是"非"运算的实现电路,Y 是 A 的"非"运算结果。

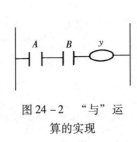

图 24 –2 "与"运算的实现

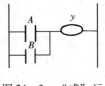

图 24 –3 "或"运算的实现

4. 逻辑运算的基本运算律

逻辑运算的基本运算律包括交换律、结合律和
分配律。

交换律

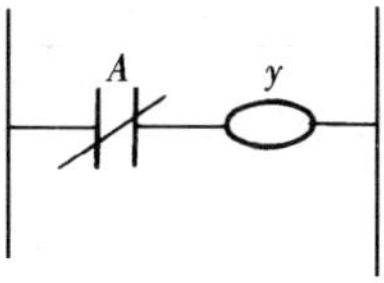

图 24 - 4 "非"运算的实现

$$\left.\begin{array}{l} A \cdot B = B \cdot A \\ A + B = B + A \end{array}\right\} \qquad (24-4)$$

结合律

$$\left.\begin{array}{l} (A \cdot B) \cdot C = A \cdot (B \cdot C) \\ (A + B) + C = A + (B + C) \end{array}\right\} \qquad (24-5)$$

分配律

$$A \cdot (B + C) = A \cdot B + A \cdot C \qquad (24-6)$$

逻辑运算的转换可采用摩根定理

$$\overline{A + B} = \overline{A} \cdot \overline{B} \qquad \overline{A \cdot B} = \overline{A} + \overline{B} \qquad (24-7)$$

二、其他逻辑运算的实现

通过基本逻辑运算,可以实现一些复杂的运算,例如闸锁运算。在顺序控制系统中,除了基本逻辑运算外,有些数字信号或开关信号和接通、断开的时间或次数有关,所以需要有时间或数量的逻辑运算,例如计时器逻辑运算、计数器逻辑运算等。

1. 计时器逻辑运算

计时器用于实现计时功能。计时器应包含的基本信息如下:

(1) 计时器开始计时的条件。触发并控制计时器操作的开始。

(2) 计时器开始计时的长度。它是计时器结束计时的条件,控制计时器操作的终止,因此也称为计时器的设定值。

(3) 计时器的当前计时值。它是计时器运行时已经计时的时间。在正向计时方式,当该数值与计时器设定值相同时,表示计时结束。顺序控制系统中,通常采用反向计时(倒计时)方式,这时,计时开始时,当前计时值等于计时器设定值,计时时间减小,在当前计时值减到零时,表示计时结束。

(4) 计时继电器是计时器的输出。在正向计时方式,当计时器当前计时时间值等于或大于计时器设定值时,计时继电器才被激励。

表 24 - 3 描述了计时器逻辑运算关系。逻辑运算关系采用正向计时方式。

表 24 - 3 计时器逻辑的运算关系

计时器条件	计 时 器		计时器线圈
	当前值	操 作	
OFF	0	不操作	失励
ON	<设定值	计 时	失励
	≥设定值	不操作	激励

2. 计数器逻辑运算

计数器用于实现计数功能。计数器应包含的基本信息与计时器相似，但增加计数器复位信号，此外，计数的信号是脉冲信号，有上升沿和下降沿触发之分。

（1）计数器开始计数的条件，是计数器开始运行的条件。

（2）计数器计数的长度，是计数器结束计数的条件，因此也称为计数器的设定值。

（3）计数器的当前计数值，是计数器运行时当前的计数值。

（4）计数继电器计数器的输出信号。

计数的方式分递增和递减计数两种。

表 24 - 4 描述了计数器逻辑的运算关系。表中逻辑运算关系采用递增计数方式。

表 24 - 4 计数器逻辑的运算关系

复位信号	计数器条件	计 数 器		计数器线圈
		当前值	操 作	
ON		0	不计数	失励
OFF	上升沿触发	<设定值	加 1	失励
	保持	=设定值	不计数	激励
	下降沿触发	不变	不计数	不变

三、程序控制系统的实现

程序控制系统在工业控制领域的应用很广，实现的方案有采用继电器组成的逻辑控制系统、采用晶体管的无触点逻辑控制系统、采用可编程序控制器的逻辑控制系统和采用计算机的逻辑控制系统。

1. 继电器组成的顺序逻辑控制系统

它的控制功能全部由硬件完成，即采用继电器的动合或动断触点、延

第三篇 电厂化学仪表及自动装置

时断开或延时闭合触点等可动触点和普通继电器、时间继电器、接触器等执行装置完成所需顺序逻辑功能，例如电机的启停、正反转等。

2. 晶体管组成的无触点顺序逻辑控制系统

减少了触点的可动部件，可靠性大大提高，晶体管、晶闸管等半导体元器件使用寿命比继电器触点的使用寿命长，因此在 20 世纪 70 年代得到较大的发展。它采用硬件组成逻辑关系，因此更改也不方便。

3. 可编程序控制器组成的程序控制系统

可编程序控制器是在计算机技术的促进下得以发展起来的新一代顺序逻辑控制装置，它用软件完成顺序逻辑功能，用计算机执行操作指令，实施操作和控制，因此顺序逻辑功能的更改十分方便，加上得益于计算机的高可靠性和高运算速度，使可编程序控制器一出现就得到广泛应用。

4. 计算机组成的程序控制系统

计算机组成的顺序控制系统指在集散控制系统或工控机、微机中实行顺序逻辑控制功能的控制系统。大型顺序逻辑控制和连续控制相结合的工程应用中，这类装置应用较多。它既有开关量的控制也有连续量的控制，采用计算机进行操作、控制和管理，必要时把信息传送到上位机或下送现场控制器和执行机构。

第三节　可编程序控制器

一、可编程序控制器的概念

1969 年，美国数字设备公司（DEC）成功制造了世界上第一台可编程序逻辑控制器（Programmable logic controller，简称 PLC）。

1987 年国际电工委员会颁布的标准草案对可编程控制器做了如下的定义：可编程控制器是一种专门为在工业环境下应用而设计的数字运算操作的电子装置，它采用可以编制程序的存储器，用来在其内部存储执行逻辑运算、顺序运算、计时、计数和算术运算等操作的指令，并能通过数字式或模拟式的输入和输出，控制各种类型的机械或生产过程，可编程序控制器及其有关的外围设备都应按照易于与工业控制系统形成一个整体，易于扩展其功能的原则而设计。

上述的定义表明，可编程序控制器是一种能直接应用于工业环境的数字电子装置，它可通过编程完成所需的各种运算，能友好地与外部设备连接并进行信息交换。

可编程序控制器具有如下特点：

（1）通用性强。

（2）控制功能强。PLC 具有逻辑判断、计数、定时、步进、跳转、记忆、四则运算和数据传送等功能，可以实现顺序控制、逻辑控制以及过程控制等。

（3）编程简单，易于掌握。PLC 采用与继电器电路相似的梯形图进行编程，比较直观，易懂易编。可根据生产工艺的要求或运行情况，随时对程序进行在线修改，不用更改硬接线。

（4）可靠性高。PLC 不需要大量的活动部件和电子元件，接线大大减少；采用了一系列的可靠性设计，如冗余设计、掉电保护、故障诊断和信息保护及恢复等，提高了平均无故障时间（MTBF），降低了平均修复时间（MTTR）。

（5）维修方便，工作量小。具有较强的易操作性，操作方便，维修容易。

（6）体积小、质量轻、功耗小。

二、可编程序控制器的结构

可编程控制器是微机技术和继电器常规控制相结合的产物，从广义上讲，可编程控制器是一种计算机系统，只是比一般计算机具有更强的与工业过程相连接的输入输出接口，具有更适用于控制要求的编程语言，具有更适应于工业环境的抗干扰性能。因此可编程序控制器是工业控制用的专用计算机，实际组成与一般微型计算机系统的组成基本相同，也是由硬件系统和软件系统两大部分组成。

（一）可编程序控制器的硬件系统

可编程序控制器的硬件系统由主机、输入输出扩展机及外部设备组成。

1. 主机

可编程序控制器的主机由中央控制单元、存储器、输入输出单元、输入输出扩展接口、外部设备接口及电源等组成，各部分之间通过电源总线、控制总线、地址总线和数据总线等构成的内部系统总线连接，如图 24 - 5 所示。

（1）控制器，即中央控制单元。它是可编程序控制器的核心部分，包括微处理器和控制接口电路。它的功能是用扫描方式来指挥、协调整个 PLC 工作。它能读入各输入端的状态信息，按照用户程序进行处理并依据处理结果向输出端发出指令。

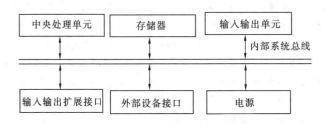

图 24 – 5   可编程控制器的硬件组成

（2）存储器。它是可编程序控制器存放系统程序、用户程序和运行数据的单元。它包括只读存储器 ROM 和随机存储器 RAM。只读存储器在使用过程中只能取出不能存储，而随机读写存储器在使用过程中能随时取出和存储。

按其编程方式，只读存储器可分为 ROM（掩膜只读存储器）、PROM（可编程只读存储器）、EPROM（可擦除可编程只读存储器）和 EEPROM（电擦除可编程只读存储器）等。

（3）输入输出单元，即 I/O 模块。它是可编程序控制器与工业过程控制现场设备之间的连接接口。通过输入单元，可编程序控制器能够得到生产过程的各种参数。通过输出单元，可编程序控制器能够把运算处理的结果，送到工业过程现场的执行机构进行控制。由于输入输出单元与工业过程现场的各种信号直接连接，这就要求它有很好的信号适应能力和抗干扰性能。通常，在输入输出单元中配有电平变换、光电隔离和阻容滤波等电路，以实现外部现场各种信号与系统内部统一信号的匹配和信号的正确传递。

为适应工业过程现场不同输入输出信号的匹配要求，可编程控制器配置了各种类型的输入输出单元。常用的主要有：①开关量输入单元；②开关量输出单元；③模拟量输入单元；④模拟量输出单元；⑤智能输入输出单元。

（4）输入输出扩展接口。它是可编程序控制器主机用于扩展输入输出点数和类型的部件。输入输出扩展单元、远程输入输出扩展单元、智能输入输出扩展单元等，都通过该部件与主机进行数据的交换。其中有并行接口、串行接口和双口存储器接口等多种形式。

（5）外部设备接口。它是可编程序控制器主机实现人机对话、机机对话的通道。通过它，可编程序控制器可以与编程器、彩显、智能输入出单元、打印机等外部设备连接，也可以与其他可编程序控制器或上位计算机等装置相连。

（6）电源单元。它是供给可编程序控制器电源的器件，其作用是把外部的供电电源转换为系统内部所需的各类型电源。有些电源单元还可以向外部提供 24V 隔离的直流电源，给开关量输入单元连接的现场电源开关使用。当然，电源单元还包括掉电保护电路和后备电池电源。

2. 输入输出扩展机

输入输出扩展机是可编程序控制器输入输出单元的扩展部件，当用户所需输入输出点数或类型超出主机上输入输出单元所允许的点数或类型时，可通过加接输入输出扩展机来解决。输入输出扩展机与主机的输入输出扩展接口相连，有简单型和智能型两种类型。

3. 外部设备

可编程序控制器的外部设备主要有编程器、彩色图形显示器、打印机等。

（二）可编程序控制器的软件系统

可编程序控制器除了硬件系统外，还需要软件系统的支持，它们相辅相成，共同构成可编程序控制器。可编程序控制器的软件系统由系统程序和用户程序两大部分组成。

1. 系统程序

系统程序由可编程序控制器制造厂商提供，可由制造厂商编制，也可由软件制造厂商编制。它被固化在 PROM 和 EPROM 中，安装在可编程序控制器内，随产品提供给用户。

系统程序包括系统管理程序、用户指令解释程序和供用户调用的标准模块程序等。

2. 用户程序

用户程序是根据生产过程控制的要求由用户使用制造厂提供的编程语言自行编制的应用程序。用户程序包括开关量逻辑控制程序、模拟量运算控制程序、闭环控制程序和操作站系统应用程序。

三、可编程序控制器的分类

可编程序控制器的种类很多，一般可以从它的结构形式、输入输出点数及功能范围进行分类。按照下列方式进行分类。

1. 按结构形式分类

由于可编程序控制器是专门为工业环境而设计的，为了便于现场安装和接线，其结构形式与一般计算机有很大区别，它主要有整体式和模块式两种结构形式。

（1）整体式结构。它是把可编程序控制器的中央处理单元、存储器、输入输出单元、外部设备接口单元和电源单元等基本部件集中在一个机箱内，壳内部件采用插接连接。扩展单元通过扩展端子与之相连接，以构成 PLC 的不同配置。小型 PLC 多采用整体式结构。

（2）模块化结构。大中型 PLC 一般在结构上都采用模块化、组合化、标准化。各种不同类型的功能模块都相互独立，组装在一个带有电源单元的标准机架上，机架的大小可以按需要选择。如一个机架可以放置 1 块电源模块，1 块 CPU 模块，1 块 I/O 模块，而且可以扩展。更大的系统可以通过连接模块和扩展模块把几个机架连起来，达到更大的容量及满足所需配置。

2. 按容量及功能分类

容量主要是指输入/输出的 I/O 点数，可分为超小型、小型、中型、大型和超大型等五种可编程控制器。具体规格和性能见表 24 - 5。

表 24 - 5　　根据控制功能或输入/输出点数选择可编程序控制器

PLC 类型	总 点 数	信 号 类 型	程序容量	结构类型
微型	≤32	开关量	≤1KB	整体型
小型	≤128	开关量	≤4KB	整体型
中型	≤1024	开关量、模拟量	≤8KB	模块型
大型	≤2048	有特殊 I/O 单元	≤16KB	模块型
超大型	≥2048	功能强	≥16KB	模块型

PLC 在基本控制方面已标准化，一般采用梯形图编程。这种方法使用方便、易于掌握，但在处理较复杂的运算、通信和打印制表等功能时，显得效率低、灵活性差。

四、可编程控制器的发展趋势

长期以来，PLC 始终在工业自动化控制领域发挥着重要作用，为各种各样的自动化控制设备提供了非常可靠的控制应用。其主要原因在于它能够为自动化控制应用提供安全可靠和比较完善的解决方案，适合于当前工业企业对自动化的需要。

1. 编程组态软件图形化

对于简单的控制系统，用梯形图比较直观方便，但对于复杂的控制系统，就显得麻烦和费时，易出错。因此，逐渐开发出许多新的编程语言，例如：有面向功能块的流程图语言、与计算机兼容的高级语言、布尔逻辑语言等。

大多数 PLC 公司已开发了图形化编程组态语言软件，采用基于组件的面向对象的软件。该软件提供了直观、简便的图形符号以及注释信息，具有良好的人机界面，使用户易于编程和组态，操作和使用更加方便。

2. 输入输出模块智能化和专用化

逐步推出智能化通信模块、语音处理模块、专用智能 PID 控制模块、专用数控模块、智能位置控制模块、智能模拟量 I/O 模块等等。

3. 网络通信功能标准化

由于 PLC 构成网络，因此，各种个人 PC 机、图形工作站、小型机等都可以作为 PLC 的监控主机和工作站。逐步指定国际标准化的 PLC 网络通信协议。

目前部分 PLC 产品已经引入了 DCS 中的 ETHERNET 通信协议，开放性和通信功能的增强使可编程控制器不仅能与同类型的可编程控制器通信，还可与其他开放的可编程控制器、分布式控制系统和上位机通信，组成管控一体化的综合一体化系统。

4. 控制技术冗余化

系统采用双处理器或多处理器，重要的输入输出点也采用模块冗余配置。通电后，主从模块执行同一套控制程序，当主模块故障时，由系统切换到备用模块继续运行，增加了控制系统的可靠性。

5. 机电一体化

这是机械、控制技术和信息技术的结合。系统由机械本体、PLC、现场变送装置和执行机构组成。

6. 可编程控制器将主要朝大型化和微型化方向发展

可编程控制器与 DCS 相互渗透，产品的适用范围更广，功能也从单一的逻辑运算扩展到包括回路控制、顺序控制、批量控制、混合控制在内的所有功能。应用规模也从几十点扩展到成百上千点。

在现场设备则向小型的专用可编程序控制器和高性能模块化发展。随着计算机技术、半导体技术、通信和网络技术、控制技术、软件技术等高新科学技术的发展，工业生产过程的控制也得到了飞速发展，可编程控制器与其他计算机控制装置，例如现场总线控制系统（FCS）、集散控制系统（DCS）、计算机集成过程控制（CIPS）、计算机集成制造系统（CIMS）及信息管理系统（MIS）等一起，成为工业控制领域的主流控制装置。

第四节　程序控制在电厂水处理系统中的应用

一、电厂化学水处理系统的特点

（1）控制区域分散。

（2）工作环境较为恶劣。

（3）程序控制较多，回路控制较少。

（4）控制规模不大，一般输入输出点不超过 2000 点。

PLC 通过特定的网络接口连接到 DCS 上，PLC 作为 DCS 的子工作站只负责开关量的控制。而模拟量的处理、网络通信等功能都依靠 DCS 来完成。

二、电厂化学水处理系统中程序控制装置的发展趋势

（1）可编程控制器（PLC）功能不断完善。

（2）选用现场总线系统（FCS）替代可编程控制器。

基于现场总线的自动化系统可从现场设备获取大量丰富信息，能够更好地满足工厂自动化信息集成要求。现场总线是数字化通信网络，它不单纯取代 4～20mA 信号，还可实现设备状态、故障、参数信息传送。系统除完成远程控制，还可完成远程参数化工作。可以解决 PLC 系统开放性、互操作性差的问题，控制算法、工艺流程、配方等集成到通用系统中去。

系统可靠性高、可维护性好，基于现场总线的自动化监控系统采用总线连接方式替代一对一的 I/O 连线，对于大规模 I/O 系统来说，减少了由接线点造成的不可靠因素。同时，系统具有现场级设备的在线故障诊断、报警、记录功能，可完成现场设备的远程参数设定、修改等参数化工作，也增强了系统的可维护性。

节省成本。对大范围、大规模 I/O 的分布式系统来说，省去了大量的电缆、I/O 模块及电缆敷设工程费用，降低了系统及工程成本。而且对于现场工作环境较为恶劣的化学水处理系统来讲可以解决因电缆腐蚀造成信号失真、反馈失灵而使自动系统无法正常投入的问题。

（3）智能化现场设备的应用。智能化现场变送装置与执行机构的应用，可以实现系统设备任意地点的控制，它是工厂网络结构与现场总线技术相结合的产物。对于一些基本的控制回路来说，把控制功能下装到现场变送器或阀门中执行，既能加快回路信号响应，改善调节品质，又能减轻控制系统负担，使其完成较复杂的优化控制等任务，同时，增加了系统的分散度，提高了系统可靠性。

提示 本章共有四节，第一、二节适合于初级工，第三、四节适合于中级工。

第二十五章

电厂化学常用变送装置及执行机构

在电厂化学程序控制系统中，现场设备主要包括现场测量装置（模拟量及开关量测量装置）和现场执行机构。

第一节 电厂化学常用测量装置

一、测量装置的分类

1. 概念

现场测量装置主要分为模拟量测量装置和开关量测量装置。无论简单或复杂，测量装置都可看成是由传感器、变送器和显示器组成的。

模拟量变送器就是用来测量生产过程中的各种物理量和化学量参数并转换为 4~20mA 或 1~5V 信号反馈到控制室的装置。

开关量变送器就是将被测参数转化为标准开关量信息输出的测量设备，它为顺序控制系统提供操作条件和回报信号。通常，它将被测参数的限定值转换为触点信号，并按照开关量控制系统的要求给出规定的电平信号（也可以通过开关量控制装置的输入电路转换成规定信号）。一般情况下，开关量信号的电源由控制装置提供，开关量变送器结构简单，体积小、中间转换环节少，可靠性高，造价低廉，因此被广泛地应用于开关量控制系统中。

2. 常用名词术语

（1）测量。就是采用实验的方法，把被测量与其所采用的单位标准量进行比较，并求出数值的过程。

（2）设定值。在开关量控制中，用来设定被控量的预期值的参比信号，如上下限值、不同的报警值等。它可以是上切换值，也可以是下切换值，由使用者根据实际需要确定。

（3）位式作用。开关量变量值的数目，一般只限几个限定数目。叫做"位"作用方式，即位式作用。如开关的通断作用；信号的高位、低位作用；信号的正负作用；电动机处于正转、停止、反转方式；阀门处于开阀、锁定、关阀方式；某变量处于正、零、负的作用。

二、开关量测量装置

化学水处理系统中，开关量信号一类是作为设备参数高低限信号报警，一类是对执行机构状态的反馈，用来参与程序控制的。

1. 压力开关、温度开关、液位开关（见表 25 - 1）

表 25 - 1　　　　　　　　主要开关装置

开关名称	动作点	应用举例	开关类型
压力（差压）	0.3 MPa	高混旁路门差压	干接点输入
温度开关	50℃	高速混床出口温度	干接点输入
液位开关	1.8 m	酸碱计量箱液位报警	干接点输入

2. 执行机构位置反馈装置

化学水处理系统中的气动阀门位置反馈主要是指开关终端位置的回报信号，反馈装置有磁性开关也有触点式开关。反馈装置的通、断使现场电磁阀柜上相应的状态灯点亮或熄灭，同时作为开关量输入信号进入 PLC 处理后参与控制或在上位监控机中显示。

三、模拟量变送装置（见表 25 - 2）

表 25 - 2　　　　　　　　主要模拟量测点类型

名　称	代　号	单　位	输出信号类型	备　注
温度	T	摄氏度（℃）	4 ~ 20mA/1 ~ 5V	物理量
压力	P	帕斯卡（Pa）	4 ~ 20mA/1 ~ 5V	
流量	F	吨/小时	4 ~ 20mA/1 ~ 5V	
物位	L	米（m）	4 ~ 20mA/1 ~ 5V	
转速	L	转/分钟	4 ~ 20mA/1 ~ 5V	
导电度	D	西门子	4 ~ 20mA/1 ~ 5V	化学量
酸碱度	pH		4 ~ 20mA/1 ~ 5V	
钠含量	Na +	$\mu g/l$	4 ~ 20mA/1 ~ 5V	化学量
硅含量	Si +	$\mu g/l$	4 ~ 20mA/1 ~ 5V	
含氧量	$O_2\%$	%	4 ~ 20mA/1 ~ 5V	
浓度	%	%	4 ~ 20mA/1 ~ 5V	

第二节　电厂化学常用执行机构

一、火电厂主要执行机构

执行机构的驱动方式的主要类型按其动力源分有电动装置、液动装置和气动装置。

用电能驱动的执行机构一般用于分散、远距离控制的场合,是火电厂中应用较广泛的一种,但对于要求较高和高推力的某些场合和工作环境恶劣的场合就难以适应了。

液压驱动的执行机构在火电厂中主要是指油压控制装置,主要应用于对控制稳定性相当高的场合,如汽轮机调速控制系统、锅炉再热安全门控制系统等。

用压缩空气驱动的执行机构,不仅能实现恶劣的工作环境,满足高速和高推力的要求,而且维护量小、动作可靠,但需要高质量的压缩空气,也受到距离的限制。

二、化学水处理系统执行机构

化学水处理自动化在一定程度上可以说是阀门的自动操作,程控系统的投入要求阀门可远方操作,且配备可靠的位置反馈装置。

(1) 通常是采用气动隔膜阀、气动蝶阀执行机构并与电磁阀配合,实现阀门的全开和全闭。

(2) 部分可靠性要求较高的位置采用电动阀门。

(3) 部分条件恶劣、独立性强的小型系统采用基地式气动装置。

(一) 电动执行机构

水处理系统中的电动执行机构一般应用于安全性要求较高的场合,如高速混床的出、入口门和旁路门等。因要求的扭矩较小,电动门一般均为单相伺服电机驱动,控制回路也较简单,如图 25 – 1 所示。

(二) 气动基地式执行机构

气动基地式控制仪表属于基地式控制仪表的一种,也称做现场型控制仪表或就地控制仪表,这类仪表是直接安装于生产现场,集检测、变送、显示、控制于一体,以压缩空气为能源的控制仪表。具有结构简单、成本低、直观、安全防爆、维修方便等特点。

1. 气动调节仪表的构成

气动基地式控制仪表从总体上看由十几个标准功能件构成,组合其中的几部分即可形成各种品种规格的产品。这些标准功能组件有测量单元、

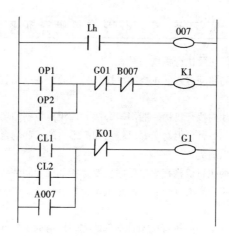

图 25 - 1　电动执行机构控制原理

OP1、CL1—就地控制柜开关反馈；OP2、CL2—控制室开关反馈

给定单元、接受单元、转换单元、发信单元、指示比较机构、管路板、调节机构（包括比例单元、积分单元、手动积分单元、积分限幅单元、微分单元）等组成。

气动基地式控制仪表从功能上分有温度调节（KFT）、差压调节（KFD）、液位调节（KFL）、压力调节（KFP）四大类。

2. 结构原理

一般的气动调节仪表主要包括测量单元、指示比较机构、调节机构。

（1）测量单元。测量单元一般都是采用位移式工作原理，即先把被测参数的作用变成力的形式，然后再把力变成位移。

（2）指示比较机构。包括指示机构、给定机构和偏差机构三部分。

指示机构通过传递连杆的位移带动测量指针的转动，从而在刻度盘上指示出被测参数值，如果指示值与实际值偏差较大，则可通过相应的四连杆机构对零点、量程和线性进行调整。

给定机构通过旋转给定旋钮带动给定指针转动产生给定位移，实现给定作用。

偏差机构的工作原理是当测量指针与给定指针重合时，差动片的中心与指针轴重合，无偏差位移输出。当测量指针与给定指针不重合时，差动片的中心便会左右偏离指针轴线而有位移输出，产生偏差位移。

（3）调节机构。主要包括输入机构、放大机构和反馈机构三大部分，按其控制规律可分为9种类型的调节机构。电厂化学水处理应用中主要涉及比例、积分（PI）调节机构。

第三节　气动执行机构的控制

一、控制方式

参与程控的气动执行机构控制原理如图 25 - 2 所示。以气开门为例，由单电控电磁阀实现电—气转换，当程控柜（如 PLC）发出开指令时，开继电器线圈带电动作，常开接点闭合；220V（AC）输出使就地电磁阀线圈带电动作，进气，控制气源回路通，驱动气动门打开；阀门开到极限位置，反馈装置的开接点闭合，PLC 接受一个干接点信号，立即切断开输出回路，同时在 CRT 和模拟屏上显示阀门实际状态。同理，当操作关时，关继电器线圈带电动作，常开接点闭合；电磁阀线圈失电，排气，控制气源回路断，气动门关闭；阀门关到极限位置，反馈装置的关触点闭合，PLC 接受一个干接点信号，立即切断关输出回路，同时在 CRT 和模拟屏上显示阀门实际状态。

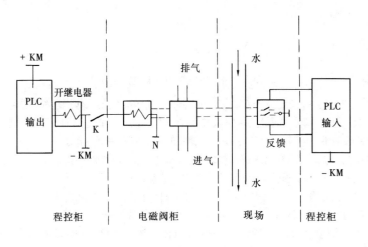

图 25 - 2　气动执行机构控制原理图

二、电磁阀

1. 电磁阀的原理和特点

电磁阀是利用电磁吸力开关阀门，对空气、油或水等流体进行控制的器件。在水处理设备自动化中，电磁阀根据程序控制器发出的指令，对控制用气源进行开关，进而实现电—气转换，对气动阀门进行控制。

电磁阀是以电磁铁为动力元件进行阀门开关动作的电动执行器件，包括执行机构和阀体两部分。它的特点是结构紧凑、尺寸小、重量轻，维护简单，可靠性高，而且价格低廉。一般的电磁阀还具有如下特点：

（1）阀座和阀塞间密封良好，完全可以实现无泄露，工作介质不会渗漏到阀外。

（2）电磁阀的制造工艺很高，能满足频繁动作的需要。

（3）电磁阀对工作介质要求高，如电磁阀用气、要求气体中无油、无尘、无水分，通常采用对压缩空气进行过滤、干燥处理等处理。

（4）一般电磁阀只有开关二位控制，不能满足较高的调节要求。

2. 电磁阀的种类

控制阀门开闭的电磁阀根据所控阀门的作用不同，可分为双电控和单电控两种。

（1）单电控电磁阀。单电控电磁阀，即线圈带电时，控制阀门打开，失电时，阀门关闭。其电压波形如图 25 – 3 所示。

图 25 – 3　单电控电磁阀电压波形

图 25 – 4 所示为 KQ23DF 型电磁阀结构示意。它的工作原理和继电器相似，但其活动铁心所带动的不是电触点动作，而是控制气门的开闭。当电磁阀线圈不通电时，中间活动铁芯靠弹簧的拉力使下端垫气孔压住进气口的入口孔，使进气道和出气道不能相通，但此时排气道和出气道是相通的。当电磁阀的线圈通电时，中间的活动铁心就被磁场吸引，它克服了弹簧的拉力把铁芯吸上，其上端的垫气孔压住了排气的出口，这时进气口和出气口相通，压力气流就通过电磁阀体到执行机构，这种电磁阀内只有一个线圈，线圈有通电和断电两种状态，有三个气体通路，即进口、出口和排气口。

（2）双电控电磁阀。即由两组线圈控制阀门的开和关，其电压波形如图 25 – 5 所示。

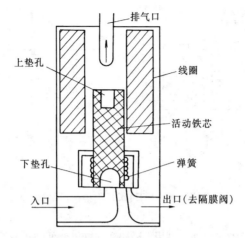

图 25 - 4　KQ23DF 型电磁阀结构示意图

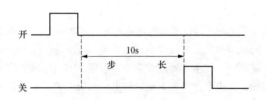

图 25 - 5　双电控电磁阀电压波形

　　图 25 - 6 所示为 KQ24D2H 型电磁阀结构示意。它有两个通电线圈，当一个通电线圈由于某种原因断电时，阀体仍然保持通电时的状态（自锁作用），只有当另一侧的电磁阀线圈掉电时阀体才能恢复到原来的状态，因此这类电磁阀用于设有断电保护的设备，比如水处理系统的进出口阀门，在运行过程中，经常处于常开状态，为了提高设备的可靠性，一般多采用双电控电磁阀。

　　气缸的上下运动（或左右运动）是用压缩空气来实现的。当电磁阀的线圈开路时，外部压缩空气通过电磁阀进入 A 管口，把活塞向下压，活塞下移至底部，见图 25 - 6 (a)。

　　当电磁阀的线圈接通时，线圈被激励，电磁阀铁芯被吸合，于是压缩空气流经 B 口进入活塞，在压缩空气的作用下，活塞由底部向上推起，见图 25 - 6 (b)；若压缩空气进入气缸是左右方向的，则活塞的运

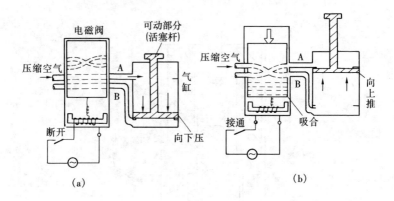

图 25 – 6　KQ24D2H 型电磁阀结构

(a) 活塞下移；(b) 活塞上移

动就变成水平移动。所以利用电磁阀和气缸组合可以开关所需控制的设备（气动阀）。

三、气动阀

（1）气动阀门与一般阀门比较，阀体部分完全相同，区别在于前者带有压缩空气的驱动装置。按阀体结构分，有气动隔膜阀、气动调节阀、气动蝶阀、气动球阀。化学水处理设备上的气动阀由于接触腐蚀性介质，还要求它耐腐蚀，故内部通常带有橡胶衬里。阀门上带有手操装置，有的还带有行程调节装置，可以人工调节行程，以达到改变管路流量的目的。

气动阀门按其阀芯的动作来分，可分为常开式、常闭式和往复式三种。

常闭式是指有压力信号时阀门打开，无压力信号时阀门关闭。

常开式是指有压力信号时阀门关闭，无压力信号时阀门打开。

往复式气动阀的开或关，都需要有压缩空气，将压缩空气从阀门进出气口送入，推动活塞移动，达到开或关的目的。

（2）气动阀的结构和原理见相关的教材。

四、信号反馈装置

信号反馈装置是气动阀的一个关键部件。由于某些原因，比如气动阀本身不可靠、电磁阀不可靠等，程控开关指令与气动阀门的动作之间产生时间差，严重的气动阀不动作，造成指令系统和执行机构之间的脱节，这样不但无法实现自动化，还会引起设备异常甚至损坏。因此，需要在气动阀门上安装反馈装置，作为 PLC 控制柜的开关量输入信号，使阀门位置在计算机或模拟屏上显示出来，供运行人员监视，同时也参与程序控制。

远动控制的气动阀阀位信号反馈装置的主要类型及性能如表 25 – 3 所示。

表 25 – 3   气动阀阀位信号反馈装置

执行机构	适用范围	特　性	电压等级	备　注
磁性开关	直行程执行机构	最大行程 120 mm，最小分辨行程 3mm；	24V 或 6.3V（DC）	防腐型；一般耐酸碱
	角行程执行机构	角行程 90°，最小分辨率 3°	24V 或 6.3V（DC）	
微动开关	角行程执行机构	角行程 90°	24V（DC）	非防腐型

提示　本章共有三节，第一、二节适合于初级工，第三节适合于中级工。

第二十六章

电厂化学自动调节装置

第一节 锅炉给水自动加氨系统

化学水处理及其水质监督过程中，给水（炉水）加氨、加联氨、加磷酸盐等工艺应用自动调节装置最多。此类装置从第一代的可控硅直流PID调速到目前的无级变频调速，经过多次的改进已较为成熟。这里仅对目前使用较多的自动变频调节装置做简单介绍。

某电厂两台 300MW 机组锅炉给水和凝结水自动加氨系统共用一套变频自动调节装置，加氨处理的目的在于提高给水或凝结水 pH 值，防止热力系统腐蚀。在一定温度下氨的含量与 pH 值或水的电导率有对应的关系。系统分一级加氨设备和二级加氨设备，一级加氨点在高混出口母管，二级加氨在除氧器出口。一级加氨设备有三台加氨泵和两台溶液箱，运行方式为一台泵控制一台机组的加氨，第三台泵列备用，如图 26 - 1 所示。二级加氨设备与一级相同。

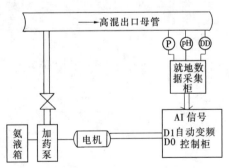

图 26 - 1　自动加氨系统原理框图
pH—凝结水酸度；DD—凝结水导电度；
P—凝结水出口母管流量

每台机组在汽轮机房高混现场安装了一台就地取样柜，设置了凝水导

电度和 pH 监测仪、流量变送器用来测量凝混出口母管内的电导率、pH
和流量。

系统正常时一级加氨即可满足运行要求，二级加氨点作为紧急备用，
如机组凝汽器泄露严重，在一级已达最大负荷时加药量仍不能保证给水
pH 值时，进行人工干预，补给少量药量。

一、控制原理与系统选型

1. 系统设计原理

为了满足连续加药的要求，本装置采用了多变量定值调节系统，如图
26 - 2 所示。系统建立三参量串级随动控制结合智能判断的数学模型，也
就是以凝水电导、pH、流量这三个量最终来控制加氨量，实现 pH 的调
节。凝结水电导率是凝水 pH 的相关量，它反应快，是直接量；凝结水 pH
是控制量，但反应慢，滞后时间长；流量则对加药量有直接影响，所以三
者均起作用。

调节器接收就地采样点来的上述模拟量信号和外部开关量输入信号，
与输入的给定值信号进行处理、比较和 PID 运算，然后输出控制信号到变
频器，控制变频电机的转速。

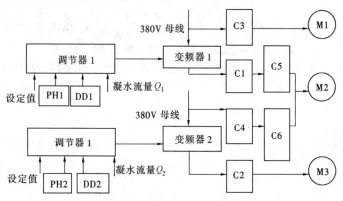

图 26 - 2　多变量定值调节系统

为了达到自动控制要求的测量准确、采样有代表性、反应迅速，故在
现场设就地取样架，同时由于水样温度对测量影响较大，尤其是夏季，凝
结水温可达到 40℃，将严重影响控制效果，所以在取样架内设计了恒温
装置，用来将样水温度保持在 25℃ 左右。

2. 系统选型

系统以一套 SIMENS S7 - 300 系列可编程控制器为核心，以两台

0.75kW 的 SIMENS 三相变频器控制三台泵实现变频加药，以 HETICH 人机界面与 PLC 进行数据通信，实现人机交流，原理如图 26 - 2 所示。

就地控制柜中装有调节器、变频器、PLC、交流接触器等设备。PLC 根据就地控制柜操作开关的控制信号控制三台泵的启、停及各种工作方式的切换。两台变频器分别控制两台加氨泵电机转速，其转速受调节器的控制信号控制，另一台加氨泵备用。

控制柜还装有工作状态指示灯。

系统自动调节方法采用三冲量 PID 调节，即凝结水流量 Q、采样点的 pH 值，电导率 η 参与调节，如图 26 - 3 所示。

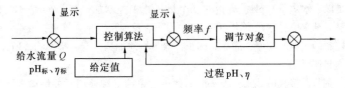

图 26 - 3   自动原理控制方框图

根据 Q、pH、η 值按照下面数学模型进行控制：

$$输出频率 f = F\left\{ f\frac{Q_n + 1}{Q_n} + \lambda \left(\frac{2\ (\eta - \eta_n)}{3\eta} + \frac{10 - 10}{3 \times 10} \right) f_n \right\} \quad (26 - 1)$$

上式中第一项给水流量 Q 作为前馈信号为跟踪调整量，对电机转速进行即时粗调，pH、η 信号作为校正调整量，其调整间隔应略大于系统调节对象的滞后时间，并根据实际对象特性进行 PID 调节，λ 值可暂定为 1，再根据实际情况调试。pH 值与转速的关系为指数关系，需进行线性化处理。需调整的是流量信号 Q 必须加入，才能保证特性良好。η 可根据现场所得出的 pH 值相对应的值设定从而实现给水加氨自动控制。

3. 技术指标

pH 值的调整范围：在外围设备运行正常的情况下，pH 值控制在 9.0 ~ 9.5 范围内且曲线波动小，明显优于手动加氨，且工况稳定。

二、调试

1. 就地取样柜的调试

就地取样柜的调试主要是水样调试和仪表调试两部分。

水样调试分样水流量调节和样水温度调节，流量经调试以 300ml/min 为宜。

导电度及 pH 表在投运前应用标准液校验，流量变送器也应进行校验。

第三篇 电厂化学仪表及自动装置

2. 主控柜的调试

（1）变频器与加药泵的低频特性：经测试在 15Hz 以下，加药泵的低频运行特性将变差，长时间运行会造成过流发热，最终变频过流保护停泵，所以为了可靠，设置变频器下限频率为 20Hz。

（2）变频器与加药泵的高频特性：原设计变频器上限频率为 60Hz，后在变频自动加药时，因有时氨液浓度较低，运行到上限频率指标仍达不到，所以将上限频率提到 70Hz，经测试在 70Hz，加药泵的高频运行特性良好。

3. 控制系统的调试

（1）二级加氨停止试验。在一级加氨投入的情况下，做停止二级加氨试验，一开始将一级控制 pH 指标设为 9.2，无论是手动还是自动，在一级控制稳定后（pH = 9.2），省煤器（给水）pH 约比一级低 0.08 左右，但在一级 pH 偏低时，会造成二级给水超标；后将一级 pH 指标提高到 9.3 ~9.4，一级控制稳定后，二级 pH 也能稳定在 9.2 ±0.2 左右，以一级带二级的加氨设想可以实现。

（2）系统变频自动控制调试。系统变频自动控制经反复修正，三参量的数学模型得以调试合适，加药量与流量的关系基本确立，1#机组给水流量在 500 ~900t/h 左右，2#机组给水流量在 500 ~ 800 t/h 左右。系统以低负荷（小流量）运行时，变频自动控制加药以 30Hz 的频率运行；系统以高负荷（大流量）运行时，变频自动控制加药以 60Hz 左右为宜，两端频率（20 ~30Hz 或 60 ~70Hz）作为自动控制调节余地。

（3）目标值的确定。每台机组设有一个 pH 目标值（pH$_{标}$），一个电导率目标值（DD 标），先设置 pH$_{标}$，然后根据观察经验得出与 pH$_{标}$ 相对应的 DD 标设定值（比如1#机组设 DD =4.6μs/cm）。pH 的设置应能与水汽取样分析间的在线 pH$_{标}$、手工测 pH 值相对应。

（4）氨液浓度的调整及加药泵行程的调节。变频自动加药要求氨液浓度基本稳定，且加药泵行程调到 50% 不变，而母管流量从 500 ~900t/h 变化时，自动加药频率能在 30 ~60Hz 内把 pH 调节合适，这时的氨液浓度较为合适。当由于氨液浓度的偏移较大，造成自动加药不能合适地调整时，应适当地调整泵行程以满足工况要求。当泵行程调到极限仍不能满足要求时，则表明氨液的浓度不合适，应进行调整。

4. 系统运行注意事项

（1）当系统处在启停炉或系统不稳定时，如精处理系统不稳定，母管流量瞬间变动频繁等，不宜投自动加氨，应以变频手动加药为宜。硬手动为变频系统故障的备用方式。

（2）当运行较长时间不能调整好自动加氨时，应切换到变频手动，并分析原因，调整到合适后再切换到自动。

（3）经过一段时间运行观察，应找出一组最合适的 pH 目标值和电导率目标值，以后就以该目标值运行。

三、启停和维护

1. 启动就地仪表架

（1）打开总电源开关、控制电源开关、电机电源开关、压缩机电源开关和温控仪电源开关。

（2）打开样水进口的"截止阀"，引入样水，调节"节流阀"，使水样流量恒定在 300 mL/min。

（3）待水样温度稳定后，打开电导表、pH 表的电源，观察表计测量正常。

2. 启动 PLC 柜

（1）合上总电源开关，总电源开关灯亮；依次合上 1、2 号变频器入口电源开关，以及备用泵硬手动电源；合控制电源开关和 PLC 电源开关。

（2）切换 1、2、3 号泵的"变频/硬手动"开关到所需的状态。

（3）切换 1、2 号变频器启停方式"手动/自动"开关到所需的状态。若为自动状态，按相应泵的"启动"按钮，则该加药泵进入加药状态。

3. 主控制柜的切换

（1）硬手动、变频的切换。在不变更加药泵的情况下可直接进行硬手动、变频的切换，切换前应先按泵的"停止"按钮使泵停止工作，然后再切换"变频/硬手动"开关，最后按"启动"按钮使其工作。

（2）加药泵的切换。先按泵的"停止"按钮使其停止，倒换 1~3 号泵的加药手工倒换阀，以确认目前在用哪个泵，输出至哪台机组，切换好各泵的"变频/硬手动"开关状态，再按泵的"启动"按钮使其工作。

（3）机组的变频加药"手/自动"切换。机组的变频加药"手动/自动"由变频器启停方式"手动/自动"开关决定，打到"手动"则由人工变频加药，运行人员在人机界面上输入加药量；到"自动"则由 PLC 自动给出变频加药量。

四、参数设定

在控制面板上设定电导率时，应根据现场的具体情况来选定，一般有两种方法。

1. 曲线设定法

绘出电导率与氨含量的关系曲线，然后找出氨含量及其对应的电导率，把此电导率作为给定值。

2. 用试验法测定

先选一电导率作为给定值，将系统投入运行。待系统稳定后，取样分析氨含量和 pH 值，根据与目标值的偏差逐渐增加（或减小）给定值，直到合适为止。

一般情况下 F_1 设定一级加氨 pH 目标值为 9.0 ~ 9.5，F_2 设定电导率（DD）值为 2.0 ~ 6.0μs/cm。

五、手动应急方式

变频控制中设置有备用手动方式。

F1 设定手动加药量 0 ~ 60Hz；

F2 增加频率 0.1Hz；

F3 减少频率 0.1Hz。

第二节　其他调节装置

电厂化学水处理系统中还有水箱液位自动控制系统、碱液温度自动调节系统、冲洗水泵出口压力调节系统等。下面仅以凝结水阴再生罐入口碱液温度自动调节系统为例做简单介绍。

一、凝结水阴再生罐入口碱液温度控制系统

凝结水处理过程中，保持碱液温度对于阴树脂再生至关重要，所以在冬季气候严寒地区阴树脂的再生用碱液都设置了专门的温度自动控制系统，如图 26 - 4 所示。

碱液稀释水在与碱液混合前采用电加热方式进行升温，电加热罐出口水与原水混合调整到合适的温度后再与碱液混合进入阴再生罐。热水与原水的流量调节是通过电加热罐出口气动薄膜三通调节阀 C1 和 KF 型基地式调节仪表实现的。其中，阴再生罐入口安装了温度传感器和温度开关各一台，电加热罐上部安装了温度高低限报警装置各一台。

二、凝结水阴再生罐入口碱液温度控制原理

该控制系统是包含程序控制和自动调节在内的复合控制系统。程序控制负责完成报警和保护功能。基地式调节装置则实现稀释碱液的温度自动控制。

（一）电加热罐温度和水位报警功能

（1）当电加热罐内壁温度超过 80℃ 时，温度高限开关动作，加热电源回路断开，电加热罐停止工作，同时控制室发声光报警。

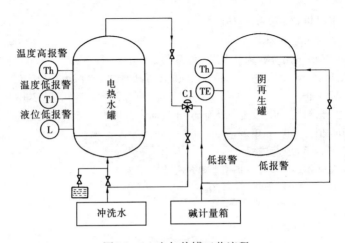

图 26 - 4　电加热罐工艺流程

Th—碱液温度高报警开关；TE—铠装式温度测量装置

（2）当电加热罐内水位低于 1.5m 时，水位开关动作，加热电源回路断开，电加热罐停止工作，同时控制室发声光报警。

（3）当电加热罐内壁温度低于 20℃时，温度低限开关动作，控制室发声光报警，提示运行人员注意。

（二）稀释碱液的温度自动调节功能

如图 26 - 5 所示，基地式温度调节仪对凝结水阴再生罐入口稀释碱液的温度测量值和温度定值（35℃）的偏差进行运算，根据偏差的大小，通过偏差连杆带动挡板改变喷嘴与挡板之间的距离，控制气动调节阀 C1 的开度。当偏差（温度测量值—温度定值）为正时，调节仪气压输出减小，三通阀热水通流量减小，原水通流量增大，阀后水温降低；当偏差（温度测量值—温度定值）为负时，调节仪气压输出增大，三通阀热水通流量增大，原水通流量减小，阀后水温升高，直至上述温度偏差为零。

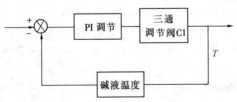

图 26 - 5　碱液温度自动调节原理

其中，调节器的动作方式为反作用。调节仪上有比例和积分单元，可以人工调整比例带 X_p 和积分时间 T_1 的大小。比例积分（PI）作用控制的最终结果是偏差为零，直至温度到设定值。

第三节　自动调节装置现场投运的一般步骤

自动调节装置包括基地式仪表、组装式仪表和分布式控制系统，在安装或检修完成之后，可按以下步骤投入运行。

1. 准备工作

首先要熟悉生产工艺流程，了解被控对象的特性，为此，应了解有关工艺设备的功能，控制的性能指标和要求、运行方式和操作方法；其次，要熟悉控制方案，全面掌握系统的设计意图，熟悉系统原理接线图，各自动控制设备的性能、规格以及安装地点。

2. 电气线路和连接管路的检查

电气线路的连接要全部经过检查，验明是否符合图纸要求，是否有接错之处，导线对地和导线之间的绝缘是否符合规定，导线接头是否接触良好。

对各连接管路主要检查空气管路和水管路是否有接错、堵塞和泄漏现象。

3. 变送器、控制器、执行机构的检查

对变送器主要检查它的工作是否正常，其量程和精度是否符合要求。

对控制器的检查主要有以下三方面的内容：

（1）工作是否正常，各开关位置是否置于正确位置，各调整旋钮的功能是否正常；

（2）根据设计图纸上"＋""－"标志，检查各输入信号的正确性；

（3）系统的自动跟踪信号正确，手自动切换为无扰动切换。

对执行器主要检查其动作方向与阀位指示是否一致，阀位反馈接线是否正确。

4. 控制系统试投

上述工作结束后，可将调节器参数按整定值设置好。在调节器入口信号平衡的状态下将系统投入自动，如有异常则迅速切除自动，进行检查。在系统运行正常后，可进行扰动试验，检查控制质量是否符合要求。如有必要就可对参数进行调整，直到满意为止。

提示　本章共有三节，其中第一、三节适合于中级工，第二节适合于高级工。

第二十七章

可编程控制器的原理与应用

第一节　可编程控制器的原理

一、可编程序控制器的工作过程

可编程序控制器通电以后，就在系统程序的监控下，周而复始地按固定顺序对系统内部的各种任务进行查询、判断和执行，这个过程实质上是一个不断循环的顺序扫描过程。一个循环扫描过程称为扫描周期。

可编程序控制器采用周期扫描机制，简化了程序设计，提高了可靠性。具体表现在一个扫描周期内，前面执行的任务结果，马上就可以被后面将要执行的任务所用；可以通过设定一个监视计数器来、监视每个扫描周期的时间是否超过规定值，避免某项任务进入死循环等而引起的故障。可编程序控制器的工作过程如图 27 - 1 所示。

可编程序控制器在一个扫描周期内基本上执行以下 6 项任务。

1. 运行监控任务

为了保证设备的可靠性，可编程序控制器内部设置了系统监视计时器WDT，由它来监视系统扫描时间是否超过规定时间。WDT 是一个硬件时钟，自监视过程主要是复位 WDT。如果在复位前，扫描时间已超过 WDT 的设定时间，CPU 将停止运行，复位输入输出，并给出报警信号，停止可编程序控制器的运行，这种故障称为 WDT 故障。WDT 故障可能由 CPU 硬件引起，也可能由于用户程序执行时间太长，使扫描周期超过 WDT 的设定时间而引起。可以人为清掉 WDT 故障。

WDT 的设定时间一般为 150 ~ 200ms. 在某些 PLC 里，用户可以对此时间进行修改。

2. 与编程器交换信息任务

在 PLC 中，用户程序是通过编程器或上位机写入的。调试过程中，用户可以提高编程器或上位机进行在线的监视和修改。在这一扫描过程中，CPU 把总线权交给上位机，自己变为被动状态。当编程器完成处理工作或达到信息交换所规定的时间，CPU 重新恢复总线权，并恢复到主动状态。

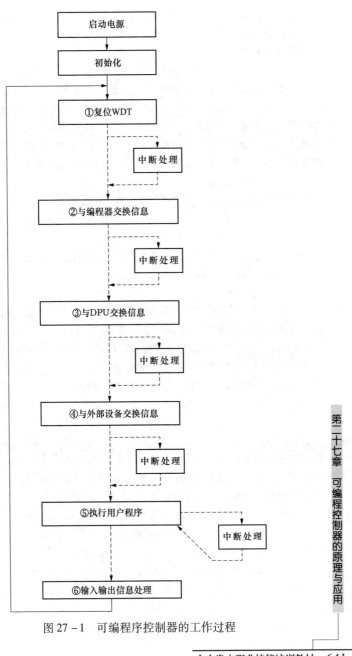

图 27 - 1 可编程序控制器的工作过程

在与编程器进行信息交换的扫描过程中，用户可以通过编程器进行内存程序的修改，启动或停止 CPU，读 CPU 状态，封锁或开放输入输出，对逻辑变量和数字变量进行改写。

3. 与数字处理器交换信息任务

多数大中型可编程序控制器采用双处理器系统。一个是字节处理器 CPU，一个是数字处理器 DPU。CPU 是系统的主处理器，用于处理字节操作指令，控制系统总线，统一管理各种接口和输入输出单元。DPU 是系统的从处理器，用于处理位操作指令，协助主处理器加快整个系统的处理速度。该任务就是数字处理器 DPU 与主 CPU 信息的交换。

4. 与外部接口交换信息任务

配有网络的 PLC，才有通信扫描过程。主要是 PLC 与上位计算机、其他 PLC 或一些终端设备（如显示器、打印机等）进行信息交换。

5. 执行用户任务程序

用户程序存放在 RAM 或 EPROM 中，当 PLC 处于运行状态时，每个扫描周期都要执行用户程序一次。

6. 输入输出任务

CPU 在处理用户程序时，作用的输入值不是直接从实际输入点读出的，运算的结果也不是直接送到实际输出点，而是在输入扫描过程中，CPU 把实际输入点的状态读入到输入暂存区；在输出扫描过程中，CPU 把输出状态暂存区的值传送到实际输出点。

输入输出暂存区使用用户程序有三个明显特点：

（1）在同一扫描周期内，某个输入点的状态对整个用户程序是一致的。

（2）在用户程序中，只应对输出赋值一次。如果多次赋值，则以最后一次的赋值有效。

（3）在同一扫描周期内，输出值保留在输出状态暂存区，因此，输出点的值在用户程序中也可当作逻辑运算的条件使用。

用程序的长短来衡量扫描周期时间是不准确的。因为在程序执行过程中，由于逻辑运算条件不同，执行的语句也不同，尤其是子程序的执行次数不同，更使得每一个扫描周期的时间各异。

二、可编程序控制器的工作原理

可编程序控制器的工作原理与计算机的工作原理基本一致，通过执行用户程序实现控制任务，但是在时间上，可编程序控制器执行任务是串行的，与继电器逻辑控制系统中控制任务的执行有所不同。

（1）可编程序控制器的工作过程如上所述，它是以循环扫描的方式进行的。在一个扫描周期内，程序对各个过程输入信号进行采样、运算和处理，并把运算结果输出到相应的执行机构，在这个执行周期内，一些输入变量可能有所变化，而有些输入变量可能没有变化，相应的一些输出变量可能有所变化，而有些输出变量可能没有变化。在可编程序控制器中，采用循环扫描的方式，不断地对输入、输出变量进行采样、运算和输出，使得满足程序条件的变量能及时得到处理并有相应的输出，使执行机构动作。在程序执行时，如果在一个扫描周期内某个变量的条件未满足，程序将跳过这个变量的处理而继续执行下去，直到在某一个扫描周期内这个变量的条件满足，程序将处理这个变量。采用循环扫描的方式，由于扫描周期的时间很短，只要这个变量满足条件的时间大于扫描周期，该变量满足条件时就有能被可编程序控制器的程序处理。

（2）可编程序控制器中断处理原理与计算机中断处理的原理也基本一致。即当有中断请求信号输入时，系统要中断正在执行的相关程序而转向执行中断处理子程序；当有多个中断请求时，它们将按中断的优先级进行排队后顺序处理；系统处理完子程序后回复到原程序中断点，继续执行原程序。但在可编程序控制器中，中断的处理过程是在扫描周期的某一个任务结束后或根据用户的要求进行的，即在每个任务执行的过程中，对中断申请是不响应的，这是与计算机的中断处理是有所区别的。

（3）可编程序控制器的输入输出过程也因可编程序控制器采用循环扫描的工作方式而与计算机的处理方式有所区别。输入输出过程是定时进行的，即在每个扫描周期内只进行一次输入和输出的操作。在输入操作时，首先启动输入单元，把现场信号转换为数字信号后全部读入，然后进行数字滤波处理，最后把有效值存放到输入信号状态寄存器。在输出操作时，先把输出信号状态寄存器的信息送到相应的输出单元，然后进行传送正确性检查，最后把数字信号转换为现场模拟信号并输出到执行机构。对某一个变量而言，只有在程序扫描到该变量时，才进行采样。

第二节　可编程控制器的指令系统

一、指令系统的基本形式

可编程序控制器的指令系统用于指挥 CPU 执行一定的操作，操作应按一定的格式进行，指令系统应包含两部分内容：指令操作的内容和指令操作的目标。不同的可编程序控制器产品，它的指令和操作对象或目标的表示方法不同，但都具有相同或相似的功能；有时部分功能可能有一定的扩展和约束，但从基本功能出发，可以进行对比和参考，并据此进行编程。

1. 指令系统的基本形式

可编程序控制器通过用户程序的执行实现对生产过程的控制可操作。用户程序是由一系列用编程语言编写的指令组成的，与计算机的编程语言相似，可编程序控制器的编程语言用于编写用户程序，但是，为了便于操作，编程语言要简单得多。

指令的基本形式有：① 操作码 + 操作数；②操作码 + 标示符 + 参数。

操作码用于说明要求 CPU 执行什么操作命令，即 CPU 的操作和完成的功能；操作数用于说明被操作的对象或目标是什么，即操作所需的信息从哪里获得，要对哪里的执行机构或继电器等对象或目标进行操作。由于操作地址有源地址和目的地址之分，操作数可以有多个。标示符用于说明参数的特性，例如 BCD 码表示的时间参数等。

2. 指令系统中操作码和操作数

（1）操作码的描述有多种方法：在小型 PLC 中通常采用助记符的方法描述。例如在 C2000H 可编程序控制器中，用 LD 键表示取操作；AND 键表示进行逻辑与的操作。

一般控制系统或程序中较少使用的操作码常采用功能键加数字键的方法描述。例如，在 C2000H 可编程序控制器中，用 FUN 键和 0、1 键组合表示用户程序的结束操作，编写时用 END（01）表示；用 FUN 键和 0、0 键组合表示空操作，编写程序时用 NOP（00）表示。

（2）可编程序控制器的操作数有多种含义：通常操作数指实际存在的信号，例如输入和输出信号，这些信号是实际生产过程中的信号在可编程序控制器中的位置。例如，指令 LD 00001，表示对连接到 00001 地址（000 通道 01 位）的输入信号进行采样。

某些操作数可以是可编程序控制器的内部信号，即中间量点。例如，内部继电器、时间继电器、内部继电器触点等。

可编程序控制器中还存在一些系统信号，如进位信号、大于、等于信号等。

操作数也可以是用户的应用数据，如计时器的时间设定值、计数器的计数设定值。

二、基本的逻辑类指令

可编程序控制器的指令按功能可分为两大类：基本指令和特殊指令。最常用的指令是基本逻辑类指令，掌握了基本逻辑类指令，也就掌握了可编程序控制器的基本使用方法。各种可编程序控制器的指令符号不完全相同，但是他们的逻辑功能是基本相同的，因此，本章以日本 OMRON 公司的 C2000H 型可编程序控制器指令为基本线索介绍基本逻辑类指令的结构形式和功能。

在可编程序控制器中有三类寄存器：

（1）输入输出（I/O）寄存器：是 PLC 内部 RAM 中的一类模块，用来存放从外部采集来的信号和输出到外部设备的信号。输入部分的状态是在 I/O 刷新时从现场传感元件获得的。程序中的输入指令是从 I/O 表上取数据的，输出指令将数据输出到 I/O 表上，当 I/O 刷新时去实现现场控制。

（2）结果寄存器（R）：用于存储逻辑运算的中间结果，位于堆栈的最上层，用于存放运算结果。

（3）堆栈（S）：在程序设计中，经常会遇到几组触点相串联或并联的情况。在这种情况下，应先将一组触点的结果求出，暂时存储起来，再求出另一组触点的结果，然后将两个结果作"AND"或"OR"运算。因此，需要有一个按先进后出存取方式存取数据的寄存器。

1. 逻辑存取、逻辑取反和输出指令

根据连接到母线的第一存取元素是常开或常闭，可采用逻辑存取（LD）和逻辑取反（LD NOT）指令。与继电器逻辑电路相似，对常开接点，采用逻辑存取 LD 指令，例如 LD 00000 指令执行存取操作数地址为 00000 接点状态的操作；从寄存器来看，该操作过程是把地址为 00000 的输入状态寄存器状态传送到累加器 R。对动断触点，采用逻辑取反 LD NOT 指令，例如 LD NOT 0001 指令执行存取操作数地址为 00001 接点状态的操作；从寄存器来看，该操作过程是把地址为 00001 的输入状态寄存器状态取反，并把取反的结果传送到累加器 R。由于累加器位于堆栈的第一层，因此，在存放数据时，原存放在累加器的数据被压到堆栈的下一层。

LD 是存取的（Load）的助记符，NOT 是非（Not）或反相的助记符。图 27 - 2 所示为逻辑存取和逻辑取反指令的示例和操作过程。

连接到母线的终止元素继电器线圈的操作指令是输出（OUT）指令，OUT 是输出（Output）的助记符。对励磁线圈，用 OUT 01000 指令执行输出到 01000 激励线圈的操作；从寄存器来看，该操作过程是把累加器的状态传送到地址为 01000 的输出状态寄存器。对失励线圈，用 OUT NOT 指令，例如 OUT NOT 01002 指令执行输出到 01002 失励线圈的操作；从寄存器来看，该操作过程是把累加器的状态取反，并把取反的结果传送到地址为 01002 的输出状态寄存器。图 27 - 3 所示为输出指令的示例和操作过程。

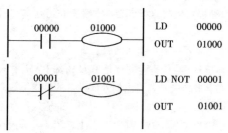

图 27 - 2 逻辑存取和逻辑
取反指令的示例和操作过程

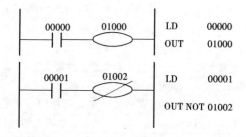

图 27 - 3 输出指令的示例和操作过程

在 C2000H 中，计时器、计数器及其他功能指令的输出指令不采用 OUT 指令，直接用计时器、计数器及其他功能指令作为输出指令。例如用 TIM 000 指令表示输出到通道号为 000 的计时器。与上述输出指令操作的区别是这些指令的输出不是输出状态寄存器，而是相应的计时和计数器继电器等。应注意对这类继电器没有失励线圈，因此没有相应的输出取反指令。一个梯级的输出指令可以有多个，它相当于累加器的内容多次传送到有关的输出线圈。输出指令必须在一个梯级中，该梯级的条件必须存在，即输出线圈不能直接连接到梯级的两条母线上，期间至少应有一个接点作为该梯级的条件。

有些产品的逻辑存取指令采用 STR 助记符，例如 GE 公司的各系列可编程序控制器就采用了 STR 指令作为母线开始指令，它是开始（Start）的缩写。相应地，逻辑取反指令用 STR NOT 指令。有些产品，例如三菱公司的系列产品，采用 LDI 指令表示逻辑取反的操作，其中 I 是反相（Inverse）的缩写。有些产品，例如西门子公司的系列产品，采用逻辑与指令代替逻辑存取指令，即用 A 表示逻辑存取指令，逻辑取反指令用 AN 表示。多数产品的输出指令采用 OUT 指令，但在西门子公司的系列产品中采用"＝"指令。在应用时应根据相应产品的说明书正确使用。

2. 与、或、非逻辑指令

在第八章中已经提到最基本的逻辑运算有与（AND）、或（OR）、非（NOT）逻辑运算。其中，非逻辑运算是对信号进行反相运算，它可和逻辑与、逻辑或及输出等复合，组成与非、或非及输出非的逻辑运算，也可以组成复杂的逻辑运算，例如异或运算等等。

3. 程序块的串联和程序块的并联指令

复杂的控制系统中，常常有一些接点串联或并联在一起，例如，几个接点先串联，然后与另几个串联的接点相并联，这种连接不能用简单的逻辑与和逻辑或指令来实现，而要用程序块的串联和程序块的并联指令来实现。

程序块串联（AND LD）指令的操作过程是将累加器的内容弹出，并送到逻辑与运算的一个输入端，相应地，原堆栈的第二层内容进入累加器，然后进行逻辑与操作，即把已弹出的累加器内容与现在累加器的内容进行逻辑与运算，运算结果送回累加器。

程序块并联（OR LD）指令的操作过程是将累加器的内容弹出，并送到逻辑或运算的一个输入端，相应地，原堆栈的第二层内容进入累加器，然后进行逻辑或操作，即把已弹出的累加器内容与现在累加器的内容进行逻辑或运算，运算结果送回累加器。图 27－4 是程序块串联和并联指令的示例和操作过程。

LD　00000：将 00000 输入状态寄存器的状态内容送累加器。

OR　00001：将 00001 输入状态寄存器内容与累加器内容进行逻辑或运算，结果送回累加器，累加器中的内容是 00000 与 00001 并联的结果。

LD　00002：将累加器内容下压到堆栈，并将 00002 输入状态寄存器的状态内容送累加器，堆栈第二层存放 00000 与 00001 并联的结果。

OR　00003：将 00003 输入状态寄存器内容与累加器内容进行逻辑或运算，结果送回累加器，累加器中的内容是 00002 与 00003 并联的结果。

AND　LD：累加器内容弹出，相应堆栈第二层内容上移到累加器，将弹出的内容和累加器内容进行逻辑与运算，结果送累加器，累加器中的内容是 00000 与 00001 并联的结果和 00002 与 00003 并联的结果与运算。

OUT　01000：将累加器内容传送到 01000 的输出状态寄存器。

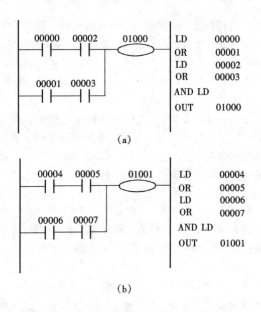

(a)

(b)

图 27 - 4 程序块串、并联指令的示例

(a) 串联;(b) 并联

4. 举例说明基本逻辑指令的使用方法

(1) 电机开停控制的梯形图和逻辑操作。电动机的启停操作是最常用的逻辑控制。图 27 - 5 是通常采用的一种梯形图程序。

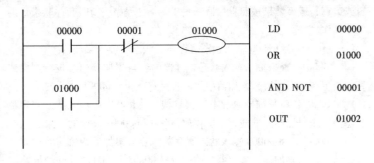

图 27 - 5 电机启停示意

图中,00000 是连接到输入地址为 00000 的常开接点信号,用于作为启动按钮;00001 是连接到输入地址为 00001 的动断触点信号,用作停止按钮。01000 是电动机的启动信号,用于连接电动机的接触器或磁力启动

器线圈。从图形上看，电动机启停控制中，可编程序控制器的梯形图和继电控制的电气原理图相同。根据电气原理分析，当按下启动按钮时，由于00000的导通，使线圈01000带电，通过它的自保持触点，使01000保持激励状态，电机运转。当按下停止按钮时，由于00001的短暂断开，使线圈01000失励，自保持触点断开，线圈01000失电，电动机停止运行。

（2）对图27-6所示复杂控制系统的梯形图，编制相应的程序。

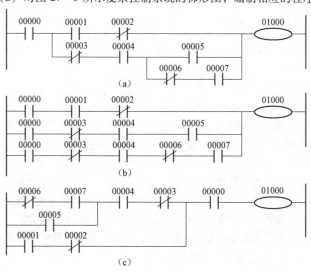

图 27-6　复杂控制系统的梯形图

(a) 原梯形图；(b) 等效梯形图；(c) 梯形图转换

图27-6（a）所示梯形图是一个复杂的梯形图。先按照程序块串联和程序块并联的方法编制程序。可将原程序分解为下列5组程序块。

A：00000

B：00001 和 00002

C：00003 和 00004

D：00005

E：00006 和 00007

操作过程是将 D 和 E 进行程序块并联，生成新程序块(D+E)，再与 C 进行程序块的串联，生成新的程序块(D+E)×C，再与 B 进行程序块的串联，最后，新生成的程序块[(D+E)×C+B]与 A 进行程序块的串联，得到程序块的最终结果[(D+E)×C+B]×A。用助记符编制的程序清单

（一）见表 27-1。

表 27-1　　　　　　用助记符编制的程序清单（一）

地址	命令	备注	地址	命令	备注
00001	LD 00000	A	00009	OR LD	D + E
00002	LD 00001	B	00010	AND LD	(D + E) × C
00003	AND NOT 00002		00011	OR LD	(D + E) × C + B
00004	LD NOT 00003		00012	AND LD	
00005	AND 00004	C	00013	OUT 01000	[(D + E) × C + B] × A
00006	LD 00005	D	00014	END (01)	
00007	LD NOT 00006	E			
00008	AND 00007				

　　程序采用后置式编写，因此，第9句完成 D + E 的并联操作，第10句完成（D + E）× C 的操作，余类推。程序输入时，程序地址不必输入，由程序自动生成，而且初始地址从 00000 开始，程序中显示的地址仅用于说明程序句的次序。程序的结束需要输入 END 指令，说明用户程序结束。

　　图 27-6（b）是原梯形图的等效梯形图。采用等效梯形图后就能用存取与、或和非等基本的逻辑类指令来编辑。可以看出，采用基本的逻辑类指令编制的程序比采用程序块串联和程序块并联指令的程序要长得多，因此，为了缩短扫描周期，应采取后者。

　　图 27-6（c）是将原梯形图转换后的梯形图，它与原梯形图有相同的功能，但程序长度更短，可见，如果将程序梯级中的接点向上或向左移动，例如，图中的梯形图将原图中的有关接点翻转后，即使有关的接点靠近母线或靠近上面，其结果使程序长度明显缩短。表 27-2 为助记符编制的有关程序清单（二）。

表 27-2　　　　　　助记符编制的有关程序清单（二）

地址	命令	备注	地址	命令	备注
00001	LD NOT 00006		00007	AND NOT 00002	
00002	AND 00007		00008	OR LD	
00003	OR 00005		00009	AND 00000	
00004	AND 00004		00010	OUT 01000	
00005	AND NOT 00003		00011	END (01)	
00006	LD 00001				

三、特殊功能指令

PLC 中的特殊功能指令较多，有计时计数类指令、分支跳转类指令、数据移位和传送指令、数据比较指令、数据运算指令和专用指令等。这里仅对计时器和计数器指令做简单介绍。

1. 计时器和计数器指令

在可编程控制器的指令系统中，计时计数类指令也是很常用的指令。程序控制系统中，时间顺序控制系统是一类重要的控制系统，而这类控制系统主要使用计时计数类指令。

TIM 和 TIMH 都是减时器的延时 ON 计时器指令，这两指令都需要一个计时器编号和一个设定值（SV）作为数据，当指定的 SV 时间已到时，计时器输出为 ON。

CNT 是一个减计数的计数器指令，而 CNTR 是一个可逆计数器指令。这两种计数器都需要一个计数器编号，设定值（SV）输入信号和一个复位输入。

计时器/计数器编号都是取自 TC 区中的一个实际存在的地址。

2. 计时器指令

不少顺序生产过程的控制与时间有关，因此常常使用计时器来计时。PLC 的计时器是数字式计时器，它的计时精度远远高于机械式计时器。如 OMRON C2000H 产品的时基信号有两种，分别是 0.1s（普通）和 0.2s（高速），计时器指令 TIM 使用 0.1S 时基信号，因此计时精度为 0.1s。

图中，TIM002 的条件是接点 00000 闭合，计时设定值为#0100，表示实际计时时间 10s（100 * 0.1s），系统在接点 00000 闭合后延时 10s，并使输出 01000 动作。当接点 00000 断开时，计时器自动复位，TIM002 输出接点断开，使 01000 失电。当输入的计时条件不足 10s 时，即接点 00000 闭合时间小于 10s，则计时器未达到计时设定时间，因此，计时器输出为 0，相应的 01000 也就不能动作。图 27 - 7 所示为简单延时闭合电路的梯形图、程序和信号波形。

使用计时器应注意：

（1）计时器（含高速计时器）和计数器（含可逆计数器）合用一个计时计数器区 TC，因此它的编号不能重复，例如在 C2000H 中可以使用的编号为 TC000 - TC511。

（2）计时器实际设定值是与时基有关的。使用 TIM 指令时，时基为 0.1s，使用 TIMH 指令时，时基为 0.01s。设定值与时基的乘积是实际的计时器设定值。

地　址	指令	数据
00000	LD	00000
00001	TIM	002
00002		#0100
00003	LD	T002
00004	OUT	01000

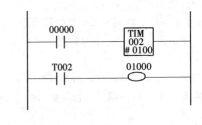

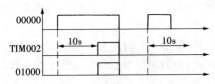

图 27 – 7　简单延时闭合电路
的梯形图、程序和信号波形

（3）当程序扫描时间大于时基时间时，为了使计时器正常工作，需要在整个程序中多次重复有关的计时器指令所在的梯级和相应的输出梯级，以保证计时器能及时响应。

（4）计时器计时设定值由四位 BCD 码组成，在 C2000H 中计时器的最大计时设定值为 9999，相应的实际计时器设定值为 999.9s。

3. 计数器

如第八章中所述计数器计数方式有两种：递增计数方式和递减计数方式。递增计数方式是当计数器计数条件满足时开始计数，内部计数器值从 0 开始，当计数值累加到计数设定值时，计数器输出被置位；递减计数方式是当计数器计数条件满足时开始计数，内部计数器值从计数设定值开始，当计数值累加到 0 时，计数器输出被置位。

不同的可编程序控制器的计数器指令有所不同，在 C2000H 中有两条计数器指令, 普通的计数器指令用 CNT 表示, 它以递减计数方式工作; 可逆计数器指令用 CNTR 表示, 它根据递增输入信号和递减输入信号哪一个信号为 1 来确定其计数方式。当计数设定值大于 9999 时, 通常采用两个或多个计数器串联的方式, 组成长计数器电路。图 27 - 8 所示为长计数电路的程序和梯形图。

地址	指令	数据
00000	LD	00000
00001	LD	00001
00002	OR	C002
00003	OR	C003
00004	CNT	002
00005		#0100
00006	LD	C002
00007	LD	00001
00008	OR	C003
00009	CNT	003
00010		#0500
00011	LD	C003
00012	OUT	01000

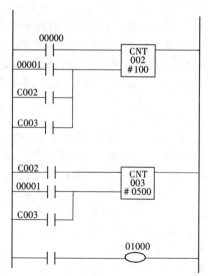

图 27 - 8 长计数电路的程序和梯形图

第二十七章 可编程控制器的原理与应用

如上图所示，输入信号 00000 是计数脉冲信号，00001 是计数器复位信号，用计数器 CNT002 和 CNT003 组成串联电路，当 CNT002 计数到 100 次后，它的两个输出接点中一个接点用于自复位，另一个作为计数器 CNT003 的计数信号，对 CNT003 计数，因此，CNT003 每计数一次表示输入信号已计数 100 次，当计数器 CNT003 计数到 500 次时，表示总计数次数已达到 50000 次。这时，CNT003 的 3 个输出接点中 1 个接点用于对 CNT002 复位，1 个接点用于对 CNT003 复位，第三个接点用于作为输出继电器 01000 的激励条件，使输出 01000 激励。

第三节　可编程控制器的选型

可编程序控制器的工程设计选型是十分重要的工作，工艺流程的特点和应用要求是设计选型的主要依据。PLC 及有关设备应是集成的、标准的、按照易于与工业控制系统形成一个整体，易于扩充其功能的原则选型。所选用 PLC 应是在相关工业领域有投运业绩、成熟可靠的系统，PLC 的系统硬件、软件配置及功能应与装置规模和控制要求相适应，熟悉可编程序控制器、功能图表及有关的编程语言有利于缩短编程时间，因此，在工程选型时，应详细分析工艺过程的特点、控制要求、明确控制任务和范围，确定所需的操作和动作，然后根据控制要求，估算输入输出点数、所需存储器容量，确定可编程序控制器的功能、外部设备特性等，最后选择有较高性能价格比的可编程序控制器和设计相应的控制系统。

一、输入输出点数的估算

根据工艺生产过程的特点，列出被控对象的输入输出设备名称，输入输出点数的统计可根据表 27-1 估算。在统计所需输入输出点数时，还应考虑为了控制的要求而增设的一些开关、按钮或报警信号，例如，增添总供电开关和信号灯，增加手动自动开关、连锁和非连锁开关、设置有关的报警控制系统等。通常，根据统计的输入输出点数，再增加 10%～20% 的可扩展余量后，作为输入输出点数估算统计数据。

通常小型可编程序控制器的输入输出点数固定，因此用户选择的余地较小，在应用规模较小场合使用。大中型可编程序控制器采用模块结构，制造厂商提供多种输入输出卡件或插卡，因此用户可较合理地选择和配置控制系统的输入输出点数，使被选可编程序控制器能较好地满足生产工艺应用的要求。

二、存储器容量的估算

存储器容量是可编程序控制器本身能提供的硬件存储单元的大小，程序容量是存储器中用户应用项目使用的存储单元的大小，因此程序容量小于存储器容量。设计阶段，由于用户应用程序还未编制，因此，程序容量在设计阶段是未知的，需在程序调试后才知道。为了设计选型时能对程序容量有一定估算，通常采用存储器容量的估算来替代。估算方法为存储器容量为程序容量的 1.1~1.2 倍。

三、控制功能的选择

可编程序控制器的功能包括运算功能、控制功能、通信功能、编程功能、诊断功能和处理速度等特性的选择。

1. 运算功能

简单可编程序控制器的运算功能包括逻辑运算、计时和计数功能；普通可编程序控制器的运算功能包括数据移位、比较等运算功能；较复杂的运算功能有代数运算、数据传送等；大型可编程序控制器中还有模拟量的 PID 运算和其他高级运算功能。

设计选型时应从实际应用的要求出发，合理选用所需的运算功能。大多数应用场合只需要逻辑运算和计时计数功能，有些应用需要传送和比较，当用于模拟量检测和控制时，才使用代数运算，数制转换和 PID 运算等。要显示数据时，需要译码和编码等运算。

2. 控制功能

控制功能包括 PID 控制功能、前馈补偿控制功能、比值控制功能等，应根据控制要求确定。可编程序控制器主要用于顺序逻辑控制，因此，大多数场合采用单回路或多回路控制器解决模拟量的控制，有时也采用专用的智能输入输出单元完成所需的控制功能。

3. 通信功能

大中型可编程序控制器系统应支持多种现场总线和标准通信协议（如 TCP/IP）。

可编程序控制器系统的通信接口，应包括串行和并行通信接口（RS-232C/422A/423/485 等）、工业以太网、常用 DCS 接口等。大中型 PLC 的网络应该是 1:1 冗余配置。

4. 编程功能

可编程序控制器的编程有离线编程和在线编程两种，应根据应用要求合理选用。选用的编程语言应遵守其标准，同时还应支持多种编程语言编程形式，以满足特殊控制场合的控制要求。

5. 诊断功能

应有完善的硬件和软件诊断功能，便于运行中的维护。

四、机型的选择

（1）可编程序控制器的类型。PLC 按结构分为整体型和模块型两类，按应用环境分为现场和控制室安装两类；按 CPU 的字长分为 1 位、2 位、4 位、8 位、16 位、32 位、64 位等。从应用角度出发，通常可按控制功能和 I/O 点数选型。

（2）输入输出模块的选择。输入输出模块的选择应考虑与应用要求的统一。对于输入模块，应考虑信号电平、信号传输距离、信号隔离、信号供电方式等应用要求。对于输出模块，应考虑输出模块的类型和特点。

（3）电源的选择。一般可编程序控制器的供电电源应选用 220V 交流电源，重要的场合应采用不间断电源或稳压电源供电。

（4）存储器的选择。一般要求可编程序控制器的存储器容量，按 256 个 I/O 点至少选 8K 存储器。当需要复杂控制功能时，应选择容量较大的存储器。

（5）技术支持。选择机型时要考虑有可靠的技术支持。经济性的考虑选择可编程序控制器时，应考虑性能价格比。在考虑经济性时，应同时考虑应用的可扩展性、可操作性、投入产出比等因素，进行综合比较和统筹兼顾。

（6）经济性的考虑。选择可编程序控制器时，应考虑性能价格比。在考虑经济性时，应同时考虑应用的可扩展性、可操作性、投入产出比等因素，进行综合比较和统筹兼顾。

（7）主要的可编程序控制装置。目前，国外进口 PLC 产品以其较高的硬件可靠性和完善的系统解决方案在国内电厂可编程序控制器的应用中占据了主要地位。不同厂家的 PLC 型号不统一，基本的性能也有较大差别。主要类型有：

1）德国西门子（SIMENS）公司的 SIMATIC 系列可编程序控制器；

2）美国莫迪康（MODICAN）公司的 984 系列可编程序控制器；

3）美国通用电气公司的 GE 系列可编程序控制器；

4）日本日立（HITACHI）公司的 H 系列可编程序控制器；

5）日本欧姆龙（OMRON）公司的 C 系列可编程序控制器。

第四节　可编程控制器的编程方法

在对 PLC 的学习中，不仅应掌握 PLC 的构成和各组成部分的工作原理，还应掌握用户应用程序的编写。对于不同的 PLC，由于生产厂家的不同，应用程序的编写可以用不同的编程语言，但程序设计的方法基本上是相同的。

一、编程前的准备工作

在编制用户应用程序前，应熟悉工艺过程的控制要求，熟悉所采用可编程控制器的指令系统，然后进行编程前的准备工作。编程前的准备工作主要包括信号地址的分配、内存单元地址及完成信号分配表。

1. 信号地址的分配

输入输出信号包括实际过程的输入输出信号，例如液位高限开关信号、阀门开闭信号和现场变送的模拟量信号。在进行信号地址分配时，应遵循下列原则。

根据事件发生的先后顺序，事件发生在先的信号，分配的地址在前面；反之，分配的地址在后面。

对于多个输入输出单元组成的系统，尽可能把一个系统、设备或部件的信号集中在 1 个输入输出卡件上，减小故障影响的范围，便于今后的检测和维修，提高系统的可靠性。

为了系统的可靠性。可采用输入输出信号的冗余配置，对输入输出信号和它们的冗余信号应分配在不同的卡件，或采用冗余的输入输出卡件。

在可编程控制器中，有些产品的输入输出有公用的接线端，在信号的分配时应了解这些公用端是否对信号有影响。例如，两个从不同电源来的触点能否公用一个公用端，两个继电器输出信号的公用端能否连接在不同的控制回路等。

2. 内存单元地址的分配

内存单元通常用于中间运算结果的存储，包括计时器、计数器、高速计时器、需要掉电保持的继电器和专用继电器、内部继电器等。它们的地址分配应根据工艺过程对有关变量的控制要求确定。例如，对需要掉电保持的输出信号应选用掉电保持继电器；根据过程控制的要求，可先分配有关的存储单元。在实际应用中，还应留有一定数量的空余存储单元用于设计过程中的增添。

3. 编制信号分配表

将上述的信号地址分配表和内存单元地址的分配列表，供编程时查找。通常列表内容包括序号、信号名称、位号、信号类型、供电电压、设定值、地址等。

二、可编程控制器编写应用程序的步骤

（1）首先必须充分了解被控对象情况（生产工艺、技术特性、环境等）及其对自动控制的要求。

（2）设计 PLC 控制系统图（工作流程图、功能图表等），确定控制顺序。

（3）确定 PLC 的输入/输出器件及接线方式。

（4）根据已确定的 PLC 的输入/输出信号，分配 PLC 的 I/O 点编号。画出 PLC 的输入/输出信号连接图。

（5）根据被控对象的控制要求（包括必须完成的动作与顺序），用梯形图符号设计出梯形图。也可由电器控制电路图直接转换成 PLC 的梯形图。

（6）根据梯形图按指令编写出用户程序。

（7）将程序清单用编程器或上位机传送到 PLC 中。

（8）检查、核对、修改程序。

（9）程序调试，进行模拟试验。

三、可编程控制器的编程语言

（一）标准程序设计语言

根据国际电工委员会 IEC61131 - 3 的标准，可编程控制器的程序设计语言有 5 种类型，即梯形图、语句表、功能表图、功能模块图语言和结构化文本语言。

1. 基本程序设计语言

梯形图语言和语句表语言是基本程序设计语言。通常由一系列指令组成，用这些指令可以完成大多数简单的控制功能，例如代替继电器、计数器、计时器完成顺序控制和逻辑控制等，通过扩展或增强指令集，它们也能执行其他基本操作。

2. 高级程序设计语言

功能表图和结构化文本语言是高级程序设计语言，可根据需要去执行更有效的操作，例如模拟量的控制、数据的操纵、报表的打印和其他基本程序设计语言无法完成的功能。

3. 功能模块图语言

功能模块图语言采用功能模块的图形化方式，通过软连接完成所需要的控制功能，不仅在可编程序控制器中得到应用，在集散控制系统的编程和组态时也常常被采用。它具有连接方便、操作简单、易掌握等特点。

（二）程序表达的方法

程序表达方法有梯形图、功能表图、流程表、程序说明等。

1. 绘制梯形图的方法

梯形图程序是最常用程序表达方法之一。绘制梯形图的一般原则如下：

（1）按照时间的先后顺序，从上到下，从左到右排列；

（2）串联触点多的电路安排在上面，并联触点多的电路安排在靠近左控制母线；

（3）输出线圈安排在最右面，在它右面的右控制母线一般可不画；

（4）在同一线路中，应避免输出线圈的重复出现，即所谓的双线圈输出现象，但输出线圈所带的触点可多次重复使用，没有限制；

（5）为减少程序步，一些产品允许同一控制信号有多个输出分别连到不同输出线圈；

（6）一个梯形图程序必须有一个终止指令，表示程序的结束，以便于系统识别，例如在 C2000H 中用 END 指令表示程序的结束。

使用梯形图时应注意下列基本概念和有关问题：

（1）一个梯形图程序由多个梯级组成，通常每个输出线圈组成一个梯级。

（2）绘制梯形图时，应在一个梯级绘制完成后再绘制下一个梯级。

（3）与继电器逻辑控制的主要不同有两点：梯形图中的继电器线圈可以是一个实际存在的线圈，也可以是一个物理上不存在的内部继电器线圈或其他内部的继电器线圈，例如锁存继电器、移位寄存器等，因此在梯形图中这些继电器被称为软继电器。同样，在梯形图中的输入信号，可以是实际存在的某一开关或继电器线圈的触点，也可以是内部继电器的触点等。在梯形图中研究的主体是这些触点地址单元的状态，因此这些触点被称为软触点。此外，梯形图中的能流也不是实际存在的电流。

（4）在梯形图上元素所采用的激励、失电、闭合、断开等电路中的术语，仅用于表示这些元素的逻辑状态。

（5）梯形图中的能流并不是实际存在的电流，它的状态仅用于说明该梯级所处的状态。例如，"该梯级有能流"是指该梯级处于激励状态，相应地，该梯级所连的继电器处于激励状态，能流的流向是从左到右。

（6）梯形图中的触点通常画在水平线上，不画在垂直线上。

2. 绘制功能表图的方法

在复杂逻辑控制系统的编程时，功能表图是常被采用的程序表达方法。绘制功能表图的一般原则如下：

（1）首先，应将复杂控制系统用一系列子问题进行描述，即按照程序结构将复杂问题分解，并表述为简单程序、并列程序或选择程序和主程序、各子程序的关系等步的进展。

（2）将有关的命令和动作与步骤有机地联系在一起，即每个命令和动作与一个步骤有对应的关系，每个步骤的活动将使相应的命令和动作激励。

（3）列出每个步之间的转换条件。转换条件可以是布尔表达式或梯形图，也可以用文字方式描述，可通过逻辑运算简化转换条件。

（4）分解的各步可以是一个实际的顺序步，例如，阳床的小反洗步，对应的动作是对压脂层进行反洗。也可以是阳床再生的过程的某一阶段，例如进酸或置换等。

（5）在功能表图中的命令和动作只在该步是活动步时才被激励，因此，对于连续的几步中都保持激励状态的命令和动作，应采用自保持形式的继电器或 SR 触发器，其 S 端在开始步被激励，其 R 端在连续步的后续步被置位。

（6）在不同步被激励的同一被控设备，可在不同步设置与有关步的连接关系。这种同一程序中出现的双线圈现象是允许的，因为这些线圈是在不同的时间或转换条件下在不同的步被激励，不是同时被不同的步所激励。

（7）在功能表图的绘制时应考虑对紧急停车信号和停车后再启动信号的设置。

3. 绘制流程表的方法

用流程表描述控制系统的方法与功能表图的描述方法相似，常被作为功能表图的设计依据。流程表法以生产过程的工艺流程为主线，将流程分为若干子过程，每个子过程中需要控制一些控制阀、电动机和其他执行机构等运行设备的运行状态，各子过程之间的转换可以是时间关系的顺序或逻辑运算的结果，也可以是某一子过程运行的结果。采用流程表法的优点是可以清楚了解生产过程中各设备运转的先后次序，与生产过程的启停设备过程较好地结合，并能简单地转换成功能表图的方法进行编程，受到工艺和自控技术人员的欢迎，并为他们设计思想和操作方法的沟通提供了前提。绘制流程表时应注意下列事项：

（1）应以生产过程为主线，通常以时间、某些工艺参数的限值或某些开关信号作为过程的切入点或切出点；

（2）在每个子过程中，应依据工艺过程的控制要求，列出相应被控

第三篇 电厂化学仪表及自动装置

设备的运行状态；

（3）通常把子过程作为列（对应于功能表图的步），把相应的被控设备作为行（对应于命令和动作），绘制流程表，各子过程之间的切换条件（对应于转换条件）列写在各子过程相应的最后一行；

（4）切换条件可以用文字或梯形图等形式描述，并通过逻辑运算简化切换条件。

流程表图适用于采用功能表图编程的场合，与功能表图有异曲同工的优点，在编程时与生产过程结合较好，设计思想较明确，有利于工艺和自控技术人员的思想沟通。

4. 绘制程序框图的方法

可编程序控制器是基于计算机技术的一种电子设备，其编程也可以像计算机编程一样进行。可编程序控制器的程序框图编程方法是源于计算机的一种编程方法，用一些几何图形符号、流线和文字等说明生产过程的运行关系。绘制程序框图时应注意下列事项：

（1）绘制可编程序控制器的程序框图要比计算机程序框图更细化。计算机程序框图对转换条件的列写较简单，例如开某泵，然后开控制阀等，但在可编程序控制器的程序框图中要细化转换条件，例如要说明泵与控制阀之间的时间/顺序，即在接收到泵运转的反馈信号后才能开控制阀等。

（2）对于有选择性的流线，要根据被选择的条件是否满足来确定流线的去向。有些场合也可根据控制的要求，不采用选择性框图表示。例如，开进料阀，液位高后关进料阀的程序框图，可以画成开进料阀，检测液位，如果液位未达高限，则继续开进料阀，如果液位达到高限则关闭进料阀，这是采用选择性程序框图表示方法的描述。也可以绘制成开进料阀，液位高限到关闭进料阀，这是采用液位高限到作为转换条件的单序列表示方法。在绘制程序框图时应尽可能先对程序进行简化。

（3）程序框图到可编程序控制器的编程还需要进行转换，即把程序框图结构转换为可编程序控制器的程序结构。例如，选择性结构的程序框图转换为选择性的程序，并列结构的程序框图转换为并列程序等。

（4）绘制程序框图时，可根据生产过程的次序，分别绘制各子过程的程序框图，它对细化过程有利。此外，像信号报警等系统也可分别绘制，使用户对过程运行信号报警等状态有较清晰的理解。

5. 编制程序说明

根据工艺生产过程的控制要求，在已完成的程序框图、流程表、功能表图和梯形图等基础上，应进行编制程序的说明。编程说明是对程序执行过程进行描述的文字，与其他程序描述不同，它采用文字的描述方法，对未参与程序编制的技术人员和操作人员是极其重要的资料。在程序说明中应包括下列主要内容：

（1）程序思路的说明，包括程序结构、主程序和子程序的划分，各程序的功能等；

（2）工艺生产过程的控制要求，说明过程对控制的要求；

（3）主程序和各子程序执行过程的说明，便于自控、工艺和维护操作人员对程序执行过程中各个运行设备的状态进行判别；

（4）信号报警和连锁系统的说明，包括信号报警系统、连锁系统的设置、紧急停运和事故处理系统的设置等系统执行过程的文字说明；

（5）其他需要说明的问题，例如建议和不足等。

程序说明不仅是程序编制完成后应提供的资料，而且在程序调试时也是很重要的资料，对今后的系统维护和更改也是十分有用的。因此，在编程结束后应及时编写，程序调试后及时修改并存档。

第五节　可编程控制器的安装与调试

一、系统安装与柜内接线

1. 可编程序控制器的安装

可编程序控制器的安装应根据该产品的安装使用说明书进行。虽然可编程序控制器是为工业应用的恶劣环境而设计的，但合适的工作环境可有效地提高产品的使用寿命和可靠性。

（1）工作环境。可编程序控制器的工作环境指它安装场所的温度、湿度、尘埃等工作环境的特性。通常，可编程序控制器安装的环境温度范围为 $0 \sim 55$℃，相对湿度为 35% $\sim$ 85%，不结露，阳光不能直接照射的场所。周围环境没有腐蚀性或易燃易爆气体。

（2）供电。包括对可编程序控制器的供电和可编程序控制器向外部设备的供电。对可编程序控制器的供电应符合产品说明书的要求，我国一般采用 220V 单相交流供电，部分直接由国外引进设备时所带入可编程序控制器，也有采用 110V 单相供电或直接用直流电供电的。在安装时应特别注意：供电电源的频率也要与产品的要求一致。扩展单元的供电应与可编程序控制器的供电采用同一供电电源，电源的相线和地线应正确连接。

采用不间断电源供电时，常采用两路供电方式，应根据设计要求连接。采用不间断电源供电时，如图 27－9 所示，提供连续不间断供电的时间应满足工艺过程事故处理所需时间的要求。

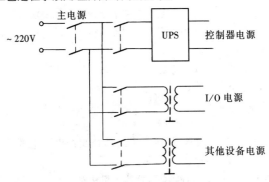

图 27-9 UPS 电源系统

大多数可编程序控制器提供与它连接的外部设备的电源，例如作为输入信号的供电电源通常是 24V 直流电源。安装时应正确连接电源的正负极，不要造成电源的短路。对可编程序控制器的能提供的负荷电流等数据应满足应用的要求，并应设置合适的熔断器。

供电电缆应与信号电缆分开敷设，并按照设计要求和规定进行。

2. 程序的输入

可编程控制器的用户程序是通过编程器输入的。编程器目前主要有手握式编程器、图形编程器、通用微机等三类。

（1）手握式编程器。多用于中小型的可编程控制器程序的编制和运行检查，通常该类编程器可直接插入或通过连接电缆与可编程控制器连接，因此又称为连接式操作控制器。

（2）图形编程器。它是专用的编程终端设备，具有智能的用户界面，主要特征是采用 CRT 或液晶显示，键盘和主机通常分开设置并经专业通信电缆连接。有独立的电源 CPU，可在线和离线编程，常用于对控制系统的仿真和测试。

（3）通用微机。它作为编程器已被广泛应用于可编程控制器的编程与调试。微机与可编程控制器之间用专业的接口和电缆连接，用户可在通用微机上编程和测试。

二、可编程控制器程序及控制系统的调试

由 PLC 构成的控制系统，在投入运行之前，必须对其进行必要的调试，以保证该系统和它所控制的设备能够安全正常地运行。厂家在其 PLC

产品出厂之前，均已对 PLC 的基本模块及扩展模块进行过测试，因此，对用户来讲，调试的主要任务是根据整个系统的控制要求对用户应用程序进行调试。程序调试就是为了发现错误而执行程序的过程。

1. 调试前的准备工作

可编程控制器程序安装以后，需对所编写程序进行调试。调试前的准备工作主要包括下列内容：

(1) 外部接线的检查。包括输入输出接线的正确性检查，对地绝缘检查，屏蔽接线检查等。

(2) 供电系统的检查。包括对可编程控制器供电电源接线的检查、电压检查和向外部供电电源系统的检查。

(3) 执行机构的运行检查。包括执行机构对输入信号的响应时间、执行机构运转状态检查，有时需输入信号，例如检测元件和开关等联动检查，以便检查执行机构运行后是否有相应的反馈信号变化等。

(4) 检测元件和开关的运行检查。包括所有输入到可编程控制器的输入信号的接线检查、信号电平检查，输入信号的状态和响应时间等。

程序调试前准备工作的好坏与程序调试的快慢、顺利有很大关系。准备工作一定要充分。

2. 程序调试

程序调试前应把编程器和可编程序控制器相连接，接好供电电源，当与上位机有通信要求时还应连接好有关的设备。程序调试的主要内容包括输入信号调试、输出信号调试、通信系统调试和总调试。

(1) 输入信号调试。对输入信号的供电再一次检查，保证供电电压正确，并对保护用的熔断器等外部元件进行检查。输入信号的检查是用手动的方法逐点将有关的开关信号动作，检查和观察输入信号灯是否对应点亮，对模拟量输入，可在现场用信号发生器发出信号，检查信号的转换是否正确，数据是否与相应信号一致，否则，应检查外部接线。

(2) 输出信号调试。对执行机构供电再一次检查，保证供电电压正确，有中间继电器的场合，还应对中间继电器的供电电压进行检查。可在编程器上将可编程序控制器的输出点强制置位或复位，检查输出信号灯是否点亮，并检查执行机构是否动作。可由编程器强制输出模拟量输出信号，检查执行机构上的输出电压或电流是否与强制输出值一致，信号的极性是否正确等，否则，应检查输出模块和接线。

(3) 通信系统调试。包括与上位机、同位机和下位机的通信。可从某一可编程序控制器发送信号，检查有关的接收设备是否能接收到该信号，并应检查通信响应时间等，否则应检查通信系统的设置是否与相应的通信协议一致，程序格式是否正确等。

（4）总调试。在工艺过程不供电的情况下进行。根据程序执行次序的先后，用手动的方法对有关输入信号进行开闭动作，检查程序是否按照所需控制要求执行，包括执行的先后次序、时间的延时长短等。执行机构的反馈信号等用手动的方法提供，检查整个程序的执行情况是否正确。

总调试通常与工艺操作人员配合进行。有时对于较复杂的控制系统也可用物理系统或半物理系统进行仿真检查。总调试时应做好调试记录，及时更改不合理或错误的程序部分，及时发现问题，及时解决问题。

调试时设置断点是常常采用的一种调试方法。有时的断点应有利于各分程序的调试检查，程序调试结束应清除所设置的断点。总调试后的程序应做备份和记录，归档并编制程序说明书。

三、化学水处理 PLC 控制系统的调试

电厂水处理系统包括预处理、补给水、凝结水等系统，对这些系统的程控设备的调试一般可按照调试前的准备工作、控制柜外围设备的调试、控制柜内的调试、整体设备的调试进行。

1. 调试前的准备工作

（1）资料收集。调试人员应及时向安装单位或制造厂家收集调试资料，这些资料包括：PC 机的用户手册、用户程序梯形图（或逻辑图）、控制柜内接线图、各信号装置与控制柜的连接图、热工测量装置说明书、化学仪表说明书、PLC 机与上位计算机的连接图等。

（2）熟悉水处理工艺系统。PLC 控制设备调试人员应对水处理工艺设备有一定程度的了解，对系统控制原理及工艺流程做到心中有数。只有这样才能对用户程序中的问题能及时发现与修改。

（3）压缩空气系统的完善。水处理系统中的压缩空气主要用于两个方面：一是工艺用气，例如空气擦洗树脂；二是控制用气，如用于控制气动阀门。在系统进行调试之前，压缩空气系统的完善是必不可少的，主要有如下几项工作：使空气压缩机试运转，吹扫压缩空气罐与压缩空气管道；空气压缩机自动进行调试、进行定值整定，包括储罐压力、冷却水压力、油压整定等，保证空气压缩机能自动安全运行；投空气压缩机辅助设备，如空气干燥器及滤油器等。

（4）查线。调试前应进行查线工作。为保证设备的安全，在系统调试前应进行以下查线工作：检查控制柜内接线；检查信号测量装置与就地接线箱的接线；检查就地接线箱与控制柜之间的接线；检查控制柜与模拟显示屏、操作台之间的接线。在查线工作中，应注意电源线不能接到信号线上去。在确保系统接线正常时，分别给各控制柜、就地电源箱送电。系统带电后，整个控制系统便具备调试条件。

2. 控制柜外围设备的调试

（1）各电动转动设备调试：包括泵电动机的转动方向、就地与远方启停泵的连锁保护试验、计量泵的行程控制调整、电动调整门的调整试验。

（2）气动阀调试：包括就地手动操作、远方操作开关，阀门的反馈信号装置调整。有些重要的气动阀必须满足一定保护条件方能开关，对于这些气动阀的调试，可在控制柜内加入相应的信号（开关量）进行操作，检查气动阀动作是否有误。

（3）热工测量信号装置的校验与定值整定：热工测量信号装置主要是液位、压力、温度、流量信号等，调试前应进行校验并根据工艺要求进行定值整定。

（4）化学仪表的校验：主要包括 pH 表、电导率表、浓度计等。

（5）工艺参数值的确定：水处理系统的调试包括工艺与控制两个部分。水处理系统的控制大多采用顺序控制，因为工艺时间要求十分准确。由于现场条件的变化，程序中设定的时间参数，有一部分要根据现场工艺调试后所确定的时间进行修改。工艺调试要为控制设备调试提供工艺参数。例如某厂混床再生程序中，第四步降低水位需开混床空气门及民排门 15min，使混床内液位降至高于树脂层 $100 \sim 200mm$。在工艺调试时，要达到上述要求，只需 11min。若开底排门 15min，则水位早已降至树脂层下，无法进行下一步空气搅拌混合工艺。由此可见工艺参数值的确定是十分重要的。

3. 控制柜的调试

（1）参数值的整定：其目的在于将测量信号（模拟量）转变为开关量，作为程序运行的条件。这些参数包括流量、温度、压力、电导率、pH、液位等。此外还有时间常数的设定。

（2）利用编程器将用户程序调出，检查所有用户程序是否与所提供的程序一致，对错误语句进行修改，对工艺试验后需作修改的工艺参数进行修改。

4. 整体设备的调试运行

完成前面所述工作后，将进入到整体调试阶段。通过整体调试对前面所做的分步调试工作以及执行机构、程序进行综合考查。某一个环节出现问题，程序将无法进行下去。现以除盐系统一个系列的投运与解列为例来说明。先人工手动再生好所有设备，进行自动投运系列工作如下操作：

（1）操作台上选择要投运的系列，使该系列所有的就地控制按钮置于自动位置；

（2）投运所有的测量仪表；

（3）满足投运系列的其他条件，例如脱碳水箱（原水）液位高于低液位值等；

（4）操作台上投运制水系列、在模拟盘前对照制造厂家提供的程序，逐步检查程序执行情况。就地设备前应有工艺调试人员监控。如有问题，则终止程序，记录现象，并对程序进行分析修改，再进行试验。如果是因为个别信号装置有故障而程序无法执行，此时可临时加入模拟信号，先将程序执行完毕，再集中处理设备问题。

第六节　可编程控制器的检查与维护

一、可编程序控制器的定期检查

设备在一定环境下工作，总会发生磨损甚至损坏。尽管 PLC 是由各种半导体集成电路组成的精密电子设备，而且在可靠性方面采取了很多措施，但由于所应用的各种环境的不同，必然会对 PLC 的工作情况产生较大影响。作好定期维护是非常必要的。经常需要检查及维护的项目、内容及标准见表 27－3。

表 27－3　　　　　　　定期检查项目一览

检查项目	检查内容	标　　准	备　注
供电电源	在电源端子处测电压变化是否在标准规定值内	电压变化范围： 　上限不超过 110% 供电电压； 　下限不低于 80% 供电电压	
外部环境	环境温度	$0 \sim 55$℃	
	环境湿度	相对湿度 85% 以下	
	振动	幅度小于 0.5mm，频率小于 $10 \sim 55$ Hz	
	粉尘	不积尘	

检查项目	检 查 内 容	标　　准	备　注
输入输出电源	在输入输出端子处测电压变化是否在标准规定值内	以各输入输出规格为准	
安装状态	各单元是否可靠牢固	无松动	
	连接电缆的连接器是否完全插入并旋紧	无松动	
	接线螺钉是否有松动	无松动	
	外部接线是否损坏	外观无异常	
寿命元件	触点输出继电器	电气寿命：阻性负载时为30万次；感性负载时为10万次；机械寿命：5000万次	
	电池电压是否下降	5 年（25℃）	

二、可编程序控制器故障的检查流程

PLC 具有一定的自检能力，而且在系统运行周期中都有自诊断处理阶段。当系统工作过程中一旦有故障发生，重要的是首先要充分了解故障，判断故障发生的具体位置，分析故障现象，是否具有再现性，是否与其他设备相关等。然后在研究故障产生的原因，并设法予以排除。一般可依照下列流程进行检查。

1. 总体检查

根据总体检查的情况，先找出故障点的大方向，在逐步细化，具体流程如图 27 - 10 所示。

由图 27 - 10 可看出，对 PLC 系统的检查是按照电源—系统—报警—I/O 接口—工作环境的顺序逐一搜索故障点的。

2. 电源系统的检查

PLC 中电源是故障率较高的部件，由于从 POWER 的指示可以大致确定电源的状态，因此对它的诊断是比较容易的。此外，在进行其他功能检查时，也往往需要使用 PLC 中的电源，即必须在 PLC 的电源工作正常的条件下检查。

假若在总体检查中发现电源指示灯不亮，就需要对供电系统进行检查。首先要检查电源指示灯及熔丝是否完好，然后再检查有无电源及电源是否引入机器等，可大致按照图 27 - 11 所示的流程逐步予以检查。

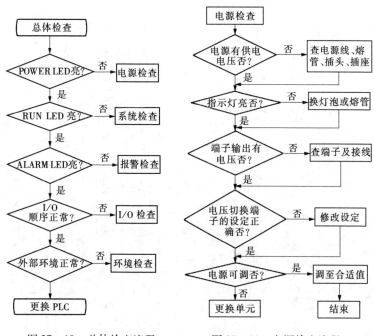

图 27 - 10　总体检查流程　　　图 27 - 11　电源检查流程

尽管这种检查是粗略的，但可排除相当部分的常见故障。更换单元的意思是利用备品投入使用，以尽可能地缩短故障停机时间，同时对更换下的单元进行检查和修复。

3. 系统运行异常检查

在确定 PLC 的电源系统是正常的情况下，系统因运行异常而终止工作。应按照图 27 - 12 所示流程进行检查。

"运行异常"检查是 PLC 系统中最为困难然而又是经常要做的工作。由于此时系统已停止工作（"RUN"灯不亮），因此迅速处理以便使系统恢复正常工作是非常重要的。

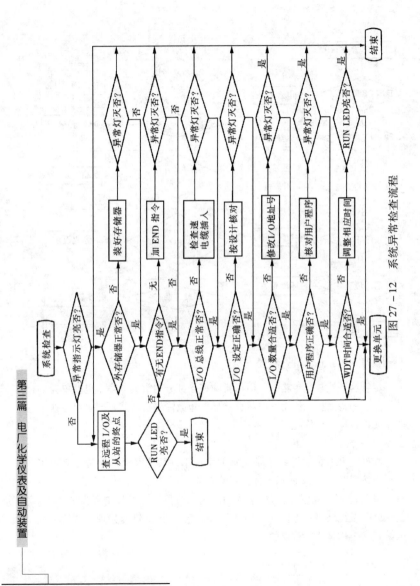

图 27 - 12 系统异常检查流程

4. 常见故障检查

通过上述检查，通常均可以查清 PLC 电路故障之外的一般性故障。但在按流程操作时，还是需要作各种测试，并根据经验来作出一定的判断。表 27 – 4 ~ 表 27 – 6 分别列出了 CPU、输入单元、输出单元的异常现象、推测原因及处理方法。

表 27 – 4　　　　　　　　　　**CPU 模块常见故障**

序号	故障现象	推测原因	处　理
1	" POWER " LED 不亮	(1) 熔丝熔断； (2) 输入接触不良； (3) 输入线断	(1) 更换熔丝管； (2) 重接； (3) 更换连线
2	熔丝多次熔断	(1) 负载短路或过载； (2) 输入电压设定错； (3) 熔丝容量小	(1) 更换 CPU 单元； (2) 改接正确； (3) 改换大的
3	" RUN " LED 不亮	(1) 程序中无 END 指令； (2) 电源故障； (3) I/O 接口地址重复； (4) 远程 I/O 无电源； (5) 无终端站	(1) 修改程序； (2) 检查电源； (3) 修改接口地址； (4) 接通 I/O 电源； (5) 设定终端站
4	运行输出继电器不闭合（POWERLED 亮）	电源故障	查电源
5	某一部分继电器常动作或不动作	I/O 总线故障	查主模块

表 27 – 5　　　　　　　　　　**输入模块常见故障**

序号	故障现象	推测原因	处　理
1	输入均不接通	(1) 未加外部输入电源； (2) 外部输入电压低； (3) 端子螺钉松动； (4) 端子板接触不良	(1) 供电； (2) 调整合适； (3) 紧固； (4) 处理后重接

序号	故障现象	推测原因	处理
2	输入全部不关断	输入单元电路故障	更换 I/O 模块
3	特定继电器不接通	(1) 输入器件故障; (2) 输入配线断; (3) 输入端接触不良; (4) 输入接通时间过短; (5) 输入回路故障	(1) 更换输入器件; (2) 处理重接; (3) 处理重接; (4) 调整参数
4	特定继电器不关断	输入回路故障	更换单元
5	输入全部断开 (动作指示灯灭)	输入回路故障	更换单元
6	输入随机性动作	(1) 输入信号电压过低; (2) 输入噪声过大; (3) 端子螺钉松动; (4) 输入连接器接触不良	(1) 查电源及输入器件; (2) 加屏蔽或滤波; (3) 拧紧; (4) 处理后重接
7	异常动作的继电器都与输入端子板对应	(1) "COM" 螺钉松动; (2) 端子板连接器接触不良; (3) CPU 总线故障	(1) 紧固; (2) 处理重接; (3) 更换 CPU 单元

表 27 - 6   输出模块常见故障

序号	故障现象	推测原因	处理
1	输出均不接通	(1) 未加负载电源; (2) 负载电源坏或过低; (3) 端子板接触不良; (4) 熔丝熔断; (5) 输出回路故障; (6) I/O 总线插座脱落	(1) 接通电源; (2) 调整修复; (3) 紧固; (4) 处理后重接; (5) 更换 I/O 单元; (6) 重接

序号	故障现象	推测原因	处理
2	输出全部不关断	输出电路故障	更换 I/O 模块
3	特定输出继电器不接通（指示灯灭）	（1）输出接通时间过短； （2）输出回路故障	（1）修改程序； （2）更换 I/O 单元
	特定输出继电器不接通（指示灯亮）	（1）输出继电器损坏； （2）输出配线断； （3）输出端接触不良； （4）输出回路故障	（1）更换继电器； （2）检查输出配线； （3）处理后重接； （4）更换 I/O 单元
4	特定输出继电器不断开（动作指示灯灭）	输出继电器损坏	更换单元
	特定输出继电器不断开（动作指示灯亮）	（1）输出驱动电路故障； （2）输出指令中接口地址重复	（1）更换 I/O 单元； （2）修改程序
5	输出随机性动作	（1）PLC 供电电源电压过低； （2）接触不良； （3）输出噪声过大	（1）调整电源； （2）检查端子接线； （3）加防噪措施
6	异常动作的继电器都与输入端子板对应	（1）"COM" 螺钉松动； （2）端子板连接器接触不良； （3）CPU 总线故障； （4）熔丝熔断	（1）紧固； （2）处理重接； （3）更换 CPU 单元； （4）更换熔丝管

提示 本章共有六节，其中第一、二、六节适合于中级工，第三、四、五节适合于高级工。

第二十八章

600MW 机组补给水程控系统

第一节 锅炉补给水工艺流程

一、化学补给水系统

补给水系统电厂主要的辅助系统之一，其任务是向热力系统供应合格的补充水，除去水中的有害杂质，防止不合格水进入水汽循环系统，造成热力设备的结垢、积盐和腐蚀，影响蒸汽的流通和热交换的效果，甚至影响锅炉、汽轮机的安全经济运行。

一般情况下，原水要经过澄清、过滤等预处理除去机械杂质，还要进行除盐软化，除去溶解于水中的钙、镁、硅等盐类，还要进行除碳、除氧处理，炉水加药和排污处理，以保证热力系统中有良好的水质。

补给水处理的主要方法是离子交换法。离子交换法在化学水处理生产过程中的应用十分广泛。当水处理运行一定的时间后或者处理了一定流量的水以后，离子交换树脂就会失效，水质将呈现不合格，这时需要停止运行，对树脂进行再生。再生的目的是恢复离子交换树脂的交换能力。再生是用一定浓度的酸或碱的再生溶液连续送入阳床和阴床，使离子交换树脂的交换性能得到恢复。因此，水处理设备运行和树脂再生是周期性轮流进行的。树脂再生时，程序多达十几步，操作比较频繁，阀门较多、较大，还有一定数量的电动机参与控制，人工操作费时费力，劳动强度大，若操作不及时，还会造成时间和材料的浪费。又因为化学水处理设备的再生产过程中，相对独立性较大，程序控制原理基本上都是按照条件时间顺序进行自动操作的，因此化学水处理程序控制系统比较易于实现。

现在火电厂所应用的水处理设备主要有固定床、浮动床和移动床等类型。一级除盐系统通常由阳离子交换器、除碳器、除碳风机、中间水泵和阴离子交换器等组成。混合离子交换器通常为二级除盐系统。

二、补给水程序控制任务

1. 工艺流程

某电厂补给水系统的基本工艺流程如图 28 - 1 所示，它为 4 台

600MW 机组提供锅炉补水，含澄清池 3 台、过滤器 10 台、阳离子交换器 12 台、阴离子交换器 10 台及混合离子交换器 4 台，酸碱再生系统各 3 套。系统中的过滤器、阳离子交换器及混合离子交换器均采用母管制并联连接方式；阴阳床系统分两个系列，每一系列的除盐用清水泵及中间水泵均采用单独设置。

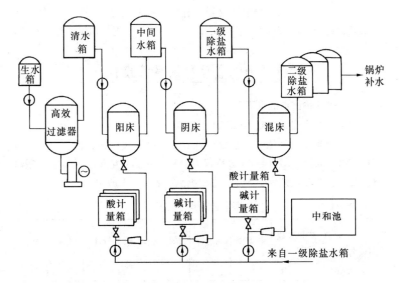

图 28 - 1　补给水系统流程

其中除盐水生产过程如下：原水经阳床进料阀后进入阳床，与阳床中的阳树脂先进行离子交换，除去水中的钙、镁、钠等阳离子。经阳床出口阀进入除二氧化碳器，脱除酸性水中的二氧化碳后流入中间水箱。中间水由中间水泵进入阴床。与阴床内的阴树脂进行离子交换，除去水中的阴离子，进入一级水除盐水箱。一级水通过一级除盐泵进入混床，制出二级除盐水。

当阳床出水累积流量超过规定数值或出水的钠离子含量超过规定数值时，阳床需要停止运行，进行再生。当出阴床的硅酸根离子浓度超过某一规定数值，或出水的电导率不合格时，阴床需要停止运行，进行再生。此外，混床在运行一定时间后，树脂被压实并失效，也需要定期再生。

2. 控制任务

（1）对 10 台过滤器的清洗和投运进行程序控制；

（2）对两个系列 12 台阳离子交换器的再生和投运进行程序控制；

（3）对两个系列 10 台阴离子交换器的再生和投运进行程序控制；

（4）对四台混合离子交换器的再生和投运进行程序控制；

（5）对上述工艺过程中涉及到的模拟量点进行采集和处理，并在 CRT 上集中显示；

（6）对上述工艺过程中涉及到所有电机返回信号、阀位返回信号进行采集和处理，在 CRT 上集中显示，并由 PLC 输出至模拟屏点亮信号灯。

第二节　程序控制系统设计

一、输入输出点的选取

为实现上述控制功能，选取如下测点：

（1）模拟量输入信号：包括有热工常用信号（包括容器出口、管道流量、水箱液位、压力等）、分析仪表信号（包括导电度、钠含量、酸碱液浓度、浊度等）共计 105 点。主要测点如表 28 - 1 所示。

表 28 - 1 　　　　　　　　模拟量测点及作用

测点名称 ＼ 被测参数	电导率	钠度计	浓度	浊度	pH	流量	液位
生水箱							✓
清水箱							✓
中间水箱							✓
一级除盐水箱							✓
二级除盐水箱	✓						✓
中和池					✓		✓
酸计量箱			✓				✓
碱计量箱			✓				✓
过滤器出口				✓		✓	
阳离子交换器出口		✓					
阴离子交换器出口	✓					✓	
混合离子交换器出口	✓					✓	

（2）开关量输入信号。包括阀门开关回报信号、水泵及风机启停信

号、计量箱液位高报警信号、控制气源压力报警信号等共计510点。

为避免阀门位置反馈信号不可靠带来的程序步误动，便于运行人员的监视保证自动运行的准确可靠，系统中所有的反馈信号均取开、关双路信号。

（3）开关量输出信号。包括有控制电磁阀开闭的信号，通过它使气动薄膜执行机构动作，驱动阀门的启闭。输出部分同时也控制电机的启停。每一种相应的动作，都在控制盘上有灯光显示。

输出信号是用来控制执行机构（阀门、风机、水泵）动作的信号，同时包括控制盘上操作工况指示信号，共计460点。

根据输入输出（I/O）点数，系统选用了美国 MODICAN 984 – 785 可编程控制器（PLC）作为控制主机。MODICAN 984 – 785 采用模块化结构和多处理器结构，功能齐全而且处理速度快，容量大，I/O 点大于 2048 点，适用于大型程序控制系统。

二、系统结构

控制系统构成如图 28 – 2 所示。

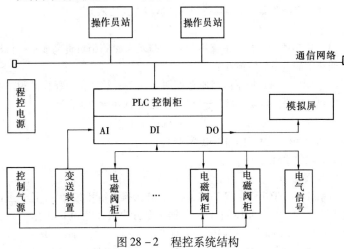

图 28 – 2　程控系统结构

AI—模拟量输入；DI—开关量输入；DO—开关量输出

（一）控制室部分

本系统配有两台操作员控制站和模拟显示屏（立式仪表盘）。上位机完成人机联系工作。模拟屏显示设备状态、部分常规仪表和泵的手动开关，从而可实现系统工况的双重显示和除去回转设备以外的所有执行机构的 CRT（计算机）开关操作。

系统以 MODICAN —984 系列可编程序控制器为核心，由直流 24V 稳压电源给 I/O 模块供电并配置有输入/输出继电器，以便于进一步提高抗干扰能力减少 PLC 的点数。

上位机与 PLC 的通信由莫迪康公司的 MODBUS – PLUS NETWORK 来完成。

在程序进行到某一步时，由于程序要求的反馈信号没有返回，或者有某些工艺条件不满足时，则系统进行声光报警，此时系统将不再进行下一步的程序，直到操作人员查明原因，排除故障，使报警条件消失，此时才能进行下一步。

（二）外部设备

1. 现场输入设备

（1）阀位反馈信号。在每个参与程控的阀门都通过反馈装置将开或关信号返回 PLC，在模拟屏或上位机上显示其状态。

（2）条件信号。如表 28 – 1 所示，液位、导电度等模拟量信号作为 PLC 控制泵启停和离子交换器等设备的运行方式的依据。

2. 控制输出设备

（1）电磁阀柜。整个系统共有 36 个现场电磁阀柜负责完成执行机构控制回路中的电—气转换环节。

（2）阀门。PLC 控制阀门原理如图 28 – 2 所示。参与程控的阀门由 PLC 控制，电磁阀转换，PLC 输出信号到电磁阀由继电器隔离。

（3）泵、风机启停。部分泵、风机是由 PLC 控制其启停的，PLC 输出信号到现场接触器之间由继电器隔离。

三、软件设计

1. 画面组态

该系统以 INTOUCH（WINDOWS95）作为操作站开发软件。首先进行标记名字典定义。在 InTouch 中，数据主要分为内存型和 I/O 型。其中，内存型数据为 InTouch 程序内部定义的变量（如年、月、日），I/O 型数据的来源一般为其他计算机结点或本机运行的其他程序（如 I/O Server），生产现场的所有数据就是 I/O 型，若要在操作站的动态画面上显示，就必须在标记名字典中定义，且与控制站（PLC）的内部地址一一对应。

系统共设计了 20 余幅操作画面，包括流程图画面、报警画面、流量和液位趋势图画面、退出和登录画面、模拟量监控数据显示画面等。工艺人员能够操作画面上直观地看到工艺流程，能及时发现异常现象。对重要阀门设置了手动开关按钮，能够在控制室内手动开关重要阀门，保证系统的安全运行。所有的工艺操作度可用鼠标在相应的画面上进行，操作方便，界面友好。各阀门的开关状态在画面上用不同的颜色区分，即绿开红关。

2. 数据通信

在本系统中，操作站与可编程控制柜（PLC）的通信是通过 S908 远程 I/O 系统来实现的。通常操作站无法直接从控制站中取得数据，这时需要一个通信接口，984 系列 PLC 内装有 MODBUS 通信接口以连接单主机/多从机的通信网络。自现场来的数据，经过上位机处理，将控制命令传给控制站，以此监控生产过程。

3. 系统监控

系统发生故障时模拟盘发出声光报警，点击操作画面上的报警灯进入报警画面可看到具体报警内容，并且所有发生的报警均有 48h 的历史记录。InTouch 可以为每个数据定义它的报警信息，模拟量还可定义高、低、高高、低低报警值，并且可以通过条件脚本或数据值改变脚本和用户编制的快速脚本处理各种报警信息，如弹出报警窗口或声音提示。例如，要监控酸碱计量箱过高的情况，就可以定义一个 L1. HiStatus 的条件脚本，并在 On True 脚本框中写上相应的条件。

系统功能分为就地操作、远方手动操作、成组操作和自动程控。

本系统能够对程序步进行时间自检和监测，能够在线监控，可离/在线修改。

当整个系统处于"自动"状态时，而要求其中某一系统处于"手动"时，可按下相应的"手动"，该系统即可用手动操作控制，不受程序控制，而其余的仍由程序控制。

第三节 系统编程及调试

化学水处理系统的编程是按照功能图表或逻辑流程图，再编辑成 LADDER（梯形）图，最终由 PLC 执行梯形图指令。

水处理系统中除卸酸碱和软化水系统外都设计有程序控制，包括过滤器预处理、一级除盐系统（阴、阳床的运行和再生）、二级除盐系统（混床的运行和再生）等部分。本章仅以阳床运行和再生系统的编程为例。

一、阳床运行和再生的程序控制功能

一级除盐系统包括阳离子交换器、阴离子交换器，它由运行和再生两套程序组成。

设备状态\步态序	入口阀 K1	出口阀 K2	上排水阀 K3	下排水阀 K4	进再生液阀 K5	小反洗水阀 K6	中间排水阀 K7	排气阀 K8	排气阀 K9	预压再生气阀 K10	浓再生液阀 S2	喷射再水阀 S1	进再生水阀 M	进酸阀 S3	除碳风机	中间清水泵	阳再生泵	控制指标
运行	0	0	×	×	×	×	×	×	×	×	×	×	×	×	0	0	×	出水含钠量≤100μg/l
失效	×	×	×	×	×	×	×	×	×	×	×	×	×	×	×	×	×	出水含钠量≥100μg/l
小反洗	×	×	0	×	×	0	×	×	×	×	×	×	×	×	0	0	×	V=5~10m/h，T=10min
大反洗	×	×	0	0	×	×	×	×	×	×	×	×	×	×	×	0	×	V=15m/h，T=15min
排水	×	×	×	×	×	×	×	0	0	×	×	×	×	×	×	×	×	T=10min
预压	×	×	×	×	×	×	×	×	×	0	0	×	×	×	×	×	×	工艺用气压力≥0.04MPa
预喷射	×	×	×	×	0	×	×	×	×	0	0	0	×	×	×	×	0	V=5m/h，T=1min
进再生	×	×	×	×	0	×	×	×	×	0	0	0	0	0	×	×	0	由计量箱液位控制 V=5m/h
置换	×	×	×	×	×	×	×	×	×	0	0	0	×	×	×	×	0	T=30min，V=5m/h
小正洗	0	×	×	×	×	×	0	×	0	×	×	×	×	×	×	0	×	V=10~15m/h，t=5min
灌水	0	×	×	×	×	×	×	0	×	×	×	×	×	×	×	0	×	T=5min
正洗	0	×	×	×	×	×	×	×	×	×	×	×	×	0	×	0	×	出水含钠量≤100μg/l

注 1. 表中0表示设备开启，×表示设备关停。

2. 1~3#阳床再生水泵，正常运行两台，一台备用。

3. 1~3#酸计量箱正常运行两台，一备用。

图 28-3 阳床运行和再生的程序控制功能图

1. 阳床运行和再生的程序控制功能

如图 28-3 所示，阴床类同，其中涉及运行、失效、大小反洗、大小正洗、排水、顶压、置换等十一个步序。

阳床失效的判据是阳床出口水含钠量。K1 ~ K10，S1 ~ S3 均为通过电磁阀控制的气动控制开关阀。除碳风机、中间水泵、清水泵等回转设备的启停信号由中央控制室 PLC 柜通过开关量输出板发送到电气控制盘，从而控制设备启停。其反馈信号一路直接上控制盘显示，另一路同阀门反馈一样通过开关量输入板进入 PLC 柜经过处理后参与控制或作 CRT 显示。

如果输出开启阀门信号或启动设备电机信号后 5s 内未接受到阀门全开或电机已运转的反馈信号，则发出报警。

2. 编程实例

阳床运行的编程如图 28-4 所示。图中：在选中 3 号阳床时，按运行的功能键或者自动投运信号满足时，则内部继电器带电，表明要求运行。

在无人工再生信号、无人工停运信号、无要求自动停运信号时，接点闭合，则内部继电器带电，表明运行开始，（418）的常开触点带电自保持。

（418）是一个内部线圈，检查气源压力信号是否正常，手自动开关是否投自动，清水泵运行信号是否具备，否则通过内部继电器报警。

（418）运行内部继电器的另一动合触点，通过无停运信号（440），无报警信号（419），启动正式运行投入继电器（420）。同时通过（424）内部继电器常闭接点，再由（TC010）计时，时间暂定 60s，即开 K1、K2门和除碳风机，时间监视为 60s。

（418）通过脉冲（964），带动继电器（540），通过输出继电器（360）带动灯光"闪"。

（420）正式投运内部继电器，又分别去带动（fun00640）（fun00642）（fun00648）。分别使得输出继电器（300、302、323）动作并由时间继电器自检动作时间。（300）为阳床入口门 K1 对应的输出继电器，（302）为阳床出口门 K2 对应的输出继电器，（323）为除碳风机启动信号对应的输出继电器。

（TC010）用来自检阳床投运的第一步的时间是否正常。

如果 TC010 时间到时，TC010 常开点闭合，K1 门打不开信号（040）返回，或者 K2 门打不开信号（041）返回，或者除碳风机无启动信号（054），或者水位报警（078）时，则产生报警内部继电器信号（423）。

如果 TC010 时间到，输入下一步，使（424）带电，去启动 A1、A2

门和开中间水泵，依此类推。

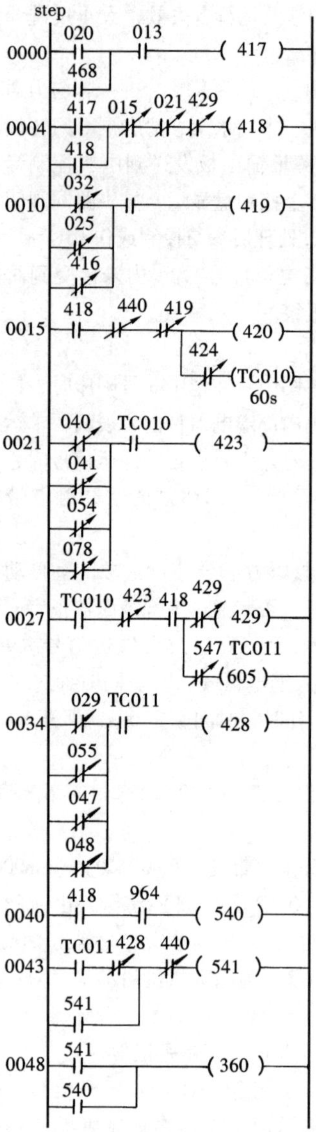

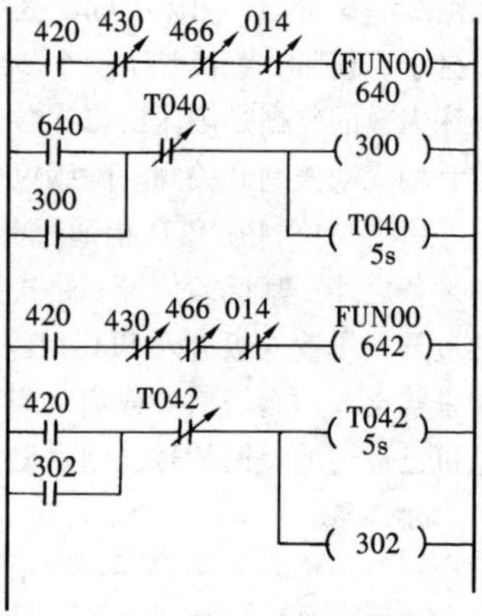

图中：440 为无停运要求内部动断点；419 为无报警触点；424 为开 A1、A2、中间泵要求开；416 为清水泵已开信号；417 为要求运行；418 为运行开始；420 为要求开 K1、K2 和除碳风机；423、428 为报警；429 为要求停运；540 为运行启动阶段；541 为运行完成；029 为导电度输入；055 为中间水泵输入；047 为 A1 门开输入；048 为 A2 门开输入。

图 28－4　阳床运行部分梯形图

程序中的运行过程是分几步进行的。

第一步，产生运行要求（417），再开始运行（418），时间和条件自检查，正式投入运行，去启动 K1、K2 和除碳风机，又自检查动作结果后，再用时间信号（TC010）去启动（424）内部继电器工作，启动 A1、A2 和中间水泵，再自检，转入运行阶段。在启动阶段输出继电器（360）带动灯光"闪动"。在运行完成后，（541）接点带动（360），使灯光为"平光"。

图中（T040）（T042）等为防止输出继电器长期带电，FUN00 具有检测脉冲前沿功能的信号，防止输出继电器出现振荡信号。

在编程中，随着编者的思路不同，梯形图也不同，有许多编程技巧和解决问题的方法。

实际应用时，情况要复杂得多，例如，水箱的液位报警信号要引入；为了使水处理成为连续过程，通常有两个或两个以上的阳床和阴床，因此它们之间的切换或并联运行等问题都需要考虑。

二、调试

1. 程控调试前的准备工作

程控设备调试前的准备工作包括执行机构的编号挂牌，控制设备、测量仪表的接线检查，控制气源管道的吹扫，测量信号定值的整定等。此外还需在投程控之前进行手动再生、运行投运、系统解列等操作，确定这些操作过程中的工艺参数，以便于程序的修改。

2. 调试发现的问题及功能改进

（1）执行机构位置回报信号的可靠性问题。化学水处理程序控制最重要的步序依据在于就地执行机构开关终端位置的及时回报，而化学系统中酸碱环境腐蚀使执行器位置反馈装置损坏严重、可靠性降低。包括干簧管开关、接近开关、行程开关等不同类型的反馈装置，防腐效果均不理想，成为制约程控系统投入的最大问题。

（2）酸、碱计量箱液位控制功能。水处理系统中酸碱计量箱进酸碱的多少一般都是由计量箱液位控制的。阳床和阴床的再生操作开始前，必须确认酸碱计量箱高液位，在系统调试初期当运行人员压酸碱时，只能靠CRT 上的模拟量信号进行判断并人工关闭计量箱入口门，由于监视或操作不及时往往造成酸碱计量箱溢流，影响设备的正常运行。故在梯形图中加入了酸碱液位控制功能。图 28 – 5 所示为 1 号酸罐液位高报警功能梯形图。

当碱罐和酸罐的液位达到高位时，PLC 内部实际液位和设定值比较器

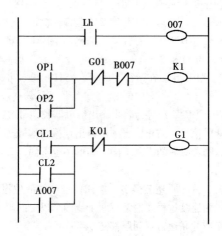

图 28 – 5 酸碱计量箱液位报警功能

KI, G1—进酸阀开，进酸阀关；OP1、CL1—软手操开、关；OP2、CL2—自动开、关；Lh—酸计量箱液位高；007、A007、B007—内部线圈及其中间量点

输出为"1"，使开回路中断，软手操或自动开信号失效，同时关回路中动合触点动作，计量箱入口门关回，停止进酸。

提示 本章共有三节，其中第一节适合于中级工，第二、三节适合于高级工。

第二十九章

600MW 机组凝结水精处理
程序控制系统

在 600MW 以上高参数机组的水汽循环过程中，锅炉对给水的要求严格，绝大多数是通过凝结水精处理的方法实现的，它占有的给水份额在 90% 以上。为保证大容量机组的安全、可靠运行，要求凝结水精处理系统中高速混床的投停，混床单元与再生单元间的树脂输送、树脂再生都应实现自动控制和远方操作，本章主要介绍某电厂 600MW 机组凝结水处理系统采用 PLC 的情况。

第一节 系统工艺流程

该系统是为处理两台 600MW 机组的凝结水而设计的。凝结水处理系统的工艺流程如图 29-1 所示。

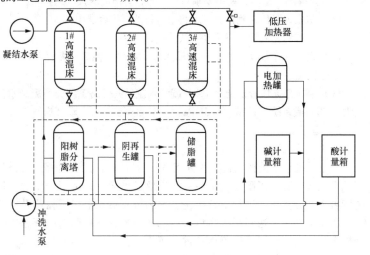

图 29-1 凝结水系统流程

该系统的程序控制范围为两台机组的六套高速混床单元、一套体外再生单元及附属的再循环泵单元、酸碱计量单元、废水中和单元等。

一、凝结水精处理系统

1. 系统流程

凝结水经凝结水泵进入精处理高速混床，进行 100% 水量的除盐处理。

混床单元由三台高速混床组成，以出水电导率和出入口压差超标作为失效的判定因素，备用混床投入运行，失效混床解列，备用混床投入运行前启再循环泵，正洗混床，待出水合格后方可投入运行。

2. 程序控制任务

（1）所有电动门、电磁阀和泵的控制状态显示，就地/远方/成组/自动方式的切换和选择；

（2）每台混床进口流量记录并累积至一定值时发出需要再生的信号；

（3）混床运行、解列和备用状态显示；

（4）在凝结水入口流量低的情况下控制通过混床的凝结水再循环流量；

（5）混床出口导电度高超过规定值时，自动退出混床运行或流量累积超过预定凝结水量时，发出要求再生信号，备用混床投入运行；

（6）防止树脂传送到已充满或再生进行的再生容器中；

（7）所有的控制功能以手动方式优先；

（8）设有混床投运程序、树脂输入输出程序、混床树脂捕捉器差压高时的冲洗程序；

（9）混床单元设置能通过 100% 凝结水流量的旁路系统，当凝结水温度大于 50℃ 或系统压差超过 0.3MPa 时，旁路调节阀将自动开启。

二、再生系统

1. 系统流程

再生系统包括阳树脂再生兼分离塔、阴树脂再生器、树脂存储罐，酸碱系统各一套，阴阳离子交换树脂失效退出运行后由凝结水送至阳树脂再生及分离塔，进行空气擦洗及水力分层后，上层阴树脂及中间的混脂用除盐水输送到阴再生塔进行二次分离，下层阳树脂留在阳再生器中，然后分别同时进再生液进行再生。再生好的阴阳树脂送至树脂储存塔，经空气混合后正洗至出水合格，用除盐水将树脂输送到高速混床内备用。

2. 程序控制任务

（1）凝结水处理树脂的再生过程控制；

（2）从混床到阴再生器传送失效的树脂；

（3）阴再生罐反洗；

（4）传送树脂到阳再生罐；

（5）注入酸用于阳树脂再生；

（6）注入碱用于阴树脂再生；

（7）阴离子再生器漂洗；

（8）阳离子再生器漂洗；

（9）输送再生后的树脂到凝结水混床；

（10）控制热水罐的温度和水位；

（11）防止同时传送失效和再生后的树脂进或出多台混床；

（12）所有自动功能的手动优先；

（13）CRT 显示再生系统的所有流程、泵、阀门状态和自动手动控制、再生步骤和再生状态显示；对再生步骤计时。

废水排放高速混床树脂再生后的酸、碱废水排入中和池内，经处理合格后方可排放。

第二节 程序控制系统设计

精处理生产过程是一个典型的顺序逻辑控制系统，与生产过程的顺序有一一对应关系，被控制的运转设备和控制阀也与相应步的动作和命令相对应，程序控制是较易于实现的。

根据上述控制功能，相应地做好如下工作。

一、输入输出点的选取

选取系统的输入输出点，既要全面实现 PLC 系统功能，又要节约 PLC 成本，所以要进行周密细致地分析、讨论。

（1）模拟量输入信号：包括高速混床的出口及母管导电度、酸碱液浓度、混床出口流量、计量箱液位等共计 51 点，如表 29 – 1 所示。

（2）开关量输入信号：包括温度开关信号、混床出入口前后压差、阀门开关回报信号、水泵及风机启停信号、计量箱液位高报警等共计 384 点。

其中，为避免阀门位置反馈信号不可靠带来的程序步误动，便于运行人员的监视保证自动运行的准确可靠，系统中所有的反馈信号均取开、关双路信号。

表 29 −1 模拟量测点及作用

被测参数 测点名称	电导率		液　位		温　度		压力（压差）
高混入口母管	√	记录, 报警			√	高报 警,高混 旁路门 开	√	高报警, 高混旁路 门开
高混出口母管	√	记录, 报警					保护
高混出口	√	高混 失效判 据					
阳再生器出口	√	再生 后冲洗 判据					
阴再生器出口	√	再生 后冲洗 判据					
混合器底部	√	混合 后冲洗 判据					
中和池管道			√	记录, 报警,保 护			

被测参数 测点名称	流　量		浓　度	
高混入口母管	√	记录, 报警		
高混出口母管	√	记录, 报警		
1～3 号 高混出口	√	高混 失效判 据		
酸计量箱出口	√	记录, 报警	√	记录, 报警
碱计量箱出口	√	记录, 报警	√	记录, 报警

第三篇　电厂化学仪表及自动装置

（3）开关量输出信号：输出信号是用来控制执行机构（阀门、风机、水泵）动作的信号，同时包括控制盘上操作工况指示信号，共计 436 点。

根据输入输出（I/O）点数，系统选用了日本 OMRON C2000H 可编程控制器（PLC）作为控制主机。OMRON C2000HPLC 采用模块化结构和多处理器结构，功能齐全而且处理速度快，容量大，I/O 点最大 2048 点，适用于大型程序控制系统。

二、系统选型及硬件配置

为保证中压凝结水处理系统的安全运行以及满足模拟量信号的采集、处理和控制的要求，该系统改变了辅机控制单选 PLC 的一贯设计，选用了小型 DCS 的控制思路。

系统结构如图 29 - 2 所示。

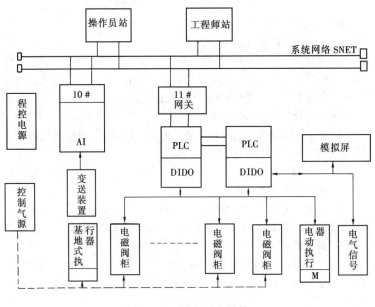

图 29 - 2 控制系统结构

系统除主要采用了开关量控制外，由北京和利时公司的 HS2000（V1.3X）分布式系统负责实现现场模拟量信号采集、A/D 转换（DAS 站）以及上位监控（操作员站）、网络传输（系统网络 SNET）等功能 OMRON C2000H 型可编程控制器为控制主机，负责完成现场二进制信号采集、控制指令执行、工艺过程的自动执行等功能。DAS 上位机与 PLC

上位机可兼用。可编程控制器与系统网络之间的通信由网关机来实现。可编程控制器为系统的控制核心，包括电源、微处理器、系统存储器、功能模块和借口电路等，基本 I/O 单元和智能 I/O 单元提供现场输入设备和控制输出设备与 CPU 的接口电路。

数据采集与处理由 DAS 控制站完成，站由功能组件、现场电源、各种端子接线板等组成，其核心部件是功能组件，如模拟量输入模块、温度传感器输入模块等并根据模块功能的不同要求配备了相应的调理板和接口板。

整套系统可以完成精处理工艺流程、设备参数的显示监控、泵、阀门的控制，设定值的在线修改，各种报表打印，历史趋势显示、报警管理等。

除卸酸碱外，包括混床投停、混床单元与再生单元间的树脂输送、树脂再生均可实现自动运行和远方操作。

三、系统运行控制方式

控制系统基运行方式有：就地操作、远方手动操作、成组运行、自动运行。其中自动运行方式为主要运行方式，成组运行方式为辅助运行方式，就地操作和远方手动操作方式为备用运行方式。

本系统的操作方法如下：

（1）在就地安装的电磁阀组上进行手动操作阀门。在就地控制箱或控制盘上按下按钮操作相应的转动设备。

（2）在计算机上点击或在控制盘上分别按下各功能组按钮，程序按各功能组要求执行成组步序。

（3）系统投运后，只要满足要求，程序全部自动运行。当要求其中某套子系统进行自动运行时，可点击该系统成组运行按钮。

四、数据通信

上位计算机与可编程控制器的数据通信格式目前还没有统一的标准，不同的制造商的可编程控制器都有各自的通信格式。通常，通信程序由制造商提供，并作为通信驱动程序提供给用户，如图 29-2 所示。

该系统采用了分布式控制系统的配置，即北京和利时公司 HS2000 分散式控制系统和日本欧姆龙可编程控制器相结合的方式，其通信较单独的可编程控制器有所不同。

网关、数据采集（DAS）站以及上位机通过双冗余的系统网络（同轴电缆）连接，即构成较简单的局域网。这样就提高了信息传输速率和网络的可靠性。系统网络为双冗余配置的令牌总线网络（含接口板和同轴电缆)。

可编程控制器 (PLC) 与系统网络之间的通信由网关机来实现,网关运行一个数据传送程序,负责完成上位机与 PLC 的数据上传与指令下达,故网关的可靠性显得尤为重要。

DAS 站内功能模块与 CPU 的通信采用 CANBUS 现场总线网络方式,PLC 站内功能模块与 CPU 的通信采用 SYSBUS 标准总线方式。

第三节　系统步序与功能

系统中的主要程序有高速混床的再生、高速混床投运和废水中和处理三个部分。

一、高速混床的再生和树脂擦洗

当高混出口水电导率大于 $0.2\mu S/cm$ 时,该高速混床解列退出运行,转入再生状态。高速混床采用体外再生的方式,涉及树脂的输送、擦洗分层、再生、混脂等多项步骤故较为烦琐,其再生程序共有 58 个工艺步序,如表 29－2 所示。

表 29－2　　　　高速混床的再生和树脂擦洗工序表

序号	步骤名称	时间 (s)	序号	步骤名称	时间 (s)
1	泄压	60	13	管路冲洗	120
2	松动树脂层	100	14	CRT 部分注水	120
3	混床树脂送出 1	600	15	CRT 空气擦洗 1	300
4	混床树脂送出 2	600	16	CRT 空气擦洗 2	120
5	管路冲洗	600	17	CRT 排水 1	300
6	RST 至混床 1	600	18	CRT 排水 2	60
7	RST 至混床 2	600	静置 15min		
8	混床注水	300	19	CRT 注水	300
9	排水	60	20	树脂分层 1	120
10	空气混合	600	21	树脂分层 2	60
11	混床注水	300	22	沉降	120
12	混脂送回 CRT	120	23	阳树脂送 ART	300

序号	步 骤 名 称	时间(s)	序号	步 骤 名 称	时间(s)
24	混脂送 ART	300	42	进碱再生	240
25	CRT 部分排水	100	43	碱置换	
26	酸预喷射	300	44	ART 部分注水	120
27	进酸再生	1000	45	ART 空气擦洗 1	120
28	酸置换	900	46	ART 空气擦洗 2	60
29	CRT 部分注水	120	47	ART 排水	300
30	CRT 空气擦洗 1	60	48	ART 注水	300
31	CRT 空气擦洗 2	60	静置 15min		
32	CRT 排水 1	300	49	ART 反洗	600
33	CRT 排水 2	60	50	ART 快洗	900
34	CRT 充分	600	51	阳树脂送 RST1	300
静置 15min			52	阴树脂送 RST2	300
35	CRT 反洗	600	53	RST 部分注水	300
36	CRT 快洗	900	54	RST 注水	300
37	阳树脂送 RST1	300	55	RST 快洗	300
38	阳树脂送 RST2	300	56	注酸	300
39	管路冲洗	120	57	注碱	300
40	ART 部分注水	00	58	再生结束	
41	碱预喷射	300			

注　CRT 为阳床输送；ART 为阴床输送；RST 为储罐输送。

　　系统编程即将下列步序以梯形图的方式，用开关量接点和计数器等表达出来，按照时序或条件去执行。

　　表格中包含了正常运行期间的树脂擦洗步序，在投运初期，因系统内水质较差，压差高，对未失效的树脂还设置一套专门的擦洗程序，这里不做介绍。

　　高速混床进行自动再生前应满足以下条件，然后控制盘上按再生程序启动钮方能启动自动再生程序。

　　（1）再生功能组选择开关置于"自动"位，其他两台高速混床功能组选择开关置于"运行"或"备用",再生设备处于备用状态。

（2）酸碱计量箱中高液位。

（3）中和池中低液位。

程序进行到最后一步时,所有的阀门信号等熄灭,表明再生结束。此时应按一下自动再生程序停止按钮。至此,自动再生全部结束。

二、高速混床的投运及解列

高混投运、解列步序如表 29 – 3 所示。

表 29 – 3 高混投运、解列步序表

序号	步 骤 名 称	时间（s）
1	1 号混床升压	60.0
2	1 号混床再循环	300.0
3	1 号混床降低流量	60.0
4	1 号混床解列	60.0
5	1 号混床排气	60.0

再生好的高速混床在备用状态下投入运行时,必须经过升压、再循环、排气、投运四个步骤,方能转入运行。

（1）注水升压:时间为 60s,使混床内注入一定量的凝结水并保持一定的压力,60s 后关闭注水门。

（2）排气:开排气阀时间为 5s。

（3）再循环:时间为 300s,开高速混床排水阀、入口阀、注水阀,将高混出口水经再循环泵反复打回高混,直到高混出口水质合格。

（4）投运:当电导率小于 0.2μs/cm 时,开高速混床出口阀及入口阀,高速混床转入运行。

在投运程序中,除第三步以电导率条件控制外,其他各步为时序控制。

三、中和池报警处理

废水中和处理系统包括废水池、废水循环、空气搅拌及 pH 计、液位计。

中和池设有两个液位报警值。当液位高报警发,系统停止再生;当液位低报警发,废水泵停。

四、系统报警功能

该系统设置的报警信号主要有：①高混入口温度高；②高混旁路差压高；③高混旁路电动门开；④高混切换失败；⑤程控故障；⑥泵、风机故障。

当相应的逻辑回路接通，线圈置为"1"时，计算机 CRT 显示报警，同时控制盘上中央信号灯亮，发声光报警。

高混旁路门打开控制回路如图 29-3 所示。

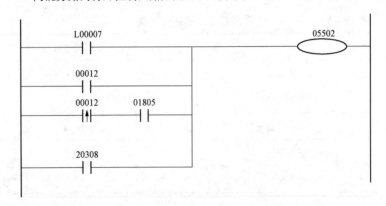

图 29-3　高混旁路门打开控制回路

L00007—1 号机高混旁路差压高；00012—1 号机凝结水入口温度高；

20308—计算机软手操；01805—高混自动运行；L02510—自动开；

L05502—1 号机高混旁路阀门开

第四节　系　统　调　试

一、调试方法

欧姆龙 C 系列 PLC 的用户程序调试可以通过 PLC 编程器来完成，也可以在通过上位机通信接口与 PLC 连接的计算机（网关）上使用专用软件来实现。本系统能够对程序步进行时间自检和监测，能够进行离线编辑和在线修改。

1. PLC 编程器

欧姆龙 C 系列 PLC 编程器是通用的，有简易编程器和图形编程器。可随时安装在 PLC 上或取下来，与主控制器电源的 ON/OFF 无关。

编程器上可显示工作状态、程序地址、指令及其内容，梯形图逻辑程序需要转变为助记符指令才能在编程器上输入。编程器可用于程序编辑，可监视输入输出状态，内部单元的运行状态，还可显示编辑操作的提示及机器故障后类型。

编程器上的状态设定开关可以用来设定 PLC 的三种工作状态：运行（RUN）状态、监控（MONITOR）状态、编程（PROGRAM）状态。在运行状态下，程序被执行。当编程器未接入 CPU 单元时，电源一投入，PLC自动进入运行状态。监控状态可以直接监视程序执行过程。在编辑状态下，可以输入或编辑程序。

2. 上位机调试

PLC 用户程序 SYSMATE 运行在 MS – DOS 操作平台上，可通过网关机进行调试。在程序修改调试之前，首先检查所有用户程序，并制出备份。程序修改之前先手动投运、再生，确定工艺参数。

二、程序调试中存在的问题

程序中的逻辑功能错误：在调试中发现，三台高速混床出入口电动门热偶保护频繁动作，执行机构失灵。问题出在控制逻辑功能不完善，软手操及自动开关控制回路中无互锁触点，如图 29 – 4（a）所示，当开（或关）信号发出时，不闭锁关（或开）信号，当两路信号同时输出时，直流电机自动热切保护动作。

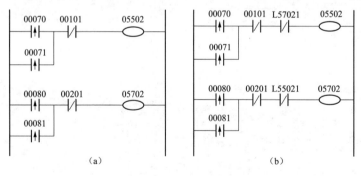

图 29 – 4　电动门开关操作控制回路

(a) 原程序；(b) 修改后程序

L00070—1 号高混入口门自动开；L00071—1 号高混入口门软手操开；

L00080—1 号高混入口门自动关；L00081—1 号高混入口门软手操关；

00101—开终端信号；00201—关终端信号；

05502—1 号高混入口门开；05702—1 号高混入口门关

相应地在 PLC 组态梯形图中加入开关互锁接点，L55021 和 L57021 如图 29 – 4（b）所示，即可较好地解决上述问题。

提示 本章共有四节，其中第一节适合于中级工，第二、三、四节适合于高级工。

第三十章

电厂化学程序控制装置的检修与维护

一、程序控制装置检修项目

化学补给水和凝结水程序控制系统应遵循电厂公用系统的检修原则，每两年进行一次大修，汽水数据采集处理系统随机组大小修。

大修项目应包括以下内容：

(1) 对现场控制设备进行全面检查，做好记录；

(2) 拷贝所有模件的组态；

(3) 清扫控制柜电源及模件；

(4) 清理盘柜防尘滤网；

(5) 检查、紧固控制柜接线及固定螺丝；

(6) 检查接地系统；

(7) 对控制柜进行防尘、密封处理；·

(8) 电源性能测试；

(9) 线路绝缘测试；

(10) 打印机、报警器、上位机等检修；

(11) 消除运行中无法处理的缺陷；

(12) 恢复和完善各种标志；

(13) 组态软件安装及检查；

(14) 测量模件及保护回路信号传递；

(15) 电缆、管路及其附件检查、更换。

二、现场控制设备的检修

1. 现场执行机构

电动执行器动作方向正确、无卡涩现象、终端指示可靠；气动执行机构气缸连接管路布置合理，反馈装置安装牢固、行程准确、回报及时。

2. 现场电磁阀柜

柜内布线整齐、接线正确；电磁阀无泄露，线圈与阀体间绝缘电阻合格，动作准确；远方/就地切换正常，开关指示无误。

3. 电气操作回路

电气线路的连线全部检查、验明正确，导线对地和导线之间的绝缘符合规定，导线接头应接触良好。

在条件满足的情况下，在操作台上可以正常进行设备的启停操作，控制柜内的连接电缆插头应无松动现象。

4. 仪表控制气源回路

（1）各空气管路、取样门、分路门和仪表控制设备要保证连接正确、畅通且无泄露现象。

（2）仪表控制气源管应采用不锈钢管，至仪表设备的支管应采用紫铜管、不锈钢管或尼龙管。

（3）气动设备前的过滤减压阀应定期检查清理。

（4）在气源储气罐和管路低凹处应有自动疏水器，并应保证灵活可靠。

（5）气源压力应能自动保持在 0.7 ~ 0.8MPa 范围，仪控气源压力报警功能应正常。

（6）应保证仪控气路管路、阀门的标志准确、齐全。

三、采样和变送装置的检修和校验

测量设备检修内容如下：

（1）热工变送器校验点数应不低于 5 点（包括零点、满量程）、基本误差、回差、线性度和重复性等应符合规定；

（2）对压力、温度开关的定值校准后，还应对开关进行绝缘检查和振动试验；

（3）初次使用智能变送器时，应对被测物理量进行校对；

（4）汽水系统测量设备投运前，应对取样管路排污和排空气；

（5）进入分析仪器的介质其参数应符合要求，压力、温度较高时应有减压和冷却装置，冷却水源必须可靠，应配备保护装置，该装置应定期试验；

（6）各类采样及变送装置应做校验并符合精度、变差要求。

四、可编程控制器检修

公用程序控制系统应连续供电运行，局部检修宜停止相应控制系统设备的电源。

1. 停电前的工作

（1）软件备份；

（2）对组态文件进行比较，发现问题做好记录，以便核实；

（3）检查电源及模件状态。

2. 电源检修

（1）电源检修应在停电后进行；

（2）电源检修前，对电源的开关设置及接线做好记录；

（3）控制柜内各类电源应标记清楚、保险完好，电压等级合格、对地及相间绝缘良好；

（4）检修项目及质量要求：定期检查电源是否正常；端子、回路接线是否牢固、保险是否完好，有无发热现象。查地线、查继电器。

质量要求：① 保险完好，保险与保险座紧固，不松动，送电后无发热现象，保险容量应符合设计要求；② 端子：回路接线紧固，不松动；③ 柜内回路无接地现象，相间绝缘良好；④ 继电器接点通断正常，接点闭合时无抖动；

（5）检修后的试验及试验方法：

1）交流 220V 电源。电源负向接地，实际上不会影响电源的正常使用，而电源正向接地将会熔断保险，使设备掉电停运，造成事故；

2）直流 24V 电源。电源单相接地为 + 12V 和 − 12V，变动范围为10% ~ 15%。

（6）供电主要技术指标：

电压波动小于 10% 额定电压；

频率范围为 50 ± 0.5Hz；

备用电源投切时间小于 5ms；

电压稳定度：稳态时不超过 ± 5%，动态时不超过 ± 10%；

频率稳定度：稳态时不超过 ± 1%，动态过程不超过 ± 10%。

3. 系统接地检查

（1）PLC 及其 I/O 柜的接地应集中一点引入电气接地网。

（2）该系统中不同种类的信号线应隔离敷设。

（3）模拟量信号应单独占用电缆管槽，不可与其他信号线在同一电缆管中连线。模入量柜内屏蔽电缆应接地，同一信号回路或同一线路的屏蔽层只允许有一个接地点。

（4）数字地和模拟地在一个系统中各有一个，各自汇总在一起，最后将两个接地点连在一起。

4. 线路检查

（1）大修中应对重要测量信号及线路绝缘进行检查，绝缘检查应使用符合标准的兆欧表进行。测试绝缘前，应将被测电缆与控制设备分开，以免损坏控制设备。

（2）紧固接线。控制柜内电缆、导线应固定牢固；信号回路连线正确美观，各环节接线端子紧固。

（3）对接线混乱部位，应在检修中进行整理。整理后要对接线核对，必要时应做试验。

（4）电源、功能模块、接线端子不应裸露，防止汽、水进入短路。

5. 模件的吹扫和清洗

（1）模件清扫必须在停电后进行。

（2）模件清扫前应将模件的位置做好标记，记录下各种设置开关、跨接器的位置，以便吹扫后进行核对。

（3）工作人员在清扫模件时必须带上防静电接地环，并尽可能触及电路部分。

（4）模件吹扫后，应对模件的电路板插接器和吹扫后仍残留污物的部位进行清洗。

（5）回装后，保证插接到位，连接可靠。

6. 控制柜清扫

（1）控制柜清扫必须在停电后进行；

（2）清扫前应将模件拔出；

（3）清理防尘滤网和机柜；

（4）清理模件槽位及插座。

7. 程控装置投运后的检查

（1）模件电源电压，应符合生产厂家的要求，否则，应进行调整或更换；

（2）I/O 站的冗余模件、PLC 柜的 CPU 模板、系统冗余电源模块、冗余通信网络等设备插接牢固，切换正常；

（3）模件组态内容运行正常；

（4）检查控制站，操作员接口设备；

（5）功能卡件性能测试可靠；计算机硬件完备，外设连接可靠，网络通信正常；

（6）控制柜内继电器、接触器、各类开关应动作灵活、接触紧密可靠、无锈蚀；

（7）控制盘上常规报警装置包括光字牌、闪光报警器、声音报警器等状态清晰、信号可靠；

（8）常规仪表应显示准确、反应及时；

（9）计算机软手操开关正常、数据库测点齐全、历史显示、报表打印等功能完善。

五、程控系统的技术管理和软件管理

化学水处理程控系统主要是可编程序控制器。为使系统能长期稳定可靠运行，对可编程序控制器的维护十分重要。实践证明，良好的维护能明显提高 MTBF，降低 MTTR，因此应加强系统的维护和保养，防患于未然，提高系统有效率。

1. 程序控制系统的技术管理

（1）建立系统的设备档案。包括设备一览表、程序清单和程序说明书、设计图纸和竣工图纸和资料、运行记录和维护记录等。

（2）采用标准记录格式记录系统运行情况和各设备状况，记录故障现象和维护处理情况，并归档。系统运行记录，包括运行时间、CPU 和各卡件模块运行状态、电源供电状态和负荷电流、工作环境状态、通信系统状态及检查人员签名等。维护记录包括维护时间、故障现象、当时环境状态、故障分析、处理方法和结果、故障发现人和处理人员的签名等。

（3）系统定期的维护和保养。根据系统定期保养原则，对所需保养设备和线路进行检查和保养，记录有关保养内容，并制定备品备件购置计划。

控制系统中一些设备和部件的使用寿命有限，例如可编程序控制器内的锂电池一般寿命为 1~3 年，输出继电器接点使用寿命约 100~500 万次，电解电容使用寿命约 3~5 年等，要根据有关资料制定定期保养一览表。

可编程序控制器的一次输出元件、连接电缆、管缆和连接点、输入输出继电器、可编程序控制器和执行机构等都需要定期检查，定期更换有关部件，进行清洁卫生工作等。

（4）程序控制系统检修应有的图纸与资料。

1）自动化设备；

2）管路及仪表图；

3）自动化设备互联图；

4）控制原理功能块图和逻辑图；

5）控制系统配置图；

6）设备使用说明书；

7）程控系统电源系统图；

8）程控系统气源系统图；

9）仪器仪表清册、说明书、合格证及检定合格证；

10）设备检修台账；

2. 程序控制系统的软件管理

（1）日常运行中，严禁无关软盘插入主机，无关软件运行。

（2）程控操作系统（装在硬盘上）和组态软件以及应用软件应不少于两份并分级管理，保存周期不宜小于5年。

PLC 模板操作系统固化在 EPROM 上时，应详细记录模件与 EPROM 的编号和版本号。

（3）系统组态软件在检修前后必须完整地备份，检修后进行核对，并妥善保管。

（4）程控系统维护人员应具备软件的安装，应用程序组态、下装和调试的能力。

提示 本章只适合于中、高级工。

参 考 文 献

1 山西省电力工业局编. 电厂化学检修（初、中、高级工）. 北京：中国电力出版社，1996.

2 山西省电力工业局编. 电厂化学仪表及程控装置（初、中、高级工）. 北京：中国电力出版社，1996.

3 山西省电力工业局编. 热工仪表及自动装置（初、中、高级工）. 北京：中国电力出版社，1997.

4 邵刚. 膜法水处理技术（第2版）. 北京：冶金工业出版社，2001.

5 邢子文. 螺杆压缩机——理论、设计及应用. 北京：机械工业出版社，2000.

6 李培元，钱达中，王蒙聚. 锅炉水处理. 武汉：湖北科学技术出版社，1988.

7 施爕均，王蒙聚，肖作善等著. 热力发电厂水处理（上、下册）. 北京：中国电力出版社，1999.

8 尚玉珍，王二福. 电厂化学水处理与在线仪表. 太原：山西经济出版社，1997.

9 李江，边立秀，何同祥. 火电厂开关量控制技术及应用. 北京：中国电力出版社，2000.

10 袁任光. 可编程控制器选用手册. 北京：机械工业出版社，2002.

11 何衍庆，戴自祥，俞金寿. 可编程控制器原理及应用技巧. 北京：化学工业出版社，2003.

12 王常力，罗安. 集散控制系统的选型及应用. 北京：清华大学出版社，1996.

13 王中甲. 电厂化学仪表. 北京：水利电力出版社，1991.